マハレのチンパンジー

《パンスロポロジー》の三七年

[編著] 西田利貞
上原重男
川中健二

京都大学学術出版会

The Mahale Chimpanzees
Thirty-seven Years of «Panthropology»
*
Edited by
T. Nishida, S. Uehara & K. Kawanaka
Kyoto University Press, 2002
ISBN4-87698-609-6

緒　言

日本人によるタンザニアでのチンパンジー研究は、今西錦司先生と伊谷純一郎先生が開拓され、その後、われわれが引き継いだ事業である。一九六一年に始まったので、すでに四〇年以上前のことである。本書の研究の舞台であるマハレ山塊での研究開始は一九六五年で、それからでも三七年がたとうとしている。現在、研究の第一線を支えている大学院学生たちは、一九七〇年代生まれであり、彼等の生まれる前から研究は始まっていたわけだ。マハレの研究には、長期短期の研究を合わせると、すでに五〇人以上の国内外の研究者が携わったことになる。

マハレのチンパンジー研究は、野生霊長類のシステマティックな長期研究として国際的に著名であり、その研究成果は、多くの国際的専門雑誌に発表されている。また、一般にも、朝日、読売など新聞でたびたび報道され、日本テレビ、ＴＢＳ、ＮＨＫ、テレビ東京等で放映されただけでなく、ＢＢＣ、ナショナル・ジオグラフィック、ニューズウィークなど国際的にもこの研究は報道されてきた。タンザニアにおけるチンパンジー・プロジェクトは、当初から長期的展望をもって開始された点で、その規模ははるかに小さいとはいえ、南極観測と匹敵するわが国を代表する野外研究といえる。

このプロジェクトが生み出した成果は、英文専門論文二〇〇点以上、邦文論文四〇〇点以上に達し、人類学、霊長類学、動物社会学、動物行動学、生態学の広い分野をカバーしている。それらは、ヒトの社会行動の生物学的起源を再構成するためのかけがえのない資料を提供するものである。しかし、このプロジェクトの全成果を一望する和文の書物が、まだ出版されていない。伊谷純一郎先生編著の『チンパンジー記』（一九七七年）が出版されてから、すでに四半世紀たった。それは、カボゴ、カサカティ、フィラバンガ基地の研究とマハレの初期の研究を取り上げているだけである。それゆえ、マハレ・プロジェクトの重要な成果の全貌を、主な研究者が一堂に集まって報告することは、ひじょうに意義深いことであろう。

一九六五年に私は、一〇年もたてばかなりのことがわかるだろうと思っていたが、それは大きな誤りだった。チンパンジー像は、三〇年前とはまったく異なっているし、一二年前に英文の論文集『*The Chimpanzees of the Mahale Mountains*』を東京大学出版会から公刊してからも変化した。チンパンジーは私の中で、ますますヒトの仲間としての位置を占めるようになった。この一〇年、私のチンパンジーに対する理解は深まったと思う。その大きな原因はビデオの利用である。遅きに失したとはいえ、人生に遅すぎることはない。早い社会的な相互作用の影に、微妙な仕草や表情があることをいまさらながら教えられ、私はマハレで学生のように興奮するのだ。もちろん、毎年のように来る新しい学生たちは、チンパンジーの野外研究はこんなにもおもしろいのか、と夢中になってしまう。マハレのキャンプでは、毎夕、「誰がどうした、ああした」、とゴシップが交わされ、まるで村人のことを話しているようだが、実はターゲットのチンパンジーのことを話しているのだ。チンパンジーのゴシップを酒の肴にするほどの贅沢はなかろう。本書はこういった愉しみの産物であることをわかっていただければ幸いである。

本書の序文を伊谷先生に書いていただいたのは昨年の四月である。私はその一年前から執筆をお願いしていた。体調を崩されていた先生は執筆が遅れ、私が原稿を頂きにお宅を訪れた日も、「今晩もう一回推敲してから君に郵送する」とおっしゃった。そして、四月九日、二〇〇字詰め四一枚の原稿が送られてきた。先生がご自分のアフリカ研究を総括された、まことに含蓄深い名文である。一年たって私はもう一度読み返してみた。夢の中のセーブルアンテロープがよく見ればチンパンジーだったという暗喩、そしてサバンナと森林の明暗の対比が、ビーリャ（ピグミーチンパンジー）とチンパンジーの分岐した環境へと想像がふくらんでいくのである。先生は再度アフリカの地を踏むことはできないことを悟っておられた。私は、先生がお好きだった芭蕉の「旅に病んで夢は枯野を駆けめぐる」という句を思い出してしまった。

四月一五日にも私は先生のお誘いを受け、お宅でお会いしている。もちろん、お元気そうだった。私は七月末にはウガンダへ出かけ、キバレ森林のチンパンジーを初めて詳しく観察した。そして、首都カンパラへ出た八月末に、先生は八月一九日にお亡くなりになったことを知った。まったく晴天の霹靂だった。それゆえ、この序文は先生の文字通りの遺稿である。完成品をぜひともお目にかけたかったが、それは叶わぬことである。

先生のご霊前に本書を捧げ、パイオニアとしてアフリカでの研究を切り開かれたこと、長い間われわれを指導していただいたことに深い謝意を表したい。

西田利貞

二〇〇二年五月

序　文

一九六五年以来、本書の研究を牽引してきた西田利貞君から本書の序文を求められていて果たしていなかったことと、一夜明ければ二〇〇〇年度の最後の日だったということが、私にあの夢を見させたのであろう。

それはマハレの夢で、カンシアナ谷よりも深い谷の対斜面は濃密な森林になっていたが、私はこの森がニクズク科のピクナントゥスやオトギリソウ科のガルキニアなど、チンパンパンジーの好む果実をつける木々だということを、繰り返し念を押していた。

この森を漆黒の動物が列を作って登ってゆき、セーブルアンテロープだと思ったのだが、それはよく見るとチンパンジーの集団だった。私は幾枚もの写真を撮った。チンパンジーは蟻ほどにしか写らないだろうが、見事な図柄になるだろうと思いながら、シャッターを押し続けた。

目を開くとまだ暗く、夢うつつ露出不足であの写真は写らなかったろうと自問し、やがて夢だったことを覚って落胆した。それにしても、あの光景の一つ一つは不意に訪れた虚構の文脈でありながら、私には解読可能なものだった。長年私の頭から離れなかったことと関係があり、そのいくつかについてはふれておこう。

チンパンジーの集団の行列というのは、一九六五年にはるか東方内陸のフィラバンガで鈴木晃君と出会った見事に構成された行列と無関係ではない。私たちはこの記録をもとに、初めてチンパンジー社会の単位についての仮説を立てた。

その翌年に西田君がマハレのカソジェ（カソゲ）で餌づけに成功し、個体識別に基づいて、この種の社会の単位集団の存在を実証してくれた。

私にはただ一つ、いささかの危惧があった。明るい疎開林と濃密なカソジェの森という対照的な違いである。社会構造は環境条件などに左右されはしないという確信をもってはいたが、その些細な危惧が濃い森林のなかのチンパンジーの行列に名残りを留めていたのだろう。

一九六九年には川中健二君が加わって、西田君との共同作業で、チンパンジーの隣接する二集団間での雌の交換という事実が明らかになった。これは雄が集団を離脱するニホンザルの母系の社会とは対照的な構造であり、その後一〇年近くにわたって集められた資料に基づいて、雄は出自集団を出ないという確信を得るにいたり、この社会の通時的構造を父系と確定した。


一九六〇年に、私は南西ウガンダでのゴリラの調査のあと、当時まだ英国の委任統治地だったタンガニイカに足を伸ばし、調査に着手して間もないゴンベストリームにジェーン・グドール女史を訪ねた。拙著『ゴリラとピグミーの森』に書いているが、そのあとキゴマの南のムパンダで英国人の若い猟政官アンステー氏を訪ね、キゴマ以南のチンパンジーについての情報を得ている。彼は、マハレ山塊では剃刀のような険しい尾根に沿ってチンパンジーが住んでいると語っていた。それは主峰ンクングウェから北に伸びる主稜を指していたのだろう。

翌一九六一年の京都大学アフリカ大型類人猿学術調査隊発足に際しては、ダルエスサラームの猟政局本部で、長官のキンロック少佐と接渉した。前年彼に会ったときには、ゴンベのグドール女史の調査は一九六一年の春までということになっているからそのあとゴンベに入ってよい、できるだけの協力をしようと言ってくれた。ところが、そのあとになってリーキー博士から調査延長の申し出がありそれに許可を与えてしまったので、京大隊はキゴマの南に調査地を探してほしいという予期しなかった変更がおこっていたのである。

しかし私は、植民地問題は別として、外地に派遣されていた英国人オフィサーの赴任地の自然や民族に対するアカデミックな関心の深さと広さ、外国から訪れた研究者に対する実にフランクで懇切な態度に、いまもって忘れえぬ数々の感銘をもっている。ウガンダのウイルス研究所のハドー博士、森林局のオスマストン氏、ナイロビの博物館のリーキー博士をはじめ、鳥類学のウィリアムス氏、蝶の専門家カーカソン氏、東アフリカ植物研究所で会った老グリーンウェイ博士、マメ科専門のブレナン博士、ヴェルドコート博士とギレット氏といった方々である。

そして暑いダルエスサラームの猟政局では、机の上に地図を広げ、猟政官トーマス氏と額を寄せるようにして調査候補地の物色を続け、こうして私たちの基地予定地カボゴ岬を選びだしたのである。トーマス氏からの情報のなかでとくに注目を引いたのは、マハレ山塊（当時はマハリと呼ばれていた）には最近になってオックスフォード大学から二度にわたって探検隊が派遣され、その報告はまだ刊行を見ていないが、彼らは主峰ンクングウェの登頂をも果たし、高地部での植物の採集なども行なったということだった。

こういったオフィサーたちが示してくれた親切は、一つには西部タンザニアが当時まだ未踏の地の一つであったということと無関係ではなかったであろう。タンガニイカ湖岸は、すでに一九世紀にリヴィングストン、スタンレー、カメロンなどが周航しておよその事情は知られていたのだが、内陸と山間部は未知の地として残されていたのである。

とにかく、私たちがこれらの人々から受けた好意は、のちに私たちが経験することになる異国の研究者間のライヴァル意識はよいとして、プライオリティーの不作法な侵害や、新事実の隠蔽などとはあまりにも隔たったものだった。一言書き添えるならば、赴任地についてのアカデミックな関心は、日本の在外のオフィサーには希有のことであったという印象である。

私が初めてマハレ山塊を見たのは、一九六一年の雨季に入ったばかりのある朝、遙か南方の湖上に峨々たる山塊を見た。乾季の大気は黄麓に霞んでいたのだが、雨季になって大気が澄んで一〇〇キロメートル先の山塊が姿を現したのである。

マハレの最初の予察を行なったのは東滋君で、小さなボートで南航し、山塊の東を北流するカベシ川を遡行したが失敗に終わった。一九六五年には伊沢紘生君が山塊の西岸カソゲからアプローチし、山麓の畑作物をチンパンジーが荒らすという重要な情報をもたらした。ついで西田君がカソジェに入り、翌年に餌づけに成功、六年目にして私たちの計画が実を結んだ。『チンパンジー記』と『森林彷徨』には詳しく書いているが、その前の苦汁に満ちた調査と、これらの予察という前史があったことも忘れてはなるまい。

社会構造の確定という忍耐を要した研究と平行して、雄たちがつくる連帯と権力機構の解明、集団の消滅、性生活の詳細な記載、ある時期に多発した子殺しとカニバリズム、食生活と道具使用を含む文化的行動、分配行動、そしてこれからの研究につながる個々体のライフ・ヒストリーの集積等々、これらの成果のすべては、二〇世紀前半まではヒトと類人猿の間を隔てていた深い溝であり、それらの一つ一つが埋め立てられてゆき、ヒトの定義を書き改めざるをえなくなった道程だったのである。

これとほぼ同時期に、同じ課題に挑戦してきた諸研究、ゴンベ国立公園、ボッソウそのほかでのチンパンジーの研究、ワンバでのビーリャ（ボノボ）の研究、ヴィルンガ、カフジ、コンゴ等でのゴリラの研究、インドネシアでのオランウータンの研究、これらすべてのフィールドワークの成果が、ヒューマン・エヴォリューションの解明にもたらした貢献は銘記されてよいであろう。各地で行なわれた研究は、比較によって成果をより不動のものとしたのである。

この半世紀の私たちの活動を支えてきたのは、今西錦司先生から私たちが受け継いできたパイオニア・スピリットであり、それが日本の霊長類学を生んだ。私が若かった頃、私の質問に対して先生は訥訥とまるで言葉を選ぶようにして、慎重で適格な解答をしてくださったのをおぼえている。しかしもっとのちには、先生との間でずいぶん激しい議論をかわし、ついに先生の御他界によってその結末を見るにいたらずにしまった問題もあったのだが、日常の研究活動の過程では先生からはほとんど何も教えていただかなかった。野帳を書くことも見よう見真似で伝えられてきたし、重要な課題が那辺にあるかといったことも、以心伝心によって伝わっていった。

だが、私には忘れられない二つの思い出がある。動物社会のカルチュアについての理論は、先生の「人間性の進化」でほぼ余すところなく論じ尽くされている。その出版は、幸島でのサルの餌づけが最初に成功した一九五二年のことで、数年のうちにあの理論とまったく同じ現象が、芋洗いというまさにシナリオどうりの形で実証されることになった。幾年かが経ってもなおも同類の事例を集めていた私たちに、珍しく先生の雷が落ちた。「いつまで同じことをやってるんや。」同じことが何なのかはおっしゃらなかったし、こちらも意地があって問いはしなかったのだが、カルチュア行動を指しておられたことは間違いない。先生は研究の過程におけるエラボレーション、つまり敷延的推敲の過程をことのほか嫌っておられた。つまりそれは、パイオニア精神とは対蹠のものにほかならなかった。

もう一つの思い出というのは、縮尺の法則とそれを駆使することの重要性だった。このことについては、先生の口から幾度か聞いたおぼえがある。餌づけは、私たち野外研究者にとっては千載一遇としか言いようのない等身大での観察という条件をもたらしてくれた。これは縮尺で言えば一分の一の世界であり、これ以上縮尺を増すとなれば仮分数の世界に入ってゆくわけで、先生が最も大切にしておられた個体全体の尊厳を失うことになりかねない。先生は一時、パースナリティーの把握ということでこの問題に挑戦されたことがあったが、私は先生のお仕事のなかでは失敗作であったと評価している。

先生の本領はむしろ小縮尺の方向で、同じ対象を百分の一、千分の一、ときには百万分の一や一千万分の一で見るということだった。これまではるか彼方の林のなかで隠滅していたチンパンジーを餌場で見ることができるようになると、これまでには見えなかったものが見えてくる。ところがそこでは、かって私たちが遠望した行列や、異集団のレーンジの空間的布置といった問題は霞んでしまう。さらに縮尺をうんと小さくしないと、チンパンジーの分布、ゴリラとの住み分けといった問題、類人猿とヒトの先祖の分岐の問題などは思考することができない。同じ対象でありながら、縮尺を変えることによる万華鏡を眺めるような楽しさ、そしてそのことの重要性を先生は説いておられたのである。

私は、従来のフィールド・ワークのあり方は変える必要があると考えるようになっていた。一九六五年に今西先生が定年退官され、アフリカ調査隊の隊長は私が引き継いだのだが、このときにははっきりと改革断行の決意を固めていた。一九六一年に発足した京大隊は、明らかに地理学的探検時代の伝統を引きずっていた。二〇世紀前半の大興安嶺探検は地理学的探検そのものであったし、登山界は装備だけが近代化されたろうが、体制は今日といえども昔のままだ。

探検を野外での科学に変えなければならない。私にとってのその決断は、一九六五年九月のカサカティ基地での隊員会議で提出することになった。調査開始からすでに五年が経過しいまだに悪戦苦闘を余儀なくされていたときの、それは言わば最後の切り札といったものでもあった。

私は伊沢君に、彼がこれまで続けてきたカサカティでの調査を完成させることを命じた。新人の西田君をマハレに送り、餌づけに全力を傾注するように言った。もう一人の新人、加納隆至君は、東方の無人の原野フィラバンガに送ることにした。この会議の直前に、私と鈴木君はここでチンパンジーの四三頭からなる見事な行列を見ていたのである。帰国の時期が迫っていた鈴木君には、明るいタンザニアの原野とは対照的なウガンダのブドンゴの森で予察を行ない、再度の本調査に備えるように言った。

その一年後の一九六六年夏、西田君はカソジェで餌づけに成功していた。伊沢君の調査は、より小縮尺のカサカテイでの研究が完成に近づいていた。加納君にとっては、フィラバンガがあまりに広大にすぎ、チンパンジーとの出あいの頻度の低さに苦しむ日々だった。鈴木君はすでに、ウガンダでブドンゴの森の調査に入っていた。

さてその後各人はどういう道を歩んだのか。かいつまんで記しておきたい。西田君のマハレでの調査はすでに三五年を越え、その間多くの研究者が参加した。伊沢君は厖大な資料をたずさえて帰国し、論文作製にとりかかり、完成した。今後誰もが手を染めることのない貴重な資料だと私は思っている。そのあと広鼻猿類を追って南米各地を歩き、ついにコロンビアのマカレナ・ティニグア国立公園に腰を据えた。この研究には、チンパンジー研究初期の隊員、西邨顕達君がずっと協力しており、ティニグア国立公園の方は、二人と地元のロスアンデス大学の努力によって新設されたものである。加納君は一九六六年から一年間、さらに小縮尺の研究、西部タンザニア全体のチンパンジーの分布と環境の分析に着手し論文を完成した。これも今後おそらく二度と再び行なわれることのない調査である。そしてその後、西田君によるビーリャ予察のあとをうけてザイールに渡り、あの砂の深い広大な森林を自転車で動きまわった。こうしてついにワンバに白羽の矢を立て、一九七六年にビーリャの集団の餌づけに成功し、一九九〇年代の政変で調査中断にいたるまでの間、世界で最初の野生のビーリャの情報がもたらされることになった。鈴木君のブドンゴでの成果のなかには、のちにゴンベとマハレで大問題になるチンパンジーのカニバリズムの最初の事例が含まれている。彼はのちにボルネオに渡り、従来単独行動者というだけで片づけられていたオランウータンの社会構造の研究を軌道に乗せるとともに保護に専心した。

地理学的探検から野外での科学への切り替え、そしてさまざまな縮尺の研究がもつ意味についての新たな認識の過程の概要は以上の通りである。しかし、最も小縮尺にこだわったのは私であったかもしれない。餌づけ成功直後には、加納君を伴って湖岸から徒歩一〇日のウガラ河畔に達している。加納君の分布調査の手始めのためだった。そのあとは単独で、ムパンダから西に向かい、マハレを越えて湖岸に達し、カソジェで餌づいたばかりのチンパンジーを見、西田君とともにンクングウェの第四登頂を達成し、そのあとは再び単独でンクングウェ湾の奥からルグフ盆地を斜断して私たちのカサカテイ基地に帰着している。その後も西田君、掛谷誠君、亡くなった原子令三君、武田淳君などを誘って、主としてルグフ川流域の奥地で一〇日内外の徒歩旅行を試みている。スタンレー時代のような大部隊を伴った探検、当時ナイロビ博物館などがまだやっていたトラックを連ね、大テント、テーブルに椅子、冷蔵庫までを調えた資料収集行などとはまったく対照的な、三人ばかりのポーターを伴っての軽快な単独の徒歩のサファリこそが、私にとっては最も楽しかった。

餌づけ成功の翌年の一九六七年、私は誰も連れず一人だけで、マラウイ湖西岸のニイカ・プラトーを歩いている。加納君の分布調査が完了直後のことで、リーキー博士から「これは内緒だが」と耳打ちされた話と、オスマン・ヒル博士の〝マラウイ湖畔のウフィティ (ufiti)〟についての一九六四年の短報が私を駆り立てたのである。マラウイ湖西岸は大地溝の壁であったが、その北西部のニイカ・プラトーの一帯は西部タンガニイカ同様の実に美しいミオンボ林に覆われていた。

私の聞き込みでは、確かに一頭の雌のチンパンジーがいたが、捕らえられてロンドンに送られて間もなく死んだという。飼われていて逃げたのだろうというのが専らの説だったが、飼い主の特定はできなかった。私が記録にとどめたのは、この一帯がチンパンジーの棲息地であったとしても、何の不思議もない環境だったということだった。

タンガニイカ湖西岸内陸での徒歩旅行の間に、私は隔絶した原野の奥に住む焼畑農耕民トングウェとその完全に自然に依存した生活に魅せられてゆき、チンパンジーのほかにこの人たちのデータを集めるようになった。そして一九七二年には、原子令三君を伴ってザイールのイトゥリの森でのムブティ・ピグミーの調査に着手することになった。これに先行して、一九六六年からボツワナのカラハリで続けられてきた田中二郎君のワイルド・サンの調査があり、これらの成果を統合する形で生態人類学の基礎が固まっていった。

一九九〇年代に入って、ザイールは再びの政変で荒れ、ワンバで豊かな成果を上げていた加納隊は基地撤退を余儀なくされた。その後、加納君とその残党の一部が西部タンザニアに戻ってきたのである。この仲間に加わった小川秀司君は、タンガニイカ湖岸沿いのはるか南で、チンパンジーの新しい棲息地を見つけた。

かつて加納君がタンザニアのチンパンジーの南限としたのは、マハレ山塊からは隔離されて南東に位置するワンシシ山塊で、南緯六度六〇分としている。ところが小川君が発見した場所というのは、フィーパ・プラトーの西、ワンシシからは一九〇キロメートルも南の南緯八度付近なのである。この情報は皆を驚かせたが、かつて私が歩いたマラウイのニイカ・プラトーとはここからさらに約三六〇キロメートル東南にあたり、その間はムベヤの高地を除いてほとんどミオンボ林に覆われているはずであるから、私はそれほど奇異には感じていない。こういうことになると、チンパンジーとビーリャを分けたのは、ザンビア北部からコンゴ民主共和国（旧ザイール）南東部の一帯が無視できない地域だということになるだろう。そして、パン属の真の故郷はミオンボ林ではなかったのかという命題は、これからも問い続けられなければならないことになるだろう。

冒頭の夢に話を戻すと、夢では私の錯誤であるセーブルアンテロープの群れというのは、私が半世紀歩きまわってルグフ川の水源で、たった一度だけ出あう好運に恵まれたアフリカの羚羊のなかの騎士中の騎士だった。しかもこの種こそはミオンボ林を象徴する種なのだが、どういうわけか夢のなかでは濃い森のなかで見たのではっとしたのである。しかしそれは誤認で、すぐにチンパンジーも、真に多雨林の動物なのかという長年の私の疑問が、この夢の裏には秘められていたのである。

私は西田君とともに、マハレ山塊の国立公園の設立に全力を傾注した。一九八五年に、マハレ山塊がタンザニアの第一一番目の国立公園になったときには欣喜雀躍した。もしもあの私たちの努力が認められず、分厚い計画書と申請書にジュリアス・ニエレレ大統領がサインしてくれなかった場合のことを思うとぞっとするのである。湖岸は不法定住のコンゴ難民の集落で埋まり、かつてのカボゴ岬の変貌同様に、すべての木々は伐り倒され、すべての動物は死滅するか、はるか内陸に逃避する以外になかったに違いないからである。

一九八七年に、私は初めて訪れたワンバで病気で倒れ、キンシャサ、パリ、そして日本に送還された。当初の計画では、ワンバのあと東に飛んで、国立公園になったマハレをこの目で見、マハレ主陵の登り残していた二つの山、主峰ンクングウェの南のシビンディと第二峰ムフィトゥワに登るつもりだった。

こういうわけで、私はマハレ山塊国立公園をまだ見ていないし、新国立公園について語る資格はないのだが、私はここで改めて一九八〇年代の初め、あののるか反るかの危機的状況下で、この計画への御援助をたまわった多くの方々、とりわけ私たちが考えてもいなかった多額の御寄付をいただいた私たちの先輩であり長年尼崎の診療所で地域医療に取り組んでおられる杉山大助先生に、心からなる御礼を申し上げたい。西田君をはじめとする多くの研究者の努力で、マハレ山塊国立公園の自然はついに守られること、いまでは国外の観光客から秘境として評価を受けるにいたっていること、そしていま、これまでの研究の成果をまとめた立派な書物が刊行の運びとなったことを御報告したい。

最後に一言、これからの研究者に申し上げておきたい。最近ではコンゴ動乱の余波で湖賊が出没するようになったと聞いたが、調査にもっと船を利用してはどうなのか。そしてマハレの基地を、小縮尺の研究にも生かしてほしいということである。長大なタンガニイカ湖での東西両岸での聞き込みはまだ手がついていない。古老の記憶はやがて単なる伝承になってしまい、私たちがこの研究に着手する以前の二〇世紀前半の記憶は失われることになる。そのことを考えれば、今を逃がすことはできないはずではないか。

伊谷純一郎

二〇〇一年四月八日

マハレのチンパンジー◎目次

目次

目　次

◎マハレのチンパンジー

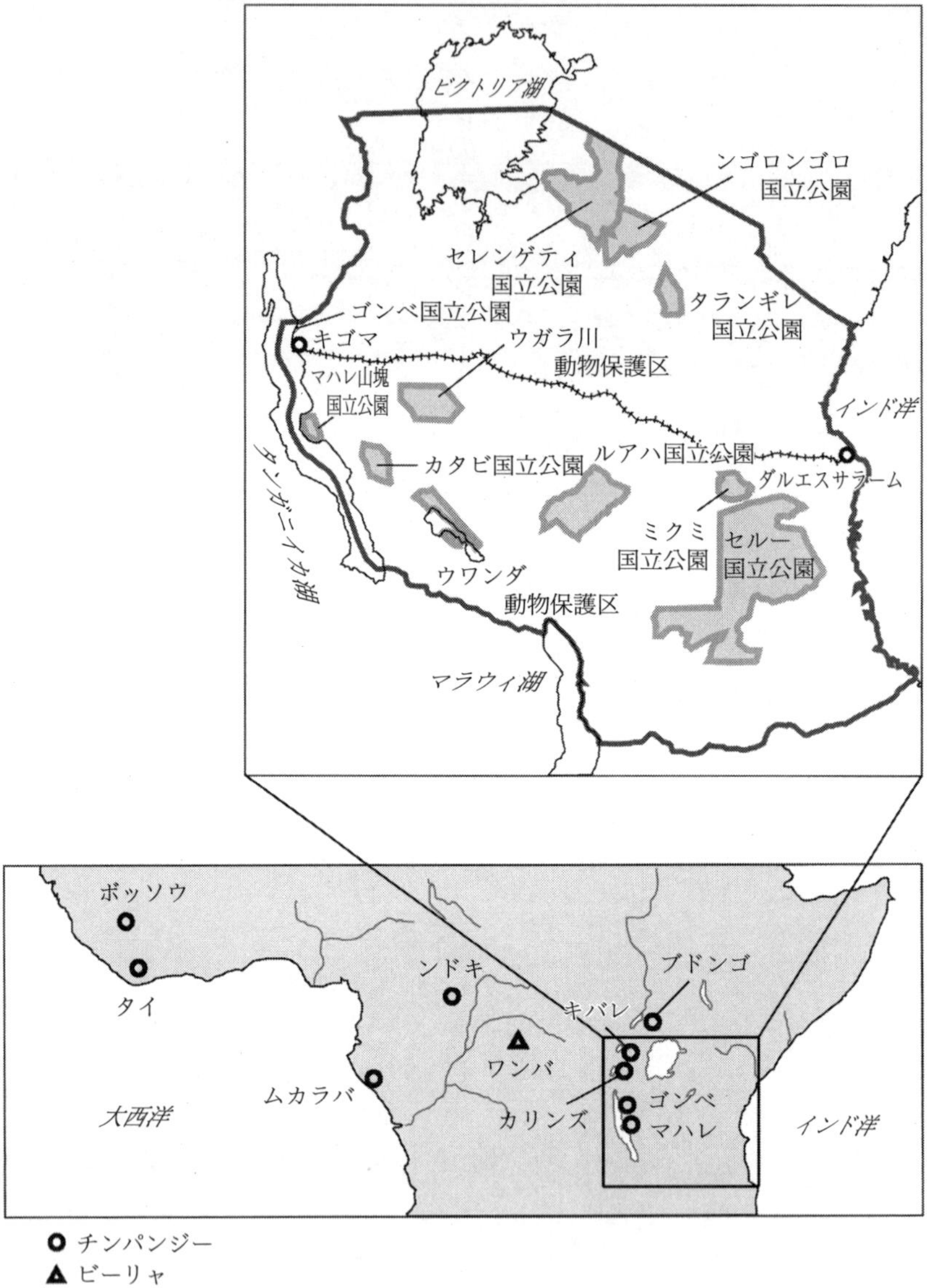

タンザニアの主な国立公園と動物保護区(上). チンパンジーとビーリャの調査地(下). マハレ周辺については図 2-1, 4-1, 5-1 を参照.

第1部
概説

第1章
マハレ調査小史

西田利貞

一　研究小史

1　京都大学アフリカ類人猿学術調査隊

わが国のアフリカ類人猿研究は、今西錦司、伊谷純一郎両博士による一九五八年の「モンキーセンター第一次ゴリラ探検」に始まる。その後三次にわたる調査の主な目的は、餌づけによるゴリラの長期研究のための候補地を、ウガンダやカメルーンなどに探すことであった。この初期の歴史については多くの文献があるので(1)、ここで詳細は繰り返さない。ゴリラの調査は一定の成果を得たが(2)、コンゴの政治的混乱から継続が困難になったので、今西は研究のターゲットをタンザニアのチンパンジーと狩猟採集民ハザに絞った。こうして一九六一年に「京都大学アフリカ類人猿学術調査」(KUAPE: Kyoto University African Primatological Expedition)の第一次調査隊が、科学研究費と募金によって組織された。今西は、その後、調査隊のおもな成果を公表するため、英文誌 *Kyoto University African Studies*（京都大学アフリカ研究）を刊行した。これは一〇巻まで続き、一九八〇年代の終わりに、京都大学にアフリカ地域研究センターが設立されるための基礎的な学術的蓄積となった。

第一、二次調査隊は、タンガニイカ湖畔のカボゴ基地で調査を行ない、第三次調査隊はカサカティ盆地に基地を移した。一九六五年、第四次調査隊（今西の停年により、伊谷が隊長を引き継ぐ）になって、カサカティ盆地以外に、フィラバンガとマハレに基地が設けられた。[3] チンパンジーのハビチュエーションが至上命題であったため、隊長の伊谷は三カ所に基地を開き、三人の大学院生を配して失敗のリスクを分散したのである。

2　Kグループの餌づけ

第四次調査隊のメンバーであった私が、餌づけによるハビチュエーションをめざしてカソジェ（カソゲ）で調査を開始したのは、一九六五年一〇月のことだった。到着後すぐ四〇人のトングェ人を雇い、カンシアナ谷のエレファントグラスのブッシュを伐採させて、サトウキビ畑を作った（写真1-1）。一方、観察路を伐りチンパンジーの追跡も始めたが、彼らは百メートル以上離れていても、人間を見るとすぐ逃げてしまった。最初に私が観察していたのは、後から考えるとMグループであった。畑のサトウキビは苗だったので、主な観察路に沿って、十分成長して食べられるサトウキビを突き立てて、チンパンジーの接近を待った。雨季が始まり、これら成長したサトウキビが根づいた頃、散発的にチンパンジーが荒らし始めた。しかし、奇妙なことに、餌づけは次第に進行するという形を取らなかった。これもあとで考えてわかったことだが、一九六六年の二月頃、私が追跡していた集団は知らぬ間にMグループからKグループに替わってしまっていたのだ。つまり、集団の主な遊動域が移動し、Mグループは南へ移り、替わってKグループが北からやってきて、カンシアナ周辺を利用するようになっていたのである。(4)

一九六六年三月にはKグループがカンシアナ谷の林縁に突き立てたサトウキビを食べるようになり、五月には、私が七〇メートルくらい離れた小屋の屋根に座っていれば、何頭かはサトウキビ畑から逃げなくなった。畑の北端に餌場をつくり、Kグループの個体識別を始めた。ところが、九月に南からMグループがやってくると、人慣れし始めたばかりのKグループがいなくなってMグループが行方不明になってしまった。ただし、当時はKグループがいなくなってMグループと入れ替わったとは考えず、巨大集団の弱小の一部が先に餌づいたが、高順位の雄が大勢いる多数派がやってきて、弱小サブグループは追い出されたのだと解釈していたのである。

写真1-1　カンシアナの掘立小屋とサトウキビ畑

こうして、一九六六年九月から、またもや山の中で追跡しては、ドスン、ドスンと逃げられてしまうという調査に逆戻りした。そして、個体識別したチンパンジー、つまりKグループに再び会ったのは、一九六七年の三月だった。このときも、見知らぬ大群（つまり、Mグループ）が南へ潮が引くように消え去ったあと、三々五々北からKグループのメンバーが戻ってきたのである。こうして、はっきり集団の輪郭をつかみ、かつ優劣関係があるということがわかった。(4)

3　Mグループの餌づけ

一九六七年の三月末に私はいったん帰国し、七月にはまた日本を出た。そして、この年もKグループは九月までカンシアナにいて、九月にMグループが来ると、行方不明になった。しかし、このときは、私は通常の調査域を越えて探しにいき、カンシアナの北方四キロのミヤコ谷にKグループを発見した。翌一九六八年には、Mグループを餌づけるために、餌場に大量のサトウキビを置いた。すでに、一九六五年から食べる個体がいたのだから、餌づけができても不思議ではない。Mグループのうち、五割くらいはこの年には食べるようになったと思われる。ハビチュエーションが進んだおかげで、早速収穫があった。この年、個体識別していたKグループの若い雌三頭と年寄りの雌一頭をMグループの中に発見した。雌の移籍の初観察である。雄には出ていくものはいず、転入してくる者もいなかった。これを私は、「チンパンジーは〝父方居住性〟である」[5]と表現した。一九六九年には川中健二を伴って二人で共同調査した。川中がMグループ、私がKグループを担当した。この年にも移籍の追加例が見られた。[3]ここで、それ以来の主な発見や初観察を表1－1に示しておこう。ただし、これは「マスコミ向け」のもので、立派な研究でも一行で書ききれないような大きな研究は入れていないので、公平な取り扱いになってはいない。マハレ研究の全成果の概要は第二章にまとめた。また、業績リストを和文編と欧文編として巻末に一括してある。参照していただきたい。

二　研究体制と研究資金

京都大学アフリカ類人猿学術調査は、一九六七年度にいちおう第六次をもって終了し、このあと伊谷は一九六九年と一九七二〜一九七四年の二回、チンパンジー研究を含む資金として科研費を取った。一九七一年四月から一年間は、私は日本学術振興会のアフリカ駐在員としてナイロビに駐在し、六〜八月、一〇〜一二月の各二カ月と一九七二年三月に一週間カソゲを訪問し、キャンプの運営にあたった。一九七一年に伊谷は、類人猿研究から人類の生態の研究へ転身し、五月より掛谷誠・英子夫妻を伴ってマハレ周辺で粗放焼畑農耕民トングェ人の調査を開始した。[6] 掛谷夫妻のベース・キャンプはカンシアナであり、西田不在の時はチンパンジーの研究の維持にも力を割いた。一九七二年には川中と森明雄、一九七三年には上原重男と私が調査をした。

一九七五年になって、国際協力事業団（ＪＩＣＡ）の専門家派遣が認められ、[7] これは一九八八年まで続いた。これと平行して、西田が一九七九年を皮切りに科研費を申請し、二〇〇〇年までに一四度認められている。一九九八年には川中が科研費を申請し採択された。その他のファンドとしては、高崎浩幸が学術振興会の海外特別研究員に採用され、セレンゲティ野生動物研究所の研究員という資格で、マハレに二年間滞在した。これらを含め研究資金の出所の一覧を表1-2に、研究者（チンパンジーだけでなく、農耕民や魚類の研究者もふくむ）のリストを表1-3に、主なマハレ訪問者のうち研究者を表1-4ａに、一六ミリシネフィルムやビデオによる映像記録の制作者を1-4ｂにリスト・アップする。映像記録は、広報手段として大きな役割を果たしただけでなく、チンパンジーの行動分析に大いに役立っている。

三　野生動物保護体制の確立

マハレ山塊に多様な生物が見られることは、英領時代から知られていた。鳥類の宝庫としてとくに有名で、中央・東アフリカの生物地理について集大成をした鳥類学者モローも、採集のために助手をマハレに派遣している。オクスフォード大学探検部は、一九五八年と一九五九年に動物学者を中心に、植物学者、地質学者、人類学者、心理学者の若手をメンバーとする探検隊をマハレに派遣している[8]。

チンパンジーが多数生息していることを確認した私は、一九六七年に早くも天然資源省野生動物局のケイポン局長に、マハレの西部山麓を動物保護区にすることを提案している。この頃のタンザニア政府はのんびりしたものであった。局長さんは大学院生の提案にも耳を傾け、地図を取り出した。「保護区をつくるならこの範囲か」と鉛筆でしるしをつけ、住民はどれくらいかと私に尋ね、「二〇〇人」と答えたら、住民の立ち退きの補償金として二〇〇万円を用意できれば実現する、と安請けあいした。といっても、学生が簡単に集められる金額ではなかった。

本格的に保全活動が始動したのは一九七四年で、伊谷と西田は、動物保護区を提案する文書を野生動物局に提出した。当時のタンザニア国立公園公団総裁デレク・ブライソン氏と日本大使中島信之氏が熱心だったお陰で、保護区設立のための基礎調査を日本のＯＤＡとして行なうことに決まった。これが前ページで述べた国際協力事業団による専門家派遣であり、一九七五年五月に最初の専門家として私が赴任した。専門家は天然資源観光省のゲーム・リサーチ・オフィサーの肩書きを与えられた[7]。

野生動物局は、当初は日本任せだったが、一九七九年にやっとエリートクラスのプロジェクト・リーダーがマハレに派遣され、保全計画の立案に積極的になってきた。境界線の測量などが進み、一九八五年についにマハレ山塊の大部分を含む一六一三平方キロが国立公園として指定された[9]。一九八九年には、国立公園公団から最初のチーフ・パーク・ウォーデンが派遣され、公園の北境界線近くのビレンゲにマハレ山塊国立公園の公園事務所が設けられた。現在、五〇人程度のパークスタッフがいて、公園管理、密猟防止のパトロール、公園入場料の徴収、旅行者への便宜供与、コミュニティ・コンサーヴェイション、インフラ整備などにあたっている。表1-5に、保全活動の歴史を簡単にまとめた。

四　マハレにおける環境保全活動

1　一九六〇年代におけるトングェの人々の暮らし

まったく保全の手が加えられなかったのに、マハレがチンパンジーの生息地としてどうして一九六〇年代まで無傷で残ったのだろうか？　答えは簡単である。人口密度が小さく、生産性の低い道具を使って、人々が伝統的生活を送っていたからである。トングェの縄張りは、サバンナ疎開林地帯にあり、農耕は主として河辺林で行なう。トングェランドの約二万平方キロに人口は二万人、つまり人口密度は一平方キロに一人だった。ただし、例外的に森林にべったりと覆われているマハレ山塊西側のカソゲ地区の人口密度は、一平方キロに五人だった。トングェの生態人類学的・文化人類学的な研究は、一九七〇年代に伊谷純一郎と掛谷誠らによって行なわれた[6]。

トングェの持続可能性の高い暮らしとはどんなものか簡単に記しておこう。

（１）採　集

自然環境からキノコ、ヤムイモ、果実、花などが食用に採集されたが、すべて自家消費用であり、消費量はわずかだった。蜂蜜採集はかなり専門的に行なっている者がいて販売もしたが、これも持続的な生業である。ござの材料として野生ナツメヤシの葉も集められたが、ヤシを枯らすことはなかった。

（２）漁　労

商業目的の漁労はカソジェでは実質的には行なわれていなかった。河川では伝統的な手作りの小型の刺し網が使われていた。河川の特定の場所ではいかなる漁労も禁止されていた。例えば、ルブルング川とルブグエ川のいくつかの滝はンバラガというコイ科の魚の産卵場だったが、ミガボ（守護霊）の棲み家とされていて、漁獲は禁止されていた。ただし、資源の保全ができていたのはその結果ではなく、商業漁業が存在しなかったためと考えられる。化繊の大きな漁網は、一九六〇年代にはマハレ周辺にはほとんど入っておらず、湖水での漁労はカヌーによる手釣りが中心だった。イワシの仲間のダガー漁も大きな手網を使って掬うという方法だった。七〇年代以降も大規模に漁網を使うことはなく、網目のサイズも五インチに限定されていた。

（３）狩　猟

商業目的の狩猟はまったく行なわれていなかった。場所によって異なるが、最も重要な肉の獲得方法は罠猟で、ブルーダイカーやホロホロチョウなどが主な獲物であった。農耕地ではイヌを使ったアフリカタケネズミ（ケーンラット）猟がさかんで、マスキット銃による銃猟は、中型有蹄類は疎開林で、サルやブッシュバックを対象としたものは森林地帯で行なわれた。

（4）家畜飼育

ヤギ、ヒツジ、ニワトリ、アヒル、ハトなどが飼われていたが、植生を荒らすにはほど遠い小規模な家畜飼育だった。

（5）村　落

村は父系の拡大家族からなり、最大規模で四〇人程度であり、村落周辺の木が建材や燃料で枯渇することはなかった。枯渇する前に、村は放棄された。

（6）粗放焼畑農耕

焼畑が行なわれていたが、一度使用した森林は三〇～五〇年間放置されたので、少なくともたいていの所では、森林が再生するのに十分な期間があった。しかし、森林が永久的に草原に変わってしまったと推定される場所もある。

（7）禁忌の森

日本の天然記念物のように、「守護霊たちの家」と信じられている大木の伐採が、禁止されていた。守護霊たちの家とされる地域一帯（例えば、ンクングェ山頂上付近の森林）の伐採が禁止されていたし、特定のリネージの人々は入ることとさえ禁じられていた。また、祖先の霊（ミシム）たちの家とされる地域一帯（イタバミの森）の伐採が禁止されていたし、人によっては入ることも禁じられていた。

2　マハレ山塊国立公園の現状と問題点

マハレは国立公園に指定され、チンパンジーの密猟はないし、他の動物についても少なくとも大規模な密猟を示す証拠はない。しかし、カヌーや建材としての木材需要は大きいので、カソジェ地域以外での公園内での盗伐は絶えない。住民の大きな問題は、公園の北西の境界線内、公園事務局のすぐ隣に、多数の漁民が無法にも住んでいることである。住民のほとんどは、一九七〇年代にザイール（コンゴ）から逃亡してきた避難民だといわれる。彼らはダガー漁で大きな収入があり、地方政府を金で抱きこんで不法占拠を目こぼししてもらっているばかりか、公園当局と話をつけて湖岸沿いの一定区域内にバナナなどの食用樹を植える許可さえもらっている。[10]

第二の問題は、東アフリカで広く装飾・木陰用として用いられている南米原産の木セナ・スペクタビリスが、マハレ公園内で異常繁殖していることである。これは、公園のチンパンジー調査域内では一九七五年以来、野火を禁止したことによると考えられる。つまり、本種は火に対する抵抗性が弱いので、野火が毎年放たれていた時代は、火の入らない村落内にしか生存できなかったが、野火を禁止したためその「攻撃性」が発揮され始めたと考えられる。現在、この種の撲滅をめざして生態の研究と、樹皮はがし、伐採、幼樹の引き抜きなどの除去作業が始まっている。[11]

第三に、人づけしたチンパンジーが激減したことである。一九八〇年代のエイズ様の病気、一九八九年のライオンによる捕食、一九九三年のインフルエンザの大流行などで、Mグループのサイズは元の半分以下になってしまった。心配なのは、人間から病気がうつったのではないかという恐れである（第七章参照）。その可能性を考え、病気の研究者やアシスタントの活動を一層きびしく制限するとともに、一九九八年からMグループを対象とするチンパンジー研究者の滞在は一度に最多四人という限度を設けた。観光客に対しては、チンパンジーを見るときの注意書きを箇条書きにして数カ所の宿泊施設の壁に張りつけ注意を喚起しているが（表１－６ａ、ｂ）、必ずしも守られているとはいえない。獣医が常住して糞、尿、血痕、死体などから、個体群の健康状態をモニターする体制も作りたいと考えている。

第四にコミュニティ・コンサーヴェイションの問題がある。マハレのもともとの住民トングェは、ほとんど政府に抵抗することなしに国立公園の指定を受け入れた。土地を失った彼らに何らかの利益が還元されるべきである。十分な補償がされなかったことに対し、将来不満が起こる可能性もある。われわれ研究者は、研究助手を住民から採用するのを鉄則にしている（写真１－２）。国立公園公団もパークガイドの一部を住民から採用しているが、パークレンジャーやパークウォーデンなど中級・上級の公園管理者はすべて他地域出身者である。その大きな理由は、住民の学歴が低いことで、せいぜい四〜七年の初等教育しか受けていず、英語も話せない。ぜひとも、奨学金を設けて、住民の子弟に中等教育を受けさせ、できれば最優秀の人材をモシにある野生動物管理大学で学ばせて、マハレ公園のウォーデン候補にしたいと考えている。公園収入が十分あればよいのだが、今のところ公園管理のラニング・コストさえカバーできていない。図１－１に見るように、一九九七年度の収入は一〇万ドルにも達していない。といって、あまり大勢の見学者はチンパンジーにストレスを与える恐れがあるし、さきほど述べたように病気をうつす可能性を高める。住民の生活向上は、旅行者に食物や土産物を売ったり、伝統的な歌を聞かせたりして、収入を向上させる手も考えなければならない。一方、焼畑の火が延焼して、公園内のブッシュが焼けてしまうのは頭の痛い問題である。野火の管理についての教育が必要である。

こういった問題を解決すべく「マハレ野生動物保護協会」を一九九四年に結成し、ダルエスサラーム大学のホセア・

写真1-2　トングェの名トラッカーたち．ラマザニ・ニュンドー（右）とキジャンガ・ハワジ（左）

カユンボ教授に会長になってもらった。西田が副会長、事務局長は元日本人補習校の教諭だった根本利通氏である。現在のところ、会員は百人しかいず、年会費（三〇ドル）だけでは、ニュースレターを発行するだけで精一杯である。しかし、さいわい一九九七年以来、環境事業団から年二百万円の支援を受け、当協会は実質的な活動が可能となった。カユンボ教授を中心として数回にわたって、ダルエスサラームから、環境保全の広報・教育チームがマハレ周辺地域を訪ねている。キゴマの中学生にマハレ公園を見学させるという行事も行なうことができた。また、一九九九年度にはマハレ公園にビジターセンターが完成し、私たちが調査開始三〇周年を記念式典用に作ったった写真パネル、解説パネルなどの教材が展示されている（写真1-3）。

川中健二・発子夫妻は、募金で「ワトト基金」をつくり、一九九七年から活動を始めた。この基金はマハレ地区のプレスクールと初等教育に貢献している。公園内には学校がないので、ボランティアの先生に給料を支払い、またマハレ周辺の小学校の生徒たちに学用品を寄付して喜ばれている。

われわれの研究は、チンパンジーの社会学、行動学が中心だったが、国立公園公団はエコシステムの研究を望んでいる。公園管理に直接役に立つ研究をしてほしいという要望は強い。この要望に応じて、一九九七年には上原と西田は、

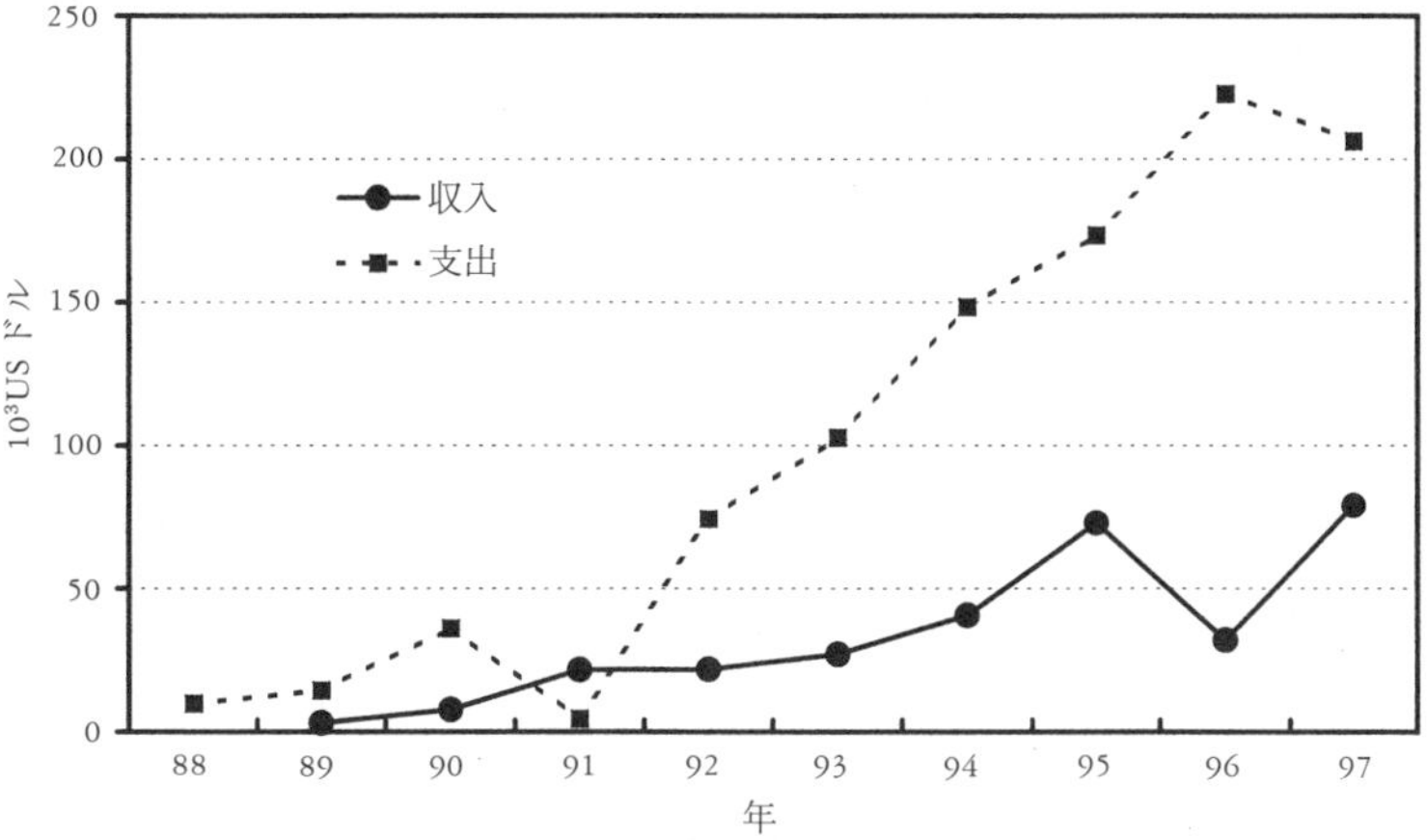

図 1-1　マハレ国立公園における歳入と歳出の変化

写真 1-3　パネル授与式（左から西田，カユンボ教授）

マハレ研究一〇年計画を構想した。これは、行動学的、社会学的、社会生態学的研究以外に、広範な生態学的研究を含むものである。すでに一九九四年から、留学生リンダ・ターナーがチンパンジー生息地の植生分類と土地利用を学位論文のための研究テーマとしたが、それを引き継いで大規模な植生調査とフェノロジー調査を一九九五年から開始し、一〇年計画で進行させている。

これまで、タンザニア側に研究面のカウンターパートがいなかったため、公園公団との意見の調整は難しかった。しかし、遅ればせながら、公団職員ジェームズ・ワキバラをターナーと同様、文部省の外国人留学生として京都大学大学院理学研究科に迎えることができた。彼は博士研究として二〇〇〇年六月よりチンパンジーの種子散布の研究を開始している。

セレンゲティ野生動物研究所、国立公園公団、ダルエスサラーム大学、地元の学校、旧住民とさまざまなレベルで協力しあいながら、そしてＷＷＦや環境事業団などの環境ＮＧＯの支援を受けて、マハレでの研究と保全活動を続けていきたい。

表 1-1　主な発見，第一観察

1966	肉食の観察，単位集団の発見
1967	単位集団間の優劣関係の発見
1968	雌の移籍の発見
1971	オオアリ釣りの発見
1974	カニバリズムと単位集団間の敵対行動の観察
1975	チンパンジーの糞の中にアスピリアの葉を確認
	対角毛づくろいが文化的行動であることの発見
	リーフ・クリッピング行動の発見
	B グループのシロアリ（マクロテルメス属）釣り確認
1975-81	雄の連合行動の観察，アルファ雄の交尾優先権
1977	K グループでシロアリ（シュードカントテルメス属）釣り発見
	オトナの雌が病気の雌の子どもを養子取り
1979	ントロギ，アルファ雄に就任
	K グループの雌の大部分が M グループへ転出
1980	チンパンジーによる屍肉食の発見
1981	雌の排卵期におけるアルファ雄の交尾優先権の発見
	糞から出た種子の発芽率は，自然落下の種子より高いことを発見
1981-82	M グループ，マンゴー・グアバ・レモンなど栽培果実を食べ出す
1982	K グループ消滅
1983	オトナ雄のグループによる集団内子殺しの初観察
1984	チンパンジーがヒョウの赤ちゃんを殺害
1986	エイズ様の病気が流行
1987	病気の雌がヴェルノニアの苦い汁を飲み，体調が改善
1989	ライオンによるチンパンジーの捕食発見
1991	ントロギが雄二頭の連合軍により追放される
	若いオトナ雄に対する集団リンチ事件
1992	ントロギがアルファ雄として復活
1993	インフルエンザ様の病気により 10 数頭が死亡
	双子が生まれる
	アスピリアの葉とともに腸結節虫が排泄されるのを観察
1995	ントロギが，集団攻撃を受け殺害される
1997	ファナナがカルンデに挑戦，雌たちがカルンデを応援
1996	ソーシャル・スクラッチが文化的行動であることの発見
1997	転入雌が川の中に入って藻を食べる
1999	チンパンジーの集団がヒョウの死体を叩く
	リーフグルーミングはシラミ潰し行動であることの発見

表1-2　日本人研究者の研究資金や自然保護活動資金の出所

年度	資金名	代表受領者
1965	文部省科学研究費	伊谷純一郎
1966	文部省科学研究費	伊谷純一郎
1967	文部省科学研究費	伊谷純一郎
1968	ウエンナーグレン財団	池田次郎
1969	文部省科学研究費	伊谷純一郎
1971	日本学術振興会	西田利貞
	ウエンナーグレン財団	伊谷純一郎
1972	文部省科学研究費	伊谷純一郎
1973	文部省科学研究費	伊谷純一郎
1974	文部省科学研究費	加納隆至
1975	国際協力事業団	西田利貞，乗越皓司
1976	国際協力事業団	西田利貞，乗越皓司，上原重男
1977	国際協力事業団	乗越皓司，上原重男
	文部省科学研究費	加納隆至
1978	国際協力事業団	上原重男，川中健二
1979	国際協力事業団	川中健二，伊谷純一郎，徳田喜三郎，長谷川寿一
	文部科学研究費	西田利貞
1980	国際協力事業団	長谷川寿一，長谷川真理子
1981	国際協力事業団	長谷川寿一，長谷川真理子
	文部省科学研究費	西田利貞
1982	国際協力事業団	長谷川寿一，長谷川真理子，高畑由起夫
1983	国際協力事業団	高畑由起夫
	文部省科学研究費	西田利貞
1984	国際協力事業団	高畑由起夫
1985	国際協力事業団	増井憲一
	文部省科学研究費	西田利貞
1986	国際協力事業団	増井憲一
	文部省科学研究費	加納隆至

表 1-2　（続き）

年度	資金名	代表受領者
1987	国際協力事業団	増井憲一
	文部省科学研究費	西田利貞
	日本学術振興会	高崎浩幸
1988	国際協力事業団	小林聡史
	日本学術振興会	高崎浩幸
	文部省科学研究費	加納隆至
1989	国際協力事業団	小林聡史
	文部省科学研究費	西田利貞
1990	文部省科学研究費	加納隆至
1991	文部省科学研究費	西田利貞
1992	文部省科学研究費	西田利貞
1993	文部省科学研究費	西田利貞
1994	国際協力事業団	福田史夫
1995	文部省科学研究費	西田利貞
	国際協力事業団	福田史夫
1996	文部省科学研究費	西田利貞
	国際協力事業団	福田史夫
1997	文部省科学研究費	西田利貞
1998	文部省科学研究費	川中健二
	環境事業団	西田利貞
1999	LSB リーキー財団基金	西田利貞
	環境事業団	西田利貞
2000	文部省科学研究費	西田利貞
	環境事業団	西田利貞
	日本グレートエイプ保護基金	西田利貞
2001	文部省科学研究費	西田利貞
	環境事業団	上原重男

表 1-3　マハレ研究者（研究資料を集めた者）一覧

1965	**西田利貞**
1966	西田，**伊谷純一郎**
1967	西田
1968	西田
1969	西田，**川中健二**，伊谷
1970	
1971	西田（**晴子・郁子**），伊谷，**掛谷誠**（**英子**）
1972	掛谷（英子），伊谷，川中，**森明雄**
1973	西田，**上原重男**
1974	伊谷，**WC McGrew**，**CEG Tutin**
1975	西田（晴子，郁子，**利通**），**乗越皓司**，**川端真人**，**石田英実**
1976	西田，乗越，上原（**茂世**）
1977	乗越，上原（茂世），西田
1978	上原（茂世），川中（**発子・志奈子・亮**）
1979	西田，**長谷川真理子**，**高畑由起夫**，**木村雅美**，川中（発子・志奈子・亮），伊谷，**長谷川寿一**
1980	長谷川（寿），長谷川（真），伊谷，掛谷
1981	長谷川（寿），長谷川（真），西田，高畑，**早木仁成**，**川那部浩哉**，**成田哲也**，**高村健二**
1982	長谷川（寿），長谷川（真），高畑（**比登美**），McGrew，**A Collins**
1983	高畑（比登美），西田，川中，上原，早木，**高崎浩幸**，**堀道雄**
1984	高畑（比登美），長谷川（真），高崎，**RW Byrne**，**J Byrne**
1985	西田，早木，**MA Huffman**，**増井憲一**（**牧子・林太郎**）**伊谷樹一**

表 1-3　(続き)

1986	増井 (牧子・林太郎), 川中, **K Hunt**
1987	増井 (牧子・林太郎), Hunt, 上原, **R Olomi**, 高崎 (**和美**), 西田, **塚原高広**, Huffman
1988	高崎 (和美), 早木, 長谷川 (寿), **小林聡史**, McGrew, A Collins
1989	小林, 塚原, Huffman, **濱井美弥**, **LA Turner**, 西田, **JC Mitani**, **西田正規**
1990	Mitani
1991	高崎, 濱井, 西田, **葭田光三**, **保坂和彦**, **松本晶子**, **吉田浩子**, **小清水弘一**, **大東肇**, **梶幹男**, Huffman
1992	Mitani, 上原, 早木, 西田, 乗越
1993	川中, 保坂, 松本, Huffman
1994	Mitani, 西田, **中村美知夫**, Turner (**J Kirwin**)
1995	乗越, **五百部裕** (**和枝**), **伊藤詞子**, 西田 (晴子), **佐々木均**, 小清水, 大東, Huffman
1996	伊藤, 川中, 上原, Huffman, 中村, 佐々木, McGrew, **LF Marchant**, **R. Magoti**
1997	西田, **和秀雄**, 伊藤, **坂巻哲也**, 五百部 (和枝), **E. B. Knox**
1998	伊藤, 坂巻, **N Corp**, 川中 (発子), 乗越, 早木, 松本
1999	Corp, 西田, **座馬耕一郎**, **C Boesch**, 坂巻, 小清水, 大東, Huffman
2000	座馬, 坂巻, **J Wakibara**, 中村, 西田, 上原, **沓掛展之**, **松阪崇久**
2001	沓掛, 松阪, **藤田志歩**, 川中, 西田, **島田将喜**, 中村

一度の滞在が会計年度を越えた場合は二度記名, 二度の滞在が異なる年でも同じ会計年度の場合は一度だけ記名, 1 月 1 日以降にマハレに入ったときは会計年度でなく, その暦年度に記名, 初回はゴチックで姓名とも記すが 2 度目以降は姓のみ記す, 研究者の家族は, (　) で囲んだ.

表 1-4a　マハレ訪問者（研究者）一覧

1967	加納隆至，伊沢紘生
1971	RW Wrangham，M Hunkey
1972	原子令三，武田淳
1975	田中二郎
1977	杉山幸丸，V Reynolds，C Peters，E O'Brien
1984	D Bygott，J Hanby
1986	太田至，小林聡史
1988	河合香吏
1991	B Smuts，CB Stanford
1992	C Uhlenbrock
1993	西田正規，掛谷誠，伊谷樹一
1994	小林秀司
1995	五百部裕
1996	山越言，N Koyama
2000	山極寿一
2001	M Wilson

表 1-4b　マハレ訪問者（映像記録チーム，新聞社）一覧

1974	ワイルド・キングダム
1975	日本映像記録（結城利三，稲葉寿一）
1977	フジテレビ
1978	BBC（J Sparks），日本映像記録（佐藤静夫），NHK（加藤辿，竹中一夫，堂迫勇）
1979	朝日新聞〔徳田喜三郎）
1980	朝日新聞（松本仁一）
1982	イースト（森政康）
1984	イースト（森政康）
1987	イースト（加賀山曜，大津一美），朝日新聞（石弘之）
1989	アニカプロ（麻生保，中村美穂），日本映像記録（間宮真，稲葉寿一），テレビマンユニオン（長沢智美）
1991	アニカプロ（中村美穂），テレビ朝日（藤枝融，西村宣之）
1992	アニカプロ（中村美穂）
1993	BBC（Andy Byatt）
1994	イースト（森政康，小林俊博，松谷光絵），NHK（藤沢司）
1995	アニカプロ（麻生保，中村美穂），イースト（森政康，松谷光絵），放送大学（杉本勝久）
1996	イースト（松谷光絵）
1997	TBS（笠原啓），イースト（松谷光絵），放送大学（杉本勝久，小林豊文，大津一美）
1998	イースト（松谷光絵）
1999	アニカプロ（中村美穂），イースト（松谷光絵）
2000	イースト（松谷光絵）
2001	イースト（松谷光絵）

表 1-5　マハレにおける環境保全対策の歴史

1967：西田が，マハレ地区をゲームリザーブ（動物保護区）に指定するよう猟政局長に請願

1973：伊谷と西田が，マハレを動物保護区に指定するよう請願書を作り，野生動物局に提出

1974：タンザニア政府は日本政府に対し，チンパンジーの基礎調査を行わせるため，国際協力事業団（JICA）から専門家をマハレ地区へ派遣するよう要請

1975：野生動物局へ JICA の専門家派遣開始．初代ゲーム・リサーチ・オフィサーとして西田と乗越がマハレへ．直ちに，調査域内の野焼きを禁止．チンパンジーへの給餌削減．京大隊の調査補助員 5 名がタンザニア政府野生動物局の役員として採用される．

1979：マハレ山塊野生動物研究センターがセレンゲッティ野生動物研究所（SWRI）管轄下の研究センターの一つとして設立される．伊谷を団長として，JICA の調査団がマハレに派遣される

研究センターの最初の所長代理（E Tarimo）着任．センター役人は約 20 名に増加

1980：国立公園に提案されている区域の居住が禁止され，住居が取り壊される．JICA 調査団によるマハレ保全計画書（“Mahale”）が印刷される

1985：マハレ山塊国立公園の指定

1987：チンパンジーの餌づけ全面中止

1988：JICA 第一次専門家派遣終了

1989：初代のマハレ国立公園チーフ・パークウオーデン（AH Seki）がタンザニア国立公園公団（TANAPA）より着任

1994：マハレ野生動物保護協会（MWCS）をダレサラームに設立：会長に Hosea Kayumbo ダルエスサラーム大学教授，副会長に西田が就任．会誌『パン・アフリカ・ニュース』創刊

JICA の第二次専門家派遣開始

1995：マハレ研究 30 周年記念シンポジウムが，JICA の援助でダルエスサラームのキリマンジャロ・ホテルでおこなわれる．

1997：JICA 第二次専門家派遣終了，

川中健二・発子夫妻がワトト基金設立．

1998-2001：環境事業団の援助を得て，MWCS が環境教育活動をおこなう．

2000：環境事業団の援助により，マハレ公園に環境教育のためのビジターセンター設立

2001：外務省小規模無償により，カトゥンビに小学校建設

表1-6a　チンパンジーを見るときの一般的な注意

1. 病気のときは，チンパンジーを見に行かない
2. 排泄は宿泊施設の便所に限る
3. チンパンジーのいる所で食事をしない
4. チンパンジーに餌を絶対与えない
5. ごみはすべて焼却するか，宿泊施設付近の穴の中に捨てる
6. チンパンジーの近くでは禁煙する
7. チンパンジーを観察するときは，5m 以上の距離をおくように努める
8. チンパンジーにさわったり，叩いたり，脅したりしない

表1-6b　その他，観光業者や観光客に対する注意書き

1. 観察時間は，一日1時間を限度とする
2. 観察は広い観察路のみで，薮の中に入ったチンパンジーを追跡しない
3. ツーリスト・グループの派遣は，一日に四組を限度とする
4. ツーリスト・グループの派遣は，同時に二組を限度とする
5. ツーリスト・グループのサイズは六人を限度とする

註

（1）今西 1960; 伊谷 1960; 河合 1960.
（2）Imanishi 1958; Kawai & Mizuhara 1959.
（3）伊谷（編）1977.
（4）西田 1973.
（5）西田 1969b.
（6）伊谷・西田・掛谷 1973; 西田 1973; 掛谷 1974; Kakeya 1976.
（7）西田 1981.
（8）Nishida（ed.）1990.
（9）西田 1982b; Hasegawa & Nishida 1984; Nishida 1985.
（10）Nishida 1996a; Nishida *et al.* 2001.
（11）Nishida 1996a, d; Turner 1996; Lukosi 1997; Wakibara 1998.

第2章
三七年の研究概要

西田利貞

本書を企画するさい、チンパンジーに関するすべてのトピックを覆うような構成を最初は考えていたが、目次を作っているうちに、それは不可能であることがわかった。現在、チンパンジー学は、〝パンスロポロジー〟(Panthropology) とでも呼ぶべき広大な領域を開拓しつつあり、たとえ大冊であっても、一冊の本ですべてをカバーすることはできない。それで、本章では、マハレでどんな研究がなされたか、概要と各トピックについて文献を示した。また、やり残されている重要なトピックについても、気づくかぎり書きとめた。マハレのチンパンジーに関してどんなことがわかっているか知りたい方や今後フィールドで研究を始める方にとって、本章が役立つことを期待したい。

一　生　態

1　生息環境

（1）地　形

マハレ山塊は、南緯六度、東経三〇度にあり、タンガニイカ湖東岸の最大の突出部に位置する（写真2-1）。山塊は北西から南東に向かってほぼ直線上に、約八〇キロメートルにわたって延び、最高峰ンクングエ山（二四六〇メートル）をはじめ、雲海を越えるピークが多数ある。湖から吹きこむ湿った風が雲と霧を発生させ、これが山塊にぶつかって山塊西側に豊富な降雨をもたらし、ほぼ一八〇〇メートル以上の高地には山地林を、山塊の北西山麓には湖岸から一五〇〇メートルまでは中緯度半落葉樹林（カソジェ・フォレスト）を発達させている。乾季も水の枯れない多数の川が、山塊に深い谷を刻む。一方、マハレの東側は大部分が丈の高い乾燥したブラキステギア疎開林に被われている。マハレは、巨視的に見れば、西部タンザニアと東部コンゴに広がる広大なミオンボ疎開林の中にある森林の島と見なすことができる。マハレに最も近い巨大森林は、北はウガンダ-ブルンディの高地、南はウフィパ-ニャッサの高地であり、いずれもマハレから同じくらい、つまり数百キロ離れている。鳥類相を調べたモローによると、距離からいえば「北方種」と「南方種」が同じだけいてもよさそうだが、マハレには「北方種」が「南方種」の一〇倍もいるという。つまり、マハレは南部森林帯より北部森林帯とのつながりが深かったということである[1]（図2-1）。

(2)気　候

マハレの一年は、五月中旬から一〇月中旬までの五カ月間の乾季と、一〇月中旬から五月中旬までの七カ月間の雨季に分けられる。乾季とは、月降雨量が一〇〇ミリ以下の月を指す。六月から八月の三カ月は、雨がまったく、あるいはほとんど降らない。九月に年最高気温(三四度C)、七月に年最低気温(一五度C)を例年記録する。乾季の一日の温度差は二〇度近くなるが、雨季、とくに一日中雨か曇りのときは数度の差である。カンシアナ・キャンプでの年間降雨量は、一五〇〇〜二三〇〇ミリである。詳しくは高崎浩幸らがまとめている。[2]

(3)植物相

マハレはきわめて多様な植生を誇っている。植生の垂直分布と水平分布は、湿度、気温、降雨、土壌、農耕の歴史など局地的なミクロな相違によってひきおこされている。

チンパンジーの生存にとって最も重要な森林タイプは「半落葉」あるいは「半常緑」の河辺林であり、海抜七八〇メートル(＝湖抜ゼロメートル)から一三〇〇メートルを被う。この森林タイプは、バンツー系農耕民トングェによる原始焼畑農耕の対象となってきたので、村の酋長が埋葬される「イタバミの森」と称され

写真2-1　マハレ山塊北部の山容とタンガニイカ湖

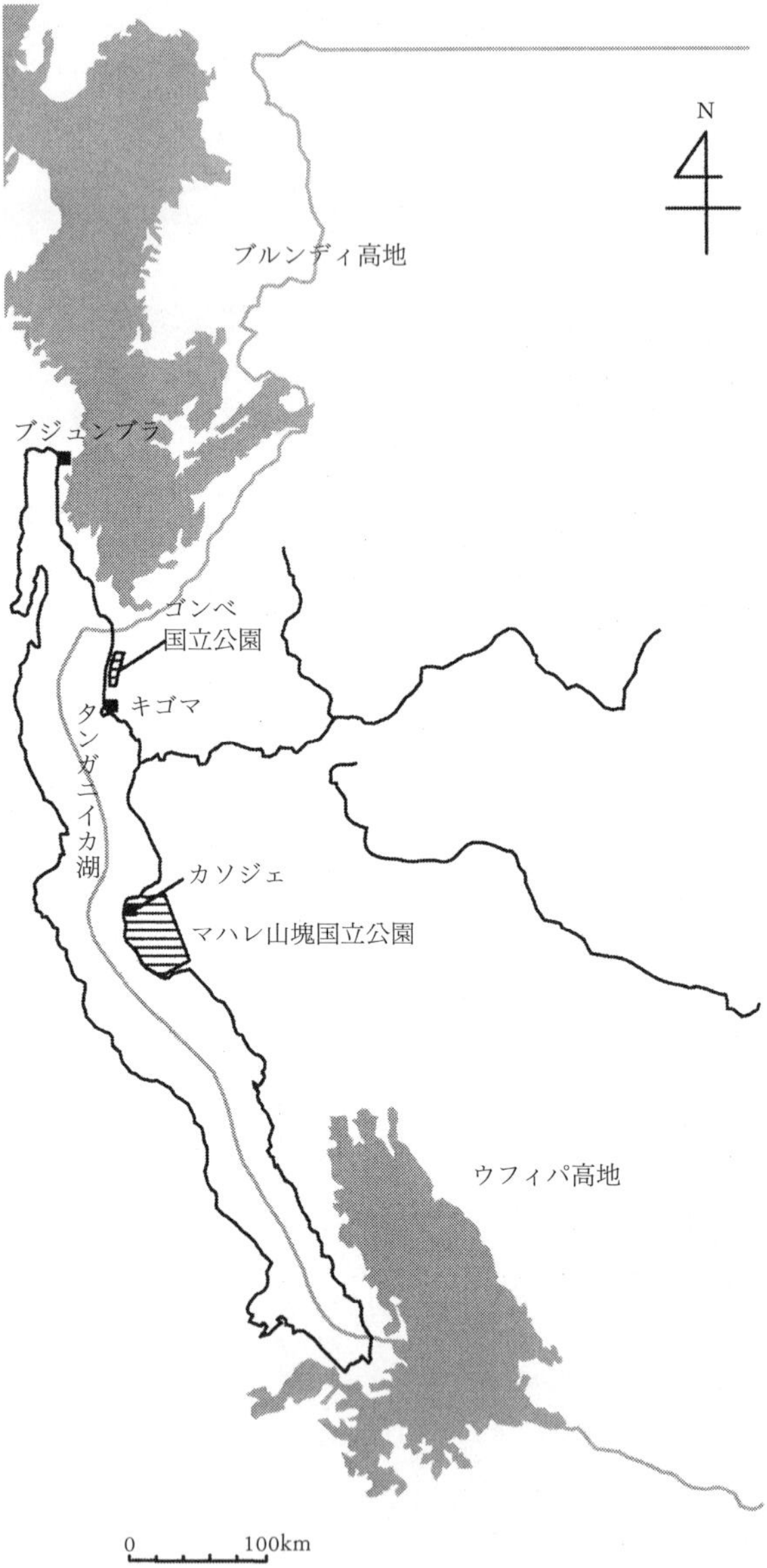

図 2-1　マハレの南北の高地

る小さいパッチ以外は、処女林は存在しない。この森の優占種は、トウダイグサ科のクロトン、バンレイシ科のサイロピア、マメ科のアルビシア、パルキア、ジュルベルナルディア、ウルシ科のシュードスポンディアス、ニクズク科のピクナントゥスなどである（伊藤の第三章[3]）。土壌条件などの違いによって、極相林にはいくつかの種類があるようだ。チンパンジーの研究基地カンシアナの周辺では、森林の伐採後、エレファントグラス↓ハルンガナとイチジクの混交林↓ピクナントゥス林↓アルビシア／ザイロピア／ジュルベルナルディアいずれかの極相林という形で生態遷移が進むと私はかつて考えた。[4] しかし、実際はもっと複雑で、遷移にはいくつかのプロセスがあるようである。

標高の低いところにある疎開林は、ディプロリンクス-コンブレトゥム林、ウアパカ・モノテス・アフゼリア混交林、ブラキステジア林、パリナリ林の四つのタイプに分けられる。乾季には、疎開林のほとんどの樹木が落葉するが、パリナリのように落葉しない木がある。

標高の低いところには、かつては、アカシア・サバンナと呼ぶべき目立った植生があった。樹木はアカシアだけで、下生えが丈の高いイネ科草本に覆われた明るいサバンナが広く発達していた。しかし、乾季に草本に火をつける習慣を一九七五年に禁止して以来、アカシアはどんどん枯れだし、今ではアカシア・サバンナと呼べるような植生はほとんど存在しない。それゆえ、これは人為的なクライマックスだったと考えられる。

チンパンジーの生存と最も関係の深い植生は以上であるが、マハレにはきわめて多様な植生がある。植生全般については、多くの文献がある。[5] ただ一言加えるなら、一五〇〇メートル以上に現れ、多様な植物共同体を含む山地林には、東アフリカから西アフリカにわたって共通な「チンパンジーとともに古い」植物が存在することである。森林はおもに川辺に発達するが、一八〇〇メートル以上の標高の高いところでは、川辺だけでなく尾根も森林で覆われる。これらには、パリナリ・エクセルサやアントノータ・ノルデー、クロトン・メガロカルプスなどがある。トングェ語と学名の対照表には、約六〇〇種がリストアップされている[6]（附録1も参照）。

（4）動物相

西タンザニアの動物相は、起源を異にする動物の集合体である。東アフリカのサバンナに適応した種、南アフリカのサバンナや疎開林に適応した種、西アフリカやコンゴ盆地の森林環境に適応した種がいる。[7] マハレの動植物は東アフリカより西アフリカのそれと類縁が近く、また古い動植物相の残存者が保存されている。その意味でマハレは生物地理学的には興味深い地域である。[8]

もちろん、その位置からいっても、森林の規模からいっても、マハレがタンザニアで西アフリカの動物相の最も豊かな地方であっても不思議ではない。いくつか目立った西アフリカ性の動物を挙げると、チンパンジー、ジリス、フサオヤマアラシ、アンゴラクロシロコロブス、リビングストンエボシドリ、カンムリクマタカなどがある。マハレのアンゴラクロシロコロブスは、新亜種である可能性が高い。[9] カンムリホロホロチョウは、タンザニアではマハレだけに記録されている亜種である。[8] 巻末に、マハレの哺乳類相を挙げる。伊谷純一郎は鳥類相のリストを発表しており、またトングェ語の動物分類についても論文を書いている。[10]

カソジェは森林性の美麗なタテハチョウであるフタオチョウの宝庫である。キーランドは、一九六六年頃よりカソジェでチョウの採集を精力的に始め、マハレ特産種をいくつも発見し大著『東アフリカのチョウ』に記載した。佐々木均は、アブとサシバエを精力的に収集した。[11] 上原重男と川中健二はショウジョウバエを採集した。[12]

2　チンパンジーの環境に対する影響

チンパンジーは果実や木の葉を食べるとき、枝を折りとって安定して採食できる場所まで運搬することがよくある。

毎夕、寝るときに枝を折ってベッドを作る。そのため頻繁にチンパンジーが訪れる木は形が変わってしまう。しかし、こういった行動が樹木にどれくらい悪影響を及ぼしているのは明らかでない。[13] 一方、チンパンジーは果実を食べ、多くは呑み込むので、排泄のとき種子散布する。チンパンジーは体が大きく、長距離を移動し、しかも多様な植生を利用するので、種子散布者としてきわめて重要である。[14] 高崎浩幸は、チンパンジーの種子散布をどのフィールドよりも先駆けて研究した。排泄された種子は発芽し、しかもチンパンジーの消化器官を通過した種子の発芽率の方がそうでないものよりよい場合があることを示した。[15] ターナーは、ピクナントゥスに限って、種子の落ちた現場で発芽率を調べた。[16] 現在、ジェームズ・ワキバラが、種子散布を博士論文のテーマとして研究している。

3　ロコモーションと姿勢

チンパンジーの移動運動は、ヒト科特有の直立二足歩行の起源に対する興味から研究されてきた。マハレでは、ケヴィン・ハントが一年間に渡ってデータを収集した。[17] チンパンジーのロコモーション型は、指背歩行、二足歩行、クラッチング、三種類のでんぐり返し、ピルエット（コマ廻り）、樹木の抱き登り、木性つるの垂直登り、ブラキエーション、跳躍、落下などさまざまある。ハントは、二足立ちして手で灌木の上方あるいは梢を握り引き下ろして、果実を食べる行動に強く印象づけられ、二足歩行の「灌木採食起源説」を発表した。[18] しかし、灌木採食は二足直立だけで、歩行をほとんど伴わないので、この仮説は他の諸仮説[19]と比べて、とくに有力とは思われない。

姿勢は、座る、横たわる、四足立ち、二足立ち、垂直しがみつき、ぶらさがり、などがあるが、チンパンジーにとってとくに重要なのは「三肢ホールド」である。これは、両足と片手で木にぶら下がり、もう一方の手で果実や葉を採取する姿勢で、この姿勢のお陰で、チンパンジーは樹木の枝先でも、自由に採食できるのである。[20]

4　採食生態

量的データに基づく、チンパンジーの採食生態の全般を扱った研究はまだ出版されていない。リンダ・ターナーと伊藤詞子が、現在資料を分析中である。調査域の詳細な植生図も未発表である。採食行動、遊動行動、日周活動リズムの研究も初歩的段階以上のものではない。[21]採食スピードについては、上原重男が、草本の髄を対象に調べたところ、オトナの雄がワカモノの雄より速く食べた。採食スキルには違いがなかったので、オトナの雄は社会的なつきあいが多いので、速く食べていると結論した。[22]

詳細なチンパンジーの食物リストはあり、それによるとチンパンジーは二〇〇種以上の植物、四五種以上の動物を食物として利用する。[23]このリストは、他地域のどの食物リストより多い。[24]チンパンジーの食物の味については、系統的な調査がある。果実以外の食物で、最もふつうの味は「無味」だったという事実は、毒性のあるものを避けていることを示唆する。[25]栄養分析は、松本晶子が一部の食物について発表しており、チンパンジーの食物として主要な果実は、高カロリーであるという結果を得た。[26]最近、西田とジェームズ・ワキバラがもっと大規模に栄養分析用の資料を集めた。

また、Kグループと Mグループの食物の季節変化・年変化が一二年間にわたって糞分析によって調べられたが、その結果はまだ部分的にしか分析・公表されていない。[27]

オオアリ釣り行動[28]とシロアリ釣り行動[29]の自然史については、詳細な研究がある。とくに、上原重男は、シロアリの種とライフサイクルの相違に応じて、チンパンジーがさまざまな戦術をとることを明らかにした。チンパンジーは、道具を使わずアリを食べることも多い。川中は、雄のアリ食い行動を詳しく調べ、アリ食い行動は、年齢とともに減少し、体重を考慮すると、ワカモノの雄はオトナの雄の二〇倍ものアリを食べているという。(30)

5　道具使用行動

マハレのチンパンジーの道具使用行動は、タイ、ボッソウ、ゴンベなど他の地域のレパートリーと比べ少ないが、キバレのレパートリーより多い。(31)マハレでは、オオアリ釣りやシロアリ釣りなどの生計活動、葉の嚙みちぎり誇示などの求愛誇示、(32)岩石投げなどの威嚇誇示、(33)石遊び(34)などの遊び行動に道具が使われる。西田と平岩(35)は、オオアリ釣り行動は、Mグループのチンパンジーの生存にとって不可欠とは考えられないと主張したが、山越言は、堅果割り行動はボッソウのチンパンジーの生存にとって不可欠であると主張している。(36)オオアリ釣りの適応的意義も再検討する価値がある。

6　体　重

一九八七年までは、カンシアナに餌場があり、バナナかサトウキビを少量ながら与えていたため、体重をはかることができた。体重は季節的な変動を示し、七回以上測定できた四頭すべてが、雨季の後半に最小値を示した。(37)雨季の後半に限って疎開林の樹木の樹皮が食べられること、(38)パーティ・サイズが小さいことなどから、経験的に食物の少ない時期と考えられている。また、マハレの雌のチンパンジーの体重は、ゴンベより有意に重いこともわかった。(37)一方、筆者の印象であるが、キバレ森林やタイ森林のオトナ雄の体格は、マハレより大きいようである。

なお、体格を地域間で比較したり、骨歯の病変を知るためには骨格の採集が不可欠である。これまで、全身骨格や頭骨などが一〇個体分くらい収集され、一部は計測が終わっている。(39)

7　狩猟肉食行動

狩猟肉食行動については、第九章に詳しい。マハレのチンパンジーは、二五種以上の昆虫を食べ、五種以上の鳥類と一五種の哺乳類を食べる。(40)鳥類はヒナと卵が主である。最新の資料（第九章参照）では、哺乳類の捕食対象の大部分はアカコロブスで、八三パーセントを占める。(41)これは、ゴンベやキバレ、タイなど他のどの地方とも共通である。(42)マハレやゴンベのコロブス狩りは集団猟ではあるが、協力活動とは必ずしも呼べない。なぜなら、狩りに成功したとき、捕獲した個体あるいは最終的に肉をコントロールした個体が、狩りに協力した個体に分配するとは限らず、むしろそれとは無関係に分配されるからである。(43)しかし、象牙海岸のタイ森林では、勢子と捕獲者の分業が見られ、協力した個体に肉の分配が行なわれるという。(44)もしそうであれば、非常に大きな行動上の相違であるが、タイの研究者は、誰が誰に分配したかを報告しておらず、説得力は小さい。有蹄類では、ヤブイノシシやブルーダイカーについては、幼獣のつかみ取りが普通の獲得法である。肉がチンパンジーの生存にとって占める位置は定まっていない。集団全体で平均すると肉を取る量はわずかであるが、実際は特定のオトナの雄と雌が独占するので、食べる個体は多量に食べる。それゆえ、肉食に恵まれた個体は多くの子孫を残している可能性は否定できない。

まれではあるが、チンパンジーは屍肉食（スキャヴェンジング）も行なう。初期人類は屍肉食を行なわなかったであろうというテレキの主張(45)は、マハレでの長谷川寿一らの発見によって否定された。(46)

8　餌動物を含む他の哺乳類の生態

一方、チンパンジーの餌動物を中心に、他の霊長類の生態に関する研究も行なわれている。五百部裕は、アカコロブスの対チンパンジー捕食者回避戦術を研究した[47]（第一〇章参照）。このサルには二つの戦術、つまりチンパンジーが遠方にいるときは沈黙戦術、近くに来て見つかってしまった場合は、モッビング戦術を使うという。これはゴンベのコロブスの戦術[48]とよく似ているという。アカコロブスやキイロヒヒを中心として、サル類の採食生態も調べられているが初歩的段階にとどまっている。[49]最近、ヒヒがチンパンジーの生息圏に侵入してきて、チンパンジーの遊動はその影響を受けている。[50]

上原重男と五百部裕は、餌動物を含む大型哺乳類の分布と密度を調べた（第五章参照）。彼らは、アカコロブスとアカオザルはほぼ密度が同じであることを明らかにした。[51]前者は圧倒的にチンパンジーによく捕食されるという事実は、密度からは説明できないわけである。霊長類の種間関係は、残されている大きなテーマである。

9　捕食者や他の大型動物との関係

ながらく、チンパンジーには捕食者はいないと考えられてきた。そのため、捕食者はいないとして、大型類人猿の社会構造の成り立ちが考えられたりした。[52]しかし、塚原高広がライオンの糞の中に発見した黒い毛がチンパンジーのものであることを、稲垣晴久は電子顕微鏡で証明し、常識を覆した（第八章参照）。ほぼ同時に、象牙海岸のタイでも、チンパンジーがヒョウに殺されるのが繰り返し観察された[53]。他の調査地、ゴンベやボッソウには、ヒョウやライオンは事実上住んでいない。

チンパンジーとヒョウの関係は、マハレとタイでは異なるかもしれない。マハレでは組織的には調べていないものの、ヒョウの糞の中にチンパンジーの毛が発見されたことはない。チンパンジーは、ヒョウの声を聞くと〈ワー・バーク〉という吠え声を発するが、数回聞くともうこの警戒音を発しない。また、長谷川真理子らは、岩蔭の中から、雄のチンパンジーがヒョウのコドモを引きずり出し、殺すのを観察した[54]。新鮮なオトナのヒョウの死体が見つかったとき、チンパンジーたちは集まってきて素手で体を叩いたり、体を持ち上げたり、毛づくろいしたりした[55]。つまり、マハレでは、チンパンジーはヒョウをあまり恐れている風はない。

チンパンジーは、イボイノシシに会うと、〈ワー・バーク〉で吠えるか、樹上に逃げるか、二足で突進して脅かす。チンパンジーはヒヒの声を近くから聞くと、やはり〈ワー・バーク〉で吠え、ときに突進誇示をする[56]。チンパンジーと他の動物との種間関係についてはまとまった報告がない。

10　生計活動の性差

短期的に見ると、雄は雌より広い地域を動く。雌は特定の地域に長く留まる傾向がある。この傾向は、授乳雌がいちばん強く、非発情時の周期雌、そして発情時の周期雌の順に弱くなる。しかし、一年を通じて利用する地域の広さは、雌雄かわりはない[57]。

授乳雌は、周期雌やオトナの雄より、一日の活動時間が短い。とくに夕方の採食時間は一時間以上早く切り上げる[58]。

雄が雌より狩猟をよく行なうこと、オトナの雄の方がオトナの雌よりよく肉食することは、どのフィールドでも知られている。[59] 糞分析から、上原重男はMグループのオトナの雌は、オトナの雄よりオオアリをよく食べること、大きな単位集団のオトナ雄は小型の集団の雄よりも昆虫を食べることが少ないことを明らかにした。[60] この昆虫食に関する性差は、両性における食事上の要求の違いを反映しているだけでなく、社会的活動の量とも関係している。つまり、単位集団のなかに多くのオトナの雄がいるほど、連合の形成や維持のために雄たちは雌たちよりもお互いに社会的な毛づくろいなどに多くの時間を割かなければならない。[60] 同様のデータは、ゴンベのチンパンジーについて、マックグリューが提出している。[61]

長谷川真理子[62]は、採食の性差は若いときから出現することを示した。雌のコドモやアカンボウは雄より、アリを食べるのに多くの時間を使う。彼女は、またオトナの雄の一部は非常にオオアリ釣りが下手であることに気づいた。道具使用は雌の方が長じているらしい。タイでは、堅果を石器や棒で割る作業の能率は雌の方が有意に高かった。[63] ベッドつくりにも性差が見られる。昼寝のとき、ワカモノやオトナの雌は、雄よりもっと頻繁にデイベッドを作る。[64]

11　寄生虫と治療行動

消化管の寄生虫相については、川端真人が最初に調べ、その後いくつか研究がある。[65] 腸内寄生虫は、雨季に増加する。外部寄生虫としてはおそらくシラミが重要で、座馬耕一郎は最近チンパンジーの体毛由来のシラミを採集した[66](第一二章参照)。毛づくろいはおもにシラミを除去する行動と考えられる。雨季にはサシバエがチンパンジーにたかる。佐々木均はチンパンジーに害を与えそうなマハレの双翅目をトラップで集めた。[67] この他にマダニがチンパンジーにつくと考えられる。[68] 座馬耕一郎は、最近Mグループの生息域でのダニの種類と密度の季節変化を調べた。

チンパンジーは、特定の草本あるいは木本の葉を噛まずにゆっくり呑み込むことがある。そして、大便には葉がそのままの形で出てくる。最初に発見されたのは、キク科のアスピリアの葉だった。呑み込まれる葉は、今では八種程度知られている。[69] アスピリアの化学分析の結果、チアルブリンAという抗生物質が抽出されたが、これは後で根にあった成分のコンタミネーションであることが判明した。その後、さまざまな化合物がチンパンジーが利用したものとして提案されているが、現在、葉からは決定的な生理活性物質は出てきていない。[70] これらの葉は、どれも表面がザラザラしており、こういった物理的特徴をもった葉で寄生虫をつつんで腸内から排出しているという仮説も提出されている。[71]

また、マイク・ハフマンは、キク科ヴェルノニアの苦味の強い若い髄を、病気のチンパンジーが食べるのを見た。[72] これを小清水弘一と大東肇のチームが分析した結果、薬理効果のありそうな物質がいくつも出てきたが、[73] なかでもヴェルノニアサイドB1がチンパンジーの薬である可能性が高いという（第一一章参照）。チンパンジーはシロアリ塚の土をときおり食べるが、これも自己治療と関係があるかもしれず、成分が調べられている。[74]

オトナの雄のカルンデは、風邪をひいて鼻づまりになると、いつも一〇センチ程度の細い棒を、鼻腔に入れて粘膜を刺激し、くしゃみを誘発して、一挙にハナ汁を放出する。カルンデ以外には、ワカモノ雌の一頭がこの行動を示したという記録があるだけである。[75] これは、道具を使った自己治療行動だといえる。[76]

オトナの雌のンコンボは出産の四カ月後、アカンボウを死なせた。その約半月後、彼女は自分の乳首からミルクを吸った。張った乳房の痛みを緩和するためと考えられる。[77] 最近、八歳の雌イヴァナが長さ一〇センチ強の木の枝を使って足の爪の間に入ったスナノミを取り出そうとしたが、強度が十分でなく成果はなかった。[78]

二　社会構造

1　個体群構造

チンパンジーは、複数の成熟雄、その三倍程度の成熟雌と、成熟個体とほぼ同数の未成熟個体からなる半閉鎖的な「単位集団」をなして生活する。[79] ジェーン・グドールは、ゴンベ公園全体のチンパンジーはお互いに交流があると考え、これをコミュニティと呼んだ。[80] 一九七三年になって初めて、グドールは単位集団を認めたが、意味が変わったにもかかわらずコミュニティという用語を使い続けている。[81] コミュニティという用語は、集団の単位以上の関係を指すべきである。例えば、マントヒヒでは一夫多妻のユニットが集まってバンドと呼ばれる群れを作るが、こういった場合はバンドをコミュニティと呼んでさしつかえない。

タンザニア全体に住むチンパンジーの数を、加納隆至は約二〇〇〇頭と推定した。なかでも、マハレは最もチンパンジーの生息密度の高い場所と考えられている。[82]

2　年齢・性構成と雌の繁殖サイクル

チンパンジーは成長が遅く、オトナになるのは雄が一六歳、雌は一三歳くらいである。

その他の年齢・性構成については、第三章を見ていただきたい。[83] 成長速度と母子関係のあり方には、大きな個体差がある。[84]

排卵を伴う性サイクルをもつ雌を「周期雌」、妊娠あるいは授乳中の雌を「非周期雌」と呼ぶ。雌の性サイクルや履歴とそれに応じた性行動については、長谷川寿一、長谷川真理子、高崎浩幸等が調べてきた。[85] 授乳雌は発情せず、他の個体との社会関係のもち方が変わる。ところが、一～二歳のアカンボウを抱く授乳雌が性皮の腫脹を示し、交尾することがある。[86] しかし、どういう状況で、こういった非排卵性の発情が起こるのか明らかでない。性皮の腫脹が同調する傾向が認められることがあるが、これを証明することはきわめて難しい。残された問題である。[87]

3　人　口

齢別死亡率、齢別出産率、生涯出産数などの人口学的研究については、第七章を参照のこと。

4　グルーピング・パターン

単位集団は、いつも成員全体が一緒に行動するわけでなく、むしろそういった場合は、一年の一時期に限られる。単位集団の一時的なサブグループを「パーティ」と呼ぶ。この離合集散をおこさせる要因には、食物量、発情雌の数、他の単位集団の位置が含まれる。おおむね、二月から六月頃までが分散の季節、七月頃から一月頃までが集合の季節であり、とくに九～一二月の四カ月が大集合の時期である[88]（写真2-2）。

写真 2-2　9〜12月には，マハレのチンパンジーは大きなパーティで移動する

5　集団間関係

チンパンジーの集団間関係は、マハレで、川中健二と西田によってパイオニア・ワークが行なわれた[89]が、残念ながらその後はあまり研究が行なわれていない。今や、マハレで最も必要とされる研究トピックの一つとなった。MグループとKグループの関係からおもに明らかになったかぎりでは、集団間関係は敵対的であり、縄張りの境界では、隣接集団のメンバーに対する攻撃や[89]、アカンボウの殺害やカニバリズムが見られる（後述）。とくに敵対的なのは、オトナの雄同士であり、それ以外の性・年齢クラス間では、異なる集団のメンバーが一時的にせよ共存したことも観察されている。[90] Kグループのオトナ雄の数が減っていき、二頭を残すのみになったとき、Kグループの周期雌は全員Mグループに移籍した。Kグループの雄の数頭はMグループに殺された可能性がある。[91] ただし、隣接集団は、通常は避けあうことによって闘争を回避している。一九九五年以降、Mグループは病気などによって個体数が半減したが（第七章参照）、そのあと見知らぬ集団がMグループの縄張りの中を遊動しているのが観察された。[92]

6　雌の移籍

集団間関係は敵対的であるが、発情雌は新しい集団に転入することを許される。転入当初、若い雌は在住雌に攻撃されるが、オトナの雄が転入雌を応援するため、攻撃が過度になることはない[93]。若い雌が高順位の授乳雌につき従い、毛づくろいしたり、そのアカンボウを世話したりして、親しい関係を樹立することも多い[94]。次第に新しい集団にとけこみ、多くの場合数年後には出産するが、不妊が五年以上続くこともまれではなく（第七章参照）、また集団に定着することができず再転出する場合もある。

例外的に、雄が転入することがある。これは、性的に活発になった母親が離乳期のアカンボウあるいはコドモの雄を連れて、隣接群に移籍する場合である[95]。一方、発情した母親は隣接群に移籍したのに、離乳期を過ぎた息子が母親に追従するのを拒否して、生まれた集団にとどまった例もある[96]。ただし、これを報告した長谷川真理子は、息子は母親によって「遺棄された」と解釈している。不幸にも、Kグループからオトナの雄が皆消え、おもなオトナ雌もMグループへ移籍してしまったあとにワカモノになった雄のリモンゴは、元のKグループの縄張りをひとりで遊動し、けっしてMグループに入ることはなかった[97]。

7　子殺しと共食い

子殺しは、5で記したように隣接する他の集団のアカンボウを対象とする場合が多いが、同じ集団に属す雌のアカンボウを殺すこともある。子殺しはほとんどすべての場合に、カニバリズム（共食い）を伴う。Mグループでは集団内の子殺しは八例知られており、オトナの雄がアカンボウを実際に殺しているところを高畑由紀夫が観察した。その後、濱井美弥らが報告したケースは、アニカ・プロダクションによりビデオ録画され放映されて、反響を呼んだ。[98] 隣接する集団のアカンボウの場合は、性淘汰説で説明できるが、集団内の子殺しはそうはいかない。そのため、さまざまな仮説が提案されている。多くは性淘汰説の異なるヴァージョンだが、[99]「文化説」さえ主張されている。[100] 今のところ、雄のアカンボウばかり殺されているが、最近、雌のアカンボウが攻撃され殺害されそうになった事例が坂巻哲也らによって報告された。[101] 異なる集団間での子殺しは、ゴンベ、キバレ、タイなどでも知られているが、[102] 不思議なことに、他のフィールドでは、集団内でのオトナ雄による子殺しは知られていない。子殺しは、大きな謎のまま残されている。

三　社会関係

オトナの雄はどのオトナの雌よりも優位で、オトナの雌は一部のワカモノ後期の雄を除いて、未成熟個体より順位が高い。チンパンジーにおける順位は、二頭の個体のうちどちらが「挨拶」するか、つまりパントグラントという音声（後述）を発するかによって決まる。[103]

1　オトナ雄間の関係

オトナの雄の間には、直線的順位関係が成り立つことが多い。しかし、アルファ雄、つまり第一位の雄は別格で、アルファ雄とその他の雄の間ではパントグラントがよく聞かれるが、非アルファ雄間では必ずしも頻繁には聞かれない。また、順位交代の時期には、当事者間ではパントグラントは起こらない。オトナの雄は最も集合性が高く、生まれた集団で生涯を送り、縄張りをパトロールすることからいっても、単位集団の核といえる[104]。

2　アルファ雄

アルファ雄は、交尾と肉に対する優先権をもつ。そのため、その地位は、雄間の激しい競争の対象になる。アルファ雄になるには、闘争でライバルを負かす方法と、アルファが死亡してトコロテン式に一位になる場合がある。闘争の場合も、一対一の闘争と、仲間と連合を組んでアルファを打ち負かす場合がある。アルファの地位を維持するには、激しく長いディスプレーによる脅し、肉の分配や毛づくろいによる取り巻きの形成、分離のための介入（後述）などによるライバルへの恐喝、などさまざまな戦術が必要らしい[105]。

闘争によるトップの交代劇は、これまで少なくとも五度観察されているが[106]、Kグループの場合を除いて、ほとんどがまだ十分に分析されていない（ただし、保坂・西田の一九章参照）。それは、チンパンジーの社会的知能が極限まで発揮される舞台である。

川中健二は、三シーズンにわたって二頭の異なるアルファ雄をターゲットとして追跡した。アルファ雄には常連のつきあい相手がいて、これはオトナ雄の総数の半数以下で、年齢とも順位とも無関係だった。常連のつきあい相手は、年とともに変化したが、年寄りや順位下降中の雄たちとは、いつも仲がよかった。こういった雄たちには、アルファ雄のほうから積極的に接近し、毛づくろいした。川中によると、第二位の雄はより低順位の雄に攻撃されることがあっても、アルファ雄の前ではそれに対処できない。そのためアルファ雄は、年寄りや順位下降中の他の雄を自分のそばにおいて、ライバルにストレスの多い状況をわざと作っていると言う[107]。

3　疎外された雄と集団リンチ

敗退したアルファ雄は、集団の縄張りの辺縁部を放浪し、復帰の機会を狙う。上述のトップ交代五例のうち、二例はアルファ雄のトップ復帰が観察されたものである。放浪中の前アルファ雄を見つけると現アルファ雄は必ず、他のオトナ雄もしばしば、激しく攻撃する[108]。一三年間、Ｍグループのアルファ雄だったントロギは、群れに二度復帰したが、二度目はオトナの雄の最下位として遇された。そして、その二カ月後、体中傷を負い、瀕死状態で発見された。彼が雄たちの集団攻撃に遭ったのは間違いない[109]。

集団攻撃にさらされるのは、元アルファ雄だけではない。若いオトナの雄ジルバは、アルファ雄を含む年長のオトナ雄にまったく挨拶しなかった。ジルバは、アルファやワカモノ雄を含む八頭のオトナの雌雄に集団攻撃されて負傷し、三カ月間、集団から離れた[110]。

4　オトナ雌間の関係

オトナ雌の間の順位は、雄ほど明瞭ではないが、集団での在住期間が長いほど、いいかえれば年齢が高いほど順位が高い傾向がある。[111] 雌の間では、パントグラントはまれであり、転入したワカモノ雌が中高年の雌に向け行なう場合を除いて、あまり聞かれない。授乳雌はまだ独立していないワカモノ期以下の自分の子どもだけと遊動することがある。授乳雌同士は集まり、一緒に遊動する傾向が強い。

5　性行動以外の雌雄関係

九～一二月の大集合期を除いて、授乳中の雌はオトナの雄と遊動することは少ない。分散期には、広く動き回る雄は、比較的狭い範囲で生活している雌に出会うと、挨拶を受け、性皮の検査をし、そして毛づくろいを交換する。[112] 非発情中の周期雌も孤独になりがちだが、発情雌と同じ程度にオトナの雄と遊動するという観察もある。[113] 松本晶子が第一六章で、性行動を含む雌雄関係を詳しく報告している。

6　ワカモノ・コドモとオトナの関係

オトナの雄は、アカンボウにはきわめて寛容で、背に乗ったり、ヒザの中に入ったりするのを許す。また、二歳以上のアカンボウやコドモとは遊ぶことがある。しかし、ワカモノとはほとんどつきあいがなく、出会うと突撃誇示によって脅すことが多い。ワカモノ後期の終わりになって、雄はすべてのオトナの雌より優位になる。オトナの雄の一～二頭より優位になる者もある。こうしてオトナ雄のクラスターに仲間入りする。[114] しかし、オトナになって、しかも年長のオトナ雄の一～二頭より高順位になっても、若い間は、中年以上のオトナ雄たちの仲間にはなかなか入れてもらえない。[115]

子もちの雌は、一般に自分の子（母子関係の項参照）以外にはあまり関心を示さないが、親しい雌の子や孤児を毛づくろいすることがある。[116]

7　母子関係

子どもは生まれてから四歳までは授乳・運搬・毛づくろいなどの世話を受け、雨の時は抱かれ、夜はベッドをともにする。コドモ時代は、母親の遊動を追従する。[117] コドモ時代の後半には雄は母親から次第にオトナの雄のグループに興味を移すようになる。この時期の雄は、オトナの雌に対し、「厭がらせ」行動を示すようになる（後述）。ワカモノ期の雄は孤独で、母親と別れ気味になる一方、オトナの雄の仲間にも入れてもらえない。

雌はワカモノ期になっても母親との絆は強く、発情したときを除いて、母親と大部分の時間を過ごす。[118] それにもかかわらず、一一歳頃、ワカモノの雌は生まれた集団を離脱し、近隣の集団の一つに移籍する。

8　子守行動と養子行動

ワカモノの雌は、他の雌のアカンボウに強い興味をもち、さわろうとする。アカンボウの母親が拒否すると、毛づくろいすることによって母親をリラックスさせ、一時的に借り出すことに成功する。ワカモノの雌は、アカンボウを毛づくろいしたり、運搬したり、遊んだりする。ワカモノの雄やコドモの雌雄もアカンボウに興味を示し、子守もするが、ワカモノの雌が最も熱心である。[119]

ワカモノの雌や不妊の雌は、孤児をまるで母親のように長期にわたって世話することがあり、これを「養子行動」と呼ぶ。養子行動は一～二年続き、たとえその後緊密な関係が切れても、養母と養子は出会うと毛づくろいを交換する。[120]

9　コドモ・ワカモノ同士の関係

コドモ同士は雌雄ともよく遊ぶが、選択可能なら雄同士、雌同士が遊ぶことが多い。[121] それにもかかわらず、ワカモノ同士はほとんどつきあいが消えてしまう。[122] ワカモノの雄間で毛づくろいを交わすことはほとんどないし、優劣関係が生じてもパントグラントは発せられない。ワカモノの雌が発情すると、ワカモノ雄との交尾や毛づくろいが見られる。[123] 転入したばかりのワカモノ雌は生え抜きのワカモノ雌にいじめられるが、他の転入したワカモノ雌とはお互いに親しくなる傾向がある。[124]

四　社会行動とコミュニケーション

1　エソグラム

チンパンジーの行動は可塑性に富み、個体が生まれた後に、自然環境や社会環境との交渉の過程で身につけた行動が多い。それゆえ、調査地ごとにエソグラム（行動リスト）は異なるだろうし、包括的なエソグラムを作成するのは困難である。マハレでは、西田と森明雄が初歩的なリストを作り、最近西田等がより包括的なエソグラムを発表した。[125] ゴンベではグドールにより、早くからエソグラムが作られている。[126] 西田等のエソグラムは、ゴンベのチンパンジーやワンバのビーリャ（ピグミーチンパンジーあるいはボノボ）のエソグラムとの比較を含んでおり、将来、パン属の全分布域のエソグラムを作るための布石である。

2　一側優位性

道具使用のときやコミュニケーションの身振りのさいに示される利き手や利き足の研究は、ヒトの大多数が右利きであること、脳の言語中枢が左半球にあることから、多くの人類学者の興味を引いてきた。オオアリ釣りの利き手は、右利き、左利き、両手利きの三者がいて、集団としてとくに偏った傾向はない。[127] タイやボッソウの道具使用のときより、[128] 両手利きの者の割合が高いのは、オオアリ釣りがたいてい樹上性の行動であり、安定した姿勢を得るためにはどちらか都合のよい側の手を使うためと考えられる。一側優位性の総合的な研究は、一九九六年にビル・マックグリューとリンダ・マーシャントが行ない、マハレのチンパンジーは三五のさまざまな行動パターンで両手利きであることを示した。[129]

ところで、マハレのチンパンジーのアカンボウは、左乳首から先に、そしてより長時間ミルクを飲む傾向が強い。これは、母親が左腕で新生児を支える傾向が強いことに起因しているのかもしれない。[130]

3　身振り伝達と音声伝達

チンパンジーが音声と身振りにより豊かなコミュニケーションを発達させていることはよく知られているが、自然環境において個々の音声や身振りがどんな意味をもつかを調べた詳細な研究はまだないといってよい。ビーリャのカンジが話された英語を理解する能力をもつことが知られている。[131] 自然環境で意味のない能力が自然淘汰で残ることはないので、チンパンジーやビーリャが、シンボルとシンタックスを理解する能力を、自然状態でいかに発揮しているのかを明らかにしなければならない。

チンパンジーの音声は、多くの場合連続的に変化するため、記述は困難である。遠距離通信用のパントフートの研究は長谷川寿一（第一三章参照）やジョン・ミタニ[132]によってなされてきたが、まだわかっていないことは多い。例えば、グドールは文脈によってパントフートの鳴き方が違うと言っているが、[133] ミタニはソナグラムを検討してそんな違いはないと述べている。[134] 現在、島田将喜が、雌のパントフートを含め、機能を調べている。

パントグラントを詳しく分析した早木は、その機能は、アルファ雄など重要メンバーに自分の存在を認識させ、彼らがどの程度自分に対し寛容であるかを調べることだという仮説を発表した。[135] この仮説は、ワカモノの雄や雌がオトナの雄に挨拶するときパントグラントとともに、威嚇や攻撃するような動作を示すことがあるのをうまく説明している。雌によるパントグラントの微妙さについてはもっと研究されるべきだ。例えば、雌は発情しているときでは、非発情のときより短く単純化し、ほとんど音声を発しないときもある。雌は自分の魅力を十分理解しているようだ。[136] いまだに十分わかっていないことは多いが、挨拶行動を長期に研究した坂巻哲也によって解明されるだろう。

悲鳴についても、ミタニが研究した。[137] 〈ラー・コール〉のような警戒音や〈ワー・バーク〉のような「警告音」の機能についても、詳細な研究が必要である。とくに、〈ワー・バーク〉は、応援と〝非難〟の両方の意味をもっているようであり、認知の問題として興味深い。

4　順位、威嚇、恫喝

雄は、枝揺すり、威張り歩き、突進、蔦引き、岩転がし、枝引きずり、平手叩き、足踏み、枝や石投げなど多くの身振りや、パントフート、バークなどいくつかの威嚇の音声レパートリーをもっている。[138] こういった行動で、順位を高める。一方、順位の接近している個体が、宥和のために毛づくろいしようと高順位の個体に接近することがあり、そのとき高順位者が毛づくろいされることを拒否することによって、相手を恫喝することも行なわれる。[139]

5　宥和、連合形成、和解、裏切り

威嚇や攻撃の一方では、チンパンジーは、優位者が劣位者をいたわったり、劣位者が優位者をなだめたりする、友好的行動が発達している。また、喧嘩をした個体がそのあとで接近し仲直りすることがある。これらの文脈には、接触、抱擁、毛づくろい、オープンマウス・キス、マウンティングなどの行動が使われる。[140] 共通のライバルがいる場合、二頭の雄のチンパンジーは、マウンティングしたり、お互いに陰嚢を握ったりする。[140]

6　干　渉――応援、分離介入、慰撫、警察

チンパンジーは、第三者間の闘争にも干渉して、自分にとって有利な形で解決するよう働きかける。応援は、自己の友人・家族・同盟者などの敵対者を攻撃する行動である。慰撫は、攻撃を受けた自己の友人などをなぐさめる行動である。分離介入は、アルファ雄が、第三者間で行なわれている毛づくろいや近接を妨害する行動で、第三者のうち一方は第二位雄つまりアルファ雄のライバルであることが多い。警察行動は、優位な雄が、劣位の第三者（とくにオトナの雌）間の葛藤を攻撃することなくディスプレーのみによってやめさせる行動である。[140]

7　厭がらせ、からかい、いじめ

順位の低い個体が、高い個体に対して、威嚇的・攻撃的な表出をすることがある。最適行動理論からいえば、負けることがわかっている戦いをするのは、競争の対象が生存や繁殖によっぽど大きく関連しないかぎり、無謀な試みである。それゆえ、実際に劣位の者が優位の者を挑発したり挑戦したりするのは、理論的に興味ある事象といえる。

第一に、「厭がらせ」は、コドモあるいはワカモノの雄が、オトナの雌に向かって、枝を振り回したり、枝で地面を叩

いたり、石や枝を投げたりする行動である。これは、雄が最終的にはすべてのオトナの雌より優位になる過程の、前哨戦といえる。この行動は、雌が抵抗した場合に、同じことを繰り返すところに特徴がある。[141]

第二に、「からかい」は、必ずしも弱いものが強いものに対して示すとは限らない。雌雄を問わず、コドモやワカモノが威嚇的な身振りで挑発し、コドモやワカモノの雄や雌の怒りやいらだちを誘うことを目的としており、「厭がらせ」と異なり、年長の個体がはむかって来たら逃げるだけである。[142]

第三の、「いじめ」は年長の個体が、威嚇的な身振りを使わず、年少の個体の意図や欲望を察して、操作する行動である。例えば、一〇歳の雌トゥラは、コロブスザルの尾をもっていたとき、四歳の雄リンタが興味を示したのに気づき、樹上から尾を垂らしてリンタを〝釣ろう〟とした。[143]

8　食物の分配

植物性の食物の分配は、ほとんど母子間に限られる。アカンボウが獲得したり処理したりするのが難しい食物品目が分配される。[144] オトナの間では、サトウキビやバナナのような栽培植物を除くとまれにしか見られない。[145]

オトナの間での食物分配の対象は、ほぼ肉に限られる。オトナの雌は、子どもなど血縁者と特定の雌の友人に分配するが、雄は他のオトナの雄やオトナの雌に分配する。ントロギというアルファ雄は、年長の雄や順位下降中の雄、連合仲間の雄、かつてよく交尾した雌、発情中の雌、そして年老いた母親に、肉をよく分配した。しかし、第二位の雄や若いオトナの雄にはほとんど分配しなかった。[146] 分配ポリシーは性差があるだけでなく、アルファ雄と非アルファ雄でも異なっていることがわかっている。[147] しかし、雄の分配のポリシーは、まだ十分明らかになっておらず、互酬的利他行動の能力の検討とあいまって、今後の最重要な課題の一つである。

五　性行動

1　性周期

チンパンジーの性周期は約三五日で、野外では性皮の腫脹の程度によって、収縮期、半腫張期、最大腫脹期に分けられる。七日から一〇日続く最大腫脹が終わる日かその前後二日間に排卵が起こる。しかし、ワカモノ期では、性周期も最大腫張期も長い[148]。発情すると、雌はオトナやワカモノの雄と遊動をともにするようになる。発情雌はオトナの雄による攻撃を受けやすく、大きな性皮が雄の攻撃ターゲットになりがちで、大怪我することがある[149]。

2　求愛誇示

交尾をする前に、相手にその意図をしらせる行動を求愛誇示と呼び、おもに雄が行なう。それらは意図運動や葛藤行動が儀式化したものである[150]。座って両足を広げ枝ゆすりするなどの種全体に共通な誇示と、葉の嚙みちぎり誇示のように地方的な文化であるものがある（八の文化の項参照）。文化的な誇示は、種共通の求愛誇示のあとに起こることが多く、雄も発情雌も示すことが多い。オトナ雄の求愛誇示の方がワカモノ雄のそれより成功率が高い[151]。

3　交尾戦略

交尾行動は、雄の戦略と雌の戦略の妥協の結果起るのであり、どちらの性の戦略かは必ずしも決定できない。交尾には、一頭の発情雌が大勢の雄と次から次へと交尾する非独占的な日和見的な交尾と、アルファ雄が発情雌の他の雄との交尾を禁止する所有行動、非アルファ雄が発情雌の同意を得て二人だけで縄張りの周辺部で過ごすコンソート行動などの制限的交尾がある。[152]

雌雄とも、交尾頻度は年齢と逆相関する。[153] 大人の雄の順位と交尾回数とは相関しない。しかし、排卵期に近い雌については、アルファ雄が最もよく交尾する。アルファ雄は、排卵期ではない発情雌とは日和見的に交尾するだけだが、排卵に近い雌に対しては所有行動を示すからである。しかし、非アルファ雄は日和見的な交尾が多い。[154]

移籍して間もない雌は、在住雌と比べて日和見的交尾が多く、乱交的であり、交尾回数も多く、交尾コールを発する。これは、子殺しを防ぐためかも知れない。[155]

一方、発情雌も発情初期には乱交的に振舞ったり未成熟個体との交尾が多いが、排卵期に近づくと大人の雄や高順位の雄との交尾が多くなるなど選択性が高まる。[156]

4　近親性交の回避

ゴンベでは息子と母親との交尾が記録されているのみならず、ＤＮＡ分析により母子間に子どもが生まれていることさえ知られているが[157]、マハレでは母子間の交尾は見られたことがない[158]。また、ゴンベでは、兄妹間の交尾も報告されているが、マハレでは一度も観察されていない[159]。

六　遊び

直接的な利益はないが、活発な運動と表情を伴う行動を「遊び」と呼ぶ。マハレに限らず、野生チンパンジーの遊びの研究はまだきわめて不十分で、システマティックな調査が必要である。遊びには、同種の他個体と遊ぶ「社会的遊び」とひとりで遊ぶ「ひとり遊び」がある。

1　社会的遊び

社会的遊びには、レスリング、木の回りをクルクル廻る追いかけっこや、樹上での落としあいなどがある。ひとり遊びのおもなレパートリーであるでんぐり返しは、追いかけっこの合間にもよく出現する。同性のコドモが遊ぶ傾向、コドモの雄のほうが雌よりよく遊ぶ傾向[160]が知られている。年長者がコドモやアカンボウと遊ぶときは、出せる力を発揮しないで、幼い側の力に合わせる。これを「セルフ・ハンディキャッピング」という[161]。追いかけっこには、木の枝の取りあいを含むことがある。

遊びの開始には、足踏み、スラッピング、枝ゆすり、プレイ・フェイスでの接近などがある。[162] 年長者は、地面に仰向けになり、無防備な姿勢でアカンボウを遊びに誘うことが多い。これは、アカンボウの母親の警戒を解くのにも役立っている。

2　ひとり遊び

前方、後方、側方の三通りの「でんぐり返し」、立ったまま急速に回転しつつ進む「コマ廻り」や樹上でぶら下がったり跳んだりする「体操」あるいは「ロコモーション遊び」がある。

また、石や木の実をもてあそんだり、[163] さまざまなタイプの「水遊び」[164] もある。マハレには、「リーフレイキング」という文化的なひとり遊びがある（後述）。

3　ヒトとの共通の特徴

チンパンジーの遊びには、他の霊長類にはほとんど見られない、ヒトと共通の特徴がある。まず、オトナになっても遊ぶことである。オトナの雄と雌、雄同士、雌同士が遊ぶのはまれではない。[165] 第二に、レスリングや追いかけっこでは、「プレイ・フェイス」というヒトの笑い顔そっくりの表情が現れ、「プレイ・パント」あるいは「ラーフター」と呼ばれるヒトの笑い声とよく似た音声が発せられる。[166] プレイ・パントの起こる状況については松阪崇久の詳細な研究[167]がある。第三に、「ひとり笑い」という現象（後述）がある。

七　認知能力

社会的な認知能力の高さは、すでに社会行動のところで紹介した「連合」や「肉の分配」、「分離のための介入」などで十分察せられるだろう。ここでは、もう少し異なる状況で高い認知能力が発揮された例を挙げよう。

1　隠蔽と欺瞞

薮の中に投げられた餌のほうを見るとオトナの雄に取られるので、彼らが立ちさるまで、ブッシュの中へ入らないようになったコドモの雌がいた[168]。オトナの雄のンサバは、アカンボウの死体を奪うために、その母親に近づき、毛づくろいして油断させたあと、死体を奪って逃げた。彼がこの死体を食べたのは、翌日彼の糞からチンパンジーの毛が見つかって判明した[169]。離乳期の雄カタビは、発情を取り戻して自分に注目しなくなった母親の注意を取り戻すために、わざわざ人間の観察者に近づき、攻撃されたようなふりをして悲鳴を上げ、母親に抱かれるという策略を弄した[170]。

2　操　作

コドモの雌が、アカンボウの弟妹を母親から預かって、自分の好きな方向（多くの遊び仲間が向かった方向）へ運び、母親を無理やりついてこさせることがある。[171] 人質を取って、他の個体をして自分の意思に従わせるのは、操作と呼べるだろう。

3　ひとり笑い

早木は、コドモの雄がプレイ・パントしながら木の周りを廻っているのを見た。[172] 西田は、アカンボウを失ったオトナの雌が、地面に仰向けに寝ころんで、アカンボウを「ヒコーキ」するような仕草をしながらプレイ・パントするのを見た。[173] このような例は、チンパンジーが想像の社会的遊びを楽しむことができることを示唆している。

4　認識地図

チンパンジーを追跡していると、採食地から採食地まで、ほとんど最短距離を移動することがあるのに気づく。まったく休憩せずに五百メートル以上動いてすぐオオアリ釣りを始めたりする事例は、チンパンジーは認識地図をもっていることを想像させる。[174] オトナの雄はパントフートを始めたあと、クライマックスで板根を蹴るが、これは板根の一〇〇メートルも前から始まることがある。つまり、認識地図により、板根が近いことを知ってパントフートを始めることは間違いない。[175]

八　文　化

社会的学習によって伝達され、社会の多くのメンバーによって共有され、世代から世代へと伝えられていく情報を文化という。[176] 文化はヒトの独占物でなく、多くの脊椎動物に知られる。

1　水に対する反応

マックグリューによると、ゴンベのチンパンジーは水を恐れ、川の中に入らないだけでなく、湖から水も飲まないという。[177] Mグループのチンパンジーも渡河するときは水に濡れないようにするが、水を恐れている様子はない。川ではコドモの水遊びが見られるし(前述)、シンシバ・スワンプでは濡れながらイネ科草本を食べたりする。[178] ゴンベとマハレの水環境に対する相違は、人間との出会いの多寡が影響したのかもしれない。

2　採食行動

食物メニューは、集団ごとに異なっており、それは必ずしも利用可能性によって決まってはいない。例えば、マハレとゴンベの間ではどちらにも生えているにもかかわらず、一方では食べられるのに他方では食べられない食物が一四品目あった。[179] 昆虫食についても、多くのこういったメニューの違いがある。[180] ただし、行動の相違が環境の影響を受けていないことを厳密に示すには、食物である動植物の密度の地域間比較も必要である。

3　道具使用

オオアリ釣りは、マハレ特有の道具使用行動である。最近、ゴンベのミトゥンバ集団でも発見された（グドール私信）が、行動がまったく同じかどうかは調査の必要がある。木の洞に住む小動物や昆虫を長い棒で追い出す行動[181]は、これまで数回しか観察されておらず、マハレの文化かどうかわからない。

4　毛づくろい

マハレには、ゴンベでは見られない毛づくろいの形式がたくさんある。一つは対角毛づくろいで、右手同士あるいは左手同士握りあって腕を上に挙げ、残った手で相手の腋の下を毛づくろいするものである。[182] Ｋグループでは腕をのばしていたが、少なくとも現在のＭグループではチンパンジーは掌を合わせず、手首や肘の上を握るという形が多い。[183] ソーシャル・スクラッチは、他の個体の背中を掻く行動で、ゴンベやキバレのカニャワラでは知られておらず、[184] 一方キバレのンゴゴでは行なうが、マハレとは掻き方が異なる。[185]

5　求愛誇示

求愛誇示は、個体独自のパターンがある。例えば、あるワカモノ雄は、大きな木の葉を取って葉柄をもちそれを振って雌を呼んだ。この雄はオトナになると、この方法を使わなくなった。また、個体によってさまざまな行動の組み合わせを示し、その結果、求愛誇示はきわめて多様になる。葉の嚙みちぎり（リーフ・クリップ）誇示、灌木倒し（シュラブ・ベンド）誇示などはゴンベ、タイなどでは求愛誇示として知られておらず、マハレの文化である。(186)

6　威嚇誇示

年長のオトナ雄が二足立ちになり、大きな岩を両手でもち上げ、川の中へ放りこむ「スロー・スプラッシュ・ディスプレー」は、マハレのMグループだけに知られる。(187)

7　遊　び

「雑巾がけ」は、平地を四足で前進しつつ、枯葉を両手で押しつつ動く行動である。一方、「リーフレイキング（落ち葉かき）」は、枯葉を集めながら四足で下り坂を後退する行動で、これもザーという音をたてるのを喜びとするらしい。マハレではこの後者の方が雌雄のコドモ、ワカモノの遊びのパターンとして定着しており、ゴンベでは見られないことから、文化と考えられる。これは「ひとり遊び」の範疇に入るものの、行列の途中で行なわれるため常に傍観者がいるので、厳密には社会的な遊びの側面ももっている。[188]

8　新奇な行動

地面の枯葉や岩の苔を毛づくろいするグラウンド・グルーミングは、一九九一年初めてMグループの若いオトナ雄が行なうのを観察した。現在、オトナとワカモノの雄と雌一〇頭以上が行なう。葛藤行動と考えられる。[189]マハレ以外では報告がない。

レモン汁の付着した口のまわりを木の枝や葉でぬぐう行動は、一九九八年に早木仁成が発見した。その後、この行動を示す個体は増えて、一九九九年現在一二頭を数える。[190]

新しい食物習慣は、栽培植物をチンパンジーが食べ始めたとき観察される。一九七〇年代後半の政府による住民移転策によって残されたレモン、マンゴー、グアバなどの木をMグループのチンパンジーは一九八〇年代から訪れ、実を食べ始めたのが高碕浩幸や高畑由紀夫によって記録された。[191]マンゴーを最初に食べたのはコドモの雄のようだ。現在、これらは、Mグループの重要な食物となっている。

一方、一頭あるいは数頭にしか見られていない行動も数多い。若いオトナの雄は、小さい谷の湿った場所で水を求めて木の枝で地面を掘った。八歳のイヴァナは、スナノミが侵入した足指の爪と皮膚の間に細い棒を差しこもうと何度も繰り返した。[192]Mグループは水中の動植物を食べないが、移入してきたワカモノ雌のサリーは、水中に入って川藻を食べた。彼女の育った集団での食習慣なのだろう。Mグループの個体は誰も彼女の行動を真似なかった。[193]

9　文化情報の伝達

確立された文化情報の多く、例えば集団の食物や薬草レパートリーや採食樹の分布、オオアリ釣りの技術などの情報は、おもに母から子へ伝わる。「対角毛づくろい」は最初に母親と離乳期の子どもの間で行なわれるので、母親から学ぶことは間違いない。[194] 文化的な遊びのパターン、例えばリーフレイキングは、母親はしないので、兄姉や年長の遊び仲間から学ぶと考えられる。求愛誇示も母親から学ぶよりも、母親に求愛するワカモノ、コドモ、オトナの雄から学ぶ可能性が高い。年長のオトナの雄しかしないスロー・スプラッシュは、当然ながらワカモノや若いオトナの雄が同性の年長者の身振りを見ておぼえるのだろう。[195] 現在、アフリカ全土の文化行動を比較して、文化の伝播や独立に発見・発明された回数などが議論され始めている。[196]

九　初期人類や共通祖先の社会の復元

チンパンジーの長期の野外研究の目的は、自然における人間の位置を知るのに必要であり、それ自体で十分意味がある。しかし、初期人類や最後の共通祖先の社会や生態の復元にも有用である。まず、祖先の住んだ環境や食性について[197]や、採食行動を中心とした労働の分業[198]については、多くの論考がある。祖先社会はチンパンジーの単位集団に似たサイズの父系集団であり、集団から人間家族が析出したという考えは、しばしば表明されている。[199] 伊谷は、オナガザル上科からヒト上科へ移行するとともに、劣位者の自制から優位者の自制へと社会を共生させるシステムが変わったのが人間の平等制の起源だと論じた。[200] また、中村美知夫は、マカクの毛づくろいと比較してチンパンジーのそれが複雑であり、ある意味ではヒトの言語と比較できることを示した。[201]

＊

三七年にわたる研究を一章で総括するのは無理で、たいていは表面をかすっただけである。トピックによって濃淡があるのは、本書の各章でまったく、あるいは十分にしか、触れられなかったことを説明するためである。これにも、筆者の好みが影響するのは避けがたく、公平な紹介になってはいないかもしれない。

註

（1）Nishida 1990a.
（2）Takasaki *et al.* 1990.
（3）Nishida & Uehara 1981; Itoh *et al.* 1998; Turner 2000.
（4）Nishida 1968.
（5）西田 1977a; Nishida & Uehara 1981; Itani 1990; Collins & McGrew 1988; Itoh *et al.* 1998.
（6）Nishida & Uehara 1981.
（7）伊谷 1977a.
（8）Nishida 1990a.
（9）Nishida *et al.* 1981.
（10）伊谷 1977b; JICA 1980a.
（11）Sasaki & Nishida 1999.
（12）Takada & Uehara 1987; Okada, Asada & Kawanaka 1988.
（13）西田 1994a.
（14）Takasaki 1983; Takasaki & Uehara 1984; 西田 1994a, 2001a.
（15）Takasaki 1983; Takasaki & Uehara 1984; Wrangham *et al.* 1994.
（16）Turner 2000.
（17）Hunt 1991a, b; Hunt 1992a, b; Hunt 1993; Hunt 1994a.
（18）Hunt 1994b.

(19)　Fleagle 2001.
(20)　西田 1994a, 2001.
(21)　西田 1972, 1974, 1981, 1994a, 2001a.
(22)　Uehara 1990.
(23)　Nishida & Uehara 1983.
(24)　Sugiyama & Koman 1987; Sabater-Pi 1979; Wrangham 1975.
(25)　Nishida *et al*. 2000.
(26)　Matsumoto-Oda & Hayashi 1999.
(27)　Wrangham&Nishida1983; 高畑 1986; Uehara 1986.
(28)　西田 1972, Nishida 1973, 西田 1982a; Nishida & Hiraiwa 1982.
(29)　Nishida & Uehara 1980; Uehara 1982; Collins & McGrew 1985, 1987; McGrew & Collins 1985.
(30)　Kawanaka 1990.
(31)　Whiten *et al*. 1999.
(32)　Nishida 1980a.
(33)　Nishida 1994a, 2002.
(34)　放送大学 1998.
(35)　Nishida & Hiraiwa 1982.
(36)　Yamakoshi 1998.
(37)　Uehara & Nishida 1987.
(38)　Nishida 1976.
(39)　Yasui & Takahata 1987; Gunji *et al*. 1997; Shimizu *et al*. 2002.
(40)　Nishida *et al*. 1979; Kawanaka 1982; Nishida & Hiraiwa 1982; Norikoshi 1983; Takahata *et al*. 1984; Uehara *et al*. 1992; Nakamura 1997; Uehara 1997; Hosaka *et al*. 2001.
(41)　Hosaka *et al*. 2001.
(42)　Wrangham & Bergman-Riss 1990; Boesch & Boesch 1989; Mitani & Watts 1999.
(43)　Busse 1978; Takahata *et al*. 1984; Nishida 1994; 西田 1994a.
(44)　Boesch & Boesch 1989.
(45)　Teleki 1973.
(46)　Hasegawa *et al*. 1984; Nishida 1994.
(47)　五百部 2000.
(48)　Stanford 1995.
(49)　西田 1969; Nishida 1972; 上原 1975.
(50)　Nishida 1997; Matsumoto-Oda & Kasagula 2000.
(51)　Uehara & Ihobe 1998.
(52)　Wrangham 1979b.
(53)　Tsukahara 1993; Inagaki & Tsukahara 1993; Boesch 1991a.
(54)　Hiraiwa-Hasegawa *et al*. 1986; Byrne & Byrne 1988.
(55)　西田・座馬 2000.
(56)　西田，未発表。
(57)　Hasegawa 1990.
(58)　西田，未発表。
(59)　McGrew 1979; Uehara 1986, 1997.
(60)　Uehara 1986.
(61)　McGrew 1979.
(62)　Hiraiwa-Hasegawa 1989.
(63)　Boesch & Boesch 1981, 1984.
(64)　Hiraiwa-Hasegawa 1989.
(65)　Kawabata & Nishida 1992; Huffman *et al*. 1997; Nigi *et al*. 1998.
(66)　Zamma 2002.

(67) Sasaki & Nishida 1999.
(68) Nishida 1988.
(69) Wrangham & Nishida 1983; Takasaki & Hunt 1987; Newton & Nishida 1990.
(70) Rodriguez *et al*. 1985; Page *et al*. 1992.
(71) Huffman *et al*. 1996b; Page *et al*. 1997.
(72) Huffman & Mohamedi 1989.
(73) Ohigashi *et al*. 1991; Jisaka *et al*. 1992a, b, 1993a, b; Koshimizu *et al*. 1993, 1994.
(74) Mahaney *et al*. 1996.
(75) Nishida & Nakamura 1993; Marchant & McGrew 1999.
(76) Nishida & Nakamura 1993.
(77) Matsumoto-Oda 1997.
(78) Nishida 2022a.
(79) Nishida 1968, 1979; 上原 1981; Kawanaka 1984.
(80) Goodall 1968.
(81) Goodall 1973, 1986a.
(82) Kano 1972.
(83) Hiraiwa-Hasegawa *et al*. 1984; Nishida *et al*. 1990.
(84) Nishida 1979; 西田 1979, 1994a.
(85) Hasegawa & Hiraiwa-Hasegawa 1983; Takasaki 1985.
(86) Takasaki *et al*. 1986.
(87) Nishida 1979;
(88) Nishida 1979; 西田 1994a. Matsumoto-0da *et al*. 1999.
(89) Nishida & Kawanaka 1972; Kawanaka & Nishida 1975; Nishida 1979; 上原 1981; Kawanaka 1984; Nishida & Hiraiwa-Hasegawa 1985; Nishida *et al*. 1985; 西田 1994a.
(90) Kawanaka 1982.
(91) Nishida *et al*. 1985.
(92) Itoh *et al*. 1999.
(93) Nishida 1989; Hasegawa 1989.
(94) Nishida 1989.
(95) Takahata & Takahata 1989.
(96) Hiraiwa-Hasegawa & Hasegawa 1988.
(97) Uehara *et al*. 1994b.
(98) Nishida *et al*. 1979; Kawanaka 1981; Norikoshi 1982; Nishida & Kawanaka 1985; Takahata 1985; Hamai *et al*. 1992; Sakamaki *et al*. 2001; 沓掛展之・松阪崇久，未発表; アニカプロ 1992.
(99) Hiraiwa-Hasegawa 1987, 1992, 1994; Nishida & Kawanaka 1985; Hamai *et al*. 1992.
(100) Itani 1982.
(101) Sakamaki *et al*. 2001.
(102) Goodall 1977, 1986; Boesch & Boesch-Achermann 2000; Wrangham & Peterson 1996.
(103) Bygott 1979; de Waal 1982; Hayaki *et al*. 1989; Hayaki 1990.
(104) Nishida 1968, 1979; Hasegawa & Hiraiwa-Hasegawa 1983; Nishida & Hiraiwa-Hasegwa 1987; Kawanaka 1989; Takahata 1990b, Kawanaka 1990a.
(105) Takahata 1990b; Nishida & Hosaka 1996.
(106) Nishida 1983a; 西田 1981; 浜井 1992; Hosaka 1995; Turner 1995; Nishida & Hosaka 1996; 伊藤他 1998a, b.
(107) Kawanaka 1990a.
(108) Nishida 1994; Uehara *et al*. 1994a.

（109）伊藤・西田 1996; Nishida 1996c.
（110）Nishida *et al*. 1995.
（111）Nishida 1989.
（112）Kawanaka 1989; Takahata 1990a.
（113）Matsumoto–Oda 1999.
（114）Kawanaka 1989; Hayaki 1990; 西田 1994a.
（115）Nishida 1983b, Kawanaka 1989, 1993; Hayaki 1990.
（116）Nishida 1983b, 西田 1994a.
（117）Nishida 1988, Hiraiwa-Hasegawa 1990a.
（118）Hayaki 1988.
（119）Nishida 1983a; Uehara & Nyundo 1983.
（120）西田 1994a.
（121）Hayaki 1985b.
（122）Hayaki 1988.
（123）Hayaki 1985a.
（124）Nishida 1989; 西田，未発表。
（125）Nishida 1970; Mori 1982, 1983; Nishida *et al*. 1999.
（126）Goodall 1968, 1992.
（127）Norikoshi 1998; 西田 1993.
（128）Boesch 1991b; Sugiyama *et al*. 1993.
（129）McGrew & Marchant 2001.
（130）Nishida 1993b.
（131）Savage-Rumbaugh & Lewin 1994.
（132）Mitani *et al*. 1992; Mitani & Nishida 1993; Mitani & Brandt 1994.
（133）Goodall 1986a.
（134）Mitani 1994, 1996.
（135）Hayaki 1990.
（136）Nishida 1994; 西田 1997.
（137）Mitani & Grois-Louis
（138）Nishida *et al*. 1999.
（139）de Waal 1982; 西田 1994a.
（140）Nishida & Hosaka 1996.
（141）西田，投稿中。
（142）中村 1995.
（143）Nishida *et al*. 1999; 西田 1994a.
（144）Hiraiwa-Hasegawa 1990b; Nishida & Turner 1996.
（145）Nishida 1970; Nakamura & Itoh 2001.
（146）Nishida *et al*. 1992; Nishida & Hosaka 1996.
（147）西田・保坂 2001.
（148）Hasegawa & Hiraiwa-Hasegawa 1983.
（149）Matsumoto-Oda & Oda 1998; Matsumoto-Oda 1998.
（150）Nishida 1980; Hasegawa 1989.
（151）Matsumoto-Oda 1999b.
（152）Hasegawa & Hiraiwa-Hasegawa 1983, 1990; Matsumoto-Oda 1999b.
（153）Takahata 1990a.
（154）Hasegawa & Hiraiwa-Hasegawa 1983, 1990, Takasaki 1985; Nishida 1997b.
（155）Hasegawa & Hiraiwa-Hasegawa 1983; Hasegawa 1989; Takasaki 1985.
（156）Matsumoto-Oda 1999b.
（157）Pusey *et al*. 1997.
（158）Takahata 1990a; 西田 2001c.
（159）西田 2001c.

(160) Hayaki 1985b.
(161) Hayaki 1985b.
(162) Nishida *et al.* 1999.
(163) 放送大学 1998.
(164) Nishida 1993; 西田 1994a; 保坂 1995a.
(165) 西田 1981.
(166) Nishida *et al.* 1999.
(167) 松阪 2002.
(168) 西田 1989.
(169) Nishida 1998.
(170) 西田 1981; Nishida 1990b.
(171) Nishida 1988; 西田 1989.
(172) Hayaki 1985b.
(173) Nishida 1994.
(174) 西田 1981.
(175) Nishida 1994.
(176) Nishida 1987.
(177) McGrew 1977.
(178) Nishida 1980b.
(179) Nishida *et al.* 1983.
(180) McGrew 1983; Nishida & Hiraiwa 1982; McGrew 1992.
(181) Nishida & Hiraiwa 1982; Huffman & Seifu 1993.
(182) McGrew & Tutin 1978; Nakamura 2002.
(183) McGrew *et al.* 2001; 中村・上原，準備中。
(184) Nakamura *et al.* 2000.
(185) 西田・Mitani 2001.
(186) Whiten *et al.* 1999; Nishida 2002.
(187) Nishida 1994; Nishida *et al.* 1999.
(188) Nishida 2002.
(189) Nishida 1994.
(190) Corp・早木・西田，準備中。
(191) Takasaki 1983b; Takahata *et al.* 1986.
(192) Nishida 2002a.
(193) Sakamaki 1998.
(194) 西田 1999a; 中村・西田，準備中。
(195) Nishida 2002b.
(196) Whiten *et al.* 2001.
(197) Nishida 1973; 西田 1974, 1994b, c.
(198) 上原 1991, 1999.
(199) Itani & Suzuki 1967; 伊谷 1973; Itani 1980; 西田 1969b, 1999a, 2001b, c.
(200) Itani 1984, 1988.
(201) Nakamura 2000.

第2部
環境

第3章 森のなかの食べもの――チンパンジーの食物密度と空間分布

伊藤詞子

一 はじめに

チンパンジーは、果実、種子、花、葉、髄など植物のさまざまな部位から、昆虫や哺乳類にいたるまで実にさまざまなものを食べる。そのなかでも、食べる時間の割合やカロリー摂取量から見ると、果実が最も重要だと考えられている。しかも、食物となる果実の種類も実に多様だ。

この章では、Mグループのチンパンジー集団が、マハレのカソジェ森林において、どんな植物を食物として利用し、それらがどれだけあるのかについて、木本性の植物にかぎって紹介する。木本性の植物には、樹木以外につるが含まれる。カソジェの森にはときには一〇センチほどの太さにまでなるつるがある。チンパンジーを追跡する観察者にとってはしばしば行く手を阻むやっかいなものだが、チンパンジーにとっては食物を提供してくれる大事な植物だ。そこで、

写真3-1　カソジェ森林のタンガニイカ湖からの眺め（写真提供：西田利貞）

樹木だけでなくこうした木本性のつるを含めて紹介する。

カソジェの西側には、一年中干上がることなく豊かな水を湛えるタンガニイカ湖と、東側には二四六二メートルのンクングェ山を最高峰とするマハレ山塊がある（写真3-1）。この山塊が湖からの湿った空気を遮断し、雨季には激しい雨をもたらし、カソジェ地域をタンザニアでも有数の多雨地帯にしている。山に降り注いで集められた雨水は、いくつもの渓流となってタンガニイカ湖へと流れ込む。これらの渓流のいくつかは雨の降らない乾季にも水を残す。このため、特異な植生を発達させている（後述）。

カソジェ地域におけるチンパンジー研究は三〇年以上継続して行なわれており、毎日降雨量と最高最低気温が記録されてきた。一九七三年から一五年にわたる気象データ(1)によると、年間降雨量は、一三三〇から二三三八ミリメートルと変動する。この雨は一年中降り続くわけではなく、雨の多い「雨季」と、ほとんど雨の降らない「乾季」という二つの季節にはっきりと分けられる。雨季はだいたい十月中旬から五月中旬までの七カ月くらい続き、この間はほとんど毎日のように雨が降る。いたるところがじめじめしており、いろんなものがかびてしまう。一月か二月に雨の少ない小乾季が入る年もある。乾季は残りの五カ月で、まったくと言ってよいほど雨が降らず、あらゆる所が乾燥し、干上がってしまう川も出てくる。歩くと落ち葉がカサカサ音を立て、ちょっと日本の秋を思い出させる。

気温は、湖面自体が海抜約八〇〇メートルもあるので、予想外に冷涼で夕方になると肌寒いくらいだ。とはいえ、やはり熱帯。乾季の日中ともなると、開けた所ではじりじりと肌が焼けつくような暑さだ。平均すると最高気温は、乾季で摂氏約二九〜三一度、雨季は約二七〜二九度で、最低気温は乾季で摂氏約一五〜一九度、雨季で一八〜一九度である。

一般的な植生は西田と上原[2]によってまとめられており、五五〇種以上の植物について現地名と学名の対応がつけられている。対応辞書はいまだ完全なものといえず、種数はまだまだ増えそうだ。

カソジェ地域を含むマハレの植生は、大きく森林、疎開林、そして草原の三タイプに分けられている[2]。森林には、高地竹林、山地林、河辺林などが含まれる。このうち、調査域内で見られる植生を要約しておこう。まず、カソジェに見られる森林のタイプは、河辺林である。このタイプの植生は、湖岸（標高七七〇メートル）から標高一三〇〇メートルにいたるまで発達している。河辺林は通常、川沿いに発達するのだが、カソジェでは谷だけでなく尾根にまで広がっている。疎開林は、さらに一〇の下位区分があるが、それらのうち三つのタイプが主なものである。一つには、湖岸から標高約八五〇メートルまでの岩の多い荒れた尾根や平地に発達する疎開林。樹木密度は低い一方、下生えとなるイネ科の密度は高い。二つ目は、標高八〇〇〜一〇〇〇メートルの河辺林に挟まれた狭い尾根に発達する湿潤な疎開林で、下生えのイネ科の密度は低い。そして最後のタイプは、大きな川と湖に挟まれた扇状地に発達し、河辺林の構成樹種が混成する、疎開林のなかでは最も湿潤な植生タイプである。下生えのイネ科の密度は高い。いずれも、森林に比較すると樹木密度のまばらな開けた林である。

本研究で使用した調査域は、上述のような森林と疎開林がモザイク状に広がっており、乾季には多くの樹木が葉を落とす半落葉低地林である。この一帯にはもともとトングェと呼ばれる焼畑農耕民が住んでいたが、一九七四年にマハレを動物保護区にするという方針が決まり、以降焼畑は禁止された。タンザニア政府の努力と、何よりもトングェの人々の協力のもとに、この一帯は次第に植物が再生してゆくが、集中的な焼畑が行なわれていた地域ではいまでも森林の発達が悪く、草原のままの所もある。(3)

こうしたカソジェ森林全体に対する定量的な研究は、一九九四年にターナーが初めて行なった。植生タイプの定量的かつ詳細な分類、そうした植生タイプとチンパンジーの食物分布および土地利用の観点から分析を行なっている。(4) 本研究もこの研究プロジェクトの一環であるが、植生構造等についての記載は、紙面の都合上最低限にとどめるので、興味のある方はターナーの論文(4)を参照されたい。この他にも、コリンズとマックグルー(5)が、タンザニアのもう一つのチンパンジーの長期調査地であるゴンベ・ストリーム国立公園とマハレとの比較のため、木性植物の密度について、規模は小さいが定量的な植生調査を行なっている。

二　チンパンジーの食物

では、この森にはチンパンジーの食物がどれくらいあるのだろうか？

Mグループの生息域内の植物をすべてくまなく調べるのは不可能なので、植物生態学で一般的な方法の一つ、ライン・トランセクト法を使った。ライン・トランセクトとは、一本の道を想像してもらえればよい。トランセクトの中央から

写真3-2　ハルンガナの種子（写真提供：乗越皓司）

両側五メートル、合わせて一〇メートルをトランセクトの幅とした。この基準はウィリアムソン[6]を踏襲したものである。本研究ではチンパンジーの観察路の一つをトランセクトとして利用した。

このトランセクトの中にある、胸高直径が一〇センチ以上の樹木と五センチ以上の木性つる植物について、植物個体ごとに胸高直径を測り、番号のついた識別用のラベルをつけた。

学名については、西田と上原[7]を参照した。種名が不明瞭だったものについては新たに同定した。種名の変更されたものなどについては、巻末の付録を参照されたい。

チンパンジーの食物レパートリーについてはリストがある[8]。このリストによると、一九八の植物種から、三二八の食物品目（同じ植物でも食べられる部位が異なれば別品目として扱う）を利用しており、その数は研究が進むにつれてなおも増加している（以前はよく食べられていたが、今では稀にしか食べられなくなった食物もある（たとえばハルンガナ（写真3-2）。詳細については次章参照））。以下では、リストにはなくてもその後、複数の個体あるいは同じ個体でも二度以上、繰り返し、もしくは複数個体による採食が確認されているものは、食物として扱った[9]。また、植物に寄生するような動物（葉や花に形成された虫瘤など）の利用は分析から省いた。

トランセクトの総延長は八・三八キロメートル、総面積は八・三八ヘクタールである。このトランセクトは、一〇〇メートルごとに区切った。これは、個々の植物個体がトランセクトのどの位置に存在するかをより精確に特定するためだ。以下ではこうして区切られた長さ一〇〇メートル、幅一〇メートルの区分をプロットと呼ぶ。

調査は一九九五年九月末から翌年四月末までと、一九九七年から翌年にかけて行なった。

以上の手法に基づいて得られた資料をもとに、つると樹木それぞれについて、チンパンジーの食物を種類（種数）、バイオマス（ある時点における、ある空間の範囲内にある生物量を表す指標）、そして空間分布、という観点から順に紹介する。

調査した合計面積八・三八ヘクタールの中にあった胸高直径五センチ以上の木性つる植物は、一一八五個体で一三科、一九属、二〇種、未同定の種一種一個体より構成される。胸高直径一〇センチ以上の樹木は三〇六六個体で、これらは三九科、七八属、九二種、未同定の種三種三個体より構成される。

まず、どれくらいの範囲でどれくらいの種数が出てくるのかを、種数-面積曲線と呼ばれるグラフで見てみる。横軸にトランセクトの起点からの距離、縦軸は新しく出てきた植物種数の累積を示す（図3-1）。樹木では、五～六キロメートルの地点あたりで、新しく出てくる種はほとんどなくなっているのがわかる。つるだけでは、さらに早く三キロメートルあたりでほとんどグラフは上昇しなくなっている。いわゆる熱帯雨林では、いつまでたっても右上がりのグラフになることが知られている。したがって、カソジェの場合は熱帯雨林ほど植物の種類が多くない、ということだ。

ではこれらの種のうち、どれくらいが食物として利用されるのだろうか。

つるでは二一種中六七パーセントの種が食物として利用される（表3-1）。樹木では九五種のうち六五パーセントと、こ

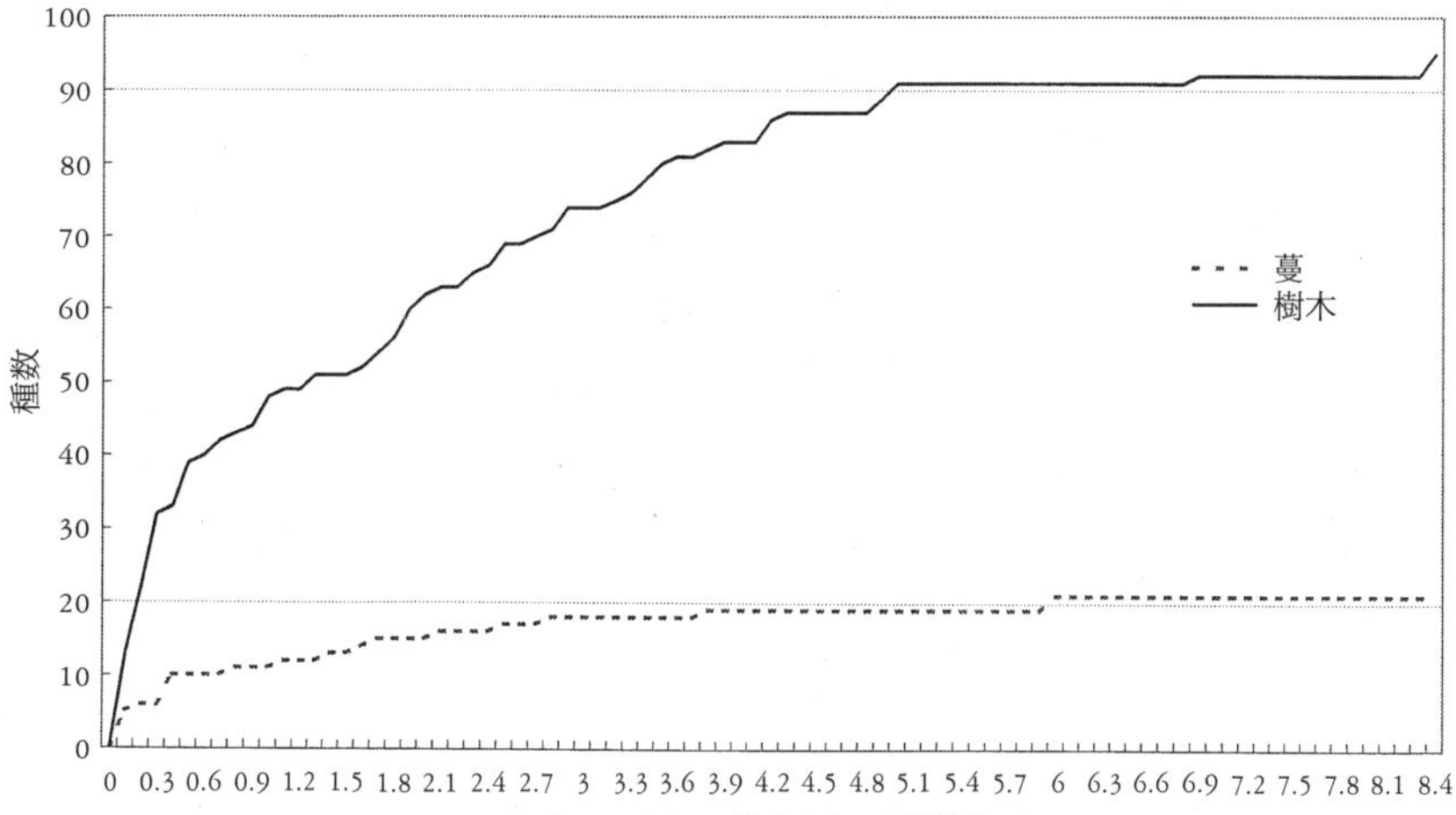

図3-1　種数―面積曲線

表3-1　チンパンジーの食物が調査植物に占める割合

	つる	樹木
食物種数割合	67%	65%
食物密度割合	85%	87%
食物合計規定面積割合	−	89%

れも大半がチンパンジーが何らかの形で食物として利用するものである（表3-1）。

次に、チンパンジーの食物のバイオマスを見てみよう。

ある範囲の木性植物のバイオマスは、密度と被度によって表される。被度は、ある植物の地上における広がりを地表面に投影したときの面積を指す。しかし、実際に樹冠の広がりの面積を測るのは調査者による個人差が出やすい[10]。そこで、この被度が胸高での断面積と比例していると仮定して、これに置きかえるということが一般に行なわれる[11]。この面積を基底面積（BA）という。本研究でもこの基底面積を使用した。ただし、つるについては、基底面積がバイオマスを表す指標とはなっていないので、個体数のみで見ることにする。なお、つるの胸高直径の平均は七・二六センチである。

つる全体の密度は、一ヘクタールあたり一一八個体である。このうち、八五パーセントがチンパンジーの食物である（表3-1）。樹木全体のバイオマスは、密度が一ヘクタールあたり三六六個体であり、このうち八七パーセントがチンパンジーの食物にあたる（表3-1）。基底面積では一ヘクタールあたり二五平方メートルで、このうち八九パーセントがチンパンジーの食物にあたる（表3-1）。これは、一ヘクタールあたり四一七本の樹木とつるが、チンパンジーの潜在的な食物であるという計算になる。

種数で見た場合の割合と比較すると、全体の種数に占める食用植物種の割合に比べて、樹木とつるの密度、および樹木の基底面積はより高い割合を示しており、チンパンジーの食物はよりバイオマスの高い種であるということになる（表3-1）。

さて、ここまではすべての植物を、食用か否かという大雑把な区分で分析した。しかし、食用といっても、果実、種子、葉や若芽、髄、花、樹皮、樹液など実にさまざまな部位が含まれる。チンパンジーは、なかでも果実を主食とする果実食者である。したがって、以下では果実食物を中心に詳しく見ていく。採食部位として、ここでは、果実と種子、葉や若芽や髄、それら以外を一括し、便宜的にそれぞれを、「果種部位」、「葉髄部位」、「その他」と呼ぶことにする。

Mグループでは、今のところ三二八の食物品目（各種×採食部位の総和）を食物として利用することが知られている。[8] しかし、それらの重要性はそれぞれ異なる。西田はMグループのチンパンジーが利用する食用植物を、遊動への影響度の差異に基づき三つに区分した。[13] 多くの年において、ある季節に毎日の遊動ルートを決定するような食物が「主要な食物」、毎日の遊動ルートに部分的に影響を及ぼすような食物を「重要な食物」、そして機会的につまみ食いされるような食物は「補助的な食物」となる。

果実は、木がある程度大きくならなくては結実しない。どれくらいのサイズで結実するかは種ごとに、そして地域ごとに異なるだろうし、実際に、トウダイグサ科のウアパカ（*Uapaca nitida*）やイチジクの一種（*Ficus sur*）（写真3-3）などは、胸高直径が一〇センチにもなれば結実することがわかっている。しかし、そうした種ごとの傾向は系統立てて調べていないので、ここでは結実する樹木のサイズをウィリアムソン[13]にならって、胸高直径三〇センチ以上とした。なお、胸高直径三〇センチ未満の樹木の密度や、それ以上の大きな樹木密度のついては、図3-2を参照されたい。つるについては、直接観察により胸高直径が五センチもあれば結実できると考えられるので、直径五センチ以上のすべての個体を分析に使用した。

写真3-3　イチジク（フィクス・サー）の果実を頬張るチンパンジー（写真提供：西田利貞）

以上をふまえ、胸高直径三〇センチ以上の樹木（八三五個体、二九科四七属五三種）と、胸高直径五センチ以上の木性つる植物（構成は前述の通り）について、種数とバイオマスについて、採食部位とその重要度という視点から比較してみた。

まず種数について見てみよう（図3-3）。つるでは「その他」の割合が全体（二一種）の二四パーセントと小さいが、「果種部位」と「葉髄部位」ではいずれも五七パーセントと、先の食物種数の大部分を占めていることがわかる。「その他」に含まれる採食部位の詳細

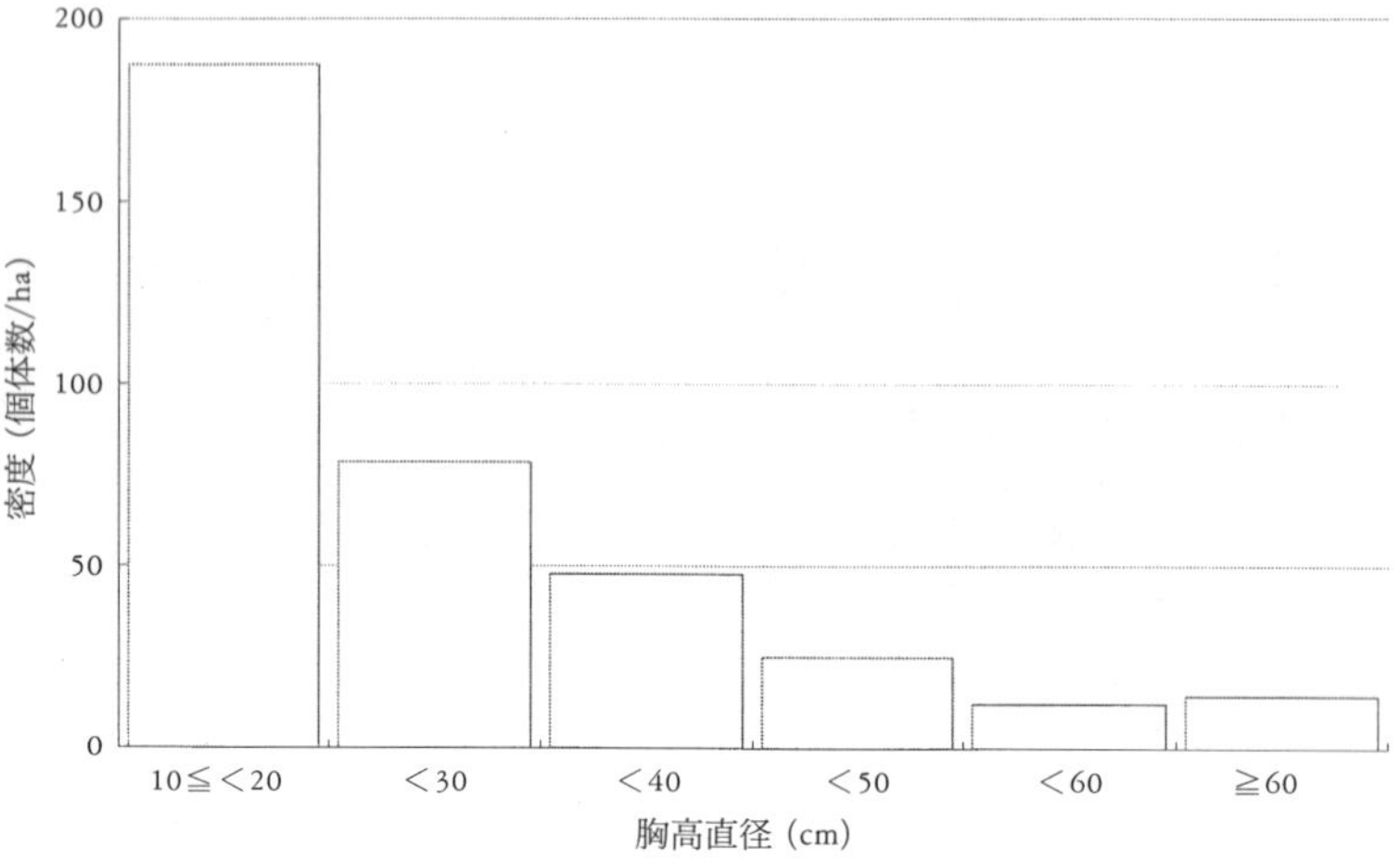

図 3-2　胸高直径の分布

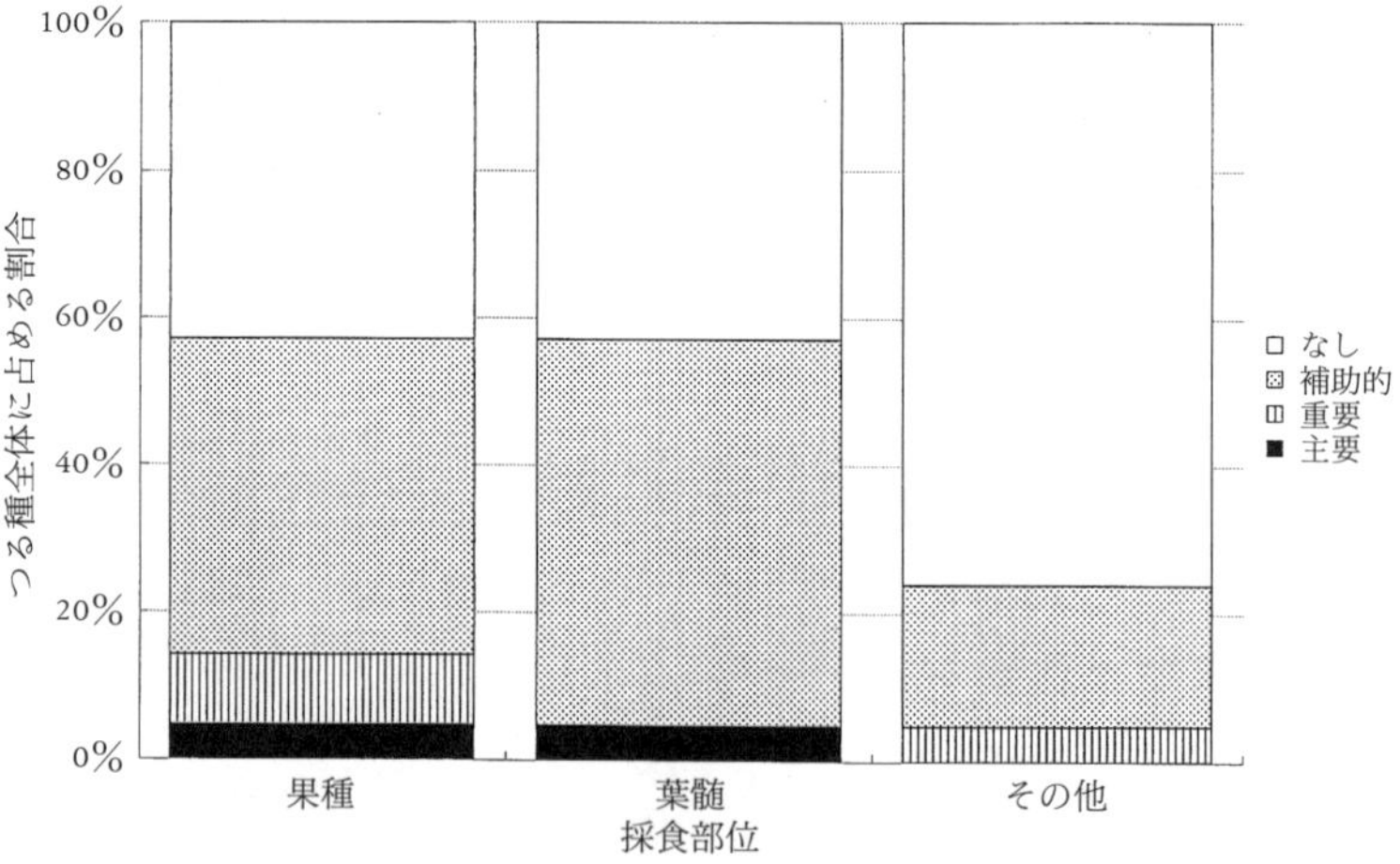

図 3-3　食物の種数―つる

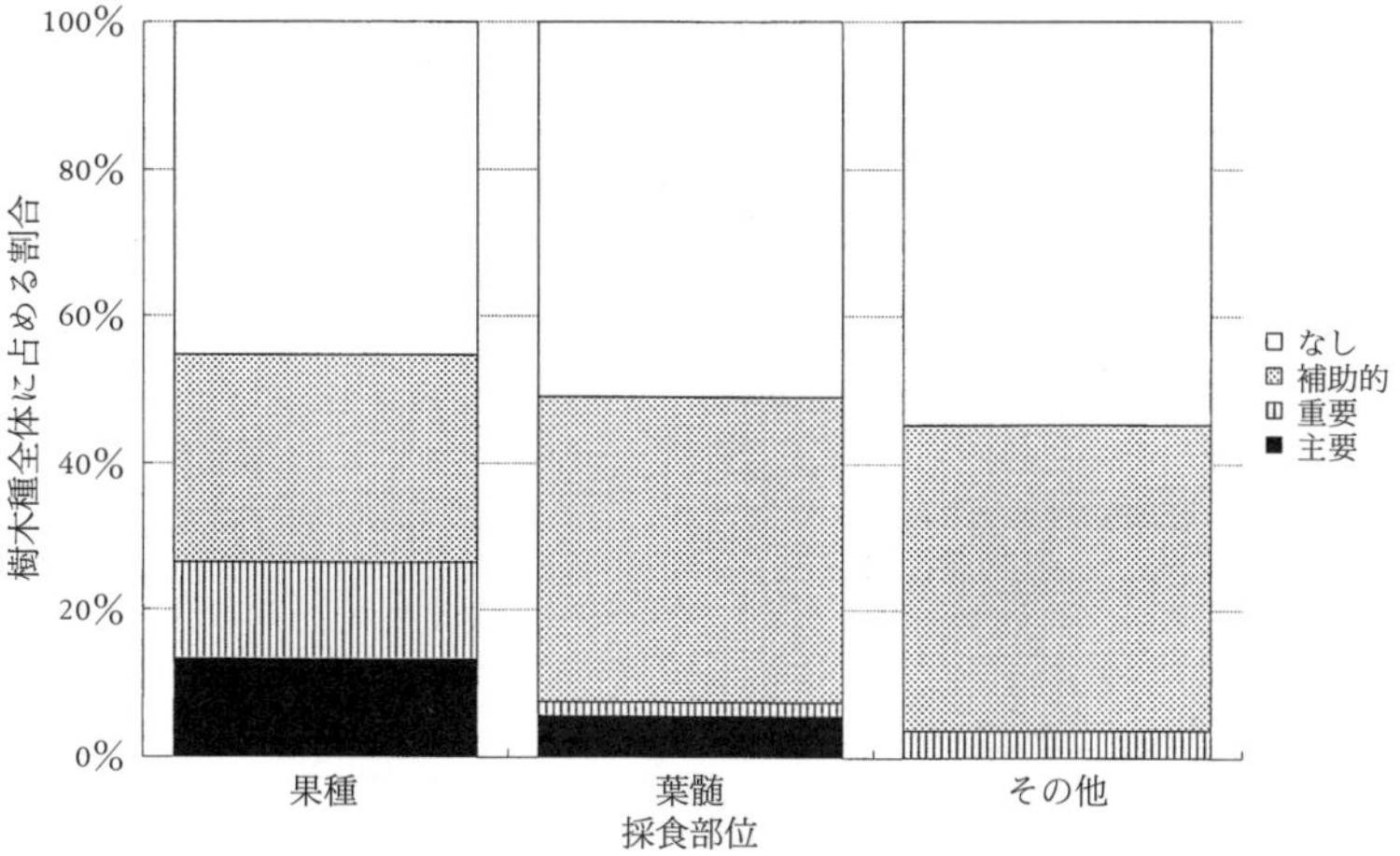

図3-4　食物の種数—樹木

は、ほとんどが花（三種）である。また、「その他」が利用される種五種は、すべて「葉髄部位」が利用される種であった。「果種部位」と「葉髄部位」は八三パーセント（一二種中一〇種）が重複種であり、重複割合が最も小さかったのは、「果種部位」が利用されるもののうち「その他」も利用される種で、三三パーセントである。重要度という点から見ると、主要な食物は「果種部位」と「葉髄部位」では一種のみ（「その他」は皆無）、重要な食物は「果種部位」二種と「その他」一種（「葉髄部位」は皆無）であり、ほとんどが補助的な食物種である。「果種部位」の重要および主要な食物はすべて、種子ではなく果実が利用されるものである。

　樹木では、どの採食部位で見てもチンパンジーの利用するものが、全体（五三種）の半数近くを占める（図3-4）。つるに比べると、「その他」の割合が増えている（つる二四パーセントに対し樹木四五パーセント）。樹木の場合、花だけでなく、樹皮や樹脂、そして樹液なども利用される種が多いからだ。各採食部位間で重複する種の割合は、五二〜八〇パーセント程度である。重要度という点では、「葉髄部位」と「その他」が利用される種は、そのほとんどが補助的な食物で、主要な食物は「葉髄部位」で三種、重要な食物は「葉髄部位」で一

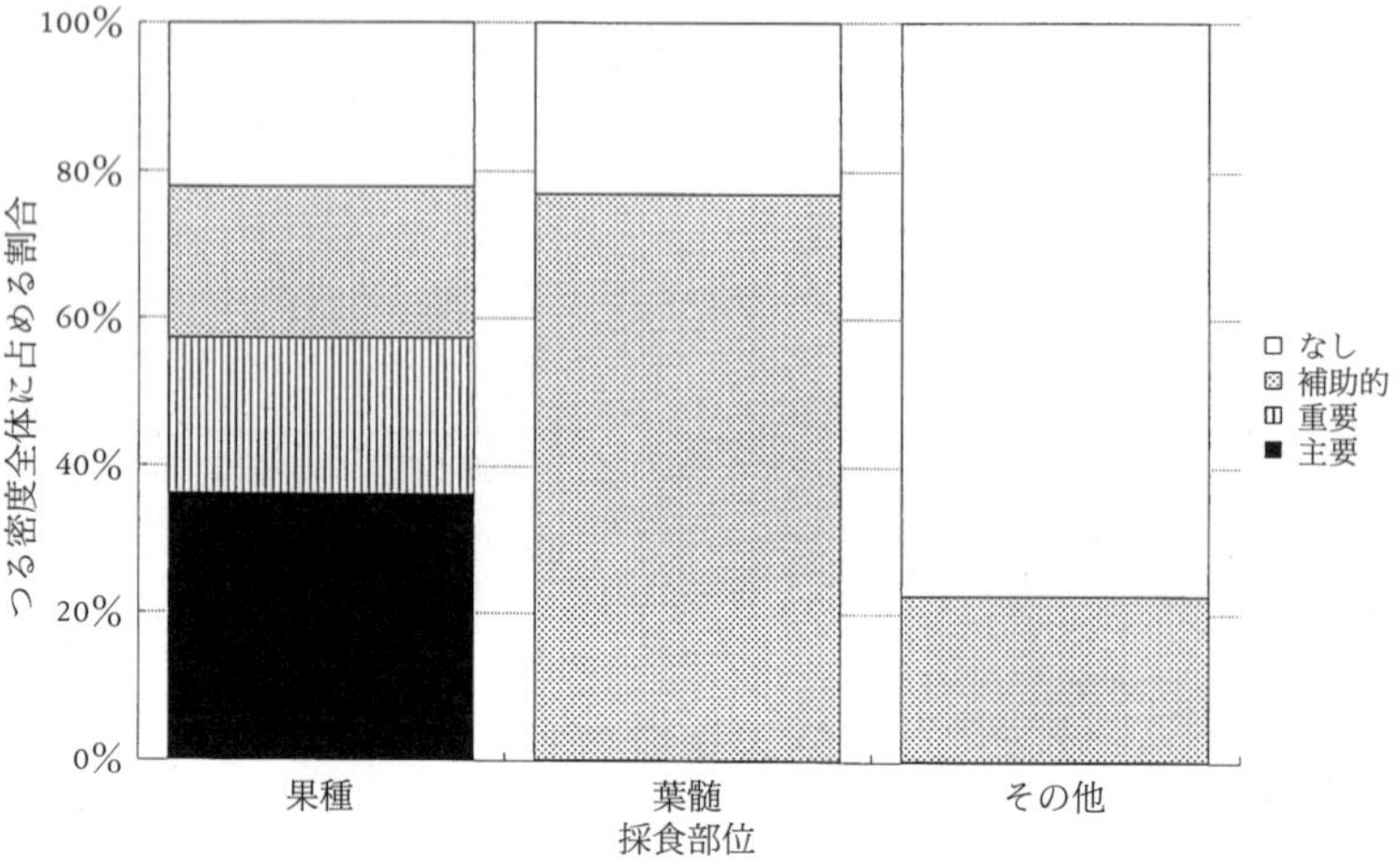

図3-5　食物の密度─つる

種、「その他」で二種だけであった。一方、「果種部位」は主要および重要な食物種がそれぞれ全体の一三パーセントを占める（合計二六パーセント）。

では、こうした食物品目のバイオマスはどうなっているだろうか。つる密度では、「果種部位」が全体の七八パーセント、「葉髄部位」が七七パーセント、「その他」が二二パーセントであった（図3-5）。種数の割合と比較すると、密度の割合が「果種部位」と「葉髄部位」で大きくなっていることがわかる。ちなみに、「葉髄部位」密度の九一パーセントは「果種部位」も利用される。表3-2を見れば、密度の高い種が食物として利用され、「果種部位」と「葉髄部位」が重複して利用されていることが読み取れるだろう。また、「葉髄部位」や「その他」では、ほとんどが補助的食物であるのに比べ、「果種部位」では主要な食物なっているものが全体の三六パーセント、重要な食物と合わせるとつる個体全体の半数以上を占める。実は、この主要な「果種部位」食物は、サバという種一種のつる密度を反映している。

樹木密度では、「果種部位」七八パーセント、「葉髄部位」六八パーセント、「その他」六二パーセントとなった（図3-6）。また、果実生

表3-2　つる密度（個体数/ha）の上位10種

種　　名	密度	%	採食部位（重要度）
Saba comorensis	42.72	36.20	果種（主要），葉髄
Landolphia owariensis	13.60	11.53	果種（重要），葉髄，その他
Uvaria angolensis	11.34	9.61	果種（重要），葉髄
Keetia venosa	9.55	8.09	果種，葉髄
Artabotrys monteiroae	8.11	6.88	果種
Cissus oliveri	8.00	6.77	葉髄，その他
Phytolacca dodecandra	6.09	5.16	
Grewia flavescens	4.65	3.94	果種，葉髄，その他
Baissea major	3.58	3.03	
Jasminum dichotomum	2.98	2.53	
Tetracera potatoria	2.98	2.53	
合　　計	113.60	96.26	

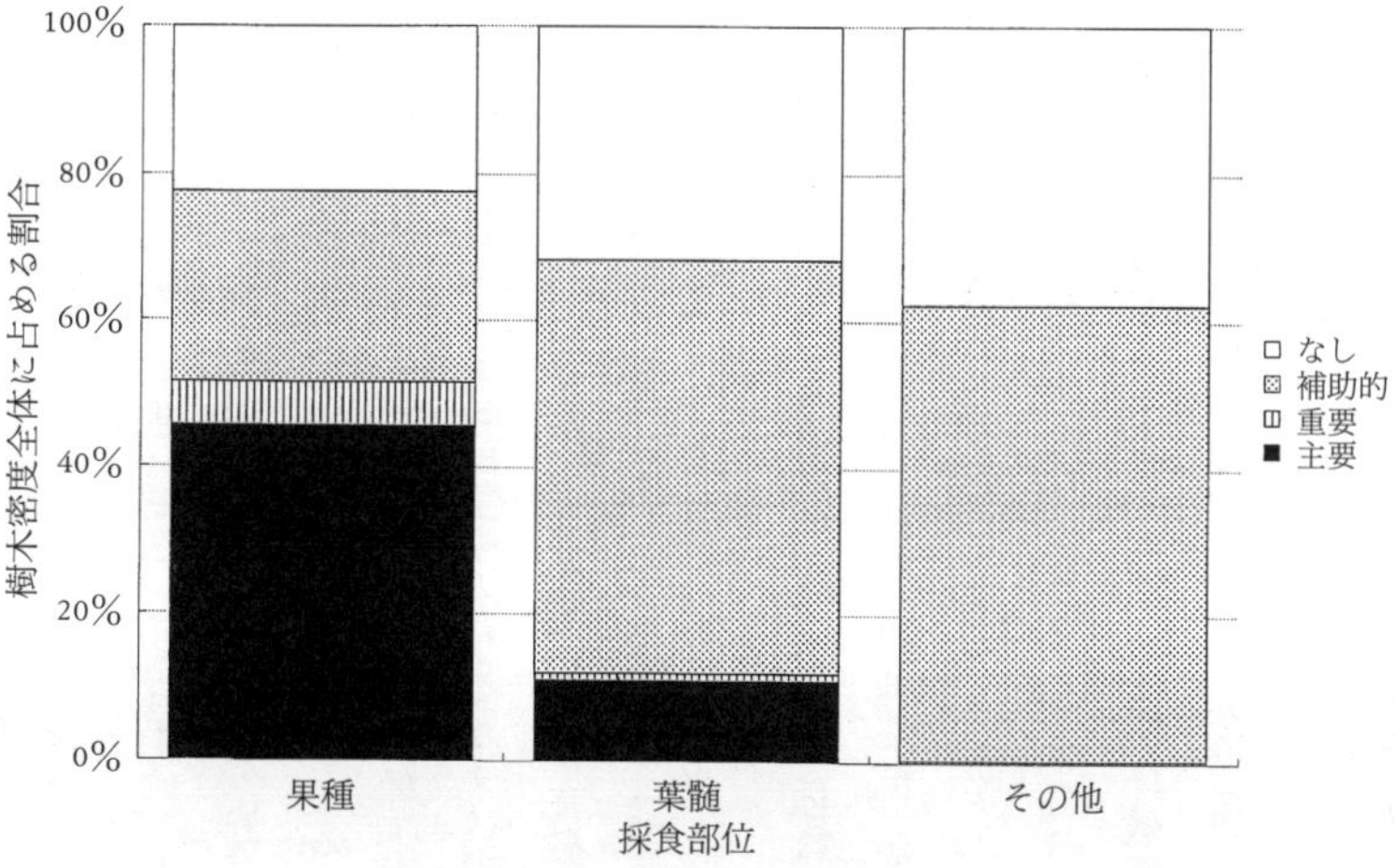

図3-6　食物の密度—樹木

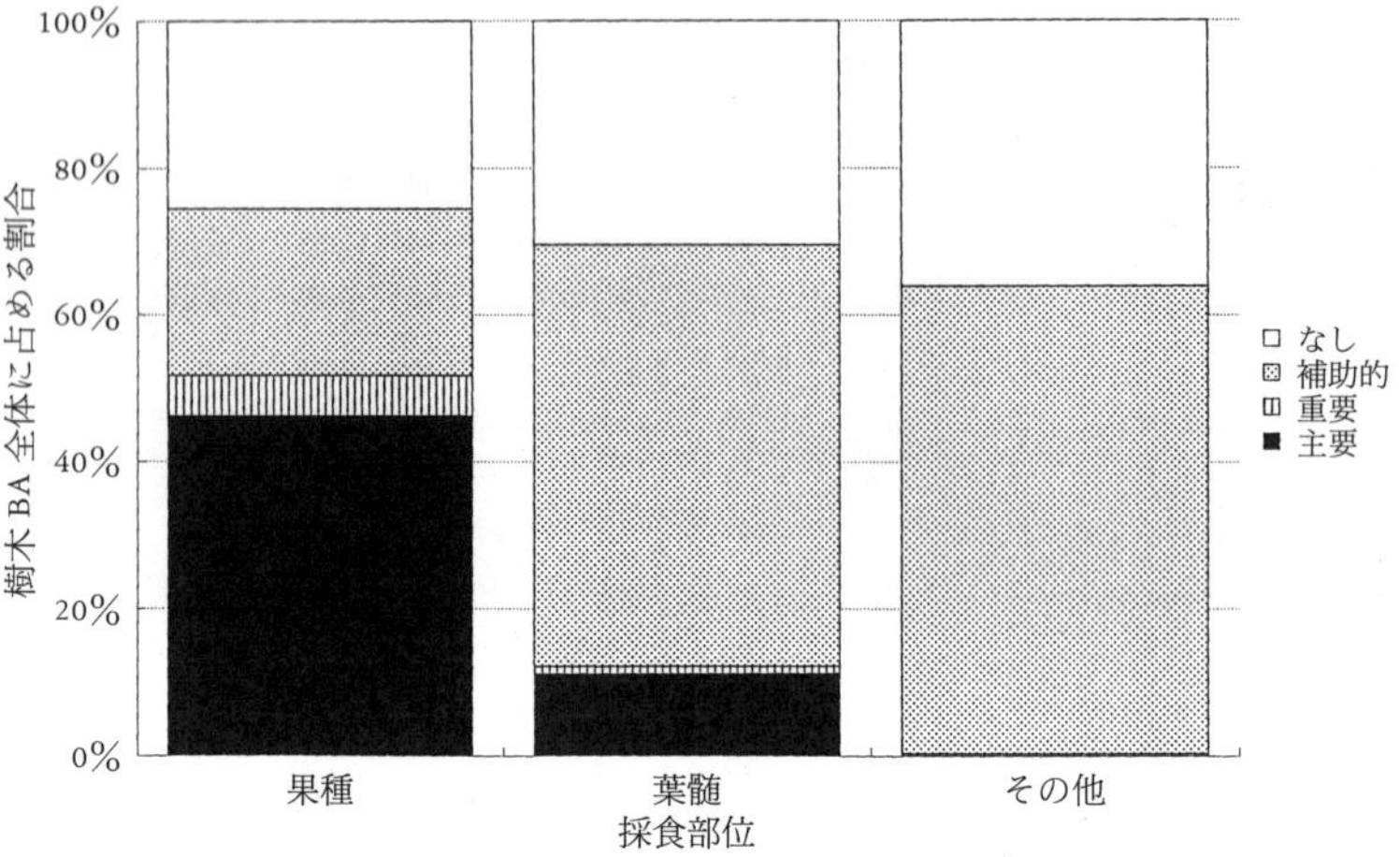

図 3-7　食物の基底面積―樹木

産量を最もよく反映すると考えられる基底面積の合計では、「果種部位」七五パーセント、「葉髄部位」七〇パーセント、「その他」六四パーセントとなる（図3-7）。いずれも、種数の割合よりも大きくなっている。重要度別に見ると、「果種部位」が主要な食物となっているもののバイオマスが大部分を占めている（密度、基底面積ともに全体の四六パーセント）。これはすべて種子ではなく果実が利用されているものだ。つる同様、樹木バイオマスの上位一〇種（表3-3、3-4）を見ると、バイオマスの高い種が主要な「果種部位」食物となっている（果実が主要な食物となる樹木種八種のうち五種が密度でも基底面積でも上位一〇種に含まれる）。

つまり、つるでも樹木でも、食物の種数割合に比べたバイオマスの大きさを支えているのは、「果種部位」が主要な食物となっている種である、と言えそうだ。

果実が主要な食物となる種は、樹木で八種、つるでは一種が相当する。このうち本トランセクトで個体数が二〇（ヘクタールあたり二・三九本）を超える八種についてのみ（表3-5）、その空間分布を見てみよう。

図3-8のa〜hは横軸にトランセクトの起点からの距離、縦軸に

表 3-3　胸高直径 30cm 以上の樹木密度（個体数/ha）の上位 10 種

種　　名	密度	%	採食部位
Pycnanthus angolensis	15.16	15.21	果種（主要），葉髄，その他
Pseudospondias microcarpa	9.79	9.82	果種（主要），葉髄，その他
Ficus exasperata	8.11	8.14	果種（主要），葉髄（主要），その他
Spathodea campanulata	6.32	6.35	果種
Croton sylvaticus	6.21	6.23	果種，葉髄
Ficus vallis-choudae	5.73	5.75	果種（主要），葉髄，その他
Cordia millenii	5.61	5.63	果種（主要），葉髄，その他
Albizia glaberrima	4.77	4.79	葉髄，その他
Synsepalum brevipes	4.77	4.79	果種
Cordia africana	3.82	3.83	果種
合　　計	70.29	70.54	

表 3-4　胸高直径 30cm 以上の樹木の合計基底面積の上位 10 種

種　　名	m^2/ha	%	採食部位
Pseudospondias microcarpa	2.52	13.67	果種（主要），葉髄，その他
Pycnanthus angolensis	2.08	11.30	果種（主要），葉髄，その他
Ficus exasperata	1.62	8.81	果種（主要），葉髄（主要），その他
Albizia glaberrima	1.34	7.27	葉髄，その他
Cordia millenii	1.30	7.05	果種（主要），葉髄，その他
Spathodea campanulata	1.19	6.45	果種
Ficus vallis-choudae	0.86	4.67	果種（主要），葉髄，その他
Croton sylvaticus	0.82	4.44	果種，葉髄
Synsepalum brevipes	0.82	4.43	果種
Cordia africana	0.72	3.93	果種
合　　計	13.26	72.00	

表3-5　「果種部位」が主要な食物なる種（一種あたり個体数20個体以上のもの）

種　名	形態	密度（個体数/ha）	BA（m^2）/ha
Saba comorensis	つる	42.72	0.19
Cordia millenii	樹木	9.19	1.42
Ficus exasperata	樹木	13.60	1.78
Ficus sur	樹木	6.44	0.19
Ficus vallis-choudae	樹木	17.18	1.23
Garcinia buchananii	樹木	5.97	0.22
Pseudospondias microcarpa	樹木	21.72	2.86
Pycnanthus angolensis	樹木	39.50	2.88

BA＝基底面積

各プロット（一〇×一〇〇メートル）ごとの一ヘクタールあたりの密度をとり、空間分布を視覚的に捉えられるよう図示した。樹木については、白抜き部分は胸高直径三〇センチ未満の小さな木の密度、黒塗りは三〇センチ以上の大きな木の密度を示した。

これらの図から、大まかには以下のように分類できそうである。例えば、キョウチクトウ科のサバ（図3-8a）は、広範囲に高密度で連続的に分布している。この果実はソフトボール大の大きさの黄色い果実で、果肉はすっぱいものが多いが、なかにはかなり甘いものもある（写真3-4）。たまたま調査中に甘い果実を見つけた現地の調査アシスタントは、家に持ち帰って子どもにジュースを作ってやると言っていた。ムラサキ科のコルディア（図3-8b）も、サバよりは低密度で間欠的にではあるが、広範囲に分布している。この果実は、長さ四センチくらいの楕円形の果実で、チンパンジーも食べきれないのか、時期になると熟した果実がよく地上に落ちていた（写真3-5）。あたり一面に、甘い香りが漂っており、すぐにこの木は見つけられる。ニクズク科のピクナントゥス（写真3-6）とウルシ科のシュードスポンディアス（図3-8g、h）も、トランセクトの前半に偏るが、それでもかなり広範囲に連続的に分布している。ピクナントゥスはニクズクの一種であるが、これも四センチメートル位の長さの楕円形の果実で、種子の周りの薄い真っ赤な仮種皮だけをチンパンジーは食べる。人間がそのまま食べてもおいしくはないが、脂肪分に富んだチンパンジーの大事な食物だ。シュードスポンディアスの方は、長さ二センチくらいの楕円形の果実で、熟すと紫色になる（写真3-7）。これは渋味はあるが、人間が食べても甘くておいしい。チンパンジーはとくに大きな木で食べていることが多く、一〜二時間はゆっくりと食べたり休んだりしながらその木の周辺で過ごす。イチジクの一種、フィクス・エクサスペラータ（図3-8c）とオトギリソウ科のガルキニア（図3-8f）は、かなりはっきりとした集中分布を示している。実際、ガルキニアはこの近辺と、Mグループの遊動域の最南端に、大きな群集を作っていることが知られている。一個体だけ、他の植物群集にまぎれこんでいることは、まずないと考えてよい。傾斜のある所に生育し、胸高直径三〇センチメートル以上の大きな木はあまりない。この熟した果実は、筆者がカソジェで味見をしてみた果実の中で、一、二位を争うくらい甘くておいしかった。一・五センチくらいの球に近い形をしており、熟すと薄い茶色のような色になる、マンゴスチンの仲間だ（写真3-8）。これらに対し、クワ科のイチジク二種（図3-8d、e）の密度分布は、サバやコルディアのような分布から、さらに分散傾向を強めたものといえそうだ。

こうした主要な食物種ごとの多様な分布のパターンは、Mグループのチンパンジーの大きなスケールでの遊動パターンの季節的変動やマイグレイションといった、これまでの観察(14)を裏打ちするものである。

以上をまとめてみよう。

一　全体の種数の半数以上が、カソジェのチンパンジーが食物として利用する種である。
二　食物として利用される植物種は、そうでない種に比べてバイオマスが大きい。
三　これらは、「果種部位」が主要な食物として利用される種のバイオマスに支えられる。

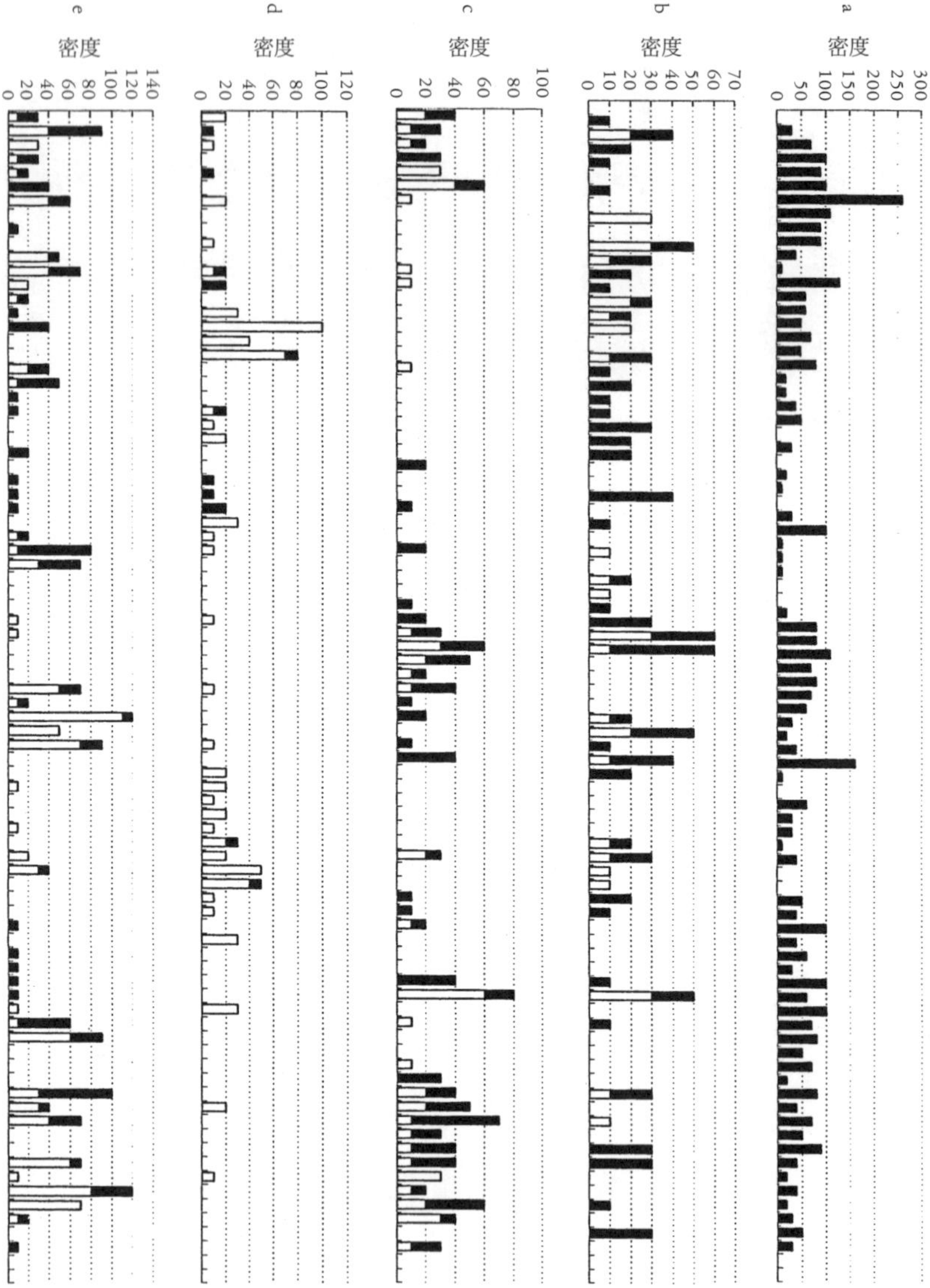
a
密度
0 50 100 150 200 250 300
b
密度
0 10 20 30 40 50 60 70
c
密度
0 20 40 60 80 100
d
密度
0 20 40 60 80 100 120
e
密度
0 20 40 60 80 100 120 140

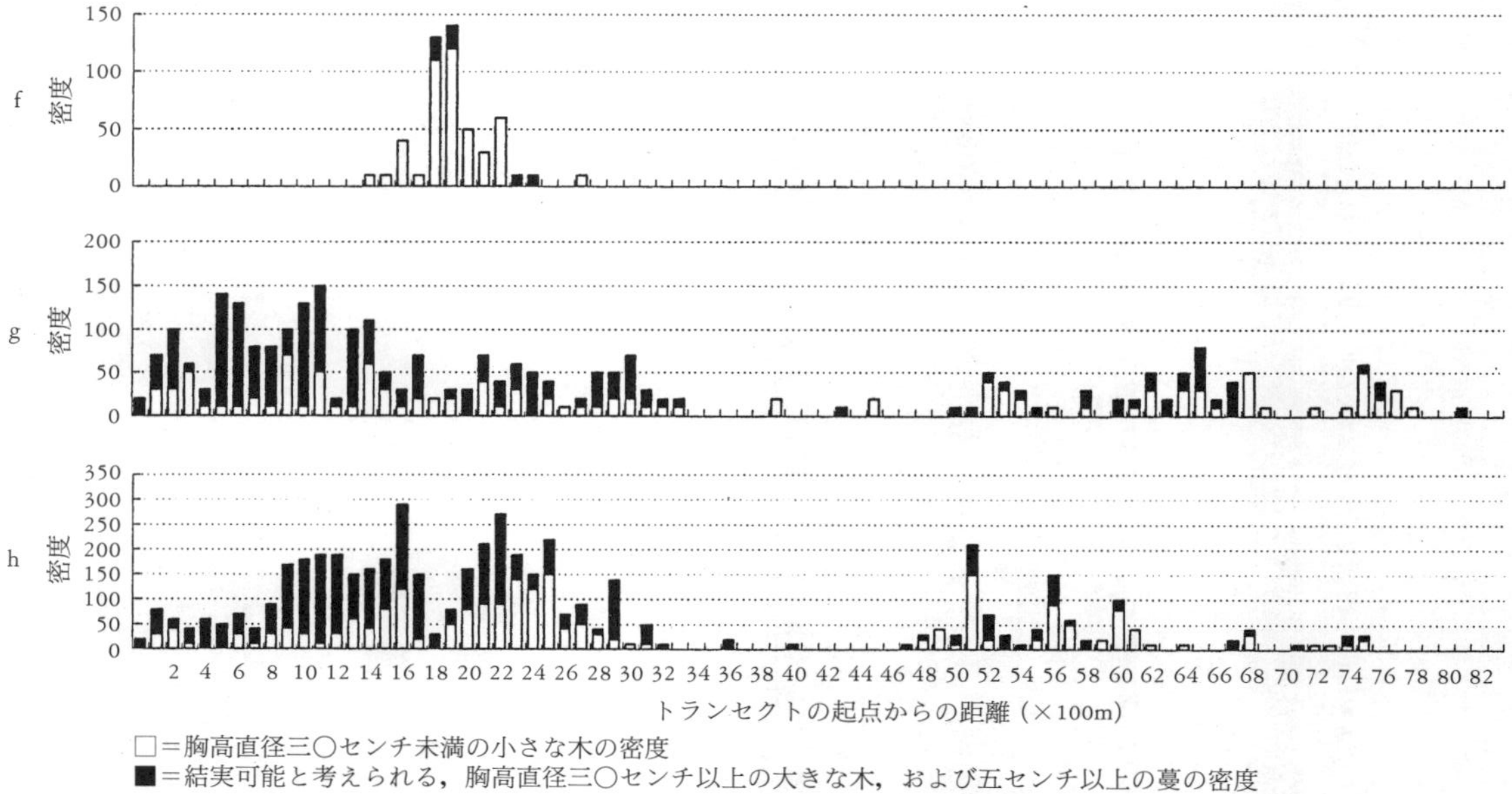

図3-8　「果種部位」が主要な食物となる種の空間分布，a：サバ（つる），b：コルディア，c：フィクス・エクサスペラータ，d：フィクス・サー，e：フィクス・ヴァリスチョウダエ，f：ガルキニア，g：シュードポンディアス，h：ピクナントゥス．

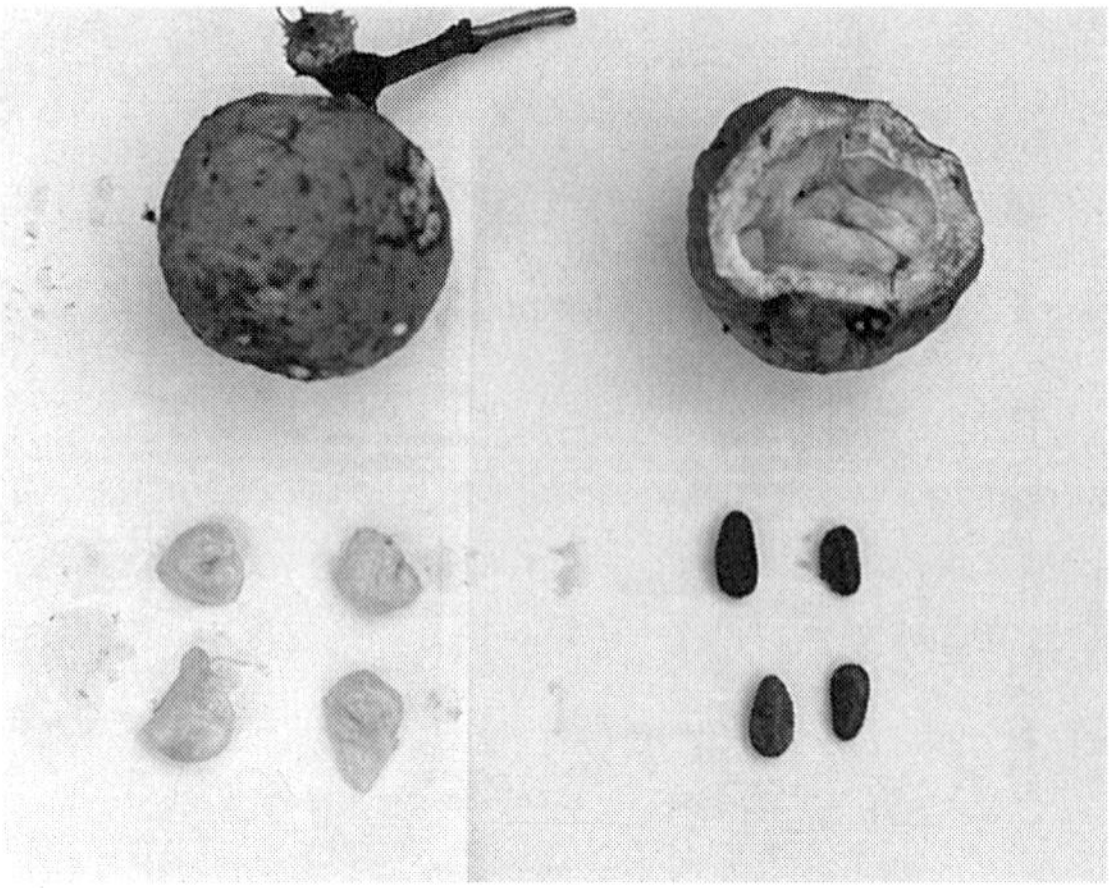

写真 3-4　サバの果実　(写真提供：乗越皓司)

写真 3-5　コルディアの果実 (写真提供：中村美知夫)

写真 3-6　ピクナントゥスの果実（写真提供：乗越皓司）

写真 3-7　シュードスポンディアスの未熟な果実を食べるチンパンジー（写真提供：西田利貞）

写真3-8　ガルキニアの熟した果実（写真提供：中村美知夫）

つまり、調査域内の植物は、チンパンジーの食物、とくに主食となる「果種部位」を産出する種および植物個体が大部分を占めている。チンパンジーが好む果実は、同所的に生息する、キイロヒヒ、アカオザル、アオザルといった他の霊長類にとっても重要な食物であるし、樹冠ではエボシドリ、サイチョウ、アオバトなどの鳥も利用しており、地上ではブッシュバック、ブルーダイカー、ヤブイノシシなどの動物も幹の低い所にできる乾生果や落下果実を食べる。[15]「果種部位」が主要な食物として利用される種は、その他の種に比べ個体数が多いことから、もう少し憶測を進めると、こうした動物たちの種子散布者としての重要性が示唆される。この森は、こうした動物たちが種子を運んでくれることで作られてきた森であると言えるのかもしれない。

*

以上、チンパンジーの潜在的食物量について記述してきたが、いくつか留意すべき点がある。まず、植物にはそれぞれ一年もしくはそれ以上の期間を単位とした季節性がある。すなわち、花を生産する時期、果実を生産する時期、新葉を産出する時期など、それぞれに季節的な変化をするのであって、チンパンジーが食べるからといって、いつでも利用できるわけではない。同種であってもすべての個体が、まったく同時に結実するわけでもない。植物には植物の事情があるわけだ。この点に関しては、フェノロジーの資料が次第に蓄積しつつあり、この調査結果をもとに詳細な食物量と時間的空間的な分布について紙面を改めて報告する。

さらに、チンパンジーは食物レパートリーに入っているからといって、眼前に食物があればとにかく食べる、というわけではない。したがって、上記の植物のフェノロジーと、チンパンジーの行動データをきちんと組み合わせなければ、そのときのチンパンジーにとって意味のある実際の食物量は測定できない。また、チンパンジーが果実食者であることから、ある地域の果実食物量の時間的、空間的分布パターンが、その地域に生息するチンパンジー集団の、採食の仕方に影響し、ひいてはグルーピングのあり方に影響していると推測される。そのため、地域間における食物量の時空間分布の違いを測定することによって、一時的に形成される集団サイズ（パーティ・サイズ）が地域間で異なることを説明できるのではないかと考えられてきた。しかし、食物量がそもそも非常に多い場合や[16]、主要な食物が複数、利用可能な場合など[17]、必ずしも食物量とパーティ・サイズとの相関関係が見出されない場合があることがわかってきた。同じ植物があってもある集団ではよく食べられるのに、別の集団では食べられないということもある。[18]なぜこうした地域差、もしくは集団による違いがあるのかはわかっていないが、少なくともそこら辺にあるものを手当たり次第に食べているのではなく、何を食べるのかを選んでいるのだといえる。したがって、採食にかかわる問題について地域間比較を行なうためには、個体の採食のあり方がどのように形成されるのか、そうした採食のあり方と集団形成のあり方が、かかわっているのかどうか、かかわっているとすれば具体的にどのようにかかわっているのか、といった細かな行動資料の分析が必要である。

註

(1) Takasaki *et al*. 1990.
(2) Nishida & Uehara 1981; 西田 1977.
(3) 西田 1977.
(4) Turner 2000.
(5) Collins & McGrew 1988.
(6) Williamson 1988.
(7) Nishida & Uehara 1981, 1983.
(8) Nishida & Uehara 1983.
(9) 伊藤の未発表資料に加え、西田利貞、上原重男、中村美知夫各氏から情報を得た。
(10) Chapman *et al*. 1992.
(11) 沼田 1969.
(12) Nishida 1991.
(13) Williamson 1988, 1993.
(14) Nishida 1977a.
(15) 西田 1994a, 2001a.
(16) Newton-Fisher *et al*. 2000.
(17) Isabirye-Basuta 1988.
(18) Nishida *et al*. 1983.

第４章　カソジェ調査地域の植生と遊動パターン

——国立公園開設前後の二〇年間における変容

乗越皓司

一　はじめに

一九七五年一一月二二日午後三時、キャンプ用品一式を船外機付きの小型ボートに積み込んで、カシハ基地からタンガニイカ湖を南にンガンジャ・キャンプに移動する。チンパンジーの鳴き声が聞こえるカコロモ谷のすぐ下にテントを張って、明日から始まるＭグループの追跡調査に備える。夕食前に、鳴き声が聞こえた付近に様子を見に行くと、二頭の姿がガルキニア（現地名カソリオ）の枝先にチラリと確認できた。

今年は好物のガルキニアが大量に実をつけたので、チンパンジーたちは五日前の一一月一七日からンガンジャに居ついてしまい、山の斜面を集中利用していた。彼らをそこで探すには、カンシアナ基地から南に約六キロメートル、一時間あまり観察路を歩き、さらに湖岸から五、六百メートルも急斜面を登るので、通いの調査を毎日続けるのは効率が悪くて大変である。実は、カソジェ（カソゲ）地域に生息する集団の全容を明らかにする目的で、先月の一〇月一六日から二三日までの八日間に西田さんと私の日本人研究者二名、現地タンザニア人のフィールドアシスタント一二名、総勢一四名が総合分布調査を実行し、その時新たにンガンジャ・キャンプを整備していたのである。

一一月二三日午前八時三〇分、チンパンジーたちは、夜騒いでいた場所から二、三頭が南上方に移動していた（今日の観察はキャンプ近くで楽かと思ったが、やはり山頂まで登ることになりそうだ）。午前一〇時三〇分、イランガ谷ではワカモノ雄のニシダが集団から少し離れてピクナントゥスの実を食べていた。そのすぐ下で誰かが木を「ドンドン」と叩いてディスプレイをするが、ニシダはそれに無関心をよそおって採食を続けている。その直後に音のした所からアルファ雄のカジュギが現れたので、先ほどの誇示行動は彼がしたのであろう。集団はガルキニアやピクナントゥスの実を食べながら南上方にゆっくりと移動して行く。結局本日は、カジュギ、ニシダを含む一一頭が確認できたが、採食状況や騒ぎの広がりから判断して、このパーティにはもっと多くの個体がいたようだ。（なお、この時の遊動コースは、第四節の図4-9に示されてある。）

ンガンジャを利用しているのがMグループであるか、あるいはその南を遊動している別の集団であるかは現在の重要課題となっていた。そして今回の調査により、Mグループはンガンジャからイランガまではよく利用するが、そこからムトゥンドゥエを越えた南にまでは行かないことが判明した。（図4-1、4-2）（各節の冒頭はフィールド・ノートおよび調査日誌からの抜粋）

一九六五年西田によって開始されたカソジェ地域における野生チンパンジー調査は、多くの貴重な成果を上げてきたが、同時にチンパンジーを含めた自然環境を保全するために国立公園としての確固たる研究・行政組織の設立が望まれていた。一方、タンザニア共和国の集村化計画、いわゆるウジャマー村（人民公社型の農村共同体）政策に伴い、一九七三

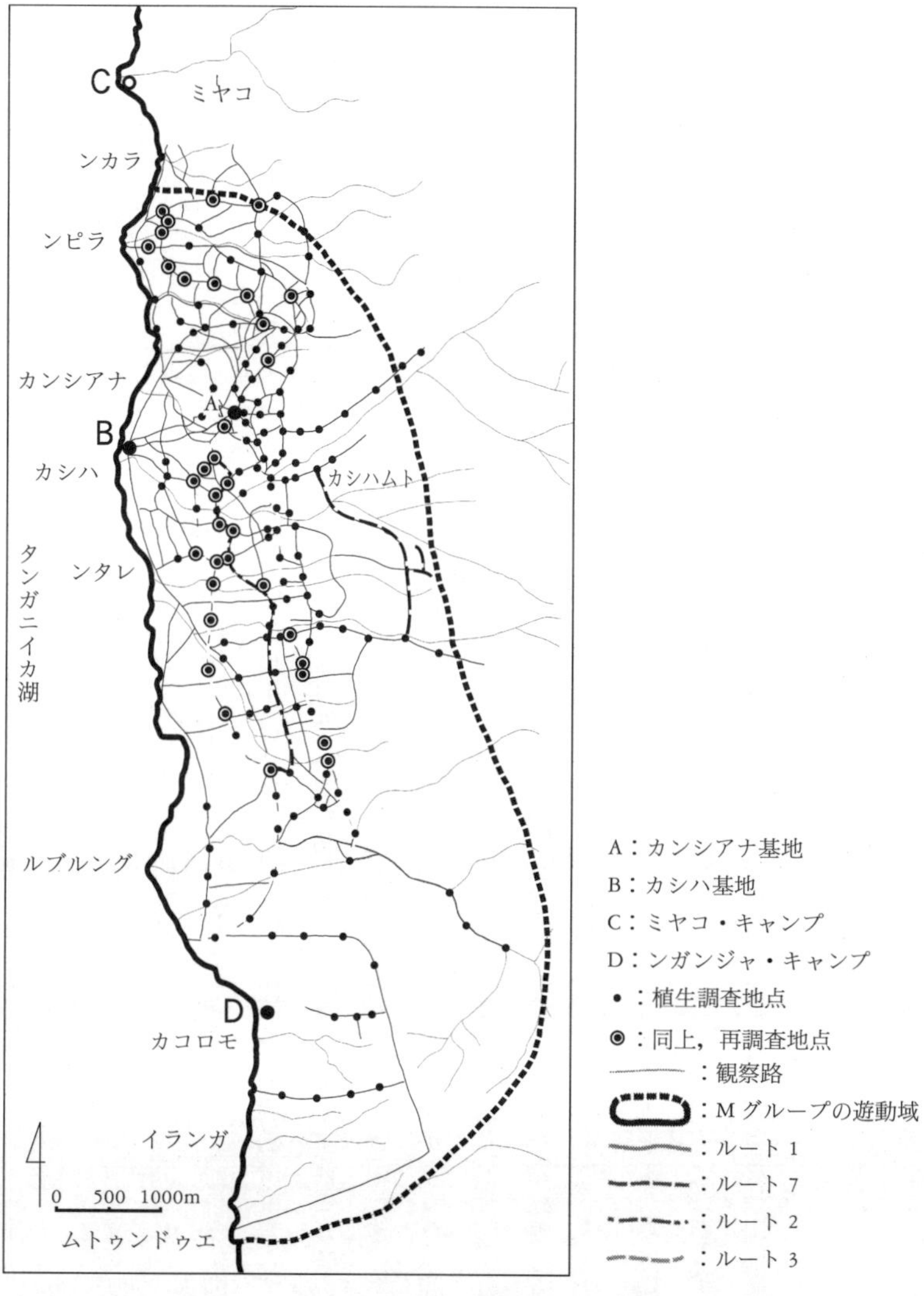

図 4-1　Mグループの遊動域，観察路および植生の調査点

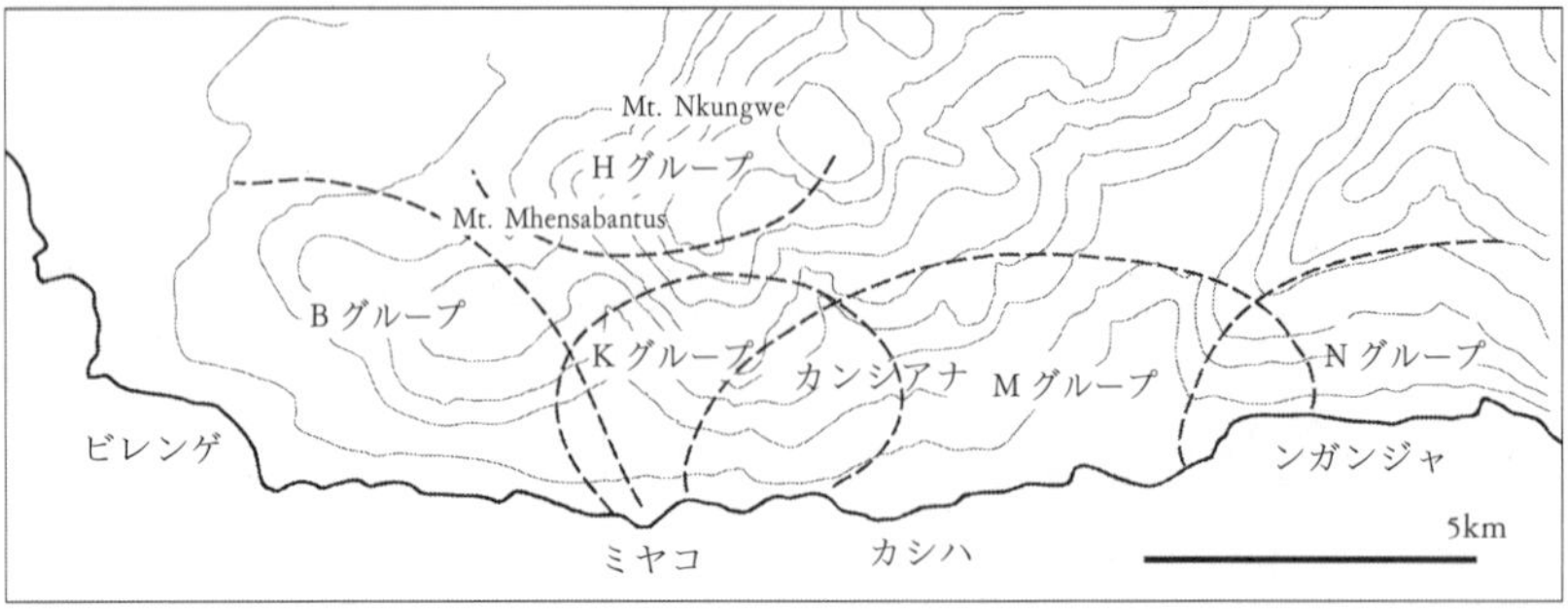

図4-2　カソジェ調査地域におけるチンパンジー単位集団の分布

年キゴマ州マハレ地区の住民の移住が決定され、現地住民は公園予定地外にある近隣の村、ムガンボなどに転居を始めていた。そして、一九七五年キゴマ州議会におけるマハレ公園化の決議をうけて、同年タンザニアの天然資源観光省はカソジェ地区チンパンジー調査研究基地（ＫＣＲＳ）を開設した。それと歩調を合わせて、一九七五年五月より国際協力事業団（ＪＩＣＡ）から長期派遣された生態学専門家がＫＣＲＳのもとで国立公園設立の準備活動に協力してきた。それまでの日本政府による海外技術援助が産業・経済関係を主体としていたのに対し、今度のプロジェクトはいわば文化・学術協力と呼ぶべき第一号であった。

一九七五年当時のカソジェ地域はンガンジャからカシハ間に定住していた地元住民が集団疎開して無人化しつつある時期であり、その後は公園化地域の自然保護が強力に進められ、毎年乾季に行なわれていた野焼きも全面的に禁止された。その結果、焼畑等で消失した森林の回復に伴い、チンパンジーの遊動地域が年々拡大していった。そして、おもに観察路・ルート１から湖岸側のカソジェ低地性森林帯（Lowland Kasoge Forest）においては、植生の回復と遷移に伴ってチンパンジーの食べ物と遊動生活が変容し、また以前の主な利用地域や隣接集団との関係にも大きな変化が生じてきた。

ところで、一九七五年当時のマハレ地域におけるチンパンジーの生息状況は次のようであった。約三〇頭からなるＫグループがミヤコ谷を中心に遊動しており、八〇〜一〇〇頭と推定されるＭグループがその南に、そしてさらに南のンガンジャとムソッフェにも別の集団が、また北には現在公園のヘッドクォーターとなっているビレンゲを中心に一あるいは二集団の存在が確認されていた。そのため国立公園の開園後には、丘陵地を主な遊動域としているので徒歩による接近が比較的容易なＭグループは入園者の見物対象に適しており、長期継続研究されて多くの資料が蓄積されているＫグループは研究対象とするように予定されていた（図４－２）。

私は一九七五年九月から一九七七年一一月までの二年間あまりの間ＫＣＲＳの調査活動に従事して、公園予定地域への調査旅行と同時に、Ｍグループを主な対象として、国立公園開設に必要な基礎資料の収集活動を行なった。すなわち、（一）その遊動生活と植生の関係（どこに何があり、いつどこで何を食べたか）、（二）観察路の整備とチンパンジーの馴化いわゆる「人づけ」、などに関してである。これは、日本の野猿公園を巨大規模にイメージしてもらえば良いのだが、チンパンジーの遊動場所を毎日正確に入園者に案内するため、公園内における植物（すなわち食物）の季節変化および継年変化に関する基礎資料がまず最初に必要なのである。その後国立公園は一九八五年に開園して順調に発展していったが、私は一九九二年から道具行動、利き手、メンタルマップ等の新たなテーマで中断していたマハレの調査を再開した。一九七五〜七七年における最初の調査内容に関連する資料は、その後三回の調査においても可能なかぎり集めており、結局前後一五年〜二〇年間における調査地域の植生とＭグループの遊動・食性・サイズ等に関する変化を分析することができたので、ここにその結果を紹介する。

私の四回の調査は、最初がＪＩＣＡの長期派遣専門家として、後の三回が文部省の海外学術調査および一九九二〜九三年は上智大学のサバティカル（在外研究）によるものである。それぞれの調査・観察日数は、第一回目が一九七五年九月から一九七七年一〇月までの約二年間（ＪＩＣＡ）、二回目が一九九二年八月二九日から一九九三年二月一一日までの延べ九六日間（西田隊）、三回目が一九九五年七月二五日から一九九五年九月二二日までの延べ五五日間（西田隊）、および四回目が一九九八年八月二〇日から一九九八年九月二一日までの延べ二八日間（川中隊）である。

二　植生調査

一九七七年九月一〇日、船外機付の木造船と飛行機を乗り継いで二週間にわたる首都ダルエスサラームへの最後の事務出張を終えて二日前にマハレに帰り着き、休息もそこそこにチンパンジーの動向を現地スタッフに聞く。一昨日は集団の本体と離れてしばしば単独行動するオトナ雌二頭のみがキャンプに来ていたが、昨日はンガンジャの山で大勢の鳴き声が確認されたとのこと。本日は、残り少なくなった勤務日程とチンパンジーのいるンガンジャまで行く労力とを天秤にかけて、まだ記録してない地点の植生調査をすることにした。

その場所は旧カシハ部落（現カシハ基地）の近くにあり、多数のアブラヤシの木や最後の収穫が許可されているキャッサバ畑の隣接地だが、乾季後半の九月になるとつる性マメ科のムクナ属（現地ではウププやゴンベヤッセ等と呼ばれる）が多数繁茂して、地元住民に恐れられている。なぜなら、その熟れた実に密生する透明な細い毛の針がわずか一本でも体に付着すると気が狂いそうになるほど痛痒くなるので、細心の注意を払って観察路を歩かなければならない。実は、以前は野焼きによって枯れ草が全て焼き払われるのでその様な心配はなかったのだが、二年前の公園化決定後に野焼きが禁止されたため、新しく生じた苦労である。

本日の調査地点は一〇年以上前に放棄された元耕作地であり、現在立派な二次林に回復しつつあるにもかかわらず今までチンパンジーの利用がなく、遊動の記録も空白であった。そのため最初は、植生調査地点に予定しなかったのだが、測定の空白地域が多くなるのでとりあえず記録することにした。このような理由で当時の調査報告書にはこの地点の結果を載せてなかったが、二〇年後の現在に貴重な資料となるには思いもよらなかった。

植生調査は、Ｍグループの遊動域内における観察路に沿った一六七地点で行なわれた。これは、当時の全観察路上における二五〇～三〇〇メートルの間隔で選ばれた地点であり、チンパンジーの食物に特徴的な植生をほぼ十分に表現できることが予備的な調査で確認されている（現在はもっと多くの観察路が作られているので、半分近くの路が調査されてない）。各地点の植生は、高さが五メートル以上の樹木合計五〇本で代表することにした。実際の記録では、各観察地点の観察路に沿って、両側の一〇メートル以内に生育している五〇本が順次選択され、その樹種名とそれぞれの樹木に付着しているつる植物、それらの樹木の下に生えている五メートル以下の低木や下草および地形的特徴を記載した。なお、マハレ地域の植物については、すでに学名とトングェ語のローカル名との対照表(1)（巻末の附録１も参照）が完成されており、本章ではおもに学名で植物を表記した。

記録された植生調査のデータは、一般的な植生の特徴と同時に、チンパンジーの食用植物種やその集中度を表すために、次のような解析方法を用いて類別化した。植物社会の研究方法として植物群落構成表を作るために使われる優占度の指標を参考にしたが、そこで用いられる被度ではなく、全体（五〇本）に対する本数の割合で表したものを代用した。なお、括弧内には被度の基準値を併記した。

＋　一パーセント以下（わずかな被度をもち、少数）

一　一〜四本（多数ではあるが被度は低い、または、割合は少数であるが被度は高い）

二　五〜一二本（非常に多数、または調査面積の一／一〇〜一／四を覆う）

三　一三〜二五本（調査面積の一／四〜一／二を覆い、個体数任意）

四　二五〜三七本（一／二〜三／四を覆い、個体数任意）

五　三八〜五〇本（三／四以上を覆い、個体数任意）

まず初めに、すでに明らかにされているカソジェ地域の植生分布を簡単に説明しておく。ミヤコ谷からルブルング川間におけるMグループの遊動域の大部分には、海抜七八〇メートルの湖岸から高度一三〇〇メートルまでをカソジェ・フォレストと呼ばれる良く発達した半落葉の熱帯低地林が占めている。この森林はタンガニイカ湖対岸にあるコンゴ森林の飛び地であり、湖とマハレ山塊の地形的特殊性によって生み出された。また、乾季になっても常時水流のある河川に発達した帯状の河辺林は、この低地林と同じ植生タイプに分類されている。公園域内で最も優勢な植生であるミオンボ疎開林には、ブラキステギアなどのジャケツイバラ亜科の喬木から構成されるブラキステギア疎開林の植生タイプがカソジェ・フォレストの南北と東側に広がっている。その他には、河辺林の外縁、氾濫原、および耕作放棄後の二次植生に見られるアカシア疎開林が湖岸沿いに分布している（図4-3）。

さて、以上の植生分布を今回の調査結果と比較しておこう。熱帯低地林、ブラキステギア疎開林、およびアカシア疎開林の代表的樹木（優占種）をそれぞれ一三種、六種、および三種を取り上げ、それらを一緒に集計した値でもって各測定地点における植生タイプの優占度として図示した（表4-1、図4-3）。図4-3によると、熱帯低地林は、以前の分布

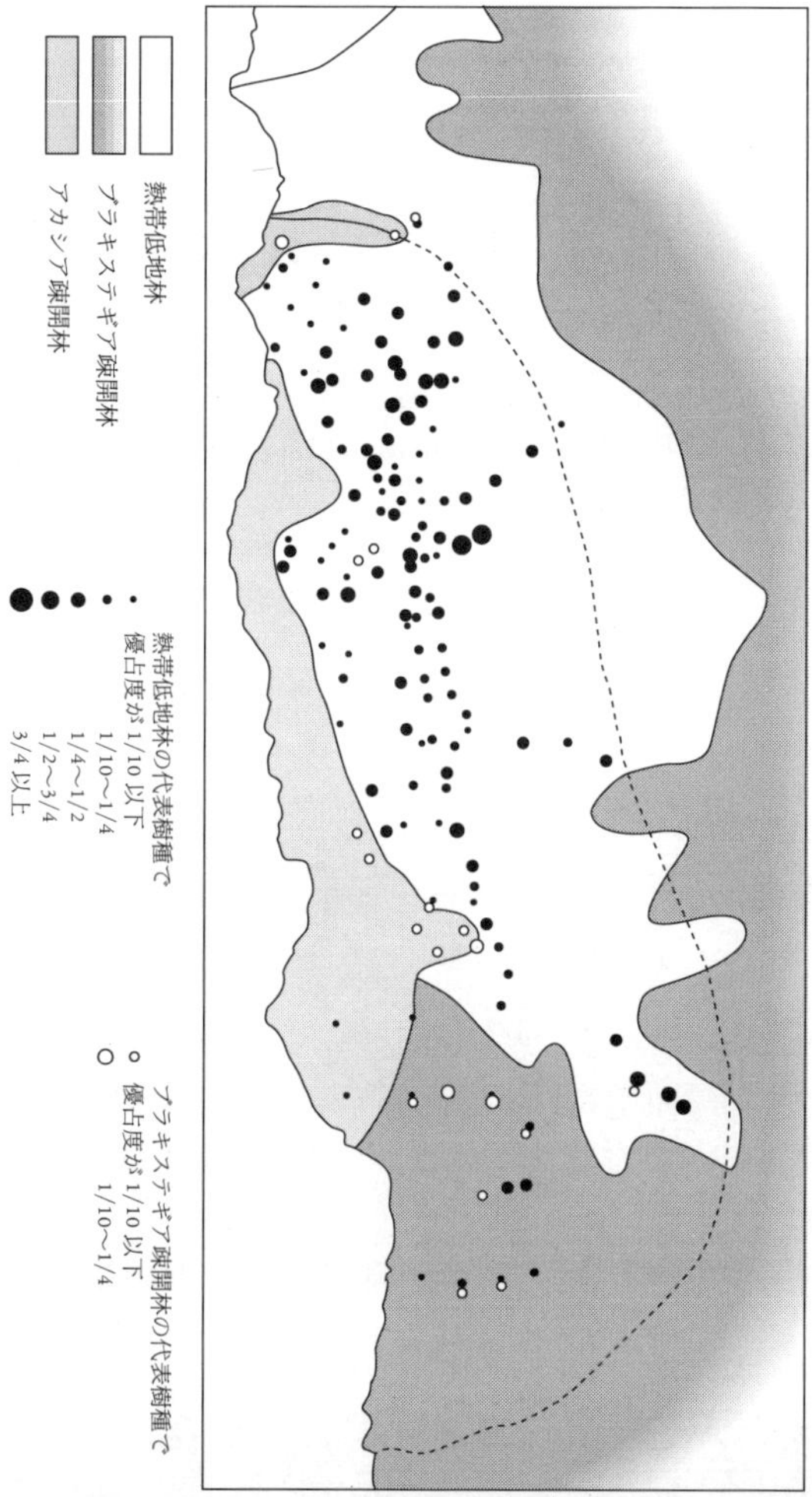

図4-3　カソジェ地域の植生分布

と今回の結果がほぼ一致している。なお、熱帯低地林の代表的つる植物および林床植物についても同様な手続きで検討したが、結果は図4-3と同じ傾向であった。また、ブラキステギア疎開林の樹種は、アカシア疎開林などに少し分布していたり、またンガンジャなどの一部に河辺林が発達して熱帯低地林の樹種が存在したが、基本的には同じ分布である。しかし、アカシア疎開林の分布域については、調査期間にチンパンジーの利用がほとんど認められなかったので測定間

表4-1　調査地域の植生タイプ

植生タイプ	優　占　種
低地性森林	
高木樹種	*Albizia glaberrima, Xylopia parviflora, Pseudospondias microcarpa, Parkia filicoidea, Julbernardia* sp., *Canarium shweinfurthii, Chlorophora excelsa, Ficus vallis-choudea, Parinari curatellifolia, Cynometra* sp., *Khaya* sp., *Garcinia huillensis, Pycnanthus angolensis*
木性のつる植物	*Saba flolida, Landolphia* spp.
林床の植物	*Aframomum* spp.
ブラキステギア疎林	
高木樹種	*Brachystegia bussei, B. spiciformis, B. boehmii, B. microphilla, B. stipulata, B. longifolia*
アカシア疎林	
高木樹種	*Acacia sieberiana, A. albida, A. polyacatha*

隔を広く設定しすぎたためか、代表樹種が調査地点において記録されなかった。なお、これらの調査地域における二〇年後の植生変化については後述する。

チンパンジーの主要な食物についての詳細は次章で説明するが、ここでは二つの代表的なフルーツ樹木の分布を説明しておこう。ガルキニア・フイレンシスは熱帯低地林のなかでも比較的乾燥した尾根近くに多く生育しており、長さ一センチほどの黄色の果実を大量につける。その甘酸っぱくジューシーな実はわれわれ人間が食べてもとてもおいしいもので、さすがに東南アジアでフルーツの女王と呼ばれるマンゴスチンと同属であることが納得させられる（第三章参照）。カソジェ調査地域には主要な分布地が三カ所あり、数年に一度の大豊作時には集団がその場所に居着いてしまうので、カンシアナ基地に近い所であれば好都合だが、ンガンジャのように離れていれば調査は悲惨な目に遭う（図4-4）。

ハルンガナ・マダガスカリエンシスは二次林における非常に優勢なパイオニア樹木として、焼畑放棄後の比較的早い時期に大繁栄し、二〇年程でほぼ完全な純林状態になるが、すぐに次の遷移段階に移行してしまう。房状につけられた多数の小さな実は、乾燥してパサ

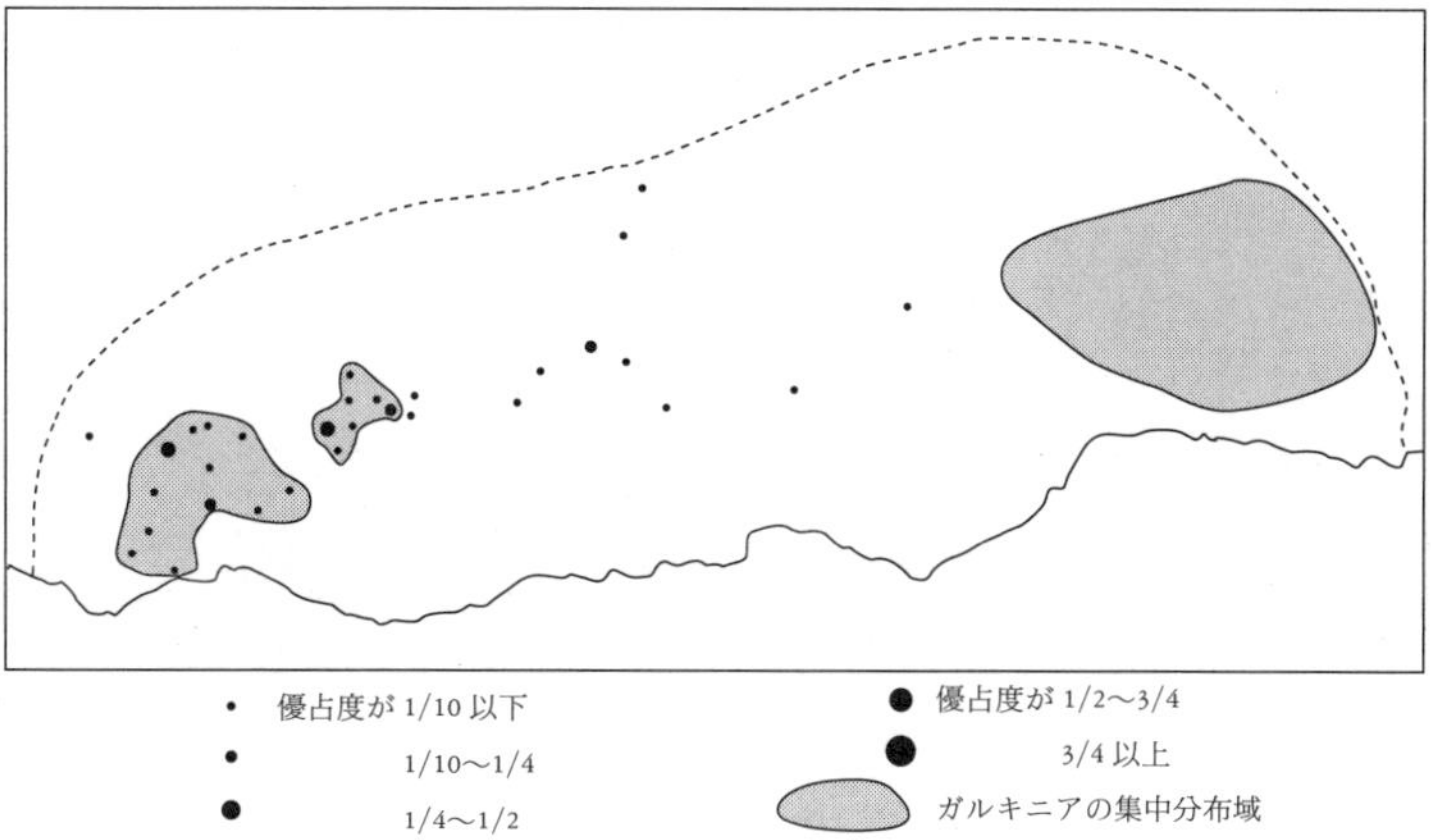

図 4-4　ガルキニアの分布

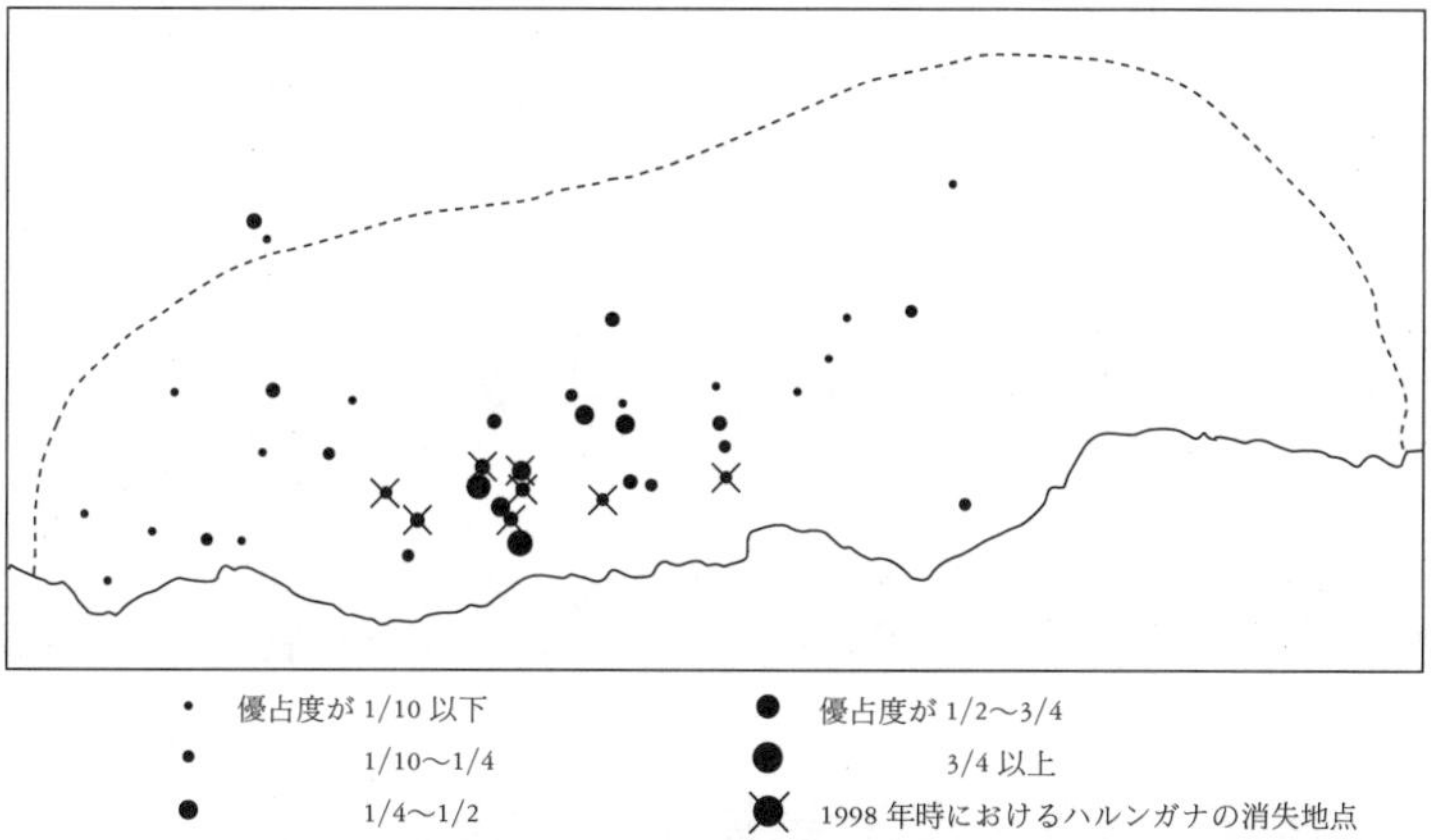

図 4-5　ハルンガナの分布

パサしているが、食べれば少し甘みがあって、広い地域で大量に利用できるためか、六、七月の重要な食物となっている。（ところが、後述するように、同じ場所を一五年後に再調査したところ、ほとんどすべての木が枯れて消失していたのには驚かされた）（図4-5）。なお、図4-4および図4-5には一九九八年における再調査の結果に基づき、増加した地点と消滅した地点の変化も併記されているが、この説明は第五節で行なう。そして、その他の樹種の分布については、第四節、遊動パターンで説明する。

三　糞分析に基づく主要食物とその季節的変化

一九九五年七月二九日午前一〇時二七分、カンシアナ基地を出発、昨日と同様にルート7から観察路の終点（海抜一四一〇メートル）に行く。この途中にはチンパンジーの痕跡がまったくなかったが、そこからルート7-ンタレ谷までの道にはチンパンジーの少し古い糞を二個、ルート7-ンタレ近くに今日の糞を二個、昨日のを二個発見した。その内容物を調べると、ハルンガナの種子と種名不詳の未消化の葉が含まれていた。この方向に移動しているものと期待して先を急ぐと、午後一時二〇分、ンタレ川を過ぎた直ぐの平坦地でワカ雄のアロフがイチジクの仲間フィクス・コンゲンシスの実を食べている。本日は、その後午後二時五三分までの間に、この場所で合計一六頭の観察ができた。集団は観察路を離れて、下方のルート1方向へとゆっくり移動していった。

近年六〜七月の時期には、チンパンジーたちは海抜一三〇〇〜一四〇〇メートルの高所をよく利用するのでアプローチに苦労を来しているが、私が調査した一九七五〜七七年および一九九二〜九三年にはまったく経験しなかったことである。今回の調査は、首都・ダレスでの調査許可取得に手間取ったため、マハレに入るのが遅れて、日本出発後の二週間目、七月二七日の早朝にやっと到着できた。二七日は先着のメンバーが同所に登ったが、チンパンジーの気配はなかったとのこと。昨日の二八日に私も同所に初めて登ったが、集団の声をまったく聞くことができなかった。唯一の収穫は、しがんでフルーツの汁を吸い取った後に捨てた食べ滓が一個と糞を一個だけ採集できたことである。

一九九五年八月二日、昨日ルート7のカシハムト谷で多数の鳴き声が聞かれたので、ルート7に登る。そこから観察路上に数多くの新しい糞とダルベルシア・マランゲンシスの葉の食べ跡が残っており、直前にチンパンジーたちが南下方に移動していたようだ。ンタレの近くで採集した二個の糞の内容物は、「コルディア・ミレニー、種名不詳の葉」および「種名不詳の葉、フィクス・カペンシス、ハルンガナ、サバ」であった。急いで後を追うと、二九日に観察したイチジクの木で集団の移動に遅れた母子が採食していたが、大多数の個体はすでにルート1まで降り、さらに南に移動している。午後二時〇分、ルート1から湖岸方向への道で二頭のワカモノ雄がサバの実を食べている。この後の観察で本日は合計一九頭の記録ができた。

チンパンジーの全食物リストを特定するにはいくつかの方法がある。直接的方法は、ある一頭をターゲットにして、朝ベットの起床後からその日の夜にベットで休息するまでを完全個体追跡しながら採食行動を記録するものである。この方法には、食べている物を直接に記録できる利点と同時に、次に示す欠点も存在する。例えば、個体追跡が困難な場合には不完全なデータしか集まらない、あるいは、一人の研究者が一日に一個体のデータしか記録できないので、個体差や大量のデータを短期間に収集するにはふさわしくない。もう一つの方法は、そして多くの動物調査でよく試みられているのだが、糞分析法である。これは採集した糞から食物を推定する方法であり、多数個体のデータを短期間に大量、しかも比較的容易に収集できる。ただ、難点は食べた物が体内で完全に消化される場合に糞からの推定が不可能となることである。幸いなことに、チンパンジーの採食様式は、種子部分をかみ砕かないまま、一個のフルーツを丸ごと呑み込むので、果肉部分だけが栄養として消化され、残りの種子部分はほとんど未消化状態で糞中に排泄される。また、フルーツ以外にも葉や茎などの植物性食物も一部未消化の状態で排泄されるし、昆虫や小動物も脚や羽、あるいは爪、骨、毛などの一部分が未消化のまま排泄される。そのため、糞の内容物を同定すれば、食物の種類と量がほぼ確実に推測できる。

カソジェ地域のチンパンジー研究においては、一九七六年一月からMグループを対象に、調査中に発見した全ての糞を持ち帰り、その内容物の分析が試みられるようになった。その結果、私の調査終了時までの約二年間において、合計一九七六個の糞を収集した。これらの糞は、各月の前半（一日から一五日まで）と後半（一六日以降）に分けて集計して、解析した。この半月毎の収集個数は、平均四七個（最小三、最大一六七）であった。

収集した糞の内容物から主要な食物の種類と量を特定するため、種子などの植物名とその個数を記録した。実際に食べた食物量を比較するためには、集計された種子などの総含有個数で表す方法と、各糞毎の有無で表示する方法とがあるが、ここでは次の理由から後者の方法をとった。すなわち、含有個数で比較する前者では、二種の果実に大きさの差があれば同一個数でも実際に食べた量は異なるので、比較の方法としてはふさわしくない。そこで、各半月毎に採集した糞の総数に対するそれぞれの種子が記録された糞の個数の割合を計算し、その値をそれぞれの食物に対する採食頻度（パーセント）と呼ぶことにした。

まず初めに、主要な食用植物を明らかにするため、とりあえずの目安として三分の二（六七パーセント）以上の採食頻度を設定した結果、一四種類の食物が規定以上の値を示した。ここでは煩雑になるため数値の表示は省略したが、この一四種類の植物を主要食物と呼ぶことにした。それらのなかで、一種類（アフラモムム属、現地名イトゥングル）は茎と果実が主な利用部分であるのに対して、残りの一三種類の食物は全て果実の果肉部分が食用とされていた。そこで、これら一四種類のなかでもさらに重要な食物を求めるため、比較的長期間（一ヵ月以上続けて）、しかも七六年と七七年の両年ともに三分の二以上の値を示した例を取り上げた。その条件に該当する例は、サバ、ピクナントゥス、ハルンガナの三種であり、これらの果実がチンパンジーにとって最重要食物と判定された。

サバはキョウチクトウ科の木性つる植物で、多く生育している所では樹冠を形成する大木のほとんどに着生し、雨季が始まる一〇月頃から翌年の一月末までの間に多数の果実をつける。果実はソフトボール大の大きさがあり、堅い果皮を割ると水っぽい黄色の果肉が多く含まれている（写真3-4）。ピクナントゥスは低地林の極相林における前段階の樹種であるが、非常に多くの場所に繁茂している。九月から翌年の一月までの長期にわたって大量の実をつけ、真っ赤な色をした紙のように薄っぺらの仮果皮部分だけが食料として利用される。しかしながら、その薄い仮果皮のために大きな種子も一緒に飲み込まれるので、食用部分のボリュームが少なく、より好まれるサバが多く実をつけるようになるとあまり食べられない（写真3-6）。ハルンガナは焼畑の放棄後に生じる二次林の優占種であり、六〜七月に茶色く色づいた小さな実は他の食物が多くないこともあって、この時期の重要な食物となっている（写真3-2）。

次に、各季節ごとの変化をより詳細に比較するため以下の手続きを行なった。この分析では、採食頻度の割合を最重要食物決定のために設定した三分の二より少し低い値の五〇パーセント（例外的に四〇パーセント以下の時もある）以上に下げ、一カ月以上食べ続けられている食物を取り上げた。この基準に該当する植物は先に挙げた一四の主要食物と同一であったが、それらをまとめて図4-6に示した。なお、採食頻度が一〇〜六六パーセントの値では一六種類の食物が該当したが、一四の主要食物と重複する例はなかった。また、一九七五年、一九九二〜九三年、一九九五年、および一九九八年における採食頻度ついては、行動観察から求められた概略の値で代表してある（図4-6）。

図4-6から次のような結論を得た。一九七五年から一九七七年の観察期間において、七例が二年あるいは三年の全記録期間に共通な主要食物であり、残りの七例が一年だけであった。つまり、前者は毎年重要食物となるが、後者は生り年には主要食物であるが不作年にはあまり食べられないことを示している。ガルキニアはこの点で年変動がとくに顕著

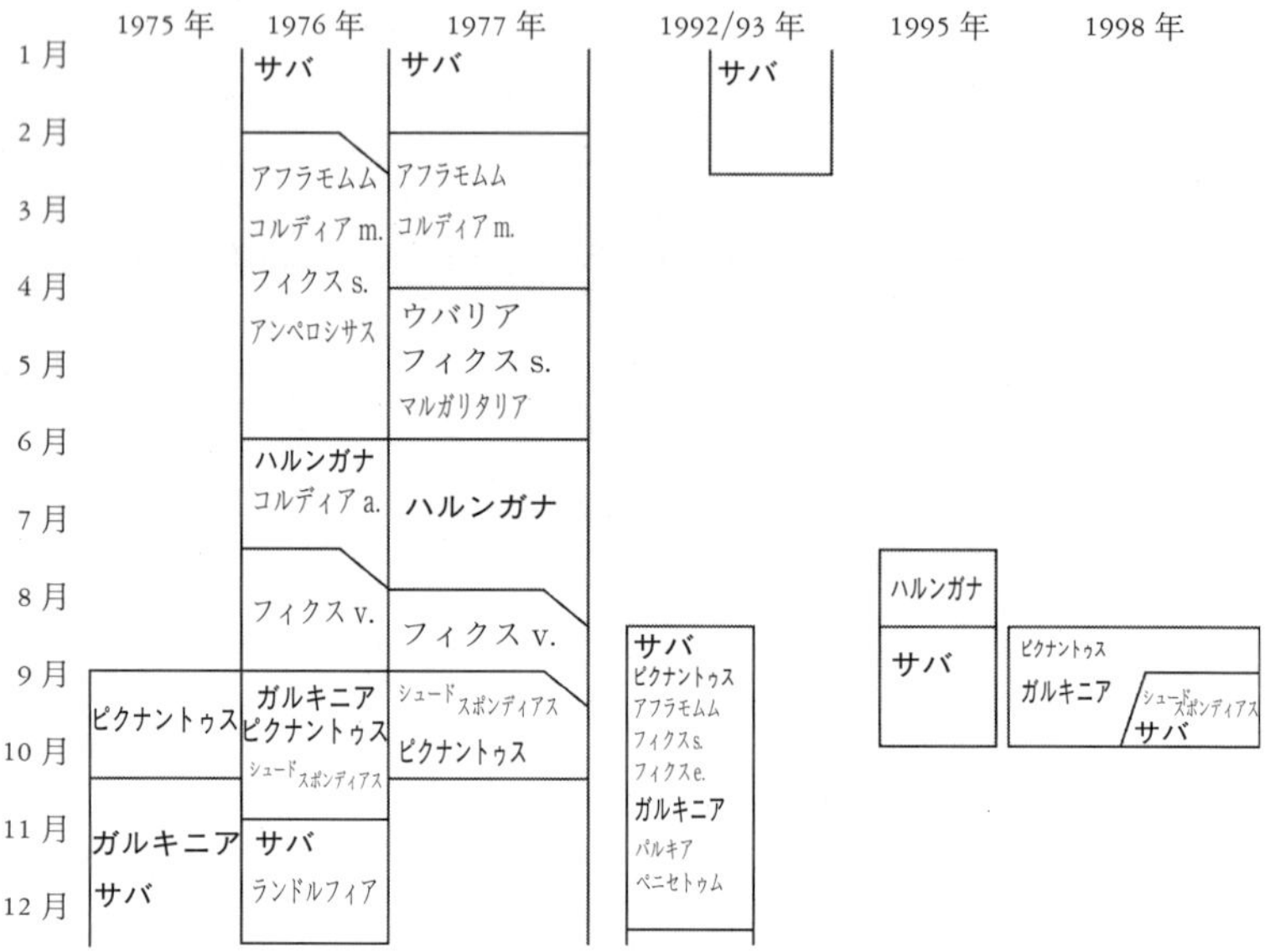

図4-6　糞分析による主要植物の季節変化，本章で図で説明した食物はゴシック体の大文字で示した．
コルディアa.: *Cordia africana*, 同m.: *C. millenir*, フィクスe.: *Ficus exasperata*, 同s.: *F. sur*, 同v.: *F. vallis-choudae*（他の学名は巻末の附録1参照）．

な食べ物であるが、その生り年と遊動パターンとの関連については、次節で説明する。また、一九九二〜九三年、一九九五年、および一九九八年の結果は、基本的には一九七五〜七七年の結果と大きく異なる点はなかった。

四　遊動パターンの季節的変化と集団サイズ

一九九二年九月一〇日午前八時〇分、カンシアナ基地近くで聞こえた鳴き声は、きのう見た母子グループのものであろう。（データ整理をしていた休養日のきのう、Mグループの大多数個体はンカラとムバンバの谷を越えてミヤコ谷まで北上していたが、私はカンシアナ近くに留まっていた母子グループ一〇頭の記録ができた。）午前一〇時一九分、E21地点で北から帰ってきた集団を発見した。本日の観察は、私の主なテーマであるアリ釣り行動の他にも、アカコロブスの狩猟とその後の肉食行動もあり、充実したものであった（図4-7）。

一九七五〜七七年当時のMグループの遊動域は、北にKグループがいるためE尾根を越えることはほとんどなかったが、Kグループ消滅後の現在はときどきンカラ谷からミヤコ谷まで進出している。前回九月一日と二日における同地域への遊動から推測すれば、北部地域の利用と訪れる間隔は果実の種類およびその分布域と関連して、どうやらある一定の傾向が伺えそうなので、次の北上時には注意深い追跡が必要だ。

一九九二年九月二四日午後五時〇分、カンシアナからE4まで追跡したが、観察路のない場所をさらに北上しているので、追跡を断念した。本日もハンティングがあった。九月二五日午前一〇時四三分、ようやく元ミヤコ・キャンプ跡地まで来て、プテロカルプスの木で葉を食べている集団を発見する。その後集団は湖岸に出て岩に付着している塩分を舐めるなどし、やがて湖岸沿いにンカラ川口へと移動、そしてG4方面に行く（図4-7）。

一九九二年のサバの時期におけるE尾根以北への進出に関しては、次のように要約することができた。九月が三回、一〇月が二回、そして一一月が一回記録されたが、興味深いことに、約一〇日から二週間間隔でやってきており、しかもそれぞれの月でいずれも違ったコースを通って行き帰りしていた。この理由を主要食料であるサバの果実の成熟度に合わせて理解すれば容易に納得できよう。すなわち、前回来た場所は熟れた果実をほぼ全部食べ

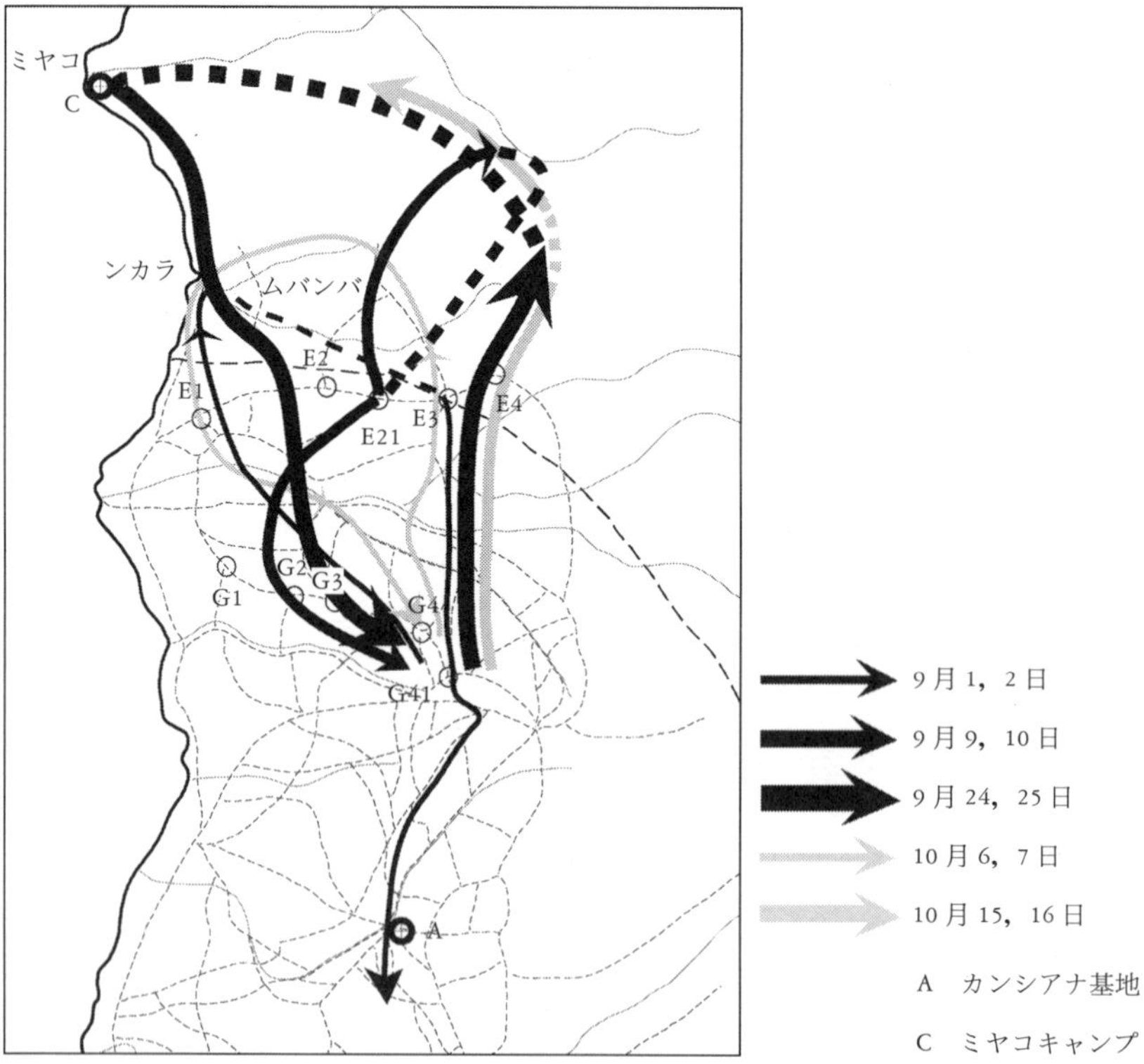

図4-7　1992年のサバ期における北部地域への遊動コース

尽くしてしまい次の成熟までには若干の間隔があるため、一、二週間後の次回に来るときは遊動コースを変えて別の場所で採食するのであろう。この傾向はルート1沿いを遊動するときも同様であり、行き帰りのコースを毎回微妙に変えていた。

Mグループにおける日々の遊動コースおよびその集団参加者に関しては、調査前半の一九七五〜七七年と一九九二年以降の後半とで、記録の精度に若干の違いが存在した。一九七五〜七七年当時は、観察路が現在ほど多く切り開かれていなかったり、人づけも不十分であったため、オトナ雄と一部の比較的慣れているオトナ雌を除くと、多数の雌とコドモは観察者が接近すると姿を隠す状況にあり、特定個体の追跡が非常に困難であった。しかし、一九九二〜九三年になると観察路が格段に整備され、同時に人づけの進行に伴いほとんどの個体が至近距離でもよく観察できるようになっていた。そして、集団の追跡はよほどの場所、例えばルート7付近などにおける観察路の整備が不十分な地域でないかぎり、ほぼ完全に記録されるようになった。また、調査初期には一人の研究者だけで一集団を追っていたが、その後多くの時期では、同時期に数人の研究者が参加するようになり、一緒に遊動しているサブ・グループの全個体をほぼ完全に確認できるようになった。

日々の遊動コースのデータは地図上に記入して解析された。そして、集団の遊動様式が主要食物の季節変化および植生分布との関連において季節毎に類別化された。次に、遊動パターンの季節変化と年変化に関するいくつかの興味深い結果を紹介する。

まず、サバが主要食物である時期の典型的な遊動パターンとして、一九七六年一二月一日から一九七七年一月三一日の間の遊動を図4-8にまとめた。図に示される遊動コースは、ルート1沿いと、カシハ川および北のンピラ川に集中し

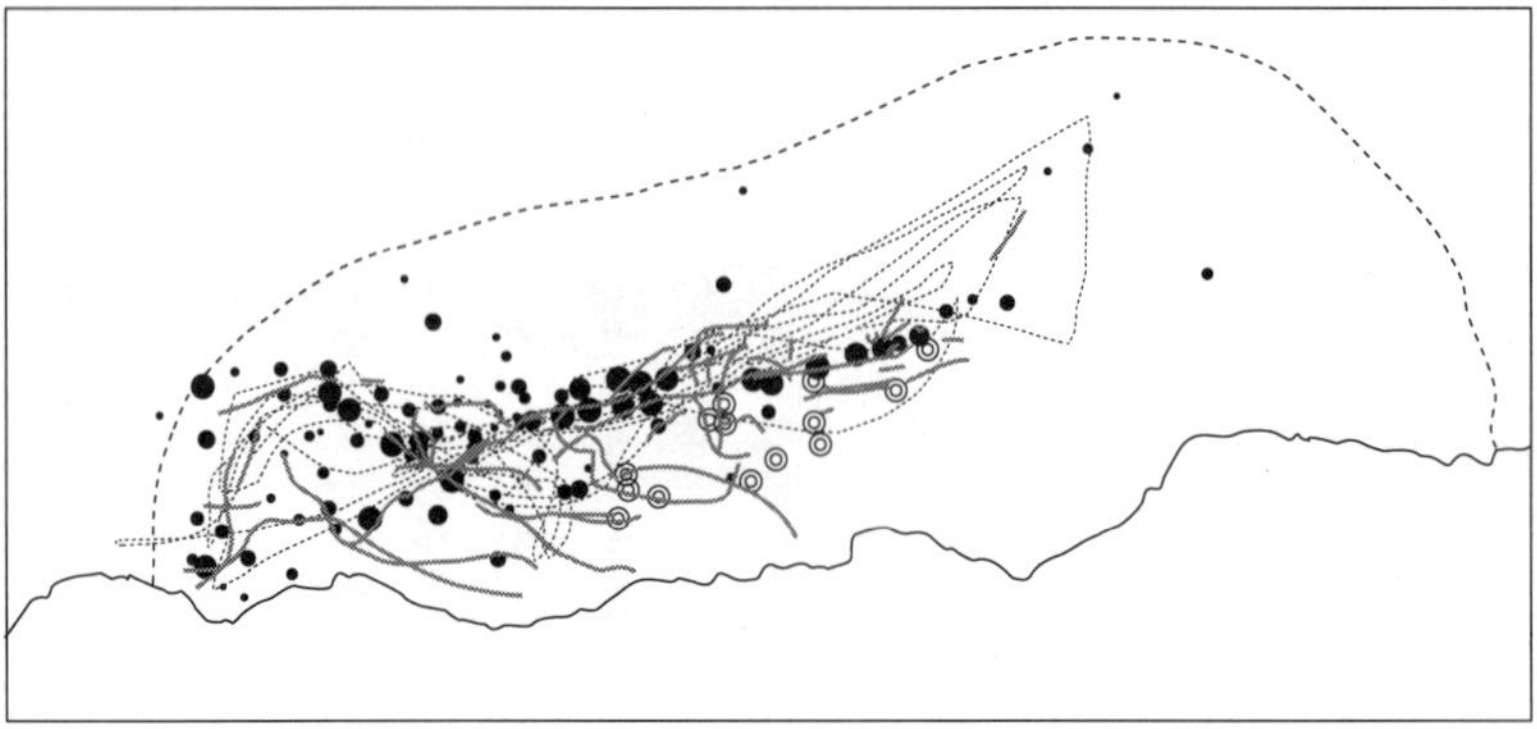

・・●●● サバとランドルフィアの分布地点

（黒丸の大きさは，図4-3と同じく優占度を示す．以下，図4-9，4-10，4-12も同様．）

◎ 再調査でのサバの分布地点

……… 1976年12月1日〜77年1月31日

―― 1992年12月1日〜93年1月30日

図4-8　1976年および1992年12月から翌月1月におけるサバ期の遊動コース

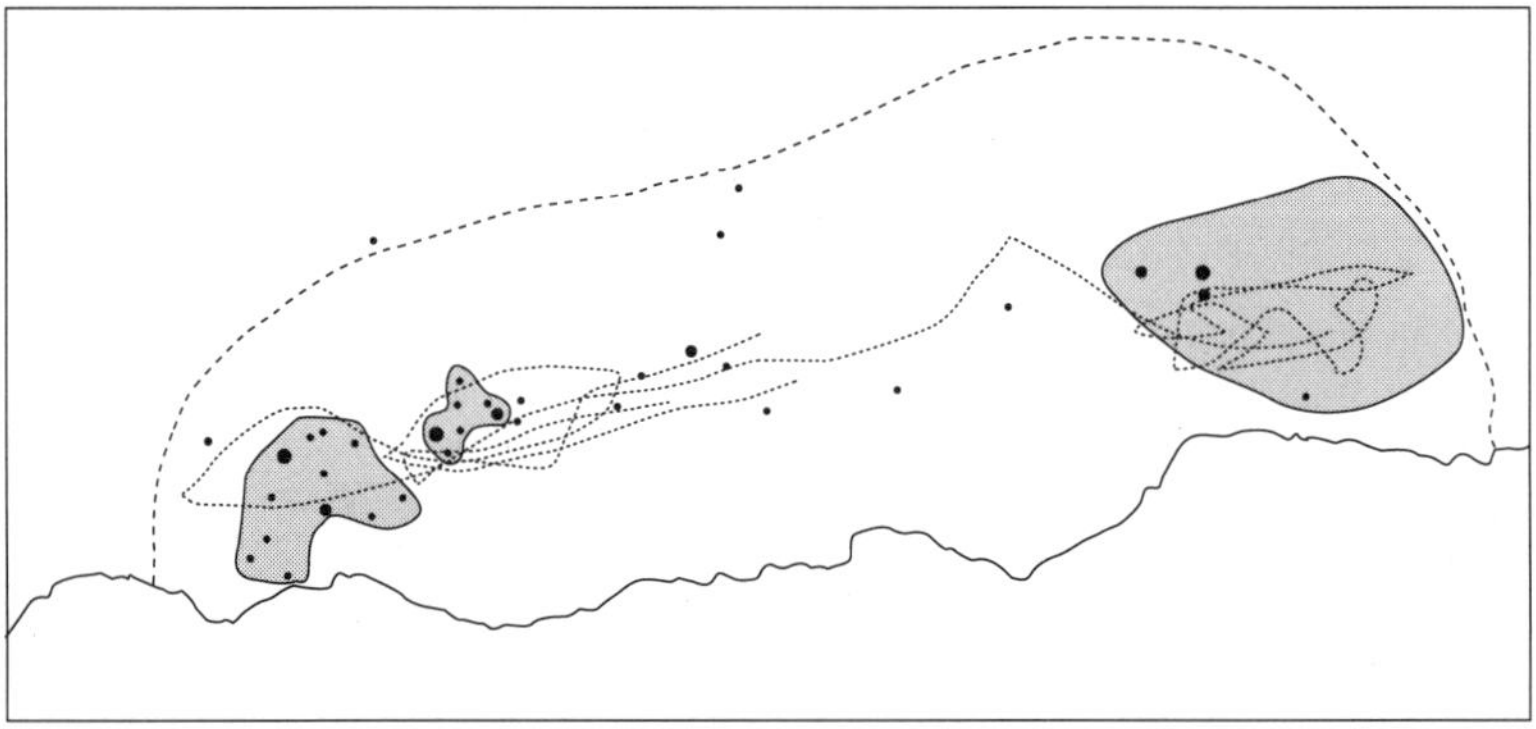

・・●●● ガルキニアの分布地点

……… 1975年10月16日から12月12日までの遊動コース

ガルキニアの集中分布域

図4-9　1975年のガルキニア期およびサバ期の遊動コース

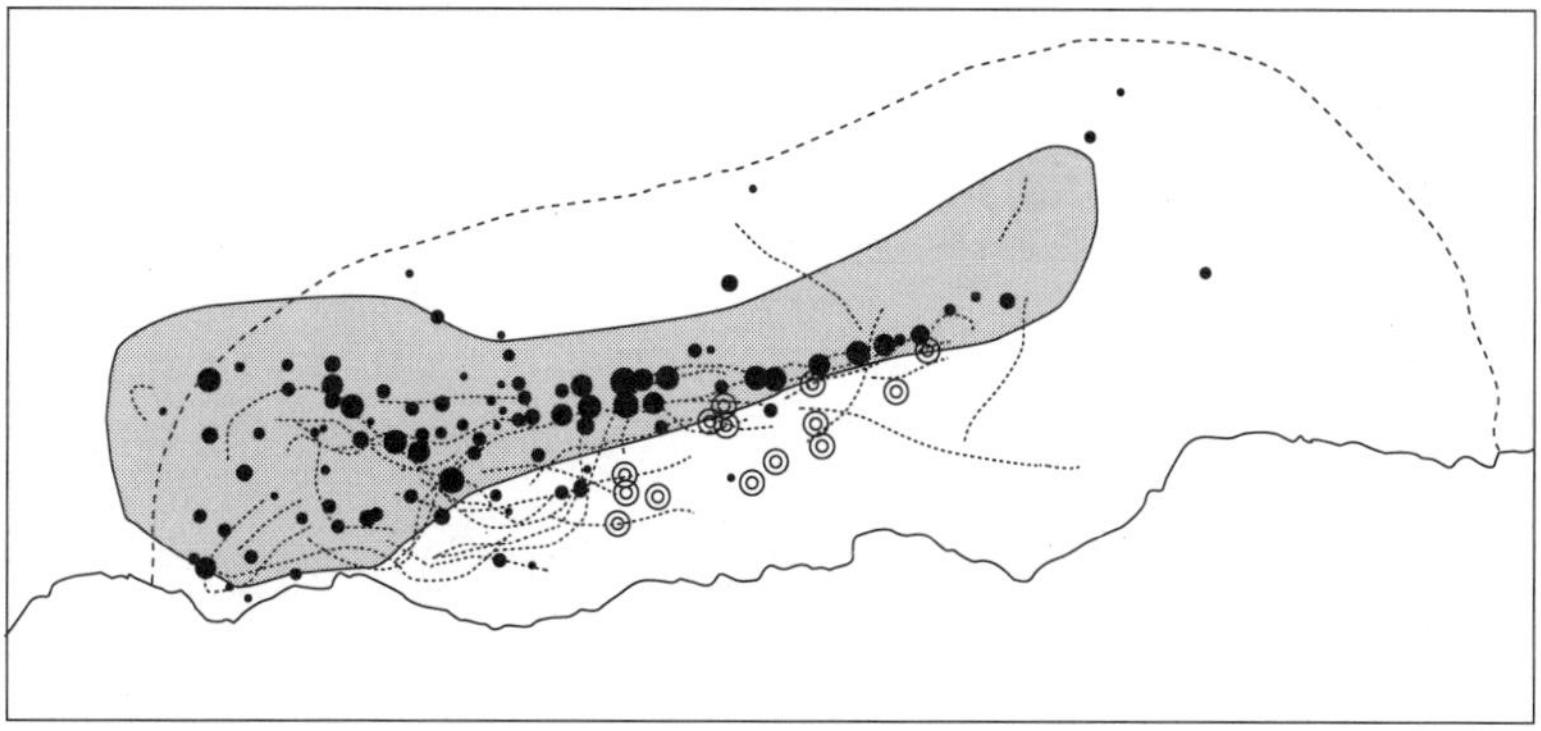

・・●●● サバとランドルフィアの分布地点　◎ 再調査でのサバの分布地点　（網掛け）1966年10月17日〜12月24日の遊動域　……… 1995年8月〜9月の遊動コース

図4-10　1995年8月〜9月の遊動コースと1966年10月〜12月の遊動域

ており、サバが優占する植生分布ときれいに一致している。また、一九七五年一〇月一六日から一九七五年一二月一二日までの間は、サバとガルキニアが主要食物の時期であり、サバを食べる遊動は図4-8と同様な傾向が認められた（図4-9）。また、図4-8には一九九二年一二月一日から翌年一月三一日までのサバが主要食物である時期の結果を併記したが、一九七六〜七七年と比較して、ルート1から湖岸沿いに遊動域を拡大したことが認められる。これは、後に述べる様に、以前より拡大したサバの分布ときれいに対応しており、一九九二年前後から徐々に生活圏を広大していることが確認できよう。この傾向はその後も続いており、一九九五年八月二日から九月一八日までの遊動を検討すれば、さらに湖岸よりを利用していることが分かる（図4-10）。なお、図4-10に併記した一九六六年一〇月一七日から一二月二四日における西田の記録によると、逆にルート1より湖岸沿いの地域を利用しないなど、一九七五／七七年より以前においてはさらに山側の地域を利用し中心に遊動している。その当時は国立公園化決定の約一〇年前であり、全住民の集団移転が始まるまでは、湖岸沿いの丘陵地が焼畑等の住民活動に占有されており、チンパンジーの遊動が強く制限されていたのであろう。

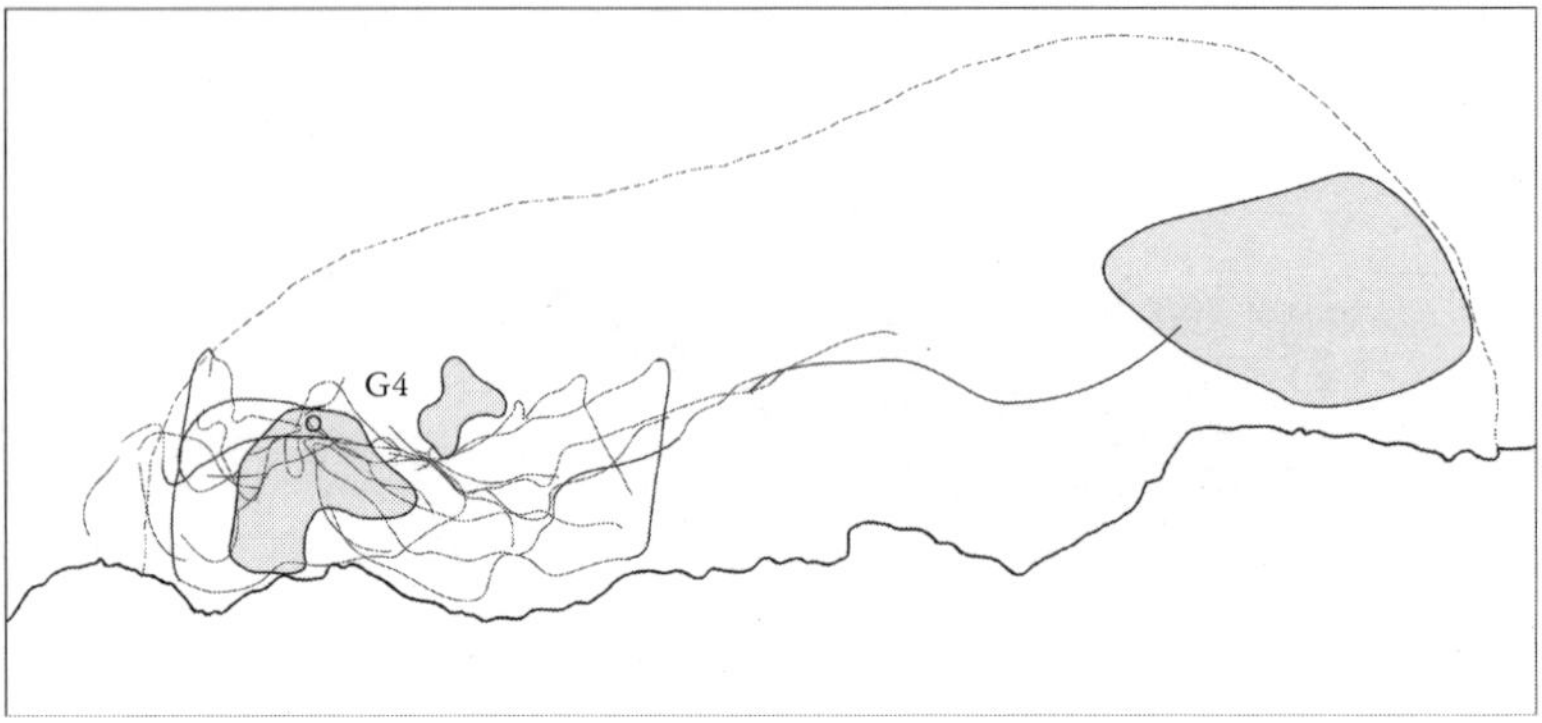

図4-11　1998年8月～9月のガルキニア期の遊動コース

ガルキニアの豊作年は一九七五年一〇月～一一月および一九九八年八月～九月に認められたが、その時の遊動域は図4-9および図4-11に示したように、植生分布と対応して、一九七五年がンガンジャを、一九九八年がG4を中心とした地域を集中利用していた。ただ、一九九八年の時期は、図4-6に示したように、ガルキニアだけでなく、ピクナントゥス、サバ、シュードスポンディアスなどの他の果実も利用していたので、ガルキニアの分布地域以外で採食している現実の遊動コースは、それらの植生分布を考慮するとさらによく納得できる（図4-11）。

一九七五～七七年における六月および七月の時期はハルンガナが主要食物であり、遊動域もその植生分布ときれいな一致を見ることができた（図4-12a、b）。ところが、後に示すように、この先駆植物であるハルンガナは、焼畑放棄後約一〇年から二〇年にあたる一九七五年当時に二次林として大繁殖していたものが、一九九二年のマハレ再訪時にはほとんどの場所で枯れ、実をつける木はなくなっていた。しかし、二次林としてではなくて、本来の生息環境であろうルート7近辺ではまだ多く生育しており、最近の六、七月の高所への移動がこの変化で説明できるかも知れない。（なお、図4-5に示したハルンガナが優勢に存在している地点は現在も生育しているマークではなく、単に未調査地のものであり、そこにはハルン

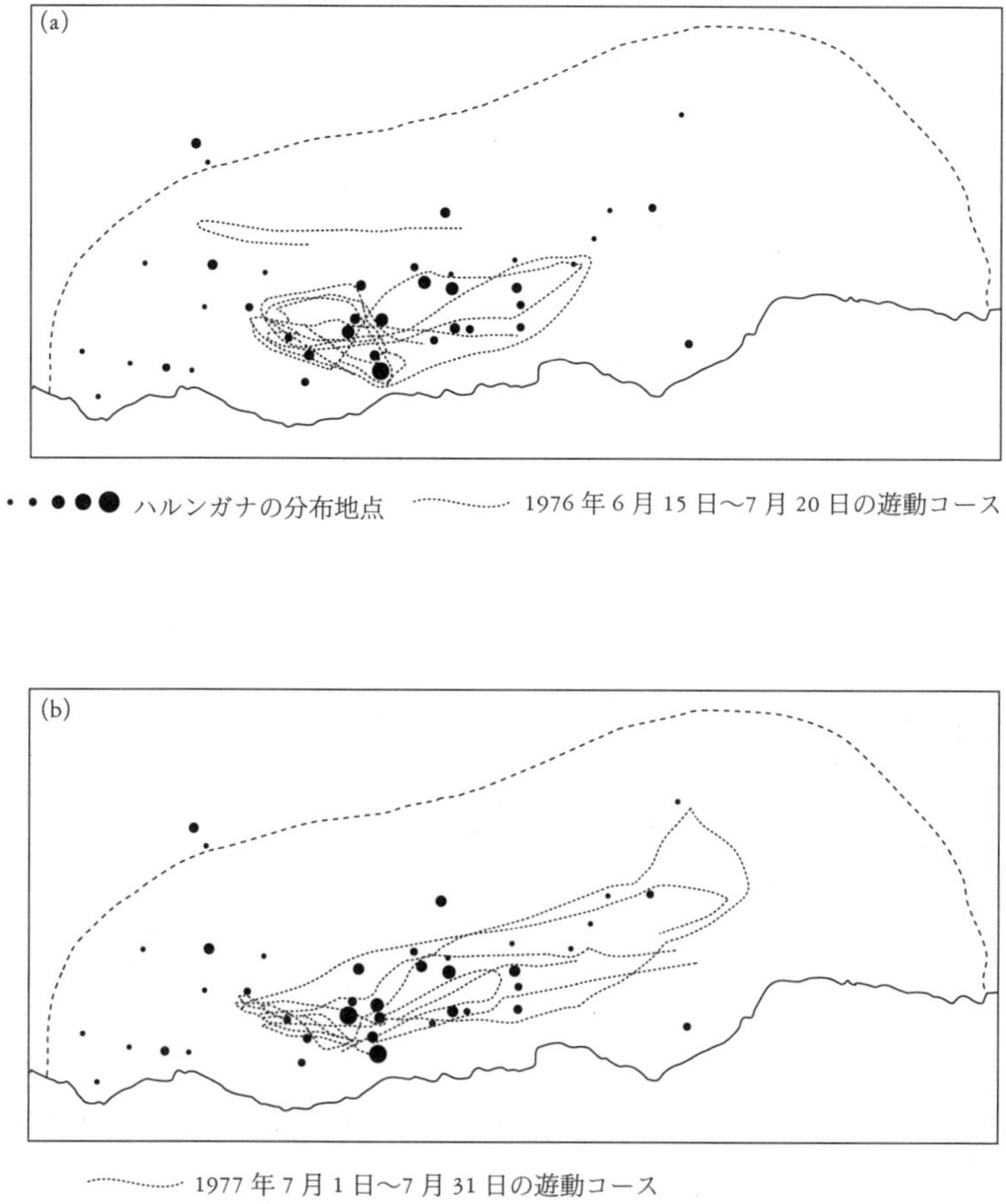

図4-12　1976年および1977年のハルンガナ期の遊動コース

ガナの無いことが一般観察において確認されている。）

以上に示したサバ、ガルキニア、ハルンガナの時期における遊動は、Mグループの大多数が参加したものであり、お互いが近距離間で直接のコンタクトをとりながら、あるいは音声コミュニケーションをしながら一緒に移動していた。しかし、これ以外の時期、とくに二月から五月までとピクナントゥスやサバを食べ始める直前の八月と九月は、集団が少個体数に分かれて、ばらばらに遊動する事が多かった。そこで、次に、集団サイズと食物供給との関連を明ら

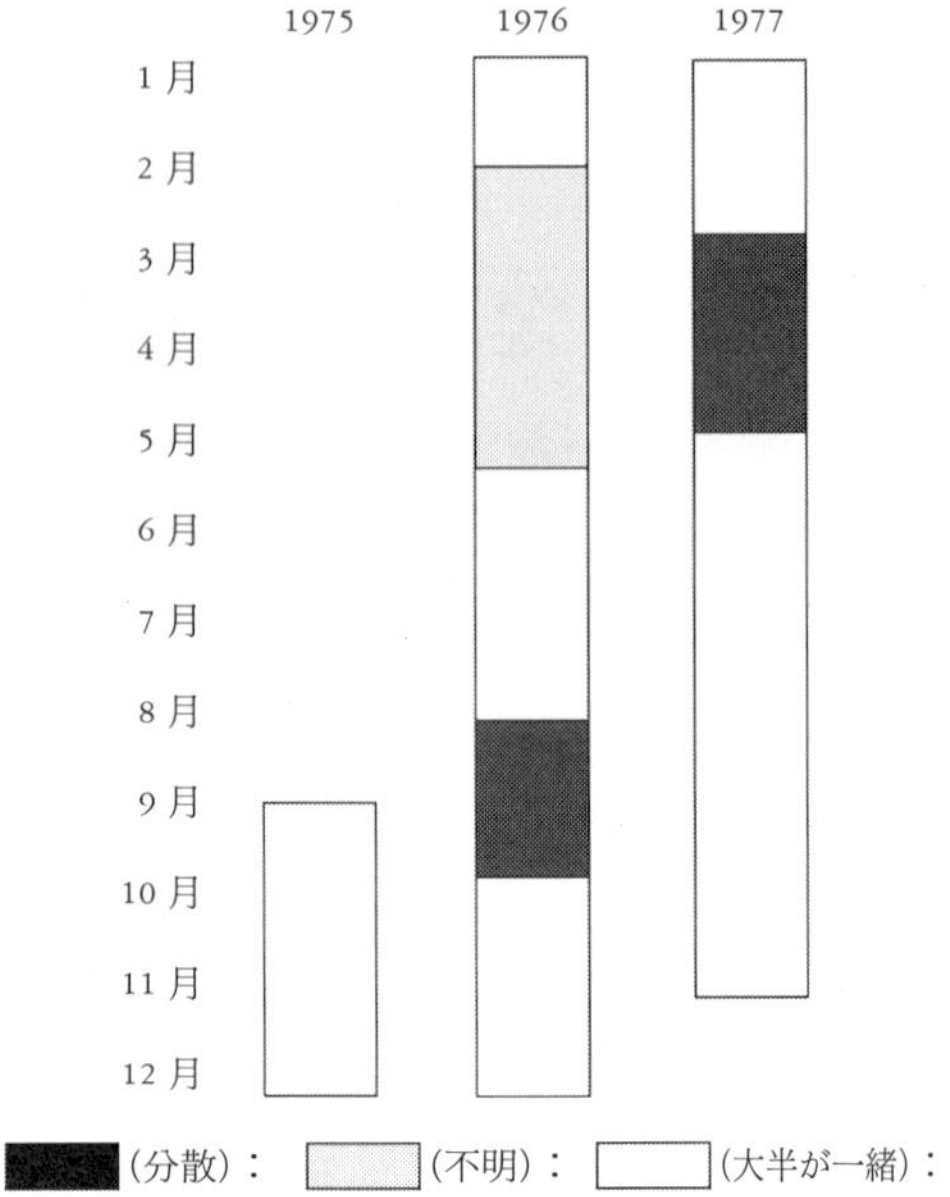

図4-13　雄グループの集合性に関する季節変化

かにしよう。一九七五～七七年時点における集団サイズに関しては、集団の全メンバーの追跡が困難であったため、雄グループだけを対象として、彼らの参加個体数で集団サイズの大きさを代表することにした。

一九七五～七七年当時、Mグループにはオトナ雄一三頭、ワカモノ雄が五頭確認されていたが、比較的常時一緒に行動する雄グループとしては一二頭であった。そこで、この一二頭の大半が一緒に行動する時を「集合性が高い遊動」、半数以下しか確認できない時が「ばらばらの遊動」とした。一九七六年二月～五月間は十分なデータが無く不確かであったが、図4-13の結果に示したように、それ以外の時期は、一九七六年八月、九月、および一九七七年三月、四月がばらばらな遊動の時期であり、他は大多数が集合した遊動であった。これらの集合した遊動時期には、すでに遊動パターンの結果で一部示したように、大量の食物が存在する時期と一致している。もちろん、食物供給の量的記録が測定されていないので、この点については現在研究が始められており、その成果が待たれる（図4-13）。

遊動のパターンについて、ゴンベ国立公園の集団を対象にしたJ・グドールの研究[2]があるが、一日のパターン、個体の影響、年間の遊動域、コミュニティの遊動域等に関するものが中心で、植生との関連については本研究において初めて明らかにされたものである。

五　二〇年後の植生変化

一九九八年九月一七日、本日の植生調査は、残り少なくなったマハレ滞在日数のなかから何とか苦心して工面したものだが、Ｅ尾根からＧ尾根そしてカンシアナを通るコースの合計一三地点で行なった。少数の地点において、例えば主要食物であるガルキニアの大木が枯れている、などの前回の記載と異なる変化が見られたが、大部分の場所は二〇年前とほぼ同じ種類の樹木分布を示していた。この理由として、今日廻った地域が、乾燥した尾根筋であり耕作などによる人為的撹乱があまりなかったので、森林伐採後の先駆的段階から次の二次林へと遷移する状況が生じなかったと思われる。

九月二〇日、本日の植生調査は、カンシアナ基地から湖岸に近い道のルート２を通って南部のルブルング川近くまで行き、帰りはルート１を通り途中からルート３に入ってキャンプまで帰るコースで、合計二二地点でなされる。これらの場所は以前の耕作地が多く含まれているので、激しい変化が予想される。早速その予想通り、キャンプ近くのルート２では、新しく実をつけるほどの大きさに育ったシュードスポンディアスが観察路上に生えているのには驚かされた（一九七五〜七七年にはまだ小さな木であったため、もちろん記録されていない）。別の測定地点では、昨年倒壊したアルビシア・グラベリアの大木があった。この木は、カソジェの低地森林における樹高が最高になる樹種の一つで、さぞかし長寿命であろうと思っていたが、予想とは逆にこの巨木は以外と短命かも知れない。調査を続けてさらに南に行くと、ルート２の乾燥した丘陵地にある三地点およびルート１の各地点では以前とほぼ同じ状態であったが、それらの両者の中間にあたるルート3の南半分は残念なことに今回廻ることができなかった。しかしながらそれらのルート3の地点は、一般観察をしている時に、新しくサバの実をつける大きなつるが多数確認されている。最後に廻ったルート3の北半分では、カシハ近くが以前と同じで変化なしと予想した通りであったが、それ以外の地点は一九七五〜七七年にほぼ純林であったハルンガナの二次林が完全に消滅し、次の遷移段階の樹木が生育していた。この遷移段階になると、ハルンガナは無くなるが、別の食物樹種であるピクナントゥスやサバが生育してくるので、食物の絶対量そのものが減少するのではなくて利用時期が以前と比らべてずれることになる。（図4-1、4-5、4-8）

植生の変化については、以前の調査地点を同一方法で再調査することにより正確な比較が可能となる。しかしながら、一九九八年は調査日数が少ないこともあって、調査の第一目的であるアリ釣り行動の観察以外に、他の調査に割く時間が少なかった。そこで今回はとりあえず三五地点のみを取り上げ、しかも調査方法も一本一本記録する最初の方法ではなく、各地点を全体として目視観察する簡便な方法をとった。後日全地点の再調査を行なう予定である。調査に当たっては、一九七五〜七七年における植生調査の全地点にはラベルを付しておいたが、一九九八年の時点では全て消失していたので、ラベルから調査地点の確認はできなかった。しかし各調査地点では、樹木名と樹高等の記録データ、および調査地点を複数方向から写した林内の写真があるので、それらの残された資料から大多数の調査地点は特定ができた。しかし、一九七五〜七七年における観察路がその後少し離れた別の場所に変更されたなどの理由により、以前の調査地点が確認できないところも一、二カ所あった。この場合には、その付近の地点を選んで代用資料とした。また、今回再調査した三五地点以外にも、一般観察時の資料を加えて植生変化の解析の参考にした。

すでに遊動パターンの結果の際に言及したが、チンパンジーの主要食物樹種については、とくにサバとハルンガナの変化が著しかった。すなわち、一九七五〜七七年時点においては、ルート1とルート2の間の比較的平坦な丘陵地の森林が耕作のために伐採され、そして耕作地の放棄後に二次林としてハルンガナが大繁殖した。しかし、その後の遷移によって先駆植物であるハルンガナは消滅し、やがては次の樹種である、ピクナントゥスやシュードスポンディアスなどが生育してくると同時につる植物であるサバも多く着生するようになった。（図4-5、4-8）

サバとハルンガナ以外の主要食物樹種については、とくに大きな変化は認められなかった。しかし、糞分析における採食頻度が一〇〜六六パーセントの植物を見ると、エレファントグラスの減少が多くの地点で確認できた。これは、乾季における野焼きの禁止とともに外来種セナ・スペクタビリスの繁茂が関連しているかも知れないが、今後の問題として残されている。また、ルート1沿いには樹冠が完全に閉鎖していない地点が何カ所か存在していたが、二〇年後の今回もそのほとんどの場所が同じ状態であり、熱帯低地林が回復していなかった。その主な理由は、土壌的な側面もあろうが、一つには地面を覆うほどに繁茂したサバなどのつる植物の影響があり、そのため幼木更新が阻まれていることであろう。チンパンジーによる種子分散の効果がここではマイナスに働いているかも知れない。

マハレ調査地域の植生は、大部分の地点で大きな変化は認められなかったが、一部の元耕作地であった場所においては、耕作放棄後に二次林として回復しながら、しかも放棄後の年数に応じて遷移段階を次々に変え、より安定した極相林へと移行しつつある。今回の調査で明らかになったこのような過程は、今後の国立公園管理・予測や研究に対して貴重な資料として大いに役立つであろう。

註

（1）Nishida & Uehara 1981.
（2）Goodall 1986a.

第５章 昼行性哺乳類の分布と生息密度——チンパンジーの獲物たち

上原重男
五百部裕

一　はじめに

西部タンザニアのマハレ山塊国立公園におけるチンパンジーの生態学的研究は、一九六五年に西田利貞によって開始されて以来三七年が経過した。[1] この間マハレの動物相や植物相に関するさまざまな資料が集められてきたが、[2] 一部の霊長類をのぞき、[3] チンパンジーと同所的に生息する動物の生息密度についてはほとんど記録がなかった。とくにチンパンジーが捕食する哺乳類を対象とした研究には、まだ手つかずの興味深いテーマが沢山残されている。

これまでの調査で、マハレのＫグループとＭグループのチンパンジーが捕食ないし肉を消費するのが確認された哺乳類は合計一七種で、そのうち少なくとも一四種はＭグループで記録された。[4] この研究の第一の目的は、哺乳類各種の生息密度がチンパンジーの捕食頻度に及ぼす影響を明らかにすることである。

マハレで最も頻繁に捕食されているのはアカコロブス、次がブルーダイカーであるから、[5]少なくともこれら二種の生息密度は高いと予測される。チンパンジーの狩猟行動に関する詳細な記録があるほかの調査地、すなわちタンザニアのゴンベ国立公園[6]とウガンダのキバレ森林、[7]コートジボアールのタイ国立公園[8]では、最も頻繁に殺されているアカコロブスと捕食者であるチンパンジーの関係が集中的に研究され、ほかの何種かの霊長類についても生息密度が推定されている（ゴンベのアカオザルとアオザル、アヌビスヒヒ、[9]およびタイのダイアナモンキー）。[10]しかし潜在的な獲物であるほかの同所性哺乳類の生息密度は、どの調査地でも系統的に調べられたことがない。

なお分布と生息密度のような基礎データは、国立公園の管理計画を作成する上でも重要な資料である。中型および大型昼行性哺乳類のセンサス結果は、マハレ生態系を研究する際の基礎資料であるという位置づけも忘れてはならない。

二　センサスした地域とセンサスの方法

調査を行なったのはタンガニイカ湖東岸にそったマハレ山塊北部の西向き斜面、通称カソジェ地区である。一九九五年の八月から一二月まで（調査期I：五百部）と一九九六年の一〇月から一二月にかけて（調査期II：上原）、約三〇平方キロメートルあるとされているチンパンジーMグループの行動域内の、約九平方キロメートルの地域（南緯六度五～一〇分、東経二九度四四～四五分：図5-1）でルート・センサスを行なった。マハレの雨季は例年一〇月から五月までであるが、どちらの年も雨季の始まりかたは平年なみであった。

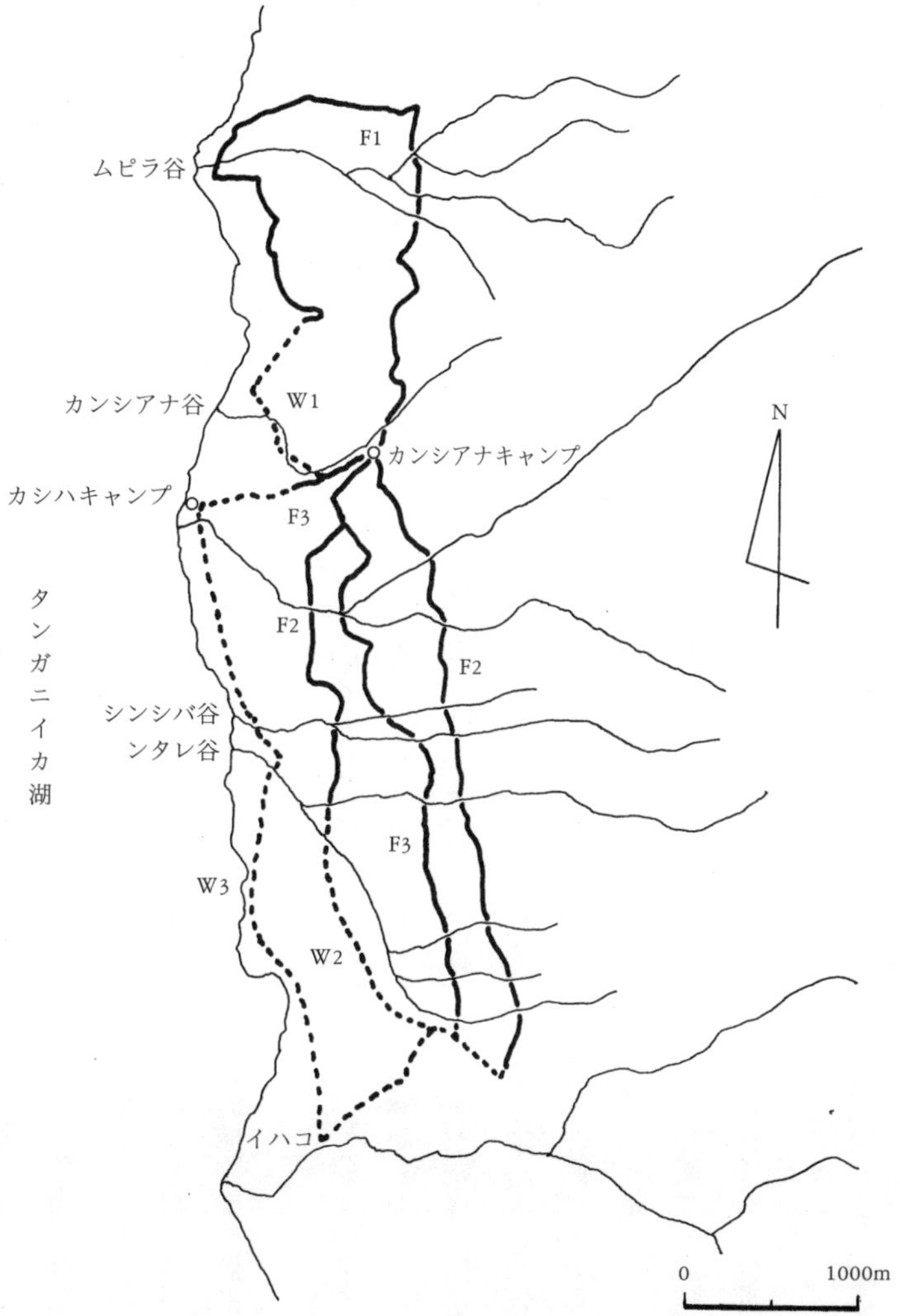

図 5-1　センサスルート図 (CR1〜CR3)：F (実線) は森林，W (点線) は疎開林を示す (CR1＝F1＋W1，CR2＝F2＋W2，CR3＝F3＋W3)
註の文献 (18) より．

調査域内の植生は、二次植生を含め森林と疎開林に大別できる。森林は半落葉性（＝半常緑性）で、二層以上に分化し閉鎖した林冠をもつ森林（閉鎖林）と、耕作後放棄された二次林とに分けることができる。後者は樹高二〇メートルを越える高木が不連続な林冠を作るが、林床には閉鎖林と同じような種構成の低木類や木本性つる類、草本類が密生する植生を示す。疎開林は落葉樹林で、林冠が不連続か連続していても一層だけで、林床にはイネ科草本が優占するもののひどく密生することはない。疎開林にもさまざまな段階の二次植生が含まれる。調査地の植物相や植生については、すでにいくつかの資料が公刊されている。[11]

一九七〇年代に、カソジェ地区のチンパンジー集中調査域（KグループとMグループの行動域）内で各植生タイプの面積比を見積もった記録では、森林が約八〇パーセントで残りの約二〇パーセントが疎開林であった。[12] 一九九四年に植生を調査したリンダ・ターナー[13]は、本研究のセンサス域が含まれる約二〇平方キロメートルの調査域で、森林（森林に由来する耕作地を放棄したあとの二次植生と比較的攪乱を受けていない低地林）の面積を約七九パーセントと見積もっている。チンパンジーはどちらの植生タイプも使うが、利用の仕方には季節ごと、あるいは年による変動が大きい。[14]

調査域内のチンパンジー観察路の中から、図5-1に示したように三本の周回センサス・ルート（CR1〜CR3）を選んだ。調査期IIの初期すなわちセンサス開始前の一〇月に、五〇メートルの測量ロープを使ってこれらのルートの距離を実測し、同時にルート両側の植生の特徴を記録した。あとから植生を森林と疎開林に大別し、全部で六つのセンサス区画を区別した（図5-1のF1〜F3とW1〜W3）。

センサスでは、ルート沿いでえられた動物各種（哺乳類と地上性鳥類）との遭遇例（目撃など：左記参照）を記録した。調査期IにはCR1を五回（乾季に二回と雨季に三回）、CR2を六回（乾季に四回と雨季に二回）、CR3を七回（乾季に四回と雨季に三回）、計一八回のセンサスを行なった。調査期IIでは一〇月末から一二月初めにかけて各ルートを八回ずつ、計二四回のセンサスを行なった。雨の日はセンサスをせず、センサス開始後に雨が降り始めた場合も調査を中止した。また同じ日に異なるルートでセンサスを繰り返すことはしなかった。各周回ルートでは、前回のセンサスとは反対まわりに歩くことにした。センサス開始時刻は調査期Iで八時二九分と一〇時三分の間、調査期IIでは六時四〇分と八時五〇分の間で、各ルートの平均開始時刻（±は分で表示した標準偏差）は、CR1が調査期Iで八時四九分（±一一）、調査期IIで七時五六分（±四七）、CR2は調査期Iで八時五九分（±一三）、調査期IIで七時四五分（±五六）、CR3は調査期Iで九時四分（±二七）、調査期IIでは七時四三分（±五二）であった。

調査期Iではセンサスの対象を昼行性霊長類に限定したが、調査期IIではすべての哺乳類と地上性鳥類を記録した。センサスは単独またはタンザニア人調査助手と二人で行なった。時速一・五〜一・九キロメートルのゆっくりした速度で、ときどき立ち止まって周囲を観察し、音声や物音にも耳をかたむけた。動物に遭遇したら記録をとるために最長一五分程度まで停止したり、ときにはもっとよく観察するためにルートをもどった[15]。

最初に確認した個体について、種名と出会いの地点、確認の手段、時刻、従事していた行動、観察者からの距離、センサス・ルートからの最短距離を記録した。群れをつくる動物の場合は、全個体のなかでセンサス・ルートに最も近い個体（以後は〝最短距離個体〟と記す）のルートからの距離も記録した。すべての記録は目測によった。目測の上限を調査期Iでは三〇メートルまで、調査期IIでは五〇メートルまでとした。調査対象が樹上にいる場合などは、観察者からの斜距離をまず記録し、その場を離れるにまでにその個体を確認した木までの水平距離を目測しなおした。CR1をのぞくと調査域は比較的平坦なので、このような簡略化した方法が可能である。以下の分析では、センサス・ルートからの水平最短距離を利用した（以後はこれを〝ルートからの距離〟と記す）。また地上性鳥類は原則として今回の分析から外した。

目撃した哺乳類は、頭数と各個体の性・年齢をできるかぎり記録した。群れの場合は、視認できなくても物音などで周囲にいることが推測できた個体についての記録もとった。二種以上の哺乳類に同時に出会ったときは、種ごとに記録をとった。目撃できなかったが、警戒音のような音声だけで存在を確認したケースもある。姿を見ることなく林床を逃げ去った動物の物音（以後は〝足音〟と記す）には地上性鳥類が含まれているが、このような足音もすべて記録し、可能性のある種名をメモした。

密度推定をする際に、サルの群れの広がりには円を想定した[16]。単独行動をしていると考えられるサルはひとりザルとして群れとは別に扱った。イボイノシシも群れを作るが、小さな集団なので群れの広がりは無視した。

調査期IIのセンサスで合計一三種の哺乳類を観察し、非センサス日にほかの五種を目撃した（表5－1）。調査域内には、少なくとも二種の樹上性大型リスが生息しているが（ウスゲアブラヤシリスとアカアシタイヨウリス）[17]、野外で両種を区別するのは困難なので、ここでは両種を合わせて〝モリリス〟と呼ぶことにする。それぞれの調査期に各センサス区画で少なくとも三回遭遇した種についてのみ、調査期ごとの各区画での生息密度を計算した。最終的には以下の哺乳類についで、少なくとも一センサス区画で密度の推定ができた。すなわちアカオザルとアオザル、キイロヒヒ、アカコロブス、イボイノシシ、ブッシュバック、ブルーダイカー、モリリスの八種である。遭遇例が少なかったため、ベルベットモンキーの生息密度は計算できなかったが、この種の分布の歴史的変遷については議論する。

表 5-1　調査期II（1996 年 10-12 月）に観察されたマハレ山塊カソジェ地区の哺乳類

齧歯目（ネズミ類）	
* #	モリリス（ウスゲアブラヤシリス/アカアシタイヨウリス）
	アフリカタケネズミ
ハネジネズミ目	
*	テングハネジネズミ
翼手目（コウモリ類）	
	種不詳
霊長目（サル類）	
*	チンパンジー（クロショウジョウ）
* #	アカオザル
* #	アオザル（ブルーモンキー）
*	ベルベットモンキー
* #	キイロヒヒ
* #	アカコロブス
	オオガラゴ
食肉目（ネコ類）	
	ヒョウ
	シママングース
偶蹄目（ウシ類）	
* #	ブッシュバック
* #	ブルーダイカー（アオダイカー）
*	ヤブイノシシ（ブッシュピッグ，カワイノシシ）
* #	イボイノシシ

* センサス実施日に観察された種．# 本研究で生息密度が推定された種．
学名については巻末の附録 2 を参照．
註の文献（18）より．

三　どれくらい見られたか

1　センサス・ルートの距離とルート沿いの植生

センサス・ルートの距離と、各ルート沿いの森林と疎開林の区別を表5-2に示した。ルート沿いの三〇〇メートルに満たない森林または疎開林の広がりで、対照植生に両側からはさまれたような小さなパッチは無視し、両側の対照植生が連続していると見なした。三本のルートを合計すると、線分比で森林は疎開林の二倍弱の長さがあった（六五・二パーセント対三四・八パーセント：表5-2）。これは面積比のおおよそ八対二に相当する（七七・八対二二・二）。調査期Iにセンサスした距離は森林が一〇万六一三五メートル（六三パーセント）、疎開林が六万二二五七メートル（三七パーセント）で計一六万八三九二メートル、調査期IIのセンサス距離は二二万一二八メートル（二万七五一六メートルの八倍）である。

2　密度推定にもちいたサンプル幅（センサス面積）と群れの広がり

それぞれの種の生息密度を推定する前提となるセンサス面積を計算するには、対象種ごとの発見率を考慮したサンプル幅を確定する必要がある。原則として単独で行動している地上性有蹄類三種と樹上性のモリリス、やはり単独と見なせるケースの多かった足音については、発見（確認）例が急激に減少したルートからの距離を、センサス面積を計算する際のサンプル幅の二分の一とした（センサス面積はルートの両側分になるから）。この基準に基づいて、ブッシュバックとイ

(CR1–CR3) の距離と植生.

CR3		合計	
4730m	(F3:43.6%)	17945m	(65.2%)
6131	(W3:56.4%)	9571	(34.8%)
10861		27516	

ボイノシシで片側二〇メートル（調査期IIにおけるブッシュバックの発見頻度とルートからの距離を図5-2に示す）、ブルーダイカーとモリリス、足音では片側一〇メートルを採用した。

群居性の四種のサルでは、目測の上限以内（調査期Iは三〇メートルまで、調査期IIは五〇メートルまで）に確認された最短距離個体に関して、このような発見頻度の急激な低下が認められなかったので（例えば調査期II：図5-3と5-4）、サルを発見できたサンプル幅は片側三〇メートル（調査期I）あるいは五〇メートル（調査期II）と見なした（図5-3と5-4の縦軸は最短距離個体との遭遇頻度を示している点に注意）。サルの群れの広がりには円を想定したから、群れ密度を推定する前提となるセンサス面積の計算では、片側のサンプル幅として、種ごとの平均的な広がりの半径（r）に三〇メートルあるいは五〇メートルを加えた距離を採用した。

群れの広がりをきちんと調査することはできなかったので、アカオザルとキイロヒヒ、アカコロブスの三種については、別報[18]に記載した便法を使って種ごとの平均的なrを推定した。すなわち、アカオザルで一〇メートル、キイロヒヒで四〇メートル、アカコロブスでは三〇メートルである。

アオザルはほかのサルよりも生息密度がはるかに低く、おまけにまだ観察者をひどく警戒している。実際に調査期Iでは遭遇例が計二回と少なく、密度は計算できなかった。ただし雄が発する大声は、センサス中も遠方からよく聞こえてきた（調査期IIの資料：図5-4）。ルート近くで出会う機会が少ないので、群れの広がりを推定するのにほかのサルと同じ便法は使えないが、カソジェにおけるアオザルの群れサイズはアカオザルに似ているから（後述）、本種の群れ半径も一〇メートルと考えることにする。

表5-2　三つのセンサスルート

植生	CR1		CR2	
森　林	6265m	(F1:82.8%)	6950m	(F2:76.5%)
疎開林	1300	(W1:17.2%)	2140	(W2:23.5%)
合計	7565		9090	

註の文献(18)より.

以上をまとめると、群れ密度を計算するためのルート片側のサンプル幅は、アカオザルで四〇メートル(調査期I)または六〇メートル(調査期II)、アオザルで六〇メートル(調査期II)、キイロヒヒで七〇メートル(調査期I)または九〇メートル(調査期II)、アカコロブスで六〇メートル(調査期I)または八〇メートル(調査期II)となる。

3　遭遇頻度と哺乳類各種が好む植生

各調査期におけるそれぞれの種のサンプル幅で、センサス時にアカオザルなど八種の哺乳類および足音とどれほど遭遇したかを、各センサス区画ごとの一日当たりの平均頻度として表5-3a(調査期I)と表5-3b(調査期II)に示した(ただし足音はセンサス区画ごとに計算しなかった)。

ルート沿いの森林と疎開林の線分比(六五対三五)と実際に調査した植生タイプの割合(のべ距離の線分比)、センサス時の遭遇頻度との比較から、森林性か疎開林性かという各種の傾向が示唆される。アカオザルとアオザル、アカコロブス、ブルーダイカー、モリリスは森林でよく出会ったが、キイロヒヒとイボイノシシ、ブッシュバックは疎開林で遭遇することが多かった(表5-3aと5-3b)。

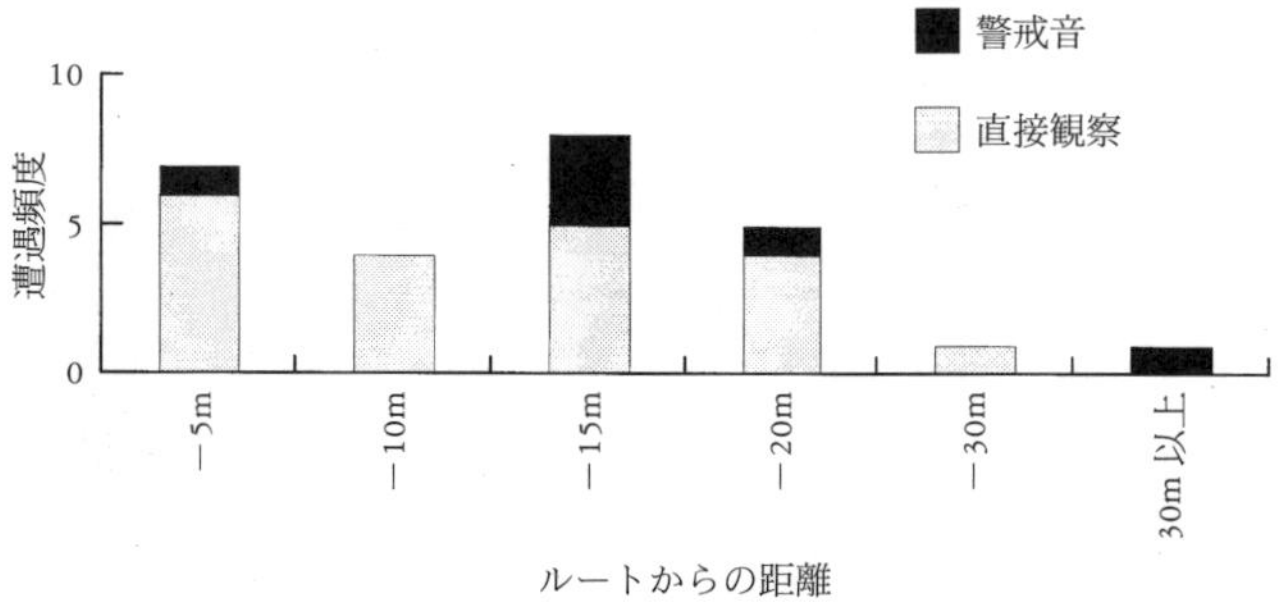

図 5-2　センサスルートからの距離ごとのブッシュバックとの遭遇頻度.
註の文献 (18) より.

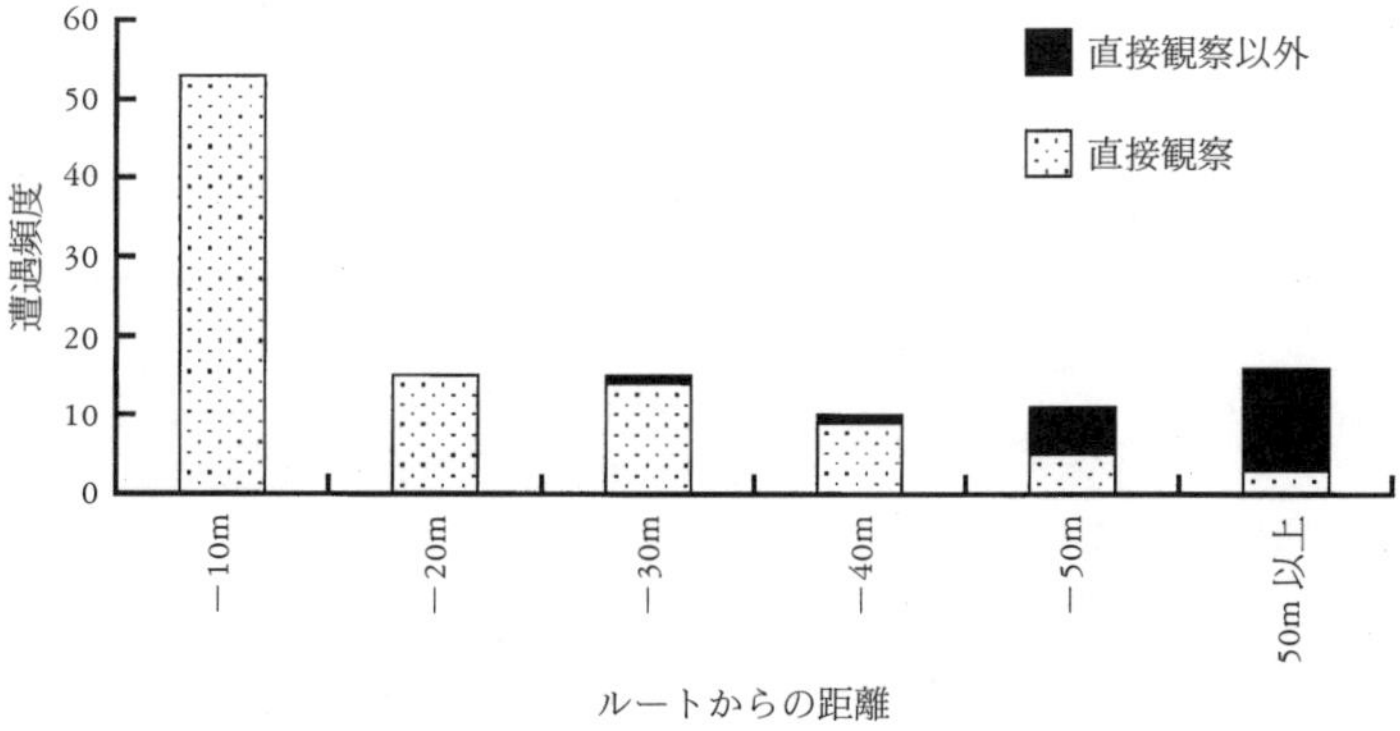

図 5-3　調査期IIにおける，センサスルートからの最短距離個体ごとのアカコロブスとの遭遇頻度.
註の文献 (18) より.

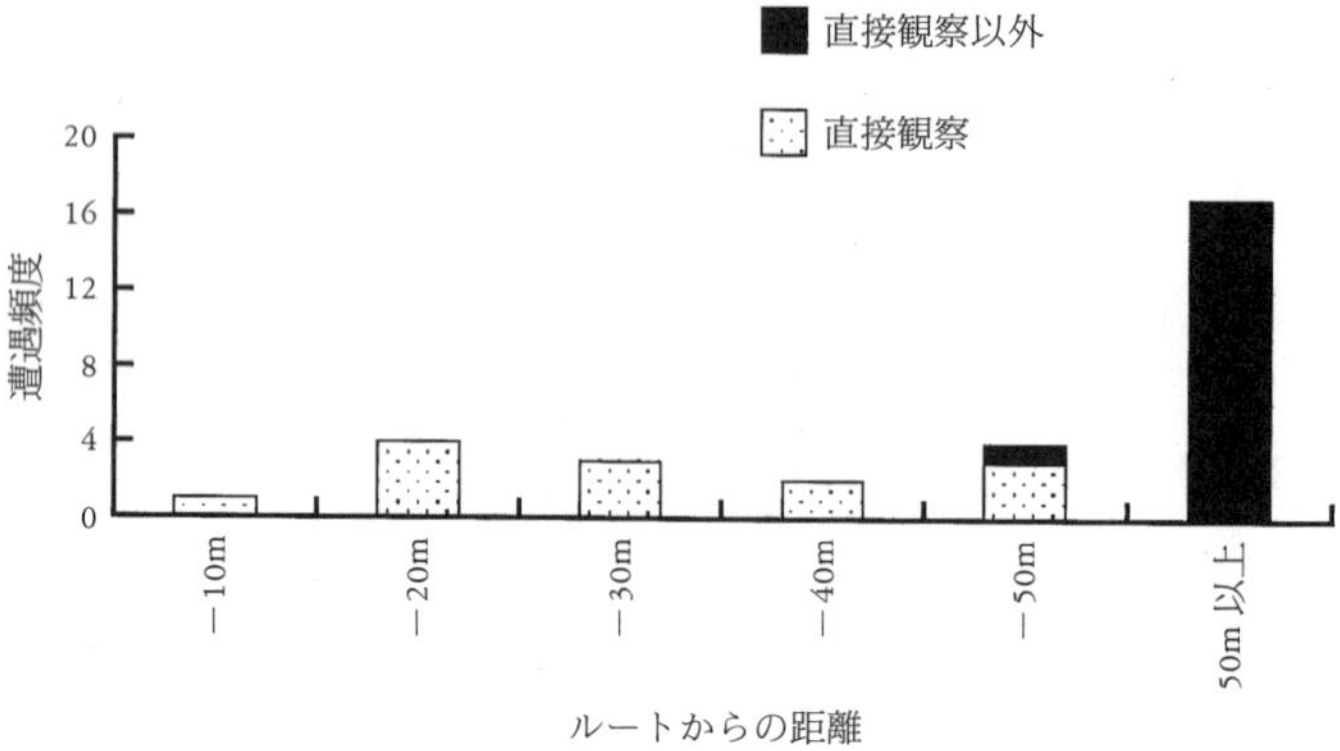

図5-4　調査期IIにおける，センサスルートからの最短距離個体ごとのアオザルとの遭遇頻度．
註の文献（18）より．

表5-3a　調査期I（1995年8月〜12月）の3種のサルとの遭遇頻度（1日当たりの平均±標準偏差）．

種	植生	CR1（n）	CR2（n）	CR3（n）	N
アカオザル(1)	森林	−　(2)	2.83±1.9(17)	2.43±1.7(17)	36
	疎開林	−　(1)	0.67±0.8（4）	1.29±1.0（9）	14
キイロヒヒ(2)	森林	0	−　(1)	0	1
	疎開林	−　(1)	0.5±1.2（3）	1.71±1.0(12)	16
アカコロブス(3)	森林	2.4±1.1(12)	3.33±0.8(20)	1.43±1.0(10)	42
	疎開林	−　(2)	0.5±0.8（3）	−　(2)	7

n：各センサス区画ごとの遭遇頻度の合計数．−：各センサス区画での遭遇頻度が2回以下の場合．(1)サンプル幅＝80m，(2)サンプル幅＝140m，(3)サンプル幅＝120m．
註の文献（18）より．

表 5-3b　調査期II（1996 年 10 月〜12 月）の群居性 5 種と単独性 3 種の哺乳類との遭遇と足音の頻度（1 日当たりの平均±標準偏差）.

種	植生	CR1（n）	CR2（n）	CR3（n）	N
アカオザル(1)	森林	5.63±1.3（45）	5.63±2.7（45）	3.63±0.7（29）	119
	疎開林	0.88±0.8（7）	0.63±0.7（5）	2.88±2.1（23）	35
アオザル(1)	森林	0.75±0.8（6）	0.75±0.4（6）	0.38±0.7（3）	15
	疎開林	0	0	0	0
キイロヒヒ(2)	森林	0.38±0.5（3）	0	−（1）	4
	疎開林	0.63±0.7（5）	−（1）	1.88±0.9（15）	21
アカコロブス(3)	森林	4.38±0.9（35）	4.5±1.9（36）	3.25±1.0（26）	97
	疎開林	0.63±0.7（5）	0.5±0.7（4）	0.38±0.5（3）	12
イボイノシシ(4)(5)	森林	−（1）	0	0	1
	疎開林	0	−（1）	1.63±1.5（13）	14
ブッシュバック(4)	森林	−（2）	0	0	2
	疎開林	0.38±0.7（3）	0.5±0.7（4）	1.88±1.8（15）	22
ブルーダイカー(6)	森林	2.38±1.4（18）	3.13±1.3（25）	1.63±1.0（13）	56
	疎開林	−（1）	0.63±0.5（5）	0.75±0.4（6）	12
モリリス(6)	森林	0.38±0.5（3）	0.38±0.7（3）	0.88±0.8（7）	13
	疎開林	−（1）	−（1）	−（1）	3
足音(6)	森林				45
	疎開林				15

n： 各センサス区画ごとの遭遇頻度の合計数. −：各センサス区画での遭遇頻度が 2 回以下の場合. (1)サンプル幅＝120m, (2)サンプル幅＝180m, (3)サンプル幅＝160m, (4)サンプル幅＝40m, (5)イボイノシシの群れには単独個体も含む, (6)サンプル幅＝20m. 註の文献（18）より.

表5-4a　調査期Ⅰ（1995年8月〜12月）の3種のサルの1km²当たりの群れ密度．

種	植生	CR1	CR2	CR3	平均(1)
アカオザル	森林	—	5.1	6.4	4.2
	疎開林	—	3.9	2.6	2.8
キイロヒヒ	森林	0	—	0	—
	疎開林	—	1.7	2.0	1.8
アカコロブス	森林	3.2	4.0	2.5	3.3
	疎開林	—	1.9	—	0.9

—：各センサス区画での遭遇頻度が2回以下だったため，密度を算出せず．(1)平均の密度は，表5-2aの遭遇頻度の合計数（N）とセンサス面積から算出した．註の文献（18）より．

表5-4b　調査期Ⅱ（1996年10月〜12月）の5種の群居性哺乳類の1km²当たりの群れ密度．

種	植生	CR1	CR2	CR3	平均(1)
アカオザル	森林	7.5	6.8	6.4	6.9
	疎開林	5.6	2.4	3.9	3.8
アオザル	森林	1.0	0.9	0.7	0.9
	疎開林	0	0	0	0
キイロヒヒ	森林	0.3	0	—	0.2
	疎開林	2.7	—	1.7	1.5
アカコロブス	森林	4.4	4.0	4.3	4.2
	疎開林	3.0	1.5	0.4	1.0
イボイノシシ(2)	森林	—	0	0	—
	疎開林	0	—	6.6	4.6

—：各センサス区画での遭遇頻度が2回以下だったため，密度を算出せず．(1)平均の密度は，表5-2bの遭遇頻度の合計数（N）とセンサス面積から算出した．(2)イボイノシシの群れには単独個体も含む．
註の文献（18）より．

4　群れ密度

群居性の五種について計算した平方キロメートル当たりの群れ密度を表5-4a（調査期Ⅰ）と表5-4b（調査期Ⅱ）に示した。イボイノシシは単独行動の場合も〝一群〟としたが、ひとりザルは群れとは見なしていない（後述）。

5　群れサイズと単独行動個体

サル四種については、それぞれの平均群れサイズを知るための十分な資料を集めることができなかった。調査期IIに実際に個体数をカウントできたいくつかのケースをもとに（表5-5）、各種の個体密度の計算に利用する群れサイズを決めた。すなわちアカオザルは一二頭、アオザルは一〇頭、キイロヒヒは四〇頭、アカコロブスは三〇頭である。

表5-5　1996年10月〜12月に観察された4種のサルの群れサイズ．

種	センサス区画	群れサイズ
アカオザル	F2	＞11
	F3	＞8
	W3	15
	W3	＞11
アオザル	F2	＞6
	F2	＞6
キイロヒヒ	W2	＞39
	W2	＞26
	W3	＞32
	W3	＞25
	W3	＞26
	W3	＞34
アカコロブス	F1	＞20
	F1	＞23
	F2	28
	F2	＞26
	F2	32
	F3	＞24

註の文献（18）より．

なお一九九五～九六年と一九九八年に五百部[19]が集中的な社会生態学的調査の対象とした森林のアカコロブスの一群は、総頭数が二七頭で約二五ヘクタールの行動域をもっていた。このことから、少なくとも森林のアカコロブスにおける平均三〇頭という群れサイズと群れ密度の推定値（表5-4aと5-4b）は、現実離れしたものではないといえるだろう。

センサス中に遭遇したひとりザルは、調査期Iと調査期IIでアカオザルがそれぞれ五回と一〇回、アカコロブスが三回と二回、キイロヒヒがゼロ回と一回である。アオザルのひとりザルはセンサスの際には見ていない。平均群れサイズの見積もりがおおまかなので、本報の個体密度の計算ではひとりザルの数は考慮しない。

イボイノシシは単独ないし九頭までの群れで行動していた。非センサス時の観察を含めると調査期II全体で構成個体数を三〇回確認できた。ひとり立ちしていないと見なせる未成熟個体をのぞくと、カソジェのイボイノシシの最大の群れサイズは五頭で、単独行動のものも含めて計算すると、平均値と中央値、最頻値はそれぞれ二・二頭と二頭、二頭となり、ほとんど差がない。個体密度を求める際にはこれを利用して、イボイノシシの平均的な群れには成熟個体が二頭含まれると見なした。

おそらく親子と思われるブッシュバックとブルーダイカー、モリリスの二頭連れを、サンプル幅を越えたところや非センサス時に何回か観察した。しかし個体密度をもとめる際に、このような二頭連れを考慮していないので、未成熟個体はこれらの種でも計算から除外されている。

6　個体密度

調査対象とした八種の哺乳類と足音の平方キロメートル当たりの個体密度を計算して表5-6a（調査期I）と表5-6b（調査期II）に示した。この研究のように曲線ルートでセンサスを行なった場合の調査面積は、距離が同じなら直線ルート（ライン・トランセクト）のセンサスよりも狭くなるから、個体密度は少し過剰に評価されるだろう。しかし本報の地上性有蹄類とモリリスの密度は、次のような三つの理由で反対に低く見積もられている面もある。まず足音というカテゴリーには、地上性鳥類とテングハネジネズミのような小型哺乳類、ブルーダイカー、ブッシュバック、イボイノシシ、ヤブイノシシなどが確実に含まれている。二番目に、イボイノシシとブルーダイカー、ブッシュバック、モリリスの未成熟個体がここでの密度計算には含まれていない。最後に、小型で樹上性・単独性のモリリスをセンサスの際に見落とした可能性は、ほかの中・大型哺乳類よりも高い。

表5-6a　調査期Ⅰ（1995年8月〜12月）の3種のサルの1km² 当たりの個体密度．

種	植生	CR1	CR2	CR3	平均[(1)]
アカオザル	森林	−	61.2	76.8	50.4
	疎開林	−	46.8	31.2	33.6
キイロヒヒ	森林	0	−	0	−
	疎開林	−	68	80	72
アカコロブス	森林	96	120	75	99
	疎開林	−	57	−	27

(1)平均の密度は表5-3aの群れ密度と群れサイズから算出した（詳細は本文参照）．
註の文献（18）より．

キイロヒヒをのぞくと、調査期Ⅰの生息密度は調査期Ⅱよりも低めになっているが（表5-6aと5-6b）、調査期ごとのサンプル幅のちがいが部分的に影響していると考えられる。調査期Ⅰではサンプル幅が狭かったために、樹上性のサルであまり人慣れしていない種と群れが調査期Ⅱよりも見逃されたであろう（例えば図5-5に示した調査期Ⅱにおけるアオザルの発見距離を見よ）。確証はないが、調査期Ⅱのセンサス開始時刻が調査期Ⅰよりも早かった点も、同様な影響を及ぼしたかもしれない。すなわち採食や移動のような目立ちやすい朝方の活動のため、調査期Ⅱの観察例が多くなった可能性が考えられる。

少なくとも二群、ひょっとすると三群のキイロヒヒが、狭いセンサス区画であるW1を重複して利用しているのが調査期Ⅱに確認されたが（表5-3b）、調査期Ⅰにはこの区画でキイロヒヒは一度しか観察されなかった（表5-3a）。同様に、調査期ⅡのCR1ではアカオザルがよく見られたのに、調査期Ⅰには群れは全部で三回しか観察されなかった（表5-3aと5-3b）。このような年ごとの変動をひきおこす要因はまだよくわからないが、果実のような食物のみのりが季節や年によって変化することが関係する場合もあるだろう。ちなみにこの調査で乾季にセンサスをしたのは調査期Ⅰだけである。

表5-6b　調査期II（1996年10月～12月）の8種の哺乳類と足音の1km²当たりの個体密度．

種	植生	CR1	CR2	CR3	平均(1)
アカオザル	森林	90	81.6	76.8	82.8
	疎開林	67.2	28.8	46.8	45.6
アオザル	森林	10	9	7	9
	疎開林	0	0	0	0
キイロヒヒ	森林	12	0	—	6.2
	疎開林	108	—	68	60
アカコロブス	森林	132	120	129	126
	疎開林	90	45	11.5	29.4
イボイノシシ(2)	森林	—	0	0	—
	疎開林	0	—	13.2	9.1
ブッシュバック(2)	森林	—	0	0	—
	疎開林	7.2	5.8	7.6	7.2
ブルーダイカー(2)	森林	19.6	22.5	17.2	19.5
	疎開林	—	14.6	6.1	7.8
モリリス(2)	森林	3.0	2.7	9.2	4.5
	疎開林	—	—	—	—
足音	森林				15.7
	疎開林				9.8

(1)群居性の種については，表5-3bの群れ密度と群れサイズから平均の密度を算出した（詳細は本文参照）．単独性の種については，表5-2bの遭遇頻度の合計数（N）とセンサス面積から平均の密度を算出した．
(2)未成熟個体については除外した．
註の文献（18）より．

センサスの対象になった哺乳類のうち、アカオザルとキイロヒヒ、イボイノシシ、モリリスはアブラヤシ（パームヤシ：*Elaeis guineensis*）の果実ないし落果（あるいは種子）をよく食べる。[20] カソジェのアブラヤシはもともと集落のまわりに植えられたものである。W2の北部とW3沿いにはアブラヤシ林が広く残っているが、調査期IIに果実と落果が多かったのはW3沿いであった。アカオザルとキイロヒヒ、イボイノシシの密度がW2よりもW3で調査期IIに高くなった理由の一端は（表5-2bと5-5b）、アブラヤシのみのりや落果量が関係していた可能性がある。一方森林性のアカコロブス（調査期IとII）とブルーダイカー（調査期II）の密度はどちらもW3よりもW2で高かったが（表5-3aと5-3b、5-6b）、これは内陸に広がる森林地帯からの距離を反映しているのだろう（図5-1）。

W1は疎開林と見なしたが、このルートは湖岸近くでカンシアナ谷沿いの河辺林を何回か横切っており（図5-1）、疎開林と森林のモザイクになっている。森林性の二種のサル、アカオザルとアカコロブスの密度が調査期IIでは比較的高くなっているのは（表5-6b）、彼らがこれらの河辺林をよく利用していたためである。

四　哺乳類相の変遷とチンパンジーとの関係

1　人為的影響や二次遷移との関連から見たカソジェの哺乳類の分布と生息密度の通時的変化

一九八五年にマハレ山塊はタンザニアで一一番目の国立公園に指定されたが、すでに一九七四年には政府の指示により村民たちはカソジェ地区から退去させられ、耕作と火入れ、狩猟は禁止された。疎開林が森林に移行するような、あるいはその逆の変化のような劇的な遷移はそれ以来まだ観察されていないが、この間に植生の二次遷移の進行や樹木の増加・成長にともない、野生動物は一般に個体数をふやしてきたようだ。

一九六〇年代後半に西田[21]は、アカオザルはカソジェでどこにでも見られるサルだと述べている。彼は別のところで[22]、カソジェの森林で比較的撹乱されていないある林分で、アカコロブスの群れ密度を平方キロメートル当たり二〜二・七群、個体密度を八〇〜一〇〇頭と推定している。

一九七九年に高畑由起夫は、ムピラ谷からシンシバ谷（図5-1）にかけての森林で、平方キロメートル当たりのアカオザルの群れ密度が三・八群で個体密度が約四〇頭、またアカコロブスの群れ密度が一・七群と見積もった[23]。五百部[24]が明らかにした森林のアカコロブスの行動域面積（約二五ヘクタール）は、高畑が地図上で想定したと思われる面積よりずっと狭いので、一九七九年の群れ密度はかなり低く推定されていると見なせる。カソジェではこれまでにきちんとしたセンサスが行なわれたことはないが、以上の先行研究から、アカオザルとアカコロブスの個体数は徐々に増加してきたことが示唆される。

手元にある量的データで生息密度の経年変化を明らかにするのは難しいが、三種の昼行性哺乳類については、一九七〇年代以降の歴史的な分布の変化を示す資料がある。現在カソジェのイボイノシシは開けた植生ならどこでも普通に見られるが、彼らが住みついたのは最近のことで、一九八〇年代に入るまでは非常にまれな種だった[25]。今では村落跡のアブラヤシ林が残っていれば、二次遷移が進行中の鬱蒼とした森林でも姿を見かけることがある。

キイロヒヒも同様に湖岸から内陸へ分布を広げてきた。一九七〇年代までのカソジェのキイロヒヒは、チンパンジーがあまり利用しないタンガニイカ湖畔に沿った南北に細長い開けた地域のみを遊動していた[26]。一九八〇年代になって、まず谷沿いに東へ利用地域を拡大し始め、ついに内陸の森林帯を行動域に含むようになった。

キイロヒヒとチンパンジーの直接的な交渉はまだあまり頻繁ではないと思われるが、資源をめぐる間接的な競争はだんだん激しくなってきており[27]、両種が同じ木の同じ部位を異なる時期に利用している場面を観察する機会がふえている。例えば一九八〇年代まで、調査の拠点であるカンシアナキャンプ（図5-1）にキイロヒヒの群れは一度も現れなかった。しかし一九九二年になって初めてキャンプに到達し[28]、一九九五年の一〇月には、Mグループのチンパンジーが採食する最も重要なキャンプの食物パッチの一つであるシュードスポンディアス（ブホノ）の木の果実を、ヒヒたちが食べているのが確認された[28]。Mグループのチンパンジーが東方の高標高地域を最近よく利用するようになったのは[29]、低標高の森林帯をヒヒが使い始めたことと無関係ではないかもしれない。このようなキイロヒヒの行動域の拡大が、間接的競争（exploitation competition）というかたちでチンパンジーの土地利用に影響を与えているかどうか、きちんと調査する必要があろう。

対照的にカソジェのベルベットモンキーの分布域は縮小しているようだ。一九六〇年代には、三〜五群のベルベットモンキーがこの地域に生息していると推定されていたし、[30] 一九七〇年代でもとくに湖岸沿いの集落の周辺（W3）でこのサルをしばしば見かけた。[31] 一九七九年の調査では、シンシバ谷からンタレ谷の河口にかけての湖岸（図5-1）にまだ一群のベルベットモンキーが住んでいた。[32] 調査スタッフが居住しているカシハキャンプ（図5-1）のまわりでは現在でも本種を毎日観察できるが、調査域全体としては分布が非常に局限されていたため、今回のセンサスでは生息密度を見積るのに十分な資料を集めることができなかった。調査期ⅠとⅡを通じて、W3のセンサスの際にカシハキャンプ近くで計三回（調査期Ⅰに一回と調査期Ⅱに二回）ベルベットモンキーを確認したほか、調査期ⅡにW3を歩いた七回の非センサス日のなかで、一度だけイハコ（図5-1）において本種の群れを観察したのみであった。

一九七〇年代以降の分布（土地利用）が拡大しつつあるか、反対に縮小しつつあるかはこのように種ごとに異なっている。上記三種だけでなくほかの哺乳類の分布および生息密度の変化について、さらに緻密なモニタリングをこれからも継続する必要があろう。また分布や生息密度の変動をもたらす要因を解明することも重要である（後述）。

2　チンパンジーの獲物としての哺乳類

少なくともマハレでは、潜在的な獲物の存否・多寡がチンパンジーの狩猟頻度に影響を与えているようだ。[33] Mグループのチンパンジーがイボイノシシの幼獣を捕食するところを初めて観察したのは一九八〇年代のことであった。一九九七年になって、同じくMグループのチンパンジーがキイロヒヒのアカンボウを食べているのが初めて確認された。[34] 一九八〇〜九〇年代の観察条件はそれ以前よりも改善されたが、一九八三年までに三例の記録があったベルベットモンキーの捕食例は[35]、対照的にその後は一九九四年の一例だけである[36]。

マハレのチンパンジー（KグループとMグループ）はこれまでに一七種の哺乳類を食べたことが明らかになっているが、一九八一〜九〇年に種を同定できたMグループの獲物の九割をこえる個体は、昔からカソジェに生息が知られていたわずか五種の哺乳類で構成されていた（N＝115：アカンボウかコドモが多い）。すなわちアカコロブス（五三パーセント）とブルーダイカー（二〇パーセント）、ブッシュバック（七パーセント）、ヤブイノシシ（七パーセント）、アカオザル（五パーセント）である[37]。なお最近ではアカコロブスの占める割合が八三パーセントまではね上がっている（一九九〇〜九五年分を合わせた二九五例の内訳[38]）。

夜行性のためにヤブイノシシの生息密度は今回の調査では推定できなかった。本種は調査期IIのセンサスで計五回出会っただけである（森林で三回と疎開林で二回）。昔から生息しているそのほかの有蹄類について見ると、年齢構成や過去の生息状況はわからないが、ブルーダイカーとブッシュバックに対するチンパンジーの捕食頻度はそれぞれの種の生息密度にある程度対応しているように見える。

昔から分布が確認されている樹上性哺乳類でも、アカコロブスとアオザル、モリリスについては、チンパンジーに捕食される頻度はそれぞれの生息密度に対応しているように見える。一九六五年から一九九一年までの資料では、チンパンジーがアオザルを食べた観察は一例、モリリスを消費した記録は二例のみである[39]。ただしモリリスのような単独性の小型哺乳類は、観察者が気づかないところでもっと頻繁に捕食・消費されている可能性がある[40]。

チンパンジーに捕食される哺乳類は地域によってさまざまであるが、アフリカ全体を通じて森林性のオナガザル類が選択的に狩猟対象となる傾向が認められる[41]。このなかでマハレのチンパンジーは、獲物の選択がどちらかといえばいきあたりばったりであることが、被食種と哺乳類相の比較に基づいて指摘されていた。[42] 調査域に昔からいることが知られていて、かつ二番目に多い樹上性サルであることが明らかになったアカオザルをのぞけば、いきあたりばったりなマハレの狩猟行動の特徴が、被食哺乳類各種の分布の変化と生息密度に基づく分析によって再確認されたことになる。今後の研究によって、マハレのチンパンジーがなぜあまりアカオザルを捕食しないのかを説明しなければならない。一九八〇年代までアカオザルがまれな種であったとはもちろん考えられない。[43] 残念なことにマハレのチンパンジーの狩猟行動では、被食種ごとの狩猟頻度（狩猟が試みられた回数／両種が遭遇した回数）や狩猟成功率（実際に捕獲した回数／狩猟試行回数）に関する資料はほとんど集められていない。例外は最近のアカコロブス狩猟における狩猟成功率の値だけである。[44]

マハレの狩猟行動における獲物の選択性や捕食頻度をさらに詳細に研究するために、チンパンジーと被食種との出会いを系統的にもっと観察する必要がある。[45] 本稿で提示した資料と同じようなチンパンジーと被食種とのデータ・セットがほかのアフリカの調査地からも集められれば、チンパンジーの狩猟頻度と被食種の生息密度を地域間で量的に比較することが可能になるだろう。

註

（1）　Nishida 1968, 1996b.

（2）　伊谷 1977; JICA 1980b; Nishida & Uehara 1981, 1983; Takada & Uehara 1987; Okada *et al.* 1988; Nishida 1990a; Sasaki & Nishida 1999.

（3）　西田 1969a; Nishida, 1972; Hasegawa *et al.*, 1980; Takahata, 1981; 五百部 未発表。

（4）　Uehara *et al.* 1992; Nakamura 1997; Hosaka *et al.* 2001.

（5）　Takahata *et al.* 1984; Uehara *et al.* 1992; Hosaka *et al.* 2001.

（6）　Goodall 1986a; Wrangham & Bergmann Riss 1990; Stanford *et al.* 1994; Stanford 1998.

（7）　Mitani & Watts 1999.

（8）　Boesch & Boesch 1989.

(9) Stanford 1998.
(10) Holenweg *et al*. 1996; Noe & Bshary 1997.
(11) Nishida 1972; Nishida & Uehara 1981; Collins & McGrew 1988; Nishida 1990a.
(12) Nishida *et al*. 1979.
(13) ターナー 未発表。
(14) 西田 1974b.
(15) 方法については Burnham *et al*.（1980）、Whitesides *et al*.（1988）、White (1994) を参照。
(16) Whitesides *et al*. 1988.
(17) Nishida & Uehara 1983; Nishida 1990a.
(18) Uehara & Ihobe 1998.
(19) 五百部 未発表。
(20) 上原 未発表。
(21) 西田 1969.
(22) Nishida 1972.
(23) Takahata 1981.
(24) 五百部 未発表。
(25) Nishida & Uehara 1983.
(26) Hasegawa *et al*. 1980.
(27) Nishida 1997.
(28) 西田ほか 未発表。
(29) 西田ほか 未発表。
(30) 西田 1969.
(31) 上原 未発表。
(32) Takahata 1981.
(33) Nishida & Uehara 1983; Uehara *et al*. 1992.
(34) Nakamura 1997.
(35) Nishida *et al*. 1979; Takahata *et al*. 1984.
(36) Mitani 未発表。
(37) Takahata *et al*. 1984; Uehara *et al*. 1992.
(38) Hosaka *et al*. 2001.
(39) Nishida *et al*. 1979; Uehara *et al*. 1992; Huffmann & Seifu 1993.
(40) Huffman & Seifu 1993.
(41) Uehara 1997; 五百部 1997.
(42) 西田 1974; Boesch & Boesch 1989.
(43) 西田 1969; Takahata 1981.
(44) Hosaka *et al*. 2001.
(45) Uehara 1997.

第6章　タンザニアの自然保護制度とマハレの公園管理

小林聡史

多くの日本人にとって、アフリカと聞いてまずイメージするものは、大草原に群れる大型野生動物だろう。その景観を代表するのがタンザニアのセレンゲティ国立公園であり、日本の四国に匹敵する面積をもっている。

東アフリカを訪れる日本人観光客の多くは、道路や宿泊施設がより整備されていることからケニアを利用するが、ケニアで有名なマサイ＝マラ国立保護区は広大な「セレンゲティ＝マラ生態系」の一部であり、多くの野生動物がタンザニア側とケニア側との間を季節的に移動しているのである。また、ケニアでもう一つ観光客に人気の高い地域にアンボセリ国立公園があるが、そこではタンザニアにあるキリマンジャロ山を背景にゾウの群れを観察できることが魅力になっている。

人気が高いケニア南部の国立公園や保護区を支えているのは、タンザニア側における野生生物保護の努力だといっても言いすぎではないだろう。

東アフリカにおけるエコツーリズムのメッカ、ケニアでは観光による収入が外貨獲得の第一位を占めるまで成長してきた。これに刺激されて近隣諸国や他のアフリカ諸国もエコツーリズムの開発に取り組んでいる(1)。

そんななかで、アフリカ全体でも野生動物の宝庫と言えるタンザニアにおいてマハレ山塊国立公園の誕生は非常にユニークな役割を果たしている。とくに次の三点が重要だろう。

①日本の援助によって日本以外の国で誕生した最初の国立公園である。
②長い年月における地道な研究が、具体的な保全策に結びついた例としても意義が大きい。
③国立公園設立を一地域だけの問題ではなく、タンザニア国家全体の環境と開発を視野に入れて計画したという点で時代の先駆けを行っていた。

さらに時代的背景を考えると、一九八〇年代初頭に日本はその経済力を世界的な環境問題の解決のために役立てることを期待されていたにもかかわらず、熱帯林材輸入、捕鯨や象牙輸入等で環境問題ではむしろ国際的に孤立する傾向にあった。同時に、八〇年代前半の干ばつによりアフリカ全土で飢饉が発生し、対症療法的な食糧援助だけでは長期的な救済にはならない、環境援助が必要とされているという認識が高まりつつあった。これ以降多くの研究者が海外および国内で自然保護にかかわるようになったことから、こういった時代にマハレ山塊国立公園が誕生したことは、日本の自然保護史上においても特筆に値するできごとであった。

一　タンザニアの自然保護制度

一八七二年にアメリカ合衆国で最初に国立公園が設置されて以来、世界中に自然保護区の代表として国立公園制度が広まった。日本のように国立公園域内に私有地を含む特殊な例もあるが、主流は国立公園域全体を国家の土地とするものであり、アフリカの国立公園もその土地は国家所有となっている。

東アフリカにおいては第二次世界大戦後に国立公園設立が進み、最初のものはケニアのナイロビ国立公園（一九四六年設立）であり、タンザニア最初の国立公園はセレンゲティ国立公園で一九五一年の設立であった。いずれも植民地時代の話であり、宗主国であるイギリス本国の影響が大きい[2]。

タンザニアは独立以降も自然保護に努力を続け、「アリューシャ宣言」のなかで自然保護を国家の基本政策の一つにすることを唱っている。タンザニアの自然保護制度で特徴的なのは次の三点である。

(1)とくに広大な面積の保護区をもっている。
(2)国立公園管理機関と他の保護区の管理機関と異なる体制で対応している。
(3)「アフリカ野生動物管理大学」の存在。

1　タンザニアの保護区

タンザニアの主要な保護区には、「国立公園」、「自然保護区」と「動物保護区」がある。この他に「森林保護区」「海洋保護区」「狩猟制限地域」があり、一部に民間サンクチュアリもある。

自然保護区はンゴロンゴロ一カ所のみであり、特殊な地域となっている。もともとセレンゲティ国立公園の一部であったンゴロンゴロ地域は、この地域を古くから居住および放牧の場所としていたマサイの人々の生活を考慮し、一九五九年に「ンゴロンゴロ自然保護区条例」の下に唯一の自然保護区として指定された。ンゴロンゴロ地域を切り離したとは言え、セレンゲティ国立公園は面積一万四七六三平方キロと広大な国立公園となっている。

国立公園の設立または変更の手続きは大臣（観光天然資源環境省）と地元の県／州の承認後、国会によって宣言される。国立公園では観光目的以外の公園利用は基本的に規制されており、タンザニアの現行自然保護法では国立公園における規制が最も厳しいものとなっている（表6－1参照）。

その次に規制が厳しいのが動物保護区であり、国立公園および動物保護区では恒久的な住居の設置は許可されない。国立公園においてはすべての狩猟は禁止されるが、動物保護区では狩猟許可制となっている。セレンゲティ国立公園も大きいが、セルー動物保護区は面積が五万平方キロとさらに大きく、日本の九州よりも広い保護区となっている。このように広大な国立公園や動物保護区をもっているところがタンザニアの特徴である。

また、二〇〇〇年四月にタンザニアは湿地保全に関するラムサール条約に加盟し、登録湿地「マラガラシ＝ムヨヴォ

表6-1　タンザニアの保護区における規制

	国立公園	自然保護区 (Ngorongoro)	動物保護区	狩猟制限地域
数	12	1	18	48
合計面積（平方キロ）	41,000	8,288	96,700	116,165
人の居住	×	△	×	△
入園・入場	△	△	△	△
キャンプ・宿泊	△	△	△	○
放牧	×	△	△	○
一般的狩猟	×	×	△	△
国定保護動物の狩猟	×	×	×	×
銃器の使用	×	×	△	△
伐採等植生の改変	×	△	×	○
地形の改変	×	△	×	○

×：禁止，△：許可制，○：許可不要．
伊谷（1983），Wakibara（1999）を基に改変．
註：動物保護区のうち国家プロジェクトとなっている5カ所とそれ以外の保護区とでは若干規制内容が異なっているが，ここでは規制の厳しい方を採用した．

ジ湿地」として三万二五〇〇平方キロという広大な面積を指定している。この地域はマラガラシ川流域を中心にゴンベやウガラ流域を含んでおり、マハレやゴンベ国立公園の管理にも今後重要となってくる。

2　国立公園管理と動物保護

タンザニアの自然保護制度のもう一つの特徴は、国立公園管理当局が独立分離していて大きな権限をもっている点にある。

国立公園制度発祥の地であるアメリカ合衆国においても、内務省の下に国立公園局と魚類野生生物局が別々にあるが、アフリカにおいても初期には国立公園局と野生生物局が分かれているところが多かった。野生生物局の初期の仕事はおもに、開発の邪魔になるゾウやバッファロー、ライオンやカバといった野生動物を駆除することだったため、公園管理が主目的の国立公園局とは業務の性格が大きく異なっていた。しかし、ケニアをはじめ多くのアフリカ諸国では、野生生物局の業務内容が野生生物全体の保護管理にシフトしてくるに連れて、野生生物局と国立公園局が統合されたところが多い。

タンザニアにおいては、「タンザニア国立公園公社」と「野生生物局」とでは組織運営の仕方も、本部の場所も大きく離れてしまったため、これらを統合する方向には動いていない。

それまでの天然資源観光省が一九九一年に観光天然資源環境省に再編され、そのなかの一部門として野生生物局がある。野生生物局は国立公園外での野生生物の保護管理に責任をもっており、動物保護区の維持管理と狩猟管理、そして密猟取締りを行なっており、本部はダルエスサラームにある。

セルーをはじめとする五カ所の「動物保護区」は国家プロジェクトとして運営されており、他の動物保護区に比べて多くの人員と機材が投入されている。この五カ所は国家にとって特別に重要な地域であると考えられるためで、保護策も他の動物保護区よりは厳しいものとなっている。基本的には旅行客による狩猟のみが許され、放牧や開墾等の利用行為は通常許されていない。

国立公園管理に責任をもつタンザニア国立公園公社には総裁が大統領によって任命されており、諮問機関として理事会がある。公社と呼ばれるように、半官半民の組織であり、国立公園ゲートで徴収される入園料の大部分を独自に利用することが可能である。公社の本部はセレンゲティ国立公園に近いアリューシャの町に位置しており、野生生物局から離れている。

3　野生動物管理大学

キリマンジャロ山の麓に位置する「アフリカ野生動物管理大学」は、英語圏のアフリカ諸国のレンジャー等、野生生物保護管理行政に携わる人々のための訓練校として一九六三年に設立されたものであり、この種の訓練機関としては世界で初めてのものであった。タンザニアをはじめ、ザンビア、ボツワナ、エチオピア、スーダン等アフリカ諸国以外にも、シンガポール、インド、キューバ、米国、日本からの学生も受け入れている。仏語圏アフリカ諸国のためには一九八〇年代に、カメルーンに同様の研修機関が設立された。校長は野生生物局から派遣され、野生生物局の管理下にある。

筆者はこれまでにタンザニア以外でも、西アフリカのリベリアや南部アフリカのマラウィにおいても国立公園管理・野生動物保護のプロジェクトに参加したが、そこでもタンザニアの野生動物管理大学出身者がいて、その影響力を伺い知ることができた。

4　住民参加型公園管理

これまで自然保護のために、保護区の増加や拡張をしようとするあまり、地域住民との利害対立を招いていたことが世界各地で報告されている。これは何も植民地時代のアフリカに限ったことではなく、現在においても地域住民の生活を無視した保護区設定は見られる。こういった反省から、保護区の設定だけが自然保護のための最善策ではないこと、また保護区を設定するには周辺住民への利益還元によって理解を求める努力が必要なことが指摘されてきた。

また、ジンバブエの「CAMPFIRE」プログラム[3]のような、地域住民参加による自然資源管理の方法も脚光を浴びてきている。CAMPFIREは、地元の自然資源を地域共同体の土地において管理していこうというプログラムであり、共有地における自然資源(野生動物など)をどう管理していくかを地域の人々に決めさせようという考え方だ。このプログラムの成功が報告され、脚光を浴びるようになり、ナミビア、ボツワナ、マラウィ、ザンビアといった南部アフリカ諸国で次々に類似のプログラムが施行されるようになった。[4]

タンザニアにおいても類似の試みが行なわれている。一九九三年に国立公園公社の中に「地域共同体保全サービス部門」が設置され、各国立公園に担当官が一名配置されることになった。これは、国立公園周辺の地域社会と連絡をとり、地域住民の人々に具体的な便益をもたらすことを目的としている。〝良い隣人(Ujirani Mwema)〟と呼ばれるプログラムが開始され、そのなかの一つの方法として地域社会によるプロジェクトに資金を提供するものがある。こうしていくつかの村々で、「地域社会主導型プロジェクトの支援[5]」が行なわれている。具体的には水の確保のための手押しポンプの設置、学校や教師の住宅の建設などが挙げられている。

マハレ山塊国立公園においても現在こういったプログラムが進行中であり、今後の成果が期待されている。[6]

さらに野生生物局も一九九六年に「野生動物管理地域[7]」設立を目的とした政策を作成している。この野生動物管理地域は野生動物の生息密度が高い地域を対象とするもので、このなかでは地域共同体が自分たちの利益のために、野生動物を管理することができる。法律としてはまだ成立していないが、例えばルアハ国立公園の隣接地域などで試験的に野生動物管理地域が設立されている。「アフリカ野生生物財団」が資金を出して、地域住民の代表に保護区を見てもらうための研修ツアーを実施しており、地域での話し合いを促進するために効果があることが報告されている。[8] マハレ山塊国立公園に最も近い動物保護区である、ウガラ動物保護区でもいろいろな試みが行なわれており、例えば養蜂家はミツバチの巣箱をウガラ動物保護区内の木にかけて、年四回蜜の収穫を行なうことができる。また、釣りも許可されている。一九九〇年にセレンゲティ国立公園とタランギーレ国立公園に隣接する地域で、二つのサファリ旅行会社が地元との合意書を基に、三件の住民参加型の自然保護プロジェクトを開始している。[9] 一九九四年の「海洋公園および保護区法」では地域社会が資源を管理する権利を認めており、[10] 一九九七年の森林政策に続いて、一九九八年に採択された野生生物政策は内容的に東アフリカでも最も地域社会に配慮した政策となっている。[11]

こういったやり方が成功するかどうかは、どのようにして地域住民のニーズを把握するかという点と、ニーズが把握された場合にはそれを満たすための提案をどのように具体化していくかにかかっている。これまでの自然保護プロジェクトのように、生態学者だけでは対応しきれないことは明白であり、社会学者や経済学者の協力が不可欠になっていると言えよう。

二　マハレと野生チンパンジーの保護

日本の政府間レベルでの協力のもとに、マハレは一九八五年六月一四日に、当時のニエレレ大統領によってタンザニア一一番目の国立公園として正式に指定された。これは日本の援助によって海外に設立された最初の国立公園である。この後にタンザニア国内で新しく設立された国立公園としては、一九九二年にできたウズングワ山地国立公園があるだけである。このウズングワ山地は、インド洋のザンジバル島のジョザニ保護区やケニアのタナ川流域とともに霊長類保護にとって重要な地域となっている。[12]

国立公園の指定は、マハレ地域における一般の居住や狩猟行為を禁止し、その地域の自然保護を恒久的に宣言したことになる。しかし、それは書類上国立公園が誕生したことを意味していても、それだけでは国立公園としての機能は果たし得ない。政府による監視体制を継続しなくてはならないし、観光客の受け入れ体制も整える必要がある。

タンザニア政府は、国立公園や他の保護区に関する新たな方針をまとめており、そのなかで、保護区において受け入れ可能な観光客数を認識する必要性、そして観光客がそれほど訪れていない南部タンザニアを含めて観光サーキットを多様化させる必要性があることをあらためて確認している。

南部タンザニアにはミクミやルアハなどの国立公園があるが、ルアハ国立公園に若干ユニークな野生動物がいるものの、多くはセレンゲティに代表される北部サーキットと同様サバンナ性の野生動物であり、大都市ダルエスサラームに生活している人々がこれまで以上に訪れるようになる可能性はあるものの、海外からの観光客に北部サーキット以上に魅力的なコースと映るかどうかは疑問である。こういった点からも、野生チンパンジーを中心とした西サーキットにもっと関心が払われるべきである。この西サーキットの開発は、JICAマスタープラン[13]において提唱されている。マスタープランの具体的内容は実現されなかったが、当時の国立公園管理計画としては、国立公園周辺地域のみならず、タンザニア全体における将来的な観光計画を視野に入れ、そのなかで保全策を考慮していたという点で、時代に先行するものであったと言えよう。

また、一九六〇年代に始められた調査に基づき、二〇年以上かけて具体的な保全策（国立公園誕生）に結びついたという点でも有意義である。

マハレ山塊国立公園は野生チンパンジーの保護以外にも、生物多様性の保全という点でもきわめて重要である。

第一に、マハレ地域は生物地理学的に言って、東部アフリカのサバンナ要素、タンガニイカ湖対岸のコンゴ民主共和国（旧ザイール）に代表される中央アフリカの熱帯林要素、そしてマメ科樹木が構成するミオンボ林という南部アフリカの要素が出会う場所であり、そのためチンパンジー以外の動植物相がきわめて特徴的である。

第二に、アフリカ大地溝帯内に位置する古代湖の一つタンガニイカ湖は、その魚類も固有種が多く生物学的に重要である。マハレ山塊国立公園は沿岸域から一〇〇メートルの幅で水域も国立公園内に含めており、タンガニイカ湖岸全体のなかでも唯一保護区内に含められている場所となっている。

筆者がマハレ山塊国立公園の管理計画にかかわっていた一九八七年は、タンザニア国内においてもチンパンジーの密猟が大きな問題になった。タンガニイカ湖岸でボートの中にコドモのチンパンジーを隠して密輸しようとした男が逮捕されたためである。チンパンジーは生きたまま売られるが、輸送させやすいコドモを得るために密猟の際には一緒にいる母親も殺されると言われている。また母親から引き離されて小さな空間に閉じこめられ運ばれるコドモのチンパンジーの多くは衰弱死してしまうと考えられ、発覚したチンパンジー密輸は氷山の一角に過ぎないとして、大きな問題となったのである。

タンザニアのタンガニイカ湖畔にはキゴマの町の北にゴンベ国立公園、南にマハレ山塊国立公園があり、ともに野生チンパンジーの聖域となっている。ゴンベ国立公園の野生生物研究センター所長として長い間ゴンベでチンパンジーの研究を行なってきたジェーン・グドール博士の報告書によれば、タンザニア西部のキゴマ州で捕らえられたチンパンジーはボートで隣国ブルンジへ運ばれて、一頭当たり最高五〇〇〇ドルで売られるとのことであった。当時タンザニアの国立公園で働いていたスタッフの年収の数十倍にもなり、きわめて大きな収入と言うことができる。

キゴマ州でチンパンジーの密猟の可能性を最初に指摘したのは、一九八七年八月までキゴマ州の野生生物局で働いていた職員の報告によるものであった。その報告によれば密猟された象牙なども、マハレ地区で国立公園の外にあるいくつかの村々を通り、最終的にボートで運ばれていたとのことであった。

マハレ地区では、餌づけあるいは人づけされたチンパンジーは容易に人に接近するので、密猟者に狙われやすいと言える。しかし、一方でマハレのチンパンジー（Mグループ）は研究者、研究スタッフが個体識別によりチンパンジーを追跡しており、また観光客もいるので密猟者があえてこの地域に侵入し、密猟を行なう可能性は低いと言える。一般的にチンパンジーは人を見たら逃げるので、人に慣れていないチンパンジーをおびき寄せて捕獲することは困難である。密猟者が活動する可能性があるのはゴンベやマハレの国立公園領域外であろう。とくにマハレの東のウガラ地区のチンパンジーの現状把握が重要となってくる。

チンパンジーは三亜種に分類され、タンザニアに生息するのは東アフリカ亜種である。この他に別種であるビーリャ（ボノボ）が知られている。

東アフリカ亜種のうち、コンゴ民主共和国には、すでに少数のみのチンパンジーしか生息していない可能性が指摘されている。これを考慮に入れて考えると、東アフリカ亜種はきわめて限られた個体数しかない恐れがある。

いずれにしても森林地帯での個体数調査は困難なため、多くの地域では正確な個体数把握は行なわれず、生息適地面積からの推定に頼らざるを得ない。チンパンジー全体でもおそらく一〇万〜二〇万頭のオーダーと考えられ、熱帯林の消失および西アフリカ、中央アフリカでは直接食料として捕殺されることもあり、各国で保護策が図られる必要がある。観光客が野生チンパンジーを観察できる国立公園の数は限られている。またチンパンジーを保護することは、彼らが生息できる良好な森林地帯を確保することでもある。アフリカの熱帯森林の遺伝子資源全体を保全する意味からも、チンパンジー保護は重要な課題である。このことからチンパンジーは自然保護上のアンブレラ種そして象徴種（フラッグシップ種）として考えることができる。[14]　タンザニアのゴンベとマハレ両国立公園の果たす役割はきわめて大きい。

チンパンジーの保護を考えるうえで最も重要な問題は生息地の破壊であるが、その他にもいくつか真剣に取り組まねばならない課題がある。チンパンジー保護上の主要な問題点を整理すると以下のようになる。

(1) 生息地の破壊
(2) 動物性蛋白源として食用にする（西アフリカおよび中央アフリカ）
(3) 愛玩動物としてアカンボウのチンパンジーを捕獲・輸出する
(4) 医学実験用動物としての需要
(5) 観光客との接近による病原菌の伝播

アフリカのみならず、熱帯雨林の破壊は世界各地に生息している霊長類にとって、最大の脅威になっている。一九九〇年に西アフリカ、リベリアで調査のために、森林地帯を空から観察する機会があった。上空から見た範囲では緑がまだ多く、良好な自然状態が残されているものだと思えた。しかしながら、地上を車で移動してみると、縦横無尽に道が入り、すでにゴムやアブラヤシの木が多い二次林が大部分だったので驚いてしまったことがある。リベリアでは密猟が日常的に行なわれていたうえに、コドモのチンパンジーが一般人に飼われているのを目撃した。コンゴ民主共和国同様、長期に渡る内戦が続き、チンパンジーの将来は憂慮せざるを得ない。

一方、個体の捕獲・輸出に関しては、スペインやカナリア諸島の海岸で、チンパンジーのコドモを抱きかかえて記念撮影をするのが観光客の人気を呼んでいた時期があり、自然保護団体から非難された。また、現在先進国での医学実験に用いられる霊長類は原則的に施設で増殖されたものに限られるので、チンパンジーも野生のものが使われることはほとんどなくなったのではと考えられる。しかしながら、東欧への密輸が行なわれている可能性も指摘されている。

チンパンジーは「絶滅の危機に瀕している野生動植物の国際取引に関する条約」、通称ワシントン条約の付属書Ⅰに一九七七年から掲載されている。したがって、人工増殖されたもの以外の野生のチンパンジーは輸出入できないことになっている。しかしながら、米国に本部を置く国際的な環境ＮＧＯである「チンパンジー保護管理委員会」は、毎年アフリカで捕獲されて輸出される野生チンパンジーの数は約一〇〇〇頭にもなると推定している。

また、観光客が野生のチンパンジーを観察できる国立公園の数はきわめて限られているが、チンパンジー保護の必要性について広く知ってもらうためにもこういった国立公園の果たす役割は大きい。しかし、一方で病気の危険性もある。マハレのＭグループのチンパンジーにおいては、一九八六年にエイズのようにオトナのチンパンジーがやせ衰えて死んでしまうという病気が流行し、少なくとも六頭が死んでいる。また、一九九二年、一九九三年にはインフルエンザに似た病気がはやり、一九九二年に罹患したチンパンジーは回復したものの、一九九三年には少なくとも一一頭が死亡している。[15]

ゴンベにおいても一九六〇年から一九八七年までの間に、ポリオやインフルエンザを含む四回の病気の流行が報告されている。西アフリカでは一九九六年にコートジボアールでエボラ出血熱ウイルスによって、一二頭のチンパンジーが死んだという報告があり、[16]またガボンではエボラウイルスをもっていたと考えられるチンパンジーを食べた人間が死んでいる。

＊

これまで、マハレ山塊国立公園におけるチンパンジー保護は、霊長類研究者を中心として、国際協力事業団や外務省、大使館関係者、自然保護団体や各種基金、タンザニア政府職員や地元トングェの人々、そして一般の人々の長期に渡る協力のもとに行なわれてきた。そしてタンザニアの人々を新たに巻き込んだ新しい形の活動も始まっている（第一章参照）。

日本の援助に基づいて海外で設立された最初の国立公園として、また自然保護協力のモデルとしても地域住民やタンザニア国民が誇れる（そして日本人が誇れる）保護区として、今後とも努力を積み重ねていってほしいと願う。

註

（1）エコツーリズムにはさまざまな定義があるが、ここでは自然を利用した観光の一形態であり、保護資金の捻出や雇用創出に役立ち、自然保護に貢献するもの、と考えることにする。

（2）小林 1993.

（3）「CAMPFIRE」とは、Communal Area Management Programme for Indigenous Resources の頭文字をとったもの。

（4）小林 2000.

（5）「地域社会主導型プロジェクトの支援」SCIP: Support for Community Initiated Projects.

（6）Wakibara 1999.

（7）「野生動物管理地域」WMAs: Wildlife Management Areas.

（8）Igoe & Brockington 1999.

（9）Roe *et al.* 1997.

（10）小林 2001.

（11）小林 2002.

（12）Dasilva 1993.

（13）JICA 1980.

（14）アンブレラ種：アンブレラとは傘のことであり、生態ピラミッドの頂点に位置する消費者（チンパンジー）を保護することは、その傘下にいる多数の生物種を保護することになる。その意味で、チンパンジーをアンブレラ種と呼ぶことができる。象徴種（フラッグシップ種）：フラッグシップとは旗艦を示す。チンパンジーのように人々に人気の高い動物であれば、種や生息地の保全を社会的に強くアピールするのに役立つ。この点からチンパンジーを象徴種と見なすことができる。

(15)　Nishida 1996.

(16)　Sterns & Sterns 1999.

第3部 生態

第7章 人口動態

西田利貞

一　はじめに

動物の人口動態の研究は、意義深い。まず、死亡原因と齢別死亡率をつきとめることにより、その動物の受ける自然淘汰の影響を推察できる。寿命、初産年齢などの生活史変数は、その動物がどのような生存戦略をとるかを教えてくれる。成熟年齢の性差は、性淘汰の強さを示すだろう。また、人口動態に関する情報は、自然保護政策に直接生かすことができる。

いうまでもなく、大型類人猿の人口動態の研究は、人類の共通祖先あるいは初期人類の人口動態を、ひいては彼らの社会生活を復元する上で欠かせない。幼年期の依存期間がひじょうに長いこと、一方では女性には長い後繁殖期（更年期）があることなど、ヒトの生活史には他の霊長類には例を見ない要素があることが指摘されてきた。こういった特徴は、ヒトがいつ獲得したものかは、ヒトと最も近縁な大型類人猿を調べなければわからない。

チンパンジーを含む大型類人猿は妊娠期間が長く、成長が遅く、出産間隔も長く、寿命も長いことがわかっている[1]。そのため、人口データは集めにくい。それゆえ、マハレのように三五年にも及ぶ人口動態の記録はほとんど例がなく、貴重である。本稿は、十数人にのぼる研究者とタンザニア人の研究アシスタントによって集められた資料に基づく。それゆえ、本格的な学術発表はこれら多くの共同研究者との共著として出版する予定[2]である。本書は一般向けの出版であるので、筆者の単独著作という形になっているが、実際は共著であることをお断りしておく。

マハレのチンパンジーの人口動態は、一九八四年[3]と一九九〇年[4]に出版された。しかし、後者からもすでに一〇年以上を経て、人口動態に関していくつか新たな局面が展開している。また、象牙海岸のタイ森林などから新たな比較資料が得られ始めている[5]。ここで、一度研究の現状を俯瞰しておくのは意味深いことと考える。

二　どのようにして人口を調べるか

1　観察対象

マハレで集中的な調査の対象となったのは、ＫグループとＭグループである。Ｋグループは一九六六年に餌づけされ、個体識別が始まった。しかし、オトナの雄が次第に減り二頭になった一九七九年以降、オトナの雌がＭグループへ集団移動してしまった。そして、一九八三年に最後のオトナの雄が消えるにいたって、Ｋグループは事実上崩壊した[6]。つまり、Kグループの資料は一九六六年〜一九八三年の一八年間に得られたものである。

Mグループの餌づけに成功したのは一九六八年であるが、雌の人づけが遅々として進まず、全頭が完全に個体識別できたのは一九八〇年であった[7]。その後の集中的な研究は、ほとんどMグループを対象としたものである。Mグループの人口データは、一九八〇年から一九九九年までの一九年間である。

ここでは単位集団のダイナミックスについては一九八〇年以降のMグループだけを報告するが、個体の発育、出産年齢、集団からの転出年齢などの個体データは、K、M両グループの資料を用いる。この三五年間に識別されたチンパンジーの個体の総数は、両グループを合わせて三〇五頭である。これはデータベースとしてゴンベの対象頭数より多く（アン・ピュージー私信、二〇〇〇年六月）、チンパンジーの人口学的研究としては最大の資料ということができる。

2　年齢・性クラスの定義

表7-1　年齢・性クラスの定義

	雄	雌
アカンボウ	0–4 歳	0–4 歳
コドモ	5–8 歳	5–8 歳
ワカモノ	9–15 歳	9–12 歳
オトナ	16 歳以上	13 歳以上

性・年齢クラスをどう区分するかは、人口学的研究の基礎である。ここでは、長谷川真理子による区分[7]をわずかに改変したものを用いる（表7-1）。この年齢区分は、歴年齢である。例えば、まれに一二歳以下で出産する雌がいる。子持ちだから「オトナ」とすべきだが、ここでは「ワカモノ」として扱う。同様に一四歳にもなると、どのオトナの雌よりも強く、最劣位の数頭のオトナの雄より順位が高い雄がいるが、これも「ワカモノ」として扱う。

3　転入、転出と死亡の定義

グループの名簿にない見知らぬ個体が現れたときは、転入と考える。一方、名簿にある個体が、姿を消したとき、死亡か転出か判断に困ることが多い。そういったときは、操作的に決定した。まず、消失個体がオトナ雄、母親からすでに独立したワカモノ雄、あるいは子持ちの雌であった場合は、死亡と見なした。ワカモノ雌の場合は、消失個体を最後に見たとき病気であった場合は、「死亡」と見なし、健康だったときは、「転出」と見なした。なぜ、このような操作を行なえるかというと、Kグループでも M グループでも、オトナの雄が転入したケースはまったくなかったということ、第二に子連れの雌が転出・転入したことは、Kグループが崩壊した時期以外はほとんど観察がないからである。この基準は、前回の出版[8]でも、またゴンベ公園でも使われており[9]、その後、タイ森林[10]やブドンゴ森林[11]での調査でも妥当なものとして採用されている。

4　グループ・サイズと死亡率、出生率の定義

ある年のグループ・サイズとは、その年末（一二月三一日）のグループ・サイズを指す。

死亡率とは、ある年に起こった全死亡数を年初のグループ・サイズ（つまり、前年のグループ・サイズ）で割ったものである。同様に、出生率とはその年の全出生数を年初めのグループ・サイズで割ったものである。

5　生命表

生命表（表7－7参照）は、「コホート生命表」の様式に従った。N_xは、年齢xから年齢x＋1までの期間に死ぬ恐れのある個体の総数である。新生児は年齢0のN_xの欄に入るし、転入個体は転入時の雌の推定年齢の欄に入る。d_xは、特定の年齢区間の間に死んだ個体の総数を意味する。c_x欄は、特定の年齢区間で、調査対象から外された個体の総数を示す。これは、グループから転出したと考えられる個体の総数である。q_xは特定の年齢区間での死亡確率で、$d_x/(N_x - c_x/2)$で表される。なぜc_xを2で割るかというと、平均してチンパンジーはその期間の中間点で調査対象から外れると考えられるからである。(12)

6　齢別出産率

出産する可能性のある雌の年齢コホートを、一一～一五歳から四一～四五歳まで五年ごとに区切った。また、念のため九～一〇歳についても調べた。そして、各期間に生まれた子どもの総数を、それに貢献した雌の頭数x年数の合計で除して得られた値を、各期間の齢別出産率とした。五年という区切りは、キャロら(13)に倣ったものであり、チンパンジーのアカンボウ期がほぼ五年であるので、妥当な数字と考えられる。

三　集団の動態と繁殖変数

1　グループ・ダイナミックス

(1) グループ・サイズの年変化

図7-1は、グループ・サイズの年間変化を示したものである。総数は一九八四年に最大値一〇二頭を、一九九七年に四六頭という最小値を記録した。構成を、オトナ雄、オトナ雌、未成熟個体に分けた場合、後二者は急激な減少を示したが、オトナ雄は比較的減少率が小さいといえる。

図7-2は、未成熟個体のグループ・サイズに占める割合とオトナの性比(雄/雌)を示したものである。前者は二〇年を通じてほとんど変わっていないが、後者は図7-1からも推定されるように、二五パーセントから四四パーセントへと大きく増加している。

(2) 構成の変化

Mグループのオトナ雄の数は最多で一一頭、最少で五頭で、一九年間の平均は八・五だった。一方、オトナ雌の数は一六～三八頭で、平均は二八・六だった。以下同様に、ワカモノ雄の数は四～一〇頭、平均七・六、ワカモノ雌の数は三～一一、平均七・七、コドモ雄の数は二～七、平均四・六、コドモ雌の数は一～一二、平均六・五、アカンボウ雄の数は三～一一、平均六・〇、アカンボウ雌の数は四～一五、平均九・五だった(表7-2)。

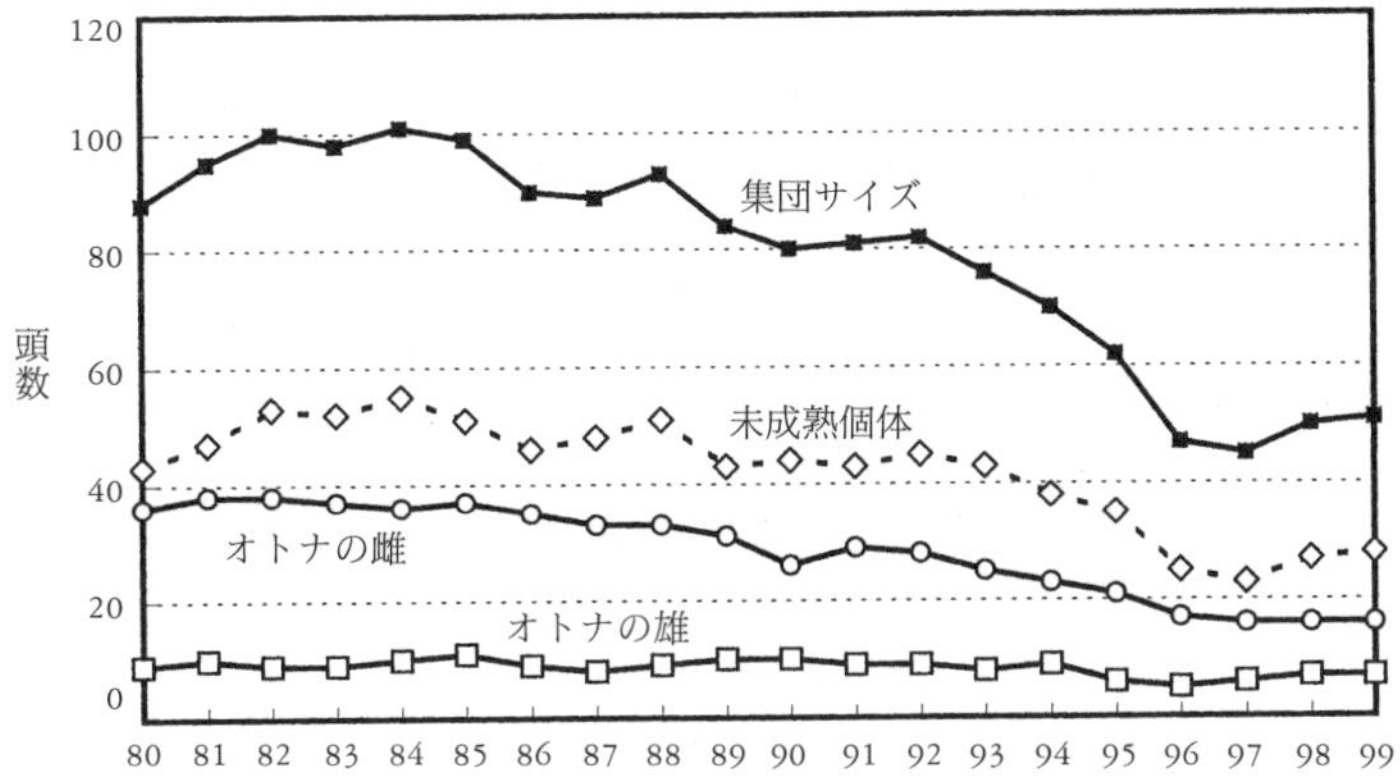

図 7-1　M グループのサイズの年変化

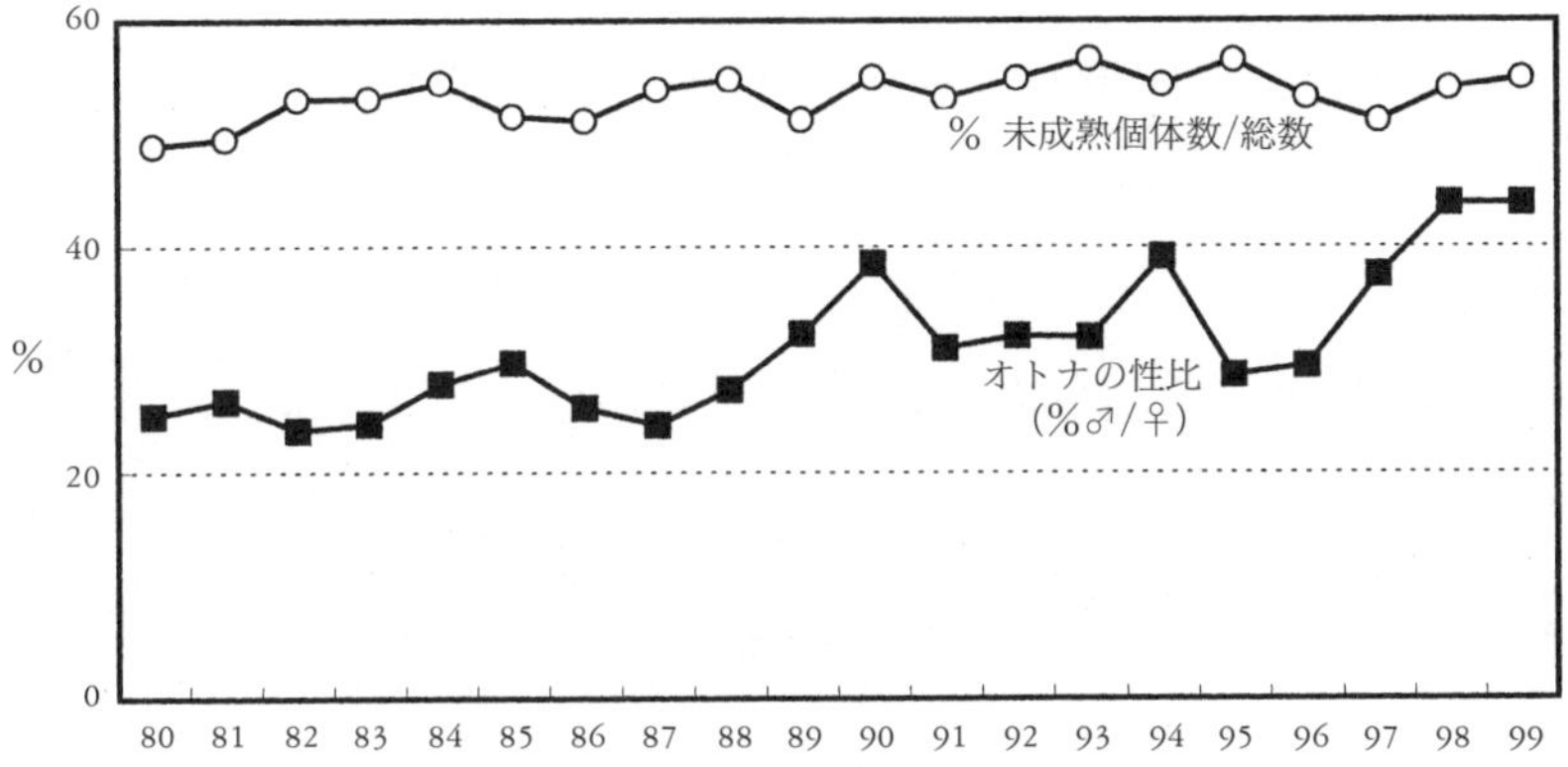

図 7-2　集団中の未成熟個体の割合とオトナの性比

(3) 死亡率

Mグループの一九年間の死亡率の変化を示したのが図7-3である。死亡率が一〇パーセント以下の年が一一回、越えた年が八回ある。後者のうち死亡率のピークとして認められるのは五回ある。一九八六年のピークは、アフリカ人助手たちが「エイズ様の病気」と表現した疾病が流行した年を示し、多くのチンパンジーが痩せていき、体毛が白っぽくなり、そして消えていった。[14]一九八九年のピークは、ライオンがMグループの縄張りに侵入し、チンパンジーを餌食にしたことによって起こった。[15]

ープの構成変化

1989	1990	1991	1992	1993	1994	1995	1996	1997	1998	1999	平均
10	10	9	9	8	9	6	5	6	7	7	8.5
7	9	9	8	8	9	9	7	5	4	4	7.6
6	6	4	4	4	2	2	5	3	3	3	4.6
5	3	8	9	5	4	4	3	3	3	3	6.0
28	28	30	30	25	24	21	20	17	17	17	26.7
31	26	29	28	25	23	21	17	16	16	16	28.6
6	9	8	9	9	7	6	3	6	5	6	7.7
8	5	3	7	9	8	7	3	1	3	1	6.5
11	11	11	7	8	8	7	4	5	9	10	9.5
56	51	51	51	51	46	41	27	28	33	33	52.2
0	1	0	1	0	0	0	0	0	0	1	
84	62	81	82	76	70	62	47	45	50	51	78.2
41	36	38	37	33	32	27	22	22	23	23	37.1
43	26	43	45	43	38	35	25	23	27	28	41.1
0.512	0.419	0.531	0.549	0.566	0.543	0.565	0.532	0.511	0.540	0.549	0.526

一九九三年のピーク時には、インフルエンザ様の病気がMグループに蔓延し、一一頭もの死亡が確認された[16]。

一九九五年〜九七年の三年間は、カタストロフとも呼ぶべき危機状態だった。九六年のピークはこの一九年間最大のものであり、死亡率は三〇パーセントを越えた。九五年も二〇パーセントの、九七年も一二パーセントの死亡率を示している。多くのオトナの雄とオトナの雌が消えたため、単位集団の分裂が起こったと推察し、一九九七年には伊藤詞子と西田はMグループの縄張りを越えて探索を行なったが、分裂群は発見できなかった。おそらく疫病が流行したものと思われるが、当時調査に従事していた伊藤はチンパンジーの死体を四体しか確認していず、死亡したと思われる数に比してあまりに数が少ない。

一九八三年のピークの原因は不明である。

（4）死亡原因

野外では、識別された個体が死亡したと確認できる場合は、そうでない場合より少ない。確認できるのは、母親がアカン

表7-2　Mグル

年齢・性クラス	1980	1981	1982	1983	1984	1985	1986	1987	1988
オトナ雄	9	10	9	9	10	11	9	8	9
ワカモノ雄	6	7	9	6	8	8	9	10	9
コドモ雄	7	6	3	7	5	4	5	6	7
アカンボウ雄	7	7	9	7	11	9	8	4	8
小計	29	30	30	29	34	32	31	28	33
オトナ雌	36	38	38	37	36	37	35	33	33
ワカモノ雌	7	7	7	9	11	11	11	11	6
コドモ雌	3	7	9	12	8	8	8	10	9
アカンボウ雌	13	13	15	11	12	11	5	6	12
小計	59	65	69	69	67	67	59	60	60
性別不明のアカンボウ	0	0	1	0	0	0	0	0	0
合計	88	95	100	98	101	99	90	89	93
オトナ合計	45	48	47	46	46	48	44	41	42
未成熟個体合計	43	47	53	52	55	51	46	48	51
未成熟個体/合計	0.489	0.495	0.530	0.531	0.545	0.515	0.511	0.539	0.548

ボウの死体を運搬しているか、アカンボウなしで現れたとき、新鮮な死体がブッシュで発見されたとき、死亡寸前の個体を追跡し死亡を確認したとき、の三つの場合に限られる。それ以外は推定である。一九年間でMグループで、一一六例の死亡が確認あるいは推定された（図7-4）。

a　病気　確認あるいは推定された一一六例の死亡のうち、病気による死亡は四八パーセントを占めた。個体の消失前の最後の観察時に病気だった者は病死と見なしたので、割合が高まっている可能性はある。しかし、前述したインフルエンザ様の疫病で少なくとも一一個体が死亡した例等からいって、病気が最大の死亡理由であることは疑いを入れない。

b　老衰　推定年齢四〇歳前後の個体が消失し、かつ最後に見られたとき病気でなかったなら、老衰死と見なした。老衰死の割合は二四パーセントである。保坂は、元気を失い、グループの他のメンバーについていけなかった高齢の雌（ワンソンボ）を死亡するまで追跡した。老衰死を現実に観

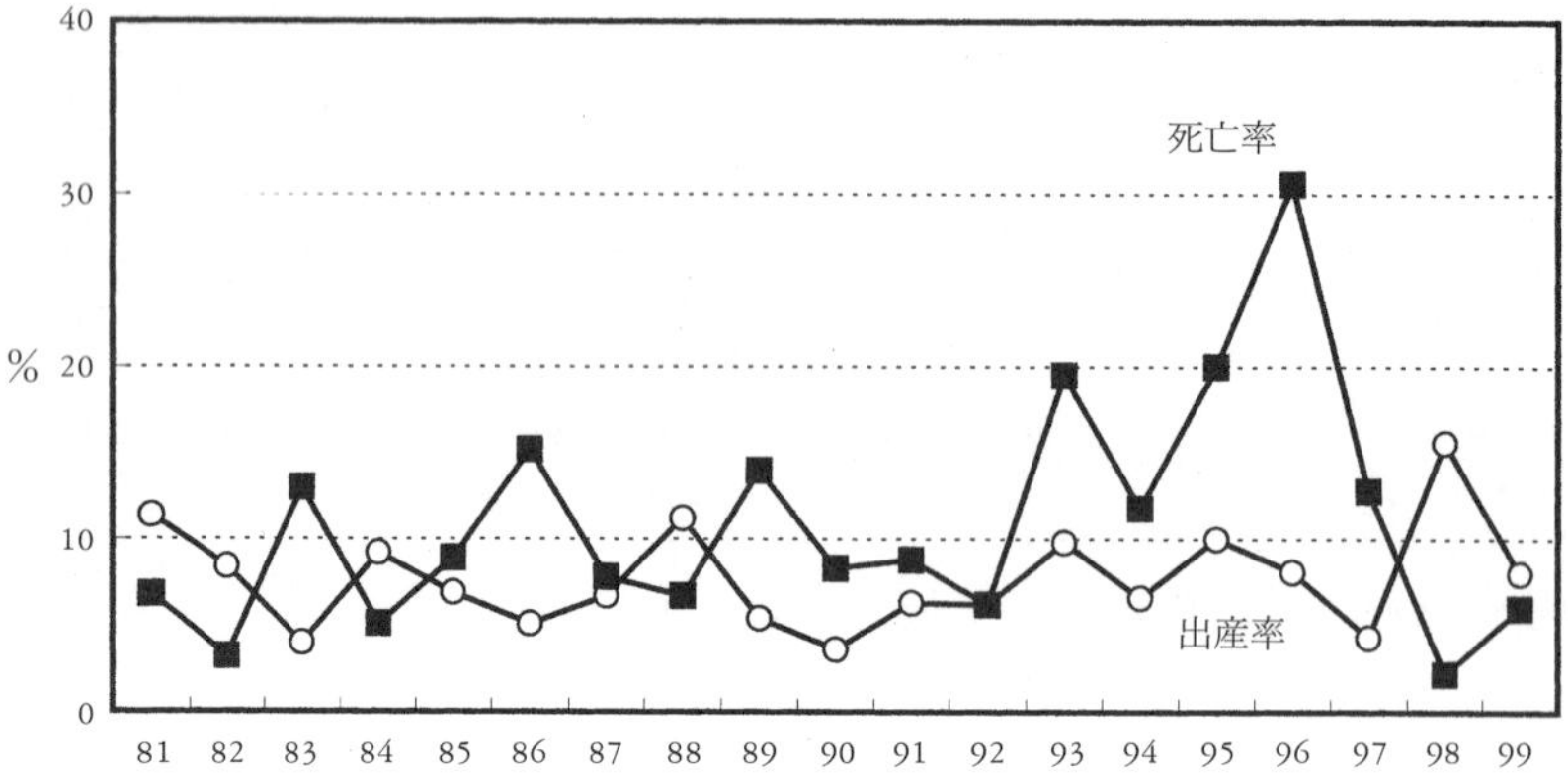

図7-3　死亡率と出産率

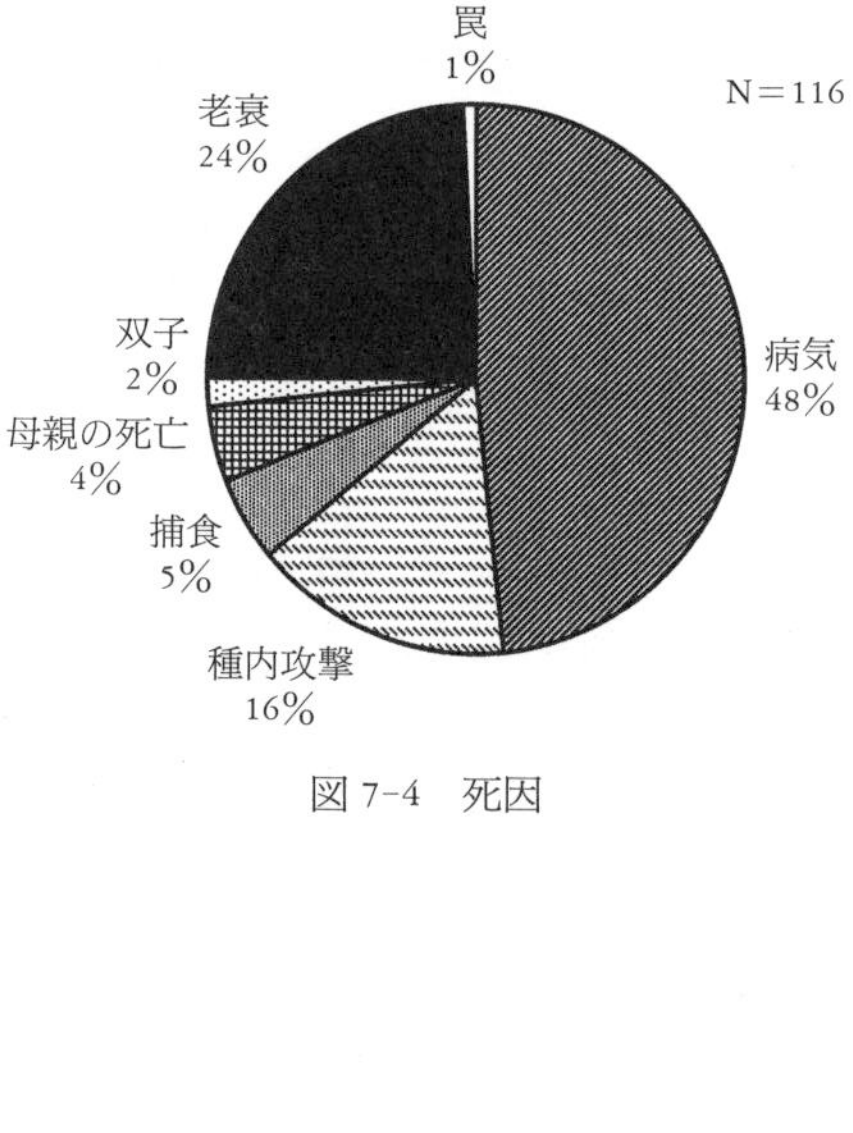

図7-4　死因

察したのはこの一例だけである。[16]

c　種内攻撃　オトナの雄の攻撃がもとでアカンボウが死ぬことがある。オトナの雄が生後まもないアカンボウを殺し、食べてしまうこともある。[17]まれだが、オトナの雄が集団で一頭のオトナの雄を攻撃して殺したと考えられる例もある。[18]こういった種内攻撃による直接的・間接的な死亡は一六パーセントに達する。

d　捕食　捕食の証拠は一九八九年に起こったライオンによるものだけである。ライオンの糞の中にチンパンジーの体毛が発見され、電子顕微鏡による検査の結果、ヒト上科の毛と確認された。カソジェのヒト上科はチンパンジーとヒトだけであり、当時消失したヒトはいなかったので、チンパンジーが捕食されたとわかったわけである。[19]捕食による死亡は五パーセントである。

e　母親の死亡　母親が死亡すると三歳以下のアカンボウは通常は生存できない。母親が疫病で死亡したと推定される場合、アカンボウも同じ病気で死亡した可能性が高い。それゆえ、疫病が流行し、母子とも同時に消えたときは、アカンボウの死因は病死とした。まれに、母親が消失したあとにアカンボウが独りで、あるいは代理親と一緒に発見され、その後アカンボウも消失することがある。この場合のみ、アカンボウは母親の死亡が原因で死亡したと判定した。この原因による死亡は四パーセントである。

なお、三歳の孤児が、母親以外の個体に養子にされ成長した例が二例ある。ワカモノ雌のトウラは三歳の雌マギーを、オトナの雌グエクロは三歳の雌ピピを、母親の代わりに世話し、運搬、毛づくろい、遊び、雨やいじめっ子からの保護、夜のベッドの共有、など授乳以外のあらゆる母性行動を二年間以上示した。これらの孤児は死亡することなく成人した。

f　双子　Mグループで双子の出産が確認されたのは一度しかない。[20]母親は育てきれずに二頭とも死亡した。

g罠　一九七〇年から八〇年代の前半にかけて、ザイール(現コンゴ民主共和国)から密入国してきた人々が、当時Kグループとグループの縄張りの重複地域だったンカラ谷に住みつき、針金を使った締まり罠(ヌース)をブッシュに仕掛けた。このため、KグループとMグループの多くのメンバーが手首や手の指に針金を巻きつけて現れた。針金は多くの場合、何か月もたってから外れたが、一頭のコドモ雌の場合は外れず、次第にやせ衰え、姿を消した。この一例は罠による死亡と見なした。

hその他　チンパンジーは喧嘩のためなどで高所から転落することがある。ゴンベなどでは転落が原因で死亡した例が報告されているが[21]、マハレでは転落の観察はあるものの、死亡例はない。

（5）出　産　率

図7-3によれば、死亡率とは対照的に、出生率は比較的変化が小さく、ほぼ五パーセントと一〇パーセントの間を上下している。例外的に高い出生率を見たのは一九九八年で、これは九六年前後の死亡率のピークでアカンボウも多数死亡したため、多くの雌が発情を取り戻し、妊娠した結果であると考えられる。

（6）出生性比

出生性比は、初産のときから完全な出産記録のある二六頭の雌に限ると、雄四〇、雌四五頭で、一対一と見なして問題はない[22]。

（７）転入と転出

転入者は四五頭で、このうち七六パーセントにあたる三四頭がワカモノ雌であった。その他の一一頭は八組に分けられる（表７－３）。八組のうち三組は母子で、そのうち二組は母親とコドモの雄、もう一組は母親とコドモ雌だった。これらの母子は、子どもを離乳させ発情を取り戻した雌が転入した例であろう。あとはワカモノ雄一頭、コドモ雄三頭、アカンボウ雌一頭だった。これらの未成熟個体は、母親なしで転入したとは考えにくい。おそらく、母親と一緒に転入したが、臆病なまま数年Ｍグループの辺縁部で過ごしていたため、研究者に識別されることもなかったものと考えられる。そして、母親が死んだ後、オトナ雄を中心とする中核パーティに参加し始め、個体識別されるにいたったのだろう。とくにアカンボウの雌（チェルシー）は三歳くらいだったため、母親が死亡した直後個体識別されたと考えられる。彼女は孤児として、子どものない老年の雌の養女となった。

一方、転出したのは、ワカモノの雌だけであり、三三頭だった（表７－３）。転入したワカモノ雌と転出したワカモノ雌の数が、ほぼ釣りあっているのが注目される。

表７-３　Ｍグループにおける転入と転出（1981－1999）

	パーティ・サイズ	例数	頭数
転入	ワカモノ雄１頭	1	1
	コドモ雄１頭	3	3
	オトナ雌＋コドモ雄のペア	2	4
	オトナ雌＋コドモ雌のペア	1	2
	アカンボウ雌１頭	1	1
	ワカモノ雌１頭	34	34
	（計）	(42)	(45)
転出	ワカモノ雌１頭	33	33

２　雌の生活史変数

雌の繁殖に影響を及ぼす変数として、初産年齢、最終出産年齢、出産間隔の三つがある。ここでは初産年齢に影響を及ぼすファクターとして、最大腫脹開始年齢、転出年齢、ワカモノ期の不妊期間、転入から出産までの期間の四つを取り上げる。前著[23]で、示した雌の繁殖に関する年齢は、ほとんどが推定年齢に基づくものだった。今回のデータは、誕生から出産するまで追跡された個体、つまり年齢が既知の雌だけに限った（表7－4）。

表7-4　雌の生活史変数（中央値）

変数	年	月	例数
最大腫脹開始年齢	10	8	5
転出年齢	11	0	11
ワカモノ期の不妊期間	2	10	4
初産年齢	13	2	5
転入から初産までの期間	2	8	26

（1）性皮の最大腫脹を初めて示した年齢

雌は八～九歳から小さな性皮の腫脹を示し始めるが、交尾はしない。最大腫脹を示す年齢の範囲は一〇歳〇カ月から一一歳三カ月までで（N＝五）、中央値は一〇歳、平均は一〇・七歳、標準偏差は〇・八である。この時期から交尾が見られ始める。

（2）転出年齢

転出年齢のわかっている個体は一一頭である（表7－5）。最若齢の転出は九歳八カ月、最高齢は一三歳で相当の幅がある（表7－6）。中央値は一一歳、平均は一一・三歳、標準偏差は一・五である。

（3）最大腫脹開始から出産までの不妊期間

これは、通常、出生集団で出産した場合のみ得られるデータである。年齢がわかっていて、Mグループ生まれで転出前に、あるいは転出せずに初産を迎えた個体は四頭いる。最短期間はルビーという雌で一年二カ月、最長はトゥラの四年一カ月だった。中央値は二・八年である。

表 7-5　転出・初産年齢

名前	誕生年	転出年月	転出齢	備考	初産年月	初産齢
K グループ						
TA	1957	1967	10			
CH	1958	転出せず*		K で出産	1974.12	16
SA	1960	1972.11	12	M で出産	1973.1	13
ND	1963	1972	9	M で出産	1975.05	12
WT	1963	1975.08	12			
TT	1964	1978.01	14			
SI	1965	1978	13			
NK	1970	1981.08	11	M で出産○	1993.07	23
M グループ						
MR	1967	転出せず		M で出産	1982.01	15
MR	1970	1982.01	12			
EB	1970	1982.01	12			
II	1971	1987.02		周縁メス		
IB	1971	1983.1	12			
MM	1971	1985.01	14			
DB	1975	1988.06	13			
LS	1975.05	1988.06	13	○		
PA	1975.05	1987.12	12.6	○		
CB	1976	1986？	10			
IC	1976	1986.02	10			
BU	1977	転出せず		死亡		
AN	1977	1988.11	11			
WC	1978	1988.04	10			
SH	1978.06	1988.11	10.4	○		
SF	1978.07	1987.06	9	○		
AS	1979.01	1991.02	12.1	○		
PN	1980.03	1989.11	9.7	○		
TL	1980.05	1994.09	14	M で出産○	1993.05	13.0
MZ	1980	1994.01	14			
AK	1981	転出せず		M で出産	1995.05	14
DC	1981	1993.05	12			
SV	1982.12	1993.07	11.1	○		
AB	1982.01	転出せず		M で出産	1998.11	16.8
TZ	1982.01	転出せず		M で出産	1995.03	13.2
ED	1984			不明		
RB	1986.05	転出せず		M で出産	1998.05	12.0
MG	1987.07	1998.03	10.7	○		
SE	1987.05	1997.01	10.4	○		
MY	1976	1985.11		周縁メス		
NP	1973	1981.08		周縁メス		

誕生年で月の書いてないものは推定年
○：実年齢のわかっているもの
＊：K グループの崩壊後 M グループへ転出

表 7-6　出産間隔（単位・月）

雄			雌		
名前	産後発情	出産間隔	名前	産後発情	出産間隔
KB	57	72	SF	64	
CP	55		TL	53	63
NS	35	67	LS	58	74
NC	53	66	PA	58	78
LL	63	83	BL	50	58
LT	74		PN	56	75
MA	36	68	PE	52	73
BB	59	68	AB	67	77
PM	54	63	SV	33	53
TB	43	63	SE		52
RY	46		TZ	56	72
BG	66	87	TR	59	69
AL	67	80	AI	61	69
IW	53	69	IS	56	64
OR	52	85	IV	51	59
PR	51	82	FD	58	67
CD	58	68	FL	50	65
DW	68		RB	51	61
XM	54		JD	46	
			DR	65	
合計	1044	1021		1042	1129
平均	54.9	72.9		54.8	61.3

（4）転入から出産までの不妊期間

三四頭の雌がMグループに転入した。これらのうち、四頭の最若年のワカモノ雌（このうち、二頭はKグループから母親とともに転入した）は、まもなく再び姿を消した。おそらく、転出して他の集団に再転入したと考えられる。二頭の雌は最近転入したばかりでまだ出産していない。これらの八頭を除くと二六頭になる。

二六頭の雌はワカモノ後期あるいはオトナ雌初期にMグループに転入してから、かなり年月が経過してからやっと出

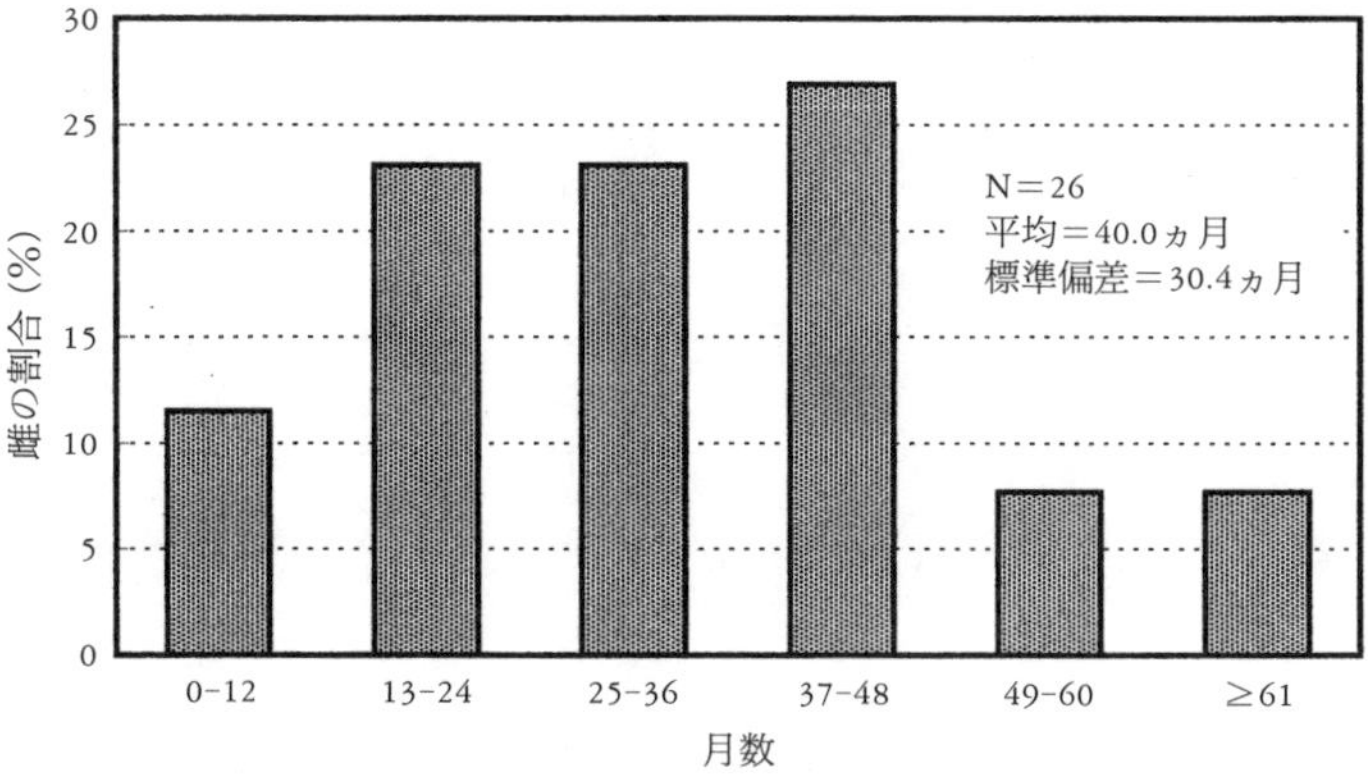

図7-5　転入から初産までの経過月数

産した。転入から出産まで、最短は二年、最長は一一・九年で、中央値は二・七年、平均は三・三年、標準偏差も三・三年である（図7-5）。最長の雌は、Kグループ生まれでMに転出したンコンボである。彼女の場合、性皮の最大腫脹を示すと同時にKからMへ移籍したので、最大腫脹開始から出産までの期間も一一年になる。

（5）初産年齢

雌は通常ワカモノ後期に研究対象以外の単位集団へ転出するので、初産年齢が知られるのは、調査開始後Kグループで生まれた雌がMグループに転入した場合か、Mグループの雌が転出せずに出産した場合に限られる（表7-5参照）。前者はンコンボが該当するだけである。研究開始後Mグループで生まれてMグループで出産した雌は五頭だが、そのうち一頭（トゥラ）はアカンボウを死なせ、まもなく転出した。転出しなかった四頭の雌の出産時の年齢の中央値は一三・一歳である。

（6）出産後の発情と出産間隔

雄は雌より多くの子どもを作る可能性をもつので、栄養のよい母親、つまり優先的に食物を得ることのできる雌は、娘より息子をたくさん産むことが予測される。[24] しかし、どちらの性の子どもにより多く投資するかは、どちらの性が繁殖前に分散するかによっても影響される。例えば、ヒヒのように性的成熟とともに雄は生まれた群れを出て行く種では、雌は生涯群れにとどまるので、優位の雌はその順位を継承させうる娘により多く投資すると予測される[25]一方、チンパンジーは雌が転出し雄が出生群に留まり、かつ雌の優位・劣位は明瞭でないので、母親は娘より息子の方により多く投資すると予想される。つまり、息子を離乳させるのは、娘を離乳させるより、長くかかるので、息子を産んだあとの出産間隔は娘を産んだあとより長くなると期待される。

実際、離乳させた子どもが雄の場合、出産間隔の中央値は六八カ月（平均値＝七二・五、範囲＝六三〜八七、N＝一五）であり、一方、娘を離乳させた場合の中央値は六六カ月（平均値＝六六・二、範囲＝五二〜七八、N＝一七）だった（表7-6）。予想通り、母親は前の子どもが娘だったときの方が息子だったときより早く出産する傾向がある。[26]

ところが、出産後、子どもを離乳させ、発情を取り戻すまでにかかる期間の中央値は、子どもが雄の場合は五四であり、平均値は五四・九カ月（範囲＝三六〜七四、N＝一九）だった。子どもが雌の場合の中央値は五六であり、平均値は五四・八カ月（範囲＝三三〜六七、N＝一九）だった（表7-6）。つまり、息子を産んでも、娘を産んでも出産後の無月経期間は同じということになった。

出産間隔と出産後の初発情のデータが矛盾しているのは、性皮の腫脹自体はホルモンの不安定なリズムによって容易に起こりうるからである。それゆえ、出産から初発情までの期間は、繁殖のコストを測定するのに適当な変数とはいえない。

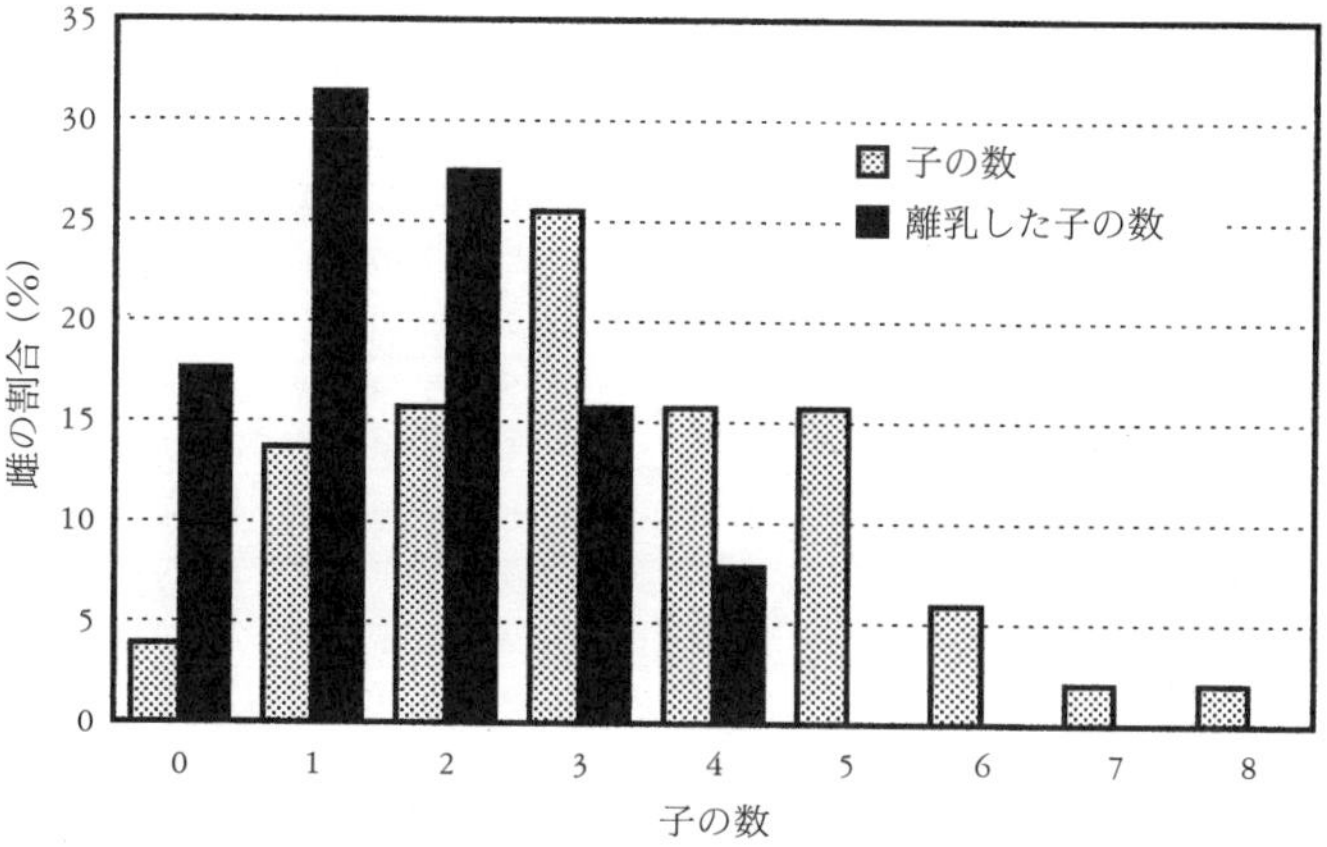

図 7-6　一頭の雌の生涯出産数

（7）生涯産子数

二六頭の雌は、遅くともワカモノ後期から死亡時までの完全な出産記録が得られている。これらの雌の出産数の平均は三・八五（娘＝一・七三±一・二五、息子＝一・五四±一・四八、性不明＝〇・五四±〇・八七）だった。そのうち、少なくとも離乳まで育った子どもの数の平均は、一・三五±一・二三（娘＝〇・八五±〇・九二、息子＝〇・五〇±〇・七一）であった。これらの雌たちは、繁殖途中で死亡しているため、このデータセットから算出された生涯産子数は実際より過小評価することになろう。

二五頭の雌は、中年から死亡時あるいは高齢時まで観察された。これらの雌の平均出産数は二・七、標準偏差は一・二五だった（娘＝一・五二±一・一二、息子＝一・〇四±〇・七三、性不明＝〇・一二±〇・三三）。また、離乳させた子どもの数は二・〇、標準偏差は一・一だった（娘＝一・二〇±一・〇四、息子＝〇・七六±〇・六六）。システマティックに観察される以前に、これらの雌の子どもは死んだり、あるいは転出したりした可能性があるので、このデータセットから算出した出産数も離乳数も、実際の数値を過小評価している。図7-6は、これら二つのデータセットを合わせたものである。

表7-7　Mグループのチンパンジーの生命表

x	N_x	d_x	C_x	q_x	l_x	残存率
0	152	53	0	0.34868	1.00000	1
1	99	24	8	0.25263	0.65132	0.9
2	67	9	1	0.13534	0.48678	0.72
3	57	7	3	0.12613	0.42090	0.63
4	47	1	2	0.02174	0.36781	0.57
5	44	3	0	0.06818	0.35981	0.52
6-10	178	7	11	0.04058	0.34521	0.31
11-15	79	3	9	0.04027	0.32940	0.21
16-20	38	1	4	0.02941	031614	0.1
21-25	20	1	1	0.05128	0.30684	0.08
26-30	11	0	2	0	0.29111	0.06

（8）齢別死亡率

表7-7に、マハレのチンパンジーの齢別死亡率を示す。マハレのチンパンジーの六〇パーセントは離乳前に死亡し、オトナになる前に七〇パーセントが死亡する。この死亡率は集団を維持できないほど高い。これが、自然群に見られる一時的な彷徨なのか、長期調査やエコーツーリズムによる人間との日常的な接触による集団崩壊の現象なのか、見きわめる必要がある。

3　雌の齢別繁殖率

（1）齢別出産率

オトナの雌の出産歴を、五歳で区分した年齢コホートごとに集計した。一一〜一五歳のコホートから出産が見られ、一六〜二〇歳のコホートから二六〜三〇歳のコホートまでの一五年間は年〇・二以上の高い出産率を保った。そして、三一〜三五のコホートで〇・一五前後に落ち、最高齢の出産は三九歳であった（図7-7）。

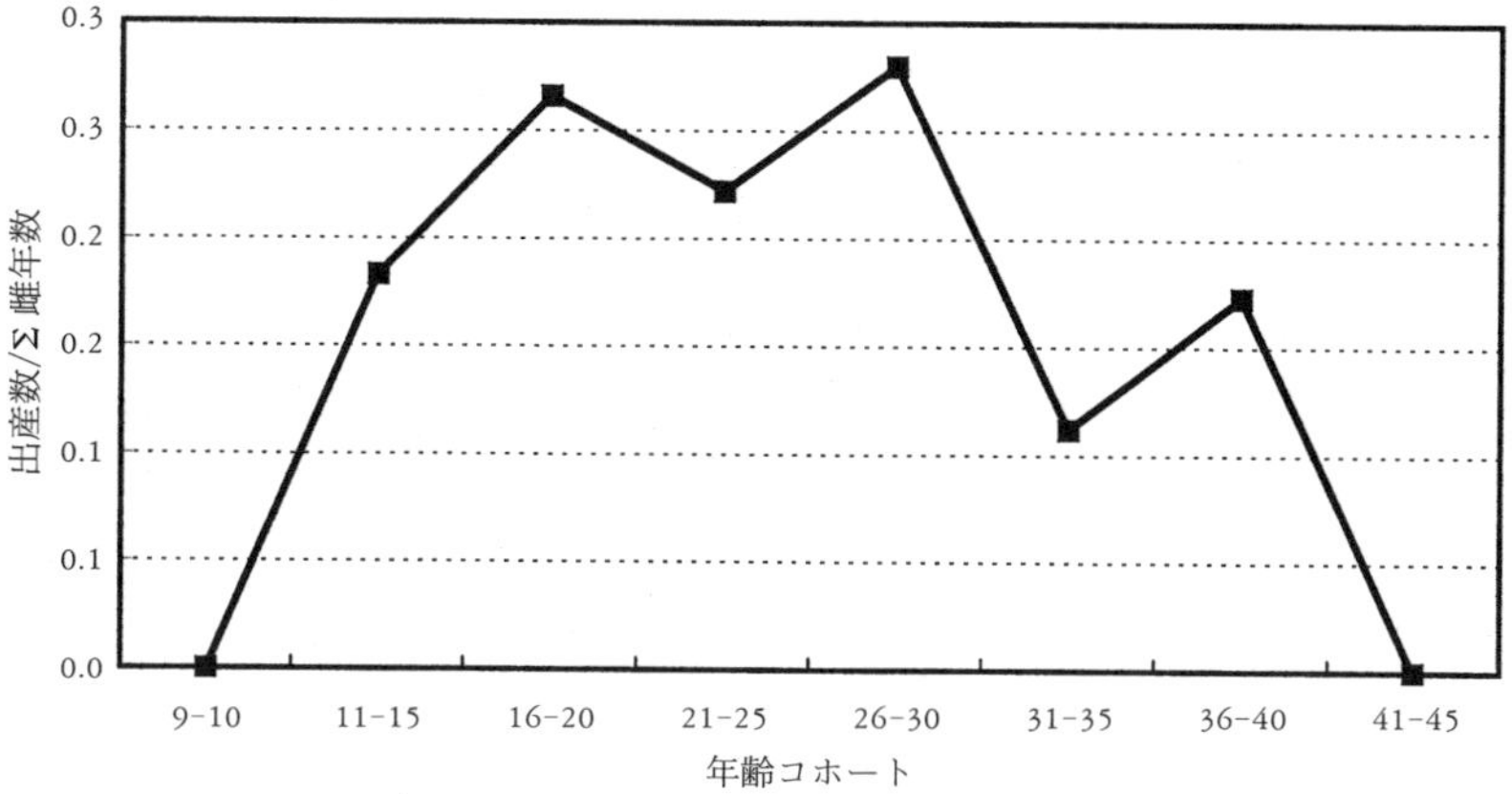

図7-7　齢別出産率

（2）閉経（メノポーズ）

ヒトの雌は閉経後も一〇年以上生存するという点で、動物のなかで特異である。チンパンジーの雌にも、それに相当する段階がないかどうか調べた。高齢の雌には、子どもを生まなくなるばかりか、発情の兆候さえ見せなくなった者がいた。表7-8の列Lに見る通り、死亡する前に一年以上発情を示さなかった高齢の個体は一五頭を数えた。そのうち、一頭は四年、四頭は三年間発情しなかった。しかし、発情自体は排卵があるという証拠ではない。そこで、ある母親の最後の子どもが生まれてから、母親が死亡するまでに何年経過したかを調べた。列Jがそれである。母親が最後の子どもを育てる期間を五年間とすると、Jから五年間を差し引いた年数が、雌が子どもを育てない時期、つまり「繁殖後」の時期にあたる。この時期が五年以上ある雌は、列Kに見る通り、八頭を数えた。高齢の雌三四頭のうちの二三・五パーセントに相当する。

4　人口学的変数に対する季節的影響

動物の死亡や出産に季節による影響があることはよく知られている。しかし、チンパンジーについては、サンプル数が少なかったために、はっ

表7-8　更年期と雌の寿命

A	B	C	D	E	F	G	H	I	J	K	L	M	N	O	P
名前	推定生年 D-15 C-11	転入年	初子生年	末子生年	末子没年	最終発情齢	最終発情齢 G-B	死亡年	最終育児 I-E	更年期1 J-5	更年期2 I-F	更年期3 I-G	死亡齢1 I-D +11	死亡齢2 I-C +11	死亡齢3 I-B
WK	1936		?	1966	1966	1974	38	1974	8	0	8	0			
WM	1949		*1964	1972	—	1980.10		1982	10	5			33		
WW	1943		*1958	1977	1978			1978	1	-4	0		35		
GP	1949		*1964	1978	—	1984.09	35	1985	7	2		1	36		
GA	1952		*1967	1979	1983	1988.01	36	1988	9	4	5	0	36		
NG	1940		*1955		—	1986.01	46	1990	＞17	＞12		4	50		50
WT	1942		*1957	1974	1977			1979	5	0	2		37		
WB	1943		*1958	1974	1977	1983.12	39	1986	12	7	9	3	43		
WN	1945		*1960	1978	—	1984.09	39	1987	9	4		3	42		
UM	1956		*1971	1980	1981	1986.09	30	1987	7	2	6	1	41		
EA	1955		*1970	1992	1993	1990.10	35	1993	9	4	0	3	38		
DA	1960		*1975	1988	—	1994.09	34	1994	6	1		0	34		
HA				1980	—	1992.09	47	1992	12	7		0			47
MP				1976	?	1985.10	40	1985	9	4		0			
WS	1951		*1966	1981	1981	1984.08	33	1984	3	-2	3	0	33		
WG	1948		1963	1963	—			1980	17	12					
TG	1955		*1970	1980	—			1990	10	5			35		
TI	1960		*1975	1982	—	1982.02	22	1983	1	-4		1			
AD	1956		*1971	1978	—			1983	5	0					
LN	1958			1973	—	1989.08	31	1989	16	11		0			
FA	1952		*1967	1988	1988	1987.09	35	1988	0	-5	0	1	36		
IA	1956		*1971	1981	—			1986	5	0			30		
BO	1952		*1967	1988	1990	1993.01	41	1994	6	1	4	1	42		
SO	1953		*1968	1988	1989	1988.02	35	1989	1	-4	0	1	36		36
WA	1954	1966	1967	1984	1993	1993.11	39	1993	9	4	0	0	41	38	39
SL	1956		*1971	1994	1996	1994.01	38	1997	3	-2	1	3	41		42
OO	1956		1971	1986	1986	1985.09	29	1986	0	-5	0	1	30		
WE	1955		*1970	1981	1985		30	1985	4	-1	0		30		
CH	1958		1974	1985	—	1990.01	32	1990	5	0		0			32
WO	1958	1972	1975	1992	1995			1995	3	-2	0		35	34	
WL	1959	1971	1979	1995	1992	1995.01	36	1996	1	-4	4	1	32	36	
CA($)	1960		*1976	1997	—	—									
DO	1961		*1981	1989	1995	1995.12	34	1996	7	2	1	1			
GK	1961	1973	1975	1983	1983	1995.04	34	1996	13	8	13	1	36	33	
WX($)	1961		1977	1996	—	—									
FH	1963		*1978	1991	1996	1996.03	33	1996	5	0	0	0	33		
FT($)	1963	1974	1976	1999	—	—									
IK($)	1965		1981	1998	—	—									
GM	1966	1975	1983	1993	1993	1996.01	30	1996	3	-2	3	0	28	33	

$：現在繁殖中
*：推定

きりしたことはわからなかった。前回報告で指摘した傾向について再検討する。

(1) 出産後の発情回復時期

雌は出産後、アカンボウを離乳させるまでに三～五年を要する。この授乳のための非排卵時期を終え、発情を再開する時期にピークが見られることを、前報告で指摘した。

アカンボウを離乳させ発情回復する時期は、九月にピークがあった。一年を、雨季前期(一一～一月)、雨季後期(二～四月)、乾季前期(五～七月)、乾季後期(八～一〇月)の四期に分けると、発情回復は乾季後期に集中していた[27]。アカンボウが離乳前に死亡して母親が発情を取り戻した場合も、集中性は落ちるもののこの傾向はなお認められた[28]。

(2) 出　産

三四年間に記録された出産のうち、出産月が知られているのは一三九例である。前回同様、一月と五月に二山の出産ピークが認められた。四つの季節に分けて比較すると、有意な相違であった[29]。なぜ、出産ピークが存在するのだろうか？

温帯のサルには出産期のある種が多いが、熱帯では原猿を除いてあまり知られていない。季節性の強い環境では、授乳という多大の栄養を必要とする時期を、食物供給の豊かな時期の開始と同期させるのが有利である。しかし、チンパンジーのような大型類人猿では、授乳の期間が三～五年と長いので、出産にとくに好適な季節があるとは考えにくい。

出産後の発情開始のピークが九月にあることが、出産の季節ピークをもたらしてるのかもしれない。もしその一カ月後に妊娠したとし、妊娠期間七カ月を足すと五月に出産を迎えることになる。

(3) 死亡

これまで記録された全死亡数一四〇のうち、アカンボウの死亡は八二例である。アカンボウの死亡数も季節変化を示し、乾季の前半に有意に高かった(30)。

四　地域間比較と繁殖の季節性――チンパンジーの人口研究の意義

1　移籍のコスト(ストレス)

Mに転入してきた雌の推定初産年齢の中央値は一四歳、平均は一四・六(N＝三六)である。出生群で出産した雌三頭の初産年齢の中央値は一二歳であった。後者は新たにコアエリアを創立する必要がなく、他の個体との葛藤時には母親の援助も受けられ、従ってストレスも少ない。それゆえ、出生群で出産した雌より、転出した雌の初産齢は高いと予想される。データはこの予想を支持するが、残念ながら、後者の場合は推定年齢なので、決定的な証拠とは言えない。しかし、もしこれが正しいとするなら、なぜチンパンジーの雌はワカモノ時に転出するのか、という根本的な疑問に突き当たる。転出による利益は近親性交回避による繁殖率の増大であり、転出のコストは、行動圏や食物分布に関する情報や社会的ネットワークの喪失によるストレスの増大である。とくに、母親の援助を得られなくなることは大きな損失である。転出するかしないかは、これらのコストと利益のトレードオフによって決まると考えられる。

若い雌の移出率に地域的な変異が大きいことは、このトレードオフで説明できるかもしれない。マハレのKグループでは、生まれた雌の一〇〇パーセント近くがワカモノ期に転出した。[31] Mグループでは、転出率は九〇パーセントである。しかし、ゴンベでは五〇パーセントに過ぎないという。[32] タイの結果はマハレに近い。ボッソウでは、若い雌が転出せず、杉山[33]は、雌が転出し、雄が残留するのは、チンパンジーの一般的な生活史とは限らないとまで言っている。マハレやタイで雌の転出がノーマルで、ゴンベやボッソウではまれなのは、どう説明されるだろうか。後者は地域個体群が小さく、他の地域個体群から隔離されているからであろう。つまり、雌は転出先のオプションが限られているか、事実上存在しないのである。マハレやタイと同様多数の単位集団が共存するキバレでも、最近、研究が進み、転出するのはやはりワカモノの雌であることが確認されている（J・ミタニ、私信）。出生集団や隣接集団のサイズや構成が、移出入の割合に影響を及ぼすだろうが、基本的には雌は転出するという規則性[34]は訂正の必要はない。

注目されるのは、最近Mグループから転出しない雌が増えてきたことである。これはどう説明されるだろうか？　Mグループは個体数が最盛時と比べて半減しており、そのため集団内の採食競合は半減していると考えられる。もしそうなら、非転出の利益は増大していると考えられる。チンパンジーの雌が出生群に居残る傾向（フィロパトリー）は、こういったコストと利益に敏感な条件戦略なのかもしれない。タイ森林では移籍率はマハレと類似しているが、保護区の周辺が環境が悪化しているゴンベ公園やボッソウでは、雌の移籍率はマハレよりずっと小さい。これも適当な移籍対象たる集団が少ないため、つまり移籍の利益が小さいためと考えられる。

2　子育てのコスト

出産間隔は息子を産んだ後の方が、娘を産んだあとより長くなるという結果が得られた。これに似た結果は、すでにタイで知られている。しかし、タイでは、息子を産んだ場合、娘を産んだときよりその後の出産間隔が有意に長くなるのは、母親が高順位の場合だけである。低順位の雌の場合は、子どもの性によって出産間隔に差がないという[35]。

これは地域的な相違であろうか。筆者らは、タイでもサンプルサイズが大きくなれば、マハレと同じような結果が出ると予想している。その理由は以下の通りである。まず、チンパンジーの雌の順位関係は明瞭ではないので、雌を優位・劣位と分けるのは必ずしも容易ではない[36]。そのうえ、雌の順位は年齢とともに上昇するので[36]、どの雌も一生の間には似たような社会的ストレスを受けるはずである。また、比較的若いうちに高順位になった雌がいても、彼女はその地位を息子に継がせることはできない。実際、長年第一位であった雌（ワカンポ）の息子（ボノボ）は、現在二〇歳になったのに、高順位ではない。それゆえ、ボッシュが述べるように「高順位の雌は、娘より息子により多く投資し、低順位の雌は、息子・娘に差をつけない」といったことは理論的に期待できないのである。

3　繁殖変数の地域間比較

表7-9は、マハレ以外の長期の野外研究と飼育下の研究から得られたデータを比較したものである。問題は、サンプル数が少ないにかかわらず、多くのフィールドでは平均値しか公表されておらず、中央値がわからないことである。それゆえ、顕著と思われる相違だけを取り上げる。

興味深いのは、出産後の初発情や出産間隔など繁殖に影響する因子である。タロンガ動物園ではいずれも短いので、高栄養が期間を短くすると考えられる。ゴンベとボッソウでは短かく、マハレとタイで長いのは、前者の方が高栄養に恵まれていることを示唆している。原植生はゴンベとマハレ、ボッソウとタイはよく似ているので、ゴンベではバナナ

表 7-9　雌の生活史変数などの地域間比較

変数	タロンガ動物園		ボッソウ		ゴンベ		マハレ		タイ	
餌づけ	全面依存		アブラヤシ		バナナ		87 年中止		なし	
生息地の植生	—		TRF		RF＋W		RF＋W		TRF	
研究対象集団サイズ			16–22		38–60		45–101		29–82	
代表値	平均値(年)	例数	メジアン(年)	例数	平均値(年)	例数	メジアン(年)	例数	平均値(年)	例数
最大腫脹開始年齢					10.8	8	10.7	5		
転出年齢	—						11.0	11		
若者期の不妊期間					2.4	4	2.8	4		
初産年齢			13		13.3	4	13.2	5		
転入−初産までの期間	—						2.5	26	2.7	
出産後の初発情	2.3	11			3.9	12	4.6		5.1	
出産間隔	3.8	15	5	15	5.2	11	5.6	33	5.7	33
最高齢出産					37	39				
ワカモノ雌の転出数	—				6(19)		20(17)		7(15)	
ワカモノ雌の転入数	—				12(19)		22(17)		13(15)	
データソース	Courtenay 1987		Sugiyama 1994		Wallis 1997		本研究		Boesch & Boesch-Achermann, 2000	

TRF＝熱帯雨林，RF＝河辺林，W＝疎林

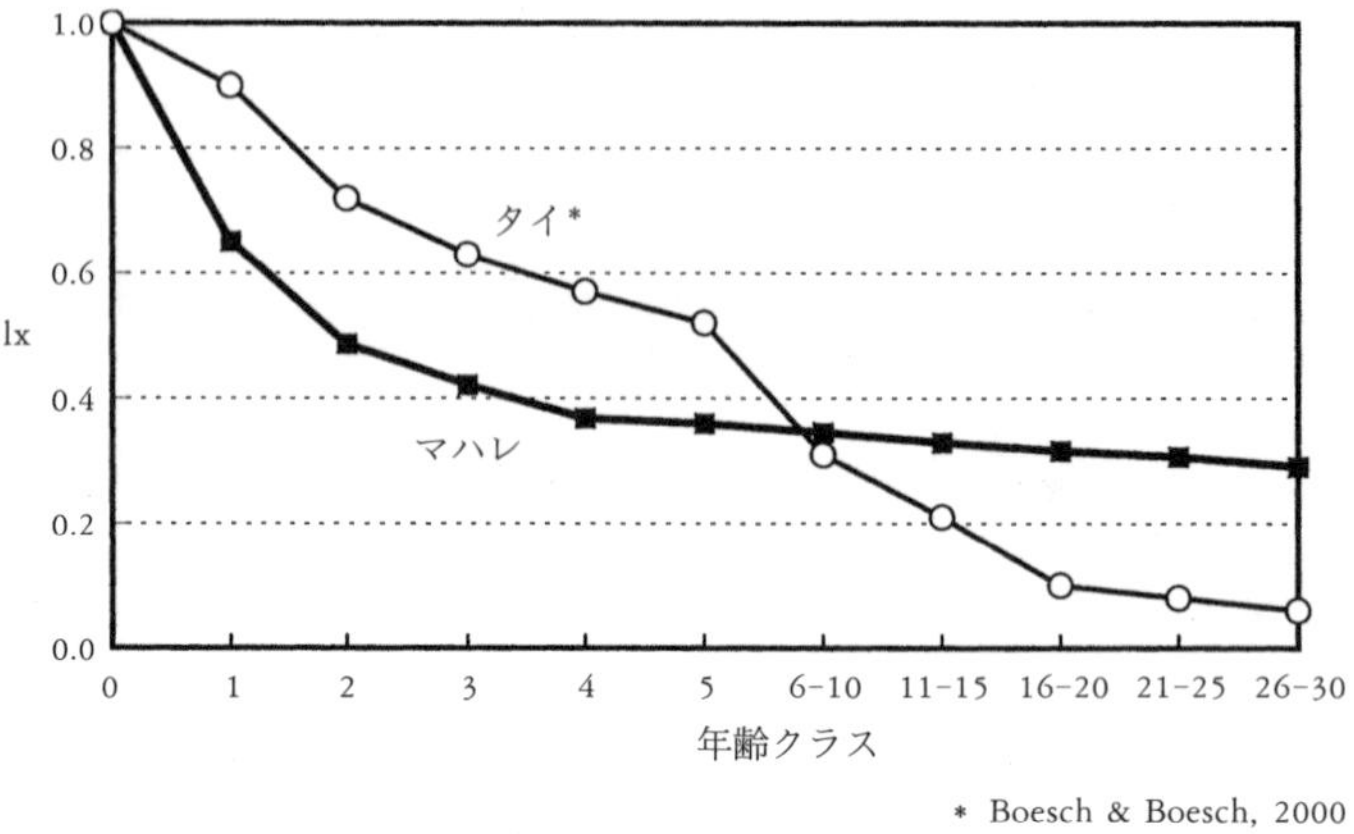

図7-8　生存曲線

で、ボッソウでは高栄養のアブラヤシの実で餌づけしていることが影響している可能性がある。

表7-7を使って、図7-8にマハレのチンパンジーの生存曲線を描いた。これに既存の唯一報告のあるタイのチンパンジーの生存曲線[37]を合わせて描いた。明らかに、マハレのチンパンジーのアカンボウ期の死亡率は、タイのそれより高い。しかしコドモ期にタイの死亡率が高まり、その後はマハレの生残率がタイより高くなる。これは、タイではエボラウイルスやヒョウによる捕食などの原因でワカモノやオトナの個体がたくさん死ぬためと考えられる。

4　繁殖の季節性

繁殖に季節的影響があるということは、前回の出版[38]で明らかにされているが、サンプル数が増えた今回はより明確になった。出産後の発情開始が乾季の後半に多いだけでなく、若い雌が最初の最大腫脹を示すのも乾季の後半に多いこと、五月に出生のピークがあることも明確になった。最近、ゴンベからも、出産後の発情開始が乾季の後半に多く九月にピークがあること、若い雌が最初の最大腫脹を示す時期も同じ時期であるという報告が出た[39]。

乾季の後半は、マハレとゴンベでは、発情雌が増えるだけでなく、パーティ・サイズが増加し、また、狩猟頻度も増加する。高畑ら[40]は、この時期に食物供給が増加するため（第二章参照）パーティ・サイズが大きくなり、その結果狩猟の能率が高まり、狩猟頻度が増加するという仮説を提出した。スタンフォード[41]は、雄は雌に肉を分配することによって交尾頻度を増やすことができるという前提をもとに、発情雌が増加することが雄の狩猟頻度を高めると主張している。一方、ワリス[42]は、性ホルモンと構造のよく似た植物エストロジェンが、乾季の後半に増加することが発情個体を増加させるという仮説を提出するとともに、他個体との社会的接触の増加が繁殖生理に影響しているという可能性も指摘している。

このように、植物エストロジェンの増加、食物供給の増加、パーティ・サイズの増大化、発情雌の比率の増加、狩猟頻度の増加などが期を一にして起こっており、どれが原因でどれが結果であるかは、わかっていない。和秀雄や藤田志歩は、糞からステロイドを採集し、集団サイズや性行動との関連を調べる研究を始めたし、フェノロジーの調査（第一章参照）は続いているので、この問題が近い将来、解決を見るのを期待したい。

5　更年期（メノポーズ）

更年期が人類の特徴かどうか多くの議論がある。最近の総説としては、ペッシーのもの[43]がある。前著で筆者ら[44]は、チンパンジーにも更年期があると主張した。一方、筆者らの主張に対して、老齢になって発情の徴候を失ったり、出産しなくなったとしても、もしその期間が出産間隔、つまり最後の子どもの養育に必要な期間（チンパンジーでは約五年間）を越えていないかぎり、繁殖に費やしていると見るべきだという批判が出た[45]。今回はその批判に応え、死亡年齢から最後の子を出産したときの年齢と五年を差し引いた値を、「繁殖後の余生」とした。それでも、二五パーセントの雌は「繁殖後」の余生をもったと判定できた。それゆえ、更年期の段階の雌がチンパンジーにはいることは間違いない。

キャロたち(45)は、チンパンジーを含む飼育下の霊長類一三種と一八、一九世紀のドイツ女性のデータから、ヒトでは女性が閉経後の余生をもつのが常態である（九九パーセント）のに対し、ヒト以外の霊長類の雌では一三〜六〇パーセントと、常態とはいえないこと、最後の出産から死亡までの期間二九年は、ヒト以外では最長のチンパンジーの場合九年と比べてもきわめて長いことから、やはりヒトの更年期は他の霊長類とは異なる淘汰圧力の働いた結果であると主張した。

一方、パッカーら(46)は、ヒヒとライオンの長期研究から、ヒトの更年期を特別な適応と見なすべきでないと述べている。かれらは年長の雌の繁殖コストが高いという証拠も、繁殖後の雌が子や孫の適応度を高めているという証拠も入手できなかった。それゆえ、ヒトの雌の更年期に特別な適応を認める必要はないと結論している。

筆者らの今回のデータは、キャロたちの結論を支持する。繁殖後の余生をもつメスのチンパンジーは二五パーセントであり、これはヒトの女性の常態とはかけはなれている。最近の研究によると、文明との接触以前の狩猟採集社会でも、女性の閉経後の寿命は長かったようだ。ヒトの閉経は特別な適応だという理論の方が、分がありそうである。

6　保全計画に対する意味

前回報告時では、調査対象の集団に個体数の増減はほとんどなかった。前回の調査期間の大部分でサトウキビの餌づけを行なっていた。それにもかかわらず個体数の増加がまったく見られなかったのは、ニホンザルの餌づけ群によく見られる急激な個体数増大と対照的である。野生チンパンジーの個体数増加は、餌の投与では容易には起こらないことを教えた。今回の分析は一九年間をカバーしているが、そのうち一三年間は餌づけは行なわれていない。この間、大幅な人口の減少を見た。一九九三年にインフルエンザ様の疫病が流行し、一九九五年から九七年にわたる二七頭もの消失も、その多くが疫病の犠牲になった恐れがある。これらの病気が人間から伝染したという証拠はないが、その可能性は十分考慮しなければならない[47]。

われわれは、「チンパンジーと研究者、研究助手、旅行者は五メートル以上の距離を保つ」、「病気の人は一切チンパンジーに近づかない」、などの研究・観光上のガイドライン（第一章の表1-6参照）をもっているが、十分守られてきたとはいいがたい。今後、これらのガイドラインを強化し、その遵守を徹底するとともに、病気をモニターできる獣医の常駐態勢をつくるなどの対策をとらなければならない。

註

（1）Harvey *et al*. 1987.
（2）Nishida T, Corp N, Hamai M, Hasegawa T, Hiraiwa-Hasegawa M, Hosaka K, Hunt K, Itoh N, Kawanaka K, Matsumoto-Oda A, Mitani JC, Nakamura M, Norikoshi K, Sakamaki T, Turner LA, Uehara S & Zamma K (in review).
（3）Hiraiwa-Hasegawa *et al*. 1984.
（4）Nishida *et al*. 1990.
（5）Boesch & Boesch-Achermann 2000.
（6）Nishida *et al*. 1985.
（7）Hiraiwa-Hasegawa *et al*. 1984.
（8）Hiraiwa-Hasegawa *et al*. 1984. ; Nishida *et al*. 1990.
（9）Goodall 1986a.
（10）Boesch & Boesch-Achermann 2000.
（11）Reynolds 1998.
（12）詳しくはCourtenay & Santow (1989) などを見ていただきたい。
（13）Caro *et al*. 1995.
（14）Nishida *et al*. 1990.
（15）Tsukahara 1993, Inagaki & Tsukahara 1993.
（16）保坂ほか 2000, Hosaka 1995a.
（17）Hamai *et al*. 1992, Kawanaka 1981, Norikoshi 1982, Nishida & Kawanaka 1985, Takahata 1985.
（18）Nishida 1996, Wrangham 1999.
（19）Tsukahara 1993; Inagaki & Tsukahara 1993.
（20）Matsumoto-Oda 1995.

(21) Goodall 1986.
(22) $\chi^2 = 0.29$, df = 1, ns.
(23) Nishida *et al*. 1990.
(24) Trivers & Willard 1973.
(25) Altmann 1980.
(26) $U = 85.5$, $n_1 = 15$, $n_2 = 18$, $p < 0.05$（マン-ホイットニーのU検定、片側検定）
(27) $\chi^2 = 47.5$, df = 3, $p < 0.001$
(28) $\chi^2 = 13.5$, df = 3, $p < 0.01$
(29) $\chi^2 = 23.6$, df = 3, $p < 0.001$
(30) $\chi^2 = 8.0$, df = 3, $p < 0.05$
(31) Nishida 1979.
(32) Pusey *et al*. 1997
(33) Sugiyama 1999.
(34) Nishida 1979.
(35) Boesch 1997.
(36) Nishida 1989a.
(37) Boesch & Boesch-Achermann 2000.
(38) Nishida *et al*. 1990.
(39) Wallis 1995, 1997.
(40) Takahata *et al*. 1984.
(41) Stanford 1998.
(42) Wallis 1995, 1997b.
(43) Peccei 2001.
(44) Nishida *et al*. 1990.
(45) Caro *et al*. 1995.
(46) Packer *et al*. 1998.
(47) Hosaka 1995; Wallis & Lee 1998.

第8章

捕食者――ライオンがチンパンジーを食う

塚原高広

一　はじめに

捕食圧は食物分布と並んで動物の社会構造を決定する主要な因子と考えられるが、捕食圧が霊長類の社会構造に与える影響の大きさについては意見が分かれている。捕食の観察例自体が少なく、捕食圧の異なった地域の間で社会行動や社会構造の比較を行なった研究は非常に少ないからである（例えばチャクマヒヒ（*Papio ursinus*）[1]、カニクイザル（*Macaca fascicularis*）[2]）。ヒトによる狩猟を除けばチンパンジーでも事態は同様である。私が一九八九年にライオンの糞からチンパンジーの遺骸を発見するまで、捕食の確かな証拠はなかったのである。[3] そのため、チンパンジーにはヒト以外には捕食者がいないと考えられたり、[4] チンパンジーの社会構造にとって捕食は重要な役割を果たしていないと考えられたりしてきた。[5] その後、コートジボアールのタイ森林でヒョウの攻撃による怪我が原因でチンパンジーが死亡したと推定される例も報告されており、[6] チンパンジーにヒト以外の捕食者がいることは確実といっていいだろう。本章ではいくつかの状況証拠からライオンによるチンパンジーの捕食が確実にあったと考えられる根拠を述べ、ついで補食圧がチンパンジーの社会構造に与える影響を考察する。

二　マハレにライオンが滞在

マハレで一九六五年から調査が始まって以来、ライオンはまれにしか現れなかった。西田によると雄ライオンが単独で二、三年に一度調査地を通過する程度であった。一九七四年に動物保護区となり密猟や山焼きが禁止された後、野生動物の数が急激に増加し、それまでほとんど見られなかったヒョウやイボイノシシ、リカオン、ライオンが観察されるようになった。[7] 一九八〇年代に入って一九八四年に少なくとも二頭のライオンがマハレに現れたが、[8] 以後一九八九年まではライオンの出現記録はなかった。この年の二月二日に私はマハレ入りした。入れ替わりで帰国する早木仁成さんが「一月二七日にンガンジャの方でライオンが吠えるのを聞いた」という話をしてくれたのだが、そのときは以後ライオンに悩まされ続けるとは思いもしなかった。再びライオンが現れたのは一九八九年四月九日の晩だった。ライオンは湖岸のカシハ集落に出現し、人家の間を歩き回りドアに体当たりもしたらしい。私はカシハより一キロメートルほどなだらかな坂を上がったカンシアナ基地に一人で住んでおり、ライオンの声を聞くことはなかった。さっそくカシハ集落に下りてみると、あちこちにライオンの足跡があり、ライオンに内臓を食われたヤブイノシシが人家の庭先に転がっている有

写真 8-1　ルブルング川 (図 4-1) 河口付近に残されたライオンの足跡

様だった。以後、ライオンの形跡を認めた日は、四月に五日間、五月に四日間で、五月一三日以降は姿が見えなくなった。そろそろライオンのことを忘れかけた六月四日、ライオンはカシハ集落に再び現れ、その後カシハ周辺に滞在し続けた。チンパンジーを見つけるよりライオンに出くわすことがしばしばあり、思うようにチンパンジーの追跡ができなくなった。そこでライオンの出現情報を定量的に集めることにした。当時は湖岸に沿ってミヤコ、カシハ、シシンディコの三カ所のキャンプ地にマハレ山塊野生動物研究センターのスタッフが常駐しており、キャンプ地付近でのライオンの声の記録やフィールドサイン（糞、足跡、毛、獲物の遺骸、写真8-1）の記録と収集を毎日してもらった。さらに湖岸を中心に一〇キロメートルほどのパトロールコースを設定し、ライオンのフィールドサインの記録と収集を始めた。これは一日仕事で、隊長のモハメディが黙々とライフルを担ぎ連日参加し、他の者は交替して四〜五人で歩いた。一九八九年四月から一二月の間、二七五日のうちライオンの出現は六五日にも及んだ。二頭のライオンがコーラスで鳴くのは何度も聞いており、直接観察から雄、雌が少なくとも一頭ずつマハレを訪れたことはわかったが、ライオンの個体識別は困難でそれ以上の情報はつかめなかった。また、チンパンジーがライオンに襲われたところや食べられたところは直接観察されてはいない。そのため、チンパンジーを食べたライオンの頭数、またその性別は不明である。

三　ライオンの糞中にチンパンジーの毛を発見

パトロールの最中にライオンの糞(写真8-2)を一一個採取した。イネ科植物の葉のみが含まれている糞が一つあり、他の一〇個には動物の遺物が含まれていた。ライオンの糞から見つかった毛の同定は当時塩野義製薬におられた獣医の稲垣晴久氏に依頼した。飼育下のチンパンジーの毛、およびマハレに生息している少なくとも一部に黒色を含む毛をもつ動物、つまりヤブイノシシ、ブッシュバック、アオザルの毛を標本と比較した。毛の同定にはスケールのパタンと髄質の構造が重要な鍵となるが、(9) これらを電子顕微鏡で観察したところ、チンパンジーの毛が含まれていると判定された標本は四つであった。

これらの標本の採取日と含まれていた遺物は以下の通りである。

標本1　六月一二日採取。百本以上の毛のみを含む。
標本2　六月二〇日採取。百本以上の毛のみを含む。
標本3　八月二九日採取。百本以上の毛、皮膚、骨。骨片は損傷がひどくチンパンジーのものかどうかわからなかった。皮膚片には指紋がありチンパンジーのものと考えられた。

写真8-2　チンパンジーの毛を含んだライオンの糞

標本4　九月九日乾燥した状態で採取。百本以上の毛、骨、一本の歯を含む。骨は右橈骨の近位端、右上腕骨の遠位端、右尺骨の遠位端、頸椎と腰椎の一部を含んでいた。歯は左上顎の大臼歯であった。これらの骨と一本の歯は当時東京大学理学部人類学教室におられた諏訪元博士に同定を依頼した。保存状態のよい組織はすべてチンパンジーのものと同定された。飼育下でのチンパンジー骨標本と比較して、骨端のサイズと成長度をもとに年齢の推定を行なったところ、三歳から七歳のコドモのものと推定された。一方、歯の標本は歯冠の大きさと歯根の成長度から左の第二または第三大臼歯と考えられ、歯尖の成長度と摩耗の程度から年齢は二〇歳以下のワカモノのものと推定された。標本四にはコドモとワカモノの少なくとも二頭の遺物を含まれていることがわかったのである。

1　少なくとも四頭のチンパンジーが犠牲に

ライオンは獲物の消化に時間を費やすので、獲物を食った日と獲物の遺物が糞として排出される日には時間差があるはずである。当時は東京の上野動物園に雄一頭、雌一頭のライオンが飼育されており、餌であるウサギの骨と毛が糞に初めて現れた時間と最後に現れた時間から獲物の消化に費やす時間を推定した。二頭のライオンにつきそれぞれ二回実験を行なった結果、獲物を消化するのに要する時間は二四〜六〇時間と推定された。これをもとにすれば、チンパンジーの遺物がライオンの糞から見つかった日から一〜三日前にライオンがチンパンジーを食ったと推定できる。チンパンジーの遺物を含む新鮮なライオンの糞は前述したように三つであった。それぞれの発見された日（六月一二日、六月二〇日、八月一九日）は十分離れており、これら三つの標本は違うチンパンジーのものであると考えられる。九月九日に採取した標本は二個体の遺物を含んでいたが、乾燥した古いものであったためこれらのチンパンジーが食われた時期は不明であった。よって、少なくとも四頭のチンパンジーがライオンに食われたと推定した。

2　犠牲者を同定する

ライオンが現れた一九八九年一月から一二月までに一一頭のチンパンジーの姿が見えなくなった。その内訳は二組の母子、一頭のオトナ雌、二頭のワカ雄、一頭のワカ雌、三頭のアカンボウであった。いなくなったチンパンジーと、チンパンジーが食われたと考えられる日を照らし合わせて、犠牲者を推定した（図8-1）。この年の一月には二四カ月のアカンボウがいなくなり、四月には生まれたばかりのアカンボウが姿を消した。チンパンジーのアカンボウの死亡率は高いことが知られており[10]、ライオンに食われたと考えるより、病死、事故死などの他の理由で死亡したと考える方が自然である。

六月に二回、チンパンジーの遺物を含んだ糞の標本が見つかった。この時期に一致して、二組の母子が姿を消していた。ワソボンゴという推定三五歳のオトナ雌は一一カ月のアカンボウとアビという七歳になる娘がいて通常は一緒に遊

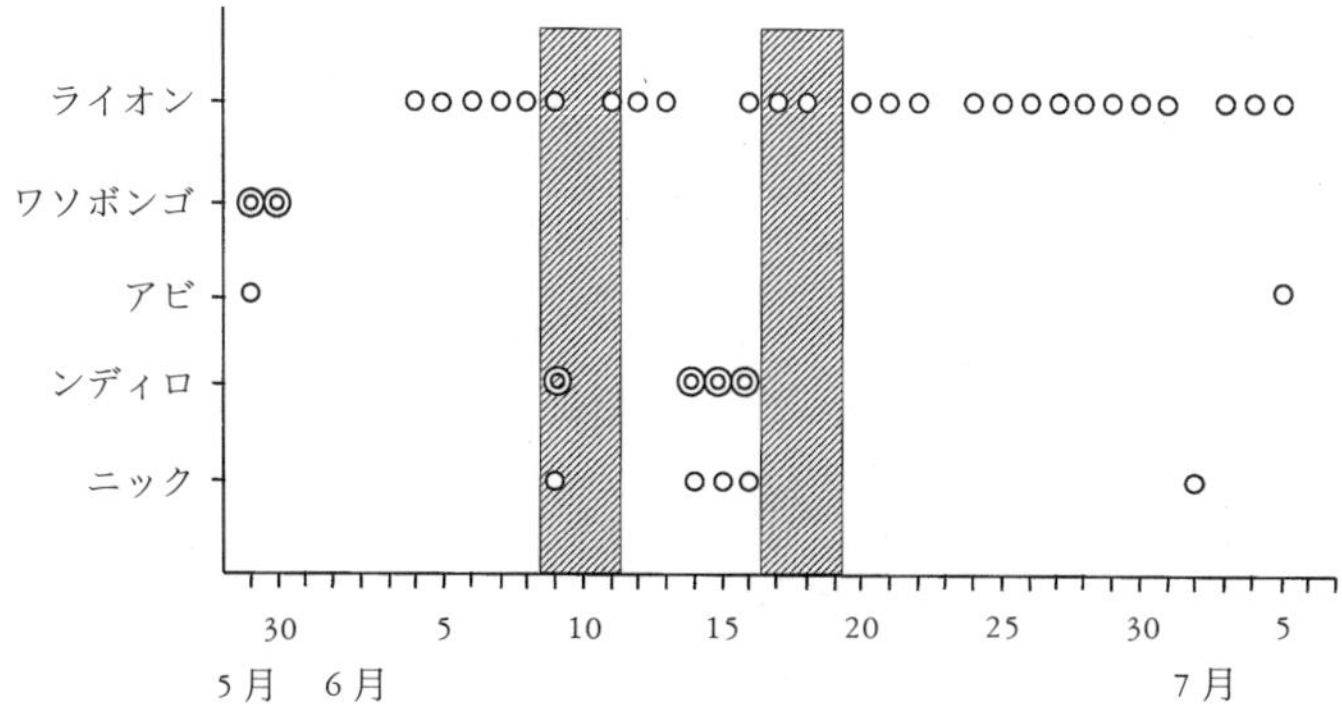

図8-1　1989年6月にライオンの犠牲となったチンパンジーの推定.
ワソボンゴ：推定36才のオトナメス．アビ：7才になるワソボンゴの娘.
ンディロ：推定26才のオトナメス．ニック：7歳になるンディロの息子.
○は個体，◎は母親とそのアカンボウが観察された日を示す.
ライオン：ライオンのフィールドサイン（糞，足跡，毛，獲物の遺物，姿，声）が見られた日を○で示す.
斜線部はチンパンジーがライオンに食われた推定日を示す.

動していた。五月三〇日を最後に彼らの姿が見えなくなり、七月五日になって娘のアビが一人でいる所を確認した。よって、ワソボンゴとアカンボウは五月三〇日から七月五日の間に死亡したと推定した。また、ンディロという推定二六歳のオトナ雌の場合も同様に七歳のニックという息子と一三カ月のアカンボウをもっていたが、ンディロとアカンボウは六月一六日を最後にいなくなった。ニックが一人で発見されたのは七月二日でンディロとそのアカンボウはこの間に死亡したと思われる。一方、ライオンがチンパンジーを食った日は六月九〜一一日、および六月一七〜一九日と推定された。以上より、まず、ワソボンゴ、ついでンディロが犠牲になったと考えた。アカンボウも母親と同時にライオンに食われたのかもしれない。しかし、餓死した可能性も否定できない。ライオンから難を逃れたとしても、母親を失ったアカンボウは自分では十分な栄養がとれず生き長らえるのは難しいからである。

七月に姿を消したチンパンジーはなかったが、八月になると四頭のチンパンジーがいなくなった。推定三九歳のオトナ雌であるルンクマは八月二日、推定一四歳になるワカ雄のムトゥワレは八月一六日、八歳のコドモであるボンゴは八月二一日を最後に姿を消した。また、八月二〇日の時点ではオトナ雌のジュノは八カ月になるアカンボウと一緒であったが、八月二六日にはアカンボウをもっていなかった。ジュノのアカンボウはこの間に死亡した可能性が高い。

ライオンの糞から、少なくとも一頭のチンパンジーが八月二六〜二八日に食われたと推定された。また、九月九日の乾燥した糞には一頭のコドモと一頭のワカモノの遺物が含まれていた。ライオンが出現してから九月九日までの間に姿を消したコドモはボンゴただ一頭であり、ワカモノもムトゥワレただ一頭であった。九月九日の遺物はボンゴ、ムトゥワレのものであることはまず間違いないだろう。では、八月二九日の遺物はどうか。オトナ雌のルンクマがいなくなったのは一カ月も前のことであった。この雌は推定三九歳であり、高齢のため死亡したのかもしれない。また、アカンボウをなくしたジュノは怪我一つしておらずライオンに襲われた形跡はなかった。アカンボウは他の理由で死亡した可能性が高いだろう。以上の考察から八月二九日の遺物も、ボンゴ、ムトゥワレのものとするのが妥当である。

九月と一〇月はライオンの出現はそれぞれ一回だけであったが、一一月になると再び滞在し始めた。この時期、九歳になるワカ雌のペネロペが、一一月一八日を最後に姿を消した。しかし、ライオンがチンパンジーを食った確かな証拠はなく、彼女は他の群に移籍したと考える方が自然である。

以上より、犠牲者はワソボンゴ（オトナ雌）、ンディロ（オトナ雌）、ムトゥワレ（ワカモノ）、ボンゴ（コドモ）と結論した。

3　ライオンはチンパンジーを捕食したのか?

ライオンの糞からチンパンジーの遺物が見つかっただけでは、ライオンがチンパンジーを捕食したのかどうかはわからない。ライオンは狩りをするだけでなく屍体を食べるのも普通だからである。[11] ライオンが屍肉をあさる時は、他の肉食動物(ブチハイエナ、リカオン、チーター、ヒョウ、ジャッカルなど)から奪うのが普通である。しかし、マハレにはブチハイエナはおらず、他の肉食動物も少ない。他の肉食動物がチンパンジーを殺した証拠はいまのところ一つもない。また、犠牲になったと考えられるチンパンジーたちは最後に観察されたときは皆健康であり病死したと考える根拠はない。一方、ライオンの出現回数が増えていた一九八九年六月と八月に一致してチンパンジーが食われておりライオンの出現とチンパンジーの死亡の因果関係が推測される。これらの点から、ライオンが直接攻撃を加えて殺しそして食べた、すなわちライオンはチンパンジーを捕食したと考えた。

4　ライオンにとってチンパンジーは魅力的な餌か?

ライオンは時には半砂漠や森林や五〇〇〇メートルを超える山地にも現れることがあるが、通常は草原、サバンナ、ウッドランドに住む。それに対してチンパンジーはおもに森林に住み、サバンナ、ウッドランドにも住む。このように両者は生息域が違うため、ライオンとチンパンジーが出会う場面はほとんど観察されていない。[12] 捕食は本来の生息域からはずれて迷い込んだライオンによる特殊例ではないかと疑問をもたれるかもしれない。

元来ライオンはさまざまな種類の動物を捕食する性質をもっている。ライオンがある動物を狩りの対象として選択する上で体重は重要な因子と考えられる。餌となる動物の体重も一五〜一〇〇〇キログラムの範囲にわたっているが[13]、チンパンジーの平均体重は雄が四〇キログラム、雌が三五キログラムでこの範囲内にある[14]。また、ライオンが霊長類を捕食することは知られており、タンザニアのマニャラ湖ではヒヒの捕食は普通である[15]。ヒヒより体重の大きいチンパンジーはライオンにとってより魅力的な獲物になりうる。

四　チンパンジーのライオンに対する反応

チンパンジーはライオンの出現に対してどう反応するのであろうか。チンパンジーとライオンが出くわした所は六回観察されており、そのうち四回はチンパンジー集団を追跡中のできごとであった。

エピソード1　一九八九年六月九日。五頭のオトナ雌とそのコドモ、アカンボウたちが稜線上の一本の木で採食していた。九時二二分一キロ離れたところからライオンのうなり声が聞こえた。彼らは無反応であったが、よりライオンに近い草原にいたチンパンジーは突然吠え始めた。九時三九分、九時五九分にもライオンは吠えた。草原にいたチンパンジーはその声に反応して吠え、しばらく間歇的に吠え続けた。しかし、稜線上の木にいたチンパンジーたちは無反応で採食を続けた。

エピソード2　一九八九年六月一六日。チンパンジーの雄雌を含むサブグループが草原で採食したり移動したりしていた。私は一頭のオトナ雄を追跡中であった。一五時二六分に五〇メートル先から一頭のチンパンジーが警戒音を発した。そこらにいたチンパンジーはみな一斉に叫び始め、一〇〇メートル離れた川沿いの木に駆け込んだ。その木から二〇メートル程度離れた藪の中をライオンが横切った。われわれは一五時四五分に観察をあきらめた。およそ三〇分後にライオンのうなり声とそれに反応したチンパンジーの叫び声が先ほどの方向から聞かれた。

エピソード3[16]　一九八九年一一月一〇日。早朝チンパンジーたちはベッドで寝ていた。六時半にライオンが遠くで吠えたがチンパンジーは反応しなかった。一二時三六分、再びライオンが吠えたとき、オトナ雌は反応しなかったが、五メートル離れていた彼女の一歳になるアカンボウがおびえて泣き声を出した。母親はすぐに近寄りアカンボウを抱きかかえた。アカンボウはライオンのうなり声がした方向を凝視していた。アカンボウは再び離れたが、一二時四九分にライオンが吠えると母親はアカンボウのそばに近づいて座った。

エピソード4[16]**：**一九八九年一二月二四日。一四時四七分、ントロギ（一位雄）とその母親であるワナグマを含む一〇頭以上のチンパンジー集団が大きな川を北から南へ渡っていた。まだ、多くは北岸に残っていた。一五時六分、木にいたワナグマが警戒音を出した。同じ木にいたントロギと他の一頭のオトナ雄は採食をやめ三頭はコーラスで警戒音を出し始めた。ントロギは一五時二七分まで鳴き続け、三頭とも北に戻ってきた。北にいたチンパンジーは川を渡るのをやめ、他の南岸にいたチンパンジーも戻ってきた。ントロギたちはライオンを見たのかもしれない。

残りの二回は、木で寝ていたチンパンジーがライオンの吠え声に反応した例であった。二回ともチンパンジーは初め警戒音を出したが、しばらくするとまた寝てしまった。

これらの観察から、チンパンジーのライオンに対する反応は、金切り声、パントフート、ウィンパー、木に逃げることであり、一見無反応のように見えることもあった。ライオンに対するチンパンジーの反応には、金切り声を上げる[17]、ディスプレーをする[18]、木に逃げる[18]、パントフートする[19]、木を揺する[19]、ウインパーする[19]が知られており、今回の観察でも今まで報告のあった反応が見られた。

エピソード1からチンパンジーとライオンの距離はチンパンジーの反応に影響を与えていると考えられる。チンパンジーが危険の度合いを評価していると考えるのはもっともだろう。エピソード2と4から、警戒音が他のチンパンジーに危険を知らせており、最も効果的な防御は木に逃げることであるということがわかる。チンパンジーはヒョウに対して攻撃的な態度をとることがあるが[19]、ライオンに対してチンパンジーが自衛のために直接攻撃した例はこれまでも報告がない。ヒョウに比べライオンの方がチンパンジーにとって脅威であり、ライオンに対する直接攻撃は危険が大きいのかもしれない。

五　ライオンによる補食圧が人口に与える影響

ライオンがイボイノシシや羚羊の一種（*Kobus kob*）を狩るとき、集団よりも単独個体をねらった場合に成功率が高い[20]。オトナ雌、とくに妊娠個体、離乳が終わったコドモをもつ母親は、長期間単独行動することがある。また、雌は群を移籍することがあり移籍前後は単独行動が多くなる。そのためオトナ雌は、ライオンの攻撃を受けやすいと考えられる。チンパンジーの出生率はもともと低く[21]、雌やコドモに対する捕食圧が高まればさらなる出生率の低下と死亡率の上昇をもたらし、群れの人口が減少すると推測される。

ライオンによるチンパンジーの捕食が確認された翌年の一九九〇年には再びライオンの出現は減少した。しかし、この年もライオンの糞からチンパンジーの遺物が見つかっており、八月にはライオンがマハレに滞在し続けた。その後ライオンはマハレには定着せずチンパンジーの捕食の観察もないが、再びライオンが留まり続け、チンパンジーが対抗手段をもたないとしたら捕食による人口減少は無視できないであろう。

六　チンパンジーに対する補食圧が社会構造に影響を与えるか？

一般には捕食の危険に対する対抗手段としては大集団を作るのがよいと考えられている。なぜなら、大集団の方が捕食者からの防御にすぐれ、捕食者を発見しやすいからである[22]。

Mグループのチンパンジーにとって、大集団で遊動することが捕食者を発見するのに有利であるかどうかははっきりしない。ライオンの研究によればライオンの狩りの方法は六種類ある：そっと近づく、追いかける、待ち伏せる、草原の中を探る、掘り出す、偶然の狩りである[23]。マハレでライオンの痕跡が見つかったのはすべてタンガニイカ湖岸の丈の高い草原や潅木地帯であり、ライオンが狩りをするのに都合がよいと思われる環境であった。そのような視界の悪い所では、チンパンジーが大集団を作ることで捕食者であるライオンを見つけるのにどれだけ有利なのかはっきりしない。チンパンジーは同じ群れに属していても皆が一緒に遊動するわけではなく、離合集散を繰り返す。一時的なサブグループを形成したときの個体数をパーティサイズといい、さまざまな値をとる。もし大集団で遊動する方がライオンを発見するのに有利で個体レベルでの捕食圧を軽減できるのなら、ライオンがいる環境ではパーティサイズは大きくなると予想される。残念ながら異なる環境でのパーティサイズの比較データは測定できなかった。前述したようにマハレではライオンがいる環境では視界が悪いためにチンパンジーのパーティサイズを測定するのは困難であったからである。

一方、より開けている地帯や疎開林では大きなパーティサイズはライオンを発見するのに有効かもしれない。このような地域にはライオンが多く住み、チンパンジーと出会うことも多いと考えられる。そのような地域の一つであるアシリク山にはライオンとチンパンジーがともに生息している。ここのチンパンジーはパッチ状に分布した森林地帯を移動する途中に開けた場所を通過するが、このとき大集団を作ることが知られている[24]。タンザニアでも疎開林を通過するときにチンパンジーの大集団が観察されている[25]。チンパンジーが大集団を作る理由として、食物が豊富にあるためとか、他のチンパンジー群からの攻撃に対抗するためとかという説がいわれてきた[26]。チンパンジーが捕食された確かな証拠が認められたからには、チンパンジーが大集団を作る理由は捕食者に対する防御手段であるという仮説[27]も注目に値する。

註

(1) Anderson 1981.
(2) van Schaik & van Noordwijk 1985.
(3) Tsukahara 1993.
(4) Goodall 1986.
(5) Wrangham 1979.
(6) Boesh 1991.
(7) Nishida 1990.

（8） Hiraiwa-Hasegawa *et al.* 1986.
（9） Brunner & Coman 1974.
（10） Nihida *et al.* 1990; 第七章。
（11） Shaller 1972.
（12） Kano 1972; Tutin *et al.* 1981; Hiraiwa-Hasegawa *et al.* 1986.
（13） Shaller 1972.
（14） Uehara & Nishida 1987.
（15） Shaller 1972.
（16） 西田による観察。
（17） Itani 1979.
（18） Tutin *et al.* 1981.
（19） Hiraiwa-Hasegawa *et al.* 1986.
（20） Van Orsdol 1984.
（21） Nishida *et al.* 1990.
（22） Dunbar 1988.
（23） Shaller 1972; Van Orsdol 1984.
（24） Tutin *et al.* 1983.
（25） Itani & Suzuki 1967.
（26） Wrangham 1979.
（27） Tutin 1983.

第9章
狩猟・肉食行動

保坂和彦

一　はじめに

哺乳類食が果実食を主体とする野生チンパンジーの採食行動に多かれ少なかれ組み込まれているという事実は、グドールの発見以来、複数の調査地において確認されてきた[1]。チンパンジーの三亜種について報告された資料を総合すると、これまでに少なくとも三二種の哺乳類がチンパンジーに捕食されている。

哺乳類食する霊長類は他にも、ビーリャ（ボノボ）、オランウータン、サバンナヒヒ、オマキザルが知られるが[2]、系統分類学上ヒトに近いチンパンジーの哺乳類食は、観察事例が多いことと相まって、人類学者の関心を集めてきた[3]。

しかし、今日の考古人類学によると、サバンナに進出した頃の人類は狩猟よりも屍肉食によって大型獣の肉を獲得したという仮説が有力である。チンパンジーの近縁種であるビーリャの哺乳類食頻度が低いことから、チンパンジーの狩猟行動は独自に進化を遂げたものであり、そのままでは初期人類の採食行動のモデルにならないとする見解がある。[4] これは、消化管における小腸の相対サイズが大きいという点において、ヒトは大型類人猿を含む霊長類の標準から外れているという比較解剖学的見地からも支持される。[5]

一方、初期人類やビーリャも環境条件によっては少なからず小・中型哺乳類の狩猟をしたであろうという想定のもとに、チンパンジーの狩猟から共通祖先の採食行動を再現する試みもある。[6] 初期人類が小・中型哺乳類を狩猟したことを示す考古学的資料が少ない現状において、この立場の妥当性を問うのは難しい。さしあたって私は、前者の仮説に立って話を進めたい。

それでは、チンパンジーの狩猟行動はホミニゼーションの過程を推定するうえで役に立たないと言えるであろうか？答えは否である。たとえ、チンパンジーの狩猟行動が独立に進化したものであったとしても、ヒトの近縁種チンパンジーを哺乳類食に駆り立てた環境要因、さらに哺乳類食がチンパンジーの社会性にもたらしうる影響を考えることにより、アナロジーというアプローチが可能となるからである。

二　地域個体群間の比較

チンパンジーの多くの地域個体群に共通する現象として、第一に、チンパンジーと同所的に生息するサルが主要な獲物であることが指摘できる。野生チンパンジーが捕食した霊長類の種数はこれまでに一八を数える。長期調査地として唯一、霊長類食の記録がないボッソウ（ギニア）にはそもそもチンパンジーとヒト以外に霊長類がいない。興味深いことに、ボッソウ以外の代表的な四カ所の野生チンパンジー長期調査地（タンザニアのマハレとゴンベ、コートジボアールのタイ、ウガンダのキバレ）においては、アカコロブスがチンパンジーによって高頻度に捕食されることが知られている。(7)

次に挙げたい共通点は、これら四カ所のチンパンジーがコロブスを「集団狩猟」によって襲うということである。これら二点は、亜種や環境の相違にかかわらず見られる現象であることから、チンパンジーの種特異的行動を考える材料となるであろう。

ただし、チンパンジーの哺乳類食には地域個体群による相違があることも指摘されている。まず、獲物選択性の幅における違いがある。マハレやゴンベのチンパンジーは、捕食頻度の差はあれ、同所的に生息する哺乳類種を広く獲物のレパートリーとしてもっている。つまり、森林性レイヨウやイノシシなどの偶蹄類も捕食の対象となる。ところが、タイのチンパンジーが捕食する獲物はほとんどすべてが霊長類であり、同所的に生息している偶蹄類が捕食されたという記録はない。(8)ボッシュ夫妻は、そもそもタイのチンパンジーは偶蹄類を食物として認知していないのではないかと考えた。その根拠として、彼らは、コドモのチンパンジーがブルーダイカーを捕獲したにもかかわらず遊びの道具にしか使わなかったという事例を紹介している。

もう一つ、集団狩猟における組織化のレベルに地域差があるという指摘がある。ボッシュは一貫して、タイのチンパンジーは高頻度に協同狩猟を行なうと主張してきた。(9)彼による協同狩猟の基準は「同じ獲物を複数のチンパンジーが相補的な追跡によって追いつめてから捕獲する」というものである。タイの資料（一九八四〜一九八六年）によると、このタイプの狩猟が六八パーセントを占める。一方、ゴンベやマハレの集団狩猟は同時多発単独狩猟であるとされている。(10)詳細は後述する。

三　マハレにおける長期調査とチンパンジーの狩猟・肉食資料

マハレにおいては、一九六〇年代後半からチンパンジーの哺乳類食の証拠が蓄積されてきた。[11] 最新の資料[12]との比較は次節において詳しく述べる。

特殊な肉食行動としては、子殺し（推定を含む）にともなうカニバリズムがある。マハレにおいては、これまで未発表資料を含めて一〇例が記録されている。[13] 同様の行動は、ゴンベ・ブドンゴ（ウガンダ）・キバレからも報告されている。[14] チンパンジーの子殺しはまれにしか起きないうえに肉食がともなうという複雑な側面があるため、至近要因・究極要因ともに解明が遅れているのが現状である。[15]

チンパンジーは屍肉食によっても肉を獲得するが、これもまれにしか観察されない。マハレにおいては未発表資料を含めて一〇例が記録されている。[16] 他の地域個体群についてはゴンベに若干の観察例がある。[17] ただし、腐敗の始まった肉をチンパンジーが屍肉食した例はない。また、骨髄を取り出すための道具使用をしたという証拠もない。

屍肉食について注目されるのは、ヒョウが殺したブッシュバックの死体をチンパンジーが拾得して肉食できるということである。この場合、チンパンジーが殺すことができないと思われる大きさ（約一五キログラム以上）の獲物の死体を入手することもある。

チンパンジーの採食レパートリーには、昆虫（アリ、シロアリ、ハチ）、トリ（成鳥、雛、卵）も含まれており、栄養学的見地から哺乳類食との補完的関係が興味をもたれる。なお、爬虫類・両生類・魚類などの脊椎動物、カタツムリなどの無脊椎動物がマハレのチンパンジーに捕食されたという証拠はない[18]。

四　哺乳類食の頻度

1　長期調査の進行にともなう哺乳類食頻度の変動

マハレMグループにおけるチンパンジーの哺乳類食の資料によると、長期調査の前半（一九六六〜一九八一年度）と後半（一九八三〜一九九五年度）とで獲物種の構成が大きく変化したことがわかっている（図9-1）。前半は、樹上性の霊長類よりむしろ地上性の偶蹄類のほうが多く捕食されていた。また、コロブスが捕食された頻度はアカオザルやベルベットの場合と大差ない。この時期、チンパンジーは選り好みせずに遭遇した獲物を捕食していたのかもしれない。

ところが、後半は獲物がコロブスに偏る傾向が顕著となった。コロブスが捕食された哺乳類に占める割合は、一九八三〜一九八九年度に五割を超え、一九九〇年度以降は安定して七〜八割となった。ただし、これが真の獲物選択性の変化であると結論するのは早計である。コロブスが捕食される頻度だけが増加して、他の哺乳類についてはあまり変化しなかっただけかもしれない。実際、哺乳類食が観察された事例の数は長期調査の進

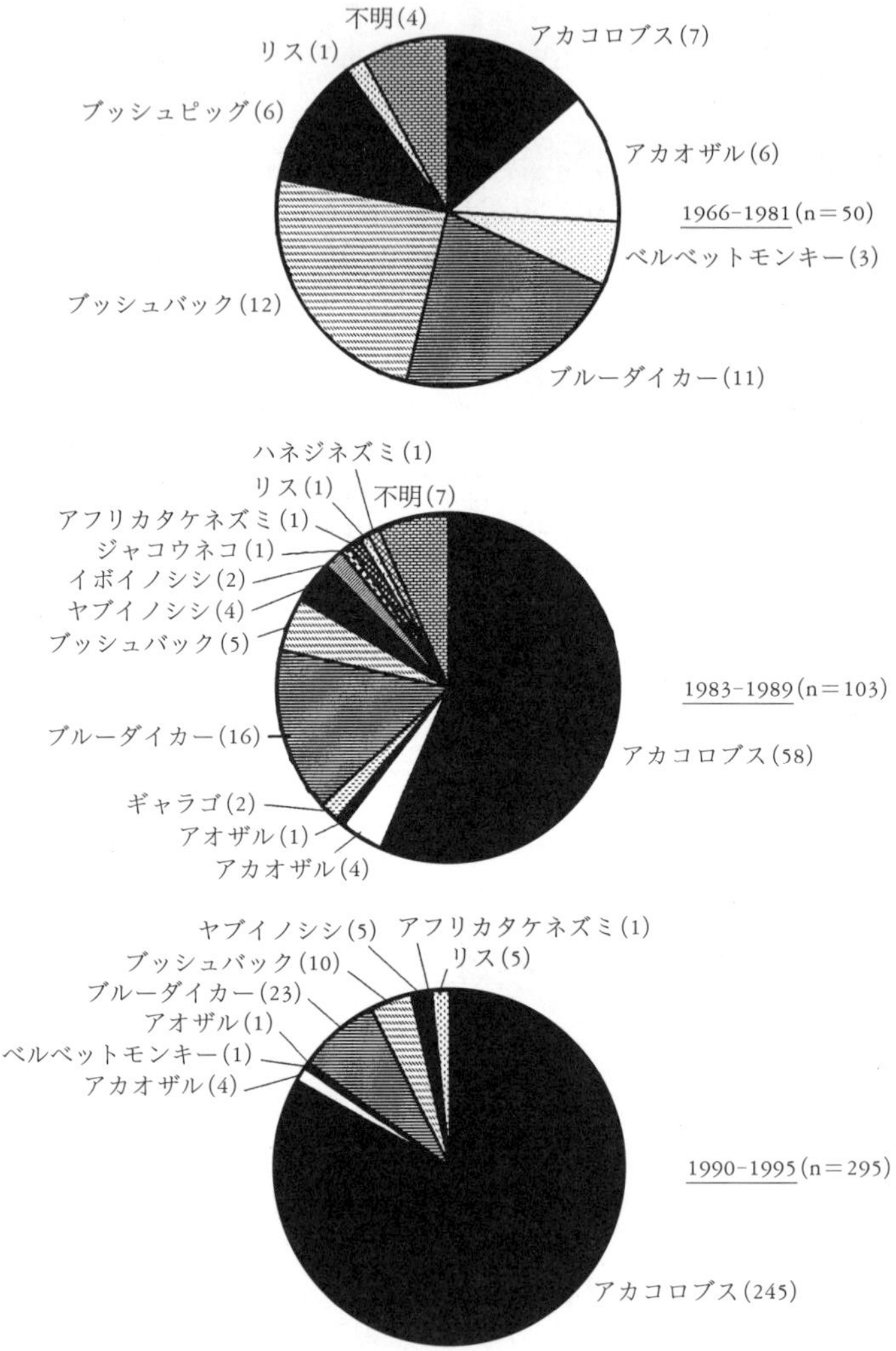

図 9-1　マハレ M グループのチンパンジーが捕食した哺乳類の種構成における長期的変遷，括弧内の数字は捕食された獲物の個体数.

行にともない大きく増加してきた。一九八三年以降の資料によると、この増加はコロブス捕食の観察例数の増加と高い正の相関を示す。つまり、まず「なぜコロブスが高頻度に捕食されるようになったのか？」という疑問に答えることが重要である。

まず、コロブスの密度が増加したため、チンパンジーがこの獲物に遭遇する機会が増えたということかもしれない。実際、タンザニア政府によるマハレ地域の野生生物保全政策は、コロブスを含め多くの哺乳類種の個体数増加に貢献したようである。[19] これがコロブス捕食頻度の増加に影響したことは十分考えられる。しかし、コロブス捕食頻度の増加は獲物の増加だけで説明できるレベルを超えているように思われる。他にも多くの哺乳類が増加したからである。例えば、コロブスに次いで高密度に生息するアカオザルの捕食頻度はまったく増えていない。これについては、獲物側の対捕食者行動（五百部、第一〇章）における種間の相違がチンパンジーの獲物選択に影響しているとする仮説が有望であるように思われる。

次に、マハレの国立公園化の影響による植生の変化が、コロブス捕食頻度の増加に結びついたかもしれない。植生が回復した結果、チンパンジーの日々の遊動に大きな影響をもたらす好物の果実のアベイラビリティーが高くなり、チンパンジーの凝集性が高まったかもしれない。チンパンジーのパーティ・サイズが大きくなると、コロブスの群れと遭遇したときに集団狩猟が起きやすくなる（詳細は後述を参照）。つまり、植生の回復が結果的にコロブス狩猟頻度の上昇をもたらしたのかもしれない。

最後に、研究者が観察の方法を変化させてきたことのバイアスも無視できない。一九七〇年代まで、マハレのチンパンジー研究者はおもにアドリブ観察を行なっていた。現在、多くの研究者が用いている個体追跡法は一九七九年頃から採用され始めたものである。しかも、一九八七年に餌づけが廃止されるまで餌場における観察が資料の一部をなしてい

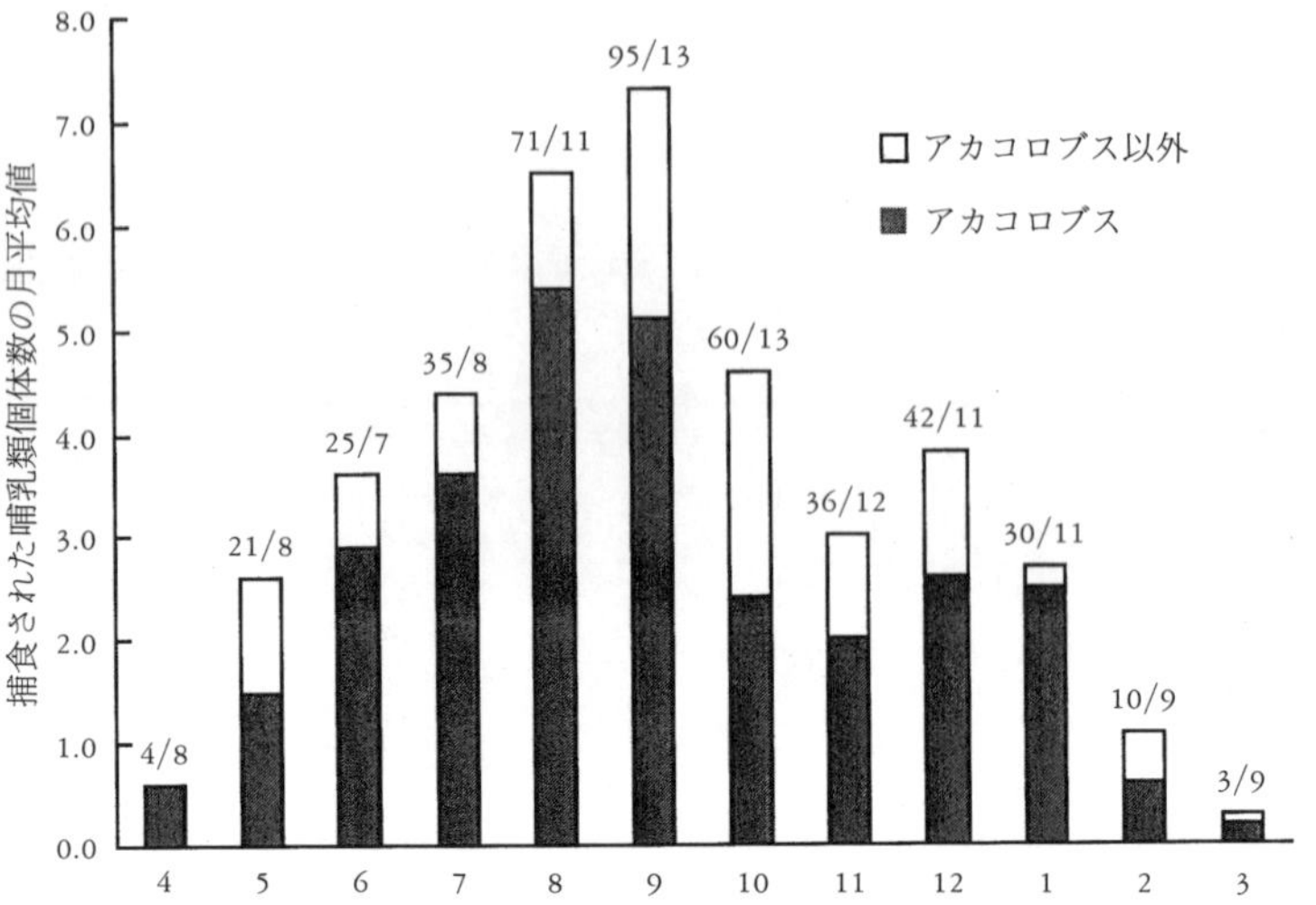

図 9-2　哺乳類食頻度の季節性．1979-1995年年度の資料より，チンパンジーに捕食された哺乳類個体数の月平均を算出．棒の上の分数は，“捕食された哺乳類個体の総数／該当する月に観察が行なわれた年度の数”を表す．

た。コロブスが森林植生を好むことを考えると、森林におけるチンパンジーの観察時間が少なければ、当然、この獲物の捕食頻度が過小評価されることになるであろう。

2　哺乳類食頻度の季節的変動

一般に、チンパンジーの哺乳類食には季節的変動があるとされる[20]。一九八三年以降のマハレの資料もこれを支持するパターンを示す（図9-2）。八～九月をピークにした、哺乳類食頻度の季節的変動が確認できる。マハレは通常、五月中旬～一〇月初旬が乾季、一〇月中旬～五月初旬が雨季であるから、乾季の全期間と雨季の前半が哺乳類食の季節にあたる。

チンパンジーの哺乳類食に季節性があることの意味は何であろうか？　まずは、食物のアベイラビリティーにおける季節的変動への適応であるという可能性が指摘されよう。ボッシュによると、タイのチンパンジーにおける狩猟季は好物のクーラの堅果が欠乏する季節に相当する。タイのチンパンジーは、哺乳類食を植物食を補完するエネルギーもしくは必須栄養素の供給源として利用しているのかもしれない。

マハレにおいて、哺乳類食が植物食や昆虫食を補完する関係にあるかどうかを判断する資料はまだない。植物性食物のフェノロジー、あらゆる食物の栄養分析、栄養摂取量推定、個体の体重測定などを組織的に実施する必要があろう。

一九七三〜一九八〇年に実施されたマハレのチンパンジーにおける体重測定の資料によると、チンパンジーの体重は雨季の後半に減少する傾向が見られた。[21] この時期は、チンパンジーにとって最大のエネルギー供給源である果実が欠乏する厳しい季節とされている。ところが、まさに同じ時期が哺乳類食のほとんどない季節に相当する。したがって、少なくともマハレにおいて哺乳類食が果実の欠乏を補完する役割を担っている可能性は低い。

もちろん、必須アミノ酸、微量栄養素などを哺乳類の肉が補完する可能性は捨てきれない。また、「肉は食えるときに食っておく」という食餌戦略をとっていても不思議はないであろう。今後の課題である。

3　アカコロブス狩猟頻度の変動に影響する社会的要因

一方、栄養学的要因より社会的要因のほうが哺乳類食頻度を左右するという見解もある。とくにコロブス集団狩猟の頻度には、社会的要因が大きく効いていると考えられている。社会的要因とは、狩猟頻度の変動に影響しうる、さまざまな社会的環境の要素を指す。これまでのところ、数量化が比較的容易な、人口学的変数（パーティの諸変数）が分析されてきた。ゴンベ、マハレ、ンゴゴの資料はどれも、人口学的変数が狩猟頻度の変動をよく説明することを裏づけている。[22] すなわち、パーティ・サイズが狩猟頻度と正の相関をすることが知られている。

ただし、このマクロな相関現象の内側にどのようなメカニズムが潜んでいるかという点については、さまざまな見解が錯綜している。

一つめは、実際に集団狩猟頻度の変動をもたらしているのはパーティ内のオトナ雄の増減であるという説である。一般に集団狩猟においてサルを捕獲するのはオトナ雄であるから、オトナ雄の頭数が狩猟の生起に影響するというのはありそうな話である。しかし、オトナ雄の頭数はパーティ・サイズときわめて高い正の相関をする。パーティ・サイズ自体は果実の生産量や分布の季節的変動に応じて増減しているので、結果的に、あたかも集団狩猟頻度が季節的に変動しているように見えるのではなかろうか。マハレとンゴゴの資料は、基本的にはこれを支持した。

二つめはゴンベの長期資料に基づく説であるが、発情雌の存在が重要であるというものである。[23] もっとも、これも狩猟者としてのオトナ雄が多くパーティに含まれるという条件を前提としている。オトナ雄は、交尾の優先権を得るための道具として肉が利用できることを知っており、したがって発情雌がいるときは活発に狩猟活動を行なうのだ、という考え方である。しかし、マハレやンゴゴの資料はこれを支持しなかった。つまり、発情雌がいるいないは集団狩猟の生起とは無関係であった。

いずれにせよ、オトナ雄の存在が集団狩猟の核であるという見解は一致している。しかし、どの研究者も、オトナ雄の頭数だけでは狩猟頻度の変動が十分説明できないことに気づいている。

チンパンジーの哺乳類食には、一時的に頻度が増大する「盛り上がり」現象があることが知られている。[24] 私は、一九九一年度に二度(九月上旬と一月下旬)、一九九三年度に一度(六月上旬)、コロブス狩猟の盛り上がりを観察する機会があった。図9-3は、狩猟頻度の変動がパーティ・サイズやオトナ雄の頭数における変動とどのように対応したかを示したものである。これによると、確かに狩猟が盛り上がるとき、パーティ・サイズやオトナ雄の頭数も大きい。しかし、

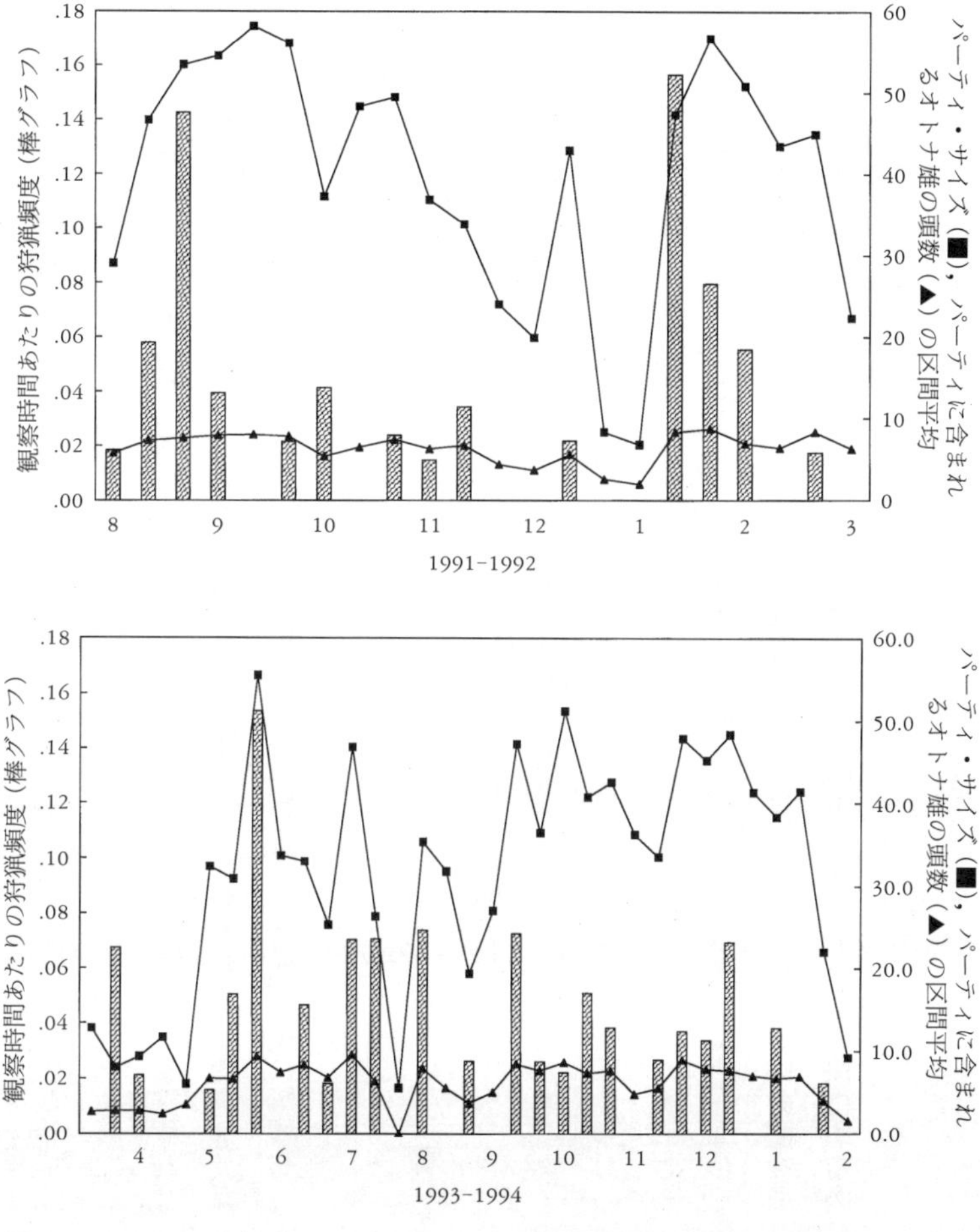

図 9-3　1991, 1993 年度におけるアカコロブス狩猟頻度（棒グラフ）．参考のため，平均パーティ・サイズ及びパーティ内のオトナ雄の平均頭数における変動も示した（折れ線グラフ）．標本区間は各月を上旬・中旬・下旬に 3 分割したものである．1 区間における観察時間（hour）は平均 38.6±16.1（1.8—67.5），観察したパーティの数は平均 6.6±2.1（2—11）であった．

逆は必ずしも成り立たないことも同時に読み取れる。

ンゴゴの狩猟を調査したミタニとワッツは、このような盛り上がりの時期を外れ値として除去し、オトナ雄の頭数だけが狩猟頻度と相関するという結果を導いた。マハレにおける私の資料も似た傾向を示した。

しかし、翻ってみれば、盛り上がりの時期にはパーティ内のオトナ雄の頭数だけでは測れない、別の要因が働いているはずである。例えば、私が観察した狩猟の盛り上がりの時期には、それぞれ次に記す「社会変動」(第一九章を参照)との一致が見られた。オトナ雄の優劣競争を始めとする複雑な社会的要因が狩猟頻度に影響した、と考えられないだろうか?

【一九九一年九月上旬】半年前に同盟が功を奏してアルファ雄(ントロギ)を追放した二頭の高順位雄(カルンデとンサバ)が新アルファ位をめぐって緊張していた時期にあたる。狩猟に成功した三例のうち二例においてカルンデが肉を保持して「肉分配」をコントロールした。「肉を保持するカルンデ」と「肉にたかる多くの個体」が相互作用する場は、周囲の個体に、カルンデと「肉食に参加できないンサバ」との優劣差を印象づける。このような社会的効果がありうることは、この頃からカルンデのアルファ位がしばらく安定したことが裏づける。

【一九九二年一月下旬】一カ月前にカルンデがンサバの挑戦に屈してアルファ位を失脚したのを受けて、追放中だったントロギが復帰した時期にあたる。ントロギは復帰した一月二〇日に早くも肉分配を取り仕切った。その後、一月三〇日にも同様の場面が見られた。カルンデは、いずれの事例もントロギが保持する肉に食いつくことは許されたが、自ら肉を保持することはなかった。一転してントロギのライバルとなったンサバは肉食の現場に近づくことすらなかった。

【一九九三年六月上旬】例年マハレのチンパンジーの遊動パターンに認められる三カ月半あまりの分散季が終わり、オトナ雄たちが再集合した時期にあたる。ントロギは、突進ディスプレイをしきりに行なうのが観察された[25]。この行為に加え肉分配の役割を独占する行為が、ントロギがンサバやカルンデとの微妙な三者関係を再構築する際に少なからぬ効果があったように思われる。

ただし、このように肉を介した相互作用が社会的操作として機能していたと想定しても、依然として、狩猟頻度上昇というマクロな現象の説明にはならない。それを解く手がかりを得るため、実際の狩猟行動、とくにコロブス集団狩猟の特徴をまとめたい。

五　狩猟行動

1　地上性の獲物に対する狩猟

ブルーダイカー、ブッシュバック、イボイノシシの幼獣など、地上性の哺乳類に対する狩猟は基本的に「つかみ取り」である。例えば、ブルーダイカーは、捕食者が接近すると、草薮の中でじっとして通り過ぎるのを待つ習性がある。チンパンジーは、このようにして隠れている獲物をたまたま見つけると、即座に跳びかかってつかみ取ろうとする。この瞬間に捕り損ねれば、獲物はたちまち走り去り、チンパンジーは見送るしかなくなる。観察者がこのような狩猟に気づく手がかりは、逃げ去る獲物のたてる音や捕まった獲物の叫び声であることが多い。

2　アカコロブスに対する集団狩猟

マハレのチンパンジーによるコロブス集団狩猟は、まさに捕食者と獲物の群れ同士が戦闘しているかのような様相を呈する。チンパンジーがコロブスの存在を確認できる距離（群れのいる木の下など）まで到達すると、ほとんどの場合、獲物は警戒や威嚇の音声を発する（これを「獲物との遭遇」と定義）。チンパンジーはたいてい樹上に視線を向け、立ち止まって物色するようなふるまいを見せる。まれに、そのまま通り過ぎることもあるが、多くの場合、一部のチンパンジーが木を見上げて短い吠え声を発するなどして興奮する。集団の興奮状態が高まってくると、パントフートや突進ディスプレイを行なう個体が現れる場合もある。さらに、木に登って獲物に近づいたり跳びかかろうと試みたりする個体が現れる（これを「狩猟」の始まりと定義）。狩猟が始まれば、獲物が隣の木に飛び移る音、獲物の警戒・威嚇の音声、獲物に逆襲された捕食者の悲鳴、地上に留まる捕食者の吠え声などが入り混じって、いっそう騒がしくなる。騒ぎを聞きつけたチンパンジーが合流して、狩猟に参加する個体は増える。個体追跡中のオトナ雄が、少し離れた場所から狩猟独特の騒ぎを聞きつけるやパントフートして狩猟現場に直行するのを見ることがある。

私の観察中にチンパンジーがコロブスに遭遇した一一七例によると、九例（八パーセント）はチンパンジーが何もせずに通り過ぎ、三四例（二九パーセント）は一部が音声を発したり突進ディスプレイしたりしたものの、狩猟にいたらないまま終息した。狩猟が開始されたのは七四例（六三パーセント）で、その六割にあたる四四例は少なくとも一個体の獲物が捕獲された。

3　集団狩猟の利点について

先述したように、マハレやゴンベのチンパンジーによる集団狩猟は、同時多発単独狩猟と形容されることがある。これは、獲物を追跡する仕方が組織的でない、という観察に基づく。つまり、個々の狩猟者は、獲物が他個体の手に渡ってもよいという追跡をしておらず、自ら捕獲しようと利己的にふるまっている、というのがマハレの研究者の一致した見解である。

それでは、チンパンジーはなぜ、わざわざ利己的な狩猟行動を同時多発的に行なうのだろうか？　私は、集団狩猟はただ単独狩猟を足し算したものではないと考えている。利己的な動機づけにせよ、チンパンジーが狩猟の集団性に期待する、何らかの利点があるはずである。

まず、集団狩猟に持続時間があることが戦略的な狩猟を可能にするという利点を挙げたい。これは、地上性の獲物には期待しにくい要素である。集団狩猟は、チンパンジーが獲物を木の上で追跡したり、にらみあったりといったかたちで進行するため、持続時間が計測できる（一九九三年度の資料によると、成功狩猟の持続時間は平均一〇分）。持続時間があるということは、獲物の反応や他の狩猟者の行動を観察したうえで自らの行動を決定する余地があるということである。つまり、何らかの戦術を行使することができる。

例えば、木の上で別の個体が追跡している獲物が逃げるであろう方向を予測して、待ち伏せして襲うという戦術がある。また、地上から樹上の獲物や狩猟者の行動をモニターして、地上に飛び降りて逃げようとした獲物を捕まえるという戦術もある。後者はオトナ雄に特徴的な戦術らしく、一九九一〜一九九五年において確認された九例のすべてがオトナ雄によるものであった。さらに、他個体が捕獲した獲物を横取りするという戦術もある。これも、オトナ雄の独壇場である。確認された四四例の「横取り」の八二パーセントがオトナ雄によるものであった。とくに、アルファ雄による横取りは頻繁であった（四三パーセント）。逆に、ワカモノ雄は非常に頻繁に横取りされ、実に六割の獲物を失っていた（N＝二五）。

第二の利点として、集団狩猟の「集団的興奮」は、何らかの心理的効果をもたらすかもしれない。コロブスの攻撃能力はばかにならない。チンパンジーが獲物に噛みつかれて悲鳴を上げることもある。また、オトナ雄のコロブスがチンパンジーに近い側の枝に座ってにらみをきかせたために、狩猟が終息してしまうこともある。単独のチンパンジーにとって、手強いコロブスの群れを襲うことには「恐れ」がともなうであろう。[26] チンパンジーの攻撃的行動が他個体の心理的援助に大きく依存することは、オトナ雄間の連合についてよく知られている。[27] 集団的興奮には、個々の狩猟者を心理的に助ける効果があるのではないだろうか。

実際、マハレのチンパンジーには攻撃能力の高いオトナ雄のコロブスを殺すことができないようである。これまでのところ、オトナ雄のコロブスが捕獲されたという記録は一例しかない。とくに、マハレのチンパンジーはコロブスの未成熟個体を捕まえる傾向がある。ゴンベやンゴゴのチンパンジーも同じ傾向が指摘されている。ところが、タイのチンパンジーはオトナ雄を含む成熟個体を避けずに狩猟するらしい。[28] ボッシュは、タイの場合、樹冠が高くてコロブス狩猟に費やすエネルギー・コストが高いため、チンパンジーは協同狩猟を行使して獲物に対する「恐れ」を克服するとともに、コストに見あうだけの大きな獲物、つまりオトナを狙うのだと主張する。[29]

第三の利点として、集団狩猟はコロブスの対捕食者行動に対抗するうえで有効かもしれない。マハレやゴンベのコロブスはチンパンジーが近づいてきても、遠くに逃げず、その場に留まり、いよいよチンパンジーと遭遇したら、集団防衛（mobbing）によって対抗しようとする（五百部、第一〇章）。この行動は、単独の狩猟者に対しては有効かもしれないが、集団で襲いかかるチンパンジーには脆いのかもしれない。捕食者が四方八方から近づいてくると、獲物は混乱して集団防衛の標的が定まらなくなるからである。

最後に、集団狩猟によって、一度に複数の獲物が殺されることがあるという利点も挙げたい。このような狩猟を「複数捕殺（multiple killing）」と呼んでいる。一九九一〜一九九五年度の資料によると、平均一・四個体（最大で九個体）のコロブスが一回の狩猟によって殺された。成功狩猟一六九例のうち複数捕殺が起きたものは二三パーセントに過ぎないが、殺された獲物二四五個体のうち四七パーセントは複数捕殺におけるものであった。これも、具体的な数値は多様であるが、他地域の集団狩猟に共通する特徴である。

4　アカコロブスを捕獲した個体

オトナ雄が集団狩猟の核であるということはすでに述べた。実際、獲物を捕獲した個体が特定できている事例について集計したところ、オトナ雄五一パーセント、ワカモノ雄二一パーセント、オトナ雌二二パーセントとなった（N＝一五六）。狩猟を行なったパーティ内のオトナ雄、ワカモノ雄、オトナ雌の割合が一七パーセント、一四パーセント、三〇パーセントであったことを考慮して比較すると（一九九一、一九九三年度の資料、N＝七四、平均パーティ・サイズは四七・八）、やはりオトナ雄が獲物を殺すことが多いことがわかる。

個体別に、コロブスを捕獲した回数を比較したところ、やはりオトナ雄が上位を占めた（表９-１）。とくにアルファをめぐり競いあったカルンデ、ントロギ、ンサバが捕獲者としても順位が高かったことは興味深い（保坂・西田、第一九

表9-1　アカコロブス捕獲回数における個体の順位（1991-1995）

順位	個体名	性・年齢	捕獲回数*
1	カルンデ**	オトナ雄	15
2	トシボ	オトナ雄	13
3	ントロギ**	オトナ雄	9
4	アロフ	ワカモノ雄	8
5	ドグラ	ワカモノ雄	7
6	ファトゥマ	オトナ雌	6
	ンサバ**	オトナ雄	6
8	ジルバ	オトナ雄	4
	リンダ	ワカモノ雌	4
10	アジ	オトナ雄	3
	バカリ	オトナ雄	3

＊ 3回以上を数えた個体のみを示した．

＊＊ α雄経験者．α雄としての捕獲回数は，カルンデが6回（10ヶ月），ントロギが9回（3年3ヶ月），ンサバが3回（7ヶ月）である．

章）。捕獲回数が二番目に多かったトシボは、一九九五年度にベータ雄としてアルファ雄ンサバに対抗した雄である。[30]

また、ワカモノ雄やオトナ雌にもオトナ雄に匹敵する捕獲回数を数える個体がいたことは注目に値する。これらオトナ雄以外の個体は、いわゆる「静かな狩猟」（次節を参照）によってコロブスを襲うのが観察されていない。つまり、先に述べた仮説に関連するが、これらワカモノ雄やオトナ雌は集団狩猟の興奮に奮い立たせられてはじめてコロブスへの攻撃が可能となるのかもしれない。

5　樹上性霊長類の単独個体に対する「静かな狩猟」

マハレにおいて、コロブス以外の樹上性霊長類をチンパンジーが集団狩猟したという証拠はほぼ皆無である。例外的に、マハレの調査史において唯一記録されたキイロヒヒ狩りはコロブス狩猟とほぼ同じタイプの集団狩猟であった。[31] 一方、タイにおいてはキングコロブスやダイアナモンキーなどもチンパンジーの集団狩猟の対象となっている。ただし、タイを含む他地域個体群においても、アカコロブスが同所的に生息するかぎり、この種が集団狩猟の主要な対象であることは共通する。

そもそも、アカオザルやアオザルといった同所的に生息する森林性のサルの群れをマハレのチンパンジーが襲うのを私は一度も観察していない。

ところが、アカオザルの単独個体をチンパンジーが襲うのは五例を観察している。ちなみに、コロブスの単独個体をチンパンジーが襲うのも五例観察している。興味深いことに、このタイプの狩猟はコロブスの群れに対する狩猟とは次のような点において異なっていた。

まず、単独ザルの狩猟に参加した個体は、セレナ（アカンボウ雌）がアカオザルを襲った一例（失敗）を除き、すべて一、二頭のオトナ雄だけであった。一方、すでに述べたように、コロブスの群れに対する狩猟には雌や未成熟個体も加わる。

しかも、これらのオトナ雄たちは狩猟時、オトナ雄二、三頭だけで構成する閉鎖的な小パーティで遊動していた。しかも、サルを見つけて狩猟するまで声を出さなかったので、かりにパントフートが聞こえる距離に雌や未成熟個体がいたとしても、狩猟が気づかれなかったであろう。

さらに、襲い方も特徴的であった。狩猟者たちは獲物を見つけてから襲うまで、たがいに一メートル以内の近接を保ち、最後は一列縦隊で忍び寄るようにして獲物に近づいた。「かわるがわる獲物に向かって走る」「二頭同時に走り出す」という連携性の高い追跡が観察されたのも、このタイプの狩猟の特徴である。とくに一九九一年に観察された次の二例は、ボッシュによる協同狩猟の基準を満たす意味で注目される。

【一一月四日】一二時一一分、カルンデ（アルファ雄）とバカリ（低順位雄）が一列縦隊で単独のアカオザルに忍び寄っていた。突然、バカリが振り返って後方を歩くカルンデにグリンをして肩を抱いた。このジェスチャーをきっかけに二頭は走り出した。バカリは獲物がいる小木を登り、カルンデは地上に留まった。獲物はすぐに地上に飛び降りた。即座にカルンデが獲物を捕獲した（同一五分）。狩猟に成功した直後も、二頭は大きな声を出さなかった。カルンデが肉食を開始すると、バカリは争うことなく死体の下半身だけをちぎり取って別の場所に移動した。

【一〇月一五日】カルンデ（アルファ雄）とシケ（ベータ雄）による単独コロブスに対する協同狩猟として観察された（一六時三五分に狩猟開始、同四五分に捕獲成功）。この事例においては、先のバカリと同じ役割をシケが担った。ジェスチャーもほぼ同じであった。ただし、カルンデは獲物を捕獲したあと、狩猟現場にはいなかった五個体（一オトナ雄、三オトナ雌、一ワカモノ雌）に囲まれ、肉をねだられた。シケは肉食には参加しなかった。

協同狩猟の意思決定につながったオトナ雄間の相互作用は、基本的には同盟関係にあるオトナ雄が協同して第三の雄に攻撃を仕掛けるときに観察されるものと同じである。つまり、協同狩猟というテクニック自体は新機軸ではなく、闘争における協同を応用させているだけであろう。

なぜ、「静かな狩猟」は連携性が高かったのであろうか？　一つには、獲物が単独であったため、狩猟者同士が同じ獲物を選択するしかなかったことが考えられる。もう一つは、肉食が起きれば必ず押し寄せてきて肉にたかるオトナ雌たちがいないことも重要であろう。狩猟者だけで十分な量の肉を分かちあうことが期待できるからである。

六　肉食行動

1　チンパンジーの肉分配、肉食クラスター

集団狩猟が起きてコロブスがチンパンジーに捕獲されたとしよう。狩猟の興奮はたちまち肉食の興奮へと転化する。吠え声に加えて悲鳴やパントグラントがわき起こる。その騒ぎの中心には肉を手にした個体がいる。多くの個体が肉に惹かれて集まってくる。

チンパンジーが捕獲する哺乳類の肉は一個体が消費するには多すぎることが多い。このような肉の余剰性は、肉をめぐる社会的相互作用を生むという結果をもたらす。通常、肉の保持者の周囲に集まる個体は「保持者への服従的行動」「集まった個体同士の争い」を行ないながら、ある者は肉にかじりつく。このように進行するチンパンジーの肉食は「たかり（scrounging）」と呼ぶべきで、狩猟採集民が行なう自発的な「肉分配」とは異なるとする見解もあるが[32]、本論は先行研究に倣い、これを「チンパンジーの肉分配」と称することにする。

ワカモノ雄が捕獲に成功した場合、往々にして姿をくらます。ワカモノ雄は、相対的捕獲頻度においてオトナ雄に次ぐにもかかわらず、六割もの肉が他個体に横取りされてしまうのだから、もっともであろう。肉を手にしたアルファ雄の行動はまったく逆である。わざわざ目立つ突進ディスプレイをして、周囲のチンパンジー

たちに悲鳴を上げさせる。ライバルの雄が近くにいると、しばしば肉を振り回しながら脇を走り抜けるなど、敵対的行動をすることがある。やがて、どこかに落ち着いて肉食を始める。これを取り囲んだ個体は、手をアルファ雄の口元に伸ばしたりグリンをしたりしながら肉にかじりつく。このようにしてある瞬間に同時に肉を囲んでいる個体の集まりを保持者も含めて、「肉食クラスター」と呼ぶことにする。

一九九三年度に観察した三二個の肉食クラスターのサイズは、平均三・一（最大九）頭であった。実際に肉を握っている者が途中で入れ替わることは少なくないが、五六パーセントの肉食クラスターにおいてントロギ（アルファ雄）は保持者を演じている。アルファ以外のオトナ雄やオトナ雌も保持者となることがあるが、ワカモノ雄が保持者を演じることはきわめて少ない。この年は、ドグラ（当時推定一二歳）が一例記録しただけである（一九九三年五月一五日）。ただし、このときは、わずか七分でグェクロ（オトナ雌）が肉を強奪した。

肉分配が続く時間は平均すると一時間半あまりであるが、最長では五時間を超えたこともある。最終的には、平均五・五（オトナ雄一・四、オトナ雌三・四）頭の個体が肉を得た。最大では、約四時間をかけて一五頭の個体が大きな肉を消費したことがある（五月三一日）。

肉食クラスターの外側には、さまざまな距離から肉食を傍観する個体がいる。例えば、肉食が樹上で進行しているとき、真下の地面を陣取り、上を向いている個体がいる。肉の欠片が落ちるやいなや、跳びついて拾うのである。一九九一～一九九三年は、ショパンとニックという孤児雄たちが「拾い食い」の常連であった。気が強いショパンが、ムサ（年寄り雄）やピンキー（オトナ雌）と、落ちた肉の欠片をめぐって激しく怒鳴りあうのを見たことがある。

2　肉食量の推定

マハレのチンパンジーは、どのくらいの量の肉を食べるのであろうか？　ここでは、一九九三年度の資料を元に、大ざっぱな試算ではあるが捕食したコロブスの肉の量を推定する。

一九九三年度における観察時間（一二三一時間）中にチンパンジーが捕獲したコロブスの個体数（四九）から年間の捕殺数を推定したところ、一七四個体となった。

獲物の大きさによる肉の量を補正するため、一九九〇～一九九五年において殺されたコロブスの年齢構成（オトナ三〇、ワカモノ三八、コドモ四八、アカンボウ三九、不明九〇）、仮定した体重比（オトナ七キログラム、ワカモノ五キログラム、コドモ三キログラム、アカンボウ一キログラム）を利用した。

これらにより、一年間におけるコロブス肉の消費量を推定すると、六五五キログラム（Mグループ全体）あるいは七・七キログラム（一個体あたり）となる。

ただし、肉食量は個体差が大きいはずである。なぜなら、チンパンジーが肉食する機会には、自ら獲物を捕獲する場合と、肉食クラスターに参加する場合があり、両者の頻度に大きな個体差があるからである。

ここでは、性・年齢による肉食参加率への影響を考慮して補正を試みる。つまり、自分で捕ったか肉分配を受けたかにかかわらず、肉食に参加した回数を性・年齢クラスごとに数え上げたうえで一個体あたりの肉食参加率を算出し、肉食量の個体平均値を推定した。また、肉分配の役割を担うことが多いアルファ雄だけは他のオトナ雄と区別した。

アルファ雄は一日平均で一九四グラム程度の肉を獲得していた。興味深いことに、オトナ雌は、アルファ以外のオトナ雄（三八グラム）とほぼ同じ三七グラムの肉を獲得していた。これは、いかにオトナ雌が肉分配の恩恵を受けているかを示唆している。

一方、未成熟個体の一日あたりの肉消費量推定値は小さかった（ワカモノ雄一二グラム、コドモ雄九グラム、ワカモノ雌七グラム、コドモ雌四グラム、アカンボウ〇グラム）。しかし、この結果は明らかに過小評価である。そもそも私の資料は一次分配しか扱っていない。実際は母親など血縁個体からの二次分配があるため、もう少し彼らの肉食量は大きいであろう。

アフリカ狩猟採集民は、一人あたり一日平均で約三〇〇－四〇〇グラムの肉（骨や皮を含む）を得るという資料がある。[33] アルファ雄だけは狩猟採集民の値に接近しているが、一般的に言ってマハレのチンパンジーが食べる肉の量が狩猟採集民より少ないことには変わりがない。また、毎日のように行なっている果実食や昆虫食と比べれば肉食は不定期になりがちであることも大きな違いといえよう。

七　最後に

マハレのチンパンジーにおける狩猟・肉食行動を、長期資料を中心に紹介してきた。ここでは、本章の主張を踏まえて今後の課題を考えたい。

まず、社会的要因がどのようなメカニズムを経て狩猟頻度の変動をもたらすかを知るために、集団狩猟の始まりにおける個体の行動に注目すべきである。例えば、「狩猟への参加を呼びかける音声」があるかどうかを明らかにしたい。ただし、このような「集団狩猟のきっかけ」となる行動があったとしても、それを「活発な狩猟者」が行なうとはかぎらない。「単独狩猟ではコロブスを殺せない個体」や「狩猟後の肉分配が期待できる個体」が集団狩猟に先鞭をつけていてもおかしくないからである。

さらに、集団狩猟の各進行段階における個体の行動パターンを分析する必要がある。「木の上で獲物を追跡する」「地上から樹上の獲物に吠える」「逃げてくる獲物を樹上で待ち伏せする」「地上にて獲物が地面に飛び降りるのを待つ」。こういった行動が、獲物の捕獲にどのくらい貢献したかがわかれば、集団狩猟を「さまざまな個体が自分の能力や状況に応じた戦術を駆使した結果」として説明することができよう。

最後に、肉分配を「活発な狩猟者」以外の個体に肉を流通させるシステムとして調べる必要がある。つまり、肉食クラスターの内外における個体間の相互作用のどのような側面が、肉の配分先に影響するかを明らかにすべきである。とくに、肉食をめぐる互恵性が認められるかどうかという点が興味深い。その際、肉と交換されるものとして、次の五つを検討する必要がある。①狩猟における協力、②(別の狩猟で得た)肉、③オトナ雄間の闘争における連合、④狩猟者以外の雄を排除する雌の連合、⑤発情雌との交尾。②③⑤はおもに遅延的な行動を指すので、肉食時以外の場面も把握する必要があるであろう。③はマハレにおいて肉分配の政治的利用として主張されている。[34] ①④は、タイのチンパンジーの協同狩猟を成立させるのに必要なメカニズムとして提唱されている。[35] ②を示唆する資料は、ンゴゴのチンパンジーについて提示された。[36] ⑤は、ゴンベのチンパンジーについて主張されている。[37]

ヒトの肉分配に見られるような制度的メカニズムがなくとも、チンパンジーの肉食に何らかの互恵性が成立しうるのであれば、食物レパートリーに「肉」を取り込むことが社会性の進化に与える影響を知るための重要な手がかりになるかもしれない。

註

(1) Goodall 1963; Uehara 1997.
(2) 詳細は Ihobe (1992); Utami & van Hooff (1997); Strum (1981); Rose (1997) を参照。
(3) Isaac 1978; Tooby & DeVore 1987; Rose & Marshall 1996.
(4) 五百部 1997.
(5) Henneberg *et al.* 1998; Milton 1999.
(6) Stanford 1999.
(7) Hosaka *et al.* 2001; Stanford 1998; Boesch & Boesch 1989; Mitani & Watts 1999.
(8) Boesch & Boesch 1989.
(9) Boesch & Boesch 1989; Boesch 1994b.
(10) 西田 1981.
(11) Nishida *et al.* 1979; Kawanaka 1982a; Norikoshi 1983; Takahata *et al.* 1984; Uehara *et al.* 1992.
(12) Hosaka *et al.* 2001.
(13) Nishida *et al.* 1979; Kawanaka 1981; Norikoshi 1982; Takahata 1985; Hamai *et al* 1992; 保坂他 2000; Kutsukake & Matsusaka in press.
(14) Bygott 1972; Suzuki 1971; Newton-Fisher 1999; Arcadi & Wrangham 1999.
(15) Hiraiwa-Hasegawa 1992.
(16) Hasegawa *et al.* 1983; Nishida 1994.
(17) Muller *et al.* 1996.
(18) Nishida & Uehara 1983.
(19) Uehara & Ihobe 1998.
(20) Takahata *et al.* 1984; Boesch & Boesch 1989; Stanford 1998; Hosaka *et al.* 2001.
(21) Uehara & Nishida 1987.
(22) Stanford 1998; Hosaka in prep.; Mitani & Watts 1999.
(23) Stanford 1998.
(24) Stanford 1998; Mitani & Watts 1999; Hosaka in prep.
(25) 保坂　未発表資料。
(26) Boesch 1994a.
(27) de Waal 1982.
(28) Stanford 1998; Mitani & Watts 1999; Boesch & Boesch 1989.
(29) Boesch 1994a, b.
(30) 西田　私信。
(31) Nakamura 1997.
(32) Isaac 1978; McGrew & Feistner 1992.
(33) Tanaka 1980; Kitanishi 1995.
(34) Nishida *et al.* 1992.
(35) Boesch 1994b.
(36) Mitani & Watts 1999.
(37) Stanford 1999.

第10章 アカコロブスの対チンパンジー戦略

五百部裕

一 はじめに

一九六三年にジェーン・グドールが、タンザニア・ゴンベ国立公園での観察に基づいて、初めて野生チンパンジーの肉食を報告して以来、[1] チンパンジーの狩猟・肉食行動は、さまざまな調査地から報告されてきた。マハレでも、一九七九年の西田らの論文[2]を皮切りに、狩猟・肉食行動に関する数多くの報告が出されている。

こうした研究の蓄積によって明らかになってきたことの一つに、チンパンジーの主要な狩猟対象はサルの仲間だということがある。[3] とくにそのなかでもアカコロブスと呼ばれるサルが（写真10-1）、最近のマハレでは最も頻繁に狩猟されている（保坂、第九章）。そして同じ傾向が、チンパンジーの狩猟・肉食行動に関する詳細な資料が収集されているゴンベやコートジボアールのタイ国立公園でも認められている。[4]

写真 10-1　マハレのアカコロブスの親子

それではなぜアカコロブスはチンパンジーに好まれているのか？　この問いに答えるためには、チンパンジーだけでなく狩猟対象となっているアカコロブスの研究も欠かせない。しかし残念ながらこれまでのマハレでの研究では、チンパンジーの狩猟・肉食行動に関する資料は集中的に集められてきたが、アカコロブスをはじめとするチンパンジーの狩猟対象に関する資料は、ほとんど集められてこなかった。そこで、私は狩猟対象の側からチンパンジーの狩猟・肉食行動を捉え直してみようと考えた。本稿では、こうした視点の研究から得られた成果を、アカコロブスの対チンパンジー戦略という観点から報告する。

二　調査したコロブスの群れ

分析に用いた資料は、一九九五年八月から一九九六年一月、および一九九八年一月から三月の二つの調査期間に収集した。マハレの季節は、大きく乾季と雨季の二つに分けられること[5]、およびチンパンジーの狩猟行動には季節性が見られることから（保坂、第九章）、これらの調査期間を一九九五年八月から一〇月上旬の第I期、一〇月中旬から一九九六年一月までの第II期、および一九九八年一月から三月の第III期の三つに分けた。ちなみに第I期は乾季の終わりで、チンパンジーの狩猟が盛んに行なわれる時期、第II期は雨季の始めで、チンパンジーの狩猟はあまり行なわれない時期、第III期は雨季の真ん中で、やはりチンパンジーの狩猟はあまり行なわれない時期である。

まず初めに、チンパンジーが近づいてきたときのアカコロブスの行動の変化を探るために、彼らのアクティビティと高さ利用の変化について検討した。この分析に用いた資料は、第I期と第II期に収集した。ただし、チンパンジーがアカコロブスから一〇〇メートル以内にいたときの資料が少なかったので、第I期と第II期の資料を合わせて分析した。さらに、また、チンパンジーの接近時のアカコロブスの警戒音の発声頻度の変化については、第III期の資料を用いた。この分析には、アカコロブスがチンパンジー狩猟に対抗する目的で、アカオザルと混群を作っているか否かを検討した。すべての調査期間の資料を用いた。

調査対象となったアカコロブス群は、一九九五年三月から現地の調査助手によって人づけが試みられていた。私が調査を開始した一九九五年八月の段階では、一〇メートルほど離れた場所から彼らの行動を攪乱しないで観察が行なえるくらいに人づけが進んでいた。一九九五年一〇月時点での群れの構成は、オトナ雄四頭、オトナ雌七頭、性別不明のワカモノ七頭、コドモ六頭、アカンボウ三頭の合計二七頭であった。

この群れを追跡し、一〇分ごとのスキャニングにより群れの位置、視界内の個体の性年齢、各個体のアクティビティ、利用していた高さと採食品目などを記録した。またアカコロブス以外のサルが、アカコロブスの群れから三〇メートル以内にいたときには、その種や個体数、個体の性年齢などを記録した。今回の分析では、この三〇メートルという値を混群の定義として用いた。さらに第III期には、すべてのアカコロブスの警戒音を記録した。そして、アカコロブス群を追跡中にチンパンジーの声が聞こえたときには、声の聞こえ方からチンパンジーとアカコロブス群との距離を推定し、時刻とともにすべて記録した。混群率や混群の継続時間の期待値の算出に必要な値のうち、アカコロブスとアカオザルの群れの広がりと移動速度に関する資料は第III期に収集した。そしてこの期待値の算出に必要な両種の群れ密度は、上原・五百部（第五章）の結果を用いた。

アカコロブス群の観察日数は、第I期が二五日、第II期が二三日、第III期が二八日だった。以下の分析では、このうち群れを一日八時間以上追跡できた日の資料のみ用いた。この日数は、第I期が一一日（九九時間三二分）、第II期が一七日（一四八時間七分）、第III期が一七日（二五一時間二二分）であった。

三　チンパンジーの接近に対する反応

1　チンパンジーとの遭遇

アカコロブス群を追跡中にチンパンジーによる狩猟が試みられたのは、第I期から第III期までを合わせて、七六日の観察日数に対して一回のみだった。またチンパンジーがアカコロブス群から一〇〇メートル以内に接近した回数は、第I期が三回（八・三日に一回）、第II期が四回（五・八日に一回）、第III期が三回（九・三日に一回）だった。ちなみにこの割合に調査期間の間での統計的な有意差は認められなかった。最新の資料では、チンパンジーによる狩猟は平均五・五日に一回程度起こっている（保坂、第九章より算出）。私が観察したアカコロブスの群れの遊動域は、チンパンジーMグループの遊動域のほぼ中心に位置しているが、このような群れであっても、一つのアカコロブス群に限っていえば、チンパンジーに狩猟されたり、チンパンジーが接近してくることは比較的まれなことだと言える。

2　アクティビティの変化

チンパンジーの接近に対してアカコロブスはどのように行動しているのだろうか？　この点を探るために、まずチンパンジーの接近に対してアカコロブスがアクティビティ・パターンを変えるかどうかを検討した。マハレのアカコロブスは、チンパンジーの狩猟が始まるとオトナ雄が反撃に出ることがある（保坂、第九章）。そこで、アカコロブスの性によっ

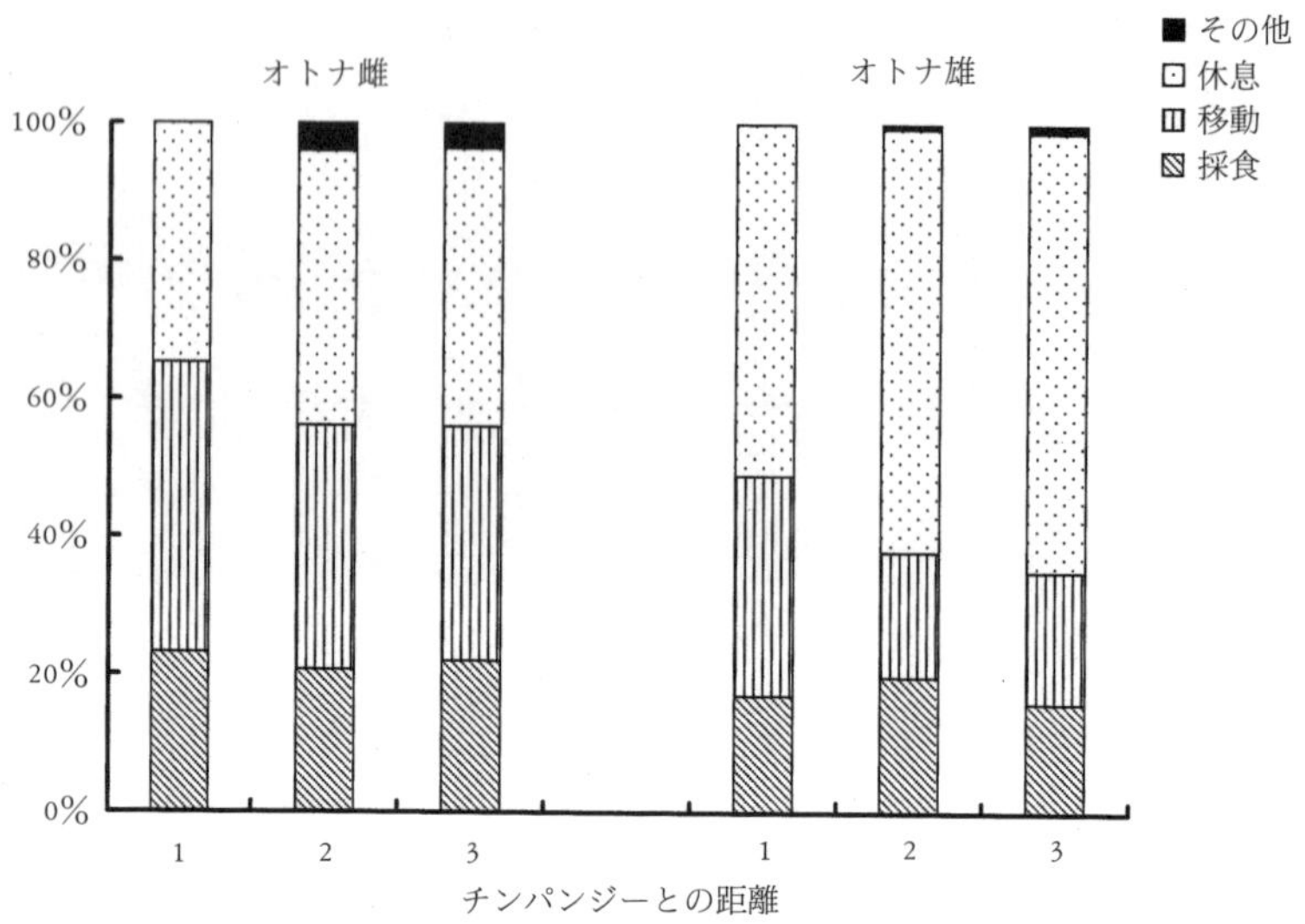

図 10-1　チンパンジーとの距離とアカコロブスのアクティビティ

チンパンジーとの距離は，1：チンパンジーが 100 メートル以内，2：チンパンジーの声は聞こえるが，100 メートル以上離れている，3：チンパンジーの声が聞こえない，の 3 段階に分けて分析した．雌雄とも有意差は認められなかった（オトナ雌：$\chi^2=4.70$，df＝6，n.s.，オトナ雄：$\chi^2=8.79$，df＝6，n.s.）．また，採食，移動，休息の三つを用いて検定したところ，チンパンジーが 100 メートル以内のときの雌雄差もなかった（$\chi^2=3.57$，df＝2，n.s.）．

てアクティビティ・パターンが異なる可能性が考えられる。このためにオトナ雌とオトナ雄に分けて分析した。

その結果、オトナ雌、オトナ雄とも、チンパンジーとの距離によってアクティビティ・パターンを変えることは認められなかった（図10-1）。またチンパンジーが一〇〇メートル以内にいるときのアクティビティの雌雄の違いも認められなかった。こうした結果から、アカコロブスがチンパンジーの接近に対して大きく行動パターンを変えることはないと考えられた。

3　高さ利用の変化

次にチンパンジーの接近に対してアカコロブスが使う高さがどのように変わるのかを検討した（図10-2）。するとオトナ雌で

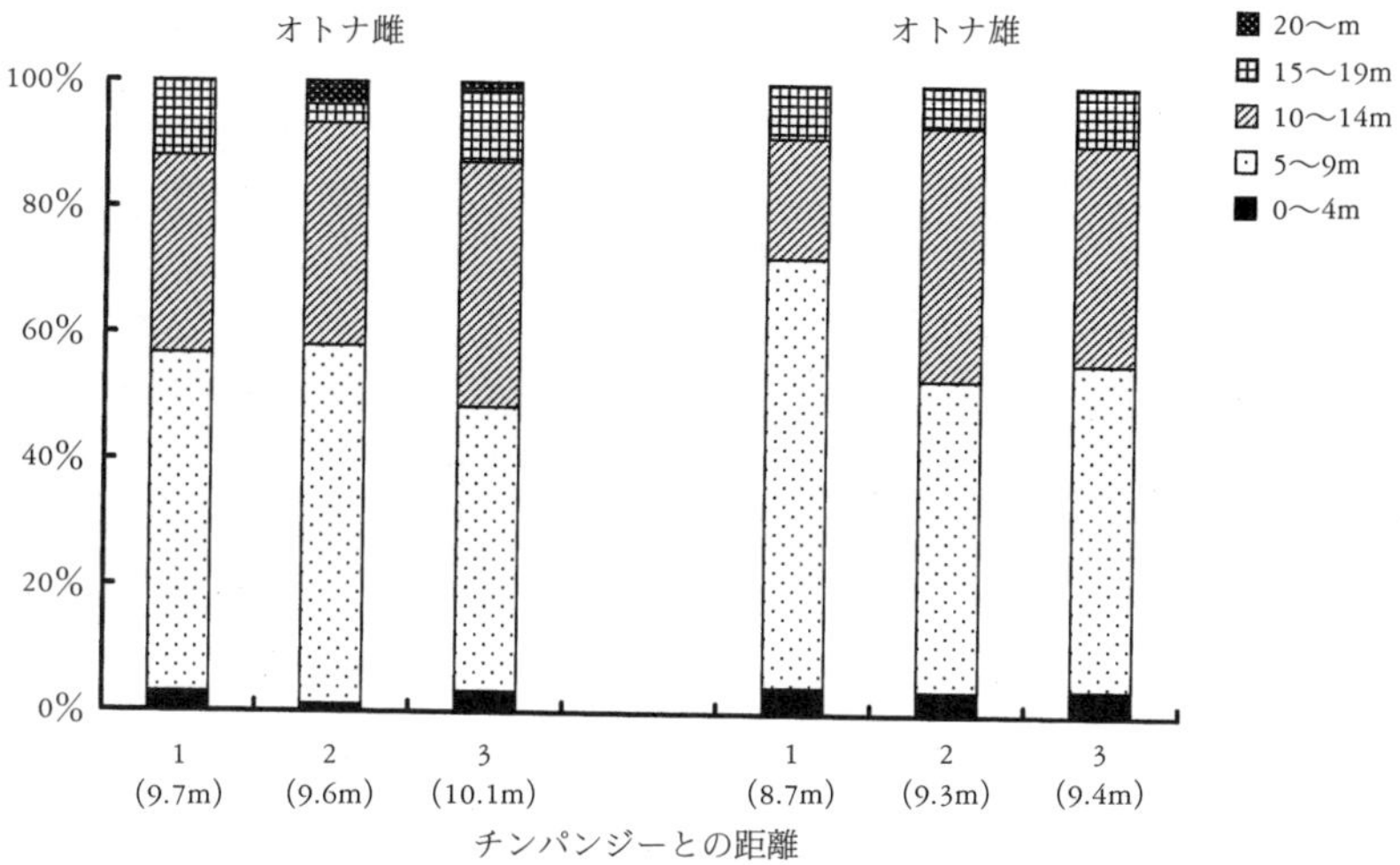

図 10-2　チンパンジーとの距離とアカコロブスが利用していた高さ
チンパンジーとの距離の分類は図 1 を参照．かっこ内は，それぞれのカテゴリでの利用していた高さの平均値を示す．サンプル数の少ない 0〜4 メートルと，20 メートル以上を，それぞれ 5〜9 メートル，15〜19 メートルと一緒にして検定したところ，オトナ雌ではカテゴリ 2 と 3 の間（$\chi^2=11.43$, df＝2, n.s.），オトナ雄のカテゴリ 1 と 2 の間（$\chi^2=7.79$, df＝2, $p<0.05$）で有意差が認められた．それ以外の組み合わせでは有意差は認められなかった（オトナ雌のカテゴリ 1 と 2：$\chi^2=2.17$, df＝2, n.s., オトナ雌のカテゴリ 1 と 3：$\chi^2=1.84$, df＝2, n.s., オトナ雄のカテゴリ 1 と 3：$\chi^2=5.52$, df＝2, n.s., オトナ雄のカテゴリ 2 と 3：$\chi^2=4.32$, df＝2, n.s.）．

は、チンパンジーの声が聞こえなかったときとチンパンジーが一〇〇メートル以上のところにいるときの間で有意差が認められた。一方オトナ雄では、チンパンジーが一〇〇メートル以内にいるときと一〇〇メートル以上のところにいるときの間で有意差が認められた。いずれの場合も、チンパンジーが近づいてくると利用する高さが低くなった。

後述するように、チンパンジーが近づいてくるとアカコロブスのオトナ雄はさかんに警戒音を鳴くようになる。オトナ雌はこの警戒音に反応して、普段使っている高さよりも低い、つるが生い茂ったところに移動してその茂みの中に隠れようとする。そのためオトナ雌では、チンパンジーがいないときに比べて、チンパンジーが近づいてくると利用する高さが

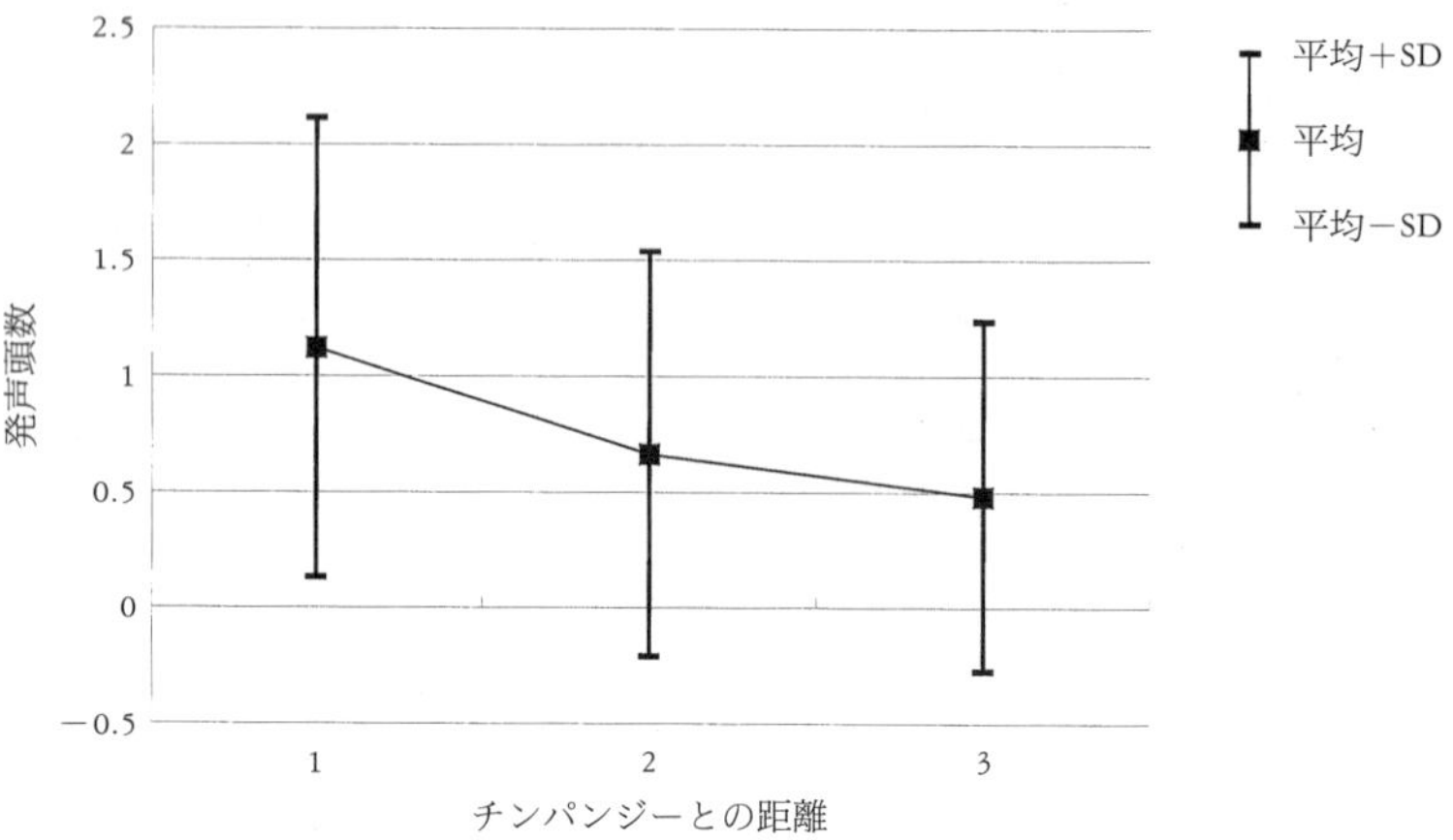

図10-3　チンパンジーとの距離とアカコロブスが警戒音を鳴いた頭数
チンパンジーとの距離の分類は図1を参照. すべてのカテゴリの間で有意差が認められた（カテゴリ1と2：$t=2.40$, $n_1=33$, $n_2=116$, $p<0.05$, カテゴリ1と3：$t=3.07$, $n_1=33$, $n_2=712$, カテゴリ2と3：$t=2.12$, $n_1=116$, $n_2=712$）.

低くなると考えられる。一方オトナ雄は、チンパンジーが一〇〇メートル以内に近づいてくると、地上から接近してくることが多いチンパンジーを警戒して、より低いところを利用するようになるのだろう。

4　警戒音の発声頻度

ゴンベのアカコロブスは、捕食者の接近に対して、オトナ雄が大きな警戒音を鳴くことが知られている[6]。そこでマハレのアカコロブスも同じような行動を示すかどうかを次に検討した。ここでは、スキャニングとスキャニングの間の一〇分間に、この警戒音を鳴いた頭数を指標とした発声頻度を、チンパンジーとの距離に対応させて分析した（図10-3）。するとアカコロブスのオトナ雄は、チンパンジーが近づいてくるにつれて警戒音を鳴くことが増えるという結論が得られた。とくにチンパンジーが一〇〇メートル以内に近づくと、チンパンジーがいないときに比べ、単位時間当たりに警戒音を鳴くオトナ雄の数は約二倍増加した。このことからマハレでも、ゴンベと同じようにアカコロブスの警戒音はチンパンジーの接近を知らせる機能をもつと考えてよいだろう。

5　混群形成

アフリカや中南米の森林では、同じ場所に住んでいる数種類のサルが、同じ木で採食や休息したり、ときには一緒に遊動することがしばしば観察される。この現象は混群と呼ばれている。ではなぜ彼らは混群を作るのか？　その理由として以下の二つの仮説が考えられている。一つは採食効率仮説と呼ばれるもので、混群を作ることで採食の効率を上げていると考えるものである。もう一つが対捕食者仮説と呼ばれるもので、混群を作ることで捕食者に襲われないようにしているというものである。

実際タイでは、チンパンジー狩猟に対抗する目的で、アカコロブスがダイアナモンキー（*Cercopithecus diana*）と混群を作るということが報告されている。[7]ではマハレではどうなのか？　この点を次に検討してみた。

マハレのチンパンジーMグループの遊動域内には、アカコロブス以外に、昼行性のサルとしてアカオザル、アオザル、ベルベットモンキー、キイロヒヒの生息が知られている。[8]このうち、アカコロブス同様生息密度が高く（上原・五百部、第五章）、アカコロブスの観察中にしばしば同じところで観察されたアカオザルとの混群形成について分析した。

まず初めに、アカコロブスがアカオザルと積極的に混群を作っているか否かを、生息密度や群れの移動スピード、群れの広がりから算出される混群率や混群の継続時間の期待値と観察値の比較から検討した。何種類かのサルが同じところに生息している場合、採食品目が似ていたり、生息密度が高かったりすると偶然同じところで観察されることがある。

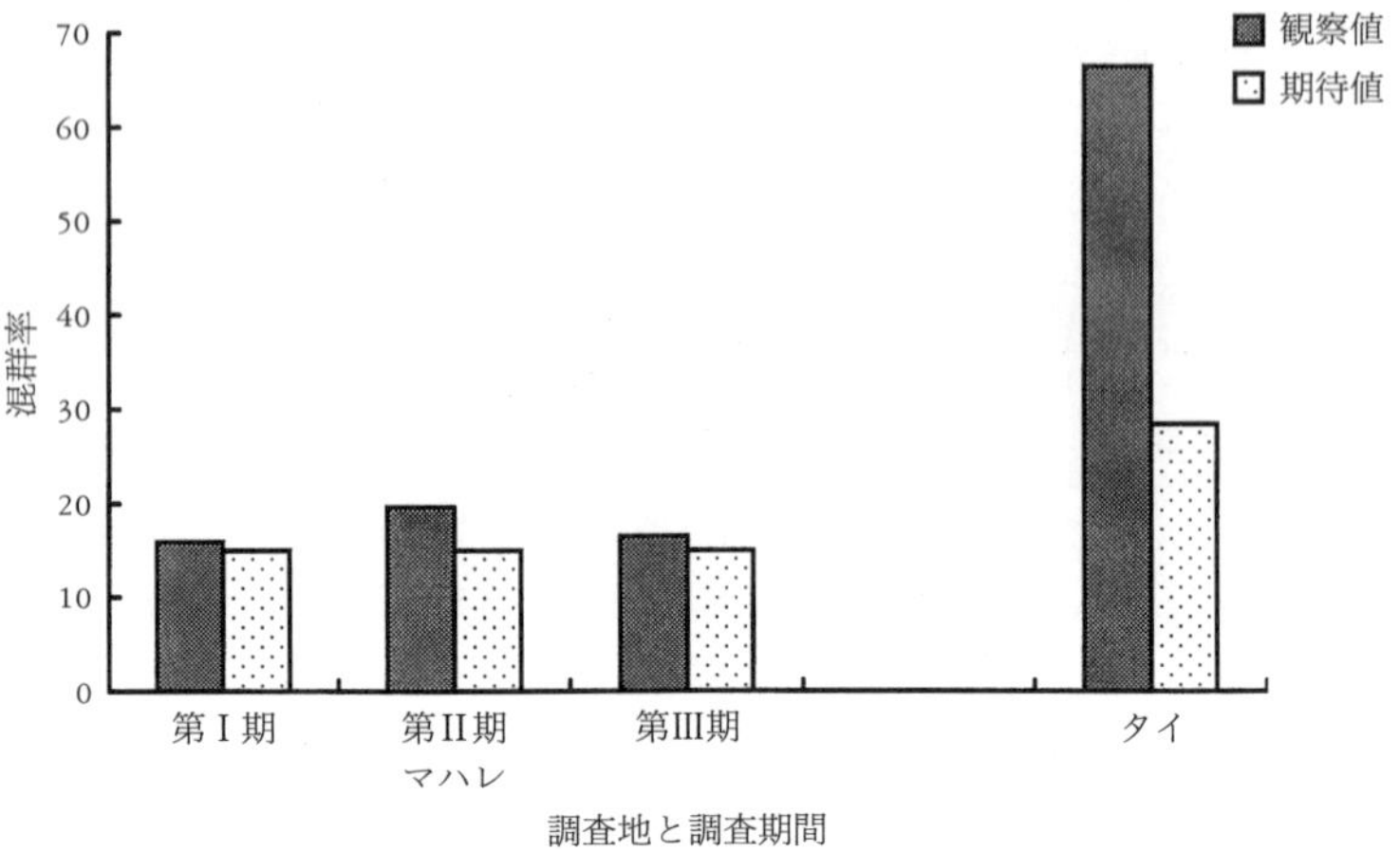

図 10-4　混群率の観察値と期待値の比較
タイの資料は，Holenweg et al, 1996 からの引用．

そこで、アカコロブスとアカオザルが一緒に観察されたとしても、必ずしも何か積極的な理由があって一緒にいるとは限らない。そこでアカコロブスが積極的に混群を作っているかどうかを検証するために、期待値と観察値の比較を試みた。その結果、アカコロブスとアカオザルの混群率の観察値は、すべての観察期間を通じて、期待値とほとんど変わらなかった（図10－4）。また混群の継続時間に関しても、観察値と期待値の間で違いは認められなかった。すなわち、マハレのアカコロブスは、積極的にアカオザルと混群を作っているとは言えないという結論が得られた。

次に混群率や混群の継続時間の調査期間の間の違いを検討した。例えば、アカコロブスがチンパンジー狩猟に対抗するために混群を作っているならば、チンパンジー狩猟が盛んな時期には、混群率などが高まる可能性が考えられるからだ。しかし、チンパンジーの狩猟が盛んに行なわれる季節に混群を頻繁に作るという傾向は認められなかった（図10－5）。これらの結果から、マハレのアカコロブスは、チンパンジー狩猟に対抗する目的でアカオザルと混群を作ることはないと結論づけられるだろう。

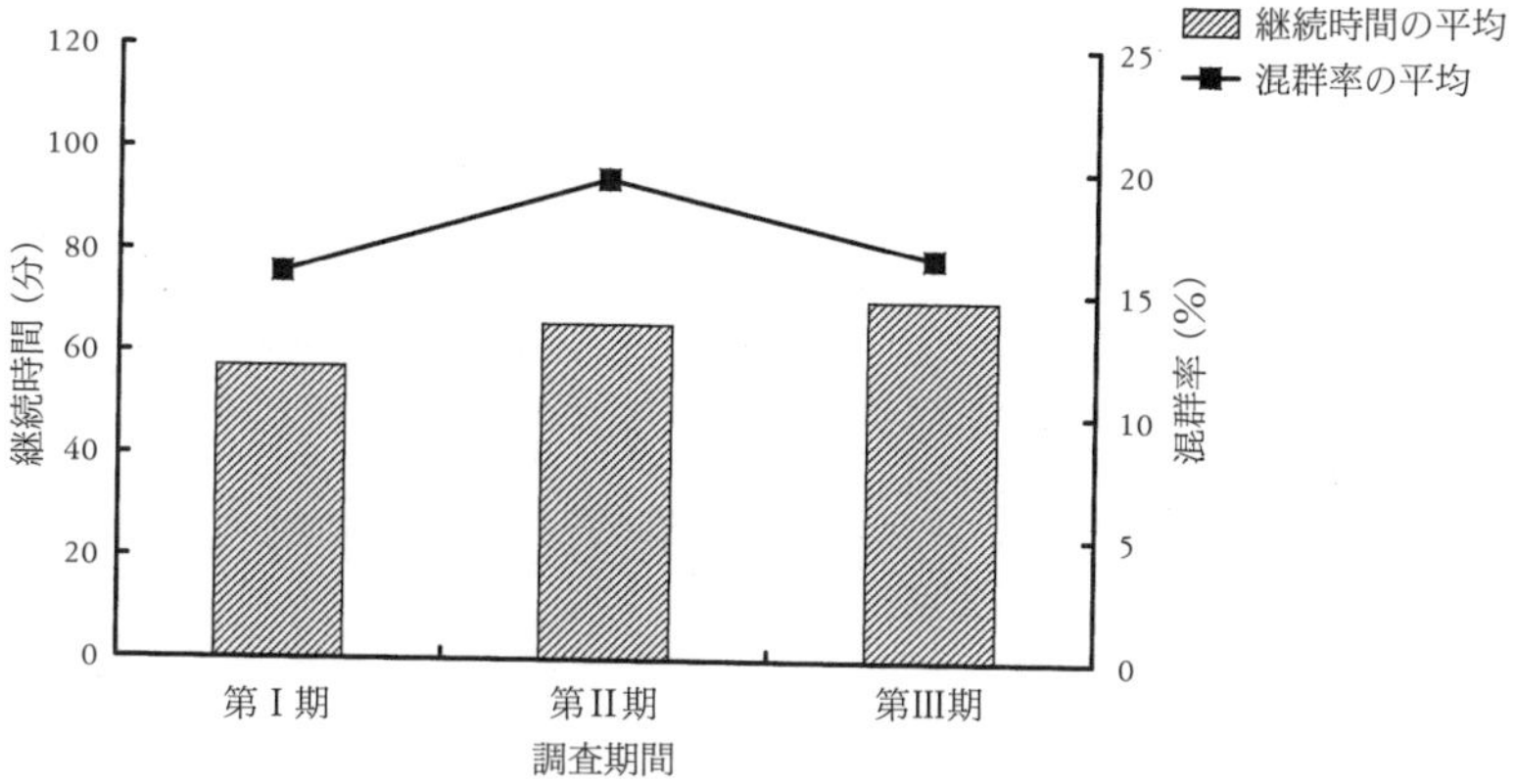

図 10-5　混群率と混率の継続時間の調査期間の間の比較

四　戦略の地域差と被食の影響

1　アカコロブスの対チンパンジー戦略の地域差

以上の結果から、マハレのアカコロブスは、チンパンジーの接近に対して「警戒・防衛戦略」と呼ばれる方法を取っていると考えられた。すなわちチンパンジーが接近してくると、アカコロブスは利用している高さを変え、オトナ雄が頻繁に警戒音を鳴くようになるという反応を示すということだ。そしてアカコロブスは、実際にチンパンジーが狩猟を始めるとオトナ雄を中心にして反撃に出る（保坂、第九章）。こうした戦略は、ゴンベのアカコロブスでも観察されている。[9] 一方、タイではチンパンジーの接近に対してアカコロブスはまず隠れ、チンパンジーの狩猟が始まっても反撃に出ることは少ない。[10]

またマハレのアカコロブスは、チンパンジー狩猟に対抗して混群を作っている可能性は低いことも明らかとなった。ところが前述したように、タイではチンパンジー狩猟に対抗するために、アカコロブスがダイアナモンキーと混群を作っている可能性が高いことが指摘されている。[10]

表10-1　チンパンジー2亜種の体重

調査地	亜種	平均体重[1] オトナ雄		平均体重[1] オトナ雌		出典
マハレ	*P. t. schweinfurthii*	42.0kg	(6)	35.2kg	(8)	Uehara & Nishida, 1987
ゴンベ	*P. t. schweinfurthii*	39.5	(9)	29.8	(6)	Wrangham & Smuts, 1980
ゴンベ	*P. t. schweinfurthii*	42.3	(11)	30.0	(7)	Pusey, 1978
博物館の記録	*P. t. verus*	46.4	(1)	—		Jungers & Susman, 1984
博物館の記録	*P. t. verus*	47.4	(2)	21.1	(1)	Morbeck & Zhilman, 1989

1) かっこ内に体重を測定した個体数を示した.

このような地域差がなぜ生まれているのだろうか？　この理由として以下の四つが考えられる。

まず第一にチンパンジーの狩猟方法の違いが指摘できる。マハレやゴンベでは、チンパンジーはパントフートと呼ばれる音声を上げながら狩猟対象に接近することが多い（保坂による第九章およびグドールの報告[11]）。とくにアカコロブスなどのサル類を狩猟する際にはこの傾向が強い。このため、マハレやゴンベでは、狩猟対象がチンパンジーの接近を容易に知ることができる。一方タイでは、チンパンジーが声を上げながら狩猟対象に接近することは少なく、静かに忍び寄ることが多い。このため、タイでは狩猟対象がチンパンジーの接近を知るのが容易ではない。こうしたチンパンジーの狩猟方法の違いが、アカコロブスの対チンパンジー戦略の地域差を生み出している一つの要因だろう。

二番目にチンパンジーとアカコロブスの体格差の違いが指摘できる。マハレやゴンベのチンパンジーは、ヒガシチンパンジー（*Pan troglodytes schweinfurthii*）と呼ばれ、タイに生息するニシチンパンジー（*P. t. verus*）とは亜種が違うとされている。そして少なくともサンプル数の多いオトナ雄に限っていえば、明らかにニシチンパンジーの方がヒガシチンパンジーよりも一回り体が大きい（表10-1）。一方、アカコロブスの方もこの二つの地域では亜種が違う。マハレやゴンベのアカコロブスは *Procorobus badius tephrosceles* と分類され、タイのアカコロブスは *P. b. badius* とされている。そし

表10-2　アカコロブス2亜種の体重

亜種	平均体重[1)]		出典
	オトナ雄	オトナ雌	
P. b. tephrosceles	10.5kg	7.0kg	Struhsaker & Leland, 1979
P. b. badius	8.3	8.2	Oates et al., 1990

てタイのアカコロブスの方が、マハレやゴンベのアカコロブスよりも若干小さいのだ（表10-2）。このため、チンパンジーとアカコロブスの体格差はタイの方がマハレやゴンベより大きくなっている。こうした違いが、チンパンジー狩猟が始まったときに、アカコロブスが反撃に出るか否かの違いとなって現れている可能性が考えられる。

三つ目の理由として、植生の違いが上げられる。マハレやゴンベの植生は、林冠が閉じておらず、開けた森が多い。とくにマハレで狩猟が盛んに行なわれる乾季は、多くの木が葉を落とし、いっそう見通しがよくなっている。そのために、アカコロブスはチンパンジーの接近を容易に知ることができるだろう。一方タイの植生は、林冠が閉じており見通しが悪い。こうした環境のもとでは、アカコロブスがチンパンジーの接近を知るのは容易ではない。チンパンジーの狩猟方法の違いとあいまって、こうした植生の違いもアカコロブスの対チンパンジー戦略の違いを生み出す一つの要因となっているだろう。

さらに混群形成に関して言えば、アカコロブスの混群相手の違いが大きい。タイのダイアナモンキーは、地上近くを遊動することが多く、地上からやってくる捕食者を早期に発見する能力に長けている[12]。タイのチンパンジーは、声を出さずに忍び寄ることが多い。こうした狩猟方法に対抗するためには、早期に捕食者を発見してくれるダイアナモンキーと混群を作ることは、アカコロブスにとって有効な戦略になり得るだろう。一方マハレのアカコロブスの混群相手であるアカオザルは、チンパンジーの声が聞こえるとそれと反対方向にさっさと逃げてしまう。そこでアカコロブスにとっては、アカオザルと混群を作るメリットがないのだ。またマハレのチンパンジーは声を上げながら近づいてくることが多い。そのためアカコロブスは容易にチンパンジーの接近を知ることができる。そこでマハレのアカコロブスは、チンパンジー狩猟に対抗するためにアカオザルと混群を作ることはしないのだろう。

チンパンジーがアカコロブスを主要な狩猟対象としている点は、マハレ、ゴンベ、そしてタイに共通しているが、それぞれの地域のアカコロブスがチンパンジー狩猟に対抗している方法は、このような理由により異なっていると考えられる。

2　チンパンジー狩猟がアカコロブスに対して与える影響

ではこうした頻繁なチンパンジーによる狩猟は、アカコロブスの社会や行動にどのような影響を与えているのだろうか？　実はこの点についてはまだまだわからないことが多い。

まずアカコロブスの人口増加に与える影響は、少なくともマハレではそんなに大きくないと考えられている。[13] マハレのアカコロブスの人口増加率は一年に数パーセントと考えられるが、チンパンジーが一年に殺しているアカコロブスの数は、これとほぼ同じか、多少少ないと推定されている。アカコロブスの正確な個体数の推移は今のところ不明だが、昔からマハレで観察している研究者の印象では、少なくともアカコロブスの数が減っているとは思われない。むしろ増えているのではないかという印象をもつ研究者も少なくない。とすれば、アカコロブスの人口増加に対するチンパンジー狩猟の影響はさして大きくないと考えることは、あながち的外れではないだろう。

また一つのアカコロブスの群れに限れば、チンパンジーによる狩猟が行なわれるのは、一年に一回あるかないかという程度だ。チンパンジーによるアカコロブス狩猟では、一回の狩猟で数頭のアカコロブスが同時に殺されることがある（保坂、第九章）。確かにこうした場合には、襲われた群れは消滅しかねないほどの打撃を受けることになるだろう。しかしたいていのアカコロブス狩猟は、アカンボウや子どもが一頭殺されるだけだ。こうした狩猟が一年に一回程度しか起こらないとすれば、この点からもアカコロブスの人口増加に対するチンパンジー狩猟の影響は小さいと考えられるだろう。

しかし一方で、マハレのアカコロブスはヒョウにも捕食されているという証拠がある。[14] またアカコロブスなどのオナガザルの仲間は、猛禽類によって捕食されることも知られている。アカコロブスの人口増加に対する影響をきちんと検討するためには、今後はチンパンジーだけでなく、ヒョウや猛禽類による捕食も視野に入れながら、アカコロブス個体群の増加率を正確に把握していく努力が必要だろう。

アカコロブスを見ていてもう一つ感じていることは、彼らがチンパンジーに食べられるようになったのは、ごく最近のことではないのかということだ。こうした印象をもったのは、彼らの対チンパンジー戦略があまりうまくいっていると感じられないからだ。例えばアカオザルは、チンパンジーの声が聞こえてくるとさっさと声と反対方向に移動してしまう。実際マハレでは、アカオザルがチンパンジーに食べられることはほとんどない。一方アカコロブスは、チンパンジーの声が聞こえると、オトナ雄が警戒音を鳴いたり、利用する高さを変えたりして、一応何らかの反応を示す。しかし実際には、アカオザルよりもはるかに高い頻度でチンパンジーに食べられている。とすれば、こうしたアカコロブスのやり方は、対チンパンジー戦略としてきちんと機能していないのではないか？　もしチンパンジーとの関係が、進化的に見て十分長い時間の中で作られてきたものだとすれば、もっとうまいやり方をアカコロブスは身につけていてもよいのではないかと思えるのだ。この点も、今後検討を必要とする課題だろう。

そして今のところ解決されていない最も大きな疑問は、なぜチンパンジーがアカコロブスを好むのかという最初に立てた問いだ。残念ながらその問い対する解答を、私はいまだに手にしていない。チンパンジーに好まれる理由の一つは、アカコロブスの対チンパンジー戦略のまずさに求めることができるかも知れない。しかしそれだけではないように思えるのだ。あるいはアカオザルやアオザルに比べて、アカコロブスの体が大きいことがその理由の一つかも知れない。しかしマハレのチンパンジーは、アカコロブスのアカンボウや子どもを好んで狩猟することが知られており（保坂、第九章）、単純に体の大きさだけがアカコロブスを好む理由ではないだろう。最近では「アカコロブスがおいしいから」といったような、あまり「科学的」とは思えない可能性すらつい考えてしまう。今のところ、とにかくこの研究を続けて、何とかこの問いに対する解答を見つけ出したいと考えている。

註

（1）Goodall 1963.
（2）Nishida *et al.* 1979.
（3）Alp 1993; 五百部 1997; Uehara 1997.
（4）Stanford *et al.* 1994; Boesch & Boesch 1989.
（5）Takasaki *et al.* 1990.
（6）Stanford 1995.
（7）Bshary & Noë 1997.
（8）Nishida 1990a.
（9）Stanford 1995.
（10）Bshary & Noë 1997.
（11）Goodall 1986a.
（12）Bshary & Noë 1997.
（13）五百部・上原 1999.
（14）沓掛、私信。

第11章　自己治療行動の学際的研究

マイケル・A・ハフマン
大東　肇
小清水弘一

一　はじめに

最近、野生霊長類の自己治療行動に関する新しい研究分野が開拓されたことにより、動物、植物、寄生虫の三者の複雑な関係に注目が集まってきている。チンパンジーをはじめとする野生霊長類は日常、栄養価に富んだ果実や葉、若い芽などを食べるが、それ以外に、特殊な二次代謝産物を含む種の葉や樹皮、さらには根などの部位を食べることもある。栄養的には乏しいと考えられるこれらの植物の非栄養的な採食の意義に、ここ数年、興味がもたれ、その一つとして薬理的効果が指摘されつつある。しかしながら、これらの種や部位の薬理効果や、その有効成分についてはほとんど知られていなかった。ところが最近、非栄養的なある種の植物を食べると、寄生虫感染症の制御や、その二次的病徴である腹痛の治癒などに有効であるとする仮説が、アフリカの大型類人猿研究により実証されてきている。

すなわち、東アフリカのチンパンジー三集団において、強烈な苦味をもつ茎の汁（髄部液）を摂取したり、葉をそのまま呑み込むといった行動が生態学的・寄生虫学的解析から寄生虫感染症の軽減に役立っていることが指摘されている。

アフリカの大型類人猿についてのこの種の調査・研究は、初期人類の自己治療から現世人類の医療行為への進化の過程を考察する上でのよい手がかりとなるであろう。また、霊長類の自己治療研究には、ヒト、家畜、飼育動物などの寄生虫感染症を効果的に治療することに対する天然物の有効利用や新しい治療方法の提供についての期待を抱かせるものである。

＊

右に述べたように、アフリカの大型類人猿の薬用植物利用に関する多くの観察結果が次々と報告されるようになり、動物の自己治療に関する研究に一層拍車がかかってきた[①]。野生動物の自己治療能は、各個体の経験により、また、部分的には本能、食欲を通して、さらには通常の採食行動の副次的産物としてもたらされ、以後の行動においてはこの経験や結果が記憶され定着するものと考えられる。

一部の霊長類研究者は、野生霊長類が日常的に食べる植物に含まれている二次代謝産物をなぜ食するのか、あるいはまた、毒物も含むであろうこれら産物にどのように対処したかに焦点を当てて研究している[②]。自己治療を理解する上で難点であり、また重要な今後の研究課題の一つは、二次代謝産物の豊富な植物を栄養補給の目的で採食し、その結果として間接的に薬効を得ている場合と、直接薬効を期待して意識的に当該植物を採食する場合とを区別することである。

ヒトの社会でも食用と薬用植物の区別は、元来あまり明確ではなかった。その顕著な事例として、アジア各地の日常食に見られるスパイス、香辛料、各種ハーブなどを挙げることができる。これらのなかには、抗菌、抗ウイルス、抗酸化や発がん抑制作用など生体防御や機能調節作用が期待できるものもあることは、よく知られている[3]。

寄生虫は多くの病気を誘発し、個体それ自身の行動や、繁殖能力にも影響を及ぼす。したがって、これらの悪影響を取り除くことは重要である。寄生虫感染症が宿主へ与える影響や、感染した際の宿主への反応は、長い進化の過程で培われてきた産物であることは間違いない。霊長類やその他の哺乳類において、偶然採食した植物二次代謝産物が寄生虫駆除に効果があるかもしれないという可能性は、ジャンセン[4]によって初めて示唆された。しかしながら、アフリカの大型類人猿についての最近の調査結果は、偶然ではなく、薬効を期待してある種の植物を積極的に摂取していることが示唆されている。とくに、自己治療行動の主役は寄生虫感染症の制御（感染に由来する腹痛を和らげる効果も含む）にあるとの仮説が提出されている。アフリカの大型類人猿についてのこの調査結果は、現時点で、哺乳動物一般の自己治療に関する最も決定的な状況証拠を提供しているものと考えることができる。一方、著者らの調査域（マハレ山塊国立公園周辺）では、ヒトとチンパンジーでよく似た病徴を示す疾病に対し、同じ植物を選択することが知られている。この事実はおそらく両者が系統的に最も近縁なためであろう[5]。

ジャンセンらの報告から示唆されているように、自己治療の世界は、類人猿ばかりでなく、類人猿以外の霊長類、さらにはその他の哺乳類にも見られるものと推察される。しかしながら、これまで、自己治療に関する情報はアフリカ大型類人猿からのそれが最も顕著である。自己治療行動の観察から導きだされる研究結果は、一般の哺乳動物から霊長類、さらには大型類人猿から初期人類、現世人類にいたるまでの医療行為の進化を考える上できわめて重要と考えられる。

本稿の目的は、現在得られているアフリカ大型類人猿の間接的、直接的自己治療についての裏づけをレビューし、今後の調査研究の基本的ガイドラインを提供すること、さらには今後この知識をヒトの日常の生活にどう活用していくかを探ることにある。

二　大型類人猿日常食の薬理効果に関する生態化学的考察

1　果実や葉の採食と薬理効果

チンパンジー、ビーリャ（ボノボ）、低地に住むゴリラなどは概して果実食者であるが、同時に葉、髄部、種子、花、樹皮、樹液などの多様な部位を採食している。これら植物各部位からは、これまで、種に特徴的な産物として、多彩な二次代謝産物が分離されてきている。植物側から見れば、自己の含むある種の無機物質や二次代謝産物は草食動物に対する防衛最前線であると考えられている。[6]すなわち、他者に影響を及ぼすこれら二次代謝産物は、採食者（草食動物）にとって有毒であったり、消化力を低下させ食欲を減退させたりすることにより摂取されにくくする物質と捉えることができる（表11－1）。

リチャード・ランガムとイザビリエ－バスタによると西ウガンダのキバレのチンパンジー（カニャワラグループ）は、ヤマゴボウ科のフィトラッカ・ドデカンドラ（*Phytolacca dodecandra*）の果実を多量に高頻度で採食している。[7]（図11－1）その実は苦味があり、少なくとも四種の毒性トリテルペンサポニンを含んでおり、これらは単独または混合物のわずか二グラムでマウスとラットに対して致死量となる。果実に最も多量に含まれているこれらサポニン類は住血吸虫の中間宿主である巻貝を殺す作用があり、現在アメリカで殺巻貝剤として開発中である。その他の生物活性としては、抗ウイルス、抗菌、避妊、殺精子、胚毒性作用などが挙げられている。

アフラモムム属（野生のショウガ類）の髄部や果実はアフリカ全土のチンパンジー、ビーリャ、ゴリラが採食している。

表 11-1　一般的な植物 2 次代謝産物とそれらが動物に与える影響

化合物のタイプ	薬理効果 (特記事項)
テルペノイド，アルイカロイド	イオンチャンネルの修飾 (高毒性)
イソキノリンアルカロイド	DNA に挿入，受容体と相互作用，痙攣作用 (毒性があり，苦みを呈する)
キノリジンアルカロイド	ACH 受容体に結合 (毒性があり，苦みを呈する)
トロパンアルカロイド	ACH 受容体の阻害 (高毒性)
ヒロリジジンアロカロイド	変異原性，発癌性 (肝臓毒)
シアン配糖体	呼吸阻害
アルジアック配糖体	Na＋/K＋－ATPase 阻害 (高毒性)
テルペン	利尿作用 (苦み)
揮発性テルペン	抗菌性，刺激性
揮発性モノテルペン	抗菌性 (芳香性)
サポニン，アミン	生体膜に対し界面活性 (苦み)
トリテルペン，サポニン	生体膜に対し界面活性 (苦み，催吐性)
セスキテルペン，ピロリジジン	変異原性，発癌性，刺激性 (細胞毒，肝臓毒)
コンバラトキシン	Na＋/K＋－ATPase 阻害 (高毒性，苦み)
アントラキノン	便通作用 (毒性)
フェノール性物質	収斂 (しゅうれん) 性，抗消化性
セルロース，ヘミセルロース，リグニン，シリカ	非消化性

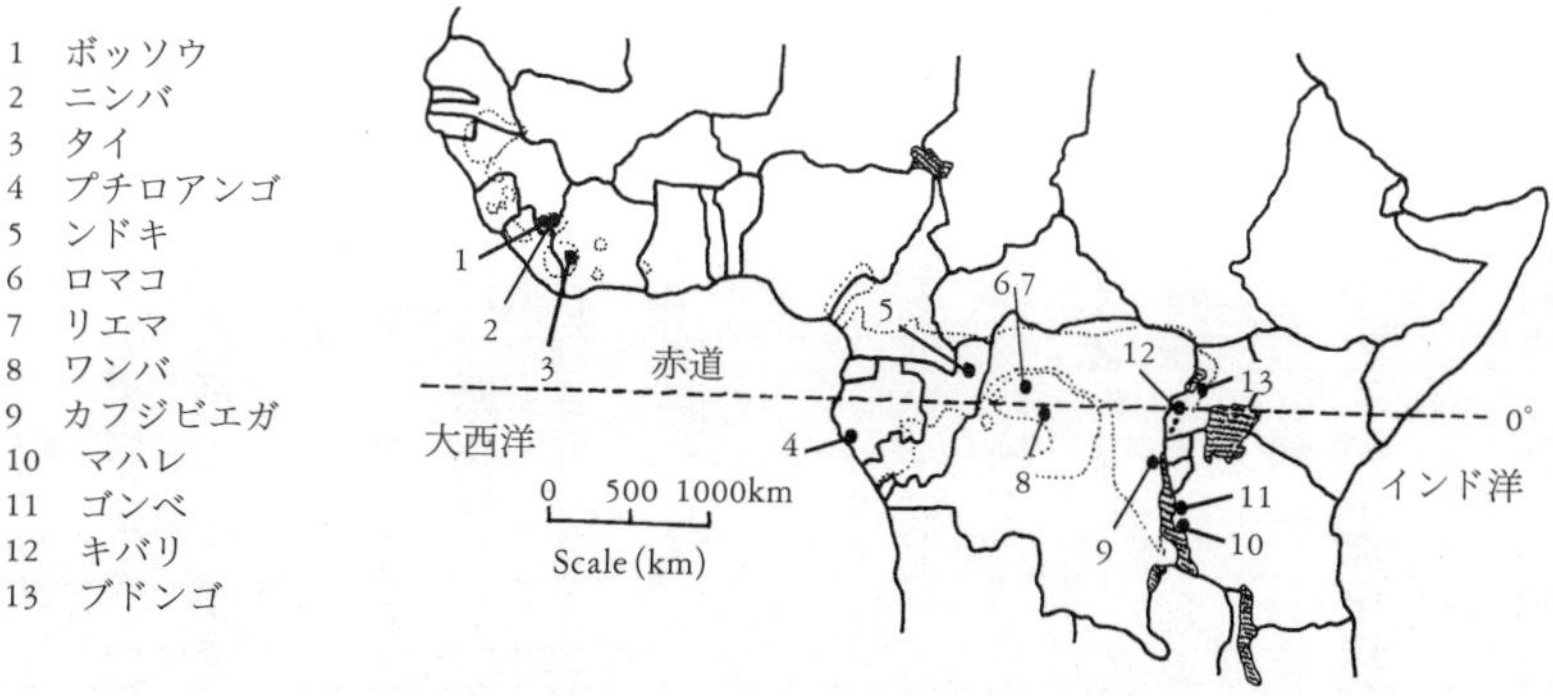

図 11-1　類人猿の葉の呑み込み行動が観察されたアフリカの調査地.

コーネル大学生物学部のジョン・ベリーが南西部ウガンダ、ブウインデイにおいて、ゴリラの日常食を生態化学的に研究を進めているが、その一環としてアフラモムム・サングィネウム（*Aframomum sanguineum*）の果肉の生物活性について評価し、本種に強力な抗菌活性物質が含まれていることを明らかにした。また、ベリーによれば、この（実）は、バクテリア感染や真菌感染の治療薬として、さらには駆虫剤としてブウィンディの市場や路端で市販されている。[8]

北部コンゴのンドキの森では、キツネノゴマ科のトマンデルシア・ラウリフォリア（*Thomandersia laurifolia*）の若葉の先端をニシローランドゴリラが噛むことがまれにある。[9] 滋賀県立大学の黒田末寿らによれば、原住民はこの若葉を抗寄生虫薬や解熱剤として利用しているとのことである。この葉の抽出物には、弱いながらも抗住血吸虫作用が認められている。

2　栄養価の乏しい樹皮と木部の採食と薬理効果

樹皮と木部は繊維質や木質に富むが、時には毒性もあり、消化性はよくなく栄養価も低い。[10] チンパンジーやゴリラが多くの種の樹皮や木部を頻繁に採食することはよく知られているが、日常食のなかで樹皮がいったいどのような役割を果たしているのかは、まだほとんど明らかにされていない。アフリカの民俗生薬学の文献によれば、これらの植物樹皮のなかには重要な薬理効果をもつものもあり、今後の類人猿の行動学・植物化学的な調査・研究にとって新しい対象材料となりうるものと考えられる。

マハレのチンパンジーはニクズク科のピクナントゥス・アンゴレンシス（*Pycnanthus angolensis*）の木部を採食するが、西アフリカの人々も、下剤、消化剤、吐剤、歯痛止めなどとして利用している。また、マハレのチンパンジーは現地人が胃痛の治療薬として利用（しがむ）するグレウィア・プラティクラダ（*Grewia platyclada*）の樹皮を剝いで噛んでいることがときどき観察されている。同じくマハレのチンパンジーはエリトリナ・アビシニカ（*Erythrina abyssinica*）の樹皮を時に食するが、この種の樹皮の抽出物からは強い殺マラリア原虫および抗住血吸虫活性が認められている。[11] 一方、ゴンベのチンパンジーは、エンタダ・アビシニカ（*Entada abyssinica*）の樹皮をときどき食しているが、ガーナの人々はこれを下痢または吐剤として利用している。ギニア、ボッソウのチンパンジーはきわめて苦い味のするゴングロネマ・ラティフォリウム（*Gongronema latifolium*）の樹皮を食べることが観察されている。西アフリカの人々は、一方、この植物の茎を肛門にさしこみ、痛時の下剤、腹痛、腸内寄生虫感染症の治療に利用している。

3　マハレ・チンパンジーの薬用的植物利用の可能性——寄生虫駆除を目的として

著者の一人ハフマンらは、マハレのチンパンジーが食用とする植物が寄生虫駆除に効果があるかどうかを検討するため、アフリカの民俗生薬文献を参考にし、文献調査を実施した。本分析には、マハレ・チンパンジーの採食種一九二種中、学名まで同定されている非栽培種一七二種を対象とした。[11] ある植物は複数の民間生薬として利用される一方、一七二種の二二パーセントにあたる四三種が寄生虫や胃腸病の治療薬として使用されていることが分かった。チンパンジーはこの四三種すべてをこのような薬理効果を狙って食べているとは限らないが、一六種の植物において、それぞれの採食部位合計六三部位の一六パーセントにあたる二〇部位は、腸内寄生虫症や胃腸病の治療薬としてヒトが利用している部位と一致していた。[12] さらに興味深いことに、このうち一六種の植物のチンパンジーによる採食頻度が雨季に際立って高い傾向を示していた。この事実は、後に述べる野外観察結果と合わせ考え、マハレのチンパンジーがたびたび感染する腸結節虫（*Oesophagostomum stephanostomum*）の制御にこれら植物が何らかの形で関係しているのではないかと考えられる。

4　アフリカ以外の大型類人猿の薬用的植物利用の可能性

東南アジアのオランウータンについては自己治療の全貌がまだ明らかにされていない。しかしながら、彼らも多くの植物の形成層を主とした樹皮を採食することが知られている。多くの場合、樹皮は噛みしがまれるだけで、繊維質は食べられることなく吐き出されることが知られている。このような採食行動は、アフリカの大型類人猿の場合と同様、樹皮の薬的利用を示唆している。

以上の調査の概略から、大型類人猿の日常食に潜在する薬理的効果、とくに寄生虫への対処法としての意義が推察されるであろう。今後、大型類人猿が摂取する食素材の薬理的活性スクリーニングを推し進めることが、潜在する抗寄生虫活性を追求するための効果的な方法の一つである。

三　マハレ・チンパンジーの自己治療行動に関する具体例と展望

これまでアフリカの大型類人猿の自己治療行動に関する具体例として、①枝の髄部から苦い汁をしがみ出して呑み込む行動、と、②葉の呑み込み行動、の二つのタイプが示されている。[13] 本節では、おもにマハレのチンパンジーに焦点を当て、その自己治療行動の具体例と、今後の展開について解説する。

1　髄部の苦汁摂取行動の生態学・化学・寄生虫学的調査・研究——ヴェルノニアを例として

（1）マハレ・チンパンジーのヴェルノニアの採食行動における特徴

チンパンジーによる髄部の苦汁摂取行動は薬効（寄生虫制御効果）を求めているのではないかとする仮説が提示されたのは、明らかに病気と見られるマハレのチンパンジーによるヴェルノニア・アミグダリナ（*Vernonia amygdalina* Del.（キク科））の採食行動の詳細な観察に端を発している。

一九八七年一一月のある日、著者（ハフマン）と共同研究者のモハメディは、マハレ・チンパンジーの興味ある採食場面に遭遇した。日中の活動時間をほとんど横になって過ごすなど病気と思われる成熟雌（チャウシクと命名）がヴェルノニアの茎の髄部を噛み砕き、滲み出る樹液を呑み下した。ヴェルノニアは樹液も含めて強烈な苦味を呈し、このためマハレ・チンパンジーにとっては日常食とはならないものと考えられていた。事実、一九六五年から一九八三年までの長期間に渡る調査記録によると、その葉および樹皮の採食が観察された回数はそれぞれ一回および二回のみである。この三五年間、ほとんど例外なく髄部のみの採食が記録されている。[14] 採食当日の活力の無さとともに、食欲の減退、排便・排尿の異常も観察され、体調不良は明らかであったが、ヴェルノニアの採食後には除々に回復しているように見え、翌日の午後には通常の活動状態に戻った事が確認されている。[15] ヴェルノニア・アミグダリナは、熱帯アフリカに広く分布している植物であり、周辺の人々には多彩な薬理効果を示す民間薬として広く使われている。ハフマンらは、このような事実をも考え合わせ、この時点で、チャウシクがヴェルノニアを薬として利用したのに違いないと結論づけた。なお、一九八七年の観察と同じような採食行動が一九九一年にもハフマンらによりなされている。[16]

ヴェルノニア属植物の他種の苦汁摂取行動は、タンザニアのゴンベではヴェルノニア・コロラタ（*V. colorata*）、カフジ－ビエガではヴェルノニア・ホクステッテリ（*V. hochstetteri*）やヴェルノニア・キルガエ（*V. kirungae*）など、各地で観察されている。また、象牙海岸のタイ森林では、パリオソタ・ヒルスタ（*Paliosota hirsuta*）、エムレモスパト・マクロカルパ（*Emremospath macrocarpa*）などの苦汁摂取行動が時に観察されている。[17]

マハレのチンパンジーはヴェルノニア・アミグダリナの若い茎から苦い汁を摂取する際、まず外部の樹皮と葉を取り除き、露出した内部だけをしがみ、そこから抽出する苦い髄液を呑む（写真11－1）。一回に利用する髄部は小片であり、直径一センチメートル、長さ五～一二〇センチメートル位である。量にもよるが、採食時間は一～八分である。[18]また、これまでマハレにおけるヴェルノニア・アミグダリナの苦汁摂取行動は、六月と一〇月（乾季後期）を除くすべての月に観察されている。[19]しかしながら、先に述べたように、その採食全頻度はきわめて少なく、また、その季節も一一月から二月にかけて多いが、雨季の中期から後期にあたる一二月から一月にかけて最も高頻度で観察されている。

（2）ヴェルノニアの抗寄生虫活性成分の化学的研究

行動生態学から提起されたハフマンらによるヴェルノニアの薬的利用仮説は、その後、植物化学的、寄生虫学的分析により補強され、より論拠のある仮説へと進歩してきている。[20]

一九九一年から精力的に実施された小清水・大東らによるヴェルノニアの化学分析的展開には、偶然と言ってもいい背景があった。それは、それ以前に別途に、アフリカ熱帯降雨林産植物を対象として化学的研究を実施していた小清水は、ヴェルノニアが民間薬としての利用されているばかりでなく、強壮食素材として饗されていること（西アフリカ）に興味を抱き、研究題材の一つとして取り上げようとしていた事実である。この時点で、小清水およびハフマンらの共同研究が始まり、次のような成果を生み出すことになった。

小清水・大東らは、まずヴェルノニアの有機溶媒抽出物について広範な生物・生理活性を検討し、予想通りその抽出物中に抗菌、抗腫瘍、免疫抑制など多様な生理活性物質が存在することを見出した[21]。次いで、各活性物質を化学的に明らかにするため粗抽出物の分画操作を行なったところ、面白いことに、各種の活性を示す区分にはヴェルノニアの特徴的性質である苦味が附随していることに気づいた。かねてより苦味は、薬理作用など種々の生理活性を担う物質に広く認められる特性と

写真 11-1　*Vernonia amygdalina* の苦い髄部吸い込み行動（上）と *Aspilia mossambicensis* の葉の呑み込み行動（下）を行なうチンパンジー（写真マイケル・ハフマン）

して知られていた。そこで、その後は、ヴェルノニアの苦味成分の研究へと進展した。種々の化学的操作を経て、二つの型の苦味成分を単離・構造決定した。[22] その一つは、ヴェルノダリン（vernodalin）を主とするセスキテルペンラクトン類四種であり、他方はヴェルノニオサイド（vernonioside）群と命名したステロイド配糖体類である。ヴェルノニオサイド類では、苦味をもつＡ群（ヴェルノニオサイドＡ１〜Ａ４）とともに、関連する非苦味性Ｂ群（ヴェルノニオサイドＢ１〜Ｂ３）も附随して明らかにできた。とくに、非苦味性ヴェルノニオサイドＢ１はステロイド配糖体のなかで量的に主要となるもので、本化合物が以後の展開に大きく役立つこととなった。図11-2に、それぞれの化合物群の主要物質であるヴェルノダリンおよびヴェルノニオサイドＢ１の構造を示す。

ヴェルノダリンなどのセスキテルペンラクトン類はヴェルノニア属植物に共通した化合物で、抗腫瘍、昆虫摂食阻害活性など多彩な生理活性が知られていた。事実、著者らは、粗抽出物の段階で認めていた抗腫瘍、抗菌、免疫抑制活性等は、これら化合物の存在により理解可能であることを確認している。[23] 一方、ヴェルノニオサイド類は、とくにステロイド環骨格に付く側鎖部の酸化状態に特徴のある、新規な化合物群である。

さて、先に掲げた化合物がマハレのチンパンジーによるヴェルノニアの薬的利用とどのようにつながったのであろうか。ハフマンらは、後に述べるように種々の病態解析から、ヴェルノニアの樹液を呑み病状を回復したチンパンジーは何らかの寄生虫症であったと推察した。そこで、次はこれら化合物の寄生中への影響を検索することとした。

ヴェルノニアを採食したチャウシクがいかなる寄生虫に侵されていたか特定できていなっかたが、ここで、川中博士（国立感染症研究所）、ライト博士（ロンドン大）、ならびにバランサル博士（マルセーユ大）らの協力を得て、熱帯性をも含む重篤な寄生虫感染症を想定し、試験管内試験による寄生虫活性を検討した。[24] その結果が、以下のようにまとめることができる。

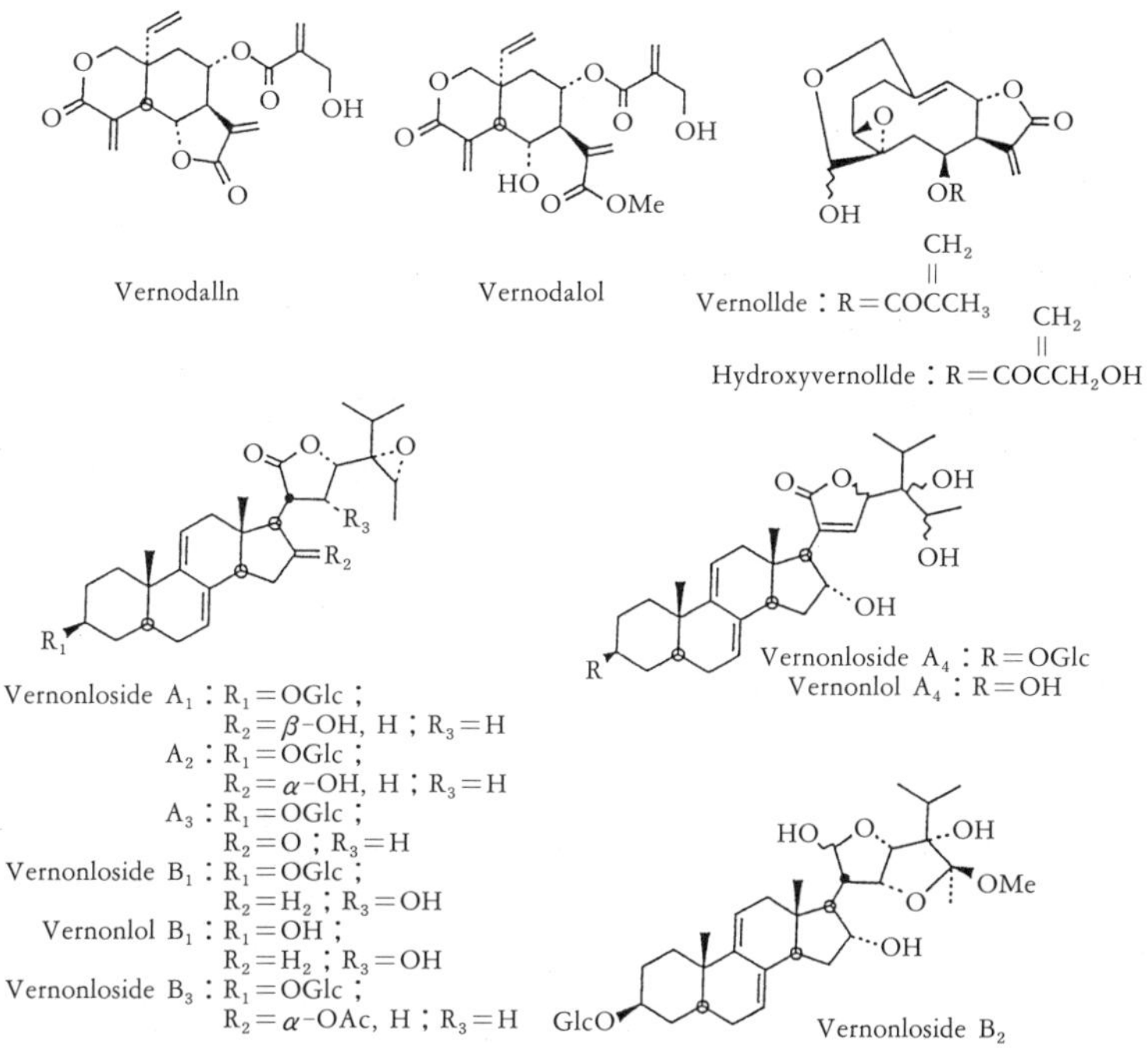

図 11-2　ヴェルノニア・アミグダリナから単離されたステロイド配糖体とセスキテルペンラクトン関連化合物の化学構造.

①セスキテルペンラクトン類には住血吸虫（AS：*Schistosoma japonicum*）に対し有意な運動抑制（IM）や産卵抑制（EL）効果が認められる。また、殺マラリア（PL：*Plasmodium falciparum*）、殺リーシュマニア（*Leishmania infantum*）活性も認められ、とくに主要ラクトン、ヴェルノダリンの活性が最も顕著である。

②ステロイド配糖体の抗寄生虫活性は一般に弱いが、主要配糖体、ヴェルノニオサイドB１やA４では二〇ミクログラム／ミリリトルで住血吸虫の産卵抑制活性があり、この活性は二ミクログラム／ミリリトルでも有意である。さらに、酵素的あるいは化学的に誘導したB１やA４の一次および二次アグリコン（脱糖体：ヴェルノニオールB１、ヴェルノニオールA４、イソヴェルノニオールB１など）で

は、住血吸虫の運動抑制が二〇ミクログラム／ミリリットルで観測でき、さらに殺マラリアや赤痢アメーバー（ＥＡ：*Entamoeba histolytica*）活性も含め、これらアグリコンの抗寄生虫活性は、元の配糖体のそれらよりも一般的に高まる。

なお、多くの配糖体では対応するアグリコンが天然にも存在し、とくに主要配糖体であるヴェルノニオサイドＢ１のアグリコン（ヴェルノニオールＢ１）は、配糖体の一／五量程度存在することが明らかになっている。[24]

前記の試験結果から、ヴェルノダリンがヴェルノニアの抗寄生虫活性を担う中心的化合物と考えられた。しかしながら、住血吸虫感染マウスを用いて実際の活性を検討したところ、ヴェルノダリンは毒性が強く、毒性のないレベルでは無効であることが分かった。[25] つまり、チンパンジーによるヴェルノニアの抗寄生虫的利用は、ヴェルノダリンでは説明できないことが判明したのである。

ところで前述したように、西田らの記録によれば、マハレのチンパンジーのヴェルノニアの採食では、その髄部が唯一の摂取部位とされている。[26] そこで、ヴェルノニアの各部位におけるヴェルノダリンおよびヴェルノニオサイドＢ１の存在レベルを検討してみた。[27] マハレが雨季になり始める季節（一〇月下旬）のヴェルノニアを対象として定量したところ、毒性の強いヴェルノダリンは葉に多量（二・一八ミリグラム／グラム生葉）含まれ、摂取部位である髄部にはほとんど存在していない（〇・〇三ミリグラム／グラム生髄）ことが判明した。一方、ヴェルノニオサイドＢ１は全ての部位で評価できる量（例えば髄部では〇・七五ミリグラム／グラム生髄）存在していた。

ここまで、住血吸虫やマラリアなど重篤な病気を招く熱帯性寄生虫に対する活性について述べてきた。これらの寄生虫にチンパンジーが感染することは事実らしいが、[28] 当該チンパンジーが真にこれら寄生虫に侵され、その対処法としてヴェルノニアを利用していたかは疑問である。当然ながら、次節で述べるように、条虫や線虫などより一般的な寄生虫にも目を向ける必要があろうが、以上の研究から現時点で、マハレのチンパンジーのヴェルノニア利用に関して著者らは次のような仮説を提出している。

①マハレのチンパンジーは何らかの寄生虫を制御するためにヴェルノニアを利用している。
②彼らは、毒性の強いセスキテルペンラクトン類を多量に含む葉の摂取は避け、茎部随を選択的に利用する。
③おそらくそこに含まれるステロイド関連化合物が薬として働いているのであろう。

(3) ヴェルノニアの寄生虫制御に関するその後の生態学的・寄生虫学的解析

前節で述べた熱帯性寄生虫を対象とした研究はさて置き、その後ハフマンらは、ヴェルノニアの採食と寄生虫制御との関係を、生態学的視点よりさらに深めてきた。過去三年間にわたるマハレチンパンジーの寄生虫感染度の調査によれば、腸結節虫に感染した個体の発症率は雨季に上昇するが、他の線虫類ではそうではない（図11-3）。腸結節虫感染症は、鞭虫（*Strongyloides fulleborni*）、糞線虫（*Trichuris trichiura*）に比べ、苦汁摂取行動との深い関連性が認められる。[29]

本節の（1）で述べたように、苦汁摂取行動の詳細な観察から、ハフマンらが接触した個体は病気（下痢、倦怠感、線虫感染など）であったと推察された。また、病気の二個体を追跡調査した結果、苦い髄部の苦汁摂取行動後、二〇～二四時間以内に病状が回復していることが確認されている。腸結節虫感染の糞便一グラム中の寄生虫卵数（ＥＰＧ）は、苦い髄部樹液の摂取後二〇時間以内に一三〇卵から一五卵へと減少したことが明らかになっている。しかし併発していた鞭虫感染症の糞便では、このような減少は認められなかった。[30] 同じ時期に観察された個体のほとんどに、腸結節虫のＥＰＧが徐々に増加していたことが明らかになっている。雨季初めのＥＰＧ価の増加は、腸結節虫の再感染度の増加を反映し

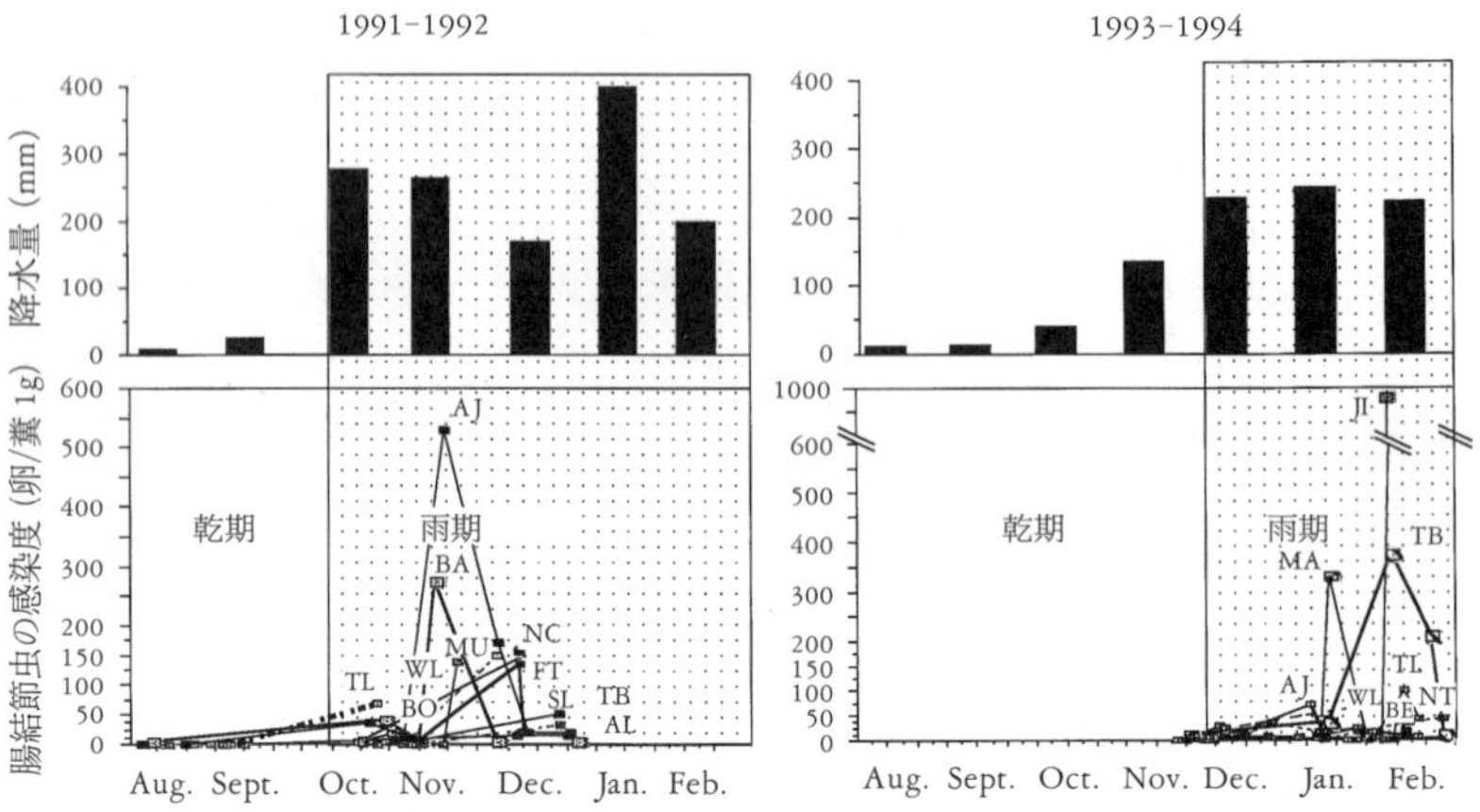

図 11-3　マハレで 1991〜1992 年，1993〜1994 年に追跡調査したチンパンジーの腸結節虫 *Oesophagotomun stephanosotomun* の個体感染度（卵/糞 1 グラム当り）の季節的変動．

ていると考えられる（図11-3）。

以上のように、ヴェルノニアの採食は、少なくともマハレでは一般的な腸結節虫症の治癒（または軽減）に効果があると期待されている。

2　葉の呑み込み行動の生態学

葉の呑み込み行動は腸内寄生虫の駆除を通して腸結節虫感染症の制御や、条虫感染症による痛みの緩和に効果があると報告されている。これまでに寄生虫駆除について、薬理的および物理的メカニズムが提唱されている[31]。

葉の呑み込み行動は、ゴンベとマハレのチンパンジーでの記録が端緒となっている[32]。ランガムと西田は、キク科のアスピリア・モッサンビケンシス（*Aspilia* (syn. *Wedilia*) *mossambicensis*）、アスピリア・プルリセタ（*A. pluriseta*）、アスピリア・ルディ（*A. rudi*）の葉が未消化のまま糞便中に排泄されていることに気づき、葉の呑み込み行動は栄養補給のためではないことを初めて示唆した。その後、ロドリゲスら[33]は、アスピリアの葉を噛まずに呑み込むという一風変わった採食方法は、チンパンジーによる高度な薬的利用法であることを示唆するものであると提唱した。その後、他の類人猿にも同様な採食方法が見られるのではないかと、野外研究者たちの関心を集めることになった。また、ロドリゲスらはその化学的分析にも着手し、抗線虫、抗ウイルスなど生物活性に富む含硫化合物、チアルブリンAを単離できたことから、「アスピリアｰチアルブリンA殺線虫仮説」を提唱した。[34] しかし、その後の詳細な化学分析の結果から、この仮説は現在では否定されている。[35]

二〇〇一年一月現在、アフリカの一三カ所の調査地で、チンパンジー、ビーリャ、ゴリラによる三四種以上の植物の葉の呑み込み行動が観察されている（図11-1）。呑み込み行動で食される植物は多種多様（草本、つる、低木、樹木など）であるが、これらに共通した特徴としては、葉の表面に毛状突起がありザラザラしていることである。採食する際には、葉の先端の半分を口の中にゆっくりと入れ、舌、くちびるや上あごで丸め、やがて一枚一枚呑み込む。一度の採食で、一～五五枚程度を呑み込む事が報告されている。苦汁摂取行動と同様に、葉の呑み込み行動もきわめてまれな行動である。

アスピリアの葉は、ゴンベやマハレでは一年中採取できるが、チンパンジーによる採食は雨季（一一月～五月）に頻度高く観察されている。マハレのチンパンジーではその採食のピーク時は一月と二月で、その他の月の一〇～一二倍であることが報告されている。[36] マハレKグループのチンパンジーでも、アスピリアの呑み込み行動は乾季より雨季に圧倒的に多く観察され、これはマハレにおける髄部の苦汁摂取行動のパターンと類似している。マハレにおいて、アスピリア以外の九種の植物の葉も類似の方法で呑み込まれ、同様に雨季に頻度高く観察されている。[37]

ハフマンらは一九九三年一二月から一九九四年二月にかけての三ケ月間、チンパンジーの採食行動様式や採食個体の健康状態に関するデータを収集するとともに、葉の呑み込み行動を直接観察した。詳しく観察できた八頭のチンパンジーのうち、七頭は葉を呑み込んだ日時に下痢をしており、倦怠感や腹痛の徴候が認められた。[38] 直接観察、あるいは葉を含んだ糞便の分析調査などの間接的証拠によって、呑み込み行動をした一二例のうち、八三パーセントの個体に線虫の感染が認められた。[39] 通常、糞便中に寄生虫の成虫が認められることはまれであるが（三パーセント、九／二五四）、この調査では、倦怠感や下痢の症状を示す個体に限られていた。なお、観察できた寄生虫成虫は腸結節虫であった。

葉の呑み込み行動と腸結節虫との間には強い関連性が認められた。一九九三～一九九四年の調査において、九個体の糞便（N＝二五四）のうち六個体からのそれらにアスピリア・モッサンビケンシス、トレマ・オリエンタリス（*Trema orientalis*）またはアネイレマ・エキノクティアレ（*Aneilema aequinoctiale*）の葉が未消化のまま排泄されていることが確認できた。しかも、糞便中の未消化の葉と腸結節虫の出現率には統計的にきわめて高い相関があった。[40] 興味あることに、アネイレマ・エキノクティアレの葉が未消化のまま排泄されていた一個の糞便中には、その表面の毛状突起に二匹の腸結節虫が強固に付着しているのが認められた。残りの腸結節虫のほとんどは丸められた葉の中に入っていた。また、このように糞中に発見された結節虫の全てはまだ生存しており、動いていた。数日間、腸結節虫を糞や葉とともに保管しておいても成虫は変わりなく生き動き続けることが観察された。

以上のことより、著者らは、呑み込み行動に用いられた葉の腸結節虫駆除効果が、化学的な作用ではなく、その物理的作用によるとする、新たなメカニズムである「呑み込み行動による寄生虫駆除仮説」を提唱している。[41]

最近、そのメカニズムをさらに支持する事実が得られている。すなわち、一九九三～一九九四年の調査データの再分析の結果、マハレ・チンパンジーが呑み込む葉は五～六時間で消化器官を通過し、未消化のまま排泄されることがわかった。これは通常の葉の消化時間に比べ四分の一あるいはそれ以下である。ハフマンとジュディス・ケイトン（オーストラリア国立大学、シドニー）は、類人猿の葉の呑み込み行動においては、葉の表面のザラザラとした毛状突起が腸管を刺激し、その結果、消化時間が短縮され、物理的に腸結節虫を駆除しやすくするのではないかとの仮説を立てている。表面に毛状突起がある葉は、消化しにくく、朝、空腹時に食べることで、腸の粘膜に付着している腸結節虫が極度に刺激され、体外に排泄されやすくなるものと推察される。

これらの寄生虫駆除作用に加えて、葉の呑み込み行動には、摂食した果実などに含まれているタンニン類による口腔内の付着異物を物理的に払拭・清浄化することも目的の一つである可能性もあることから、その検証のために小清水らはチンパンジーが採食している植物部位のタンニン含量について定性試験を試みた。

柿の渋味成分を測定するタンニンプリント法（三パーセント塩化第二鉄水溶液にろ紙を浸漬後、風乾した試験紙に試料断片をまんべんなく押しつけ、タンニンプリントを作成する）を適用し、チンパンジーの採食植物部位について作成したタンニンプリントの発色度を目測によって＋＋＋〜－の四段階でタンニン含量を評価した（表11-2）。西田[42]の試食により評価されたチンパンジーの植物性食物一二三品目（九五種）のうち、予備的調査（一九九九年一〇月、マハレ）として一五種について定性試験を行なったところ、＋以上の陽性反応を呈した採食植物種は予想以上の七種に及び、陰性の植物種は八種であった。例えばシュードスポンディアス・ミクロカルパ（*Pseudospondias microcarpa*）果実の反応はきわめて強く、＋＋＋と評価されるなど、タンニン含有果実類を採食していることが明らかになった。タンニン定性試験を、さらに広く詳細にチンパンジーの植物性食物について検定すれば、採食行動の解明に新たな知見が得られるものと期待される。

表 11-2　試食による味と塩化第二鉄試験紙による陽性反応との比較

食用植物種（科，現地名）	食べられた部分*	味*	FeCl3 と試験紙反応**	備考*
Ampelocissus cavicaulis (Vitacease, Lukosho)	P	LO	＋	pleasant
Canthium crassum (Rubiacease, Lungogolo)	F(U)	SA	NT	formidably astringent
Canthium venosum (Rubiaceae, Luntafwanengwa)	NR, F		＋＋	
Ficus capensis (Moraceae, Ikubila)	F(R)	SS	＋＋	pleasant
Ficus capensis (Moraceae, Ikubila)	F(U)	LA	NT	unpleasant
Ficus vallis-choudae (Moraceae, Ihambwa)	F(R)	SS	＋＋	like Japanese common fig
Landolphia owariensis (Apocynaceae, Mpila)	P	IN	＋	pleasant
Leea guineensis (Vitaceae, Lingoga)	NR, F		＋＋＋	
Mussaenda aruata (Rubiaceae, Mmpindu)	NR, F		＋	
Paullinia pinnata (Sapindaceae, Mpatwe)	NR, F		＋	
Pseudospondias microcarpa (Anacardiaceae, Buhono)	F	SA	＋＋＋	pleasant
Saba florida (Apocynaceae, Ilombo)	F(U)	OB	NT	very sour,unpleasant
Saba florida (Apocynaceae, Ilombo)	F(R)	SO	＋	pleasant
Smilax kraussiana (Similaceaceae, Linselele)	P Sh	LO	＋＋	pleasant
Aframomum mala (Zingiberaceae, Itungulu isigo)	P	IN	－	flabor of ginger, pleasant
Costus after (Zingiberaceae, Omoji)	P	OO	－	pleasant
	F		－	
Ficus urceolasris (Moraceae, Kankolonkombe)	F(R)	VS	－	pleasant
Garcinia huillensis (Guttiferae, Kasolyo)	F	SO	－	pleasant
Mangifera indica (Anacardiaceae, Mango)	F(U)	SO	－	
Pycanthus angolensis (Myristicaceae, Lulumasha)	F	BS/SB	－	unpleasant
Uvaria angolensis (Annonaceae, Lujongololo)	F(R)	VS	－	pleasant, umami

[食べられた部位] F：果実，(R)：完熟，P：枝や茎の髄；[味] VS：たいへん甘い，SO：甘酸っぱい，OO：中程度に酸っぱい，SB：甘苦い，BB：中程度に苦い，IN：無味，＋＋＋（強），＋＋（中），＋（弱），－（反応せず）＊西田，神経進歩；701-710(5)，43，1999

四　類人猿自己治療植物の民間薬的利用法

1　苦汁摂取行動植物の民間薬的利用法

苦汁摂取行動植物の代表例であるヴェルノニア・アミグダリナはアフリカにおける多くの民族がマラリア、住血吸虫感染症、赤痢アメーバ、さらには腸内寄生虫症や胃痛の治療薬として利用している。すでに述べたように、ヴェルノニアの採食行動が詳しく観察されたマハレMグループの二頭のチンパンジーの病徴は、髄部の苦汁摂取後二〇〜二四時間で回復したことが認められた。この回復時間は、面白いことに、現地人トングェがヴェルノニア・アミグダリナの冷たい抽出液を寄生虫感染症、下痢、胃痛などの治療に利用した際に症状が改善される時間と一致している。(43)

ゴンベ、カフジビエガ、タイ（図11-1）でチンパンジーが採食する苦い髄部のあるその他の植物のなかには、民間生薬として薬理的な特徴を多くもっているものもある。なかでも、ゴンベのチンパンジーが時に採食するヴェルノニア・コロラタはヴェルノニア・アミグダリナときわめて近縁種であり、現地の伝統的な民間薬である。この二種は、民間では分類的に区別されておらず、薬効も同じとされている。同様に、これらと近縁にあるヴェルノニア・ホクステッテリも民間薬として著明であり、その髄部にはアルカロイドが含まれている。直接寄生虫とは関連していないが、パリオソタ・ヒルスタやエムレモスパト・マクロカルパは、西アフリカでは腹痛、腸炎、抗菌剤、鎮痛剤、また性病に対する治療薬としても利用されている。

以上のように、苦味を呈する植物の抗寄生虫的利用は広範に認められることが伺い知れる。

2　葉の呑み込み行動植物の抗寄生虫効果

呑み込み行動により採食される植物について、その二次代謝産物が寄生虫駆除に特別な役割を果たしていると提唱できる十分な化学的・薬理学的証拠は、現在のところ得られていない。すでに述べた物理的メカニズムは、呑み込み行動植物の寄生虫駆除における種々の観察結果をうまく説明できる、よいモデルと考えられる。しかしながら、化学的効果による寄生虫駆除もまだ捨てきれない以下のような事実もある。すなわち、最近五ケ所の調査地で類人猿が呑み込んだとされる五属五種[44]の葉の抗住血吸虫と殺マラリア活性を in vitro（生体外）で検討した[45]。その結果、五種のうち四種の抽出物中には一〇〇マイクログラム毎ミリリットルの濃度で住血吸虫の産卵活動に対する阻害活性が認められた。また殺マラリア活性も認めれている。化学的効果の説明として、消化器官を通過する過程で葉に存在する成分が腸粘膜壁への線虫の付着能力を減退させ、ザラザラした表面をもつ葉によりくっつきやすくさせ、効率的に体外へと排出されるのではないかと考えられる[46]。物理的効果と相まった化学的効果仮説の検証には、ヴェルノニアで展開された方法と同様、活性を示す成分の単離・同定を通した今後の研究に待たねばならない。

五　今後の研究の方向性と実際の応用

1　基本的ガイドラインと予見

ここまで述べてきた証拠から、類人猿は腸内を中心に多様な寄生虫を制御する目的で、さまざまな適応行動をとることが示唆された。アフリカ大型類人猿の自己治療行動仮説に関する現在の詳細な証拠のほとんどは、彼らが寄生虫感染度の違いに応じて対処方法を変えていることを示唆しているかもしれない。この仮説モデルは、季節的繁殖をする寄生虫に感染した他の多くの霊長類にも当てはまるものと考えられる。

寄生虫感染度の変動を、集団レベルでなく、個体レベルで体系的に通年追跡調査することは、主要な寄生虫が宿主に与える影響の高まる時期を判定する一つの有力な手がかりとなる。種々の行動（休息時間、歩行様式、食事時間など）を詳細に分析し、集団の健康状態を長期に追跡調査し、健康状態を表す一般的な症状（例：下痢、せき、鼻水など）を体系的に調査することは、発病時の病気判定に必須である。また、この調査は、提起されている自己治療行動の機能と効果の検証にのみ資するだけでなく、問題としている病気の直接の影響を把握するためにも必要であると考えている。これらの調査は、大型類人猿のみではなく他の霊長類においても十分可能である。

また、腸内を初めとする種々の寄生虫が野生霊長類の病気の唯一の原因ではなく、他の原因も検証する必要がある。しかしながら、野外調査で可能な事項には限界がある。自己治療行動の予想される効果を十分把握するためには、動物や植物に関する各研究分野（獣医学、薬理学、天然代謝物化学など）の多彩な研究者の協力が不可欠である。マハレのチンパンジーに関して実施されてきたＣＨＩＭＰＰ（Chemo-ethology of Hominoid Interaction with Medicinal Plants and Parasites）グループによる学際的研究は、各専門分野での研究がいかに効果的に進められてきたかを示すよい一例である[47]。

自己治療行動に関する野外調査で、最大の制約となるのは、①行動がいつ起こるか予測できないこと、②病気の個体の密着追跡調査を確実に遂行できるとは限らないこと、③自然環境における実験操作上の制限、の三点である。自己治療行動の仮説から得られる考察をより発展的に検証して行くためには、これらの制約を取り払う必要がある。例えば、飼育されているサルに無害の薬用植物を与えるとしよう。そうすることにより、彼らが薬草を選択する際の基準を評価し、個体が自己治療法をどのように獲得し、この経験が集団内にいかに伝えられてゆくのかを明らかにすることができるかもしれない。動物園の霊長類やその他の動物の自己治療行動の潜在能力を探ることにより、野生動物の世界に何が起こってきたか、あるいは将来何が起こるかを、より詳しく把握できるのではないかと期待される。さらにこの試みは、環境エンリッチメントや健康維持の全体論的なアプローチという点において、飼育動物にとっても有益であろう。

2 発展途上国における家畜用治療薬資源としての評価

自己治療行動研究の将来の方向性の一つは、今までに得られた食用・薬用植物についての知識を応用し、それらを医学や獣医学に活用することである。腸結節虫感染症は霊長類とブタ、ヒツジ、ウシなどの家畜に共通して認められる疾病であるが、時にはヒトにも感染が認められる。現在では、家畜用治療薬として各種の市販の駆虫剤を手に入れることのできる時代となっているが、反面、薬剤耐性をもつ寄生虫が一層顕著になってきているのが現状である。発展途上国の貧しい家庭や、小規模の家畜産業あるいは動物園にとっては、経済的に市販駆虫剤を入手するに難しいし、たとえ時には購入できたとしても持続的には非実用的である。従って、民間生薬から得られる天然化合物を治療に利用するという新しい方法が模索されつつある。大型類人猿における自己治療行動の研究によって、植物それ自体や、それから単離される天然化合物は、ヒト、家畜、飼育動物などの寄生虫駆除にも効果を発揮するものと期待される。アフリカでの調査結果をもとに、著者らは日本、デンマーク、フランス、タンザニア、ウガンダやケニアの共同研究者と、さまざまの寄生虫感染に対する、これらの植物の効果の検証に励んでいる。この研究の一環として、アフリカ固有で、安く手に入るなど自給可能な植物の抗寄生虫物質としての可能性も検証する予定である。

3　今後への期待

類人猿以外の霊長類の自己治療行動についても、野外と実験室の両方で研究を進めることが強く望まれる。本稿で述べたように、疑問に対する答えは必ず次の疑問を生み出す。多くの野外研究者が類似した自己治療行動を探しているので、そうした行動が実際に見出されるのもそう遠くないだろう。その結果、現在提起されている疑問にも一つ一つ答えが出されていくだろう。別の形であっても、自己治療行動は大型類人猿だけでなくサルや原猿類にも見られるものと考えられる。自己治療行動は明らかに適応的に重要であるため、動物界に広く存在していると推察される。ある集団において動物の健康や生存そのものへの直接の脅威はいったい何なのか、そしてその種はその脅威にいかなる方法でどう対処しているのかを明らかにすることが、今後の研究課題である。

アフリカ大型類人猿の間では、自己治療行動に使う植物の選択基準が酷似していること、ヒトとチンパンジーが類似した疾病には共通の植物で治療をすることは、人類の医療行為のルーツの古さを示唆する。この点において、初期人類は現存の類人猿と現世人類の植物選択基準と類似したものをすでに獲得していたと考えられる。化石からは食事行動と食事内容の微細な点まで裏づける直接の証拠は見出せないが、初期人類は現存の類人猿と同程度までの自己治療行動をすでに獲得していただろうことは容易に想像できる。

　霊長類の自己治療研究を行なうことは、自然界の多様性を表す宿主・寄生虫・植物の複雑な相互作用、霊長類の行動生態学、人類の進化過程などさまざまな課題を理解する上で、また一つの斬新な複雑さを提供することになろう。

註

（1）Huffman 1997.
（2）Glander 1982; Waterman 1984.
（3）Murakami, Ohigashi & Koshimizu 1994.
（4）Janzen 1978.
（5）Huffman, *et al*. 1996a.
（6）Howe & Westley 1988.
（7）Wrangham & Isabirye-Basuta 私信。
（8）J. Berry 私信。
（9）Kuroda, Mokumu & Nishida 私信。
（10）Waterman 1984.
（11）Nishida & Uehara 1983.
（12）Huffman *et al*. 1998.
（13）Huffman 1997.
（14）Nishida & Uehara 1983.
（15）Huffman & Seifu 1989.
（16）Huffman *et al*. 1993.
（17）C. Boesch 私信（Huffman 1997 で引用）。
（18）Huffman 1997.
（19）Nishida & Uehara 1983.
（20）Huffman & Seifu 1989; Ohigashi *et al*. 1994; Huffman *et al*. 1993, 1996b.
（21）Koshimizu *et al*. 1993.
（22）Ohigashi *et al*. 1991; Jisaka *et al*. 1992a, 1993a.
（23）Jisaka *et al*. 1993b.
（24）Ohigashi *et al*. 1994.
（25）Jisaka *et al*. 1992b.
（26）Nishida & Uehara 1993.
（27）Ohigashi *et al*. 1994.
（28）Brack 1987.
（29）Huffman *et al*. 1996.
（30）Huffman *et al*. 1993.
（31）Huffman *et al*. 1996; Wrangham 1995.

(32) Wrangham & Nishida 1983.
(33) Rodriguez 1985.
(34) Rodriguez & Wrangham 1993.
(35) Huffman *et al*. 1996b; Page *et al*. 1997.
(36) Wrangham & Nishida 1983.
(37) Huffman *et al*. 1997.
(38) Huffman *et al*. 1996.
(39) Huffman *et al*. 1996, 1997.
(40) フィッシャーの正確確率検定（両側検定）、P = 0.0001 (Huffman *et al*. 1996b)。
(41) Huffman *et al*. 1996b.
(42) 西田 1999b.
(43) Huffman *et al*. 1993, 1996a.
(44) *Maniophyton fulvum*, *Ipomea involucrata*, *Trema orientalis*, *Lippia plicata*, *Lagenaria abyssinica*.
(45) Huffman *et al*. 1998.
(46) Huffman *et al*. 1996.
(47) Huffman 1993.

第12章 リーフグルーミング——葉の毛づくろい行動

座馬耕一郎

一 「葉」の毛づくろいと「普通」の毛づくろい

この章で紹介するのは、一風変わった行動である。「リーフグルーミング（Leaf-grooming）」と呼ばれる、その名の通り、葉を毛づくろいする行動である。葉を毛づくろいすると聞いても、あまりイメージできないかもしれない。こんな行動をする動物を、チンパンジー以外で聞いたことがない。しかも、チンパンジーといっても、どのチンパンジーでもリーフグルーミングをするわけではなく、今のところタンザニアのゴンベ(1)やマハレ(2)、ウガンダのキバレ(3)のチンパンジーで観察されているだけである。

リーフグルーミングについて詳細に紹介する前に、まず「普通」の毛づくろい（Grooming）がどのようなものか説明しよう。毛づくろいは、手足や口を使って自分や他個体の体表を繕う行動として、多くの動物で観察される。霊長類では、毛づくろい行動には体の表面からシラミやダニなどの外部寄生虫を除去する衛生的なはたらきと，他個体と親和的関係を築くために用いられるという社会的なはたらきなど，さまざまなはたらきがあるとされている。

チンパンジーの毛づくろいは，まず自分や他個体の毛をかき分けることから始まる。ほぼ体中にはえている毛を，毛根近くの部分がよく見えるように，手の平や指を使ってかきなでる。ときには下唇や上唇を使って，毛をかき分けることもある。かき分けるときのチンパンジーの目は，毛のはえ際に集中している。口をパクパクと開け閉めし，パクパクという音を立てながら毛づくろいすることがよくある。そんなふうに，体のあちこちの毛を毎日のようにかき分ける。

毛づくろいでは，毛のかき分けだけでなく，かき分けた毛のはえ際から何かを取り除くような動作も見られる。手の指で毛根近くをつまんで引っ張ったり，あるいは地肌を爪でこそいだりする。そしてその直後に，指でつまんだものを口の中に入れて噛むのが観察される。また，かき分けたところに素速く口を押しつけたり，あるいは歯で毛をゆっくりとしごくこともある。

除去しているものは遠くからでは何だかわからない。接近して，さらに双眼鏡を使って拡大して観察したが，それでもはっきりとはわからなかった。ときどき見える小さな物体は，シラミやシラミの卵，ダニ類，スナノミの卵のように見える。ときには体毛にくっつく植物の種子を取っていることもあった。しかし種子のすぐそばをかき分けているときでも，ちょっと手を横にずらせば取り除けるのに，無視してしまうことが多かった。種子は毛先についていることが多いが，毛づくろいでは毛のはえ際から何かをつまみ上げることが多い。このことから，除去しているものの多くは，毛をかき分けた体表近くにいる外部寄生虫であると考えられる。

リーフグルーミングでは，こういった「普通」の毛づくろいとは異なった一連の動作が見られる。まず，葉を手に取ることから始まる。次にその葉を両手で持って，葉に唇をつける。その葉を指で二つ折りにする。折り目を爪や歯でつぶす。そして最後に葉を広げて折り目に唇をつけるか、あるいは折ったままの折り目を噛みちぎる、という動作で締めくくられる。全体で数秒から数分程度の行動である。葉にはえている毛をかき分けるといった動作はないが、葉に口をつけているときの姿が「普通」の毛づくろいとよく似ている点が、葉の「毛づくろい」と呼ばれる所以だろう。しかし葉をきれいにしても仕方がないし、葉との社会関係を築いているとも考えられず、リーフグルーミングの機能は、「普通」の毛づくろいとは異なっているようである。では、チンパンジーはなぜこのような奇妙な行動をするのだろうか？

二　観　察

リーフグルーミングをより詳細に調べるために、観察ターゲットの個体にできるだけ接近し、さらにそこから双眼鏡やビデオを用い、拡大して観察した。野外調査は、タンザニアのマハレ山塊国立公園にて、一九九九年八月から二〇〇〇年六月まで行なった。

一九九九年八月一六日のことだった。第一位のオトナ雄であるファナナを観察していると、リーフグルーミングを始めた。一日に数回ほどしか観察できない行動なので、とくに目を凝らして観察を続けた。まず潅木から葉をちぎり取った。高さ数センチメートルにはえている葉で、枯れ葉ではない。選んでいる様子もなく、ただ手近にあったからという理由だけで取ったようだ。そして両手に持って下唇をつける。このときは一回だけではなく、一回、二回と下唇をつけ、その度に葉をちらりと見ていた。ちょうど三回目に下唇をつけたときである。それまで緑一色だった葉の表面に、一つの「点」がついた。大きさは数ミリメートルほど，赤褐色をしている。ファナナはすぐに葉を二つに折って包み込み，ちょうどその「点」が包まれているあたりに爪を立ててつぶした。そして葉を広げ，赤褐色の「点」に唇をつけた。その「点」は，そして，消えた。

ファナナが葉を捨てて行ったあと，すぐにその葉を回収した。やはり「点」はすでになく，折り目と爪痕が残されているだけだった。しかし，少なくともこの観察では，リーフグルーミングという行動は，ただ葉に触っているだけでなく，「点」という「数ミリメートルほどの赤褐色の実体」がかかわる行動であることがわかった。このことから，早合点かもしれないが，リーフグルーミングは「点」をめぐって行なわれていると推察した。そして次の疑問が起こった。いったい，この「点」は何だろう。

その後，別の個体を調査したときにも，リーフグルーミング中に「点」を観察することができた。そして「点」がつくのは決まって唇をつけた後から葉を折るまでの間であり，「点」が消えるのは決まって葉を広げた後から再び唇をつけるまでの間だった。言いかえれば，「点」は，チンパンジーの唇から出てゆき，口の中に入っていくものであるということだ。そのような「点」が何か明らかにするには，葉とチンパンジーの両方向から探るしかない。つまり「点」のついた葉を回収することと，リーフグルーミングの前に何がチンパンジーの唇についたのかを観察することである。

「どうせ毛づくろいの研究をするんだったら，リーフグルーミングの葉っぱを調べるとおもしろいと思うよ…。」日本を発つ前に，霊長類研究所の保坂和彦氏にアドバイスを受けたこともあり，リーフグルーミングで使われた葉をできるかぎり回収することにした。リーフグルーミングが終わり，チンパンジーが葉を捨ててはその葉を回収した。しかし，葉に「点」は残されていなかった。葉に特徴があるかもしれないと注目してみた。葉には種，大きさ，形，堅さ，毛の密度，匂いなどさまざまな特徴がある。葉を必ず使うからには，何か特徴のある葉を選んでいる可能性がある。しかし，

写真12-1　1999年9月24日の昼，半径5m内でリーフグルーミングをした個体が用いていた葉．同一個体であっても異なる葉を選んでいた．上段左よりプリムス1枚目，2枚目，下段左よりジュノー，シンシア，ゾラが用いていた葉．

葉を集めていくうちに、その可能性はしぼんでいった。使われた葉に共通する特徴が見えてこなかったのである。さまざまな種の葉がもちいられていた。大きな葉から小さな葉まで、表面に毛の細かくはえているものから無毛のものまで、虫食いのものもあれば、艶やかなものもあった(写真12-1)。ただ、どの葉もちぎられたばかりであり、枯れ葉は用いられなかったという特徴があった。チンパンジーが葉を選ぶ場面を観察していても、選ぶ理由は「手近にあるから」であるように思われた。「葉の特徴からは推察できない、やはり『点』を確かめるしかない」そう思っていたときに、「点」を得る機会が来た。

一九九九年九月一六日のことだった。マスディという二三才のひときわ人に慣れているオトナ雄を観察していると、リーフグルーミングを始めた。葉をちぎり下唇をつけると、黒褐色の「点」が葉についた。よく見ようとしてさらに近づくと、マスディは少し驚いたのか、葉を広げた後に唇をつけるのも早々にやめて、葉を手放して去って行った。いつものように、すぐに葉を回収し、サ

写真12-2　葉の上に残されていたシラミとその拡大写真.

ンプル袋に密封した。そして調査を終えた夕方に、その葉を顕微鏡で観察した。黒褐色に見えた「点」は、何とシラミだった（写真12-2）。

シラミは三ミリメートルほどで、黒褐色をしていた。脚が六本ついており、ほぼ完全な姿をしていた。ただ、腹部がつぶれて曲がっており、すでに死んでいた。図鑑で見たヒトジラミに似ているがちょっと異なっている。ペディクルス（*Pediculus*）属だろう。謎であったリーフグルーミングで現れた「点」が「シラミ」であるという資料を一つ手に入れることができたのだった。

ところでシラミはどこから来て葉についたのだろう。日暮れたキャンプでビデオを巻き戻し、マスディの行なったリーフグルーミングを見直した。リーフグルーミングを始める前まで、マスディはドグラというオトナ雄に毛づくろいをしていた。毛づくろいを終えると、すぐに地面から葉をちぎり取り、リーフグルーミングを始めた（写真12-3 a）。そこで、スロー再生に切り替える。マスディはちぎり取った葉を両手で持って、葉に下唇をつけた。そのときである。のばした下唇の先に黒点が一つ見えた（写真12-3 b）。そして、その点が緑の葉の上につけられて移った（写真12-3

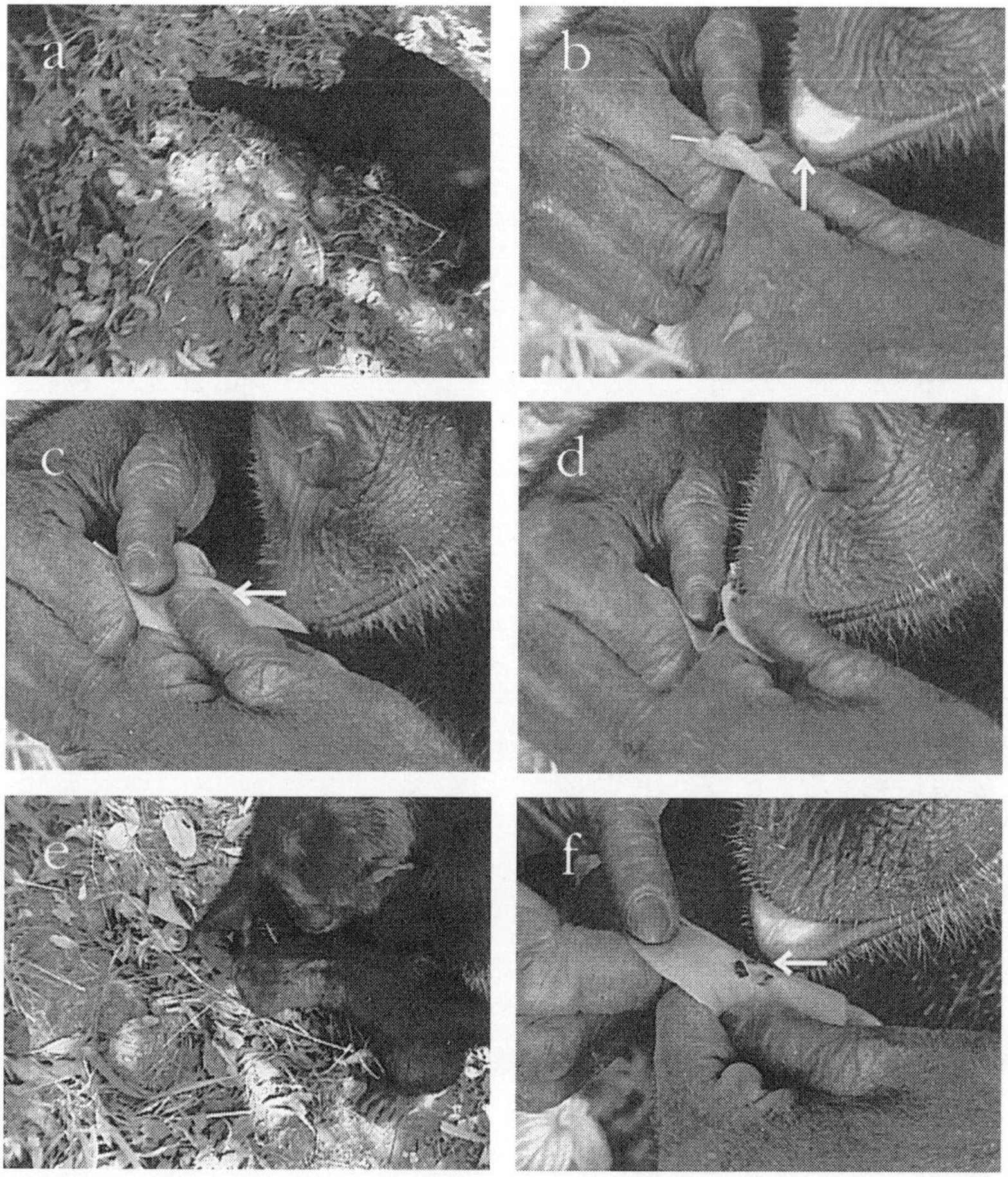

写真12-3　マスディのリーフグルーミング．矢印の先に，写真12-2のシラミが写っている．

c）。どうやらシラミは口の中から出されたようである。マスディは、シラミがその葉のちょうど中心に折り込まれるように指で二つ折りにし（写真12-3 d）、折り目を爪でつぶした（写真12-3 e）。どうやら、シラミが包まれている部分のようだ。最後に葉を広げて折り目に唇をつけ（写真12-3 f）、早々に葉を捨てて去って行った。マスディは、下唇からシラミを出し、葉につけてつぶしていたのだった。

「点」を回収できたの

は、この一度だけだった。この日の他にも、マスディを含め、さまざまな個体がリーフグルーミングをするたびに葉を回収した。しかし、計五六枚の葉のうち、先の事例の他の葉には、爪でつぶされた跡があるだけだった。ただ、その葉を使ったリーフグルーミングのときでも、観察では「点」が認められることがあった。初めのファナナの例にあったように、「点」は葉の上に移されたあと再び口の中へと移されたに違いない。マスディの観察のときも、もし私が近づきすぎずリーフグルーミングの邪魔をしなければ、マスディはシラミを口の中へと再び移しただろう。

三　リーフグルーミングの機能

ところでシラミはどうして口の中にいたのだろうか。シラミは毛のはえているところにしか寄生しないため、唇に潜んでいたとは考えられない。他のチンパンジーや自分を毛づくろいしているときに除去し、口に入れたものであると考えるのが適当だろう。実際に、リーフグルーミングの前には、「普通」の毛づくろいが観察される。

ではなぜいったん口に入れたものを葉の上に出したり、そしてまた口に戻したりする行動をするのだろうか。一つに、「外部寄生虫を殺すため」という仮説が考えられる。毛づくろいを観察すると、体表から何かを口で除去したあと、それを噛みつぶすような動作が見られる。おそらくシラミやダニなどを噛んでいるのだろう。そしてこの噛む動作を詳しく観察すると、上下の唇の先を尖らせて、口の中のものを切歯の方へ送っているような動作が入ることがある。そうまでしてつぶそうとするのは、せっかく取り除いたシラミやダニが、再び吸血しないようにするためと推測できる。しかし歯だけでは確実につぶせないときもあるだろう。また、口の中では、確実につぶせたか確認することができない。そういったときに、葉を道具に用いているのではないだろうか。葉を用いるのは、小さなシラミやダニを見やすく、扱いやすくするためだろう。数ミリメートルの褐色のシラミやダニは、チンパンジーの肌の色に近いため、指先や手の上では見失ってしまう恐れがある。そのため、緑色の葉を用いてシラミやダニをその上に乗せ、折り畳んで逃げられないようにしてから爪でつぶし、そして口に入れるという行動が発達したのだろう。枯れ葉ではなく、ちぎったばかりの新鮮な葉を用いるのは、緑色の方が見やすいからだろう。

リーフグルーミングは、さきほど述べたようにマハレ以外にも、ゴンベやキバレでも報告がある。ゴンベのチンパンジーは、葉を一枚だけでなく、一度に複数の葉を用いることがあるといった点で[4]、マハレのチンパンジーとは異なっている。グドールはこの行動を、毛づくろいの転位行動と推測した。ボッシュは一九九〇年にゴンベで調査を行ない、チンパンジーがリーフグルーミング中に外部寄生虫を葉の上に載せているのを観察し、それまでになかった「外部寄生虫をつぶす」という新しい機能を獲得したと結論した[5]。しかし、グドールも「小さなもの」が葉の上についていたことを記述しており[6]、おそらくゴンベにおいても、葉の上で外部寄生虫をつぶすことが、この行動のもともとの機能だったと考えた方が妥当だろう。キバレのチンパンジーの行なうリーフグルーミングについても詳細がわかれば、この行動のもともとの機能が「外部寄生虫をつぶす」ことなのかどうか、はっきりすることだろう。

ボッシュ[7]は外部寄生虫を同定することはできなかったようだ。この行動のなかで口から葉へと一瞬だけ出される小さなものを、観察だけで同定することは無理だろう。また、再び口に入ってしまうものなので、回収することもはなはだ困難である。しかし、この小さな「点」を明らかにすることがこの行動の鍵であった。このため、この行動の機能はこれまで謎に包まれていたのだろう。マハレではチンパンジーの観察が始められて三〇年以上がたち、多くの調査者が観察することでチンパンジーは次第に人に慣れてきた。その長い積み重ねの上での、謎解きであったと思う。

四　最後に――チンパンジーの視点

外部寄生虫をつぶすという行動は、コートジボワールのタイのチンパンジーでも観察されており、こちらは葉のかわりに腕を使うようである。外部寄生虫を腕に載せ、もう片方の手の人差し指で何回もつっつき、その後、それを口に戻してさらに噛む[7]。どうやらチンパンジーは各地でそれぞれに外部寄生虫をつぶす行動を発達させているようである。チンパンジーは外部寄生虫がよほどいやなのだろうか、よほどいじくりたいのだろうか。

本章の議論は、葉の上にシラミがついていた、たった一つの事例を根拠としている。すべてのリーフグルーミングでシラミやダニをつぶしているのかどうかは、わからない。しかし、明らかにするのは困難だろう。なぜなら一瞬現れた「点」はまた口に戻っていってしまうし、何より「点」がミリメートル単位と小さく観察しづらいからだ。チンパンジーを観察しているときに記録できるのは、せいぜいセンチメートル単位以上のものだけである。

チンパンジーがリーフグルーミングをしているときに、その葉をのぞきこんでくる者や、葉を奪う者がいるのを観察することがある。そういったときには、私までその小さいものが気になって欲しくなってくる。この小さいものはチンパンジーにとっておそらくたいへん重要なものだろう。少なくとも、チンパンジーが、その小さなものに興味がそそられているらしいというのは事実である。そんなチンパンジーの視点の一面をお伝えすることができたとすればしあわせである。なお、学術論文としては *Primates* を参照していただきたい。[8]

註

(1) Goodall 1968.
(2) Nishida 1980a.
(3) Whiten *et al*. 1999.
(4) Goodall 1968.
(5) Boesch 1995.
(6) Goodall 1968.
(7) Boesch 1995.
(8) Zamma 2002.

第4部

社会行動とコミュニケーション

第13章 音声が伝えるもの――とくにパントフートをめぐって

長谷川寿一
梶川祥世

一 はじめに

遺伝学的に見れば、チンパンジーにとって最も近縁な種は、ゴリラではなくヒトである。しかし、生態や行動だけを見れば、誰しもがチンパンジーとゴリラの方が、チンパンジーとヒトより近いと判断するだろう。ヒトは大型類人猿グループのなかでひときわユニークであり、そのユニークさを最も特徴づけるものの一つが音声言語の使用である。

他方、近年の実験室における大型類人猿（とくにチンパンジーとビーリャ（ボノボ））の認知能力の研究から、彼らが非常に優れた記号操作能力をもつことが明らかにされた。手話やレキシグラムと呼ばれる記号板、あるいはコンピュータ画面上のシンボルなど非音声系のルートを用いれば、チンパンジーはかなりの程度まで人間とコミュニケートできる。ビーリャを対象とした研究では、彼らが人間の話し言葉をかなりの程度まで理解できることも示された。となると、彼らは潜在的には、言語に類する能力をもつが、野生状態ではそれは何らかの理由で隠されているだけではないか、とする見方が当然生じる。

そこで野生状態のチンパンジーやビーリャについて、（１）彼らがどのような文脈で優れた認知能力を使っているのか、また、（２）彼らは音声を介して何らかの意味を伝えているのかが問題となる。（１）に関しては、文化的行動や道具の製作・利用行動、社会的認知能力や環境情報把握能力などを調べる研究が行なわれてきた。それに引きかえ、（２）の野生チンパンジーの音声に関する研究は、近年にいたるまで大きく立ち遅れてきた。

以下、本章では、マハレのチンパンジーの音声行動を対象として筆者ら自身が行なったいくつかの調査について紹介してみたい。マハレでの音声研究はまだ端緒についたばかりで、ジグソーパズルにたとえればまだピースが集まり始まったところである。全体像もまだよくつかめず、他の地域のチンパンジーとの比較も十分とは言えないが、今後の研究の一里塚として読んでいただきたい。

本章ではチンパンジーの音声のなかでも最もよく知られるパントフートに関して行なった分析や実験の結果を紹介する。以下、マハレで録音されたパントフートの音響特性に関する予備的な分析（二節）、パントフート音で見られたマハレとゴンベの地域差（「方言」）（三節）、マハレのパントフート音を日本で飼育されているチンパンジーに聞かせたプレイバック実験の結果（四節）の順に述べる。

二　パントフートの音響特性と個体差、個体内の変異

1　パントフートの音響特性

パントフートは、雄のチンパンジーの音声を最も特徴づける長距離音声（ロングコール）である。この音声は、イントロダクション（introduction）、ビルドアップ（buildup）、クライマックス（climax）、終結（let-down）の四つの構成部分に分けることができる（図13-1）。全体の発声の長さは、七〜一一秒ほどである。

イントロダクション部と終結部は、ほぼ同じような音響特性で、低くて少し引き延ばされたため息といった音である。この部分は発声されないこともあり、とくに終結部はあいまいであることが多い。音圧も他の部分と比べて小さい。

ビルドアップ部は、三〜六秒間で六〜一八回ほど吸気と呼気を繰り返すリズミックな音声で、徐々に音量が大きくなり、反復される発声間隔も短くなっていく。周波数はおおむねイントロダクション部と同じで、二〇〇〜四〇〇ヘルツと低い。この部分をチンパンジーは唇を突きだすようにして発声する。

続いて発声されるクライマックスは、六〇〇〜一九〇〇ヘルツの高く大きな音声で、叫び声のように聞こえる。他の構成部分には抑揚がないが、クライマックスでは開始部分から中間部分に向かって高くなり、終了部分で少し低くなるという台形型のパターンが一般的である。クライマックスは一〜二回が最も多いが、時にはさらに数回繰り返して発せられることもある。

パントフートを発するときには、イントロダクション部で手を叩いたり、体を揺すったりというような身体動作を伴

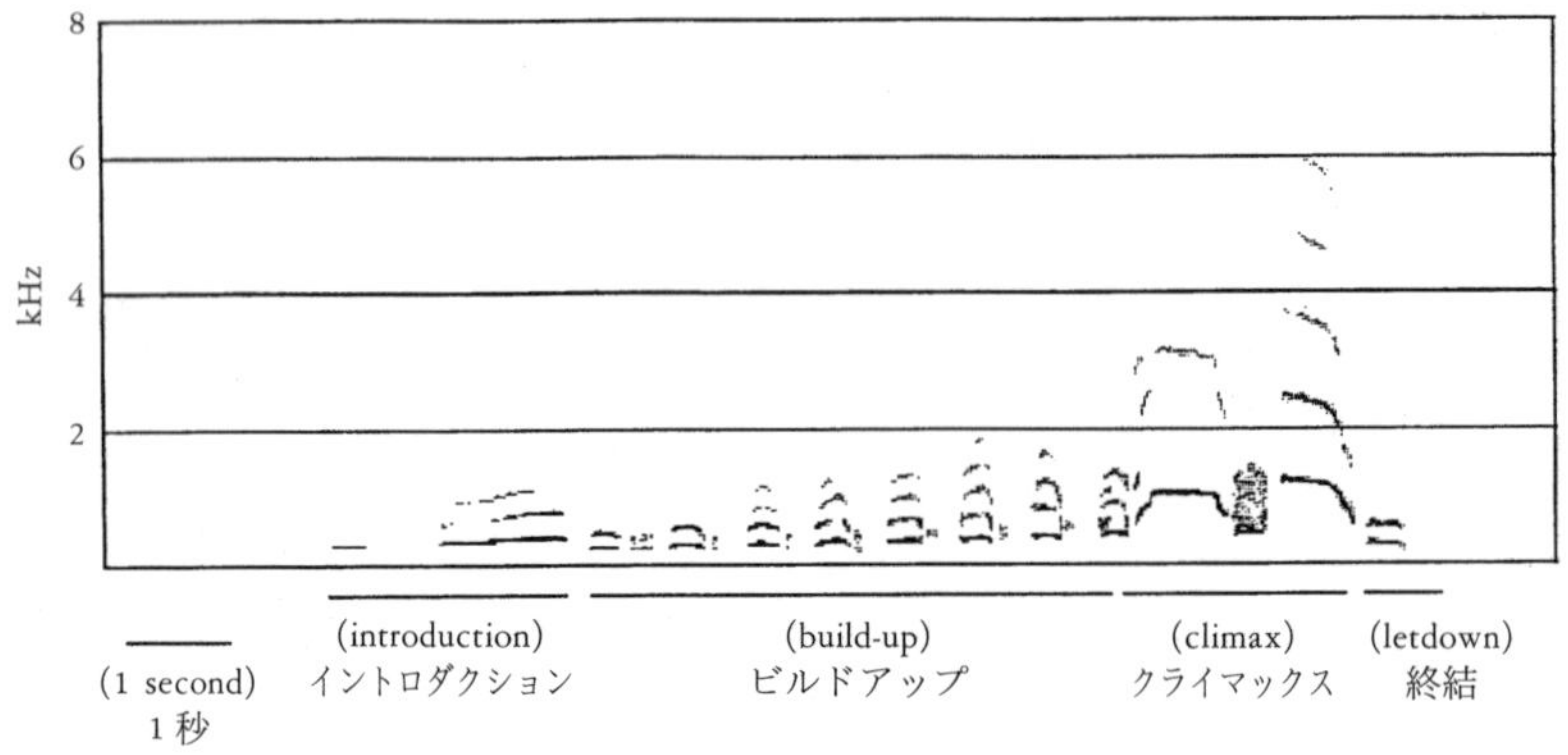

図13-1　パントフートのスペクトログラム

う。ビルドアップ部に入ると、より運動のリズムが激しくなり、動きも大きくなる。そしてクライマックスでは、それまで座っていてもここでは立って、ジャンプする・駆け抜ける・石を投げる・盤根や壁を叩いたり蹴ったりする・他個体を攻撃するといった行動を示す。パントフートはもっぱらオトナ雄がよく発し、単独で発することもあれば、複数頭で同時に発するコーラスになることもある。

2　パントフートの個体差と年齢変化

野外の研究者やフィールドアシスタントの多くは、遠くから聞こえるパントフートの音声情報だけから、どのチンパンジーが鳴いてるのかを聞き当てることができる。少し訓練をつめば人間の観察者にでもできるのであるから、チンパンジー同士が音声だけを手がかりにして発声者を同定していることは大いにありうる。では、パントフートのどのような音響特性に個体差が表れるのだろうか。

筆者の一人（長谷川）は、一九八八年八月から一二月のマハレ国立公園におけるMグループのチンパンジーの調査期間中に、雄のチンパンジーのパントフートを可能なかぎり録音し、帰国後、その音響分析を試みた。パントフートは前述のように複数個体のコーラスで発せられることが一般的であるが、コーラス音は個体別の分析には使用できない。したがって、分析には単独で発声されたパントフートの録音だけを用いた。総録音時間の三〇時間中に録音された単独のパントフートは、一三個体のオトナ雄の四五サンプルであった。録音にはソニーDATレコーダーTCD—D10を用い、音響分析にはKAY社DSPソナグラフ5500-1およびマッキントッシュ用音響分析ソフトGWインストゥルメンツ社サウンドスコープを用いた。

各サンプルについて測定したさまざまなパラメータのうち、ここでは興味深い結果が見られた、次の三つについて紹介する。

(a) パントフートの長さ (秒)：イントロダクション部の始まりから終結部の終わりまでの長さ。

(b) クライマックス部の基本周波数の最高値 (ヘルツ)：一回のパントフートで、クライマックスは一～複数回 (最大一一回) 発声されたが、そのなかの最高値。

(c) クライマックス部が複数回発声された場合の時間間隔 (ミリ秒)

なお、のべ四五のサンプルのうち、録音状態の制約から一部のパラメータのみを測定したものもある。

パントフートの長さは、一二個体三五サンプルについて測定された。図13-2aは、年齢を横軸にして、各個体のパントフートの長さの平均値をプロットしたものである。一一歳のワカモノ雄の一個体と、最年長個体 (推定三四歳) はやや短かったが、他の一〇個体の平均長は七～一〇秒の範囲にあり、年齢との相関は見られなかった。パントフートの長さは、ほぼ各個体に共通して定型的なものので、発声の長さの情報だけから発声者の個体や年齢を推定するのは困難だと思われる。

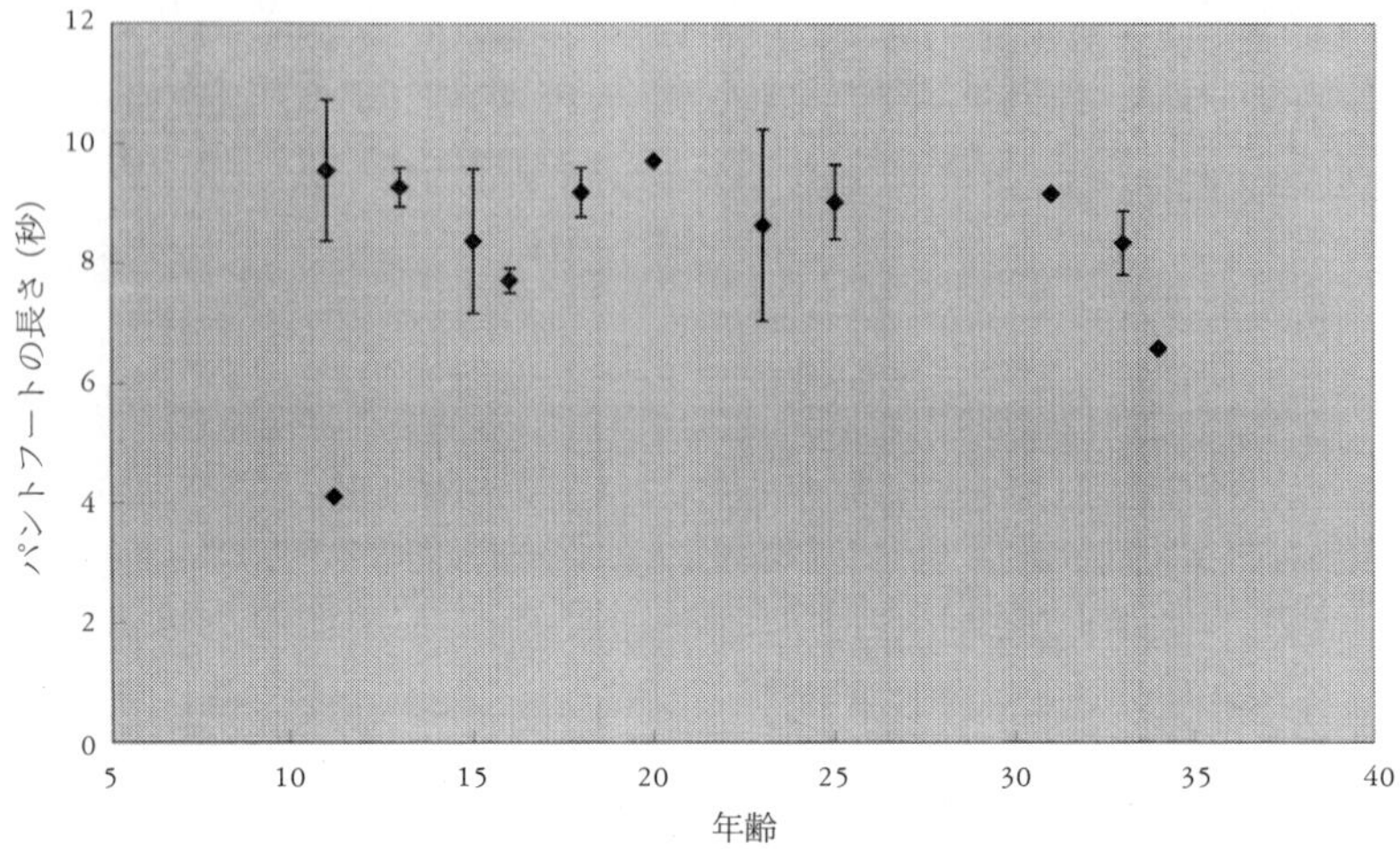

図 13-2a　パントフート長の年齢変化

各クライマックス部の基本周波数の最高値は、一二個体三五サンプルについて測定された。図13-2bに、パントフート長と同様に年齢を横軸に各個体の最高周波数の平均値をプロットした。この部分は、一〇〇〇〜一七〇〇ヘルツの人の耳にはかなり甲高く聞こえる音声であるが、二次曲線で回帰すると、身体的な充実期である二〇歳代前半にピークのある凸型の曲線が当てはまった。興味深いことに、当時のアルファ雄のントロギは、年齢（推定三三歳）から予測されるよりもピッチがかなり高く、二〇歳代前半に相当するクライマックスを発していた。これらより、パントフートを特徴づけるクライマックス部には、雄の身体能力に関する情報が含まれているのではないかと推測できた。

クライマックスが二回以上発声されたサンプルのクライマックス間の時間間隔は、一二個体について測定された。この間隔は、各クライマックスの間の吸気のための息継ぎ時間と見なすことができる。図13-2cは、個体毎の平均値を年齢に沿ってプロットしたものである。年齢とこの息継ぎ時間の間には有意な相関があり、年長雄ほど間隔が長いことが示された。すなわち、年長雄は短い間隔で立て続けにクライマックスを発するのではなく、ある程

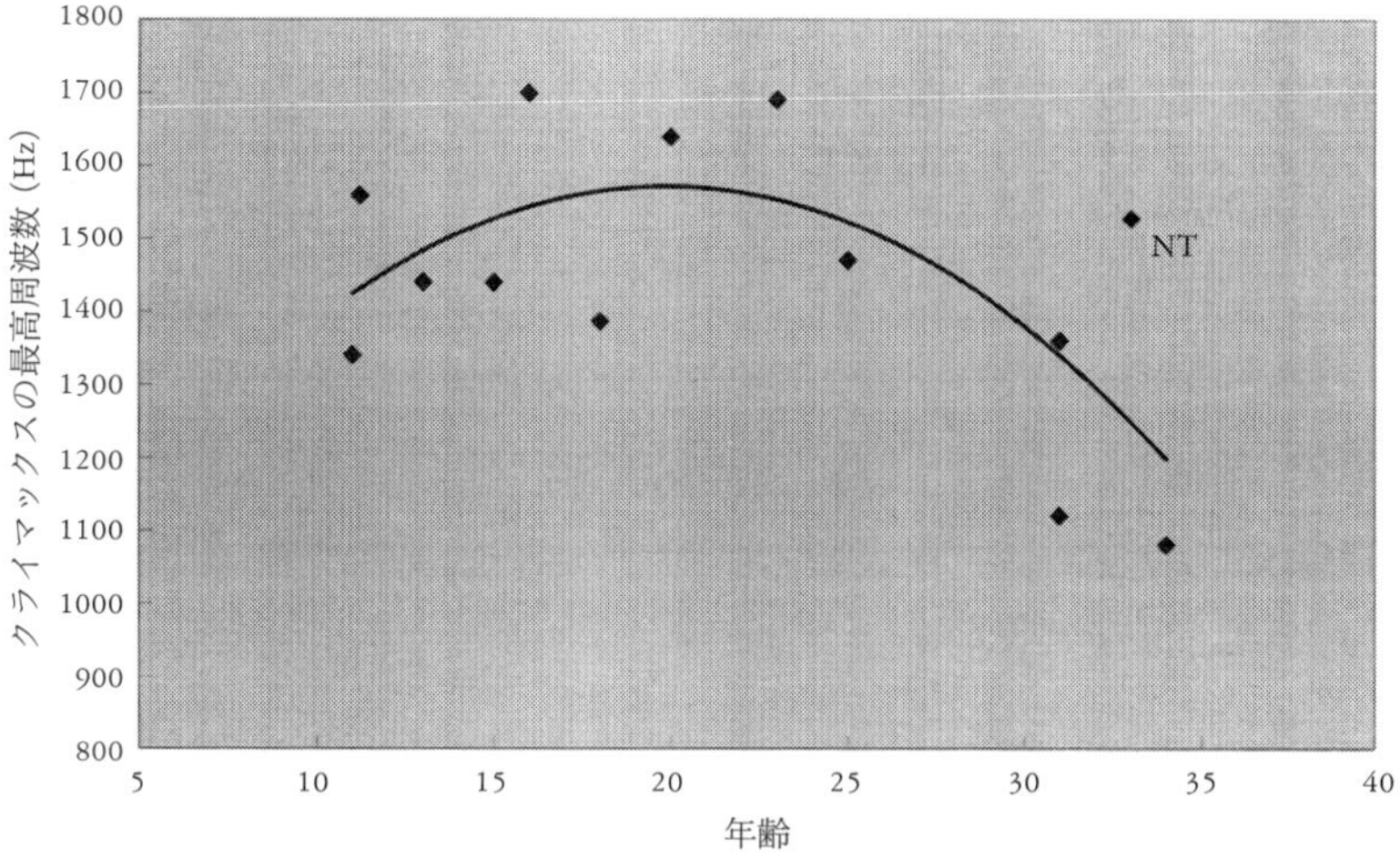

図 13-2b　クライマックス部の最高周波数の年齢変化

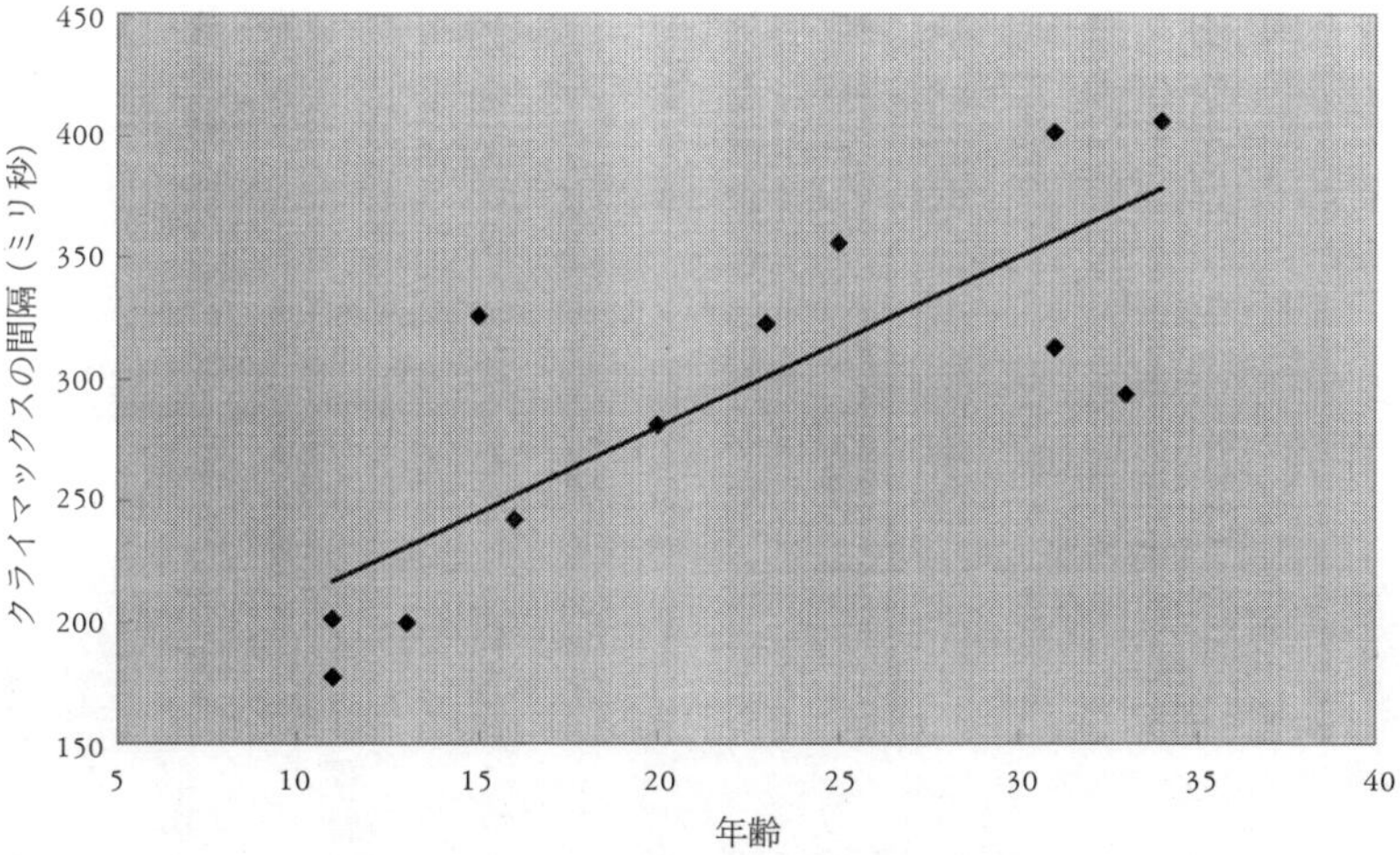

図 13-2c　クライマックス間隔の年齢変化

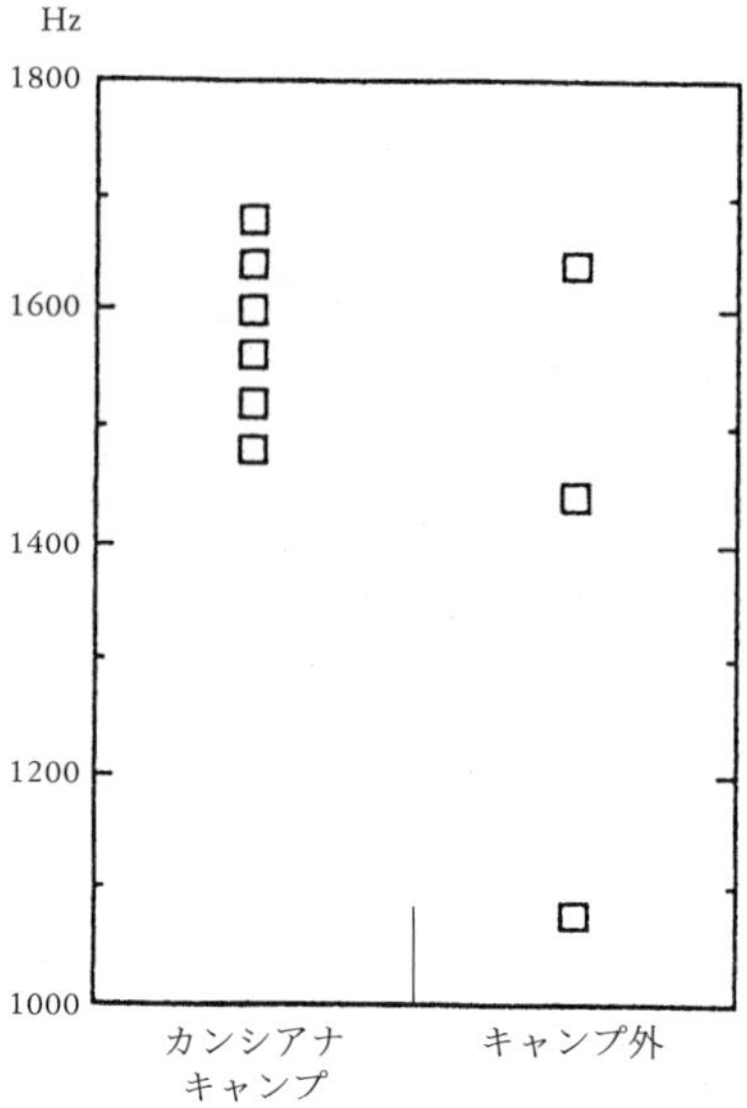

図13-3　ントロギのクライマックスの最高周波数

度の間をおいてゆっくりと発声することがわかった。チンパンジー同士でも、このパラメータを手がかりに発声者の年齢を推定している可能性がある。

3　パントフートの個体内の変異

前項では各個体ごとの平均値について分析したが、同じ個体でも毎回同じパントフートを発するわけではない。しかし、今回の分析で、個体内の変異を検討できるだけの資料が得られたのは、アルファ雄のントロギだけであった。ントロギの一〇回のパントフートについて、次の五条件に注目して測定したパラメータの個体内変異を比較してみた。

条件1　クライマックスの回数（一回か複数回か）
条件2　パントフートの発声場所（カンシアナキャンプかキャンプ以外か）
条件3　ドラミングを伴っていたか
条件4　単独発声か、コーラスを伴ったか
条件5　時間帯（午前一一時より前、正午の前後一時間、午後一時以降）

その結果、有意差が認められたのは、条件2におけるクライマックスの基本周波数の最高値のみだった。すなわち、ントロギはキャンプにおいて、それ以外の場所よりも高いクライマックスを発声していた(図3)。カンシアナキャンプはMグループの遊動の要所に位置した開けた場所であるので、最も「迫力のある」パントフートが発せられる場所なのかもしれない。しかし、今回のサンプル数(キャンプが七回、キャンプ外が三回)は十分とはいえないので、今後の検討が必要であることはいうまでもない。とくに今回録音できなかった隣接集団との境界地域でのパントフートの特性についての調査が望まれる。チンパンジーが状況に応じてパントフートを鳴き分けているかどうか(発声行動の状況依存性)は、チンパンジーの音声研究の大きな課題である。

三　パントフートの地域差

前節で見たように、パントフートには個体差があり、とくにクライマックス部の周波数の高さには体力に関する情報が含まれていることが示唆された。ここで次に、地域による差異があるかどうかが興味深い問題になる。もしチンパンジーの行動の地域変異が認められ、それが生態的・遺伝的制約で説明できないならば、社会学習で獲得された「文化的」変異である可能性が高い。ミタニら[1]では、マハレとゴンベのチンパンジーのパントフートを音響分析し、地域間の比較を行なった。

ミタニら[1]のサンプルとしては、ゴンベに関しては、マーラーらが一九六〇年代に録音したもの、また、マハレに関しては、前節で分析対象した一九八八年に長谷川が収集したサンプル、およびBryne（一九八四年）とミタニ（一九九〇年）が録音したサンプルである。マハレについては一〇個体、ゴンベについては七個体のデータの比較を行なった。測定したパラメータは、ビルドアップ部の最後（クライマックスの直前）の五個の要素の発声速度、最終要素の長さとその中点の基本周波数、基本周波数が最高になるクライマックス部の長さと平均基本周波数、およびその変調幅の計六項目である。

図13-4に代表的なマハレとゴンベのパントフートのソナグラムを各三頭ずつ示したが、この図だけからも、両地域の違いが読み取れる。すなわち、マハレのビルドアップ部は一つの要素が短く、単位時間あたりに数多く（すなわち速く）発声されているのに対して、ゴンベのビルドアップ部はよりゆったりと発声されている。また、クライマックス部を比べると、マハレの方が高い周波数で発声され、変調幅が大きい。

より正確に、測定値を統計的検定にかけると、マハレとゴンベで有意な地域差が認められたのは、ビルドアップ部の要素の長さ（マハレの方がビルドアップの一要素が短い）、同じくその発声速度（マハレの方が発声が速い）、クライマックス部の平均周波数（マハレの方がゴンベより高い）、そしてクライマックス部の変調幅（マハレの方が幅が大きく、低い音から高い音へと盛り上がりが大きい）の四項目であった（図13-5参照）。

一方、ビルドアップ部の基本周波数の高さとクライマックス部の長さに関しては地域差が認められなかった。

では、上に述べたような地域差がなぜ生じたのであろうか。ゴンベとマハレはともにタンガニイカ湖畔に位置し、両地域の間の距離は約一五〇キロメートルに過ぎない。地形や植生、動物相など生息環境も基本的には類似している。ただし、その間には大きなマラガラシ川があるため、少なくとも数万年のオーダーで地理的に隔離されてきた。とはいえ、ともに同じ亜種に分類され、形態的には顕著な差はほとんど見られない。したがって、行動の地域差を遺伝的あるいは生態的要因に求めることは難しい。この点は、シロアリ釣り行動やオオアリ釣り行動に見られる地域差と同じである。

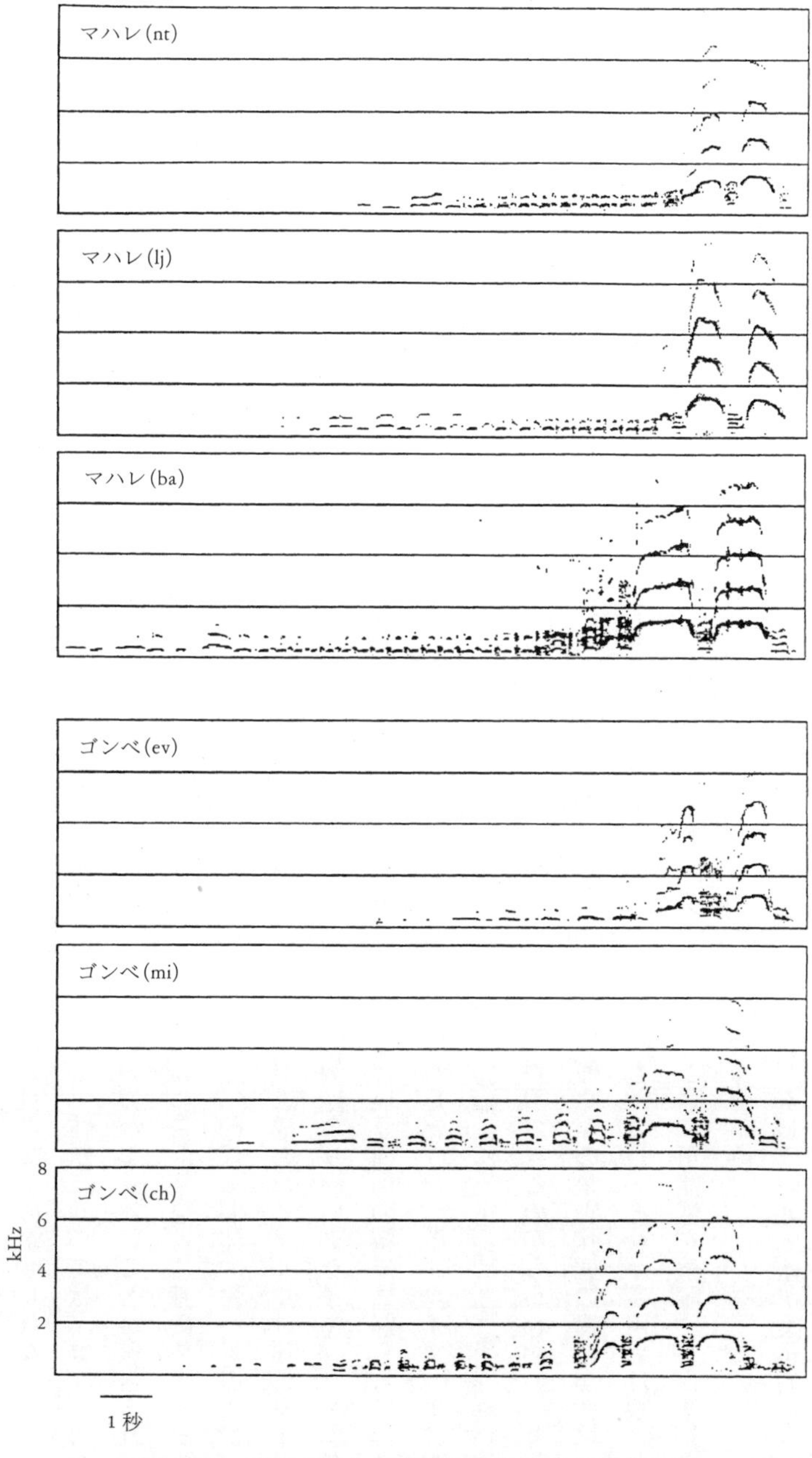

図13-4　マハレ（上）とゴンベ（下）のパントフート

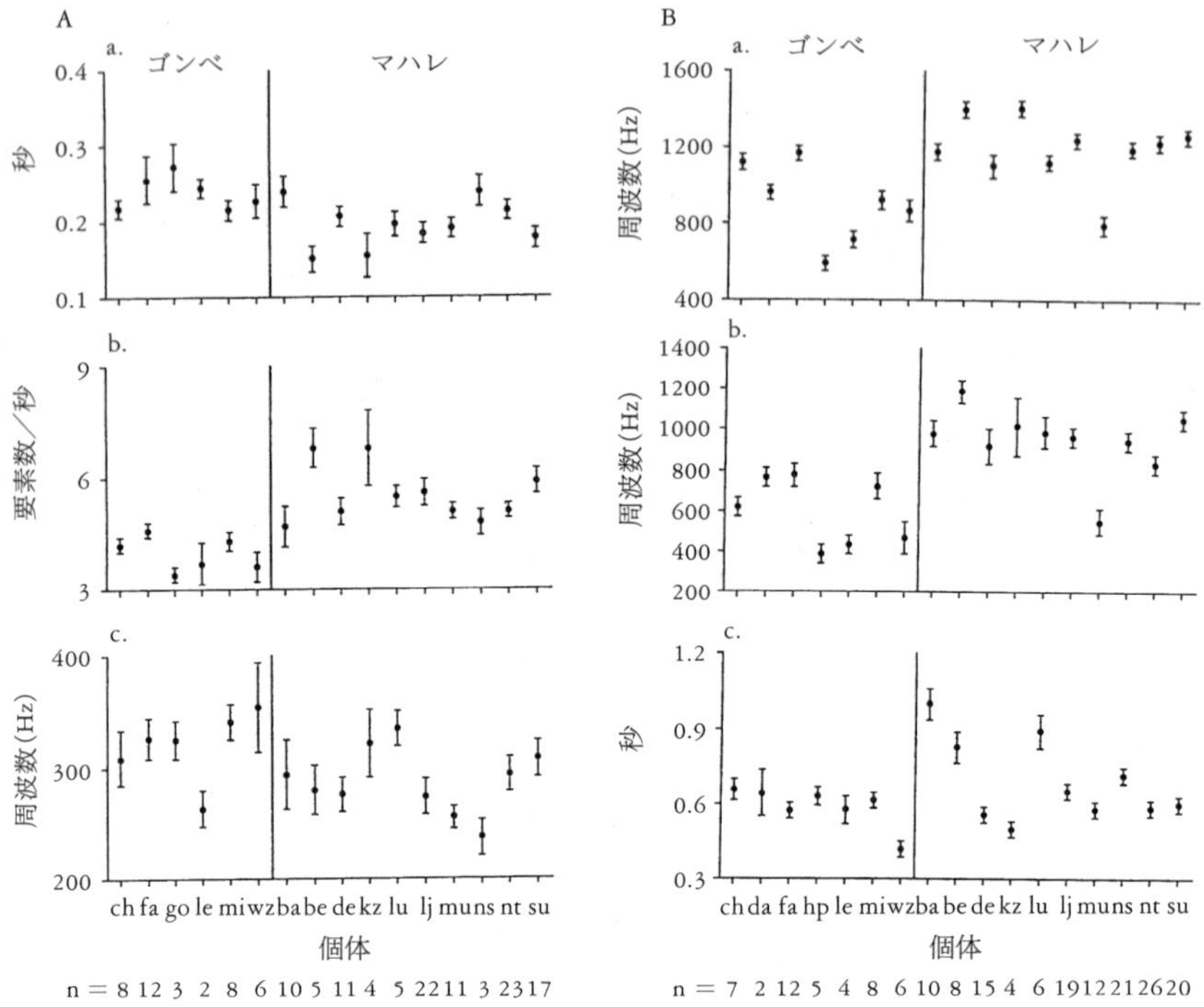

図 13-5　マハレとゴンベのパントフート成分の比較
A. ビルドアップ部（a：1 要素の長さ，b：発声速度，c：基本周波数）
B. クライマックス（a：平均基本周波数，b：変調幅，c：1 要素の長さ）

したがって、両地域の差異は「文化的」なものと見なせるのかもしれない。

ただし、体重については、ゴンベよりマハレの方がより重いことが報告されている。すでに見たように、基礎体力がピークにある二〇代の個体やマハレのチンプで最重量と思われるアルファ雄のントロギが他個体より高いクライマックスを発声するという前節の結果に照らしてみると、マハレとゴンベのクライマックス部の高さの違いは、単純に体重の違いによって説明できるのかもしれない。となると、何らかの栄養状態の違いが体格の違いをもたらし、それが音声に反映されているという可能性を検証する作業が必要となるだろう。

一方、もしこの地域差が文化的なものだとしたならば、それを生み出した社会的な学習過程が解明されねばならない。鳥類においては、初期の歌学習によって方言が生じることが報告されている。しかし、霊長類においては同種内の音声の地域差に関する証拠は非常に少ない。もし、社会学習によってパントフートの発声パターンが変容するならば、同じマハレの複数の集団間でパントフート音を比較する必要があるだろう。発声行動の発達的プロセスをしっかりと追跡する調査も必要になる。文化について語ることは容易だが、それを実証するための道のりは長くて遠い。

四　飼育チンパンジーに対するプレイバック実験

ここまで、野生チンパンジーのパントフートには、かなりの個体間変異があり、地域差があることを述べてきた。また、限られた資料からではあるが、状況によってパントフートの音響特性が異なっていることも示唆された。そして、これらの変異で共通に浮かび上がってきた音響特性のパラメータは、パントフートを特徴づけるクライマックス部の周波数の高さであった。すなわち、同じ個体であっても遊動の要所において高いクライマックスを発し、年齢で言えば体力的に最も充実した二〇代の個体や、高齢であっても高順位のアルファ雄が高いピッチで発声していた。これらから、パントフートのクライマックス部には示威行動の強度に関する情報が含まれているのではないかと予想できる。

そこで、マハレで録音されたパントフートを日本国内で群れ飼育されているチンパンジーにプレイバックして、聞き手の反応を観察する実験を行なった。もしパントフートに発声者の雄に関する何らかの情報が含まれているとするならば、聞き手のチンパンジーたちは音響特性の異なるパントフートにそれぞれ異なった反応をするだろう。さらに、もしクライマックス部が雄の示威行動の強さを表すならば、より高いクライマックスに対しては、聞き手はより強い情動的な反応を示すだろう。

実験は京都大学霊長類研究所のチンパンジーの第二放飼場で行ない、オトナ雄二頭、オトナ雌五頭の反応を記録した。再生音としては、一九八八年にマハレで録音されたパントフート七音（五個体分）に加え、日本モンキーセンターで録音されたパントフート七音（二個体分）を用いた。これら一四の刺激音をスピーカーの位置を変え、各二回ずつ再生したが、馴化を防ぐため、一日一試行だけとし、さらに一〜二日の間隔をおいて計二八試行の実験を行なった。刺激音をプレイバックする時点の前後一〇分間の行動をビデオに録画し、反応指標としては、移動量の変化、音源定位をしている時間、被験体のパントフート発声回数、再生から移動と音源定位反応が生じるまでの反応潜時の五項目を測定した。

刺激音のパラメータとしては、クライマックス部の長さと基本周波数の最高値および平均基本周波数、クライマックスの変調幅、ビルドアップ部の長さと発声リズムの速度および平均基本周波数、ビルドアップの要素数、パントフート全体の長さ、そして全体の平均基本周波数の一〇項目を測定した。

プレイバック実験の結果、一〇の音響パラメータと五つの反応測度のすべての組み合わせの間で、有意な相関関係が見られたのは、（1）クライマックス部の基本周波数の最高値と聞き手のパントフート発声回数[2]、（2）ビルドアップ部の長さと聞き手のパントフート発声回数[3]、（3）ビルドアップ部の平均基本周波数と音源定位時間[4]の三つの組み合わせだった。

この結果から、霊長類研究所のチンパンジーは、他集団の雄が発声するパントフートの少なくとも三種類の音響特性には有意に異なる反応を示し、パントフート音が何らかの情報を伝達していることが示唆された。とくに野外研究からパントフートの示威行動の強さの指標だろうと推測されたクライマックス部の高さに関しては、予測通りより高い音声に対してより強い反応（ここではパントフートの鳴き返し）が生じた。

さらに聞き手側の七個体のなかで反応の個体差を見てみると、パントフートが再生された直後に移動量が増加（たとえて言えば、そわそわしだす）したり、パントフートを鳴き返したりする反応は、おもに高順位の個体で観察された。また、再生された直後に発声されたパントフート（鳴き返し）は、非実験時に発声される集団内のパントフートと比べて、ビルドアップ部の発声リズムが速かった。これらのことからも、示威的な情報を含むパントフートが他の高順位個体の情動の高まりを引き起こすものと考えられた。

なお、再生されたマハレと日本モンキーセンターの刺激音の間で、引き起こされた反応には大きな違いは観察されなかった。

五　おわりに

これまで述べてきたように、チンパンジーのパントフートは雄の示威ディスプレイに結びついた、情動に強く依存する音声である。おそらくこの音声は雄の基礎体力や年齢を反映しており、彼らの音声コミュニケーションにおいては、集団間および集団内の雄間闘争の評価のために用いられていると考えられる。雄たちは互いのパントフートを聞いて、相手の体力のコンディションを査定し、闘争のチャンスをうかがうのだろう。したがってパントフートの機能は、アカシカなどの雄のロングコールなどと基本的に同様だと考えられる。

もちろんロングコールであるパントフートには、各個体が今どこにいるのかについての情報も含まれている。さらにどこに食物パッチがあるのかといった付加的な情報を伝えている可能性も否定できない。しかし、発信者の意図と受信者の聞き取り能力に関しては、野外でのさらなる観察と実験的検証が必要だろう。

パントフートは話し言葉の起源を考える上で、有効なモデルになりうるだろうか。人の言語を生み出した淘汰圧が、捕食者や採食場所を大声で伝えあうことと関連していたと考えるならば、一考の余地はあるかもしれない。しかし、これまで再三強調してきたように、パントフートは雄間競争のディスプレイと密接な関係があり、基本的には情動表現の音声である。一方、人の話し言葉はむしろ情動を抑制した文脈で交わされることの方が一般的である。野生チンパンジーに音声言語のプリカーサーを求めるとするならば、平静時に発声される音声の研究が重要になるだろう。森の中でチンパンジーを探しているときに、チンパンジーの側から小さなクーとかングーといった音声で呼びかけられて、はっと相手の存在に気づくことがある。あたかも「ここですよ、○○さん」と呼ばれた気がするほどである。ただし、このような微妙な音声は発声頻度が低いため、これまでにもあまり注目されず、詳細な分析も行なわれてこなかった。今後の調査が望まれる。

チンパンジーと人の間に音声言語の有無という大きな隔たりがあるのは、社会関係のヒエラルキーと関係があるように思われる。言葉を介した人のコミュニケーションは、両者の地位が同じ場合に初めて成立するものだが、チンパンジーのように優劣関係がはっきりした社会では、対等なコミュニケーションが成立する基盤がない。言語の起源に関しては諸説があるが、人にならなかったチンパンジーの音声コミュニケーションを聞いていると、集団内の共同が不可欠である生活形態に根ざす個体間の友情や信頼、互恵的関係といった対等性がその前提条件であったように思われる。

註

（1） Mitani *et al.* 1992; Kajikaw & Hasegaw 1996, 2000.

（2） $r = 0.58$.

（3） $r = 0.61$.

（4） $r = 0.68$.

第14章 遊びの成立

早木仁成

一 はじめに

遊びは、直感的にはその存在を容易に認めることができるが、客観的に定義をするとなると、きわめてやっかいな行動である[1]。

たいていの霊長類の子どもたちはよく遊ぶ。子ザルたちが繰り広げるレスリングや追いかけっこを実際に繰り返し観察すれば、誰もがそれらの行動を「遊び」と認めるだろう。しかし、子ザルがアカンボウをあやしたり、オトナの雌と交尾(のまねごと)をしたり、空き缶や小石を拾って持ち運んだりするのを、はたして誰もが「遊び」と認めるだろうか。また、たとえ「遊び」と認めたとしても、それらの広範な行為を遊びとする根拠を示すことができるだろうか。

遊びの定義が難しいのは、おそらく、ある行動が遊びであるか否かを決定するのは本質的には観察者ではなく、その行動の主体である、と私たちが感じているからであろう。哲学者のアンリオ[2]によれば、「遊びとは、一主体としての人間が自己自身に対して、他人たちに対して、自分のしていることに対して、自分の正体に対して、ものごとの正体に対して、ある種の《態度》をとると、途端に存在し始めるもの」である。言い換えれば、遊びとは行動の形式にかかわるものではなく、行為者の主体的な態度にかかわるものである。行為主体が、「これは遊びだ」と思えば、途端に遊びが生まれる。極言すれば、どのような行動型も「遊び」となる可能性を秘めている。このように考えれば、少なくとも行動の形式から遊びを定義することは、難しいのではなく不可能だということになる。

遊びの本質が、遊ぶ主体の態度や意志にあるとしても、現実の経験として、私たちは他者とともに遊び、そのとき確かに私も相手も遊んでいると実感できる。そのとき、遊びは他者との相互作用として成立している。本稿では、野生チンパンジーのコドモやワカモノの社会的な遊びを通して、遊びという相互作用がどのようにして生じるのかを探り、遊びのなかで何が成立しているのかを考えてみたい。

調査対象は、マハレMグループのコドモ期からワカモノ期の合計九頭（雄六頭、雌三頭）のチンパンジーである。調査期間は一九八一年九月～一二月および一九八三年八月～一九八四年一月であり、当時、Mグループは約一〇〇頭の個体で構成されていた[3]。調査は個体追跡法を用い、原則として調査対象個体を見失うまで追跡してその行動を記録した（表14-1）。これらの追跡個体のうち、四頭の雄（カサンガジ、ンサバ、アジ、トシボ）と二頭の雌（ルシア、ワントゥンパ）は両観察期間ともに追跡したが、ワカモノ雄のルレミヨは一九八三年三月に消失したために、一九八一年度だけしか観察できなかった。また、一九八三年度からは一九八二年に他集団から加入してきたワカモノ雌のシケと、一九八一年度のワカモノ雌のプリンを観察対象に加えた。

調査当時、人にあまり慣れていない雌やコドモがいたので、不定期に少量の餌（サトウキビ）を与えていた。追跡をし

表 14-1　個体追跡をした個体とその追跡時間 (分)

追跡個体名	生年	性年齢クラス	'81 年度	'83 年度	合計
カサンガジ	'68*	ワカモノ雄	1415.7	1655.8	3017.5
シケ	'70*	ワカモノ雄	―	1564.9	1564.9
ルレミヨ	'72	ワカモノ雄	1474.2	―	1474.2
ンサバ	'73	ワカモノ雄	1307.2	1770.0	3077.2
アジ	'73*	ワカモノ雄	1642.6	1557.2	3199.8
トシボ	'75	コドモ雄	1418.5	1508.5	2927.0
プリン	'71*	ワカモノ雌	―	1959.3	1959.3
ルシア	'76	コドモ雌	1225.3	1518.7	2744.0
ワントゥンパ	'76	コドモ雌	1385.0	1648.6	3033.6
合　計			9896.5	13183.0	23051.5

*推定年齢

た個体は人によく慣れていたが、慣れの程度には多少個体差があり、とくにンサバとワントゥンパ、シケの三頭はときどき観察者を気にかけていた。また、コドモや年少のワカモノは、しばしば移動中に薮の中へ走り出し、長時間継続的に観察することは困難であった。薮の中や高い木の上を移動するときには、年長のワカモノもしばしば見失った。したがって、一回の個体追跡時間にはかなりのばらつきがある。

なお、各個体の性年齢クラスの区分については、原則としてグドール[4]、長谷川真理子ほか[5]および西田[6]にしたがった。また、コドモやワカモノは互いにあまりパントグラントをしないので、彼らの間の順位関係を客観的に把握することは難しいが[7]、たいていの場合、年齢によって体格の差が明瞭なので、本稿では年長者ほど優位であると見なした。

二　プレイ・バウト

個体間に生じた相互作用が遊びであるか否かを決定するような客観的な基準はないとしても、いくつかのタイプの相互作用は観察者にとって明らかに遊びであると確信できる。この確信できる最低限の遊びを典型と見なすことによって、分析のための枠組みを提示して遊びの基本構造を捉えることを試みたい。

私が確信した典型的な遊びは、取っ組みあう、噛みあう、くすぐりあう、枝にぶら下がってもつれあう（これらを一括して「レスリング」と呼ぶことにする）、指をからませてくすぐりあう、指を相手の口に突っ込んで噛ませる（これらを「指遊び」と呼ぶことにする）、追いかけっこ、木の周りなどを一緒にぐるぐると回るといった行動が含まれる一連の相互作用である。本稿では、これらを含む相互作用をプレイ・バウトと呼ぶことにする。プレイ・バウトは、一方が相手に対して何らかのプレイフルな働きかけをすることによって始まり、一方あるいは両者が活動を停止したりその場から立ち去ったり、あるいは毛づくろいや交尾などの明らかに遊びとは異なるコンテクストに移行することによって終了すると定義した。念のために言い添えておくと、この定義は特定の相互作用を抽出するためのきわめて操作的なものであり、プレイ・バウトだけがチンパンジーの社会的な「遊び」だというわけではない。「プレイ・バウトはプレイフルな働きかけによって始まる」という循環論的な定義も、「遊び」をプレイ・バウトのなかだけに閉じ込めずに議論することを念頭においたものである。

次の事例はトシボ（六歳雄）とアジ（八歳雄）が関与したプレイ・バウトである。

事例一　一九八一年一一月二〇日（トシボ追跡中）
一一：五九：三〇　トシボとアジは一メートル離れて枝に座っている。
一一：五九：四四　アジが枝を平手で叩いて動き始めると、トシボがアジに接近する。アジが寝転ぶ。トシボはその上に乗りかかり、枝の上でレスリングを始める。アジはプレイ・パントを発する。二頭は枝にぶら下がってもつれあう。
一二：〇〇：一三　両者ともに枝から落ちる。アジはそのまま移動する。

この事例では、平手で枝を叩くというアジの行動がトシボの接近を誘発し、寝転ぶという行動によってレスリングが生じた。枝の上でのレスリングは、枝にぶら下がってのもつれあいに移行したが、両者が枝から落ちて、アジが立ち去ることによって終了した。このように、プレイ・バウトは始まり、展開、終了というフェーズをもっている。

三　遊びへの誘いかけとパラプレイ

プレイ・バウトにはいつも決まった始まりかたがあるわけではなかった。両者が離れているときには、事例一のように、枝や地面を平手で叩いたり、足で蹴ったり、枝を揺すったりといった相手を遊びに誘いかける行動が見られた。このような行動はきわめて微妙な動作や表情であることも多く、観察者が見落としたものも多いと予想されるが、一方の接近によってすぐに遊びが始まることもよくあった。一方の接近が他方の接近を誘発して遊び始めることもあった。また、両者がすでに手が届くほど近接している場合には、押す、引っ張る、叩く、蹴る、もたれる、乗りかかる、指を相手の口に入れる、噛みつく、相手が持っている物を奪うといった直接的な行動によって遊びが始まることもよく観察された。

プレイ・バウトの始まりには、遊び顔と呼ばれる人間の笑い顔のような口を大きく開けた表情や酔っ払ったようにふらつきながら接近するといった遊びの際にしか見られない独特の行動（play signals）[8]が生じることがあった。しかし、誘いかけのための多くの行動は喧嘩や求愛といった遊び以外のコンテクストでも生じる多義的なものであった[9]。これらの行動がプレイフルな働きかけであると思えるのは、その行動が生じた場面や状況あるいはその行動が向けられた相手との社会関係といったさまざまなコンテクストのなかに行動がはめ込まれているからである。当事者の立場にたてば、これらの行動を向けられた者には、その行動が遊びの誘いであると解釈する準備がすでにできていたといえるかもしれない。

しかし、一方が上述のような遊びを始めるための行動を相手に向けても、遊びにならないことが頻繁にあった。例えば、次の事例二ではルシア（五歳雌）がンサバ（八歳雄）に遊びを誘いかけたのだが、結局遊びは成立しなかった。

事例二　一九八一年一〇月二一日（ルシア追跡中）

一三：一八：五六　ルシアがンサバに近づいてンサバの毛をつかむと、ンサバもルシアの毛をつかむ。ルシアはンサバを見つめてから走る。ンサバは寝転ぶ。

一三：一九：三〇　ルシアはいったん座ってから、立ち去る。

相手を見つめてから走るというルシアが行なった行動は、追いかけっこを誘うときにしばしば見られる。しかし、ンサバはその誘いにのらずにその場に寝転び、ルシアは結局あきらめたのである。このような、遊びの始まりと同等の現象が生じながらも遊びにならない相互作用をパラプレイ・バウトと呼ぶことにする。[10] パラプレイは、いわば遊びへの誘いかけに失敗した相互作用である。

たいていのパラプレイは、両者が活動を停止したり、一方が立ち去ったりすることによって終結したが、ときには悲鳴を上げたり泣きっ面をしたりといった防御的な行動が生じることもあった。次の事例三では、悲鳴を上げることによって生じた拮抗的な状態を解消するかのように、パラプレイが毛づくろいへと移行した。

事例三　一九八一年九月七日（ンサバ追跡中）

一四：〇五：四九　シケ（一一歳雄）がンサバ（八歳雄）に近づくと、ンサバが地面を足で蹴る。シケも足で地面を蹴って、ンサバの背中を叩く。ンサバが逃げようとすると、シケはンサバをつかむ。ンサバは悲鳴を上げて、泣きっ面をする。シケは手を放して移動する。すると、ンサバはシケに近づいて、シケの横に座ってシケを毛づくろいする。

このように、一方が遊びを誘いかけても、他方が拒否すれば遊びは成立しない。遊びを誘いかけた者は、相手がその誘いを断れば、たいてい即座にその誘いかけを止めた。したがって、無理に遊びを強要することはほとんどなかった。パラプレイの発生は、遊びが成立するためには遊び手の間に何らかの合意が必要であることを示唆している。

四　パラプレイに見る遊びの成立条件

遊びへの誘いかけが失敗する原因はどこにあるのだろうか。言い換えれば、パラプレイはなぜ生じるのだろうか。

まず考えられる原因に、遊びへの誘い方が悪いという可能性がある。誘いかけた方が遊ぶつもりでも、相手にそれがうまく伝わらなかったという可能性である。しかし、パラプレイ・バウトに生じた誘いかけの行動とプレイ・バウトに生じた誘いかけの行動には大きな違いはなかった。微妙な行動上の差異はあるかもしれないが、私にはその可能性は低いように思われる。そうだとすれば、次に考えられるのは、両者の遊びへのモチベーションの違いであろう。最もよく遊ぶのは間違いなくコドモたちである。そして、年齢とともに遊ぶ頻度は低くなる[11]。明らかに遊びへのモチベーションは個体によって異なっている。モチベーションの低い相手に遊びを誘いかけても成功しないのは当然のことと思える。このモチベーション仮説を検証してみよう。

モチベーションの違いがパラプレイを生むのだとすれば、誘いかける相手によって遊びの成功率に違いがでるはずである。遊び好きの相手に誘いかけた場合には成功率が高く、あまり遊ばない相手に誘いかけた場合には成功率は低いだろう。

調査期間中に、二者間で始まったプレイ・バウトとパラプレイ・バウトを合計五九一例観察した。パラプレイ・バウトを遊びへの誘いかけの失敗例と見なすなら、パラプレイ・バウトとプレイ・バウトの合計に対するプレイ・バウトの割合は遊びの成功率と考えることができる。そこで、さまざまな性年齢による組み合わせで遊びの成功率を算出すると、

表 14-2　2 者間で始まったプレイとパラプレイ・バウトの観察数

組み合わせ	パラプレイ	プレイ	合計	成功率
追跡個体とコドモやワカモノの間				
雄同士	40	139	179	0.78
雄雌間	30	121	151	0.80
雌同士	3	12	15	0.80
小　計	73	272	345	0.79
追跡個体とアカンボウの間				
雄とアカンボウ	35	66	101	0.65
雌とアカンボウ	23	78	101	0.77
小　計	58	144	202	0.71
追跡個体とオトナの間				
雄とオトナ	13	21	34	0.62
雌とオトナ	3	7	10	0.70
小　計	16	28	44	0.64
合　計	147	444	591	0.75

*各組み合わせの小計間には，5%水準で有意差があった（$\chi^2=7.24898$, df$=$2）.

コドモやワカモノの間では八割ほどの成功率があったが、アカンボウやオトナとの組み合わせでは六～七割であり、この違いには統計上の有意差があった（表 14-2）。この結果はモチベーション仮説を支持している。

遊び手のモチベーションに違いがあるのなら、遊びを誘いかける頻度にも違いがでるはずである。また、モチベーションの高い個体は、遊びを誘われた場合に断ることも少なく、モチベーションの低い個体は誘われても断ることが多いはずである。遊びを誘いかけた者を、最初に相手に何らかの働きかけを示した者（開始者）と定義して、観察値を分析してみよう（表 14-3）。

コドモやワカモノの間の組み合わせでは、年少者ほどモチベーションが高いと考えられる。したがって、モチベーション仮説では、年少者ほどよく開始者となり、年長者が誘った場合にはパラプレイよりもプレイ・バウトになることが多い、つまり誘いかけの成功率が高いと予想される。確かに、年長者よりも年少者のほうが遊びへ誘うことは多かったが、遊びの成功率

表14-3　2者間で始まったプレイとパラプレイ・バウトの開始者*

組み合わせと開始者	パラプレイ	プレイ	合計	成功率
追跡個体とコドモやワカモノの間1)				
年少者	26	121	147	0.82
年長者	31	97	128	0.76
合　計	57	218	275	0.79
追跡個体とオトナの間2)				
オトナ	8	6	14	0.43
追跡個体	8	19	27	0.70
合　計	16	25	41	0.61
追跡雄とアカンボウの間3)				
アカンボウ	22	31	53	0.58
追跡雄	13	20	33	0.61
合　計	35	51	86	0.59
追跡雌とアカンボウの間4)				
アカンボウ	5	35	40	0.88
追跡雌	18	34	52	0.65
合　計	23	69	92	0.75

*数値は開始者を確定できたバウト数を示す.
1)有意差なし（$\chi^2=1.777$, df＝1).
2)有意差なし（$\chi^2=2.933$, df＝1).
3)有意差なし（$\chi^2=0.0377$, df＝1).
4)開始者によってパラプレイとプレイの生起頻度に有意な差があった（$\chi^2=5.897$, df＝1, $p<0.05$).

には有意な差はなく、むしろ年少者が誘った場合のほうがやや高かった。追跡個体とオトナとの組み合わせでも、確かにモチベーションが高いと考えられる追跡個体の方が開始者となることが多かったが、成功率の違いは有意ではなく、しかも追跡個体が誘ったほうが高かった。追跡個体とアカンボウのどちらが高いモチベーションをもっているかという点に関しては必ずしも明瞭ではない。雄の追跡個体とアカンボウとの組み合わせでは、アカンボウからの誘いかけのほうが多く、その成功率はほとんど変わらなかった。一方、雌の追跡個体とアカンボウとの組み合わせでは、追跡雌が開始者となることが多く、アカンボウが開始者となった場合の方がその成功率が有意に高かった。若い雌はアカンボウへの接触に対して強いモチベーションをもっていると考えられるので、この組み合わせだけがモチベーション仮説を強く支持している。

以上の結果から、遊びへの誘いかけの失敗がモチベーションの違いだけでは説明できないことは明らかである。それでは、パラプレイを起こすもう一つの原因はどこにあるのだろうか。パラプレイの実態に戻って、もう一度考えてみよう。

パラプレイはその開始者に注目すれば、三タイプに分類できる。第一のタイプは、一方の遊びへの誘いかけに対して、両者ともに活動を停止して遊びにいたらなかったものである（ＰＳタイプ）。第二のタイプは遊びへと誘いかけた者自身が立ち去ったり、防御的な行動を示したりしたために、遊びへといたらなかったもの（ＩＮタイプ）、第三のタイプは誘いかけられた相手が立ち去ったり、防御的な行動を示したりしたために、遊びへといたらなかったもの（ＰＮタイプ）である。先の事例二は、遊びへ誘ったルシアが自分から立ち去ったのでＩＮタイプのパラプレイである。事例三は、シケの接近によって始まり、誘いかけられた相手（ンサバ）が防御的な行動を示したために終結したのでＰＮタイプのパラプレイである。

さて、コドモやワカモノの間で観察したパラプレイ・バウト七三例のうち、五七例が年齢差のある個体間のものであった。ＰＳタイプは年少者が誘いかけても、年長者が誘いかけても、同程度観察されたが、ＩＮタイプは年少者が誘いかけを始めた場合に多く、ＰＮタイプは年長者が開始した場合に多かった（表14－4）。つまり、年少者が誘いかけた場合、相手が回避的な行動をとることは少ないが、相手の反応によっては誘いかけた者自身が回避的行動をとることになる。一方、年長者が誘いかけた場合には、相手が回避的行動をとることが多くなるのである。どちらが誘いかけても、年少者のネガティブな行動によって遊びの成立が妨げられることが多いといえるだろう。これは、パラプレイが年少者の年

表14-4　年齢差のあるコドモやワカモノ同士のパラプレイ*

開始した者	パラプレイのタイプ			合　計
	PSタイプ	INタイプ	PNタイプ	
年少者	7	14	5	26
年長者	7	6	18	31
合　計	14	20	23	57

*1%水準で有意差があった（$\chi^2=10.18763$，df=2）.

長者に対する警戒あるいはためらいのようなものによって生じるということを示唆している。

ただし、このような現象はアカンボウとのパラプレイやオトナとのパラプレイでは見られなかった。アカンボウやオトナとの相互作用においては、周囲にいるアカンボウの母親やオトナの雄などの動向が年長者の行動に大きな影響を及ぼすためではないかと思われる。つまり、アカンボウとの遊びでは、コドモ期やワカモノ期の追跡個体はアカンボウに対して警戒する必要はないが、アカンボウの母親に対しては警戒しておく必要がある。アカンボウが悲鳴を上げれば母親が即座にやってくるからである。また、オトナたちは追跡個体に対して警戒する必要がなくても、周囲にいるオトナの雄の動向には注意しておく必要がある。コドモやワカモノの悲鳴がオトナの雄の介入を招きかねないからである。こうして、アカンボウやオトナとの遊びにおいては、年長者の側にも回避要因が生まれると考えられる。遊びへの誘いかけの成功率が低かったことも、モチベーションの低さだけが原因ではなく、これらの点が大いに寄与しているのではないだろうか。

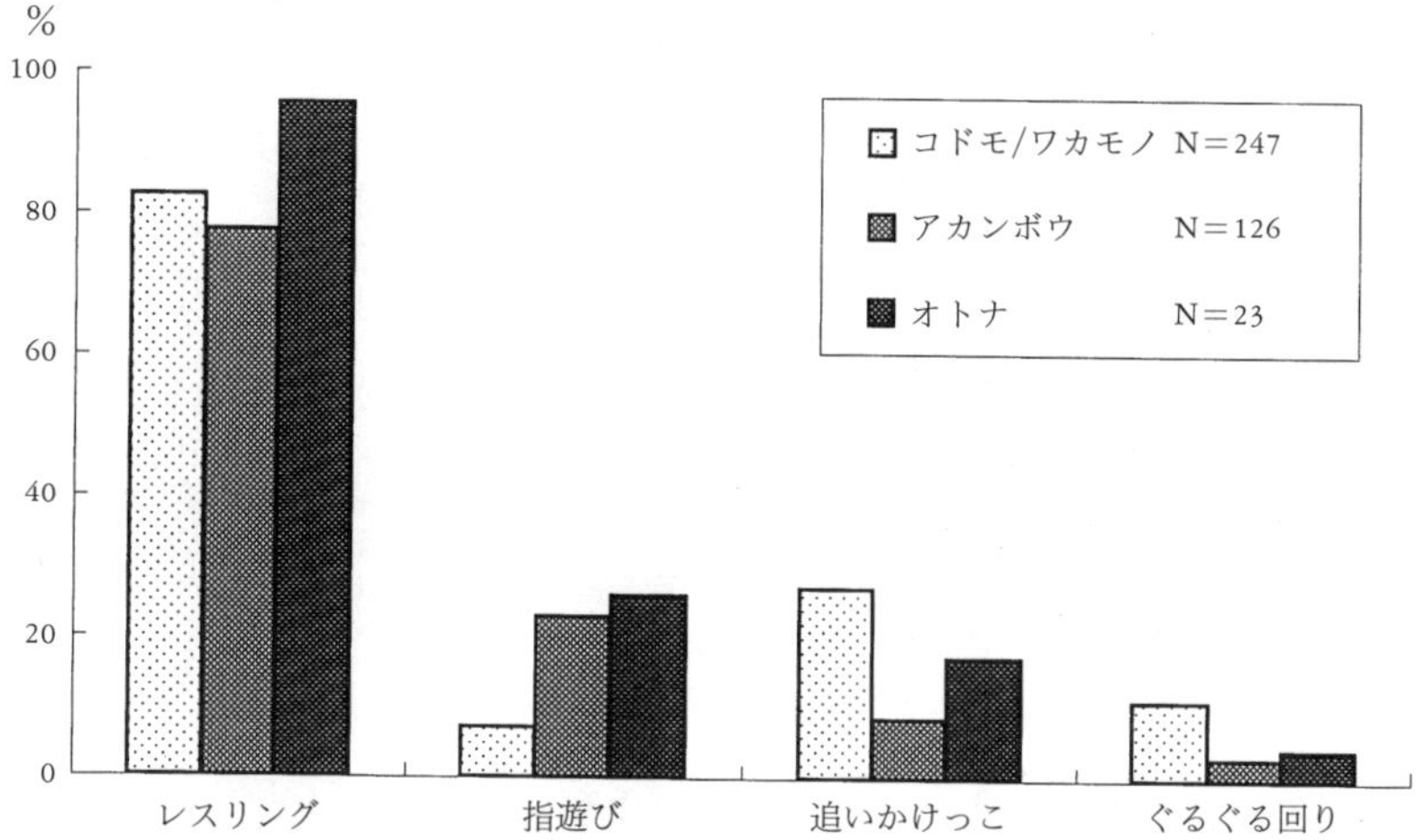

図 14-1　各種の遊びパターンの出現頻度．レスリングには，相手個体による出現頻度の違いに有意な差はなかったが（$\chi^2=4.4408$, df＝2, p＞0.05），指遊び（$\chi^2=21.199$, df＝2, p＜0.01），追いかけっこ（$\chi^2=17.357$, df＝2, p＜0.01），ぐるぐる回り（$\chi^2=7.7832$, df＝2, p＜0.05）は，統計的に有意な差があった．

相手に対する警戒やためらいによって遊びへの誘いかけが失敗するのは、そのような警戒やためらいが二者間の強弱や優劣関係を露呈させるからであろう。遊びは、強弱や優劣といった関係をないものとするという両者の合意によって成立しているように思われる。それでは、遊びのなかではどのようなことが生じているのだろうか。

五　遊びのなかで

観察期間中に、二者間で始まり同じ二者間で終了したプレイ・バウトを三九六例記録した。このなかには、特定のタイプの遊びだけが見られたものも、複数のタイプの遊びが連続的に出現した複合的なプレイ・バウトも含まれる。その八割以上にレスリングが生じており、遊び相手にかかわらずレスリングが最も一般的な遊びであるといえる（図14-1）。指遊びはアカンボウやオトナとのプレイ・バウトによく見られ、対照的に、追いかけっこやぐるぐる回りはコドモやワカモノとのプレイ・バウトによく見られた。指遊びは比較的穏やかな遊びであり、年齢差のあるアカンボウやオトナとの遊びでは、このような遊びによって年少者の警戒やためらいが解きほぐされるのかもしれない。年長者が年少者に力の強さを合わせることによって、遊びが維持されているといえるだろう。

荒っぽいレスリング遊びでも、年長者が力を弱めて年少者に合わせるという現象（セルフ・ハンディキャッピング）がしばしば見られた。取っ組みあいをしながら、年長者がわざと下になり、自分の指を相手の口にわざと突っ込んで噛みあいをした。年齢差がある個体間でのレスリングの場合、年長者が本気で取っ組みあえばすぐに相手を打ち負かしてしまうに違いない。力のある者は、その力を抑制することによって力のない者と遊ぶことができるのである。

このように、遊びのなかでは、遊びの外に存在する優劣関係が逆転したような相互作用がしばしば出現する。おそらく、そのことが年少者つまり劣位者の遊びへの意欲を高める役割を果たしているように思われる。次に示す追いかけっこ遊びの分析からも、遊びのなかで年少者が優位者の役割を果たすことによって遊びが持続することがわかる。

追いかけっこには「追う者」と「逃げる者」が必要である。遊びの外では、「追う者」は優位者であり、「逃げる者」は劣位者である。しかし、遊びのなかでは劣位な年少者も優位な年長者をしばしば追いかける。調査期間中に、年齢差があるコドモやワカモノの間での追いかけっこ遊びを六四例観察した。全体としては、年長者が年少者を追いかけることが多く（約六割）、遊びの外での優劣関係が遊びのなかにも反映していた（表14－5ａ）。もし年少者が優位者の役割を果たすことが遊びの維持にかかわっているとするなら、追いかけっこだけで終わってしまったプレイ・バウトよりもさまざまなタイプの遊びが連続して出現する複合的なプレイ・バウトのなかで生じた追いかけっこの方が、年少者が追いかける役割を取得しているはずである。実際に、追いかけっこだけが生じたプレイ・バウトでは年長者が年少者を追いかけることが七割を超えていたのに対して、さまざまなタイプの遊びが連続して出現する複合プレイ・バウトのなかでは

表 14-5　年齢差のあるコドモやワカモノの間での追いかけっこ遊びにおける役割の取得

(a)追いかける役割を取る者

追いかけた者	追いかけっこだけが観察されたプレイバウト	追いかけっこ以外の遊びも観察された複合プレイバウト	合計
年長者	18	20	38
年少者	8	18	26
合　計	26	38	64

$\chi^2=1.763$, df$=1$, $p>0.05$

(b)複合バウトにおいて生起した追いかけっこの役割取得

追いかけた者	始め	中間	終わり	合計
年長者	5	4	11	20
年少者	4	11	3	18
合　計	9	15	14	38

$\chi^2=7.8657$, df$=2$, $p<0.05$

年少者が年長者を半分近く追いかけていたが、その違いは統計上有意な差ではなかった。

そこで、複合バウトだけに注目して、次のような仮説を立てた。もし年少者が追いかけることによって遊びが持続する可能性が高まるなら、複合バウトの始めや中間で生じた追いかけっこでは年少者が追いかけることが多く、終わりに生じた追いかけっこでは年長者が追いかけることが多いはずである。なぜなら、始めや中間で生じた遊びは次の遊びにつながっているのに対して、終わりで生じた遊びはその遊びによってプレイ・バウトが終了して次へとつながらなかったものだからである。そこで、複合バウトにおいて生起した追いかけっこについて、どの時点で生じたかによって追いかけっこを分類して分析した（表14－5b）。その結果、複合バウトの中間ではとくに年少者が年長者を追いかけることが多く、終わりでは逆に年長者が年少者を追いかけることが多かった。この違いには統計的に有意な差があり、したがって、年少者が年長者を追いかけることは次の遊びへとつながる、つまり劣位者が優位者の役割を果たすことが遊びを維持し展開させる上で重要な役割を果たすといえるだろう。

全体として年長者が年少者を追いかけることが多いのは、追いかけっこだけのプレイ・バウトや複合バウトの最後に生じた追いかけっこにおいて、年長者が追いかけることがきわめて多いためである。つまり、プレイ・バウトの終結時に年長者つまり優位者が劣位者を追いかけているのである。これは、遊びのなかで優劣関係が露呈することによって遊びが終結することを示唆するものと考えることができる。

六　遊びの展開――多者間でのプレイ・バウトの力学

これまでは、煩雑さを避けるために二者間でのやりとりだけに注目してきたが、遊びはいつも二者間で行なわれるとはかぎらない。突然三者で遊びが始まることもあるし、二者間で始まった遊びに別の個体が加わって三者間や四者間での複雑な遊びへと展開することもある。ここでは、二者間での遊びに別の個体が参入する場面に注目して、遊びのなかでの三者関係を分析する。

二者間で遊んでいる最中に第三者がプレイフルに介入してきた事例が九五例あった。いまプレイフルに介入してきた個体を参入者、もとから遊んでいた二者を既存者と呼ぶことにする。参入者の七割（六七例）はコドモやワカモノであり、オトナやアカンボウによる参入は少なかった。

参入の結果、次のような四つのタイプのできごとが生じた。第一に、参入者が遊びに加入して三者間での遊びに発展すること（加入と呼ぶ）があった。第二に、参入者は遊びに加入したが、既存者の一頭が追い出されて遊び手が変化すること（変換と呼ぶ）があった。第三に、参入者は遊びに加入できずにあきらめて立ち去り、既存者が遊び続けたもの（継続と呼ぶ）もあった。最後に、参入の試みのために既存者たちが遊びを止めてしまうこと（中断と呼ぶ）もあった。加入や変換は、参入者から見れば遊びへの参入に成功した事例であり、継続や中断は遊びへの参入に失敗した事例である。

オトナやアカンボウは参入を試みることが少ないだけでなく、参入を試みても、コドモやワカモノによる参入と比べて、継続すなわち遊びに加入できずにあきらめて立ち去ることが多かった（表14-6a）。オトナやアカンボウによる参入の試みは、既存の遊びにあまり影響を与えないようである。対照的に、コドモやワカモノによる参入はしばしば加入や変換を引き起こし、遊びを展開させる力となっているといえるだろう。

遊びへの参入に優劣関係はどのような影響を及ぼすのだろうか。表14-6bは、参入者が既存者も含めた三者のなかで最年長か、中間か、最年少か

表14-6　プレイ・バウトへの参入と遊び相手の変化

(a)参入による遊び相手の変化

参入者	加入	変換	継続	中断	合計
オトナ	4	1	6	0	11
アカンボウ	1	1	11	4	17
コドモ・ワカモノ	22	17	15	13	67
合計	27	19	32	17	95

*参入者がオトナの場合とアカンボウの場合を合算すると，$\chi^2=13.74059$，df＝3，$p<0.05$

(b)参入者がコドモやワカモノの場合

参入者	加入	変換	継続	中断	合計
最年長	12	11	6	12	41
中間	7	4	2	1	14
最年少	3	2	7	0	12
合計	22	17	15	13	67

*加入と変換を成功とし，継続と中断を失敗として合算すると，$\chi^2=3.81128$，df＝2，$p>0.05$
加入と継続を影響なしとし，変換と中断を影響ありとして合算すると，$\chi^2=6.424718$，df＝2，$p<0.05$

によって、その参入の試みがどのような結果を生んだかをまとめたものである。まず、明らかに参入者は最年長者であることが最も多く、六割以上に達した。これは、二者間の遊びが年少者によって誘いかけられることの方が多かった点と異なっている（表14－3）。ここでも、遊びに対するモチベーションが高い年少者ほど遊びへの参入も多いだろうというモチベーション仮説は支持されない。最年長者による遊びへの参入が多いのは、彼らが最優位者でもあるからであろう。すでに活発に遊んでいる二者に躊躇なく介入することができるのは、最優位者なのである。

ただ、最優位者による参入は必ずしも成功するとはかぎらない。加入と変換を参入の成功と見なし、継続と中断を失敗と見なすと、参入者の優劣による成功率の違いには統計的な有意差は見られず、最も成功率が高かったのは三者の中間の年齢すなわち中間の順位の個体が参入したときであった。

最優位者による参入は、むしろ既存の遊びに明らかな影響を与えていた。加入と継続では既存者たちは遊び続けており、もとの遊びへの影響は最小限にとどまっているといえるが、変換と中断では既存者たちの遊びは崩壊してしまう。最優位者が参入を試みた場合、加入や継続よりも変換や中断が多く、既存の遊びがこわれることが多かった。一方、中間の順位の個体や最劣位者が参入を試みた場合には、既存の遊びに影響を与えることは少なかった。

既存の遊びへの第三者の参入は一時的にお互いの優劣関係を顕在化させ、それが既存の遊びを崩壊させることもあれば、新たな遊びへの転回点となることもある。とくに、最優位者の参入は既存の遊びを崩壊させる力をもつといえるだろう。

七　プレイ・バウトの終結

プレイ・バウトの終結の仕方はさまざまであった。例えば、先に述べたように第三者の介入がプレイ・バウトを終わらせることがあったが、それだけでなく、近傍にいた第三者が接近したり、立ち去ったりするだけでもプレイ・バウトが終結することもあった。とくに、遊び手の母親の接近や移動はしばしば終結のきっかけとなった。近くで誰かが悲鳴を上げたり、吠え声を上げたり、パントグラントが聞こえたり、あるいは物音が聞こえるだけでもプレイ・バウトは終結した。遊びが高じて喧嘩になった事例もあったが、たいていはすぐに収まった。発情した雌との遊びが交尾へと移行したり、オトナやアカンボウとの遊びが毛づくろいへと移行したこともあった。

しかし、このような終結の原因あるいはきっかけが明瞭なプレイ・バウトは、実は全体の三分の一程度に過ぎず、半数以上のプレイ・バウトは直接の原因がわからないままに、自然に終結した（四五〇例中三一二例）。そのような自然な終結は、遊んでいた両者が同時に動きを止めたり、一方あるいは両者が相手から離れることによって生じた。

このような自然な終結は、遊び手たちの遊びに対するモチベーションが低下したために起こるように見えるが、実際には必ずしもそうとはいえない。後述するように、プレイ・バウトやパラプレイ・バウトはいったん終了しても短い中断の後に再開することがきわめて多いからである。モチベーションが低下したのなら遊びが再開することは少ないはずである。したがって、別の終結要因があるに違いない。

私は、プレイ・バウトの自然な終結は遊びが遊び手の一方にとって激しすぎるものへとエスカレートする傾向がある

表14-7　プレイ・バウトを終結させる者*

遊び相手	離れた個体		合計
	年少者	年長者	
アカンボウ	37	16	53
オトナ	7	3	10
コドモやワカモノ	54	34	88
合　計	98	53	151

*年齢差のある個体間で，一方が相手から離れることによって終結したプレイ・バウトの観察数

ために生じるのではないかと考えている。遊びの強度を測定することができなかったので直接検証することはできないが，穏やかに始まった指遊びやくすぐりあいが，しばしば徐々に激しい取っ組みあいへと変化するという印象をもっている。また，遊びの最中に一方が悲鳴を上げたり，喧嘩になったりすることがあるのも，遊びがエスカレートすることを示唆している。遊びが遊び手にとって制御できないほどにエスカレートしかけたとき，遊び手はその遊びを一時的に終わらせるのではないか。

もしこの仮説が正しければ，遊びを終わらせるのは劣位者つまり年少者の側の役目だということになるはずである。なぜなら，遊びがエスカレートし始めたとき，劣位者の方が優位者よりも先に遊びが激しすぎると感じるに違いないからである。そこで，遊びの最中に一方が相手から離れることによって終結したプレイ・バウトについて，どちらの側が相手から離れたのかを調べた（表14-7）。予想通り，アカンボウとの遊びではアカンボウが，オトナとの遊びではコドモやワカモノ期の追跡個体が，コドモやワカモノの間での遊びでは年少者が相手から離れることによってプレイ・バウトが終わることが多かった。両者が同時に動きを止める終結パターンも，すばやい動きのために実際に観察することは困難であったが，年少者の側が動きをまず止めることによって生じているのではないかと想像される。

八　社会的な遊びの基本構造

先述したように、プレイ・バウトやパラプレイ・バウトは、いったん終了しても短い中断の後に再び生じることが多かった。調査期間中に観察した六六一例のバウトのうち五二四例で、そのバウトの終了後に継続していた個体追跡中に再び新たなプレイやパラプレイ・バウトが生じた。その三分の二以上（三五三例）で終了後一分以内に次のバウトが生じており、三分以内に次のバウトが生起したものは八五パーセントを超えた（四四六例）。いったん始まった遊びは短い中断をはさみながら繰り返されるのである。

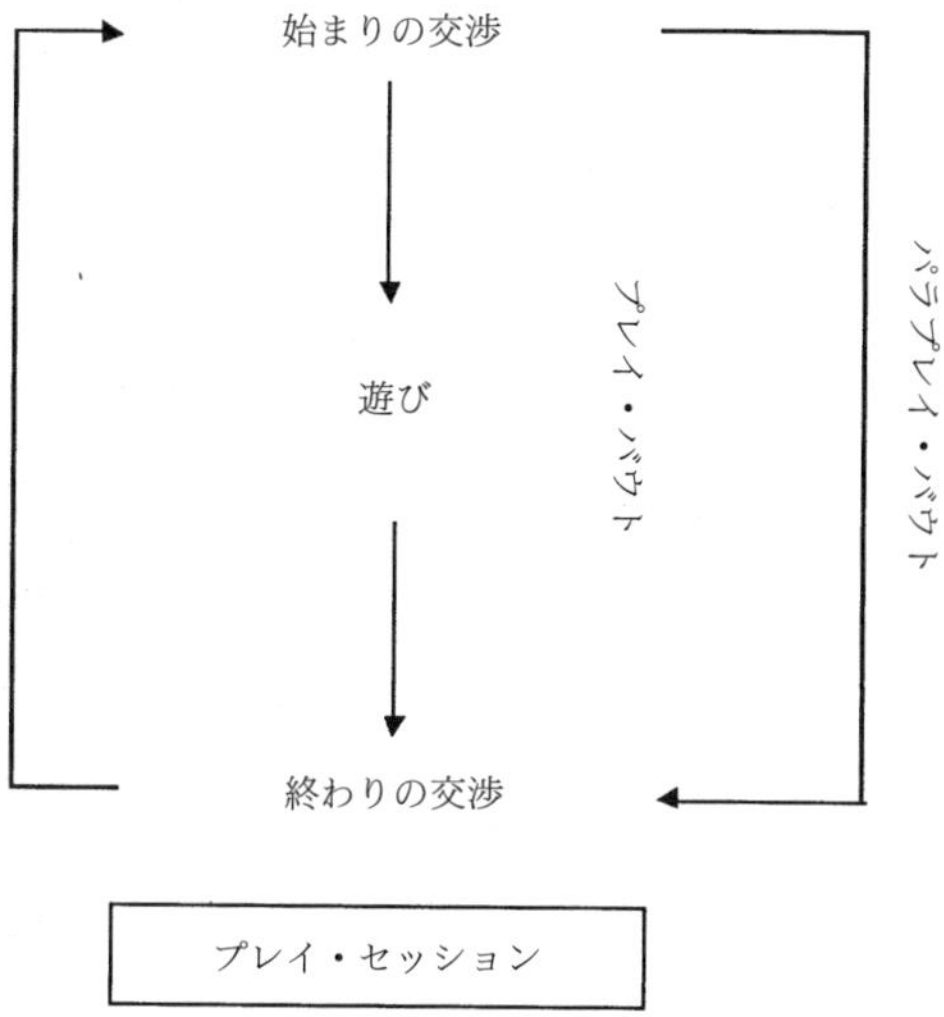

図14-2　社会的な遊びの基本構造

こうして連続的に生起するプレイやパラプレイ・バウトから成る一連の交渉をプレイ・セッションと呼ぶことができる（図14-2）。プレイ・セッション中にプレイやパラプレイ・バウトが繰り返されるのが、社会的な遊びの基本的な構造だといえる。遊びへの誘いかけに失敗しても、それだけでプレイ・セッションが終わるわけではない。プレイ・バウトが終わっても、それで遊びが終わってしまうわけではない。繰り返すことによって、遊びはさらなる展開を見せるのである。このような構造は，チンパンジーだけでなく，他の多くの霊長類の遊びに共通するものと考えられる[12]。

プレイ・セッションという一連の交渉を念頭に置けば，プレイ・バウトの終結は遊びの中断に過ぎない。バウトを終結させるのは遊びそのものを終わらせるためではなく，おそらく新たな遊びを再生させるためにあると考えるべきであろう。年少者つまり劣位者が遊びを中断させることによって，遊びは年少者のレベルに合わせてリセットされる。こうしてもう一度新たな遊びが始まるのである。

バウトの中断はおそらく遊びの内容，とくにその強度を調整する機能をもっている。劣位者は遊びのなかでいつでもその遊びを中断させることによってその強度を調整することができるのである。そのように考えれば，パラプレイすなわち遊びへの誘いかけの失敗も同様の機能をもっていることに気づかされる。劣位者はただ優位者に対する警戒やためらいによって遊びへの誘いかけを拒否するのではなく，これから生じる遊びの強度や内容について優位者側の譲歩を引き出すために拒否することができる。パラプレイの発生やプレイ・バウトの中断は，遊びの内容についての遊び手間のかけひきの表れと見ることもできるのである。

これまで，遊びが生まれ展開し終結するプロセスを追いながら，遊びという相互作用のなかで遊び手たちに何が生じているのかを検討してきた。遊びのプロセスのさまざまな時点で共通して出現した特徴は，遊びを成立させ維持するために優位者の側に抑制が強いられるということであろう。優位者が抑制して劣位者に合わせることによって遊びが生まれ，それが劣位者の活動を促進させ，両者がともに活動を高めていくことで，活発な荒っぽい遊びへとエスカレートしていくと考えられる。遊びの楽しさの一つは，そのような活動のエスカレーションにあるに違いない。バウトが繰り返されるプレイ・セッションという構造は，遊びがエスカレーションによって崩壊することを回避するための装置なのだといえよう。

かつて社会学者のカイヨワ[13]は、動物にも競争の遊び（アゴーン）が存在することを指摘した。確かに、荒っぽく取っ組みあうチンパンジーたちは、その遊びのなかで互いにその技を競いあっているように見える。競いあうことで遊びはエスカレートし、楽しさを生み出す。しかし、そこで生じる競いあいは、必ずしも勝敗を目指したものではない。彼らは競争という形式を利用し、競合というプロセスを楽しんでいるのだと、私には思われる。

＊

本稿は、筆者が過去に発表した資料と議論[14]の一部を改編して書き改めたものである。原論文で議論した遊びについてのコミュニケーション論上の問題は、他の場所[15]でも展開したので、ここでは割愛した。

註

（1）例えば、Smith 1978.
（2）アンリオ 1974.
（3）Hiraiwa-Hasegawa *et al*. 1984.
（4）Goodall 1986a.
（5）Hiraiwa-Hasegawa *et al*. 1984.
（6）Nishida (ed.) 1990.
（7）Hayaki, Huffman & Nishida 1989.
（8）Fagen 1981.
（9）早木 1988.
（10）Hayaki 1983.
（11）Hayaki 1985b; Pusey 1990.
（12）Fagen 1981; Hayaki 1983.
（13）カイヨワ 1970.
（14）Hayaki 1985b.
（15）早木 1988, 1990.

第15章 集まりとなる毛づくろい

中村美知夫

一　静かな時間

チンパンジーというのは、常に騒々しく、機会があれば他個体のことを出し抜こうとしているのだという印象をもたれているようだ。なるほどテレビで放映されるチンパンジーの姿はそのように見える。第一位の座をかけて華々しくディスプレイをしあうオトナ雄たち、必死になって有力な雄に挨拶をする若い雄、狩猟と肉食の大騒ぎ……。気に入ったものには食物を分配し、謀略を練って他者を操る。

しかし、このような派手な側面だけが、チンパンジーの社会のすべてではない。ごくたまに生じる大騒乱の間には、長い落ち着いた時間があり、権力の座を狙う一部の雄たちの他にも集団のなかにはたくさんのメンバーがいるのである。彼らは決して「その他大勢」ではないし、大騒ぎしていない時間も決して「休み時間」ではない。本稿では、このようなどちらかといえば「静かで落ち着いた」チンパンジーの側面を毛づくろいに着目して見ていこうと思う。

二　毛づくろいとは

毛づくろい（グルーミング）は、手や口などで自分や他個体の毛をかき分け、寄生虫やゴミなどを体から取り除く行動であり、多くの動物に見られる。「毛」づくろいとはいっても、毛のない顔や性器周辺に対しても行なわれ、目ヤニや鼻くそ、カサブタなどが取り除かれることもある。ヒトのシラミ取り、整髪、耳掃除、なども毛づくろいであるといえよう。

毛づくろいはもともとは衛生的な機能が中心であったと考えられるが、複雑な社会生活を営む霊長類においては、社会的な機能が著しいと考えられている。すなわち、良好な関係を結んだり、喧嘩の際に応援してもらったり、相手の気持ちをなだめたり、仲直りしたりするために毛づくろいすることがある。また、毛づくろいは一般に親和性を表す指標として使われる。毛づくろい時間を個体ごとに算出し、例えば個体Aから個体Bへの毛づくろいがCへの毛づくろいよりも多ければ、AはCよりもBと親密であるということになっている。

多くの霊長類にとってそうであるように、チンパンジーにとっても毛づくろいは最もありふれた社会交渉である。マハレでチンパンジーを一〜二時間も追跡すれば、ほぼ間違いなく毛づくろいを観察できる。追跡個体の平均では、追跡時間の約一〇パーセント以上を毛づくろいに費やし、最も多い個体では三〇パーセントを超えた。最もありふれた行動であるので、さまざまな他のトピックとの関連で、親和性、社会性の指標として扱われているが、チンパンジーの毛づくろい自体が対象となった研究はそれほど多くはない[①]。一般的にチンパンジーでは、オトナ雄同士や母子間で最も頻繁に毛づくろいをし、ついで雄雌間、そして雌同士はまれにしか毛づくろいをしない[②]。

他の霊長類と比べたとき、チンパンジーの毛づくろいはいくつかの面で特殊である。例えば、チンパンジーの毛づくろいには明らかな地域的バリエーションが存在する。よく知られた例としては、対角毛づくろい[③]がある（写真15－1）。この毛づくろいパタンは、マハレ、キバレ、タイ、カリンズなどの地域では観察されているが、ゴンベ、ブドンゴ、ボッソウなどでは観察されていない。また、マハレのチンパンジーは毛づくろいの際に相手の身体を掻く（ソーシャル・スクラッチ：挿絵）のだが、この行動も今のところマハレ[④]とキバレのンゴゴ[⑤]以外の地域では観察されていない。D・ワッツによるとキバレのンゴゴで行なわれるスクラッチはマハレのものとは異なり、ストロークが非常に短いようである。また、面白いことに同じキバレでもカニャワラではソーシャル・スクラッチは見られていない[⑥]。このような地域的バリエーションの存在は、チンパンジーの毛づくろい

写真15-1　チンパンジーの毛づくろい，対角毛づくろい．

がかなりの可塑性をもっていることを示している。すなわち、毛づくろい行動が必ずしも固定的ではなく、所属する集団による制約を受けつつ、当事者たちによって築き上げられていることを示唆している。そうであるとするなら、私たちが毛づくろいと一概に呼んでしまっている現象でも、場合によってチンパンジーたちは違った意味あいを付与している可能性があることになる。

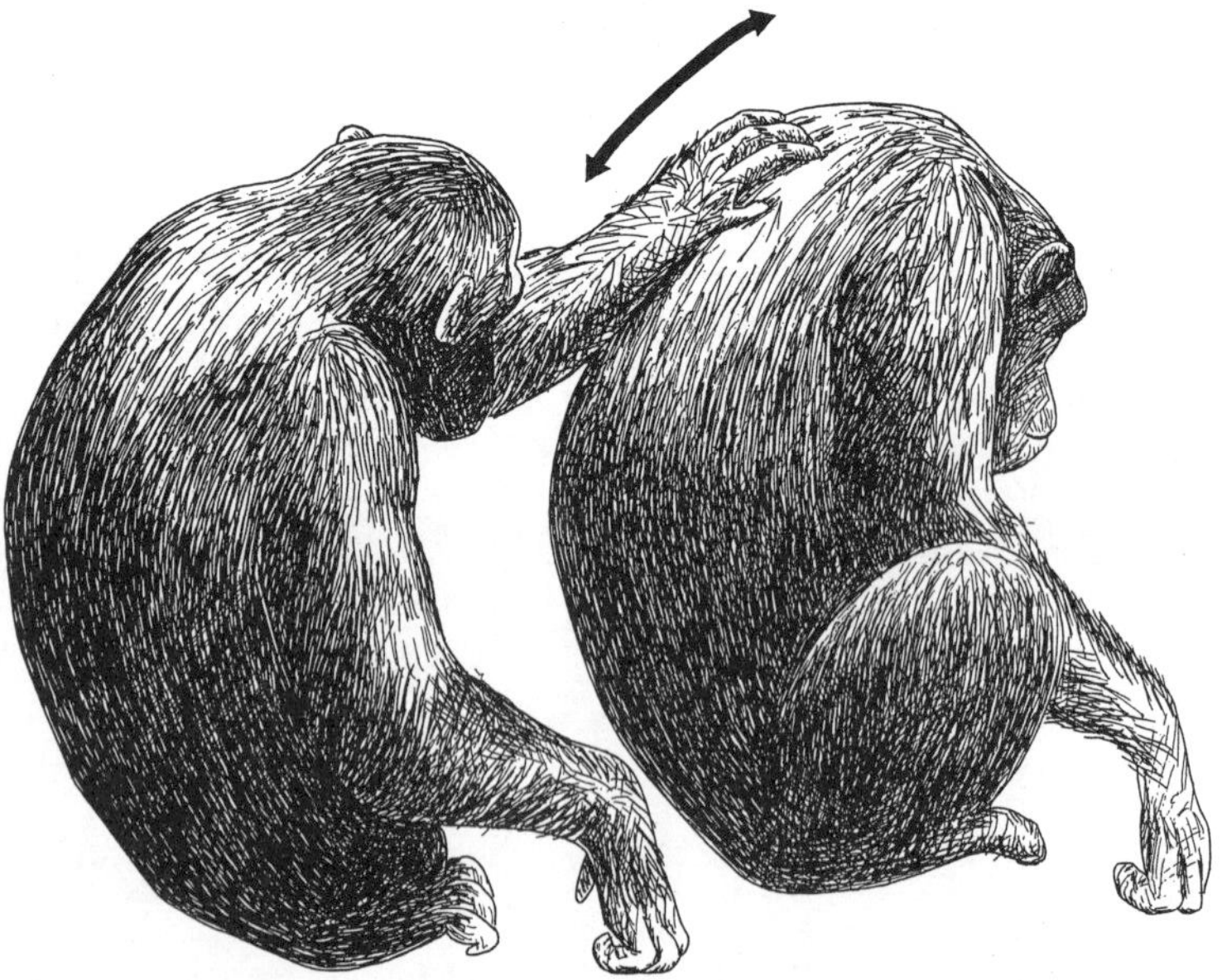

三　集まりとなる毛づくろい

他にもチンパンジーの毛づくろいを特色づける点はいくつかあるのだが[7]、本稿で取り上げたいのは、チンパンジーが毛づくろいの際に大きな集まりを形成するという点である。グドール[8]やドゥヴァール[9]らはこの集まりをグルーミング・クラスターと呼んでいる。多くの霊長類の毛づくろいは通常一対一、つまり二個体のみの間で行なわれる。例えば、チェニーとセイファース[10]は、毛づくろいをしている二頭のベルベットモンキーのところに、そのいずれよりも優位な個体が毛づくろいしようと近づくと、もともと毛づくろいしていた二個体のうち劣位個体が立ち去る、という例を報告している。彼らはこれを、ベルベットモンキーが相対的な順位を理解できる例として扱っているが、ここで注目してほしいのは、二個体間での毛づくろいに第三の個体がやってくると三個体間の毛づくろいにはならず、一頭が抜けることで結局二個体間の毛づくろいになっているという点である。もちろん絶対に三頭以上になれないというわけではないのだが、基本的に彼らの毛づくろいは一対一であるようだ。ニホンザルでもほとんどの毛づくろいは二個体間で行なわれるようだ[11]。

もちろん、チンパンジーも二頭だけで毛づくろいをする。というよりも、二頭だけで毛づくろいをするほうが頻度としては高い。しかしながら、数頭のグルーミング・クラスターに、どんどん他の個体が参加していってより大きなクラスターになることがしばしば生じる。私の観察期間中には、最大で二三頭もの個体が一箇所に集まって毛づくろいをしているのが観察された[12]。これは、当時のMグループの全構成員（アカンボウも含む）の約半分である。しかし、これまでの研究ではこのような集まりを集まりとして分析することはほとんどなかった。早木は、オトナ雄について三個体間での毛づくろいも考慮に入れた分析をしているが[13]、それ以外の研究では多数個体が関与する毛づくろいは二個体間の毛づくろいに分解されていることが大部分である。

四　会話とのアナロジー

毛づくろいのアナロジーとして、ヒトの会話がよくもち出される[14]。毛づくろいというのは、井戸端でぺちゃくちゃやっているようなものだ、ということである。このアナロジーに沿って考えてみよう。誰か親しい人と二人きりで会話しているときと、多くの人たちのなか（例えば宴会の席）で同じ人と会話しているときとを想像してほしい。二人きりの会話と多人数でいるときの会話は違うであろうことが想像される。この違いは必ずしも内容だけの問題ではない。例えば二人きりの会話では誰に対して話しかけるのかを心配する必要はないが、皆が集まっているときには一人とばかり話をしているわけにはいかない。他の人が話しに参加してくれれば無視するわけにはいかないだろう。場合によっては、仲のいいはずの二人が皆と一緒の場ではほとんど口を利かないということさえありうる。会話と毛づくろいをまったく同じように考えられるわけではないが、毛づくろいでも他個体がいることによって同一個体に対する毛づくろいの意味あいが変わってくることは十分ありえる。多くの個体といっしょに毛づくろいするというのはどういうことなのだろうか。また、このような集まりが大きくなるときにはいったいどのようなことが起こっているのだろうか。

五　グルーミング・クラスター

まず、グルーミング・クラスター（以下単にクラスターとする）を恣意的に定義しておこう。クラスターの「参加者」は、少なくとも一頭の他の「参加者」と毛づくろいに従事する（毛づくろいする、もしくはされる）個体であるとし、三メートル以上離れていたり、移動がなくとも五分以上誰も毛づくろいしない時間があれば別々のクラスターである、とする。定義上、すぐ近くでやっていてもお互いの参加者が重ならないものは別々のクラスターとなる。例えば、AとB、CとDがすぐ近くで同じ時刻に毛づくろいしていても、A-C、A-D、B-C、B-D、いずれの組み合わせでも毛づくろいが生じなければこれらは二つの別々のクラスターとなる。逆にAとB、CとDが毛づくろいしたあとAがCを毛づくろいすれば、BとDは直接毛づくろいをしていないが、A、B、C、D四個体からなる同一のクラスターに参加したことになる。

さて、ここでは一九九六年七月三十日の一六時一一分五一秒から一六時五三分一八秒までの二四八七秒（四一分一七秒）の間に観察された一二頭の参加者からなるクラスターを例にとって見ていくことにしよう。このクラスターは、私が観察した完全な（最初から最後まで観察できた）クラスターのうちで参加者数が最大のものである。各個体について毛づくろいを開始した時間、毛づくろいをやめた時間、相手個体を記録した。参加者一二頭のプロフィールを表15-1に示す。適宜参照していただきたい。

表15-1　今回分析したクラスターの参加個体のプロフィール

名　前	略称	当時の年齢（クラス）	備　考
オス			
ファナナ	FN	18？（オトナ）	第3位
ドグラ	DG	15？（オトナ）	第4位
アロフ	AL	14（ワカモノ）	WXの息子
カーター	CT	11（ワカモノ）	CAの息子
ダーウィン	DW	7（コドモ）	1994年から孤児
カドマス	CD	5（コドモ）	CAの息子
メス			
カリオペ	CA	36？（オトナ）	CDを授乳中，2ケ月後には発情再開
ワクシ	WX	35？（オトナ）	ATを授乳中
クリスティーナ	XT	21？（オトナ）	授乳中
アビ	AB	14（オトナ）	サイクリング（非発情），M出自，未経産
アイ	AI	7（コドモ）	WXの娘
アテナ	AT	0（アカンボウ）	WXの娘

年齢の？は推定年齢を示す．XTの息子XM（アカンボウ）もこの場にいたが，毛づくろいには全く従事しなかったのでリストには含まれない．

1　毛づくろいの流れ

このクラスターのなかで行なわれた全毛づくろいを示したのが図15-1である。一番上に各個体名の略号が書いてあり、その下に伸びる帯のうちグレーになっている部分がその個体が毛づくろいしていた時間を示している。グレーの中に書いてあるのはそのときその個体が毛づくろいしていた相手である。ワクシ（WX）のアカンボウであるアテナ（AT）は毛づくろいをされただけで、毛づくろいをしていないので一番上に名前がない。逆にコドモ期の孤児であるダーウィン（DW）はほんの少し毛づくろいをしただけで、誰からも毛づくろいされていない。それ以外の個体は時間の多少はあれ、毛づくろいしたり、されたりしている。

クリスティーナ（XT）の毛づくろいをきっかけにさまざまな個体が毛づくろいを始めている。同一の相手に対する毛づくろいは長いときで五〜六分で終わり、それからは相手を変えてみたり、ちょっとした休憩が入ったりする。多くの霊長類の毛づくろいでは、ある個体が毛づくろいし、それが終わると役割を交代して（すなわちターン・テイキングがなされて）それまで毛づくろいされていた個体が毛づくろいをしだす、というのが一般的である。しかしながら、チンパンジーの毛づくろいではそのようにはなっていない。

例えば、開始から五分後を見てみると（0:05:00のところに定規でも当ててほしい）ファナナ（FN）がクリスティーナ（XT）を、ドグラ（DG）がXTを、カリオペ（CA）がFNを、XTがアビ（AB）を、ABがXTをそれぞれ毛づくろいしていることが分かる。同じ個体がしたりされたりで複数回出てくるので、まとめてみると図15-2のようになる。

この一瞬だけでも、チンパンジーの毛づくろいのさまざまな特徴を見て取ることができる。すなわち、「CAがFNを、FNがXTを」という「連鎖」毛づくろい、「FNとDGとABのすべてがXTを」という「集中」毛づくろい、そして「ABはXTを、そしてXTはABを」という「相互」毛づくろい、という三つの要素が含まれている。これらはいずれも他の霊長類ではたまにしか見られない。このような要素がかなりの頻度で、かつ複合的に生じるのがチンパンジーの毛づくろいの大きな特徴である。しかも、私はとくに複雑なところを抜き出したわけではない。適当なところに定規を当てて右のような図をいくつか描いてみてほしい。実にさまざまなパタンが出てくることが分かると思う。このわずか四〇分強の間に一〇〇回もの変化があり、個体性を考慮に入れなくても実に四六通りものパタンがあったのだ。

2　グルーマー数と従事者数

この変化の様子をすべて図15-2のように描き出して並べると、それだけで紙面がつきてしまうので、少し整理してい

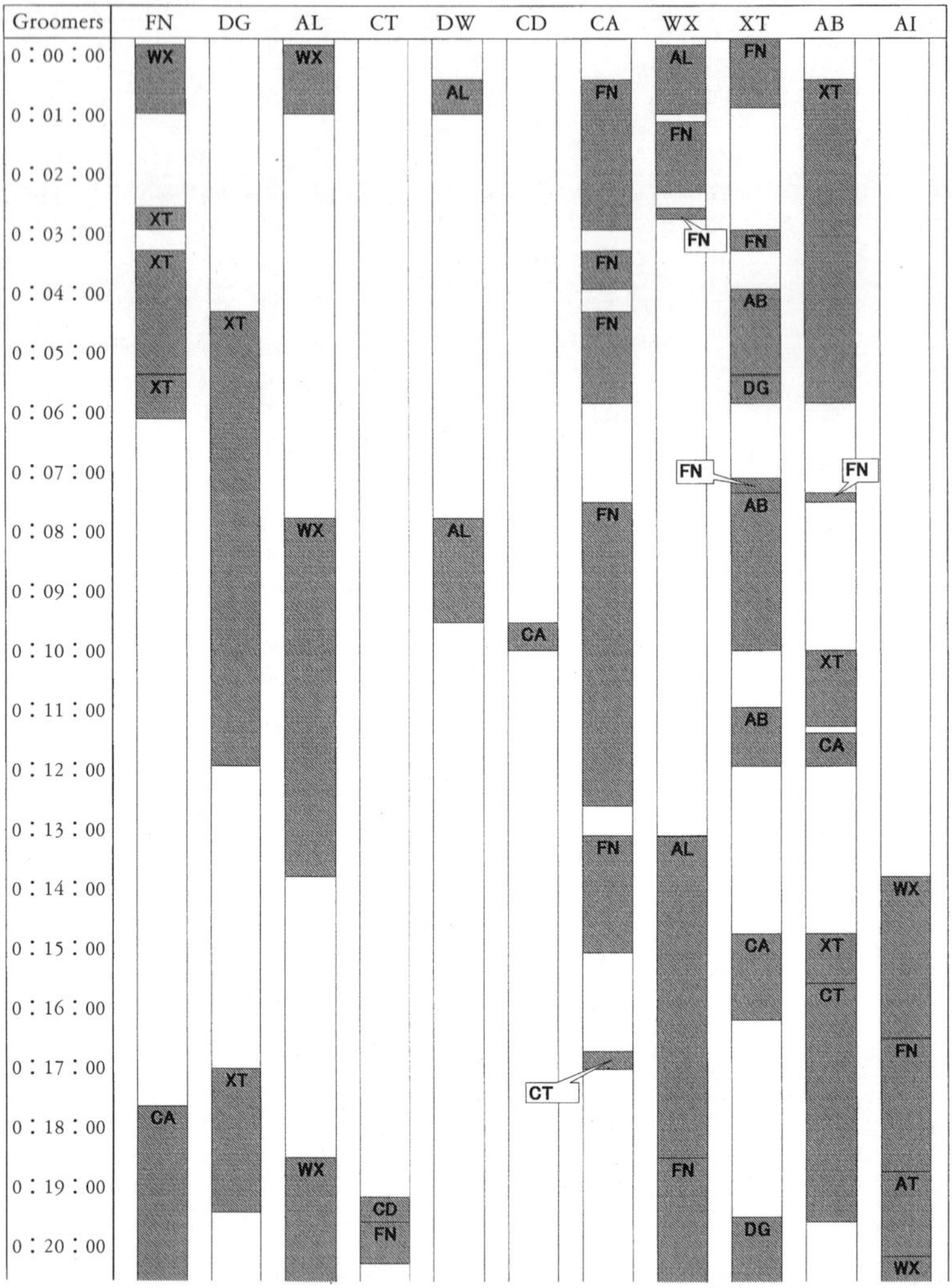
Groomers
FN DG AL CT DW CD CA WX XT AB AI
0：00：00
0：01：00
0：02：00
0：03：00
0：04：00
0：05：00
0：06：00
0：07：00
0：08：00
0：09：00
0：10：00
0：11：00
0：12：00
0：13：00
0：14：00
0：15：00
0：16：00
0：17：00
0：18：00
0：19：00
0：20：00

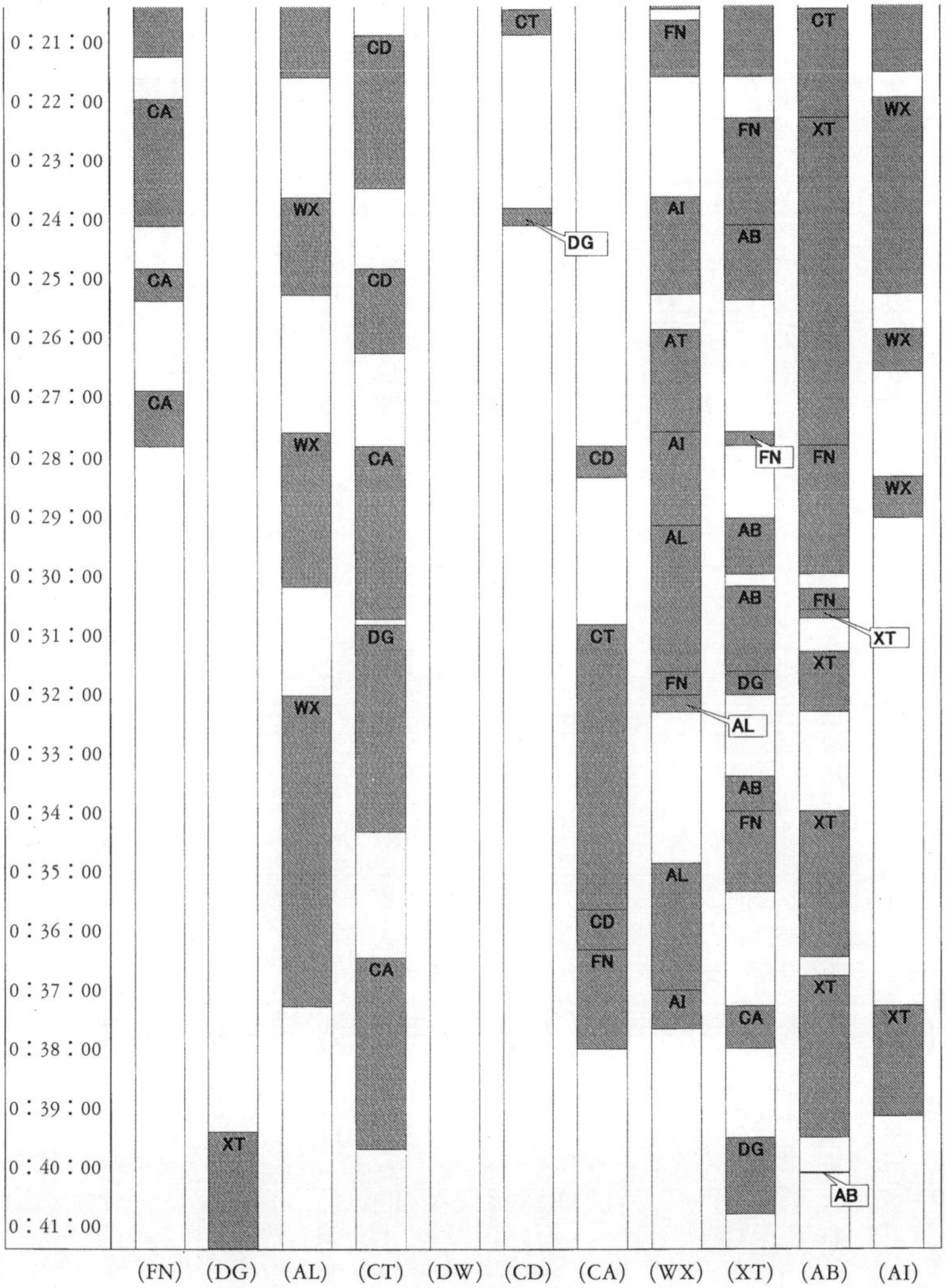

図 15-1　このクラスターで見られた全毛づくろいの流れ
右ページ一番上にある略称の個体が毛づくろいしていた時間が，その下に伸びる帯のグレーに塗られているところに対応している．グレーの中に書いてある名前は毛づくろいされた相手．

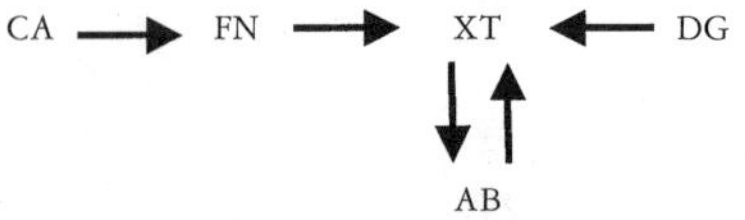

図15-2　図1の0：05：00の毛づくろいの状態
矢印は毛づくろいの方向を示す.

くことにしよう。まず、つながり方はとりあえず置いておいて、グルーマーの数と従事者数の時間推移を見てみよう。ここで、グルーマーとは毛づくろいをする個体、従事者とは毛づくろいをするかされるか、もしくはその両方である個体のことである。例えば単純なA→Bという形だとグルーマーの数（「＝矢印の数」と考えるとわかりやすい）は一で従事者は二となる。図15-2の場合、グルーマーの数も従事者の数も五になっている。

図15-3は、このクラスターにおけるグルーマーの数と従事者の数の頻度を示したものである。従事者数が〇になることはなく、最高従事者数は一一頭であった。グルーマーが五頭、従事者が七頭であることが最も多く、平均はそれぞれ四・〇九頭と六・一一頭であった。平均するとクラスター参加個体の約三分の一が毛づくろいし、約半分が毛づくろいに従事していることになる。チンパンジーの毛づくろいでは従事者数のわりには毛づくろいしている個体の数が多い。図15-2などはその著しい例で、従事者すべてがグルーマーにもなっている。

3　つながり方

今度は全体の数から各個体ごとの毛づくろいへの従事状態に視点を移してみよう。例えば図15-2のXTという個体は「一頭の個体と相互毛づくろいをしながら、それを含めた三頭の個体から毛づくろいをされている」という従事状態である。いくら何でもすべての個体をこのように記述すると大変なので、以下のような三桁の数値で表す。一つ目の数値はその個体が相互毛づくろいをしている（1）かいない（0）か、二つ目の数値は毛づくろいをしている（1）かいないか

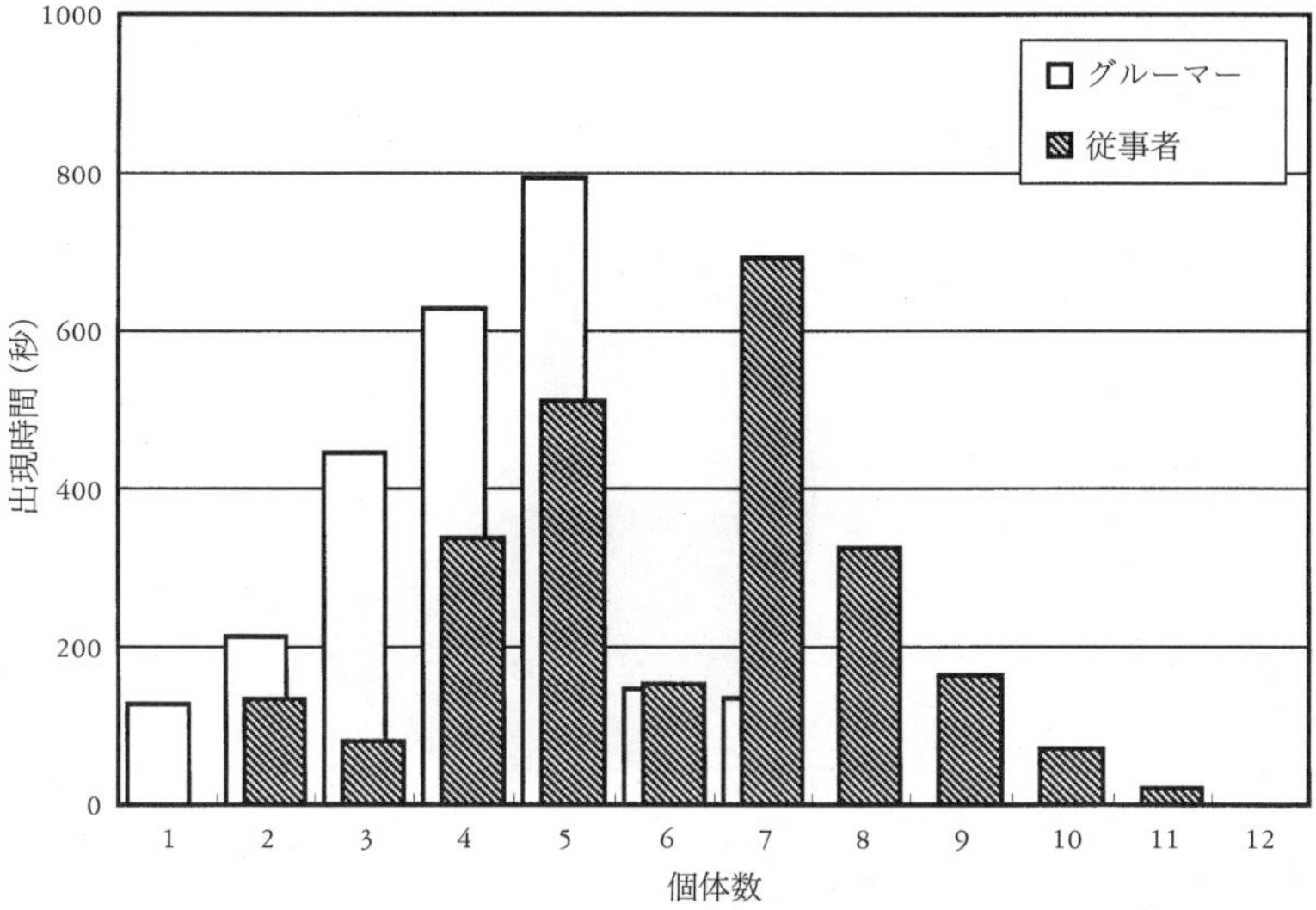

図 15-3　グルーマー数と従事者数の分布

（０）を示し、三つ目の数値は何個体に毛づくろいされているのかを示している（されていなければ０）。例えば、右のＸＴの例では１１３という数値で表される。００１のときには一頭の個体から毛づくろいされている状態であるし、０１０なら毛づくろいをしているのみでされていない状態ということになる。

この数値を用いて、このクラスターに参加していた全個体がどれだけの時間どの従事状態にあったかを算出した。ここでは何らかの形で毛づくろいに従事している状態（つまり、０００以外）における各状態の出現割合を図15-4に示す。

やはり最も多いのは単純な００１と０１０である。しかしそれでもそれぞれ三〇・六パーセントと四〇・九パーセントにしかならない。逆にいうとそれ以外の状態が約三〇パーセントもあることになる。このなかで多いのが、例えば０１１である（一四・九パーセント）。すなわち、毛づくろいをしながらされる（相互的にではなく、連鎖的に）タイプのものである。また、相互毛づくろいを含むもの（１１１、１１２、１１３）も全体の平均で九・六パーセントを占めている。また、二頭以

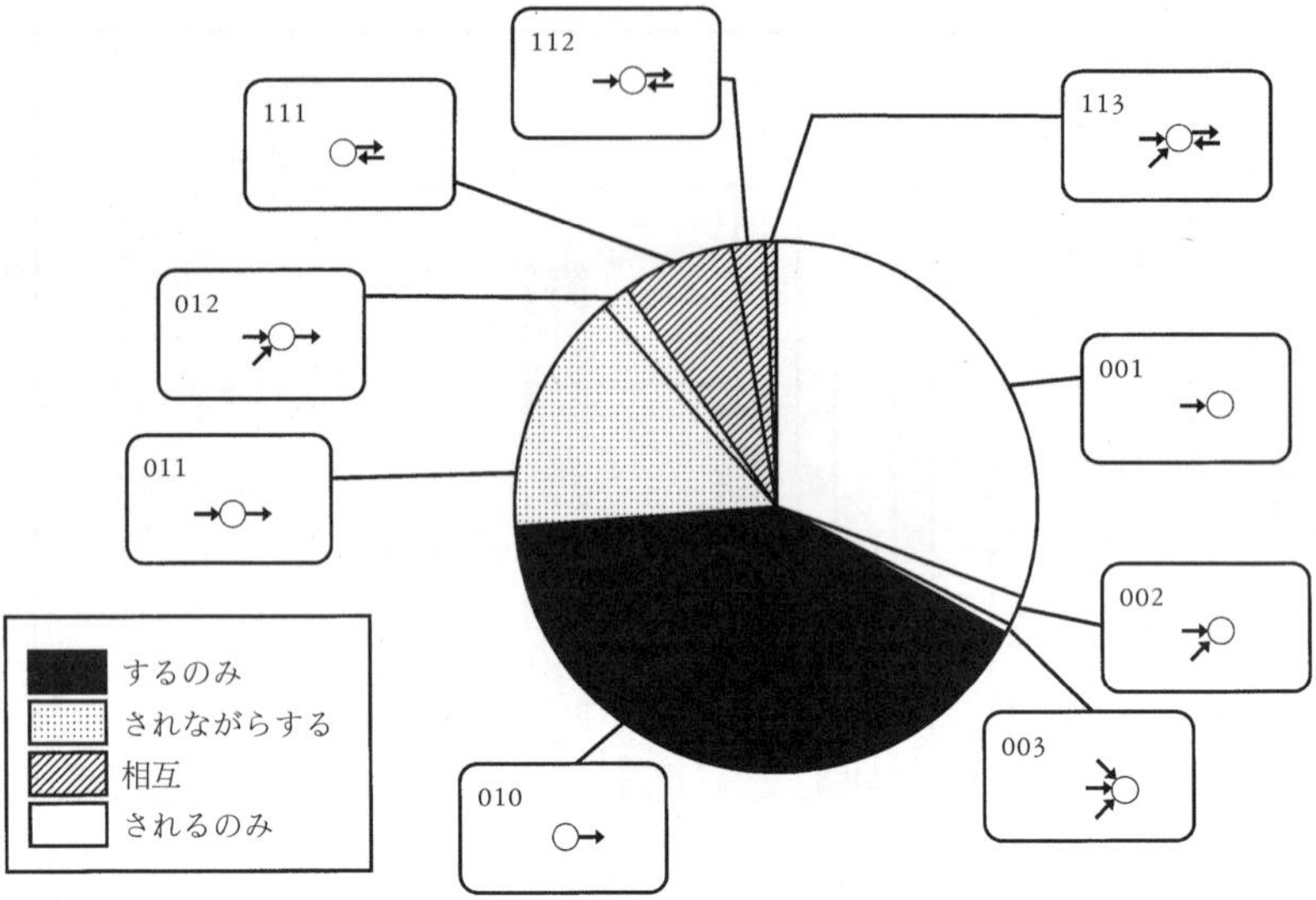

図 15-4　クラスター全体での毛づくろい従事状態の割合
000（毛づくろいしてもされてもいない）は除いてある．

上に同時に毛づくろいされる（００２、００３、０１２、１１２、１１３）のは全体的に見るとそれほど多くない（六・七パーセント）。このタイプはある個体たち（ＸＴやＦＮ、ＷＸなど）にのみ多く、それらの個体にはある程度毛づくろいが集中していたといえる。

各個体ごとの毛づくろい従事状態を示したのが図15－5である。ただし、いくつかの共通する特徴をもつ従事状態はまとめてある。黒い部分は毛づくろいをするのみ（０１０）、白い部分は毛づくろいをされるのみ（００１、００２、００３）、グレーの部分が連鎖状態（０１１、０１２）、斜線部が相互状態（１１１、１１２、１１３）を示している。多い個体（例えばＸＴ）ではグレーと斜線を合わせた部分（いずれも毛づくろいされつつ毛づくろいをする状態）が全体の半分近くを占める。一方で、ＡＢやＣＡなど白と黒の部分が大半を占める個体もいる。これらＸＴ、ＡＢ、ＣＡはいずれもオトナ雌であるので、必ずしも性年齢クラスによって決まっているわけではない。もちろん、このようなデータを積み重ねていけば、ある程度単純な毛づくろいの多い個体

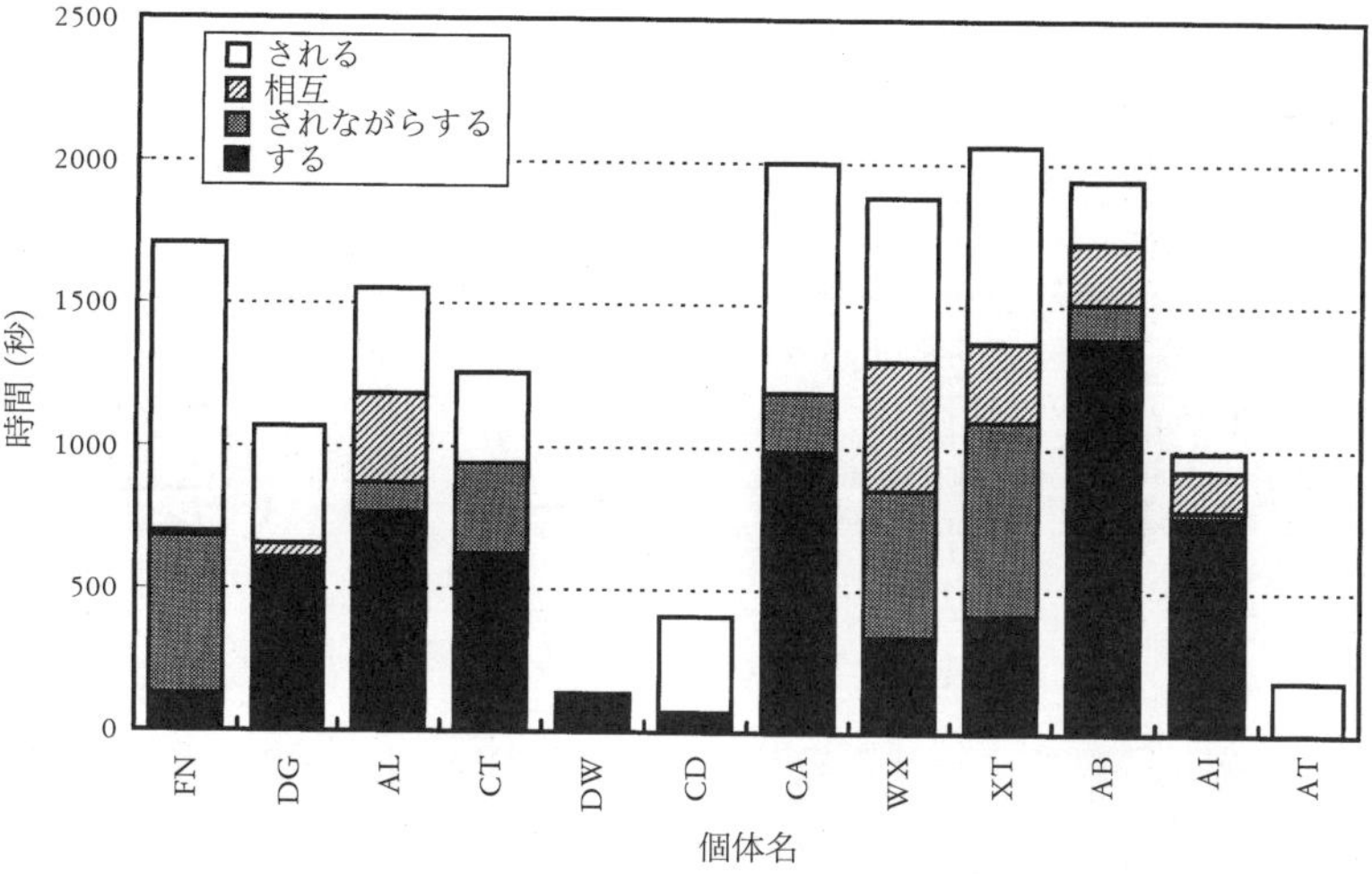

図15-5　個体ごとの従事状態

と、連鎖や相互の多い個体との違いが分かってくる可能性はある。

さて、各個体の従事状態から瞬間瞬間の個体たちのつながりの形（例えば図15-2のようなもの）を再現することができる。このような、それ以上分割できない、クラスターの下部構造をグルーミング・ユニット（以下単にユニットとする）と呼ぶことにしよう。ある瞬間に010が一頭、001が一頭、011が一頭いて、残りの個体がすべて000であれば、必然的に図15-6aのようなユニットになることが分かるし、010、001が各一頭ずつと111が二頭いて残りが000なら図15-6bのように二つのユニットができることが分かる。

このようにして、このクラスターで生じたすべてのユニットを表したのが図15-7である。従事者が四頭までは可能性のあるユニット（①～⑮）をすべて図示し、このクラスターで見られなかったものには×がつけてある。五頭以上は実際に見られたもののみ（a～j）を図示した。また、これらのユニットののべ出現時間を表15-2に示す。

実にさまざまなユニットが生じていることが分かっていただけると思う。このクラスターでのユニットの平均の大きさは約二・

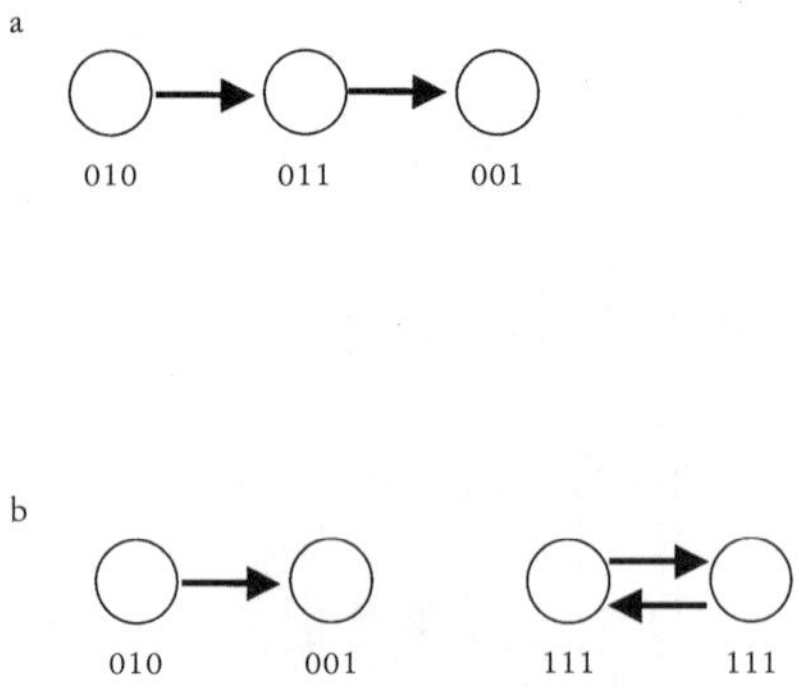

図15-6　従事状態から復元されたユニット
a：010, 001, 011が各1頭のときにできるユニット, b：010, 001が各1頭, 111が2頭のときにできるユニット

八で、最大七頭であった。ユニットのタイプは①③②④⑥の順で頻繁に出現した。予想されるように、基本的な形である①が最も多い。次に多いのが③であるが、これは三頭が連鎖的につながるタイプのものである。このクラスターでは、⑤のような循環する毛づくろいは出現していない。三者の循環はまったく出現しえないわけではなく、他のクラスターではまれに見られた。

相互毛づくろいを含むユニットは全体の三分の一の時間（八一六秒／二四八七秒）で見られた。

六　三個体間の毛づくろい

さて、霊長類に一般的である二個体間の毛づくろいから三個体間の毛づくろいになるときにいったい何が生じているのであろうか。ここでは、③（連結型）と⑥（集中型）との比較を通して考えてみたい。③も⑥も①に一頭加わった形である。したがって、もし単純に①のユニットに、第三の個体がランダムに加わることで三頭のユニットが生じるのならば、③はせいぜい⑥の二倍程度しか見られないはずである（図15-8）。しかし、実際には⑥はわずか一八一秒しか生じ

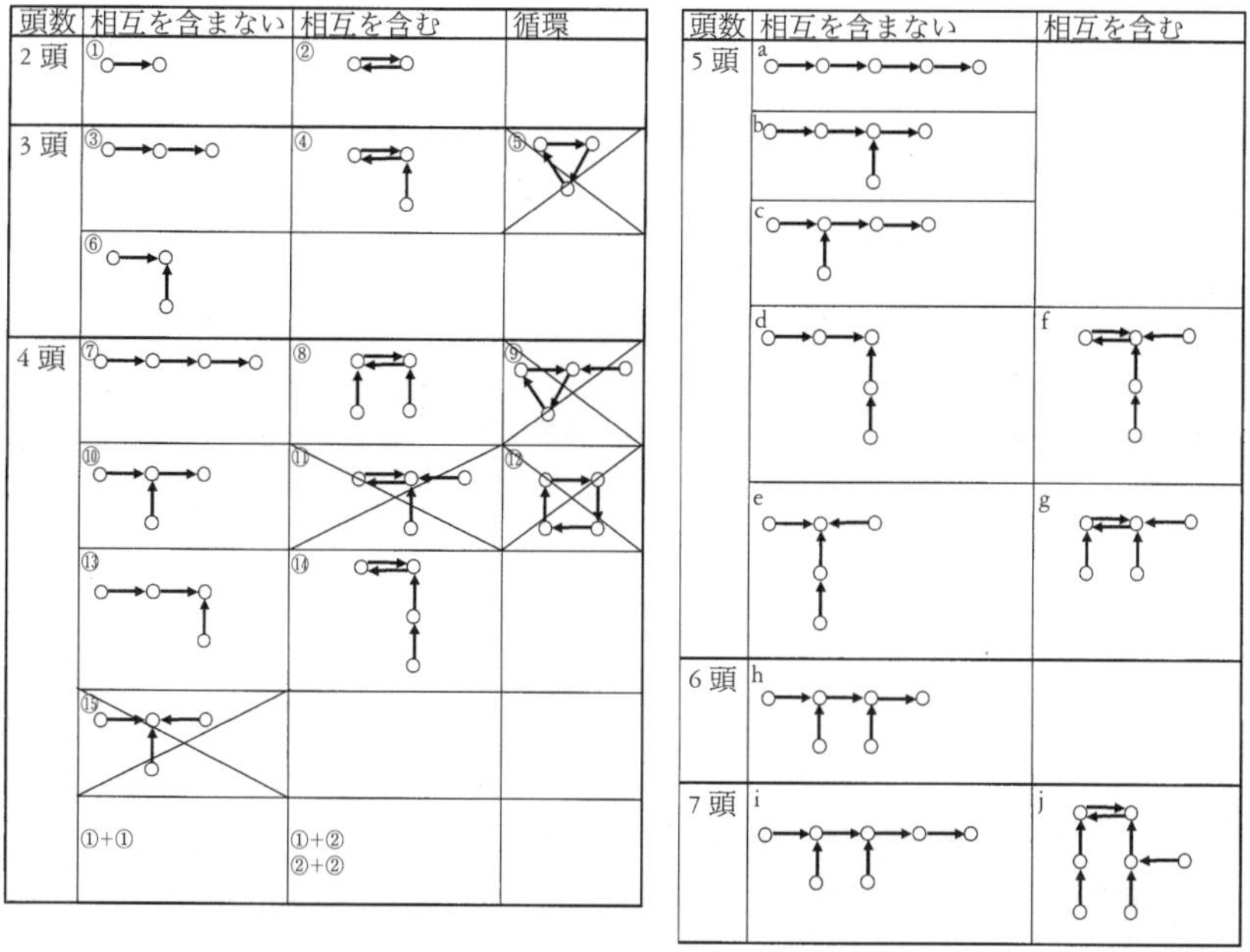

図 15-7　このクラスターで出現したユニット
ただし，4 頭までのユニットに関しては可能性のあるユニットをすべて示し，実際に生じなかったもの（⑤，⑨，⑪，⑫，⑮）には×をした．5 頭以上のユニットは実際に見られたもののみを示した．

ていないのに対して、③が一五三三秒も見られている。ざっと③は⑥の八・五倍見られていることになり、ランダムに第三の個体が加わっているわけではないことが分かる。

ここで一つ不思議なことがある。チンパンジー以外の霊長類の毛づくろいでは、チンパンジーとは逆に⑥のほうが③よりも多いようなのだ（そもそも三頭のユニットがそれほど生じないのだが）。さまざまな霊長類に関して、多くの毛づくろいの論文が出ているが、多数個体間の毛づくろいについてのデータはほとんどない。それらのなかの数少ない記述と（例えばジョフロイクモザル[15]、フサオマキザル[16]、アオザル[17]、アッサムモンキー[18]）、嵐山でニホンザルの毛づくろいを観察していた座馬耕一郎氏による情報、そして私自身がニホンザルや飼育下のクモザルを短時間見た印象をあわせると、三頭のユニットになる場合ほとんどが⑥で

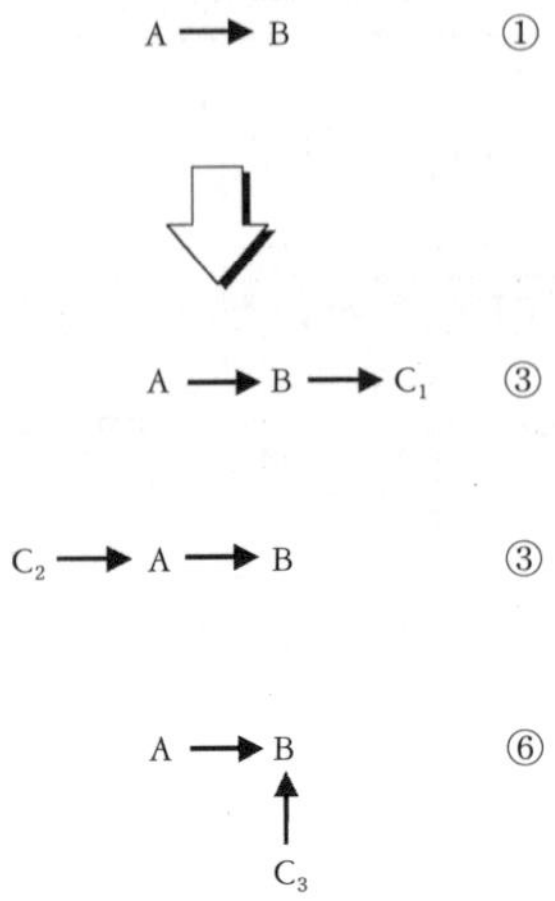

図 15-8　2個体のユニットに1個体が加わることで生じるユニット A→B が変わらないとすればCが参入する方法としては上の3通りが考えられる．C_1 と C_2 ではユニット③になり，C_3 では⑥になる．したがって C_1～C_3 がランダムに生じれば，③：⑥＝2：1になるはずである．

表 15-2　ユニットのタイプとのべ出現時間

タイプ	大きさ	のべ出現時間（秒）
①	2	2829
③	3	1533
②	2	375
④	3	182
⑥	3	181
f	5	90
e	5	86
⑦	4	71
⑬	4	69
c	5	56
b	5	48
⑭	4	34
a	5	33
j	7	33
⑩	4	24
d	5	24
i	7	23
h	6	20
g	5	11
⑧	4	5

平行して二つ以上のユニットが頻繁に生じるが，ここではその累積時間を示した．ユニットのタイプは図 15-7 参照．

ある。チンパンジーの毛づくろいでは、③がランダムよりもはるかに生じやすいのに対して、ニホンザルなどでは③はランダム以下にしか生じないことになる。

七　「されながらする」ということ

図15‐8で見たように、③（A↓B↓C）も⑥（A↓B↑C）も①（A↓B）に一個体追加された形で、一見たいした差がないように思われる。しかし、個体が果たす役割ということを考えてみると実は大きな違いがある。⑥では中央の個体（右の例ではB）は積極的に何をしなくともよい。単に二個体から毛づくろいをされている状態である。三個体間の交渉になっているとはいえ、AとCは毛づくろい「する」ものであり、Bは依然毛づくろい「される」ものでしかない。この非対称的な二つの役割は、①に見られるものと基本的に同型である。

一方、③ではAは毛づくろい「する」もの、Cは毛づくろい「される」ものでいいとして、Bは毛づくろい「されながらする」ものというややこしい役割になる。これはそれまでの単純型毛づくろいには見られなかったものである。この、毛づくろいを「されながらする」ということが、二個体間で生じると相互毛づくろいになる。

読者のなかには、毛づくろいを「されながらする」ことなんて簡単じゃないか、と思う人も多いかもしれない。確かに、毛づくろいを「する」ほうは何かをするにしても、「される」ほうは何をするわけでもない。例えば、B↓Cと毛づくろいしているところにAが来てBの背中を毛づくろいすればA↓B↓Cになる。したがって、このときBがする必要があることは、Aが来たことなど気づかぬ振りをして（本当に気づかなければもっと簡単だが）それまでと変わらずCを毛づくろいし続けるだけのことである。ところがニホンザルなどにはこのことがなかなか難しいらしい。先に見たように、ベルベットモンキーでもB↓CにAが来ると、Bは毛づくろいをやめてしまう（もしくはCが立ち去る）。

ヒトでも毛づくろいを「されながらする」というのは意外に難しい。人に髪の毛をブラッシングしてもらいながら人の髪の毛をブラッシングする人はいないだろうし、人に耳掃除をしてもらいながら別の人の耳掃除をする人はいない。菅原[19]によると、ブッシュマンのシラミ取り行動一八四回のうち、③になったのはわずか一回のみであったが、⑥は一三回生じている（それ以外はすべて①である）。やろうとしてできないことはないだろうが、明らかに「されながらする」のはやりにくい。ニホンザルの毛づくろいでも基本的に同じことなのだろう。

八　「体をきれいにする」という機能

ニホンザルなどの毛づくろいでは、されるほうが気持ちよさそうにトロンとしている一方で、するほうは一生懸命毛をかき分け何かをつまみ上げている。さまざまな社会的な手段として使われながらも、結局毛づくろいという行動から相手の「体をきれいにする」ということが完全に抜け落ちてしまうことはないのだ。ヒトの場合も同様で、普通はプロによる毛づくろい（散髪など）を除くと親しい間柄でないと毛づくろい（ブラッシング、耳掻きなど）は行なわれない。つまり、そこには社会関係が反映されているのだが、それでもそこにも必ず衛生的な機能がともなっている。というよりも、この場合そもそも体をきれいにするということがあってこその社会行動であるといえよう。このように毛づくろいが「体をきれいにする」といった明確な機能をもっている場合には「されながらする」ことは難しい。

逆に、毛づくろいから「体をきれいにする」ことが抜け落ちたとき、そこに残るのは「触れる」という行為である。

実際チンパンジーの毛づくろいは片手で行なわれることも多く、ほとんど触っているだけとしかいえないようなものもある。このような毛づくろいは、かなりいい加減で、毛づくろいする側もまたトロンとしていたりする。「触れる」ことと「触れられる」ことは、毛づくろいを「する」ことと「される」ことよりも区別が曖昧である。そもそも区別をする必要はあまりない。触れるだけでもよければ、「されながらする」を実現するのはそれほど難しくないだろう。

誤解のないように言っておくが、チンパンジーの毛づくろいでも、「体をきれいにする」という機能が多くの場合働いていることは疑いようがない（座馬の一二章を参照）。オトナ雄間では、サービスとしての毛づくろいが多く、場合によっては鼻水までも丹念に取り去る。[20] サービスとして機能するためには、当然「体をきれいにする」という機能が脱落してはならない。また、母親からアカンボウに対する毛づくろいも、衛生的機能が中心であることを疑う人はいないだろう。ただし、このようなオトナ雄間や母子間の毛づくろいは比較的小さなクラスターで行なわれることが多く、本稿で議論してきたような大きな集まりを作る毛づくろいとは少々様子が異なる。

九　集まるための毛づくろい？

今回扱ったクラスター内では、二頭のオトナ雄（FNとDG）がいたにもかかわらず彼らの間ではまったく毛づくろいがなかった（私はこれらのオトナ雄が二頭だけで長時間の毛づくろいを行なったのを別の日に目撃している）。また、三頭の授乳中の雌（CA、WX、XT）がいるが、彼女たちもそれら授乳中の子ども（それぞれCD、AT、XM）に対する毛づくろいは決して多くなかった。XTにいたっては、このクラスターのなかでは自分の息子（XM）に対して一度も毛づくろいを行なわなかった（したがってXMはこのクラスターに入っていない）。逆に、一般的には最も非社交的であるといわれるこれらの子持ちの雌たちは、実にアクティブにオトナ雄や他の雌たちとの毛づくろいに携わっている。このクラスターで見てきたような毛づくろいは、「体をきれいにする」ことが主目的である毛づくろいとは若干質が異なるのではなかろうか。このような毛づくろいの質の違いは今後詳しく検討していく必要があるが、もし「体をきれいにする」という機能が脱落しているのだとすれば、このような毛づくろいは何のために行なわれているのだろう。

「されながらする」ことによって実現されるものは、実は集まりの拡大可能性そのものではないか、と私は考えている。例えば、⑥のように一頭の個体に集中させる形のまま参与する個体数を増やそうとすると、⑮のようにするしかない。ところが、⑮はこのクラスターで見られていない（低頻度だが観察されたことはある）し、四頭が一個体を毛づくろいするユニットは他のクラスターを含めてもまったく観察されなかった。一頭を毛づくろいできる頭数には物理的上限があるのだろう。したがって、毛づくろいを集中する形のままでは、ある程度しかユニットのサイズを大きくすることはできない。逆に③のような連結型のまま四頭にすると⑦になる。⑦は決して高頻度で生じているとはいえないが、四頭のユニットのなかでは最も見られた時間が長い。さらに、五頭連結のaも観察されている。③と⑥の違いをそのまま延長していくと、毛づくろいの集まりに大きな差が生じうる。現時点では推測の域を出ないが、「されながらする」ということは集まりが大きくなりうることと関連している。

チンパンジーは離合集散が可能で、必ずしも普段一緒にいなくてもよい。とくに、授乳中の雌は、自分の子どもとだけ一緒に遊動し、「非社交的」であると言われている。しかし、チンパンジーたちは触れあうために集まる。いや、集まるために触れあうとでもいうべきか。しかも、このような集まりのなかだけを見ると授乳中の雌は自分たちの子どもにだけかまけているわけではなく、逆に「社交的」ですらある。生物学的な存在としては独りでいることも可能なチンパンジーが社会的な存在としては独りではいられず集まりを希求しているという側面が、このような毛づくろいの集まりに垣間見られているのではなかろうか。

註

（1）Simpson 1973; Nishida 1988; Sugiyama 1988.
（2）例えば Goodall (1986a)，Nishida (1979)，Wrangham *et al.* (1992)。しかし、雌同士のほうが多い例として Sugiyama (1988)。
（3）McGrew & Tutin 1978; Nakamura 2002.
（4）Nakamura *et al.* 2000.
（5）Watts 私信。
（6）Wrangham 私信。
（7）中村 1999.
（8）Goodall 1986a.
（9）de Waal 1982.
（10）Cheney & Seyfarth 1990: 81.
（11）室山 1992.
（12）中村 1999.
（13）早木 1994.
（14）Morris 1967; Dunbar 1996.
（15）Ahumada 1992.
（16）Parr *et al.* 1997.
（17）Rowell *et al.* 1991.
（18）Cooper & Bernstein 2000.
（19）Sugawara 1984.
（20）Nishida & Hosaka 1997.

第16章　雌・雄の社会関係と交尾

松本晶子

一　はじめに

動物の社会は「単独」と「群れ」の二つに分けることができる。繁殖や哺乳の期間をのぞき、一年のほとんどを単独で生活する種の生活様式が単独、個体が集まって共同で生活する社会組織が群れである。哺乳類ではすべての分類群に単独性社会が広く見られるのだが、霊長類では、大多数の種において雌と雄が恒常的な両性集団をつくる。(1) そして、ある集団の個体はすべてのメンバーと同じように交渉するわけではない。理論的には、個体は遺伝子を共有する程度に応じて協力しあうと考えられ(2)、一般にも、個体は血縁者と親しい関係を形成する。ところが性的に成熟した後は、一方あるいは両方の性の個体が生まれた集団から出ていくので、違う性の個体と親しい関係を形成しようとすると血縁者以外を選ぶしかない。

霊長類では雄と発情した雌のあいだに親しい関係が形成され、その関係が長く続くことがこれまでに報告されている。その期間はどのぐらいかというと、出産のような雌の繁殖状態、あるいは集団構成の変化によって分けられることが多い。ここでは交尾期と育児期を通じて、時には数年間ものあいだ形成される関係を「長期的ボンド（絆）」、一回の交尾期あるいは数回の発情周期のあいだ継続される性的な関係を「短期的ボンド」と呼んで区別することにする。長期的ボンドの例としては、「特異的親和関係（particular proximate relationships）」と呼ばれるニホンザル（*Macaca fuscata*）の研究が挙げられる。ニホンザルは季節繁殖する種であるが、交尾が頻繁に生じる雌・雄のダイアッド（二頭からなる組）では親和的交渉が多く、非交尾期にもその交渉が継続して行なわれ、次の交尾期にはこのダイアッドの交尾は少なくなったというものである。[3] また、一カ月周期で発情を繰り返すアヌビスヒヒ（*Papio anubis*）の「フレンドシップ」も知られている。アヌビスヒヒでは非発情期に親和的な交渉が多かったダイアッドでは、発情期もその交渉が継続して見られ、交尾も頻繁に生じた。[4] このように、雌と雄のあいだの親しさと交尾関係は種によって異なる。

チンパンジー（*Pan troglodytes*）の社会構造はニホンザルやアヌビスヒヒと同じ複雄複雌群であるが、父系集団であるという点が異なっている。チンパンジーの社会では、雌と雄のあいだの親和的な交渉と交尾の関係はどのようになっているのだろうか（ここではとくに明記しない場合、「雄」は同じ集団の個体とする）。これまでの研究から、発情していない雌と雄のあいだに社会的な交渉はほとんどないと考えられており、[5] 長期的ボンドは注目されてこなかった。唯一報告されている長期的ボンドはタンザニアのゴンベストリーム国立公園のもので、フィフィというオトナの雌がコドモの時からの遊び友達であるサタンとエヴァレッドにグルーミングをし、遊び、彼らから肉の分配を受けたというものである。ところがチンパンジーのもう一つの種であるビーリャ（ボノボ *Pan paniscus*）では、血縁だけでなく、非血縁の両性のあいだに長期的ボンドが形成されることが報告されている。[6] そして、非血縁の個体の場合には、第一位雄が関与する傾向があった。

一方、非血縁の両性のあいだの短期的ボンドは、チンパンジーでもビーリャでも、血縁者間や雄間の関係より弱いと報告されている。[7] ビーリャには比較できるデータはないのだが、チンパンジーの「コンソートシップ」は非血縁の雌と雄のあいだの短期的ボンドでは最も典型的なものである。コンソートシップとは、同じ集団の他のメンバーから離れて雌と雄が一緒に遊動し、排他的な交尾関係を形成するものである。[8] 研究が進むにつれて、コンソートシップにかかわる個体には高順位雄、若い低順位雄、若い雌、高齢雌が多いことが明らかにされてきた。[9] テュウティン[10]はコンソートシップの相手として好まれる雄の条件として、雌と一緒に過ごす時間が長い、肉分配を行なう、グルーミングを受ける時間が長いことを示唆した。コンソート以外にも雌と雄のあいだの短期的ボンドは存在するに違いないのだが、それらについては研究が少ない。

交尾は個体にとって重要な交渉である。しかし年中交尾を行なうのは人間ぐらいで、その他多くの霊長類は程度の差はあるものの、交尾を行なう期間が限られている。チンパンジーでは、雌は一一歳頃から周期的な外陰部の腫脹を示すようになる（写真16-1）。雌の一回の発情周期は約三五日である。そのうち三分の一の期間性皮が最大腫脹期を示し、出産間隔は一一・二〜三七・〇カ月である。[11] 本来発情期間は、積極性、受容性、性的な魅力という三つの要素によって定義されるが、[12] ほとんどの交尾は最大腫脹期に見られることから、この時期が「発情」期間と見なされる。発情周期は、妊娠中期から子どもが四歳程度で離乳するまで休止する。ビーリャとは異なり、チンパンジーの雌は発情期間が短い。[13] ビーリャの出産間隔は三四カ月で、四二日の発情周期のうちの半分が発情期間である。[14]

これまで雌のチンパンジーは発情したときにのみ他のメンバーと交渉するといわれてきたが、[15] 彼女たちはそんなに簡単に社会交渉のスイッチを入れたり、消したりしているのだろうか。マハレとタイ森林（コートジボアール）からの最近の報告では、発情していないときも、雌は集団のメンバーと一緒に遊動する割合が高いことが示された。[16] このことは、

写真16-1　雌の外陰部の腫脹．a）発情期．発情期の周期雌の近くには，このように1頭の雄がいることが多かった．b）非発情期の雌．

発情していない雌もまた雄と交渉する機会があることを意味する。

　この小稿の目的は、マハレでの、非血縁な雌と雄のあいだの短期的ボンドについて検討することである。雌と雄のどちらが、どのようにかかわりを形成しているのか、またそのかかわりからどのような利益を得ているのかを明らかにするために、交尾頻度、グルーミングなどの社会交渉を「親しいダイアッド（二頭からなる組）」と「親しくないダイアッド」のあいだで比較分析していく。

二　調査期間と調査対象

　分析に用いたデータは、一九九三年三月から一九九四年二月までの期間、Mグループの妊娠していない六頭の発情周期のある雌（以下、周期雌）を追跡して記録したものである（表16－1）。当時のMグループは約八三頭からな

表 16-1　調査個体の名前と個体情報，観察時間

調査個体の情報				観察時間		観察日数
名　前	年齢 (歳)	移籍した後の年数 (年)	出産経験の有無	発情期	非発情期	
ミヤ	13	2	なし	40.8	33.3	21
クリスティーナ	19	6	あり	27.7	32.4	17
ンコンボ	23	12	あり	34.8	31.3	17
グェクロ	31	14	なし	44.0	43.5	21
ワキルフィア	34	6	あり	27.1	42.4	18
ワカスンガ	39	15	あり (9 歳，雄)*	26.7	20.2	14
合　計				201.1	203.1	108

*：調査期間にいた子どもの性，年齢

り、九頭の雄（一六歳以上）、二七頭の雌（一四歳以上）のオトナ個体が含まれていた。

ここでは周期雌の外陰部が最大腫脹の期間を「発情期」、非腫脹の期間を「非発情期」と呼ぶことにする。雄は発情している雌を独占しようとする行動を行なうことがある。[17] この行動の対象となった雌は活動や行動に影響を受けるので、雄の独占行動が見られた五日間のデータは分析から除いた。また、コンソートは調査期間中に観察されなかった。

チンパンジーの社会順位は、直線順位ではなく階層順位である。[18] 雄九頭の順位は、直線的な順位関係にある第一位雄と二頭の高順位、それより明らかに順位が低いが直線的な関係が明瞭でない中・低順位雄各三頭ずつに区分することができた。[19] 順位が高い雄ほど年齢が高い傾向があった。

三　雌と雄、どちらと親しいのか？

周期雌は雄と雌のどちらのメンバーと頻繁に交渉していたのだろうか。分析はそれぞれのダイアッドを単位として行なった。

1　遊動をともにする相手

チンパンジーの社会は非常に柔軟性に富んでおり、単位集団のメンバーが数日から数カ月にわたって遊動域内でパーティ（サブグループ）に分かれて生活している。この社会のあり方は「離合集散システム」と呼ばれている。遊動単位であるパーティのメンバーが変化するとともに、隣接した他のパーティと出会わない独立した複数のパーティがしばしば形成される。ここでは、パーティの安定性を一日単位とし、個体は一日に一つのパーティにのみ参加すると定義した。ダイアッドが同じパーティに参加した程度は以下の式を用いて求めた。

AとBからなるダイアッドがパーティに参加した程度＝(Pc／(Pa＋Pb＋Pc))×100

Pa：AがいてBがいなかった日数

Pb：AはいないがBはいた日数

Pc：AとBがともにいた日数

調査期間中に三七五のパーティが観察された。図16-1は、周期雌・雌、周期雌・雄という組み合わせのダイアッドが同じパーティに参加した程度を、発情期と非発情期に分けて示したものである。発情期、非発情期のどちらにおいても、周期雌・雄のダイアッドが同じパーティに参加した程度の方が、周期雌・雌のダイアッドより大きかった。これは周期雌が他の雌よりも雄と遊動することが多いことを意味している。ただし、どの程度雄と遊動することがより多いのかは、周期雌によって異なっていた。同じ周期雌・雄のダイアッドのパーティの参加度には、発情状態による違いは見られな

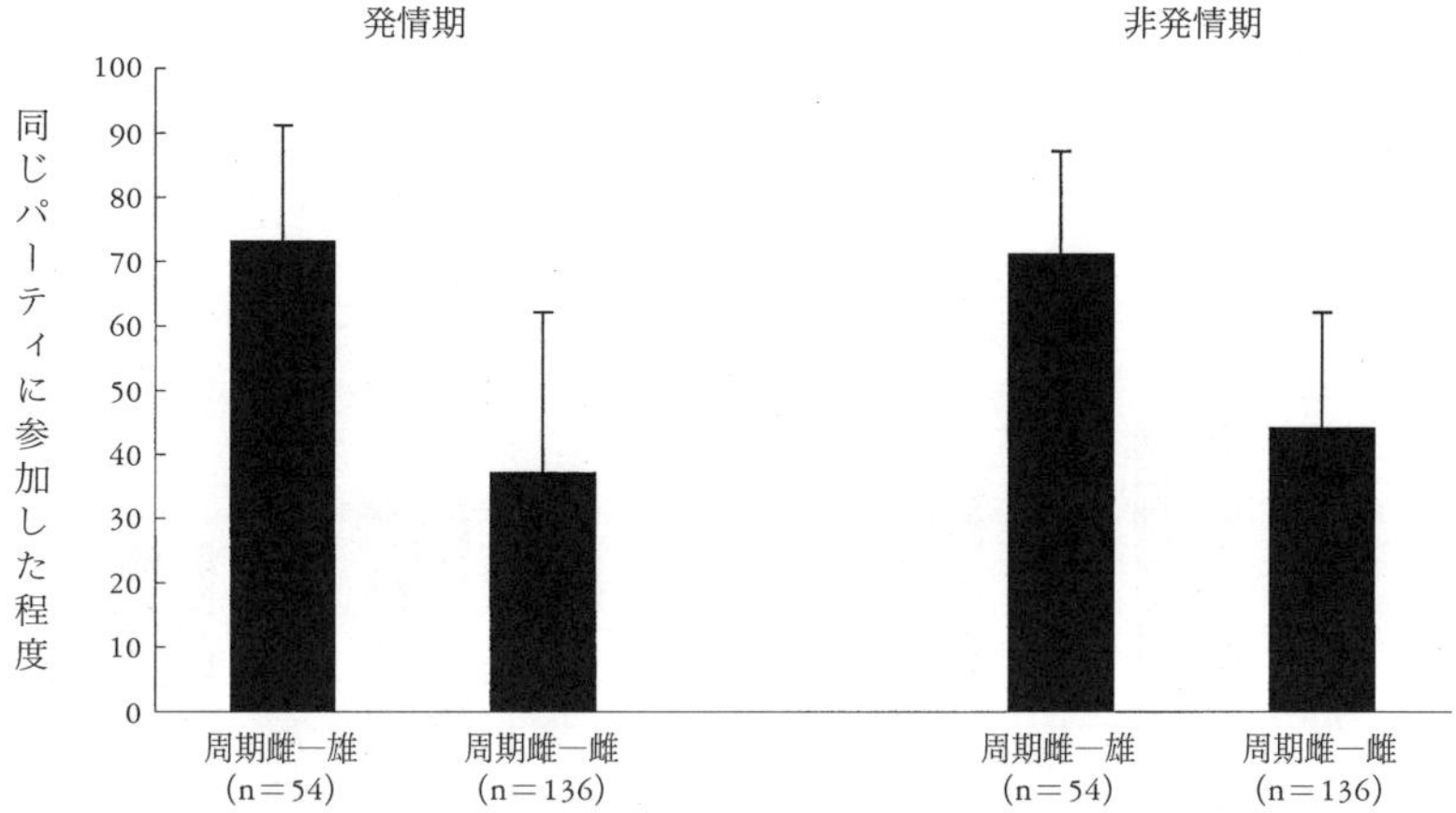

図 16-1　周期雌・雄，および周期雌・雌のダイアッドが同じパーティに参加した程度．発情期も，非発情期も，周期雌は雄と遊動をともにすることが多かった．

かった。

2　近接とグルーミングの相手

個体間の親しさを測定する方法として、一般的には近接とグルーミングの頻度が用いられている。そこで、この二つの指標をもとに、周期雌が雄と雌のどちらと親しかったのかを見ることにしよう。二個体が一〇メートル以内の距離にいる場合を「近接」していると見なした。

周期雌に少なくとも一頭の近接している個体がいる時間割合の平均は、発情期には観察時間の七三・六パーセント、非発情期には六二・九パーセントで、両者に違いはなかった。しかし、周期雌に雄が近接している時間割合を見ると、非発情期の三六・一パーセントに比べて発情期は六〇・六パーセントであり、発情した雌の周りには雄がいることが多いことがわかる。

図16-2は、観察時間に占めるダイアッドの近接時間割合を示したものである。発情期には、周期雌・雄のダイアッドの近接時間割合は、周期雌・雌のダイアッドより大きかった。しかし非発情

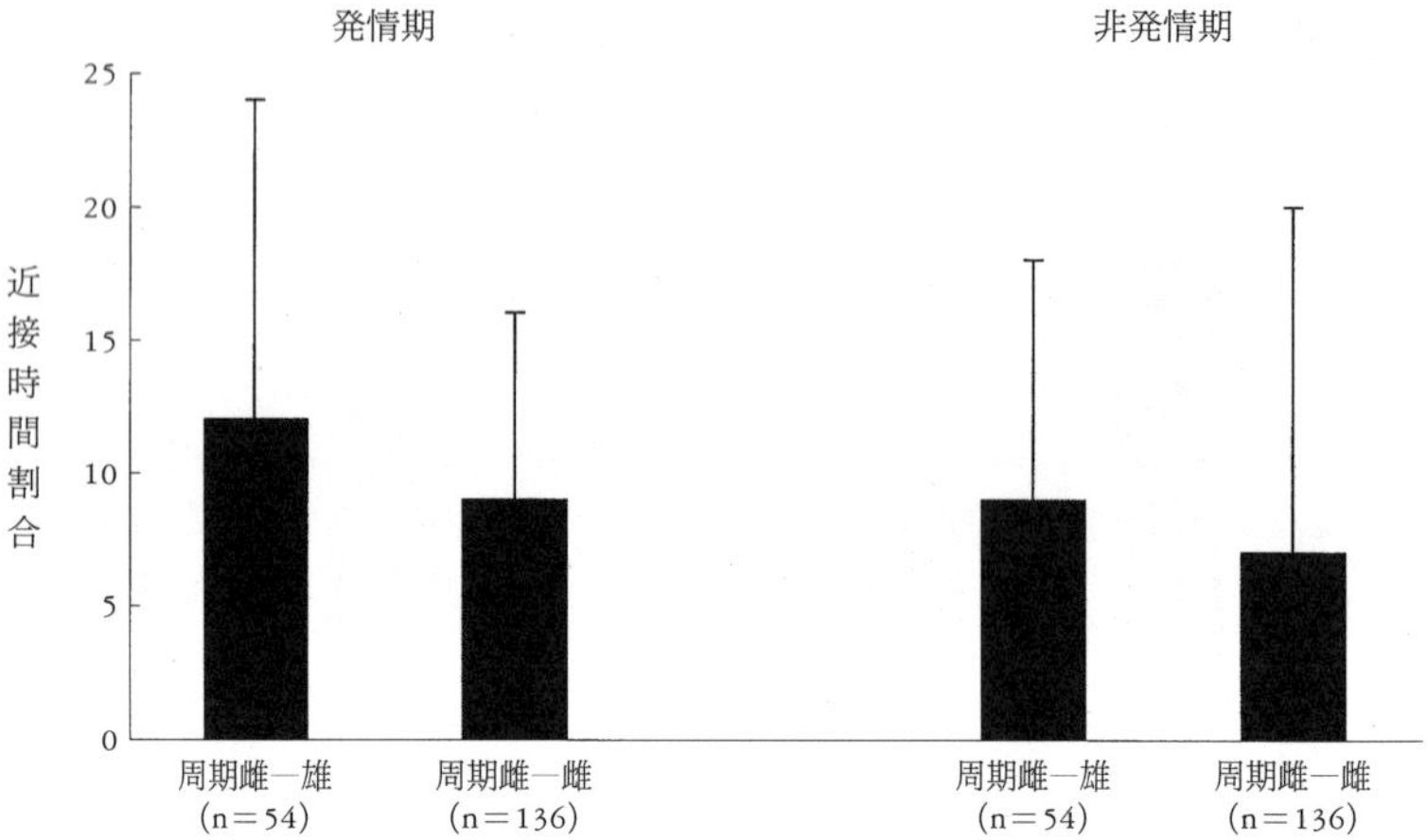

図16-2　周期雌・雄，および周期雌・雌の近接時間割合．発情期も，非発情期も，周期雌は雄と近接することが多かった．

期は、相手の性別による違いは認められなかった。周期雌・雄のダイアッドの近接時間割合を発情期と非発情期で比べたところ、ワカスンガを除いて、両者のあいだに違いはなかった。非発情期のワカスンガは、六頭の周期雌のなかで雄との近接時間割合が最も小さかったが、発情期には他の周期雌に比べて近接時間割合が最も大きくなった。この理由として観察期間の終盤には単独遊動をしており、社会交渉が減少したことが結果に影響したと思われる。調査期間の後半にインフルエンザと思われる病気がMグループに流行した時期に、彼女は九歳になる子どもを亡くした。その後、ワカスンガの体は痩せていき、一日の活動時間も少なくなった。そしてとうとう観察グループから消失した。おそらく病気あるいは老衰のために死亡したのだろう。また、同じ周期雌・雄のダイアッドの近接時間割合をみても、発情状態による違いは見られなかった。

次に、グルーミングを見てみることにしよう。グルーミングを観察していると、やり手がほんのちょっと中断して、また再開したり、やり手と受け手が交代したりすることがしばしばある。そこで、どこからどこまでを一連の行動（バウト）と見なすかを定義しなければならない。ここでは二分以上の中断があった場合と、方向が変わっ

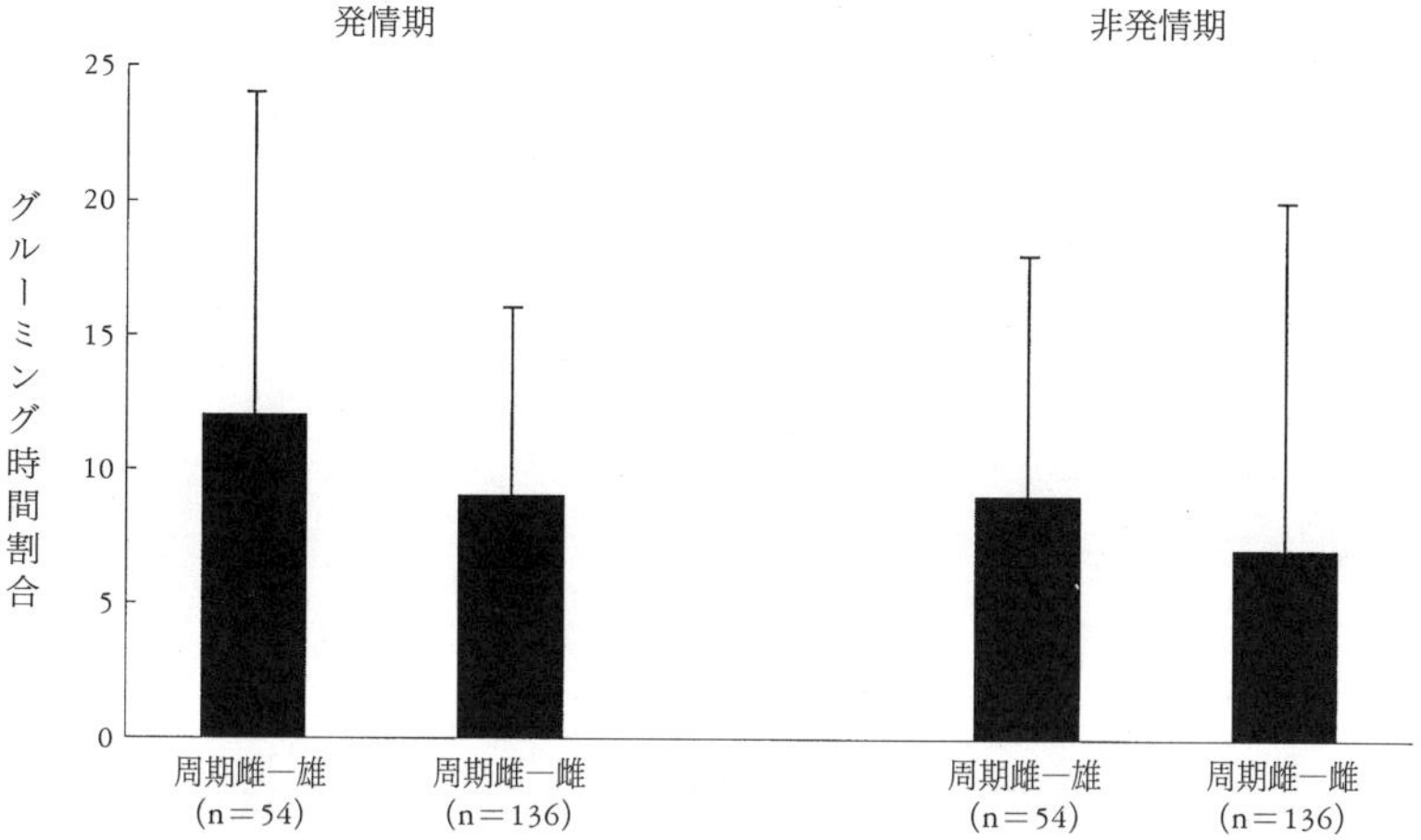

図 16-3　周期雌・雄，および周期雌・雌のグルーミング時間割合．発情期も非発情期も，周期雌は雄とグルーミングすることが多かった．

た場合に違うバウトと見なした。観察期間中に一一六九のグルーミング・バウトが観察され、六七二は発情期に起こった（一二八は雄から周期雌、一〇六は周期雌から雄、四四は雌から周期雌、五三は周期雌から雌）。非発情期には四九七観察された（一一八は雄から周期雌、一二二は周期雌から雄、三三は雌から周期雌、五九は周期雌から雌）。最も長いグルーミング・バウトは四五・八分続いたが、バウトの八七・七パーセントは五分以内に終了した。グルーミングの方向は考えないことにして、観察時間のうちにグルーミングに費やされた時間が占める割合を指標とし、相手の性別による違いを見ることにした。周期雌が一時間当たりにグルーミングに費やした時間は、発情期は七・二分、非発情期は五・五分であった。

グェクロを除いた、五頭の周期雌・雄のダイアッドでは周期雌・雌のダイアッドよりグルーミング時間割合が大きかった（図16-3）。ところが、グェクロだけは雌とのグルーミング時間割合が多かった。調査期間中、グェクロは二歳の雄のアカンボウに対して養母行動をしており、アカンボウを借りるためにその母親にグルーミングすることが多かった。そのために、他の周期雌とは異なった結果を示したと考えられる。周期雌・雄のダイアッドのグルーミング時間割合は、発情期と非発情期のあいだで違いが認められなかった。

近接とグルーミングの結果からは、個体差が見られるものの、周期雌は雌より雄と親和的な関係にあったことが明らかになった。多くの霊長類種では雄が出自集団から移出するのに対して、大型類人猿三属四種では雌が移出する。ビーリャ以外の種のこれらの雌にとって、血縁のない雌同士より雄との社会交渉が緊密である（ビーリャ[20]、チンパンジー[21]、ゴリラ[22]）。大型類人猿は種によってその社会の凝集性がそれぞれ異なっている。集合性の低いオランウータンでは、雌は発情している時だけ雄と交渉する。単雄群のゴリラでは、雌は常時雄と交渉をもっている。複雄複雌群で離合集散するチンパンジーでは、これまで食物資源が豊富な場合か発情雌がいる場合にだけ雌・雄が集中して交渉するといわれてきた。[23]このチンパンジーのイメージは、ゴリラ型よりオランウータン型に近いといえる。

ところで、松本[24]は、Mグループの雌について両性パーティに参加する程度は彼女らの繁殖状態によって変化することを示した。非周期雌（育児中の雌、妊娠期の雌、閉経後の老齢雌）は両性パーティに参加することが少ないが、非発情の周期雌は発情期と同程度両性パーティに参加していた。先に述べたグドール[25]の報告との違いは、周期雌を発情期と非発情期に区分して分析した点にある。離合集散をするチンパンジーは損失と利益のバランスをもとに、どのような大きさで、どのような構成のパーティに参加するかを選ぶことができる（多くの種で、集団に参加する場合の損失と利益が考察されている[26]）。考えられる利益は、捕食者に対抗できる、グルーミングを受けられる、稀少食物を分配してもらえる、交尾相手を評価できるといったことである。また発情雌にとって、多くの雄が参加するパーティは交尾相手を見つける場でもある。一方、損失としては攻撃に巻き込まれることや採食競合が挙げられる。これまで、雌は繁殖成功度を高めるために採食効率を上げることを優先するので、発情していない時期は両性パーティに参加することが少ないと説明されてきた。[27]逆にいえば、損失より利益が大きければ、非発情期であっても周期雌は大きなパーティに参加すると考えられる。本研究の結果では非発情の周期雌は発情雌と同様に雄と親しくしており、周期雌と雄の交渉パターンは発情状態にかかわらずゴリラ型だという、これまでとは異なったイメージを描くことができる。

四　親しい関係と雄の利益、雌の利益

1　誰が利益を得るのか?

二者間の関係を見た場合、それに関与する二頭のどちらの個体もその関係に参加していると考えられる。だが、一方の個体がその関係をより維持しようとしているなら、その行為者がその関係を形成することによってより利益を得る、あるいは得ようとしている、と見なすことができる。そこで、あるダイアッドの近接をどちらの個体が維持していたのかを見ることにした。対象個体の雌から一〇メートル以内の距離に入る「接近」と、一〇メートルの範囲から出る「立ち去り」をどちらの個体が行なったかを記録し、以下のダイアッドごとにハインドの近接維持指数(28)を計算した。

近接維持指数＝ Af/(Af＋Am)－ Lf/(Lf＋Lm)

Af：雌による接近の回数

Lf：雌による立ち去りの回数

Am：雄による接近の回数

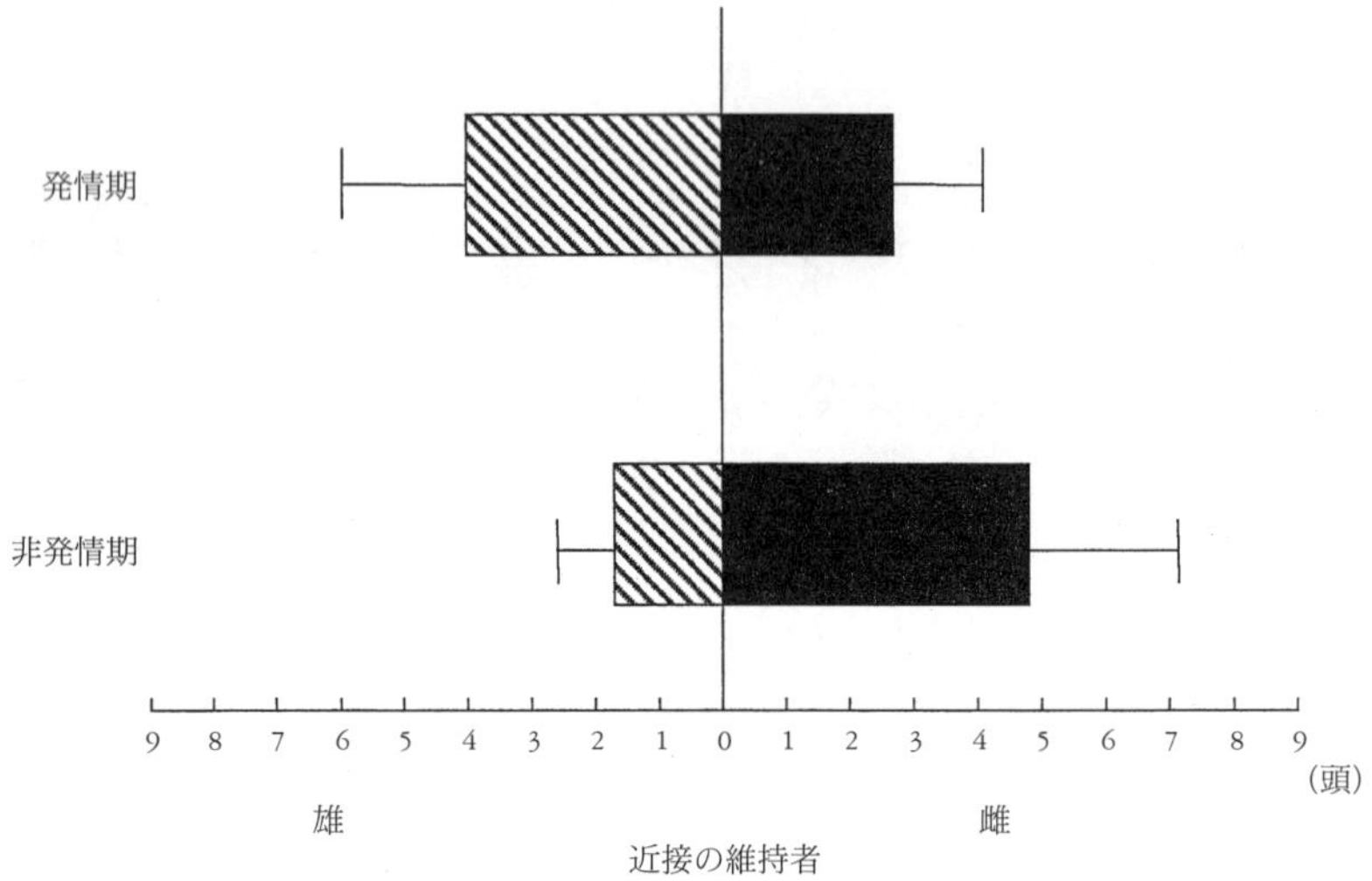

図16-4　ハインドの近接維持指数．発情期は雄が，非発情期は雌が近接を維持することが多かった．

Lm：雄による立ち去りの回数

この値が正の場合は近接の維持は雌によって行なわれ、負の場合は近接は雄によって維持されていることを示している。

周期雌と雄とのあいだに、発情期には五三九回、非発情期には二六七回の接近／立ち去りが観察された。雄からの接近、周期雌からの接近のどちらも、発情期のほうが非発情期より多かった。近接を維持した個体の性別は、発情状態によって変化した（図16－4）。発情期には雄が近接を維持することが多く、非発情期には周期雌が維持することが多かった。つまり、雌・雄間の関係によって、発情期には雄が利益を受け、非発情期には雌が利益を受けると考えらえる。

2　雌は誰と親しいのか？

調査当時、Mグループには九頭の雄がいたが、周期雌とこれらの雄のあいだのつきあい方が同じだったわけではない。そこで、周期雌ごとに、ダイアッドの近接時間またはグルーミング時間がある基準（平均値＋標準偏差）以上起こった場合、そのダイアッドを「親しいダイアッド」と呼ぶことにした。

親しいダイアッドは発情期に一二組、非発情期に一一組、抽出できた（表16-2）。そのうち両方の時期に重なって親しいダイアッドだったものは七組、どちらの時期も親しいダイアッドではなかったものは三八組あった。統計的には、偶然にこのような結果が得られるのは一パーセント以下の確率であるので、発情期と非発情期の親しいダイアッドは一致していたといえる。両方の時期に親しいダイアッドは順位の高い雄とのあいだで形成されることが多く、七組のうち四組は第一位雄のントロギが、残りの二組は二頭の高順位雄が含まれており、低順位雄とのものは一組しかなかった。

この結果から、周期雌は交渉の相手として高順位雄を選んでいたということができる。これはたまたま特定のダイアッドにこのような傾向があったからなのだろうか、それともMグループにおける一般的な傾向なのだろうか。一九八一年に、同じMグループについて雌・雄間の社会交渉を調べた高畑[29]は、雄の順位が高いほど、近づいてきた非血縁雌の数が多かったことを報告した。大部分の非血縁の雌は順位の高い雄に近づき、挨拶をするがすぐ去り、それ以上の交渉はなかったらしい。しかし、近接が多かった一〇のダイアッドの半数は、三頭の高順位雄と形成されていた。Mグループのオトナ個体は本研究時期と高畑の調査当時とではほとんど重なっていない。したがって、雌が交渉相手を選ぶ際の高順位嗜好は特定のダイアッドで見られる好みというより、Mグループの一般的な傾向と見なせるだろう。また、高畑[29]の示した一〇ダイアッドのうち七ダイアッドは非周期の非血縁雌が形成したものであった。このことは、発情周期のある期間だけでなく、周期が休止している時期にも高順位雄との親和的な関係が維持されることを示唆している（写真16-2）。

どうして高順位の雄は交渉相手として好まれるのだろう。高順位雄の在位期間は雌の繁殖可能期間より短いので、同盟を結ぶ相手としては雄より血縁雌のほうがよい。しかし群れ内に血縁者のいない雌は、交渉相手が誰もいなかったり、

表 16-2　周期雌の親しい交渉相手と発情状態

雄順位	名　前	年齢	周期雌											
			ミヤ		クリスティーナ		ンコンボ		グェクロ		ワキルフィア		ワカスンガ	
			発情期	非発情期	発情期	非発情期	発情期	非発情期	発情期	非発情期	発情期	非発情期	発情期	非発情期
第一位	ントロギ	38	○	○	◎	◎	◎	◎	○	◎	◎		○	
高順位	ンサバ	22				○						◎	○	○
	カルンデ	28				○		○	○				○	○
中順位	アジ	22												
	ジルバ	18							○					
	トシボ	17												
低順位	ベンベ	22					○							
	ムサ	37	○	○										
	マスディ	16												

○：近接又はグルーミング時間が平均＋標準平偏以上
◎：近接とグルーミング時間が平均＋標準平偏以上

写真16-2　非発情期の周期雌の近くでも，高順位の雄がみられる．

非血縁の雌であったりするよりは雄の方がよいと考えられている[30]。チンパンジーの雌は出自集団から移籍するので血縁者がいない場合に相当し、雄を交渉相手とするのだろう。雄たちのなかで、どうして高順位の雄が好まれるのかについては、雄の社会順位のもたらす利益について検討する必要がある。動物一般に目を移すと、高順位にともなう利益の研究は多く行なわれており、繁殖成功、食物の獲得量、攻撃の際の優位性といったことが知られている（例えば、ブチハイエナ[31]）。チンパンジーでも、最優位雄の交尾頻度が高いこと[32]や、順位の高い雄が率先して移動したりグルーミングの開始と終了を決定できたりする[33]などの高順位個体が示す優位性が報告されている。雌は高順位の雄と親しくすることで何らかの利益を享受するのかもしれない。そこで次に、親しい関係を形成することで、その関係に関与した個体がどのような利益を得るのかを検討しよう。

3　雄の得る利益

チンパンジーやビーリャでは発情雌と雄のあいだの社会交渉は円滑に交尾行動を成功させるための「性取引（sexual bargaining[34]）あるいは

exchange sex ともいわれる）」という視点からも考えられてきた。性取引は、雌が直接的に繁殖にかかわらない利益を得るのに対し、雄は潜在的に繁殖に結びつく交尾の機会を得る交渉と定義される。雌の利益としては、食物のように直接的なもの[35]と、グルーミングあるいは援助のように社会的なもの[36]がある。ただし、発情雌はそれ以外の時期と比べて雄からサポートを受けることが少ないという報告[37]も一例だけ行なわれている。

先に示した近接の維持者の結果は、発情期の周期雌・雄のダイアッドでは、雄が利益を得ようとしていたことを示していた。では、発情期の周期雌に、雄がどのような行動をとっていたのかを見てみよう。発情期は非発情期に比べて雄(個体は問わない）と周期雌が近接している時間が長く、周期雌・雄間の接近頻度も多かったが、ダイアッドの近接時間割合に違いはなかった。これは、発情期の周期雌の周りには特定の雄が長くいるというのではなく、雄が交代しながら、常に誰かがいたことを意味する。チンパンジーの雌は、一回の発情期に複数の雄と多数回交尾をする。雌の交尾の大部分は機会的（opportunistic）である。[38]他の雄が近くにいない場合に、雄は発情期の周期雌に積極的に接近して交尾の機会を増加させようとしていたに違いない。

それでは、親しいダイアッドでは交尾が頻繁に生じるのだろうか。発情期の雌は排卵期付近とそれ以外の時期で交尾戦略を変えるので、[39]ここでは発情期全体と排卵期付近の二つの時期の交尾頻度について分析した。同一ダイアッドにおいて多数回の挿入があった場合は、一〇分以内に起こった挿入は一回の交尾と見なした。親しいダイアッドとそれ以外のダイアッドの発情期全体の交尾頻度をみると、親しいダイアッドの交尾頻度の方が高かった（図16-5）。ところが、発情期に親しいダイアッドとして抽出した一二組とそれ以外のダイアッドについて交尾頻度を比較した場合は、両者に違いがなかった。同様の結果が排卵期付近の交尾頻度でも認められた。つまり、発情期だけの短期的な関係ではなく、周期を通じた親しい関係をもとに周期雌は交尾相手の雄を選択していたと考えられる。

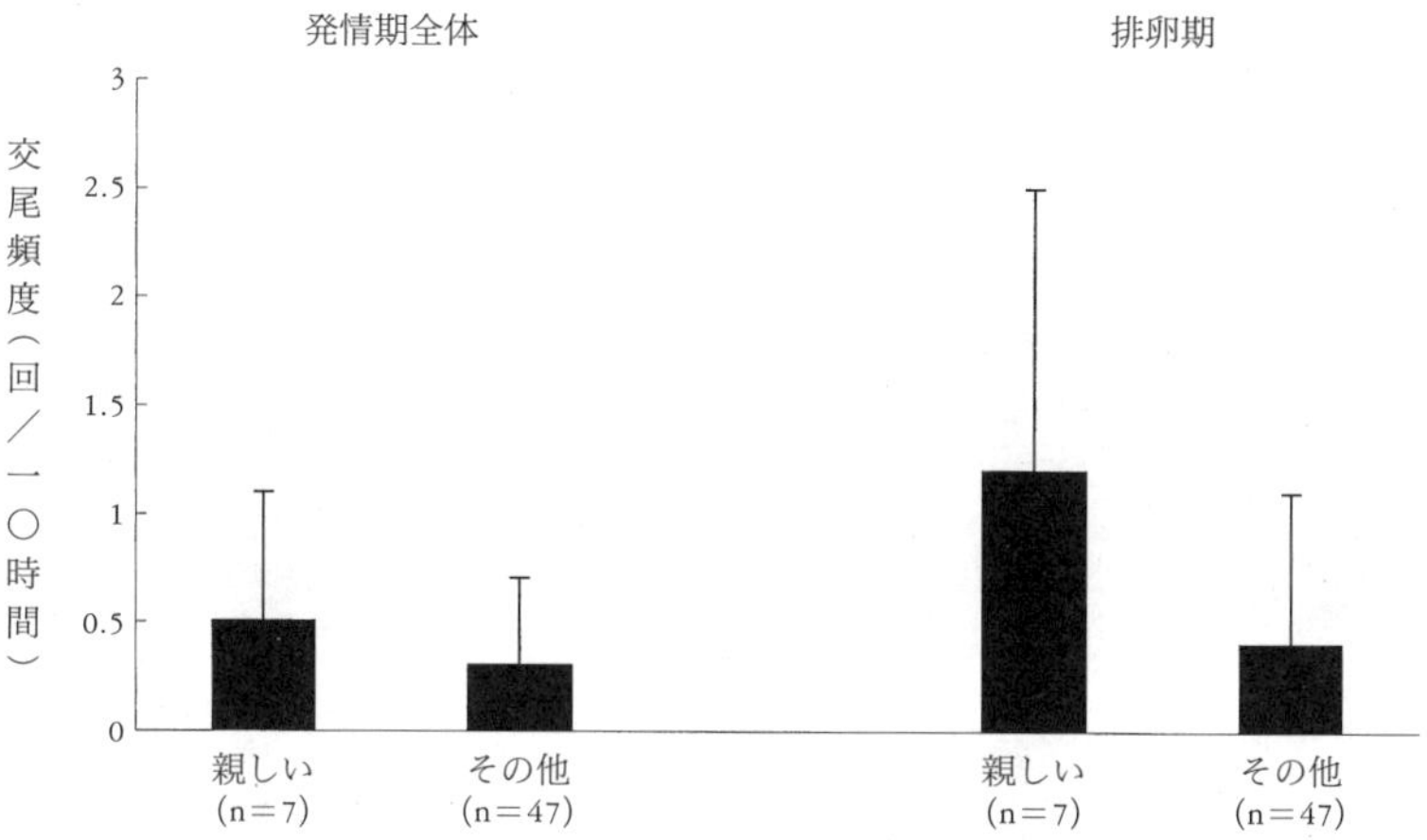

図 16-5　発情期間全体と排卵期における，周期雌の交尾の頻度．どちらの時期も親しいダイアッドの交尾頻度が高かった．

4　周期雌の得る利益

一方、非発情期には周期雌が雄との近接を維持していた。非発情期の周期雌はどのような利益を雄との関係から得るのだろう。交尾の機会を求められる一方の性の個体は、他方の性の個体から何らかの利益の提供を得ると考えられる[40]。哺乳動物では、雌は数少ない卵子をもち、雄は多くの精子をもつので、交尾の機会を求められるのは雌ということになる。そこで、発情期の周期雌は雄から利益の提供を得ているものと考えて、これを基準に非発情期の周期雌が親しい交渉をもつ雄から得る利益を比較した。

高順位がもたらす利益の一つは、食物の獲得量が質的・量的に多いことである。雄は雌より順位が高いことから、周期雌は第一位雄と親しい関係にあることで良い採食場所を共有できるかもしれない[41]。周期雌が採食していた時間のなかで、第一位雄と近接していた時間割合を求めた。周期雌がそれぞれ第一位雄と近接して採食した時間割合は、発情期に平均一七パーセント、非発情期に一一パーセントであり、この時間割合は発情期と非発情期で違いは認められなかった。分析したデータは第一位雄とのダイアッドだけなので十分ではないものの、周期雌は第一位雄と親しい関係にあることで良い採食場所を非発情期も発情期同様に占めていた可能性があるだろう。

一方、肉は植物性食物に比べて価値が高いが得られる量が少なく、他のメンバーにねだられて分配することが多い。そこで肉の分配を比較してみた。成功した狩猟の回数および分配に参加したメンバーの記録は、追跡個体の行動とアドリブ観察をもとにした。雌が肉をもらった際に肉を所有していた個体、そして分配が観察されなかった場合は肉をもっていた個体を「肉の保持者」とした。調査期間中、成功した狩猟は三九例観察されたが、肉の保持者が雄であるのは二四例（六二パーセント）だった。そのうち一二例は第一位雄だった。残りの一二例は一頭の高順位雄、二頭の中順位雄がそれぞれ三例ずつ、その他の高順位、中順位、低順位雄一頭がそれぞれ一例であった。ねだって肉獲得に成功するのは発情したときであると報告している先行研究同様、本調査期間中も発情期の雌は肉食に参加することが多かった（保坂、九章）。そして、発情期には親和的なダイアッドの雄から周期雌に肉が分配される頻度が高かった（図16-6）。これは観察例の半数において、肉の保持者が第一位雄であったためである。ところが同じ状況にもかかわらず、非発情期には親和的なダイアッドとそれ以外のダイアッドで肉分配の頻度に違いは認められなかった。このことから、肉分配の行動は発情期の周期雌に対する期間限定的な利益の提供であるといえるかもしれない。

それではグルーミングはどうだろう。グルーミングはさまざまな状況で行なわれる。その機能として体を清潔に保つこと、ストレスの軽減や社会的操作など[43]が知られているが、受け手にとってグルーミングは利益だと考えられる。親しさを定義する際にグルーミングの時間を使用したが、ここではグルーミングに費やされた時間のうち、雄が周期雌をグルーミングした割合を扱い、親しさと独立した変数を用いた。図16-7を見ると、周期雌が雄から受けたグルーミングの割合は、親しいダイアッドのほうがそれ以外のダイアッドより、発情期も非発情期も多かった。非発情期に雄との親し

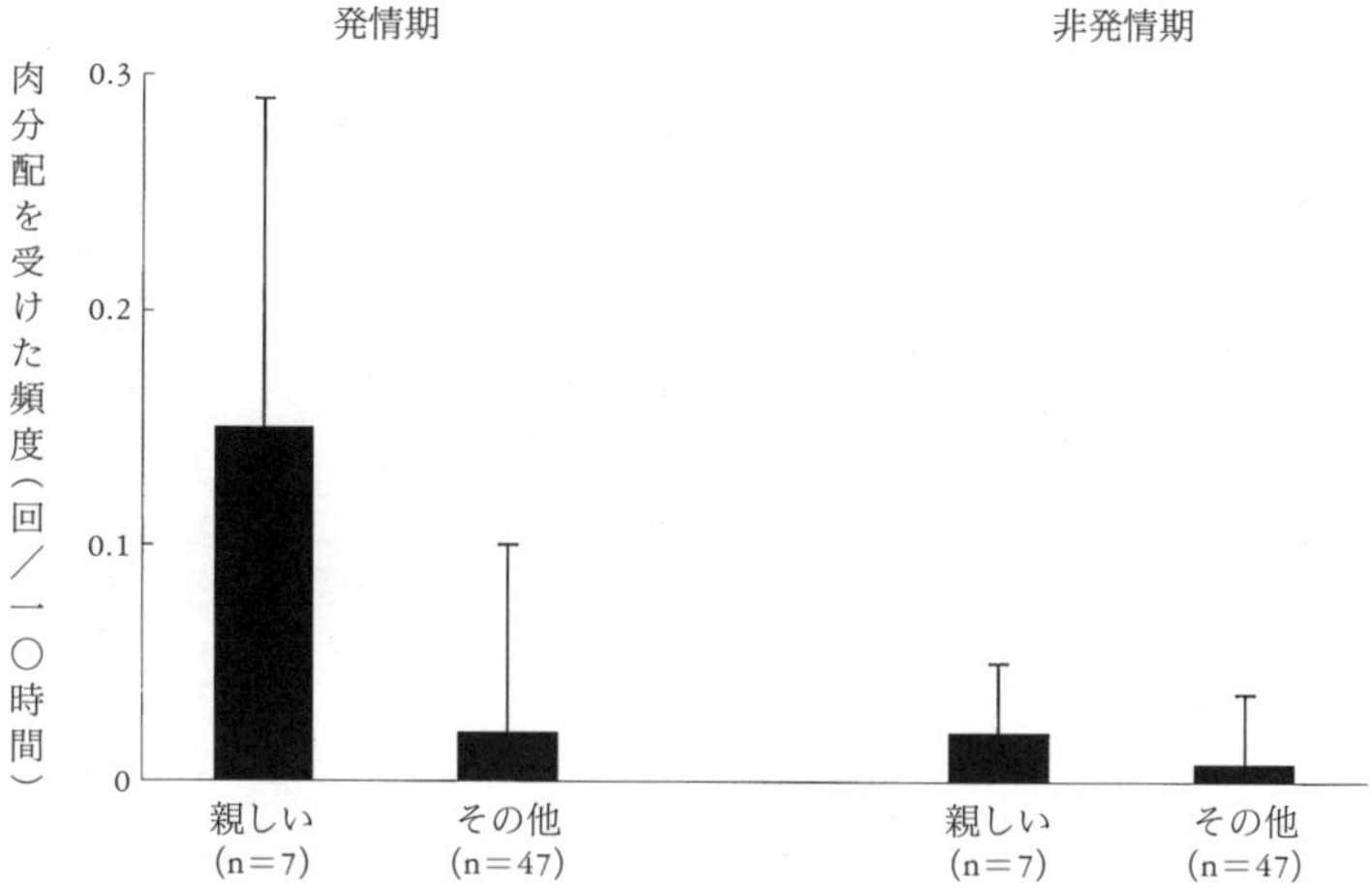

図16-6　周期雌が肉分配を受けた頻度．発情期も非発情期も，親しいダイアッドのほうが肉分配を受けた頻度が高かった．

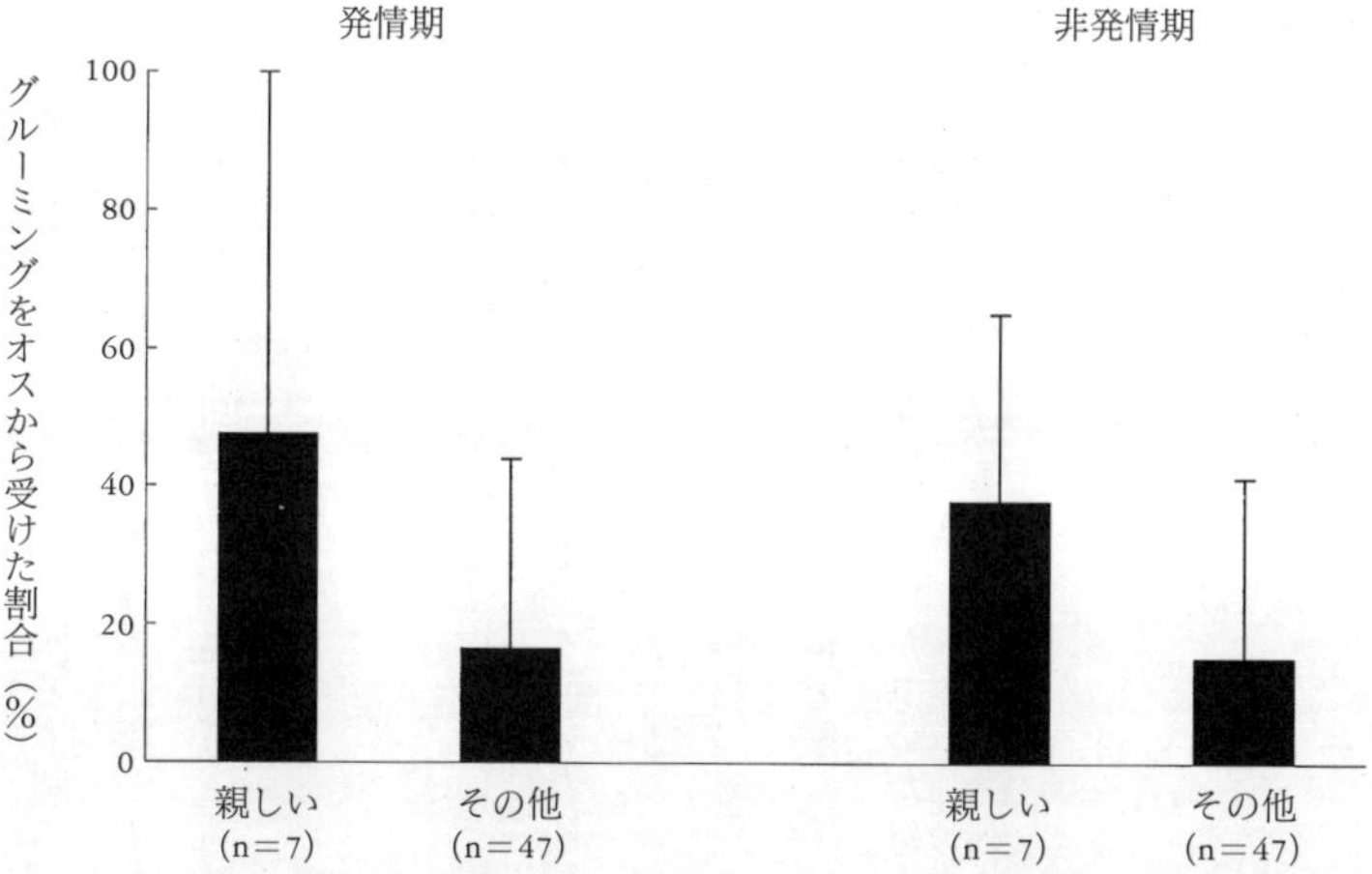

図16-7　グルーミング時間のうち，周期雌が雄からグルーミングを受けた割合．発情期も非発情期も，親しいダイアッドのほうがグルーミングを受けた割合が高かった．

い関係を維持していることで、発情期と同程度に周期雌はグルーミングを受けたことになる。

もう一つの利益は、脅かしや攻撃を受けた際に援助を得ることである。ここでは、殴る、蹴る、追いかける、物を投げるなど、周期雌に直接攻撃が行なわれた行動を「攻撃」として分析した。攻撃自体の観察が少なく、どの場合も雄からの援助は観察されなかった。五回の攻撃が観察され、二回は雄から、三回は雌から周期雌に向けて行なわれた。攻撃はすべて、発情期のクリスティーナが受けたものであるが、どうして彼女が攻撃を受けることが多かったのかは明らかではない。

雌は雄同士の攻撃に巻き込まれることもあるし、コンソートや所有行動を示す雄に従わないと攻撃を受けることがある。今回の分析対象の個体ではないが、そのような際に、周期雌が高順位雄から援助を受けた観察例を紹介しておこう。八月一三日に発情期の周期雌ジップを追跡したのだが、観察開始当初から、低順位雄ムサがジップを集団から連れ出そうと試みていた。ジップがムサに追随しないと、ムサは攻撃を加え、ジップは七回にわたって長い悲鳴を上げた。最も長い悲鳴は二七分続いた。他のグループのメンバーは声から判断して一キロメートルほど離れていたが、悲鳴の後、第一位雄が四回、第二位雄が一回、第三位雄が一回やって来た。これらの雄が近くにいたあいだはムサがジップを攻撃することはなく、逆にムサは第二、第三位雄に攻撃を受け、追い払われた。雄による援助は観察例としては少ないが、周期雌が高順位雄と親和的な関係を形成する理由の一つであるかもしれない。

写真16-3　発情期の周期雌がグルーミングを受けている．発情雌が雄から受ける様々な利益の一つと考えられる．

五　まとめ

交尾と親和的な交渉は、雌と雄のあいだに単純な絆（ボンド）を形成させるに違いないと考えられている[44]。われわれは数回の発情周期に限られる、性的な関係のみを短期的ボンドと関連させがちである。しかし凝集性の高いMグループでは、周期雌は発情しているかどうかにかかわらず、一年を通じて数頭の雄と短期的ボンドを形成していた。本調査期間中には九頭の雄がいたが、周期雌は高順位雄、なかでも第一位のントロギと親しい関係を形成する傾向があった。

発情期の雌に対しては、雄がその関係を維持し、雌にさまざまな利益を与え（写真16-3）、交尾の機会を増加しようとしていた。興味深い点は、周期雌が交尾を頻繁に行なったのは、発情期でのみ親しい関係にあった雄ではなかった。このことはもし雄が交尾の機会を増加させようとするなら、発情期だけでなく、非発情期にも周期雌に利益を与えなければならないことを示唆する。周期雌は一カ月程度の短期間ごとに発情を繰り返す。非発情期のすぐ後に発情期が来ることを「知っている」雄たちは、非発情期にも親しい関係を維持しようとする周期雌と継続して関係を形成しているのかもしれない。周期雌は親しい関係を雄と形成することによって、採食場の共有やグルーミングを受けることができた。攻撃を受けた際の援助は、観察例が少なかったので本研究だけではどちらともいえなかった。肉分配行動だけは、非発情期の雌が受けることが少なかった。親しい関係を維持していても、行動の種類によってあるものは継続して得ることができ、あるものは発情期に限られるというのは、チンパンジーの社会のなかでその行動がどのような意味をもつものかを知る上で非常におもしろい点である。同様に、発情期だけしか親しくなかった雄との交尾頻度が高くないのもまた、チンパンジーが行動や関係を記憶、価値づけできる能力を示すものとして興味深い。

社会関係の理解は長期的なデータをもとにすべきであり、その点では研究はまだ始まったばかりといえる。発情期と非発情期のどちらの親和的関係が先に形成されるのか、それが発情周期を繰り返すなかでどのように定着するのか、高順位雄が交代したらどうなるのかなど、まだまだ多くの課題が残されている。

註

（1）例えば、Hrdy & Whitten 1987; van Schaik & Kappler 1997.
（2）Hamilton 1964.
（3）Takahata 1982a, b.
（4）Smuts 1985.
（5）例えば、McGrew 1996.
（6）Hohmann *et al.* 1999.
（7）Furuich & Ihobe 1994.
（8）Tutin 1979.
（9）Tutin 1979; Hasegawa 1987; Goodall 1986a; Wallis 1997a; Boesch & Boesch-Acherman 2000.
（10）Tutin 1979.
（11）Goodall 1986a; Nishida *et al.* 1990; Takahata *et al.* 1996; Pusey *et al.* 1997; Wallis 1997; Boesch & Boesch-Achermann 2000.
（12）Beach 1976.
（13）Takahata *et al.* 1996.
（14）Furuichi 1987; Kano 1992.
（15）Wrangham & Smuts 1980; Wrangham *et al.* 1992; Pepper *et al.* 1999.

(16) Boesch 1996; Matsumoto-Oda 1999a.

(17) Tutin 1979; Hasegawa & Hiraiwa-Hasegawa 1983; Takasaki 1985; Goodall 1986a; Nishida 1997.

(18) Bygott 1979.

(19) 当時の雄の順位は，雄の調査を行なっていた保坂氏による。

(20) White 1989.

(21) Nishida 1979; Wrangham & Smuts 1980; Goodall 1986a; Hasegawa 1990.

(22) Harcourt 1979; Watts 1992.

(23) Goodall 1986a.

(24) Matsumoto-Oda 1999a.

(25) Goodall 1986a.

(26) 例えば，Wrangham 1980; van Schaik 1983; Sterck et al. 1997.

(27) Wrangham 1979a.

(28) Hinde & Atkinson 1970.

(29) Takahata 1990a.

(30) Dunbar 1984.

(31) Hofer & East 1993.

(32) Tutin & McGinnis 1981; Hasegawa & Hiraiwa-Hasegawa 1983; Takasaki 1985; Nishida 1997.

(33) Takahata 1990b.

(34) Goodall 1986.

(35) Yerkeys 1943; Goodall 1986a; de Waal 1990.

(36) Goodall 1986a; Hemelrijk et al. 1992; Wallis 1992.

(37) Hemelrijk *et al*. 1992.

(38) Tutin 1979; Hasegawa & Hiraiwa-Hasegawa 1983; Takasaki 1985; Matsumoto-Oda 1999b.

(39) Matsumoto-Oda 1999b.

(40) Noë *et al*. 1991.

(41) Smuts 1997.

(42) Teleki 1973.

(43) de Waal 1982; Nishida 1983b; Goodall 1986a.

(44) Wrangham 1993.

第17章 〝性〟をめぐる比較——チンパンジー、そしてビーリャ

高畑由起夫

一 はじめに

私が初めて野生のチンパンジーに接したのは、一九七九年七月二九日早朝、ミヤコの浜でKグループのカメマンフとマシサを見た時だった。その時には、この両者とも三年のうちに亡くなるとは、思いもよらぬことであった。午後にはカンシアナでMグループに出会ったが、アルファ雄であるはずのカジュギの姿はすでになく、ントロギがアルファ雄然と振る舞っていた。結局、ントロギとは、私が一九八四年九月にマハレを離れるまでつきあうこととなった。

このように本章は二三〜一八年も前の見聞に基づいており、いまさら上梓に値するかどうか、はなはだ心許ない。何よりも、昨今、マハレでの映像がTV放映されるたび、私が滞在していた頃のチンパンジーはやはり警戒心をとどめていたのではないか、とくに雌たちは馴れていなかったのではないか、と感じてしまうのである。それゆえ、ここでこと

さら昔の資料をもち出すことに躊躇ってしまう。とは言いながら、その一方で、彼らの多くが鬼籍に入った現在、その姿を書き残すこともまた私の務めかもしれない。したがって、本章のテーマは、彼らの思い出を軸としながら、その〝性〟をビーリャ（ボノボ）の資料と比較するということになろう。

二　オンリー・イエスタデイ——一九八〇年代初頭のマハレのチンパンジーたち

1　Mグループの隆盛について

私がマハレに滞在していた頃、例えば一九八一年八月〜一二月にかけて、Mグループは約一〇〇頭のチンパンジーを擁し、そのうちオトナの雄が一〇頭、雌が三九頭を占めていた。これほどまでに大型の集団になった理由の一つは、隣接していたKグループからオトナの雄が相次いで消息を絶った後、多数の雌たちがMグループに移籍して来たことが挙げられる。上記のカメマンフとマシサは、Kグループの最後の弧塁を守っていたわけなのだが、彼らも一九八二年後半には姿を消したため、繁殖集団としてのKグループは消滅した。

ところで、Mグループではオトナの雌雄の数がかなり偏っていることにお気づきだろう。この点だけをめぐっても、多くの議論ができる。まず、出生性比には統計的な偏りがないことが明らかになっている。したがって、出生後の死亡に差があるかもしれない。それでは、どの年齢層から差が出るのだろうか？　残念ながら、雌がワカモノ期以降に出自集団を離れるため、死亡率の性差について厳密な比較に耐える資料はない。

もっとも、繁殖集団で実効性比が偏るのは、他の動物でもよくあることだ。例えば、雌たちの〝配偶者選択（female choice）〟において、彼女たちがとくに〝優秀な雄／遺伝子〟を求めようとすれば、〝優秀な雄〟がいる（あるいは〝良好な採食場所〟等を確保している）特定集団の性比が偏ることもあるだろう。となれば、Kグループが消滅した際、雌たちにとってMグループはントロギを筆頭とする〝優秀な雄〟たちがひしめく〝優秀な繁殖集団〟に見えたのかもしれない。もちろん、ただ単に〝移籍〟にともなう移動のコストを考えて、最寄りの集団になだれ込んだだけとも思えるが。

その一方で、こうした性比の偏りは〝雌の競争（female competition）〟を激化させるかもしれない。雄の生殖機能には上限があるだろうから、雌は〝精子〟を求めて争う可能性がある。[1] ということであれば、私が観察していた頃のMグループは、秘かに〝雌の競争〟が激化していたかもしれない。このように、集団サイズ一つとってみても、それは単なる人口学的パラメータにとどまらず、雌雄の繁殖戦略にそってコスト／利益のバランスシート上で変化する現象と見なすこともできる。

それでは、後で比較の対象とするビーリャの集団ではどうか？　一九八〇年代のワンバでは、E1、E2、Pグループの社会性比は七対九、八対一一、九対一三で有意な偏りはない。ということは、ビーリャには出生後の死亡に性差がないのだろうか？　さらに言えば、これはチンパンジーと比べての話だが、雄の死亡率が低いことを意味するのだろうか？　それとも、雌の死亡率が高いことを示しているのだろうか？　もちろん、資料はあまりに少なすぎるが、集団の構成さえも、雌雄の配偶者選択／競争を表す指標かもしれないという点は注意しなければなるまい。

表17-1　1981年のマハレのMグループにおけるオトナ雄の順位

	順位	名前	年齢	挨拶した・攻撃を受けた雄									
				NT	BA	KI	MU	LU	RA	DE	LJ	SM	KZ
挨拶された・攻撃した雄	1.	NT	26	—	14	15	18	26	7	6	13	11	10
	2.	BA	27		—	0	1	5	1	3	1	0	15
	3.	KI	30-40			—	3	2	1	1	5	3	3
	4.	MU	24				—	2	0	0	1	4	3
	5.	LU	24					—	0	3	1	0	6
	6.	RA	30-40	1			5	1	—	2	1	1	3
	7.	DE	18							—	0	2	7
	8.	LJ	16								—	2	3
	9.	SM	15									—	1
	10.	KZ	13										—

数値は優劣の表出と，攻撃行動の観察数を足し合わせたもの．老齢で，順位がはっきりしていないカリンディミヤは除いてある．NTなどは略称で，NTは本文ではントロギ，BAはバカリ，KIはカギミミ，MUはムサ，LUはルブルング，RAはラシディ，DEはカルンデ，LJはルカジャ，SMはカスラメンバ，KZはカサンガジにあたる．なお，年齢はすべて推定である．

2　Mグループの雄たち ── 順位と社会関係

チンパンジーとつきあうと、とくにオトナの雄たちの関係が複雑微妙であることに気づく。優劣はおもに挨拶行為で推しはかる。つまり、挨拶をする雄の方が劣位なのである。この数値に攻撃行動の観察例を足すと、何とか順位らしきものが見えてくる（表17-1）。しかし、それでも明瞭に優劣がわかるのは、アルファ雄のントロギと他の雄のあいだや、オトナ雄とワカモノ雄のあいだだけで、他は挨拶自体が少ないのである。さらに、当時最年長だった老雄のカリンディミヤは人にほとんど慣れず、姿を見るのもまれで、当然、順位も曖昧だった。とはいえ、狩りが成功すると肉をねだりに現れるのだから、他の雄から孤立しているわけではない。単に、観察者とつきあうのが気が進まないだけなのである。余談だが、ントロギは肉食の際に、カリンディミヤに頻繁に肉を分け与えていたのが印象的であった。これは〝敬老〟の現れなのだろうか、それとも老雄はもはや失うものもなく、たとえ高順位の雄に対しても奔放に振る舞えるということだろうか、さらにはントロギがまだ幼かったときに（その頃には順位も高かった）カリンディミヤと何らかの関係にあったのだろうか？

それでも、おぼろげにわかった順位と、社会交渉（接近／追従、グルーミング）を重ね合わせると、アルファ雄が他を圧した高順位を保っていることがわかる（図 17－1）。他のオトナ雄同士はあまり挨拶せず、優劣は表に出ないが、グルーミングなどの社会交渉も相称的である。一方、七～一〇位の若い雄たちはントロギへの挨拶は少なかった。そもそもあまり近づかないのだ。しかし、ントロギ以外のオトナ雄にはしきりに近づいては、一方的に挨拶やグルーミングするなど、優劣関係は明瞭だった。おもしろいことに若い雄同士は意外なほど互いに交渉をもつことが少なく、それぞれ個別に年長者たちに近づこうとするかのようであった。

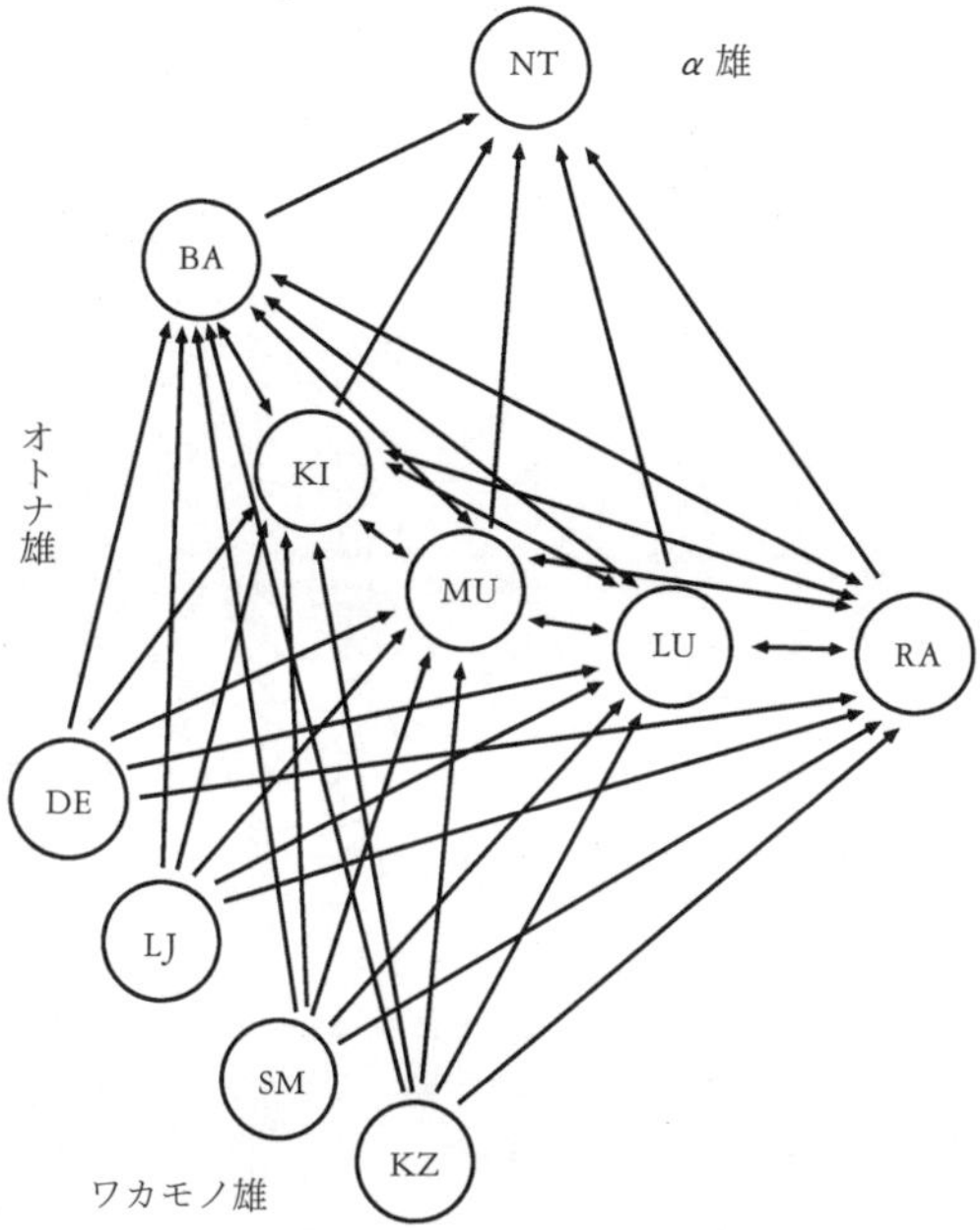

図 17–1　1981 年当時の M グループのオトナの雄の関係．図の上に行くほど高順位であることを示す．矢印はあいさつ行動などをもとに優劣関係の表出の方向性をあらわしている．したがって，優劣があからさまに一方的な場合と，優劣があいまいでしかし社会交渉が多い双方向的な場合がある．

今思えば、この資料を集めた一九

八一年の頃は、雄たちの順位は安定期にあったといえるだろう。表17-1の順位は、二年後の一九八三年、若いカルンデが四位～六位だったムサらを追い越すまで変わらなかった。そんななかで、雄たちにはある種の〝派閥〟も認められた。なかでも、アルファ雄のントロギとベータ雄のバカリは互いにめったに近づかないため、この二頭を中心に周囲にそれぞれ親しい雄が集まってクラスターを形成して、その周りをさらにワカモノたちが（注意を引きつけようと）うろうろしていた、というのが当時の図式であった。

3　雌たち

一方、私が確実に識別できた雌は、ほぼ半数に過ぎなかった。旧Kグループの雌たちは観察者に馴れていて、目にすることが多かった。そのなかでは、ワンテンデレのように移籍後、出産したが、その前後に昔の遊動域に戻ったためか、Mグループの雄にその子を殺された者もいる。一方、老齢のワブネングワは性的にも不活発で、他のチンパンジーも彼女にほとんど無関心だった。娘のチャウシクのみがこの老いた母親に出会うと、一方的にグルーミングしていた。

もともとMグループに属していた雌のなかで目立ったのは、雄と見間違うばかりの巨雌ワカンポンポ（一度など、ガンマ雄のカギミミに攻撃されたものの、猛然と逆襲して、逆に彼を投げ飛ばして、したたか殴りつけたことさえある）と、見た目にものんびりとした性格のワソボンゴであった。後述するが、出産の間隔は六年間だが、これはさらに発情を示すサイクル期と子育て期に分かれる。雌は、サイクル期は雄たちに追従するが、子育て期は採食競合を避けるためか、雄たちから離れがちだった。しかし、この二頭は、どちらの時期も雄たちとともに遊動するため、よく目撃できた。

残念ながら、雌たちの順位は、雄よりもさらにわかりにくく、ニホンザルのように全個体に直線的ランクが認められることはなさそうだった。何よりも、雌同士はあまり出会わなかったのである。それでも、印象的に、ワカンポンポはかなり優位だったように思う。また、旧Kグループの雌たちはどことなく劣位的な立場にあったように記憶している。

三　雌にとっての〝性〟

1　長い出産の間隔――子作りと子育ての矛盾

さて、雌にとって、繁殖は配偶行為（子作り）と子育てからなる。授乳の際に乳首に受ける刺激で、中枢は催乳ホルモンの分泌をうながし、生殖線刺激ホルモンを抑制する。このため、発情／排卵は再開せず、子作りと子育ては両立できない。これにさらに、母子／きょうだい間の葛藤がからむ。母親はできるだけ多くの子を生み（子作り）、かつ育て上げたい（子育て）。そうなると、アカンボウにこれ以上手をかけなくても済むと判断すれば、次の子作りに切り替える必要がある。このように寿命という時間的制限がある以上、〝繁殖期間〟の投資配分は慎重に決めねばならない。しかし、子どもの立場になると、母親からもっと世話を受けたい。こうして母子、あるいは「すでに生まれた子」と「これから生まれる子」の対立が生じることとなる。

とくに、チンパンジーは初期発達が遅く、雌の出生力を低めている。マハレでは新生児が無事に育つと、出産の間隔はほぼ六年である（表17-2）。このうち、発情することなく育児に専念する時期が五三・二カ月（子育て期）、妊娠期間が七・六カ月含まれるので、発情の再開から妊娠まで一一・二カ月となる。この期間と、妊娠後もしばらく続く発情の時

表 17-2　マハレ，ゴンベ，ワンバでの雌の発情周期，発情，出産間隔などの比較

	マハレ*	ゴンベ**	ワンバ***	ワンバ****
発情周期（日数）	31.5	36	42	32.8
発情期間（日数）	12.5	9.6	20日以上	12.9
周期中の発情の割合（%）	40	27	47	39
出産間隔（年）	6.0	5.5	5年以上	4.5
出産後の無発情状態の長さ（月）	53.2	43	12月以下	12月以下

資料：*：Hasegwa & Hiraiwa-Hasegawa, 1983, Nishida et al., 1990；**：Tutin & McGinnis, 1981；***：加納，1986，Furuichi, 1987；****：本研究．

期が、サイクル期に該当する。

一方、雌のライフヒストリーで初産年齢を一五歳、最後の出産を四〇歳頃とすると、生涯繁殖期間は約二五年、もしすべての子どもがアカンボウ期を生き延びても、五頭ほどしか生めないことになる。オトナに生き残る率がさほど高くないから（第七章参照）、母親が生涯に二頭の子どもを成体まで育てるのは、ハードルが高いかもしれない。

2　発情（排卵、月経）周期

離乳後、発情再開から妊娠、発情を停止するまでのサイクル期の特徴は、一にも二にも発情周期の存在である。この周期は排卵、月経をともない、性ホルモンと行動は複雑に変化する。[2] ニホンザルなどと違い、チンパンジーでは発情時に外部生殖器が著しく腫脹する。つまり、彼らの発情は〝形質〟で判定されるのである。

交尾の大半は、この性器の最大腫脹時＝発情時に起きる。一九八一年では、一四七例の交尾の九四パーセントが最大腫脹期に観察された。ゴンベでは九六パーセントである。なお、腫脹の最終日からさかのぼって四日間ほどのあいだで排卵が起きる。したがって、雄は排卵日を予想できるかもしれない。マハレでは、周期長は三一・五日、最大腫脹（発情）期は一二・五日（周期の四〇パーセント）である（表17-2）。もっとも、

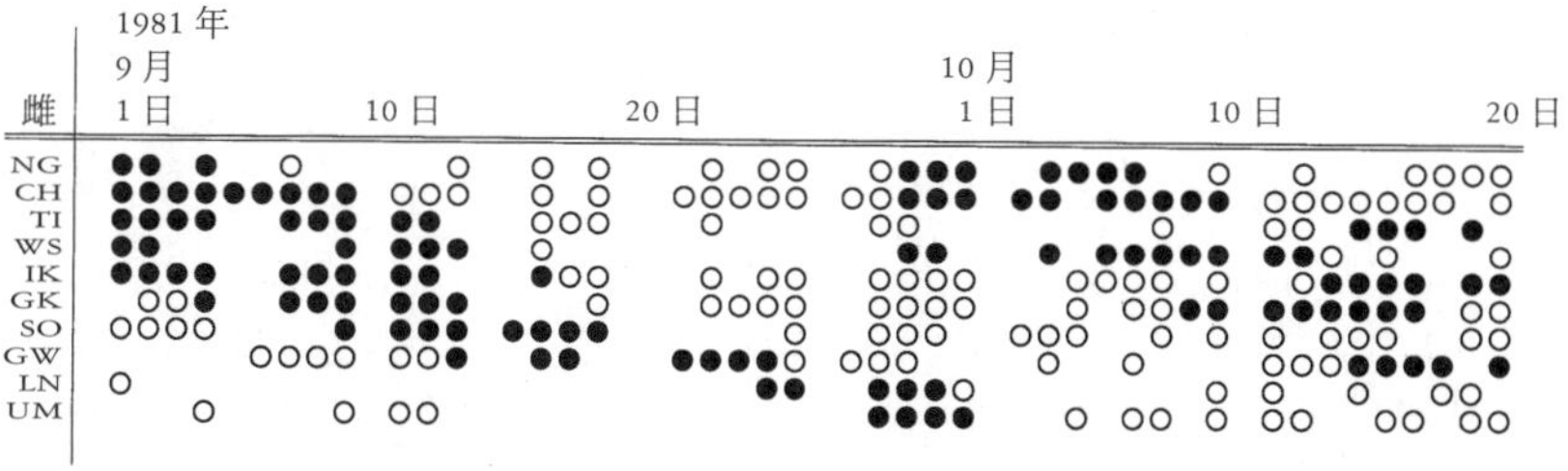

図 17-2　1981 年の調査時に，M グループで発情した雌のチンパンジーについて，発情周期を示す．●は発情を，○はそれ以外の状態，あるいは発情についての記録が欠けていた状態を示す．

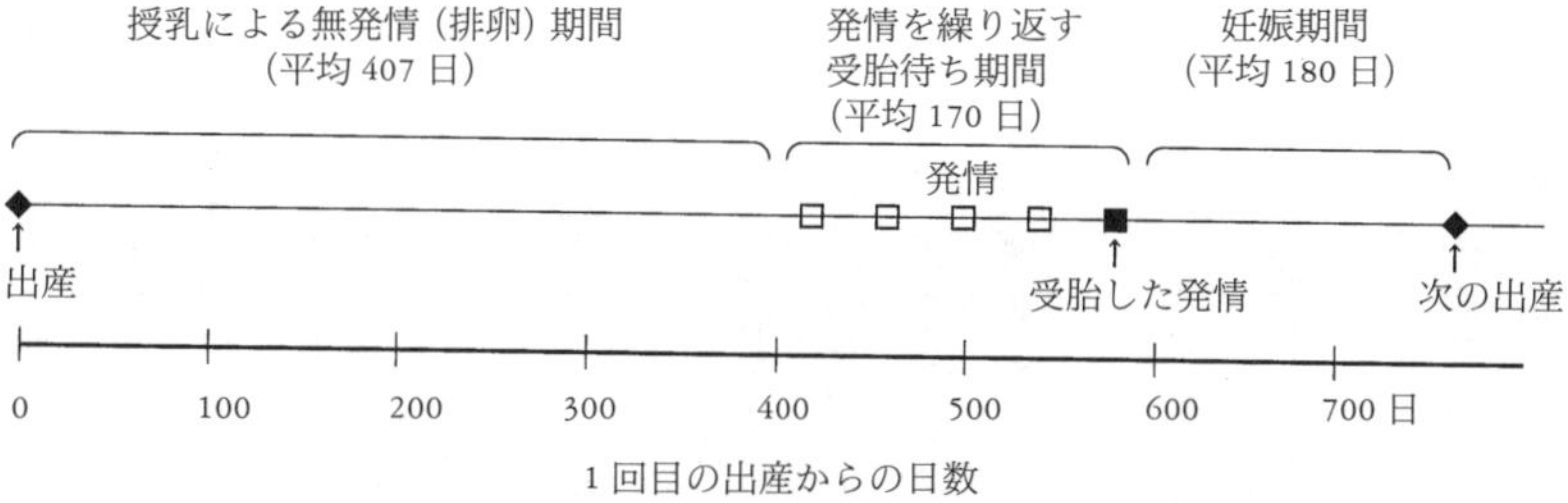

図 17-3　サンバンナヒヒでの出産間隔（Smuts & Nicolson, 1989）．約 760 日（つまり，約 2.1 年）の出産間隔は授乳によって発情しない期間，発情を繰り返して交尾し，受胎を待つ期間，そして妊娠期間にわかれる．なお，サバンナヒヒでは，ニホンザルやチンパンジーと違い，妊娠中の発情はない．したがって，発情は排卵の“徴”であり，雄に対して“正直な信号”を発していることになる．

これはオトナの場合で、ワカモノ雌は最大腫脹が小さく、周期も不規則である。

　発情（排卵）の同調も無視できない。雌が何頭も同時発情すれば、アルファ雄でもすべての雌を確保するのは難しい。しかし、同時発情は〝精子〟をめぐる雌の競争を激化させるかもしれない。対照的に、発情がずれれば、優位雄は排卵雌を次々に確保できるし、雌同士の競争も避けられる。実際、排卵日はずれているようにも見える（図 17−2）。残念ながら、発情開始日が集中／一様分布のどちらか検定してみたが、どちらも当てはまらなかった。発情開始日に観察漏れが多いと、一様分布からはずれる可能性があるので、これには再検討が必要である。

発情はどれくらい効率的だろう？　例えば、ニホンザルは交尾季に効率的に妊娠するためか、初発情で妊娠する雌が多い。一方、交尾季がないサバンナヒヒは平均五・一回目の発情で妊娠する（図17-3、[3]なお、高順位雌は四・〇回、低順位雌は六・〇回で妊娠するので、生涯繁殖成功に有意差が生じる）。マハレは五・九回目の発情で妊娠していたので、サバンナヒヒとあまり差がなかったことになる。

3　発　情――〝積極性〟、〝誘引性〟、〝受容性〟、そして〝欺瞞〟

先に触れたようにチンパンジーの発情は〝形質〟で判定されるが、行動面でも著しい変化を示す。生理学者のF・A・ビーチは、行動面の評価のため、誘引性（雄を惹きつける雌の刺激値；attractivity）、積極性（雌の雄への求愛；proceptivity）、受容性（雄の求愛に応えて雌が交尾を受け入れる；receptivity）という概念を提案した。[4]ニホンザルでは積極性と誘引性は性ホルモンに支配されるが、受容性はホルモンの影響が少なく〝状況依存的〟といわれている。それでは、チンパンジーはどうだろう？

ゴンベでは配偶行動に三パターンが認められた。[5]（一）雌雄が無秩序に交尾する乱婚／機会的交尾、（二）一頭の雄が雌を独占する〝所有〟、（三）雌雄のペアが長期間他の者から離れて遊動しながら、性交渉をもつ〝コンソート〟である。とくに、所有行動は雌の誘引性の指標となろうし、コンソートでは誘引性と積極性がともに働いているかもしれない。

さてマハレでの性行動について、諸報告は以下の点でほぼ一致する。（一）コンソートはまれで、（二）アルファ雄に所有行動がよく見られる。そして、（三）機会的交尾が多い。八一年も例外ではなく、コンソートはほとんど観察されず、

表17-3 交尾の際の雌雄間の相互交渉

(a)マハレのMグループ(1981年)	雄	雌
交尾の際に，どちらが近づいたか	10	28
どちらが先に相手の3m以内に近づいたか	12	31
交尾の誘いかけを行なったか	22	26
交尾の後で，どちらがその場を去っていったか	12	26

(b)ワンバのビーリャ	E1		P
	86年	89年	89年
雄が雌に近づき，雌に性的誘いかけをした後，交尾した	49	27	34
雄が雌に近づくと，雌がその雄に近づき／追従して，交尾した	23	19	31
雌が雄に近づき，雄に性的誘いかけをした後，交尾した	6	4	13

〝所有行動〟はアルファ雄のントロギに限られ、その他は〝乱婚〟に該当した。

それでは、雌雄はどのように交尾したのか？　表17-3aに一九八一年にMグループで観察された交尾行動についてまとめたが、発情雌が雄に近づき、交尾し、去るというパターンが多いことがわかる。つまり、雌の積極性が顕著である。その一方で、交尾にともなない雌雄が三メートル以内にいるのは、四～五分に過ぎない。一言で言うと、離合集散が激しいためか、あちこちに散らばっている雄（精子）のあいだを、雌たちが〝積極的〟に駆け回っているのである。[6]

もっとも、この〝積極性〟をただちに〝female choice〟と受け取ってはいけない。〝female choice〟はあくまでも〝優秀な遺伝子〟を〝choice〟した場合を指すのだから。[7] それはともかく、こうした傾向を阻止できるのは、アルファ雄の所有行動だけである。これらの結果は、雌たちの繁殖戦略は、優秀な遺伝子をもつ雄を選ぶ〝best male strategy〟より、多数の雄と交尾する〝many male strategy〟に近いことを示唆しているのかもしれない。もっとも、最近、松本晶子は発情周期を通しての個体追跡で、雌は、妊娠しにくい時期は前者の戦略を、排卵前後の妊娠に結びつきやすい時期には後者の戦略をとる、というように使い分けしていると報告している（第一六章を参照）。

さて、妊娠中には発情を停止するサバンナヒヒと違い、チンパンジーは妊娠しても発情をしばらく繰り返す。[8] 例えば、一九八一～八四年では、一九頭の雌で計算したところ、妊娠中に平均二・六回発情するのが記録されている。すでに妊娠済みであるから、これは雄を〝だましている〟可能性がある。

四　雄の〝性〟

1　二重の競争、そして順位と交尾

チンパンジーの雄たちは二重の競争にさらされている。㈠集団内の〝雌〟をめぐる個体間競争、㈡隣接集団間で遊動域や雌をめぐる集団間競争である。父系的社会のため、後者は〝血縁選択〟が働く可能性もある。

霊長類の性行動でまず取り上げられるのが、雄の順位と交尾成功／繁殖成功の相関である。もっとも、相関が有意な場合でも、有意でなくとも、議論は注意を要する。高順位雄が〝優秀な遺伝子〟の所有者かどうか、必ずしも明らかではないからだ。[9] 例えば、〝優秀〟な雄がまだ若くて、低順位でも雌から選択されれば、順位と繁殖成功のあいだには単純な相関はでにくい。また、若い雄が「多数の雌と交尾する戦略」をとり、順位の上昇につれて「少数の(優秀な)雌を選ぶ戦略」に切り替えたり、「スニーカー戦略」をとることもあるかもしれない。

さて、一九八一年にMグループの雄一〇頭を個体追跡した結果では、交尾観察数と順位は負の相関を示した(図17-4a)。つまり、順位が低いほど交尾観察数が多かった。これは、後述するように、ワカモノ雄の交尾頻度が高いためでもある。一方、発情を妊娠しやすい時期と他の時期に分けると、妊娠しやすい時期の交尾に高順位雄が占める割合が増え

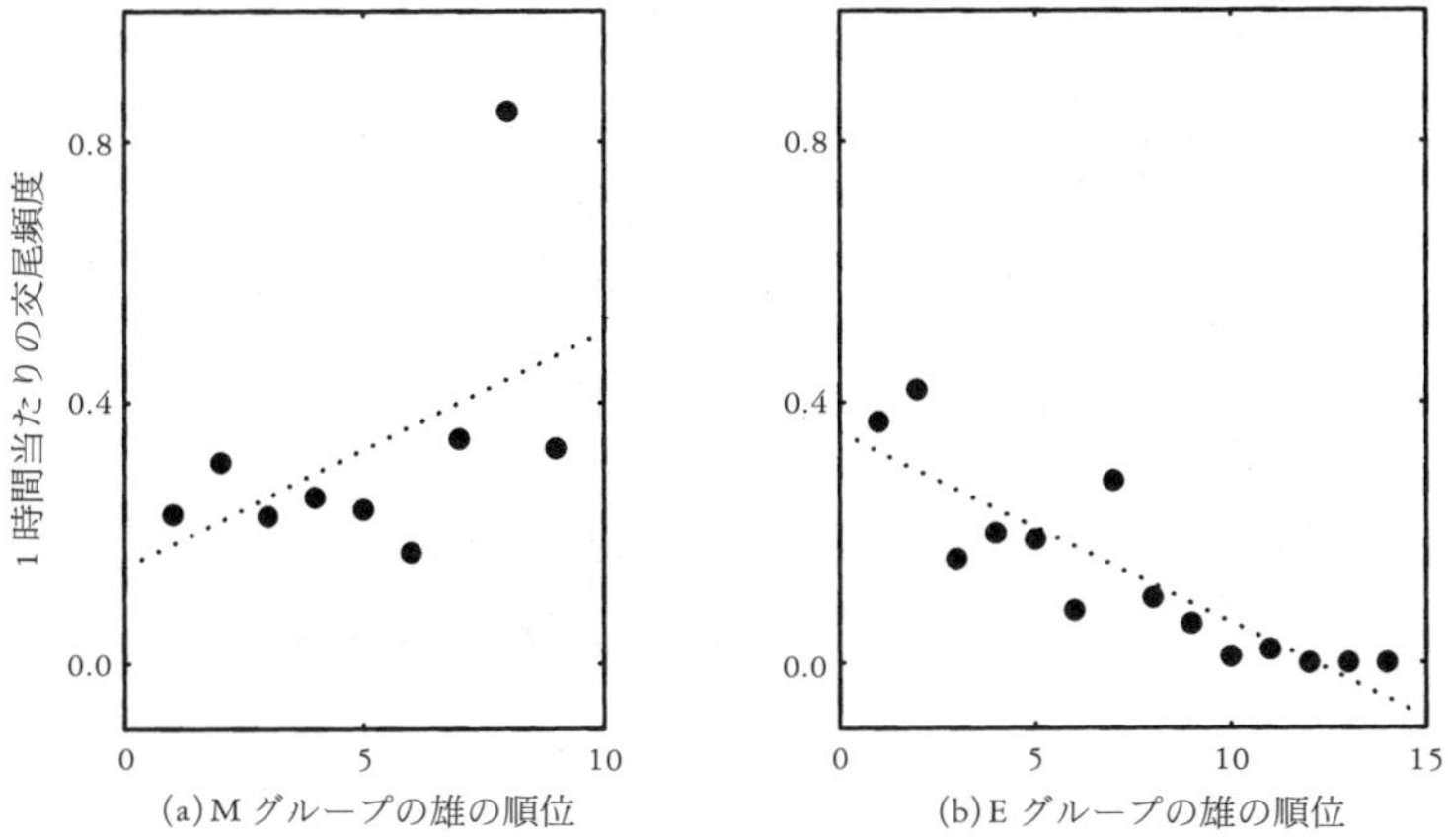

図 17-4 (a) 1981 年の M グループでの，オトナの雄の順位と交尾頻度，(b) 1978-79 年の E グループのボノボの雄の順位と交尾頻度（加納，1986）．

る。[10] 一九九一〜九二年の資料でも、順位と交尾頻度は必ずしも相関しないが、排卵周辺の雌との交尾は高順位雄が多い。[11] この結果は、高順位雄が「排卵雌を確保する戦略」をとっている（つまり、排卵時期を認知できる）可能性や、他の雄からの妨害を考えなくても済むこと、[11] さらに排卵周辺の雌から選ばれている可能性（第一六章）などが考えられる。もっとも、最終的判断は、ＤＮＡ分析を待たねばならない。

なお、頻繁な〝所有行動〟にもかかわらず、アルファ雄の交尾頻度はあまり高くない。造精能力にも上限があるから、精子の浪費は避けるべきかもしれない。[12] したがって、〝所有行動〟とは〝他の雄に行かせない〟という意味も強いかもしれない。ちなみに、ントロギは一九七九〜九一年にかけてアルファ位を維持し、その後もいったん返り咲いたこともある。巨体と慎重な性格から見ても、かなり〝優秀な形質〟の持ち主だろう。しかし、逆に言えば、こうした〝傑出個体〟の評価はかなり難しいのではなかろうか。

2 精子競争

長谷川[13]は、先に触れた雌の乱婚性に関連して、雄間の精子競争、つまり配偶子レベルの競争が果たす役割が高いと結論した。もちろん、雌にもコストがかかる。長谷川は（一）捕食、（二）エネルギーと時間、（三）伝染病などの感染、（四）雄の攻撃、（五）雌やコドモによるハラスメント、（六）パートナーによる報復などを取り上げ、このうち（二）と（四）を重視した。最近、松本と小田亮はマハレのサイクル期にある雌の行動を分析して、最大腫脹時には採食時間は減らないが、移動時間が長いこと、雄からの攻撃が増えることなどを指摘した。[14]やはり、（二）と（四）にそれなりのコストがかかっていることを示しているかもしれない。（三）についても、獣医学などの立場からすれば危険性が無視できない。[15]もっとも、ヒトで言うところの〝性行為感染症（ＳＴＤ）〟はおそらく、ホミニゼーションの過程で〝性の日常化〟が進むにつれ、ヒトと病原体の共進化の結果生まれたものだろう。

一方、雄の精子競争では、チンパンジーとゴリラ、オランウータン、ヒトの精巣や精子数の比較が有名だ。[16]四種間では、チンパンジーが圧倒的に精巣が大きく、精子数も多い。これは乱婚的なチンパンジーの雄が、非暴力的な方法で自らの受精確率を高めるために進化したのだと言われている。[17]

五　ビーリヤ、そしてヒトとの比較

1　発情周期での比較

ビーリヤはチンパンジーと非常によく似た父系複雄複雌集団をつくりながら、〝性〟について以下の点で異なっているとされてきた。[18]（一）周期中の発情期間が長い、（二）出産後一年ほどで、授乳中でも発情を再開する、（三）ビーリヤは交

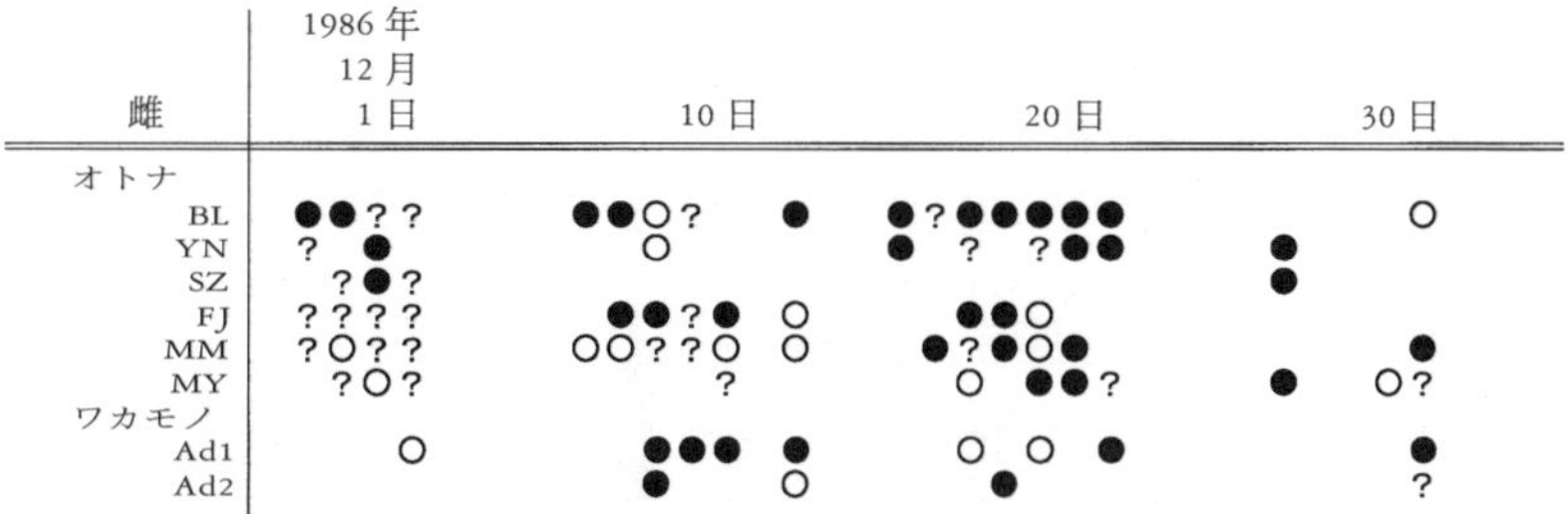

図 17-5　1986 年にワンバの E2 グループで発情したボノボの雌について，発情の様子を示す．●は発情，○は非発情状態にあった日を示す．？は，発情についての記録が欠けていた日である．

尾の姿勢が多様である、(四) 交尾頻度が高い、(五) 交尾によく似た行動が性的コンテクスト以外でも起きる、などである。これらの傾向は、ヒトの女性のセクシュアリテイの進化と結びつけて議論されることが多い。しかし、チンパンジーと本当に違うのだろうか？　これらの点について、五百部裕と伊谷原一がワンバで収集した資料をもとに比較してみよう。

まず、発情周期長について分析したところ平均三二・八日で、チンパンジーと変わりがない（表17-2を参照）。周期中で最大腫脹（発情）が占める割合も、かつて七五パーセントにも達するとされてたが、三九パーセントにとどまった。これもマハレと変わらない。もっとも、最大腫脹期以外の時期でも腫脹は完全に萎まない半発情状態にあり、この点はチンパンジーと大きく違う（図17-5）。周期を通じて交尾するかどうかは、E1、E2グループで七七パーセント、Pグループで六七パーセントの交尾が最大腫脹期だった。マハレやゴンベほどではないが、やはり最大腫脹期に多い。このように、ビーリャとチンパンジーの発情周期は従来の報告ほど大きくは異ならない。

この理由の一つは、ビーリャについての報告が実験室での観察によるものが多かったことが考えられる。先に触れたように、受容性は状況依存性が強い。実験室内では、正常な月経周期をはずれても交尾が起きやすいのは、ニホンザルなどでもよく報告されている。したがって、野生のチンパンジーと単純に比較しても、議論をいたずらに混乱させるだけなのである。

出産の間隔はどうだろうか。Ｅ１グループでは平均四・五年でマハレより有意に短い。それではこのサイクルを、ビーリャの雌たちはどのように生きているのだろうか。チンパンジーとの違いはこのあたりで明瞭になってくる。まず、彼女たちはチンパンジーと同様に妊娠中の発情を示す。さらに、出産後ほぼ一年以内で、発情を再開する。つまり授乳しながら発情する上に、交尾しても妊娠にいたらないので、無排卵性の発情が三〜四年続く。[18] これは、子育てと（子作りの機能を喪った）〝性〟の両立を意味しており、チンパンジーも含めて、他の霊長類の雌と隔絶するところなのだ。

2　交尾行動の比較

ビーリャの〝性〟が脚光を浴びた理由の一つに、対面型の交尾姿勢が多いことが挙げられる。[18] この点もヒトの性交を連想させるとして、チンパンジーと異なる点とされる。例えば、一九九一〜九二年のマハレでの交尾二二九例はすべて後背位だが、[19] ワンバは二九・一パーセントが対面位だった。[20] もっとも、対面位はワカモノ期に多く、完全なオトナでは少なくなるようだ。

それでは、行動面ではどうだろうか。ここでも、マハレとかなり異なる。まず、全交尾が〝乱婚／機会的交尾〟に該当し、コンソートも所有行動も見られない。さらに、雄が交尾のイニシアティブをもつようだ。加納隆至の報告では六二パーセント、同じく古市剛史は九七パーセントの交尾が、雄のイニシアティブで始まった。[21] そこで、今回の資料でも何とか比較できる形にして、表17-3bに結果を示した。それによれば、今回の資料でも雄がイニシアティブをとった例が八九パーセントを占める。ビーリャは、チンパンジーと同様に離合集散するとはいえ、集合性が高く、大集団で遊動する。こうした状況では、雌が雄のあいだを駆けずり回らなくても済むのかもしれない。

さて、発情の長期化が雄の競争を緩和するため、ビーリャは乱婚的であり、雄間の順位と繁殖成功もさほど相関しないと言われてきた。これは、本当だろうか？　加納と古市の資料を解析すると、[22]意外にも、オトナ雄の順位と交尾観察数は正の相関を示した（図17-4bを参照）。加納[23]はさらに新しい資料を検討して、やはり有意な相関を見つけている。残念ながら、われわれの資料では、E1、E2両グループとも有意な相関が得られなかったので、この点、結論を下すにはいたらない。しかし、ビーリャのほうが雄の競争が緩和されているという事実は証明できないのである。

それでは、乱婚の程度をどう計算すればよいだろう？　ペアごとの交尾観察数によって、シャノン―ウィーバーの多様度H′を計算してみた。その結果、Mグループでの交尾ペアの多様度は五・八五だが、E1、E2グループでは三・四四、三・五二にとどまった。さらに別の年のE1グループの資料でも四・五三という値にとどまった。つまり、予想と逆に、Mグループのチンパンジーの方が乱婚的なのである（交尾ペアの多様度が高い）。もちろん、この結果は留保付きである。マハレの資料は個体追跡に基づいたものだが、ワンバは餌場での観察が多く、バイアスがかかっている可能性が高い。この点は、したがって、今後のフィールドでの調査に期待したい。

3　交尾頻度の比較

それでは、交尾頻度に違いがあるのか？　オトナの雄を比べてみよう。まず、チンパンジーの雄は高い交尾頻度を示した（表17-4）。ゴンベでは〇・二六～〇・七二回／時間、マハレでもほとんどの例は〇・二回に達する。一方、ワンバでは、〇・一～〇・二一回／時間となって、マハレと同じか、むしろ低い値であった。加納[23]による新資料では、餌場で

表17-4　雄の交尾頻度の比較．交尾頻度は1時間当たりの交尾回数

	マハレ	ゴンベ	ワンバ
オトナ雄	0.20 (0.10〜0.51) 0.29 (0.22〜0.31)* 0.22**	0.26〜0.72***	0.11 (0.00〜0.20) 0.10 (0.00〜0.27) 0.21 (0.00〜0.42)****
ワカモノ雄	0.70 0.53*****		0.05 (0.00〜0.07) 0.08 (0.04〜0.10) 0.19 (0.00〜0.26)****

*：Huffman, M. A.，未発表資料，***：長谷川，1991；***：Goodall, 1986a；****：加納，1986；*****：Hayaki, 1985a.

のオトナ雄の交尾頻度は〇・〇六〜〇・四四回／時間で、平均はおよそ〇・二〜〇・三回程度で、やはりチンパンジーと著しい差はない。餌場では、交尾頻度が高くなる可能性があることを考えると、ビーリャがチンパンジーよりも交尾頻度が高いという保証は今のところ得られないのである。

ワカモノ雄ではさらに差が大きい（表17-4）。マハレでは、ワカモノ雄の交尾頻度は〇・五三〜〇・七回／時間に達して、実は、年長のオトナ雄よりも高いのである。同じ傾向がゴンベでも認められている[24]。対照的に、ワンバのワカモノ雄では〇・〇五〜〇・一九回／時間とかなり低い。加納[25]の新資料でも、〇・〇九〜〇・二一回で、やはりオトナ雄より低い。もちろん、これもワンバで餌場での観察が多く、ワカモノ雄が抑制されていることを示すだけかもしれない。しかし、もしこの解釈が正しいとすれば、ビーリャの一見ことを荒立てない社会の裏に、やはり抑圧が存在しているということができる。

オトナの雌はどうだろうか？　マハレで長谷川[26]が個体追跡した三頭は、一時間当たりオトナの雄と〇・七九回（これとは別に、ワカモノ／コドモ雄と一・〇九回）交尾した（表17-5）。一日に二〇回近く雄と交尾する勘定になる。さて、この値をビーリャと比較するため、最大腫脹期が発情周期の四〇パーセントを占めると仮定して計算すると、サイクル期の雌は平均〇・三一回／時間交尾すると推定することができる。

表 17-5 チンパンジーとビーリャのオトナ雌について，オトナの雄との交尾頻度の比較

(a)マハレのチンパンジーのオトナ雌*	発情時	0.79	(0.48〜1.02)
	発情周期全体	0.31	
	出産間隔全体	0.04	
(b)ワンバのビーリャのオトナ雌**	0〜1 歳の子どもをもつ雌	0.22	(0.20〜0.25)
	2〜3 歳の子どもをもつ雌	0.98	(0.19〜2.36)
	4〜6 歳の子どもをもつ雌	0.43	(0.33〜0.67)
	すべての雌	0.53	(0.16〜2.36)
(c)ワンバのビーリャのワカモノ雌**		0.60	(0.35〜1.13)

交尾頻度は 1 時間当たりの交尾回数．*：長谷川，1991；Idani, 1991．

それに対して、ビーリャの雌では、加納[27]の資料で〇・一四回／時間、伊谷による資料で〇・五三回だった[28]。もっとも、後者の資料から、交尾頻度が著しく高かった一頭を除いて計算すると、〇・二八回であった（表17-5）。このように、資料のばらつきが大きいとはいえ、発情周期中の交尾頻度という基準では、ビーリャの雌がチンパンジーを陵駕する〝性的〟存在である、とは必ずしも言えないという結果になった。もちろん、出産間隔全体から見れば、ビーリャの雌の性的活動性が著しく高いのは明らかである。チンパンジーは長い性的休止期を含むため、六年間で平均すると、交尾頻度は〇・〇四回／時間になってしまう。もちろん、このビーリャの雌の高い性的活動性は、しかし、出産とは結びつかないものであることを忘れてはならない。

さらに、もう一つ大きな違いがある。それはワカモノ雌である。チンパンジーのワカモノ雌はたとえ腫脹しても、オトナ雄から相手にされることはまれだ。一九八一年のマハレでは五頭のワカモノ雌が発情していたが、交尾は一頭、一回しか観察されなかった。対照的に、ビーリャのワカモノ雌は年長雌よりもかえって交尾頻度が高いのである。もっとも、ビーリャにおいて何故に（年長雌よりも繁殖能力が低い可能性がある）ワカモノ雌が、雄の配偶者選択の対象となるのか、については不明なままである。

4　チンパンジーとビーリャの差――〝雌の競争〟について

チンパンジーとビーリャの性交渉や交尾頻度の比較は、思いもかけず、複雑な様相を呈している。このなかには、いくつもの疑問が残されている。なぜビーリャの雌は（半発情の状態も含めれば）長期間雄を受け入れながら、交尾頻度はさほど高くないのか？　これは、ヒトの女性の〝連続的受容性〟に近いのか？　あれほど宥和的とされながら、雄の順位と交尾成功が相関しがちなのはなぜか？　チンパンジーの若い雄はどうして繁殖に結びつかない交尾に熱中し、かつオトナの雌は彼らと交尾するのか？　逆に、チンパンジーの若い雌はビーリャと違って、なぜ交尾にかかわらないのか？　これらは両種において、とくに雌の個体追跡をもとにした資料が集まらないかぎり、はっきりとした答えは得られないだろう。

ここで、ビーリャの〝性〟についてもう一つ特異な現象に触れなければならない。それは同性間、とくに雌間の交尾紛いの行動である。〝ホカホカ〟と呼ばれるこの行為では、雌は対面位で互いの性器をこすりあわせる。はたして〝性〟的交渉かどうかも、研究者の意見は一致していない。私は実際に観察していないので、判断できないが、かつてニホンザルの雌の同性愛的行動を観察した経験からすると、〝性〟的よりは〝宥和〟的な交渉という印象をもたざるを得ない。

ところで、この行動を行なう雌はやはり発情／半発情の状態が多い[29]。こうなると、ビーリャの雌の長い〝発情〟は結果的にせよ、雌の共存にも寄与しているのではなかろうか？　なぜ、こんなことを言い出すのかというと、ビーリャとチンパンジーの最も大きな違いの一つに、雌間の集合性が挙げられるからである。チンパンジーでは、父系的社会構造について血縁選択理論が予見するように、互いに血縁が薄い雌たちは（何よりも採食競合を避けるために）つきあうことが少ない。とくに子育て中は〝エゴイスティック〟だと言ってもさしつかえないだろう。したがって、チンパンジーの雌たちが密集することは、少なくとも私がマハレに滞在していた頃は、ほとんどなかった。

対照的に、ビーリャ研究者は集団の凝集性、とくにビーリャの雌たちが密集することを強調する。ということは、しかし、彼女たちが採食競合で必然的に感じるだろう、潜在的競争者に対する緊張を発散させる「装置」が必要ではなかろうか[30]。実際、彼女たちはグルーミングを交わす頻度は低く、それなりに緊張関係にあるようだ。その際、雌間の宥和の装置として〝発情〟が使われている、とも考えることができるのではなかろうか。

5 ヒトとの比較――〝父親〟あるいは〝家族〟の進化

他の哺乳類と同様、ヒト以外の霊長類では、生物学的父子が生涯を通して関係をたもつ種は少ない。それでは、ヒトの男性が結婚し、父親になる理由は何だろう(ならない者も多いことは言うまでもないが)。

二つの道筋が考えられるかもしれない。まず、雌/女性の繁殖は、配偶行為(子作り)と子育ての二要素からなるが、この二つは両立できない。J・B・ランカスター[31]が指摘するように、雌の〝性〟の最大の特徴の一つは〝母〟と〝繁殖雌〟の二重性にほかならない。この矛盾を解決するのは、母親以外の者も子どもを世話して、母親の負担を軽減することにほかならない。その極端な例はヨーロッパの王/貴族の「乳母」だろう。この点からあらためてチンパンジーを見直すと、四年半に及ぶ授乳(子育て)と子作りの両立は限界に近いものがある。おそらく、ヒトの進化の過程のどこかの時点で、母親以外の者による子どもの(直接的であれ、間接的であれ)世話という問題が生じ、それが家族の形成につながった可能性は大きいのではあるまいか。ランカスターはさらに乳児以外にも、複数の子どもを同時に長期間世話することこそヒトの家族の特徴として、そこに女性が男性に頼り、その見返りに父性を保証する〝性的契約〟に縛られたとしている。

その一方で、男性側からの積極的な働きかけも大きいかもしれない。言うまでもなく、それは〝子どもの父性〟の保証という観点からである。ただし、ここには大きな問題がある。すなわち、〝自分の子どもの父性〟の保証を要求することは、〝他の雄／男性の子どもの父性〟の保証も認めることにどうやってつながったのだろうか（いうまでもなく、「姦淫を行なわない」とのルールは、制裁も含めて、多くの社会で認められてきた）？　進化生物学的には、そこに〝cheater（他者をごまかしても、自分の利益を追求する者）〟が進化する可能性を考慮しなければいけない。〝cheater〟が増えすぎれば、〝父性の保証〟路線は崩壊するかもしれないのだ。現実に、M・A・ベリスら[32]は、イギリスの女性を対象にした調査で、特定のパートナーとの性交は妊娠に結びつきにくい時期に起きるが、パートナー以外との性交（EPCにほかならない）はむしろ排卵周辺に多いとして、生まれてくる子どもたちの六・九〜一三・八パーセントがパートナー以外の男性の子どもであると推定している。また、南米のヤノマモの人たちでは九パーセントの子どもがEPCの結果であった[33]。むろん、これらの結果も、はたして〝cheater（男性）〟の戦略か、それとも〝パートナーへの欺瞞（女性）〟の戦略の結果か、考えなければいけないだろう。

六 最後に

マハレから離れて一八年が過ぎた今、この小論の内容が霊長類学にどれほど貢献できるかどうか、はなはだ自信がない。したがって、本章の議論はひたすら問題提起にとどめ、格別の主張があるわけではないことをあらためて記しておきたい。ただ、この年月を振り返るとき、チンパンジー研究において、〝性〟や〝繁殖〟などについての研究の進展が気になってしまう。例えば、現在、ＤＮＡ判定などによる成果が一気に進みつつあるが、逆にいえば、そうした判定結果についての解釈を十分に支えることができる〝proximate〟な事実をどれほど集めているのか、今後のマハレでの研究の進展を願いたい。

最後に、類人猿の〝性〟からヒトの進化を考えようという最近の議論のいくつかに、私は疑問を感じる場合があることに触れておきたい。その一つは、例えばビーリャは〝性〟によって平和な世界を作り上げたという言説である。こうした言説は、ヒトの社会で〝性〟によって多くの〝幸福〟（これを〝利益〟と呼び変えてもかまわない）がもたらされている事実とともに、逆に〝不幸〟（同じく〝コスト／リスク〟と呼んでもよいかもしれない）を招いていることを無視しがちなのではあるまいか。フロイトによる〝性的抑圧が無意識の世界を支配し、神経症をもたらしている〟という指摘の是非はともかく、より直截的な〝セクシャル・ハラスメント〟、〝ストーカー〟、〝レイプ〟などにいたる諸現象についても説明できなければ、〝性の進化〟の議論としてはいわば片落ちではないのだろうか？

註

(1) Dewsbury 1982; Small 1988.
(2) Wallis 1992.
(3) Smuts & Nicolson 1989.
(4) Beach 1976.
(5) Tutin 1979.
(6) 長谷川寿一 1992.
(7) Small 1989.
(8) Hrdy & Whitten 1987.
(9) Small 1989.
(10) Hasegawa & Hiraiwa-Hasegawa 1990 など。
(11) Nishida 1997b.
(12) Small 1988.
(13) 長谷川寿一 1992.
(14) Matsumoto-Oda & Oda 1998.
(15) 吉川 私信。
(16) Short 1979.
(17) Hasegawa & Hiraiwa-Hasegawa 1990.
(18) 加納 1986.
(19) Nishida 1997b.
(20) 加納 1986.
(21) Kano 1989; Furuichi 1992.
(22) 加納 1986; Furuichi 1992.
(23) 加納 1994.
(24) Tutin 1979.
(25) 加納 1994.
(26) 長谷川寿一 1992.
(27) 加納 1986.
(28) Idani 1991.
(29) 加納 1986.
(30) White & Lanjouw 1992.
(31) Lancaster 1991.
(32) Bellis & Baker 1990.
(33) Neel & Weis 1975.

第18章

高順位雄の社会関係の変化

川中健二

一　はじめに

チンパンジーの社会に関する研究の約四〇年に及ぶ歴史のなかで、雄の社会関係に関する見解は大きく変化してきた。研究の初期には、雄の集合性と密接な相互交渉が研究者の注目を集めた。一つの集団のなかで、雌が分散して過ごすことが多いのに比べて、雄は頻繁に集合し、集団の遊動域の全体をカバーするように遊動していた。[1] 雄のあいだに優劣があるのだが、すべての雄の順位を把握することができないという場合もあった。[2] 彼らは、日常的な社会交渉のなかで、自分たちのあいだの優劣をあからさまに表出することはまれだったのだ。[3]

しかしながら、一九八〇年代の初めになると、雄の関係の非常に異なった側面が、飼育下の集団からも、野生状態の集団からも報告されるようになった。[4] 一つの集団に所属している雄の一部だけが親密な関係をもっており、その関係は、

「連合」しているといってよいものであった。一方、雄のなかには厳しく対立しあっているものがおり、その対立は激しい闘争にまでいたることが見られた。さらに、闘争の当事者の一方が集団から追放される例さえ報告されるようになった。そして、連合のパートナーも、時間の経過とともに顔ぶれが変化していた。

私は、調査対象集団の第一位と第二位という最も高順位の雄（それぞれアルファ雄、ベータ雄と呼ぶ）の関係が、二回の調査期間のあいだで、劇的に変化しているのを観察する機会に恵まれた。ここでは、二頭の関係が変化していた様子を紹介したい。そして、チンパンジーの一つの集団に所属しているオトナの雄の社会関係について議論したい。

二　調査の概要

本章で取り扱う資料は、一九八六年と一九九〇年に行なった調査で蒐集したものである。二回の調査は、いずれも、八月から一二月にかけての時期に実施した。調査の対象にした集団はＭグループで、当時この集団は約一〇〇頭のメンバーで構成されていた。観察対象個体として選んだのは、ントロギ、カルンデ、ルカジャの三頭である（表18‐1）。これら三頭のうちントロギはアルファ雄、カルンデはベータ雄の地位を、二回の調査を通じて維持していた。資料は、個体追跡法[5]によって蒐集した。観察を行なったそれぞれの日に、観察対象個体のなかの一頭をターゲットとして選び、それを可能なかぎり長時間にわたって追跡した。追跡中には、その行動や他個体との交渉を、開始時刻や終了時刻とともに、連続的に記録した。それと並行して、ターゲットから一〇メートル以内の空間にいるすべての個体を一分おきに（つま

表 18-1　1986 年の調査期間に壮年期に達しいていた M グループの雄と，観察対象個体の観察時間（分）および記録されたサンプルポイント数

名　前	略号	推定生年	1986 年			1990 年		
			年齢クラス	観察時間	サンプルポイント数	年齢クラス(3)	観察時間	サンプルポイント数
カリンディミヤ(1)	KL	1930年代	老年期			—		
カギミミ	KI	1940年代	老年期			—		
バカリ	BA	1954	中年期			老年期		
ントロギ(2)	NT	1955	中年期	3556.6	3569	老年期	1373.8	1379
ルブルング	LU	1957	中年期			—		
ムサ	MU	1957	中年期			老年期		
カルンデ(2)	DE	1963	壮年期	1523.8	1531	中年期	1032.7	1038
ルカジャ	LJ	1965	壮年期	1536.2	1540	壮年期	1227.9	1234

(1)カリンディミヤは観察者に馴れていなかったので，彼に関する資料は，今後の分析対象とはしない．
(2)ントロギとカルンデは，2 回の調査期間を通じて，それぞれアルファ雄とベータ雄の地位を維持していた．
(3)－は消失していたことを示す．

り、サンプル間隔を一分間とする瞬間サンプリングで）記録した。

調査期間中のそれぞれの日に、滞在中の研究者と調査助手によって見かけられたすべてのチンパンジーは「出席簿」に記録された。研究者や調査助手は、多くの場合、比較的近い位置でそれぞれの観察対象個体を追跡していたので、同じ日に出席簿に記録されたチンパンジーは、ある程度の広がりをもちながら、一緒に遊動していたと見なすことができる。

チンパンジーの年齢は、長谷川ら(6)が示している推定生年に従って決めた。年齢クラスの区分と名称は、グドール(7)に従った。本報で取り上げる年齢クラスは、壮年（prime：二一～二六歳）、中年（middle age：二七～約三二歳）、および老年（old age：約三二歳以上）である。単に「オトナ」と表記する場合は、壮年から老年までの年齢クラスに属する個体を指すことにする。

二回の調査で記録された資料を比較するとき、主としてカイ二乗検定法を用いて統計学的な検定を行ない有意差の有無を調べた。以下の記述では、煩雑さを避けるために、検定方法の記述や統計値の表示は省略し、検定結果だけを示すことにしたい。

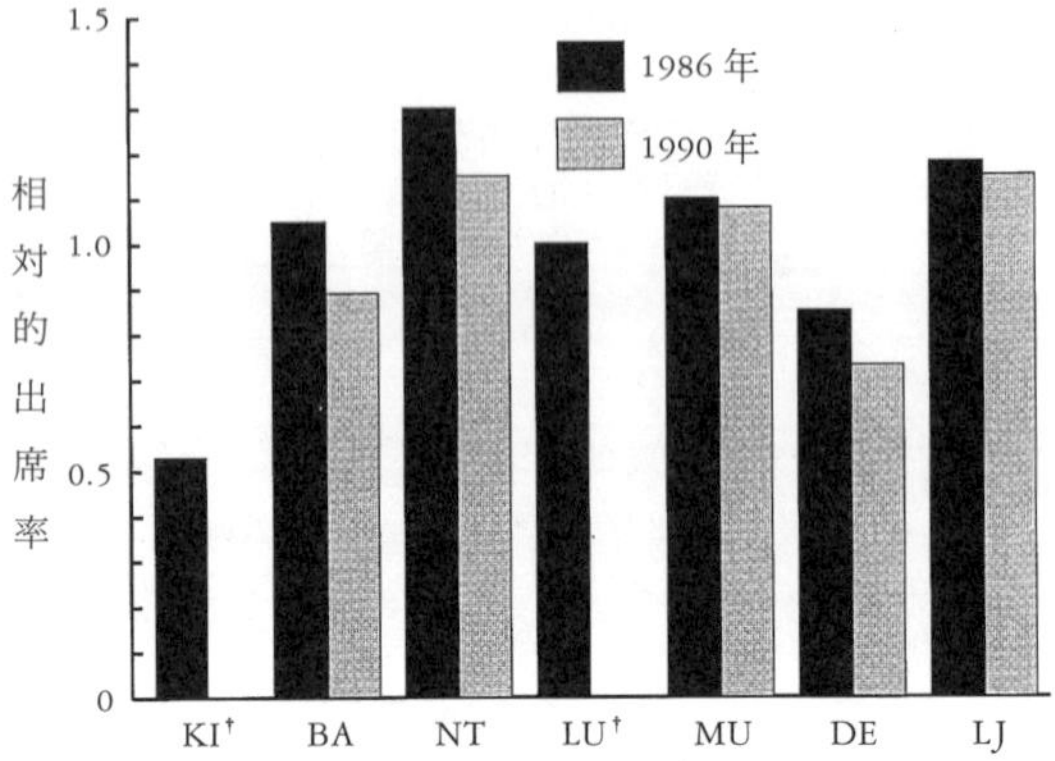

図 18-1　オトナの雄の相対的出席率．†を付けたカギミミとルブルングは，2 回の調査期間の間に消失した．横軸の雄は年齢の高いものから並べてある．

三　関係の変化の詳細

まず、ントロギとカルンデについて記録された資料のなかで、二回の調査期間のあいだでほとんど相違が見られなかったものを紹介する。

1　オトナの雄の相対的出席率

各調査期間に出席簿に記録された資料を用いて、オトナの雄の相対的出席率を求めた（図18-1）。相対的出席率は、オトナの雄が見られた日数の平均値に対する各雄が見られた日数の割合として求めた[8]。オトナの雄が見られた日数の平均値は、一九八六年には六一・〇日、一九九〇年には五六・四日であった。

ントロギの相対的出席率は、二回の調査期間ともに、最大であった。一方、カルンデの相対的出席率は、（一九八六年のカギミミの値を除いて）二回とも最小であった。しかし、カルンデの相対的出席率は、二回の調査期間とも、他の雄のそれとのあいだに統計学的な有意差は認められなかった。他の雄と比べて有意に小さい出席率が記録されたのは、一九八六年のカギミミだけであった。

二回の調査期間を通じてMグループに所属していたオトナの雄五頭について、各調査期間に記録された相対的出席率をそれぞれ比較したとき、いずれも有意差はなかった。彼らは、二回の調査期間とも、同じ程度の頻度で、出席簿に記録されたのである。

ある個体が出席簿に記録されることがとくに少ないといった場合には、その個体は集団の他のメンバーから離れて遊動し、したがって孤立しているといえる。しかし、上記の結果は、Mグループのオトナの雄には、とくに孤立しているといえるものはいなかったということを示している。

2　少なくとも一頭の他個体との近接

チンパンジーが他個体と近接している場合、互いにとくに直接的な交渉をもっていなくても、両者は社会的な場に参加していると考え、各観察対象個体が社会的な場に参加していた時間の割合を求めた[8]。各観察対象個体を追跡中に瞬間サンプリングで記録された全スコアのなかで、彼から一〇メートル以内の空間のなかに少なくとも一頭の他個体がいたスコアの割合を算出し、それを「社交性インデックス」と呼ぶことにする（図18－2）。

一九八六年に三頭の観察対象個体について記録された社交性インデックスは、七五・〇から八五・〇の範囲に入っており、三者の値のあいだには有意な差はなかった。一九九〇年に記録されたインデックスは八七・〇〜九三・〇のあいだに入っており、これらの値のあいだにも有意差はなかった。

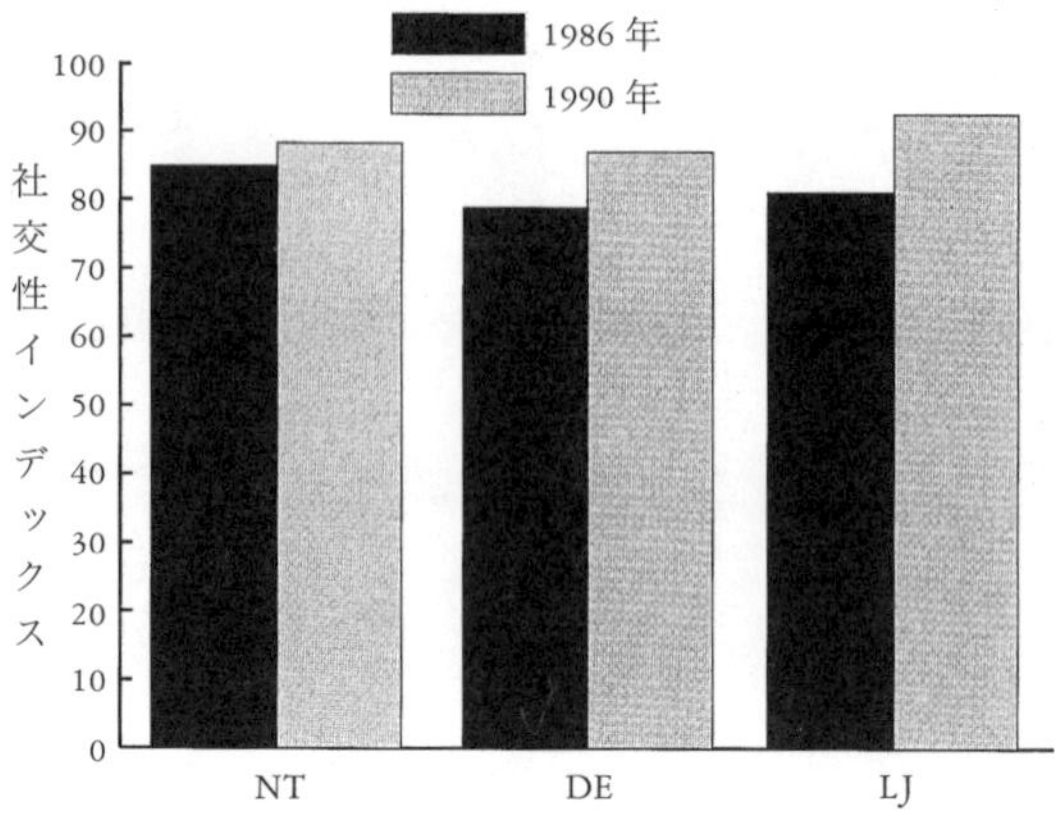

図 18-2　観察対象個体の社交性インデックス．

一九九〇年に三頭の雄について記録されたインデックスはいずれも、一九八六年の値よりも大きくなっていた。しかし、二回の調査期間に記録された値のあいだには、いずれの雄についても有意な差はなかった。

カルンデの社交性インデックスは、いずれの調査期間にも、三頭の観察対象個体のなかでは最小の値であった。しかし、カルンデが社会的な場に参加する頻度がとくに低かったとはいえない。彼が他個体から孤立していたということはないのである。

これ以降は、ントロギとカルンデの行動や他個体との交渉が、二回の調査期間で顕著に異なっていたことを示す指標を取り上げることになる。

3　パントフート発声の頻度

パントフートと呼ばれる音声は、一キロメートル以上離れた所で発せられても聞こえるほどの大声で発せられる。チンパンジーは、遠くで発せられたパントフートを聞いて、それが誰の声であるか判別できるといわれている。彼らは、パントフートによって、自分がいる場所を、離れた所にいる他者に知らせているのである。オトナの雄がこの音声を発する頻度は、順位が高いものほど発声頻度も高いという傾向があることも知られている(9)。

ントロギを追跡中に記録されたパントフート発声の頻度は、二回の調査期間とも、一時間当たり約二・五回であった(図18-3)。他の二頭の観察対象個体によるパントフートの発声頻度は、一九八六年には、ともに一時間当たりほぼ一・一回で、ントロギの発声頻度の半分以下であった。一九九〇年には、ルカジャは一時間当たり一・八回発声し、一九八六年より高い頻度で発声するようになっていた。一方、カルンデは、一九九〇年には一時間当たり〇・七回しか発声することがなく、それはントロギの発声頻度の三分の一にも達しなかった。

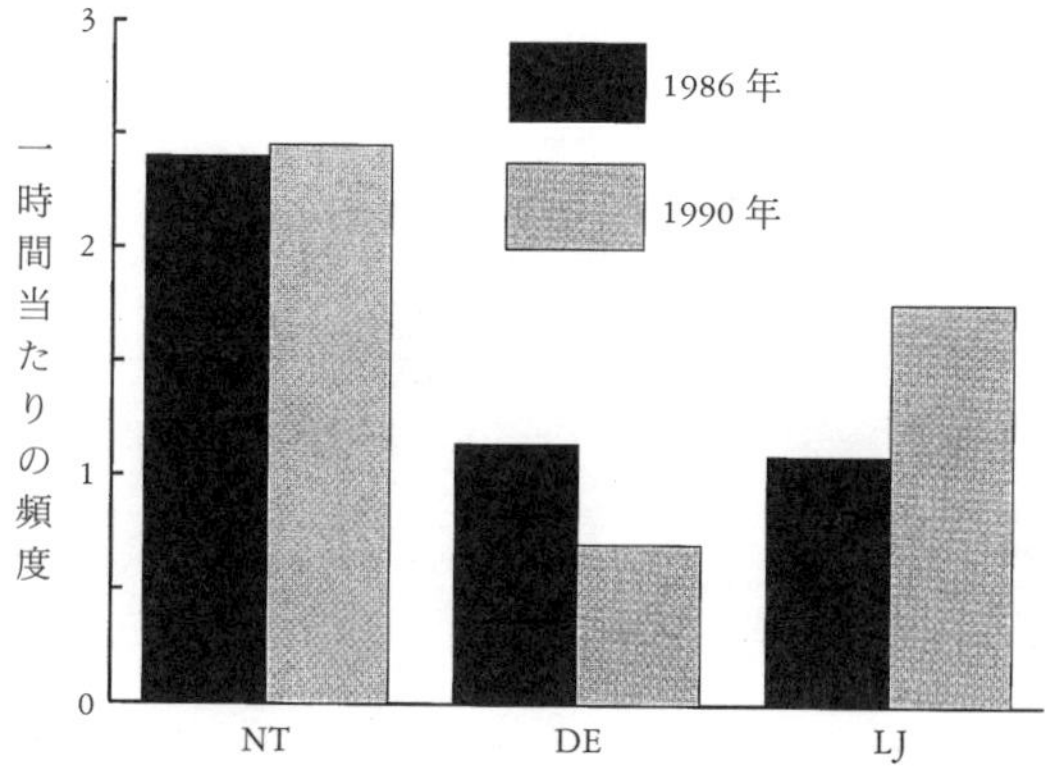

図18-3　観察対象個体の一時間当たりのパントフート発声頻度.

ントロギは、二回の調査期間を通じて、同じくらいの頻度で自分の位置を他者に知らせていたということができる。カルンデによるパントフート発声の頻度は、順位が彼より低かったルカジャのそれと同じか低かった。カルンデの発声頻度は、その順位にしては低かったといってよいだろう。一九九〇年には、カルンデが自分の位置を他者にアナウンスすることが、とくに少なくなっていたのである。

4　観察対象個体と他のオトナの雄との近接

メンバーが離合集散を繰り返しているチンパンジーでは、ある二個体が近接して過ごす時間の割合が大きい場合、彼らは親密な関係をもっていると見なすことができる。観察対象個体について記録された瞬間サンプリングの全スコアのなかで、他のオトナの雄が一〇メートル以内にい

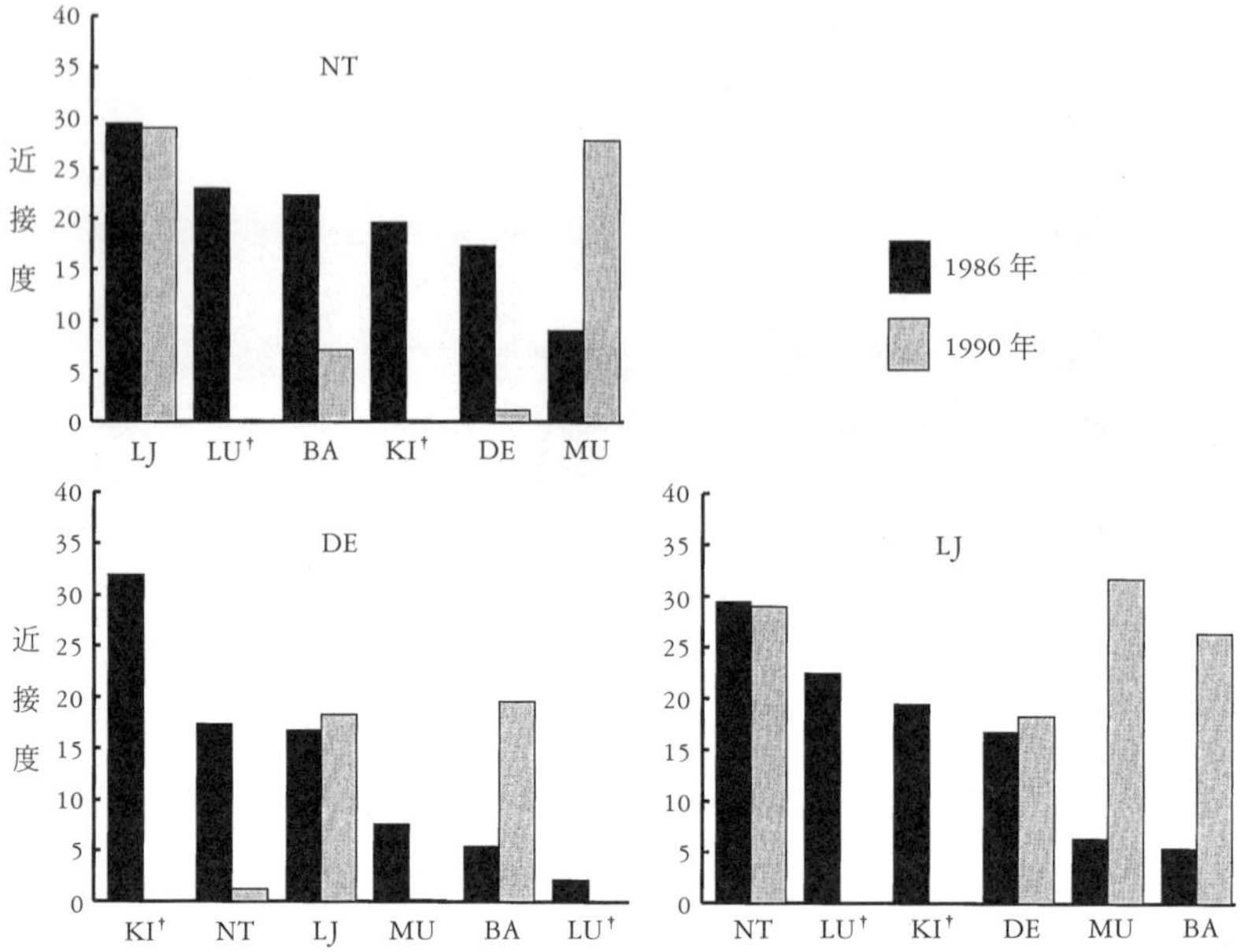

図 18-4　観察対象個体と他のオトナの雄との近接度．†を付けた個体は，2 回の調査期間の間に消失した．横軸の雄は，1986 年に記録された近接度の高いものから並べてある．

たスコアの割合を、「他の雄との近接度」と呼ぶことにする（図18-4）。

一九八六年には、ントロギについては、六頭のうち五頭の雄とのあいだで一五以上の近接度が記録された。しかし、一九九〇年には、ントロギとのあいだでそのように大きい近接度が記録されたのは、四頭のうちの二頭（ルカジャとムサ）だけになっていた。ントロギとルカジャは、二回の調査期間を通じて、ほぼ同じ程度に大きい割合で近接していた。しかし、ントロギとバカリやカルンデとの近接度は、著しく小さくなっていた。ントロギとカルンデが近接して過ごしたのは二回だけで、通算時間は三〇分たらずであった。一方、ントロギがムサと近接して過ごした時間の割合は、顕著に増大していた。

カルンデとのあいだで一九八六年に一五以上の近接度が記録された雄は、六頭のうちの三頭（カギミミ、ントロギ、ルカジャ）であった。ルブルングはントロギの近くで頻繁に見られていたが、彼がカルンデの傍で見られたことはほとんどなかった。一九九〇年には、カルンデとルカジャの近接度は、一九八六年と同様に、比較的大きかった。カルンデとントロギの近接度の顕著な減少は、前述の通りである。それとは逆に、カルンデとバカリの近接度は、一九八六年に比べて、一九九〇年には顕著に大きくなっていた。

カルンデが高い割合で近接して過ごしたオトナの雄の個体数はントロギやルブルングに比べて少なかったということができる（ただし、一九九〇年に、ントロギおよびカルンデと大きい近接度が記録された雄の数［それぞれ二頭］は同じであったが）。

二回の調査期間ともに高い割合で近接して過ごしたオトナの雄の組み合わせは、ントロギとルカジャ、およびカルンデとルカジャの二組だけであった。ントロギとカルンデが、それぞれ高い割合で近接して過ごした相手の雄の顔ぶれは、替わっていたのである。

ントロギとカルンデ、およびントロギとバカリの二組について記録された近接度の減少や、ントロギとムサ、およびカルンデとバカリという二組の近接度の増大は、二回の調査期間のあいだで見られた顕著な変化であった。

このような変化は認められたものの、三頭の観察対象の雄が共通して近接度を小さくしたという雄はいなかった。また、どの雄との近接度も一様に小さくしてしまったという観察対象個体もいなかった。

それぞれの雄は、近接して過ごす相手の雄を取り替えてはいたが、それは特定の雄が他のすべての雄から孤立したからではない。雄同士のそれぞれの組み合わせごとに、変化させていたのである。

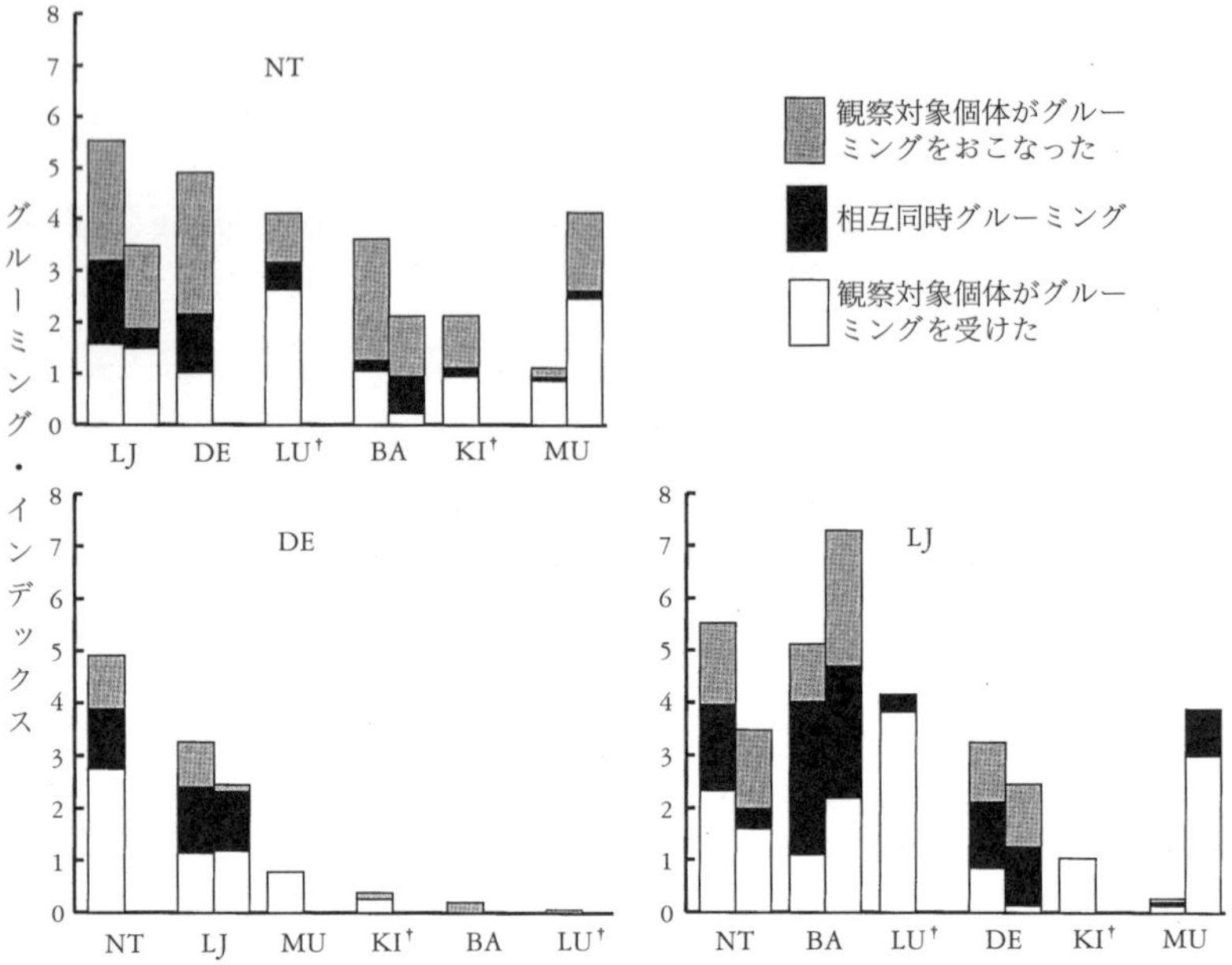

図 18-5　観察対象個体と他のオトナの雄とのグルーミング・インデックス．各雄の上の左の棒は 1986 年，右の棒は 1990 年のインデックスを示す．†を付けた個体は，2 回の調査期間の間に消失した．横軸の雄は，1986 年に記録されたインデックスの大きいものから並べてある．

5　観察対象個体と他の雄とのグルーミング

グルーミングは個体間の親密さを最もよく示す指標として用いられる相互交渉である。観察対象個体を追跡した時間のなかで他の各雄とグルーミングを行なった時間の割合を「グルーミング・インデックス」と呼ぶことにする（図18-5）。

ントロギは、一九八六年にはすべてのオトナの雄とグルーミングを行なうことが見られた。彼と他の雄とのグルーミング・インデックスの大きさには、相手によって差がある。しかし、彼が一方的にグルーミングを受けたという相手は、一頭もいない。彼は他のすべての雄とグルーミングをやり取りしたのであり、相手によっては彼の方がより長時間グルーミングを行なっていた。一九九〇年にもントロギはMグループに所属していたほとんどのオトナの雄とグルーミングを行なっていた。しかし、カルンデだけとは、一九九〇年にはグルーミングを行なうことがまったく見られなかった。これは、きわめて印象的な結果であった。一方、ントロギは一九九〇年に近接して過ごすことが多くなったムサとは、グルーミングに費やす時間の割合も増大させていた。

カルンデも、一九八六年には、すべてのオトナの雄とグルーミングを行なうことが見られた。しかし、カルンデについて比較的大きいインデックスが記録されたのはントロギとルカジャの二頭だけであった。それ以外の四頭の雄とのインデックスは小さく、しかも彼が一方的にグルーミングを行なうか、一方的に受けていた。一九九〇年に、カルンデがグルーミングを行なうことが見られたのはルカジャだけで、他の雄とグルーミングを行なう場面はまったく見られなかった。一九八六年にはカルンデとカギミミの近接度は大きかったが、両者のグルーミング・インデックスは非常に小さかった。一九九〇年には、カルンデはバカリと高い頻度で近接していたが、この二頭がグルーミングを行なうことはまったくなかった。

二回の調査期間を通じて、カルンデがグルーミングのために比較的大きな割合の時間を充てた雄の数は、ントロギやルカジャの相手に比べて少なかった。

ントロギとルカジャは、長時間に渡って近接して過ごした雄とは、ほぼ例外なく、グルーミングにも大きな割合の時間を充てていた。しかし、カルンデだけはそうではなかった。カルンデが大きい割合で近接して過ごした雄のなかに、一九八六年のカギミミや一九九〇年のバカリのように、彼とグルーミングをまったく、あるいはごく短時間しか行なわないというものがいた。

6　アルファ雄を含む相互交渉の頻度

（1）アルファ雄に対するパントグラント発声の頻度

パントグラントと呼ばれる音声は、劣位者から優位者に向かって一方的に発せられる。この音声を伴う相互交渉は、個体間の優劣関係を知るための最もよい指標であるといわれている。[10]一方、ワカモノやコドモからオトナの雄に向かって、つまり、あえてこの音声を伴う交渉をもたなくても、明らかに劣位な個体が、優位な個体に向かってこの音声を発するという場面も頻繁に見られる。早木[11]は、劣位者は、この音声を優位者に向けて発することによって、自分がその場にいることが許容されるかどうかを測っているのであろうと考えている。

アルファ雄の地位を占めていたントロギに向かって、他のオトナの雄は、例外なくパントグラントを発していた（図18-6A）。各雄がントロギに向かってパントグラントを発した頻度は二回の調査期間を通じ、ただ一つの例外を除いて、一時間当たりにして一・三回に達していなかった。一つの例外は、一九九〇年にカルンデがントロギに向かって発したものであった。カルンデがントロギから一〇メートル以内の空間に居たのは通算して三〇分たらずであったのだが、その間にカルンデはパントグラントを四回発声し、一時間当たりの頻度は八・三回にもなった。この頻度は、一九八六年のカルンデによる発声頻度の七倍以上であった。

ルカジャは二回の調査期間を通じて、同じ程度にントロギと近接して過ごし、その間にパントグラントを発した頻度はほぼ同じであった。バカリは一九九〇年にはントロギに近接して過ごす時間の割合を小さくし、ムサは一九九〇年により大きい割合でントロギと近接して過ごすようになっていた。これら二頭の雄は、ントロギとのあいだでより小さい

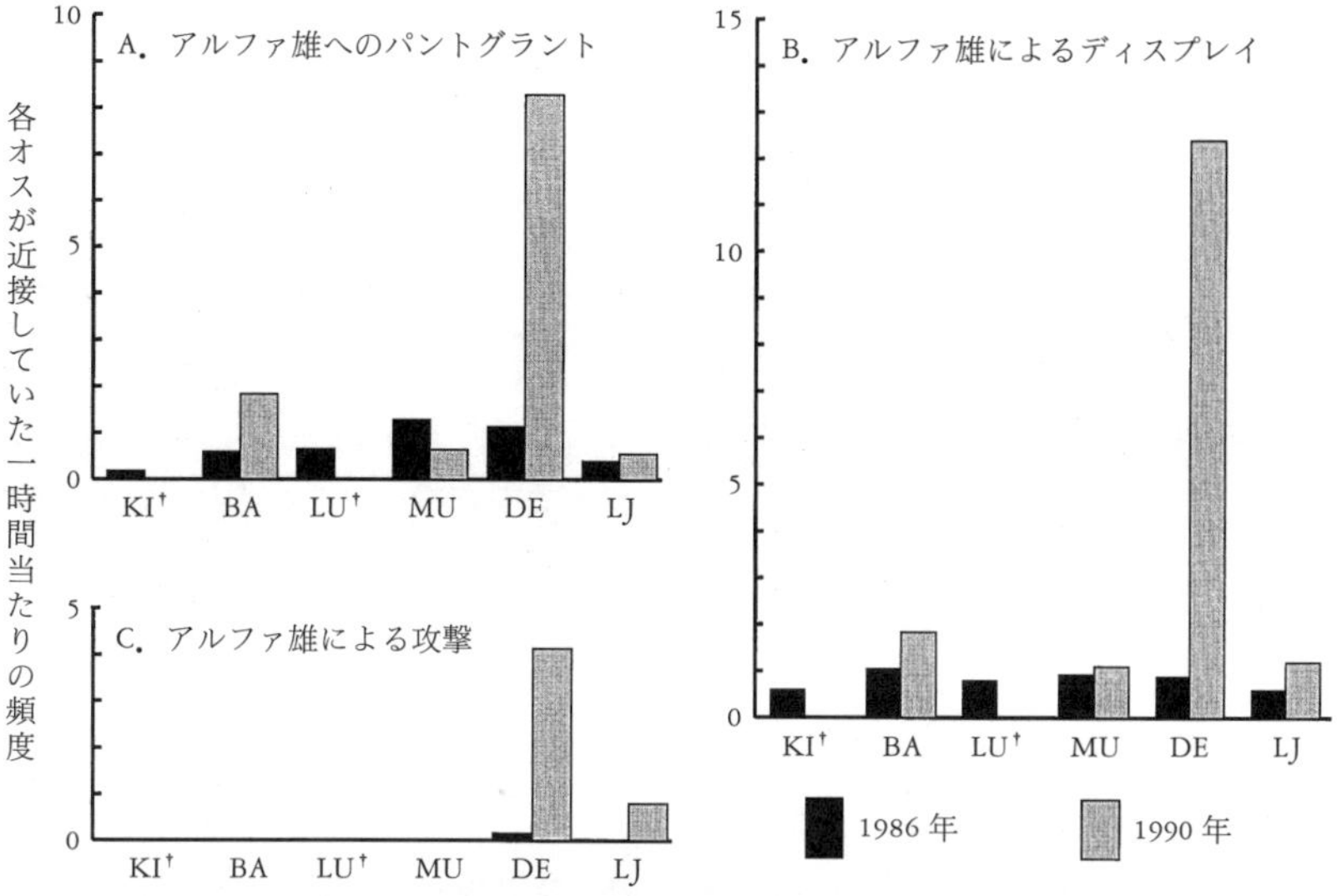

図 18-6　アルファ雄を含む社会的交渉の頻度．それぞれの頻度は，各雄がアルファ雄から 10m 以内の空間にいた時間をもとに算出した．†を付けた個体は，2 回の調査期間の間に消失した．横軸の雄は，年齢の高いものから並べてある．

近接度が記録された調査期間には、より大きい近接度が記録された期間に比べて、それぞれ、二ないし三倍の頻度でントロギに向かってパントグラントを発していた。

　オトナの雄がアルファ雄の近くで過ごす時間の割合が小さい場合には、より高い頻度でパントグラントを発するというのは一般的なことなのかもしれない。それにしても、カルンデについて記録されたような、二回の調査期間の頻度に七倍以上の開きがあるというのは、非常に大きな相違だといえるだろう。

（2）アルファ雄によるディスプレイ

チンパンジーの雄は、ときおり激しいディスプレイを行なうことがある。それは、周辺にいる個体に対して自らを誇示しているのだと解釈されている。

　オトナの雄がントロギの近くにいたときに、ントロギがディスプレイを行なった一時間当たりの頻度を算出してみると、（やはり一例を除いて）高々二回であり、一回あるいはそれ以下という例が多かった（図18-6B）。一つの例外は、やはり一九九〇年にカルンデが近くにいるときに、ントロギが行なった例であった。一九九〇年には、カルンデが近くにいるあいだに、ントロギは六回もディスプレイを行なった。その頻度を一時間当たりで算出すると一二・四回にも達していたのである。一九八六年にカルンデが近くにいたときにントロギが行なったディスプレイの一時間当たりの頻度は〇・八回であった。単純に計算すると一九九〇年の頻度は一九八六年のそれの一四倍にも達していたことになる。

（3）　アルファ雄が他のオトナの雄を攻撃した頻度

ントロギが他のオトナの雄に向かってあからさまな攻撃的行動を行なう例は、二回の調査期間を通じて、あまり見られなかった（図18-6C）。ントロギによる攻撃的行動は、一九八六年にはカルンデに対する例が二回だけ見られ、一九九〇年にはカルンデに向かって二回、ルカジャに向かって一回行なわれるのが記録された。ントロギがカルンデを攻撃した回数は、二回の調査期間で同じであった。しかし、カルンデがントロギの近くにいた時間は、一九八六年に比べて一九九〇年にはきわめて短かった。したがって、一九九〇年にントロギがカルンデに加えた攻撃の頻度は、一九八六年のそれの三〇倍以上にも達していたことになる。

四　関係の変化についてのまとめ

Mグループの最も高順位の二頭の雄――アルファ雄のントロギと、ベータ雄のカルンデ――の関係は、二回の調査期間の間で顕著に異なっていた。一九八六年には、これら二頭の雄は、長時間にわたって近接して過ごし、頻繁にかつ相称的にグルーミングを行なっていた。カルンデはントロギに向かってパントグラントを発したが、それに対して、ントロギがカルンデに向かって自らの優位性をあからさまに示すことは少なかった。近接しているとき、両者はとくに緊張した素振りを見せることなく、打ち解けた様子で過ごしていた。

ただし、両者の間に緊張関係がまったくなかったという訳ではないことは、両者がそれぞれ長時間に渡ってグルーミングを行なったオトナの雄の個体数に差があったことが示唆している。ベータ雄がオトナの雄とグルーミングを行なっているところにアルファ雄が近づいた場合、アルファ雄がディスプレイを行ないながらベータ雄らに突進して、追い払うことがよく見られる。アルファ雄は、ベータ雄が他の雄と親密な関係をもつことを妨げているのである。カルンデとグルーミングを行なった雄の個体数が少なかったのは、他の雄がアルファ雄からそういう行動を仕掛けられるのを避けた結果だと考えられるのである。

一九九〇年には、ントロギとカルンデは近接して過ごす時間を、一九八六年に比べて極端に減少させていた。そして、両者のグルーミングはまったく見られなかった。両者が出会ったときには、カルンデはやはりントロギに向かってパントグラントを発した。しかし、ントロギは、カルンデに向かってディスプレイを行ないながら突進するか、あからさまな攻撃的行動を加えることによって応えたのである。カルンデは、ントロギに対抗することも、踏み止まって対峙することもなく、一方的に引き下がり、遠ざかっていった。

カルンデは、一九九〇年にも、一九八六年に見られたのと同様に、ントロギを含むMグループの多くの雄と一緒に遊動していた。一九九〇年にカルンデが、Mグループのチンパンジー、とくに雄たちから疎外されていたという訳ではなかったのである。それでも、カルンデはントロギからは距離をおいて過ごしていた。一九九〇年にカルンデがパントフートを発する頻度を低下させていたのは、距離をおいているントロギに自分の位置を知られることも避けようとしたためだろう。

二頭の高順位雄の関係に顕著な変化をもたらした要因の一つと考えられるのは、調査当時の彼らの年齢である。カルンデは一九六三年生まれと推定されており、一九八六年には二三歳、一九九〇年には二七歳だった。一方、ントロギの推定生年は一九五五年で、一九八六年にはすでに三〇歳を超え、老年期に近づいていた。グドール[12]によれば、ゴンベの雄では、二〇〜二六歳のときその生涯で最高の順位に達した例が多いという。チンパンジーの雄は、この年齢層のときに（つまり、ほぼ壮年期の間に）その生涯の絶頂期にあるというのである。カルンデは、調査期間の間に、その生涯の絶頂期に向かって上昇中、あるいはまさに絶頂期にあったということができる。一方、ントロギはすでに絶頂期を過ぎ、下降傾向にあったに違いない。

ントロギは、第二回調査後の一九九一年三月に、カルンデにアルファ雄の地位を奪われた[13]。ントロギはさらに、カルンデとその仲間の雄によって、Mグループからも追放され、単独生活を送ることを余儀なくされた。ントロギは、約一年後にMグループに復帰し、アルファ雄の地位にも戻ったのだが[14]、これらのできごとは、一九八六〜一九九〇年の時期に、ントロギが下降傾向にあり、カルンデが上昇傾向にあったという推測を支持するだろう。

二頭の関係を変えたもう一つの要因として考えられるのは、二回の調査期間の間に何頭かのオトナの雄がMグループから消失したことである。とくに、ルブルングと名づけられ、一九八六年に中年期にあった雄の消失は、ントロギに対する影響が大きかったと思われる。ルブルングは、ントロギが一九七九年にアルファ雄の地位を獲得する前には、先代のアルファ雄であったカジュギの近くでよく見られた。ントロギがアルファ雄に就くとともに、その近くで過ごすことが多くなった。両者は頻繁にグルーミングを交換し、ルブルングの方がより長時間にわたってグルーミングを受けていた[15]。そのような状態は一九八六年にも続いていた。

チンパンジーの集団では、複数のオトナの雄が近接して、一緒に過ごすことがよく見られる。そのような場合に、一緒にいる雄のなかで二番目に優位な雄が、より劣位の雄から攻撃を受けるといった場面が観察されている[16]。そのような攻撃を受けた雄は、自分が攻撃者より優位であるにもかかわらず、反撃することはほとんどない。反撃した場合には、攻撃者だけではなく、その場で最も優位な雄も加わった、協同攻撃を受ける可能性が強いからである。攻撃を仕掛けた雄は、初めから、最も優位な雄が支援してくれることを前提にしているということができるだろう。

ントロギ、カルンデおよびルブルングを含む雄たちが一緒にいるとき、ルブルングがカルンデに向かってとくに目立った行動を起こすといったことは見られなかった。しかし、そういう場面では、ルブルングはカルンデに対して優劣の序列に逆らった攻撃を仕掛ける可能性のある雄だったのである。ルブルングは、ントロギの傍にいることによって、カルンデに対して常に警戒を怠らないように強制するという役割を果たしていたのである。ルブルングはントロギの傍で、カルンデにとって居心地の良くない状況を作り出す役割を果たしていたともいえる。ントロギが見えないところで、カルンデがルブルングを殴るといった攻撃を加える場面が、何回か見られている。カルンデにとってルブルングは、「目の上の瘤」に例えることができるような、目障りな存在であったに違いない。

ルブルングは、ントロギにとっては、カルンデの台頭を抑制するための協力者であり、カルンデにとっては邪魔者であったのである。そのルブルングの消失は、その原因が何であったにせよ、ントロギにとってはマイナスの、カルンデにとってはプラスの方向への影響を及ぼしたと考えられる。

ントロギとカルンデの関係の顕著な相違は、優位者であるントロギが劣位者であるカルンデをコントロール下におくのに、あからさまな行動をとる必要があったかなかったかという違いであったということもできる。一九八六年には、ントロギは、あからさまな働きかけを行なうことなく、カルンデをコントロール下におくことができた。しかし、一九九〇年にはあからさまな攻撃を加えなければ、それができなくなっていたということができる。カルンデは、そのようなントロギからの攻撃に対して、もっぱらントロギから距離を保つことによって対応していた。ントロギは、距離をおいて過ごしているカルンデを十分なコントロール下においておくことができない状態になっていたというべきかもしれない。

動物やヒトの社会においては、ある個体の「他者の行動に与える影響」は、「パワー（権力）」と呼ばれている。[17]二回の調査期間の間に見られたントロギとカルンデの関係の相違は、両者のパワーの相対的な差の大小によるものだと言い換えることができるだろう。

一九八六年には、両者のパワーの間に大きな差があり、そのことを両者が認知しあっていたのだ。したがって、両者の間に対立が起こる余地がなく、少なくとも表面的には、両者は平穏な状態で近接して過ごすことができた。ントロギのパワーを、カルンデが対抗できないほどに大きくすることには、ルブルングが寄与していたのだろう。ントロギとルブルングの連合が、ントロギとカルンデの相対的なパワーの差を大きくしていたのだ。

一九九〇年にントロギとカルンデのパワーの差が小さくなったのは、ントロギが加齢に伴ってパワーを落としたこと、ルブルングのような連合の相手がいなかったこと、そしてカルンデがパワーをつけてきたといったことの結果だろう。ントロギはアルファ雄の地位を維持していたので、カルンデに比べて大きいパワーを維持していたことには変わりなかった。ントロギの攻撃に対して、カルンデは対抗することなくントロギから離れ、多くの時間をントロギから距離をおいて過ごしていたのである。

しかし、ントロギがカルンデと出会うと、直ちに攻撃を加え、追い払っていたことに注意しておきたい。カルンデがントロギとの距離を保とうとしただけではなく、ントロギもカルンデが自分の近くに留まることを回避していたのではなかろうか。カルンデがそばにいれば、ントロギにとって居心地の悪い状況が生まれる可能性があったのではないかと想像できるのである。もしそうであれば、ントロギとカルンデとの間のパワーの差は、非常に小さくなっていたと考えられる。調査後のカルンデによるントロギの追放のことを思えば、ントロギのパワーは、カルンデより優位に立つには、ほぼ限界に達していたのかもしれない。

このような状態になっていたントロギは、一九九〇年にムサと長時間にわたって近接して過ごし、頻繁にグルーミングを行なっていた。これは、ムサがルブルングに代わって連合のパートナーになることを、ントロギが求めていたということを示しているのかもしれない。しかし、ムサはルブルングに代わるパートナーにはならなかった。ムサが老齢のため、すでにパートナーにふさわしいパワーをもっていなかったのかもしれない。あるいは、ムサがントロギの誘いに応じる意思がなかったのかもしれない。もし、ムサにその意思がなかったのであれば、彼はすでにントロギのパワーの限界を見きわめていたのかもしれない。これは単なる推測に過ぎない。しかし、ントロギがカルンデに向かって攻撃を繰り返さなければならないという状況を見ていたムサが、そのような判断を下したということはありうることのように思われる。

五　おわりに

一つの集団に所属しているオトナの雄の社会関係が、当事者の間の相対的なパワーの差の大きさによって変化するというのは、ヒト以外の霊長類のなかでは、まれな例である。ニホンザルなどを含むオナガザル科のサルのなかで、複数のオトナの雄を含む集団をつくっているものでは、例外なく、雄の間に直線的な優劣関係が認められている。そういう雄たちの間の関係は、もっぱら劣位者が自らを抑制することによって保たれている。例えば、餌づけされたニホンザルの群れでは、かなりの高齢に達しても第一位の地位を維持している雄が見られているが、それに若い雄が挑戦するとか、地位を奪い取るといったことはまずない。雄の間の相対的な力関係が変化するのにしたがって、彼らの間の社会関係が変化するといったチンパンジーの雄の関係は、オナガザル科のサルの雄間関係とは異質なものなのである。

現生の霊長類のなかでヒトにより近縁な類人猿のなかでは、複数の雄を含む集団を形成しているのは、チンパンジー属の二種 —— チンパンジーとビーリャ（ボノボ）—— だけである。テナガザルは一夫一妻的な単雄単雌の小型の集団をつくっており、オランウータンは雄・雌とも単独生活を原則としている。ゴリラは一夫多妻的な単雄複雌の集団を社会単位にしている。これらの類人猿では、オトナの雄同士は一つの集団のなかで共存することができないのであり、彼らは対立しあっていることを原則としているのである。

現生類人猿の系統関係については、化石の資料からテナガザルが最も早く分岐したことが知られている。大型類人猿の間の類縁関係については、ミトコンドリアＤＮＡの塩基配列の比較といった分子生物学的資料によれば、まずオランウータンが、ついでゴリラが分岐し、最後にチンパンジー属の祖先とヒトの祖先とが分岐したと考えられるという。[18] これらの分岐が起こった中新世には、非常に多様な類人猿が生息していたことが化石資料から知られている。したがって、類人猿の社会関係と系統の間の関連を、現生類人猿からの知見だけに基づいて推測することは、必ずしも正しい方法とはいえない。それでも、大型の類人猿が複雄の集団を形成するようになったのは、彼らの進化の歴史では比較的新しいできごとであろうという推測は不可能ではないと思われる。

もしそうであれば、類人猿はその進化の過程の大部分を、オトナの雄同士は非共存を原則として過ごしてきて、一つの集団に共存することができるようになったのはゴリラが分岐した後のことであったということになる。共存が可能になった後でも、雄同士が対立しあうという、その進化の過程で長期間に渡って維持されてきた側面は、残存しただろう。ビーリャは、複雄の集団をつくっている点では、チンパンジーと共通している。しかし、一つの集団に属する雄の間には激しい対立は見られておらず、関係は一般に穏やかであるという。[19] それは、ときに激しくあからさまな対立を見せるチンパンジーの雄間関係とは対照的である。対立の当事者の一方が集団から追放されることもあるというチンパンジーの雄同士の関係は、非共存を原則としていた時代の名残なのかもしれない。もしそうであれば、ビーリャの雄間関係は、チンパンジーとの分岐後に変化したものであり、チンパンジーの雄間関係は、ゴリラとの分岐後のより原型的な形を残しているといえるのかもしれない。

註

（1） Goodall 1968, 1986; Nishida 1968, 1979; Wrangham 1979.
（2） Bygott 1979.
（3） Hayaki *et al.* 1989; Takahata 1990b.
（4） de Waal 1982, 1986; Nishida 1983b; Goodall 1990, 1992.
（5） Altmann 1974.

（6）Hiraiwa-Hasegawa *et al*. 1984.
（7）Goodall 1983.
（8）Hayaki 1988.
（9）Mitani & Nishida 1993.
（10）de Waal 1982.
（11）Hayaki 1990.
（12）Goodall 1986a.

（13）浜井 1994.
（14）Uehara *et al*. 1994a.
（15）Kawanaka 1990a; Takahata 1990b.
（16）Hayaki *et al*. 1989.
（17）de Waal 1982.
（18）宝来 1997.
（19）加納 1986.

第19章

オストラシズム――アルファ雄、村八分からの復権

保坂和彦
西田利貞

一　はじめに

オストラシズム（陶片追放）とは、もともとは古代ギリシャの都市国家アテネにおいて採用された権力者追放の手続きである。危険な人物の名を陶片に記入するという仕方で投票が行なわれ、選ばれた者は五〜一〇年国外追放にされた。この措置を受けた有力者は必ずしも恒久的に名誉や社会的地位を喪失するとはかぎらず、追放期間の終了後に相応の高い地位に復帰する場合もあったといわれる。この故事にちなんで、仲間はずれ、いじめ、村八分、追放、疎外、制裁、集団リンチなど、人間社会にさまざまな次元・形態で生じる社会的排斥主義をオストラシズムと呼ぶことがある。一九八六年に、英文学術雑誌「動物行動学と社会生物学（*Ethology and Sociobiology*）」が、ヒト社会におけるこの現象を霊長類の行動・生理と比較する試みの論文集を発表して以来、霊長類の集団における社会的排斥についてもオストラシズムという

用語が使われることがある。

ここでは、野生チンパンジーのオトナ雄が、他個体の暴力や同盟などをきっかけに単独遊動を始め、優劣階層の外に完全にはみ出す現象を「(チンパンジー社会における) オストラシズム」と呼ぶことにする。とくにチンパンジーの場合、他の霊長類に見られる追放と異なり、他集団に移籍せずに同じ遊動域に留まるという点が特徴的である。オストラシズムの観察はまれであるが、ゴンベやマハレの長期継続調査から若干の報告がある。[1] ただし、追放されたのがアルファ雄で、復帰の際に元の地位に返り咲いた例は、マハレＫグループのカソンタ[2]と本章で紹介するントロギ[3]だけである。カソンタは、第三位の雄との連合を回復したため復帰を果たしたと解釈されている。しかし、当時三頭だけで構成されていたオトナ雄間の社会関係に具体的に何が起きて、カソンタのオストラシズムが終結したかは不明である。

本章で紹介するオストラシズムの事例は、一九七九年から一九九五年にかけてのべ一五年間、Ｍグループのアルファ位にあったントロギが一九九一年に経験したものである。オストラシズムの期間は約一〇カ月に及び、その間ントロギは優劣階層の枠から完全にはみ出た。代わりにアルファ雄となったのは、彼を追放した同盟の中心的存在であったカルンデであった。この事例で特記すべき点は、ントロギが約一〇ヵ月後に集団に復帰し、元の地位に返り咲いた過程が詳細に観察できたことである。オストラシズム中のントロギの生活や、さらに集団への復帰の前後および過渡期におけるオトナの雄間の社会関係の変化を明らかにしたい。とりわけ、ントロギとカルンデは社会的状況の変化により「長年の敵対関係から同盟関係へ」と方針を一八〇度転換させたことが明らかとなった。自然環境下で発揮されるチンパンジーの社会的操作の実態を探るという視点も重視したい。

二　調査の背景と観察方法

ントロギ（推定一九五五年生、写真19-1）は、一九七九年七月頃、先代のカジュギをやはりオストラシズムに追い込み、Mグループのアルファ位を奪取したと推定されている[4]。一九九一年二月上旬から、一二月中旬までカンシアナ基地に滞在した濱井美弥は、調査を開始した頃、オトナの雄同士の関係がアルファ位をめぐり不安定になっているのを確認した[5]。それによると、カルンデ（二位、写真19-2）とンサバ（四位、写真19-3）が形成した同盟がントロギの地位を脅かしていた。三月一五日、発情雌をめぐる緊張がきっかけとなり、ントロギはカルンデとンサバの連合攻撃を受け、少なくとも三回悲鳴を上げた。それ以来、ントロギは単独遊動を始め、アルファ雄を含む大きなパーティに参加することがほとんどなくなったという。一方、ントロギがいないオトナ雄間の社会関係は、誰がアルファ雄かはっきりしない不安定な状況がしばらく続いた。六月下旬、カルンデがンサバに対する優位を確立し、遊動や肉分配の際にリーダーシップを発揮するなど、アルファ雄らしいふるまいが目立つようになった。

保坂と西田がオトナ雄を対象とする個体追跡調査[6]を開始した八月中旬も、この状況に変化はなかった。西田は同年一〇月末まで、保坂は翌年三月中旬まで、調査を継続した。両者合わせて約九三四時間の観察資料を得た（西田：約二九九時間、保坂：約六三六時間）。このうち保坂の資料には、毛づくろい、闘争、肉分配などの社会的場面を撮影した八八時間の映像資料が含まれる。

優劣関係の判定は、パントグラントという音声の方向性および二者間の敵対的相互作用の結果（第三者の関与が認められなかったもの）に基づいた。矛盾する判定が生じた場合は、パントグラントの結果を重視した。

写真 19-1　ントロギ．（撮影：西田利貞）

写真 19-2　カルンデ．（撮影：西田利貞）

写真 19-3　ンサバ（左）．右は，後にアルファ雄となる，当時ワカモノ後期のファナナ（1994 年 1 月．撮影：保坂和彦）

三　社会変動の経過

おもに優劣階層の上位三個体の構成に基づき、観察期間を次の五つに区分した（図19－1）。表19－1には、復帰する以前のントロギの遊動パターン、遊動パートナーの変化を追った結果が示してある。

1　第Ⅰ期（一九九一年八月一二日〜九月九日）

ントロギを社会的に排斥しているカルンデ政権

三位雄のンサバは、八月三日にカルンデを含む大きなパーティの遊動に参加した後、一カ月以上姿を現さなかった。ンサバが復帰する九月一〇日の前日までの期間を第一期とする。

この時期、ントロギは「外れ雄（outcast）」の状態だった。ントロギは、五回目撃されたが、そのうち四回は完全に独りで歩いており、一回だけ同世代のオトナ雄のバカリと一緒に歩いていた。

八月一六日一六時一一分、カンシアナ基地に忽然と現れたントロギは、まったく声を出さずに独りきりで近くの丘を登った。隣接する谷川付近には、カルンデを含む大きなパーティが集結して頻りに音声を交わしつつ採食していた。ントロギは、一六時五二分、丘の頂に到着して座り、チンパンジーの音声が聞こえてくる谷底のほうを見つめた。谷底のチンパンジーは徐々に川に沿って西へ移動した。ントロギは、すぐ脇にあったつる性の葉のほかは採食せず、他のチン

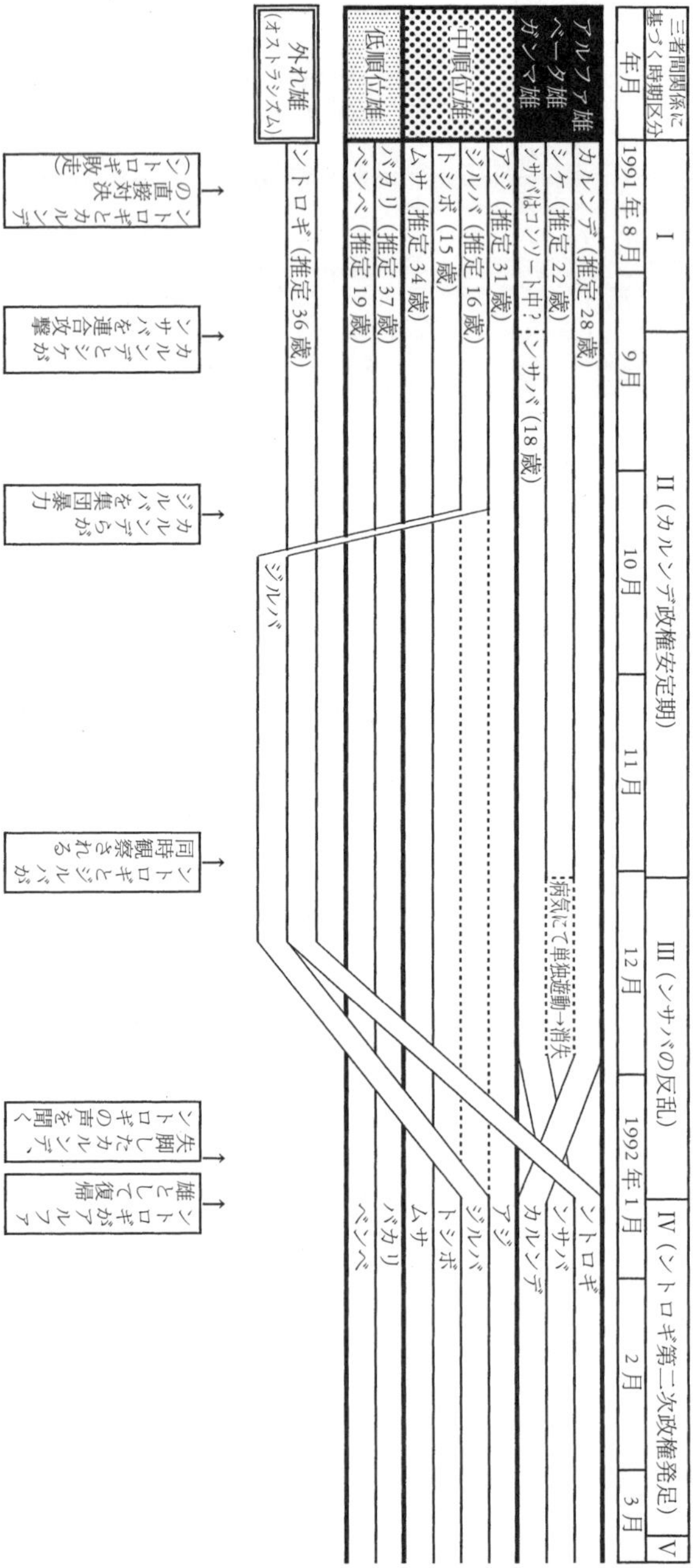

図19-1　オトナ雄間の優劣関係の変動．年齢は，1991年12月におけるもの．

パンジーの声が聞こえるほうに正面を向けて座り続けた。谷底のチンパンジーの声が川に沿って西へ移ると、それにつられるように三回にわたり一〜五メートルずつ移動した。一八時一五分、他のチンパンジーがベッドを作った谷底を見下ろす斜面に静かに移動した。彼自身、その辺りで一夜を過ごしたものと思われる。音声を発さないントロギに他のチンパンジーが気づいた様子はなかった。

八月一九日にはントロギがカルンデと直接遭遇する場面が観察できた。一七時四一分、西田、濱井、保坂の三名がカルンデたちの声を頼りに調査道を歩いていると、バカリの背後について歩くントロギに遭遇した。バカリは一九八〇年代前半に二位だった経歴をもつ年寄り雄であるが、順位が下がってからはントロギの同盟者と考えられてきた。(7) 私たちはさっそく彼らを追跡した。ほどなく逆方向から、カルンデが先頭の行列が現れた。バカリはグリマス（泣きっ面）してントロギの方を振り返った。形式的には、バカリがカルンデの攻撃を怖れ、ントロギに援助を求めたと解釈するべきであろう。ントロギは毛を逆立てて二足立ちし、カルンデに突進する姿勢をとった。カルンデはグリマスしたが、すばやくバカリに近づきマウンティングした。その瞬間、ントロギは踵を返して薮に逃げ込んだ。バカリをカルンデに奪われたと判断し、闘争の継続を断念したのであろう。実際、バカリはカルンデにつき従って、ントロギを追いかけて薮に入った。元からカルンデと一緒に歩いていたムサや数頭の雌、未成熟個体も騒々しく攻撃的な音声を発しながらントロギの逃げた方向へ突進した。

その後、ントロギが復帰するまで、ントロギとカルンデの直接遭遇はまったく観察されていない。その間、カルンデを含む遊動集団を対象とする追跡調査をほぼ毎日継続していたことを考えれば、ントロギがカルンデに遭遇することを避けていたと推定して間違いないであろう。

表19-1　オストラシズム中におけるントロギの社会生活．この期間，ントロギはほとんど単独で声を立てずに遊動していたため，このように発見頻度が低かった．

日　付	観察者#	個体追跡時間	ントロギと一緒に見られた個体
1991年8月16日	TN，MH，KH	2時間37分	なし*
8月19日	TN，MH，KH	—	バカリ**
8月22日	TN，MH，KH	—	なし*
8月25日	f.a.	—	なし*
9月9日	f.a.	—	なし***
9月11日	f.a.	—	なし*
9月21日	TN，MH，KH	—	なし
9月22日	TN，MH，KH	—	なし*
10月2日	f.a.	—	バカリ
10月20日	KH	1時間38分	なし****
11月6日	f.a.	—	若いオトナ雄（ジルバ？）
11月16日	MH，KH	—	なし*
11月29日	KH	2時間16分	ジルバ*****
12月11日	MH		オトナ雄4(ジルバ，アジ，トシボ，ベンベ)，ワカモノ雄1，コドモ雄2，オトナ雌5(うち1頭は発情中)，ワカモノ雌2，アカンボウ4
12月12日	KH	2時間52分	オトナ雄3(ジルバ，トシボ，ベンベ)，ワカモノ雄1，発情雌1，ワカモノ雌1，アカンボウ1

12月28日	f.a.	—	ジルバ
1992年1月8日	KH	8時間56分	オトナ雄2(ムサ，ジルバ)，ワカモノ雄2，オトナ雌2，ワカモノ雌1，アカンボウ1
1月9日	KH	8時間37分	オトナ雄2(ムサ，ジルバ)，ワカモノ雄2
1月13日	AM	—	オトナ雄1(バカリ)，ワカモノ雄2，コドモ雄1
1月14日	AM	—	オトナ雄1(バカリ)，ワカモノ雄3，コドモ雄1，発情雌1

TN：西田利貞；MH：濱井美弥；KH：保坂和彦；AM：松本晶子；f.a.：タンザニア人調査助手．

*ントロギの300メートル以内にカルンデを含むパーティが存在したが，互いに遭遇することはなかった．

**ントロギはカルンデと敵対的な遭遇をして敗走した(詳細は本文を参照)．

***ントロギが突然ジルバの前に現れ，身体を叩いた後，走り去った．ジルバのスクリームに応じてカルンデが駆けつけたときには，ントロギの姿はなかった．カルンデはジルバの背中に抱きつき，一緒にグリンの表情を見せた．

****ントロギはカシハムト川の南方にて何度もパントフートをした(この日，カルンデらは2キロメートル以上北方におり，声が届く可能性は低かった)．

*****ントロギがカルンデに追放されたジルバと合流したことが確認された．

2　第Ⅱ期(九月一〇日〜一二月一日)

カルンデ・シケ・ンサバの三者間関係

優劣階層の上位三個体(カルンデ、シケ、ンサバ)が揃い踏みしたのがこの時期である。結論から言うと、カルンデのア

表 19-2　引き離しの介入．括弧内の数字は「引き離しの介入」の事例数を表す．

期間	介入者	引き離された個体
I	–	–
II	カルンデ(5)	シケ，ンサバ(1)
		シケ，ジルバ(1)
		ンサバ，アジ(1)
		ンサバ，ジルバ(1)
		ンサバ，トシボ，ベンベ(1)
III	ンサバ(3)	カルンデ，アジ(1)
		カルンデ，バカリ(1)
		カルンデ，ムサ，バカリ(1)
	カルンデ(1)	ンサバ，ムサ，バカリ(1)
	ントロギ(1)	ジルバ，トシボ(1)*
IV	ントロギ(6)	ンサバ，カルンデ(3)
		ンサバ，アジ(1)
		ンサバ，ジルバ(1)
		トシボ，バカリ(1)
V	–	–

*：12月12～13日，ントロギが久しぶりに雄雌混合のパーティに参加した際の出来事．

ルファ位が最も安定したときであった。

アルファ雄のカルンデと二位のシケの力は、劣位個体が発するパントグラントから判断すると、きわめて拮抗しているようにも見えた。つまり、一緒に遊動するオトナ雄から受けるパントグラントの頻度は、一時間あたりカルンデは〇・六回、シケが〇・五回であまりかわらない。オトナ雌から受けるパントグラント頻度については、むしろシケ（一・〇回）がカルンデ（〇・五回）を上まわっていた。攻撃的ディスプレイの頻度も、カルンデが〇・六回に対し、シケは〇・九回で、シケの方が上回っていた。シケは体も大きく、将来の有力アルファ雄候補と目されていた。

チンパンジーのアルファ雄は地位を脅かす可能性の高い第二位雄を孤立させる戦略をとる傾向がある。[8] カルンデがシケを警戒していたことは間違いなかろう。シケが他の大人雄と毛づくろいしていたときに、「引き離しの介入」を行なった事例が二回観察されている（表19-2）。これは、アルファ雄が二位雄の同盟形成を防止するために必須の戦術と考えられている。また、シケは第II期においてカルンデと疎遠な傾向があり、毛づくろいの頻度も低かった。カルンデの個体追跡に基づくと、オトナ雄八個体中七位であった。

ここで注目したい点は、ンサバ（三位雄）やジルバ（中順位雄）といった、カルンデにしばしば挑戦的なふるまいをする若手のオトナ雄たち（後述を参照）がシケに対しては一貫して劣位にふるまったことである。ンサバもジルバも、カルンデよりシケに対して倍以上の高頻度でパントグラントを発した。他の雄の場合は、カルンデに対するパントグラントの方が多いか、ほぼ同程度であった。

写真 19-4　アカコロブスの死体を抱えるシケ（右）とカルンデ（左）．この後，肉をねだるカルンデに覗き込まれた挙げ句，小さな肉団子を下唇に載せて吐き出し，カルンデに与えた．（撮影：西田利貞）

ところが、このことがむしろカルンデのアルファ位安定をもたらしたとも考えられる。シケはカルンデには明確に劣位にふるまったのである。カルンデは、連合しなくともシケに一〇回も突進攻撃を行なって追い散らすことができ、シケはカルンデに二七回もパントグラントを発した。ンサバやジルバに圧倒的な優位を確立しているシケが健在であることが、カルンデを間接的に支えたと考えることもできよう。

さらに、カルンデとシケの間に「ゆるやかな同盟」が存在した。ンサバが約一カ月の不在の後、群れに姿を現した九月一〇日、シケはカルンデに働きかけて、ンサバに対する連合攻撃を繰り返した（表19-3）。その三日後には、肉をねだりに来たカルンデに対し、シケが口から肉片をカルンデに与えた。これは、受動的なパ

表 19-3　連合攻撃の組合せパターンの変動

期間	日　付	攻撃の開始者	連合要請行動	連合パートナー	攻撃の対象
I	1991 年 8 月 14 日	カルンデ	—	アジ	トシボ
	8 月 19 日	カルンデ	マウント	バカリ，ムサ	ントロギ
II	9 月 10 日	シケ	タッチ、グリン	カルンデ	ンサバ
	9 月 26 日	シケ	—	カルンデ	トシボ
	11 月 2 日	カルンデ	—	ムサ	シケ
		バカリ	スクリーム	カルンデ	アジ
III	12 月 2 日	カルンデ	—	ムサ	ンサバ
	12 月 23 日	カルンデ	—	バカリ	ンサバ
		カルンデ	—	バカリ	ンサバ
IV	1992 年 2 月 7 日	カルンデ	—	ントロギ	ンサバ，アジ
	2 月 21 日	カルンデ	マウント	ンサバ	ントロギ
	2 月 27 日	カルンデ	マウント	ントロギ	ンサバ
	3 月 2 日	ントロギ	—	カルンデ	ンサバ，ジルバ
	3 月 5 日	カルンデ	—	ントロギ	ンサバ，ムサ
	3 月 6 日	ントロギ	—	カルンデ	ンサバ
	3 月 9 日	ントロギ	—	カルンデ	ンサバ
V	3 月 14 日	ジルバ	—	カルンデ	ンサバ
		ンサバ	—	カルンデ	アジ
		カルンデ	—	ジルバ	ンサバ

ターンがほとんどのチンパンジーの肉分配としては珍しい。また、シケが病気にかかって単独遊動（後述を参照）を始める直前の一一月三〇日には、カルンデの肉分配にシケが参加し、大量の肉を得た。カルンデがンサバやジルバには決して肉を分け与えなかったことを考えると、アンビヴァレントなシケとの関係は従来の二位雄に対するものと異なるといえよう。カルンデが地位維持のため最も警戒していたのは三位雄であるンサバだったのである。

ントロギ隠遁生活中の同伴者

ントロギが置かれた社会的孤立の状況には目立った変化はない。ただし、ここでもバカリだけはアンビヴァレントな態度を示した。彼は九月中旬から一〇月末にかけて二カ月近くカルンデらの前から姿を消した。一〇月二日にントロギと一緒にいるのが見られたことから、しばし

表19-4　「遊び」と「オープンマウスキス」．オトナ雄間で時折観察される，これらの相称型親和的相互作用は，個体の組合せや生起のタイミングから判断するに，連合形成や和解ときわめて関連が深いことが示唆される．

行　動	期間	日　付	参加者	セッション数	総持続時間
遊び	II	1991年 9月28日	トシボ，ベンベ	1	5分59秒
		10月29日	カルンデ，バカリ	2	5分51秒
		11月2日	カルンデ，バカリ	2	2分 6秒
		11月29日	ントロギ，ジルバ	1	0分59秒
	III	12月4日*	カルンデ，バカリ	1	0分 0秒
		1992年 1月 6日	トシボ，ベンベ	3	4分58秒
		1月8日	ントロギ，ジルバ	1	3分34秒
		1月9日	ントロギ，ジルバ	6	19分 8秒
	IV	1月20日**	ントロギ，カルンデ	1	9分30秒
		1月30日	ントロギ，バカリ	1	4分30秒
		(v)	ントロギ，カルンデ	3	7分59秒
		2月7日	ンサバ，ジルバ	1	1分 9秒
		2月27日	ントロギ，カルンデ	1	1分20秒
オープンマウスキス	II	1991年11月13日***	アジ，カルンデ	1	0分 0秒
	IV	1992年 1月 3日(v)	ントロギ，カルンデ	1	42秒
		2月15日(v)	ントロギ，カルンデ	1	5秒
		2月27日	ントロギ，カルンデ	1	3分20秒
		3月4日	ントロギ，カルンデ	1	45秒
		3月9日***	ンサバ，ントロギ	1	約1秒

*バカリがカルンデに誘いかけたものの遊びが成立しなかった．
**キトペニの記載資料．その他は保坂の観察資料．(v)は保坂撮影によるビデオ資料．
***この2事例においては，前者（劣位個体）が後者（優位個体）にパントグラントを発した後，そのままオープンマウスキスに発展した．他の4事例はすべて，ントロギとカルンデが長い毛づくろいを交わした直後，連続的にオープンマウスキスに発展したものである．

ばントロギと遊動していた可能性が高い。一〇月二九日、バカリがカルンデらの遊動集団に戻ったとき、カルンデは長時間の毛づくろいを交わしただけでなく、遊びも行なった（表19-4）。カルンデにとっても、バカリはムサと同様貴重な連合および遊動のパートナーであった。

　また、この時期、ントロギは思わぬ展開で貴重な同伴者を獲得した。ジルバという中順位の若いオトナ雄はカルンデにパントグラントをしないだけでなく、しばしば挑戦的な態度をとり、観察当初から「反抗分子」として私たちの目に映っていた。一〇月七日、カルンデはシケやムサを含む七個体の加勢を受け、ジルバを集団攻撃した。その後、ジルバはカルンデのいるパーティから姿を消した。彼もオストラシズムの犠牲となったのである(9)。

一一月二九日、このジルバがントロギと一緒にいるのが発見された。つまり、追放された者同士が同盟したのである。一三時二〇分、ジルバとントロギは、カンシアナ谷の北斜面に登って休息し、樹上で毛づくろいや遊びを始めた。一四時五七分、カルンデらのパーティが南方からパントフートやパントグラントを発しながら騒々しくカンシアナ谷に近づいてきた。地面に仰向けに並んで休息していたントロギとジルバは目を開けたまま声を出さずにじっとしていた。カルンデらの声を聴いていたことは間違いない。一五時四九分、ントロギとジルバは移動を開始し、静かに北方に向かって進んだ。つまり、カルンデらのいる場所から遠ざかった。ジルバはントロギとともに復帰するまでントロギと遊動し続けたものと思われ、この日以降、研究者がジルバを目撃した六事例すべてにおいて、ントロギが一緒に見られた（表19-1）。バカリとジルバ以外には、この時期にントロギと遊動したチンパンジーは観察されていない。

3　第Ⅲ期（一二月二日〜一九九二年一月一九日）

ンサバのクーデター

三者間関係の一角、シケ（二位雄）が消失した時期が第三期である。シケは一一月中旬〜下旬頃に急に体調が悪くなり、他個体と一緒に歩くのをやめた。一月一一日に観察されたときは、すでに衰弱著しく採食樹に登ることもままならなかった。シケは、この日を最後に行方不明となり、そのまま死亡したものと思われた。

シケが単独遊動を始めた数日後にはンサバがカルンデに対して攻撃的になり、両者の優劣関係は曖昧になった。つまり、徐々にカルンデのアルファ位が揺らぎ始めた。ンサバからカルンデへのパントグラントはまったく記録されなかった。一対一の突進攻撃は両方向的に観察されたが、総ずると、カルンデからの頻度八回は、ンサバからの四回を上まわっていた。さらに、カルンデはしばしばムサやバカリと連合してンサバに突進攻撃した（表19-3）。しかし、何度カルンデの連合戦術に屈してもンサバの挑戦的ディスプレイは執拗に繰り返された。また、この時期のンサバはカルンデの前に姿を現すとき決まって、毛を立てて背中を丸くしながらのっしのっしと歩いた。彼がカルンデを直視しながら座ると、両者の間には独特の緊張感が漂った。カルンデが連合攻撃でンサバを駆逐したのはこのような状況においてであった。逆に、ンサバは、カルンデがムサ、バカリ、アジといった雄と毛づくろいや肉食しているところに突進攻撃を加えることがあった（表19-2）。もっとも、このような直接的攻撃にいたるケースはむしろまれであった。ンサバの側としては、カルンデに「揺るぎない挑戦的態度」を示すだけで十分であったのであろう。

一二月二九日〜一九九二年一月一日、カルンデの失脚がほぼ決定的となった。ンサバと他のオトナの雄たちが近接している現場からカルンデの姿が見えなくなることが非常に多くなった。さらに、ンサバは近づいてきたカルンデに、あからさまに優位な行動（「枝にぶら下がって身体を揺らすディスプレイ」「毛を立ててパントフートしながら背中を抱擁する」）をとるようになった。ところが、一月二日以降、ンサバは単独遊動を始め、オトナ雄は小さなパーティに分派して遊動を始めた。つまり、ンサバはカルンデを失脚させたものの、アルファ雄になることはなかった。

ントロギ、復権への足がかり、着々と

一二月一一日、ントロギの孤立した状況が好転する兆しが見られた。濱井美弥によると、ントロギとジルバはこの日、三頭の中・低順位オトナ雄（アジ、トシボ、ベンベ）、五頭のオトナ雌を含む計一九頭のパーティ内に見られた。子が離乳したばかりの発情雌が雄たちを誘引したようである。しかし、翌朝、保坂が観察を始めたとき、発情雌はントロギの元を離れ、ジルバ、トシボ、ドグラ（推定一〇歳の雄）、アビ（九歳、トシボの妹）の計四頭しかついてこなかった。さらに昼前にはトシボ兄妹も離れた。ドグラは追随したものの、二週間後にはカルンデのいる遊動集団に戻った。つまり、ントロギの元に残ったのはジルバだけであった。

一月八日早朝、カシハ谷の河原にて、ントロギとジルバはムサ、ファナナ（推定一三歳の雄）、ニック（九歳の雄）と合流した。実は、他にもオトナ雌二頭、ワカモノ雌一頭がいたが、すべて一二時四〇分過ぎに姿を消した。ントロギはきわめて積極的にムサに毛づくろいをした。しかも、ントロギからムサへの毛づくろいが七三パーセントを占めていた。ところが、ムサはントロギと遊動することを続けなかった。翌九日一六時五〇分頃、五頭の雄が薮の中で休息していたとき、ントロギが急に起き上がり、毛を逆立てて薮の中を右へ左へと歩き回り始めた。ムサの姿はなかった。ントロギの様子からは、ムサが離れていったことに対する心理的動揺が感じられた。ントロギは他の四頭を引き連れて薮の周りの調査道を巡回しつつパントフートを五回唱和した。ムサは十分声が届く距離にいたはずであるが、返事はなかった。ファナナもこの途中で離れ、ニックのみントロギとジルバにつき従った。

一月一三日、失脚したカルンデの単独遊動が観察できた。カルンデの背中には、五センチメートル前後の白い創傷痕が二カ所あった。ここ一、二週間以内に、ンサバが犬歯で与えた傷であろうと思われた（ただし、ントロギに傷つけられた可能性も捨てきれない）。カルンデは明らかなストレス症状を呈していた。ラー・コール（wraa call）を四五分以上にわたって発し続け、下痢便を地上に撒き散らした。これは、捕食者との遭遇や仲間の死体を見たときなどに聞かれる音声で、「不安」「恐怖」「混乱」に関連する情動を表出していると考えられている。(10) また、地上に降りることを警戒している様子であった。保坂は、カルンデが木の上から絶えず視線を向けている方角、つまり二〇〇〜三〇〇メートル東のカンシアナ基地付近からパントフートを聞いた。実はこの声はントロギのものであった。ちょうどこのとき彼がバカリや数頭の未成熟雄四頭（ニック、ショパン、ドグラ、ボノボ）、オトナの雌一頭とカンシアナ基地に現れていたのを松本晶子が見ている。

カルンデは翌朝七時五〇分という遅い時刻に起床した。昨日と同様、神経質な様子を見せ、普段なら地面に降りて移動するような状況であっても、枝伝いに移動した。樹間が広くてやむなく地上に降りたときは、足音を立てないようにゆっくり歩き、ときどき観察者に向けてコフ・バーク（cough bark）した。ントロギはこの日もバカリたちと遊動を続けた。この日の遊動図を参照したところ、興味深いことに、カルンデはむしろントロギに近づいていく方向で移動していた。ただし、静かにゆっくりと、ントロギに気づかれないように……。

4　第Ⅳ期（一月二〇日〜三月一〇日）

ントロギ完全復権

一月二〇日、事態は急転した。一月に入って分散していたチンパンジーたちは、この日久しぶりに五八頭という大きな数で集結した。「ントロギとジルバ」そして「ンサバとカルンデ」を含む雄九頭が一堂に会したのである。カルンデとンサバはントロギにパントグラントを発した。つまり、ントロギは復帰とともにアルファ雄に返り咲いたのであった。

ントロギ復権を境に、平均五一頭という安定したサイズの大パーティが維持された。オトナ雄はほぼ全頭がこのなかに見られた。カルンデが失脚してからの三週間、オトナ雄が分散し、大きなパーティがほとんど形成されなかったことを考えると、劇的な変化であったといえる。ちなみに、I～II期においてカルンデと遊動していたパーティのサイズは平均四七頭であった。

ントロギはあらゆる年齢層の個体に対して明らかな優位に立っていた。すなわち、ワカモノ期以降のすべての雌雄からパントグラントを受けた。しかも、頻度においても、あらゆる時期の他のオトナの雄における値を大きく上まわっていた。とくにオトナの雌からパントグラントを高頻度に受けていた。一方、カルンデとンサバに対するパントグラントについては、個体の数・発声頻度ともに、ントロギ復帰前に比べやや減少した。

ントロギは連合せずに、ンサバにもカルンデにも一対一の突進攻撃を加えることができた。一方、第二位になったンサバはカルンデには突進できたが、ントロギにはできなかった。

カルンデの立ち回り

ントロギの復権により、失脚したばかりのカルンデは「無視できない実力者」の地位に昇格した。カルンデとの和解、そして同盟関係の成立こそ、ントロギ復権をもたらした要因であった。それを示唆する両者の親和的相互作用は多岐にわたった。ほぼ毎日のように繰り返された長時間の近接および毛づくろい（図19－2）、遊びやオープンマウス・キス（表19－4、写真19－5）、肉分配（ントロギの肉分配エピソード七回のうち三回、カルンデは肉を獲得）は、この二個体間の特別な関係を如実に反映している。

ンサバに対する「共同戦線」という点において、両者の利害が一致したことは間違いない。ントロギ、カルンデとも

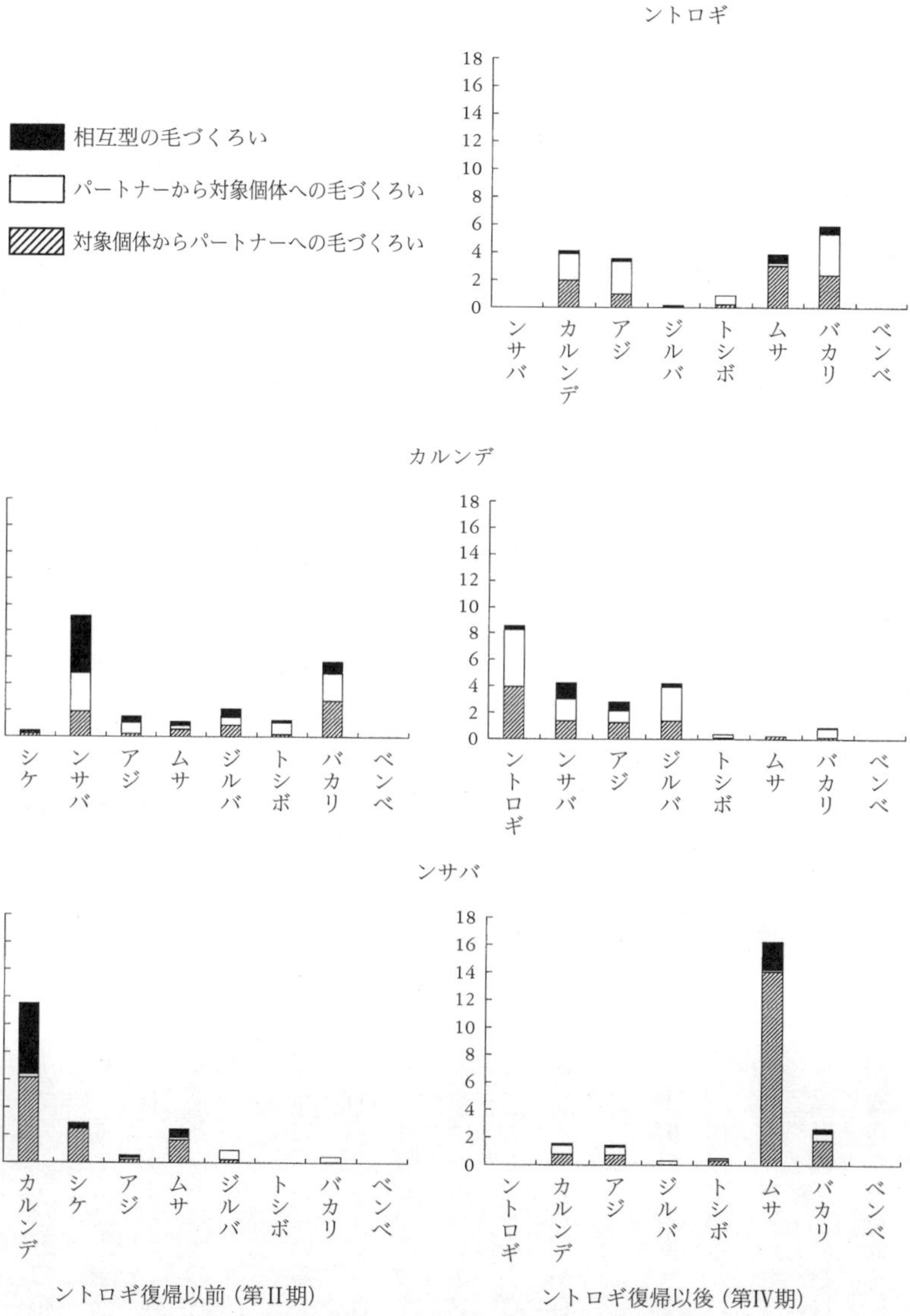

図19-2　ントロギ，ンサバ，カルンデにおける社会的毛づくろいのパターンの違い．ントロギ復帰の前後を比較するため，第II期と第IV期の資料を用いた．縦軸は，それぞれの毛づくろいパートナーと同じパーティ内で観察された時間に対する毛づくろい時間の割合 (%) として示した．

に、互いを誘いこんでンサバに向けた協同攻撃を繰り返した（表19-2）。ントロギのンサバに対する方針は明確であった。ントロギはカルンデと和解した一方で、ンサバとの和解は拒絶し続けたのである。ントロギとンサバの関係は、オストラシズム以来続く「破綻した関係」であったといえる。実は、ンサバはこの状況を打開しようとしていた節があるが、ントロギが受け入れなかった。例えば、ンサバがントロギの背中に毛づくろいしようと近づいたことがあったが、ントロギはぐるりと体を回転させ、ほとんどントロギの背に手を触れかけていたンサバは中断して、その場から離れた。

カルンデのンサバに対する態度はアンビヴァレントであった。カルンデは、長時間一緒に歩いているントロギと、頻繁にパントフートを唱和した。ときとして、彼らはンサバを協同で威嚇・攻撃した。それは、ントロギ―カルンデ連立政権と称してもよい光景であった。その一方、カルンデはしばしばンサバと一緒に歩き、長時間の毛づくろいを交わしたりパントフートを唱和したりした。ントロギはそれに過敏な反応を見せ、カルンデとンサバのパントフート唱和が聞こえた途端、毛を逆立てて立ち上がり下痢便を落としたこともある。ントロギがカルンデとンサバを引き離す介入を行なうのも三回目撃しているが（表19-2）、多くの場合、カルンデはントロギに見つかる直前に、ンサバから離れントロギと合流した。三者間関係の行方はカルンデの掌中にあったといってよいであろう。

ントロギとカルンデの優劣は明確であったが、ときとして「カルンデあってのントロギ第二次政権」であることが顕在化した。西田[11]はＫグループのアルファ位闘争を分析して、鍵を握る第三位雄が交尾上の利益を得るという報告をしている。本事例の場合も同様の傾向が見られたが、受胎する可能性が高い発情雌を前にすると、ントロギは寛容さを失い、カルンデやバカリに対しても発情雌に近づけない行動をとることがあった。このような「裏切り」に対し、カルンデが熾烈な反応を示すことがあった。三月六日、発情雌を囲い続けたントロギにカルンデが背後から奇襲を加えた。両者つかみあいの喧嘩に発展し、最後はントロギが悲鳴を上げて敗走した。

5　第Ⅴ期（三月一一日〜三月一四日）

ンサバとカルンデの闘争再び

この時期、ントロギがカルンデやンサバのいるパーティから離れて別遊動を行なった。カルンデとンサバの関係は一転して、数カ月前の闘争状態に近いものになった。

先のクーデターによってンサバとカルンデの形式的優劣順位は逆転したものの、完全に確立された関係とはいえなかったようである。そもそも、ントロギ復帰後、カルンデはンサバに対して単なる挨拶のコンテクストではまったくパントグラントを発していない（唯一記録したのは二月二一日、カルンデが復帰後のントロギを初めて連合攻撃した際、直前にンサバに発したもの）。

三月一四日、発情雌をめぐり、両者の緊張関係はピークに達した。ジルバ、アジといった中順位雄を交え、四つ巴の状況となった。カルンデはンサバを連合攻撃するためにジルバと組んだが（表19-3）、ジルバとも喧嘩してしまい、ントロギがいるときのように巧みに立ち回ることはできなかった。やはり、カルンデにとってもントロギがいることの利点は大きかったのであろう。

保坂の後に調査を継続した上原重男によると、五月中旬までチンパンジーは大きなパーティを形成することなく遊動し続けた。ただし、これは例年この時季がカソゲにおける果実の少ない季節に相当し、チンパンジーが分散遊動する傾向が強いことの影響であろう。散発的な観察によれば、カルンデとンサバが一緒に遊動し、ントロギのいるパーティとは距離を置いていたらしい。

五月下旬、ントロギ、ンサバ、カルンデは合流した。そのとき、ントロギを頂点とする三者間関係に変化は元通りに回復したらしい。その後一九九五年四月、ンサバの挑戦に屈するまで、ントロギはアルファ位を堅持し続けた(12)。その要因は、「カルンデが立ち回って安定する三者間関係」が再構成されたためであろう。

四　オストラシズム中におけるントロギの情報戦

一九九一年三月から約一〇ヵ月、ントロギはＭグループの遊動域内に留まり、単独に近い生活を送っていたはずであるが、復帰の時機をつかむべく何らかの情報収集をしていた可能性が高い。なぜなら、ントロギの復権に向けた動きと、カルンデの失脚にいたる社会的状況の変化が実に巧妙に一致しているからである。

まず、ントロギはひそかにカルンデたちのパーティに近づいて、手がかりを得ていたようである。例えば、カルンデがアルファ雄であった時期においてントロギが観察された一三事例のうち一〇事例までがカルンデのいるパーティと三〇〇メートル以内の距離にいた事実は、ントロギがカルンデらの比較的近辺をモニターしていたことを示唆している。ントロギが得た情報はおもにパントフートによるものであろう。二事例において、一〇〇メートル以内の距離からカルンデのいるパーティからパントフートが聞こえてきたのをントロギを直接観察していたわれわれも聞いている。ントロギ自身は、いずれの場合もまったく沈黙したまま休息していた。

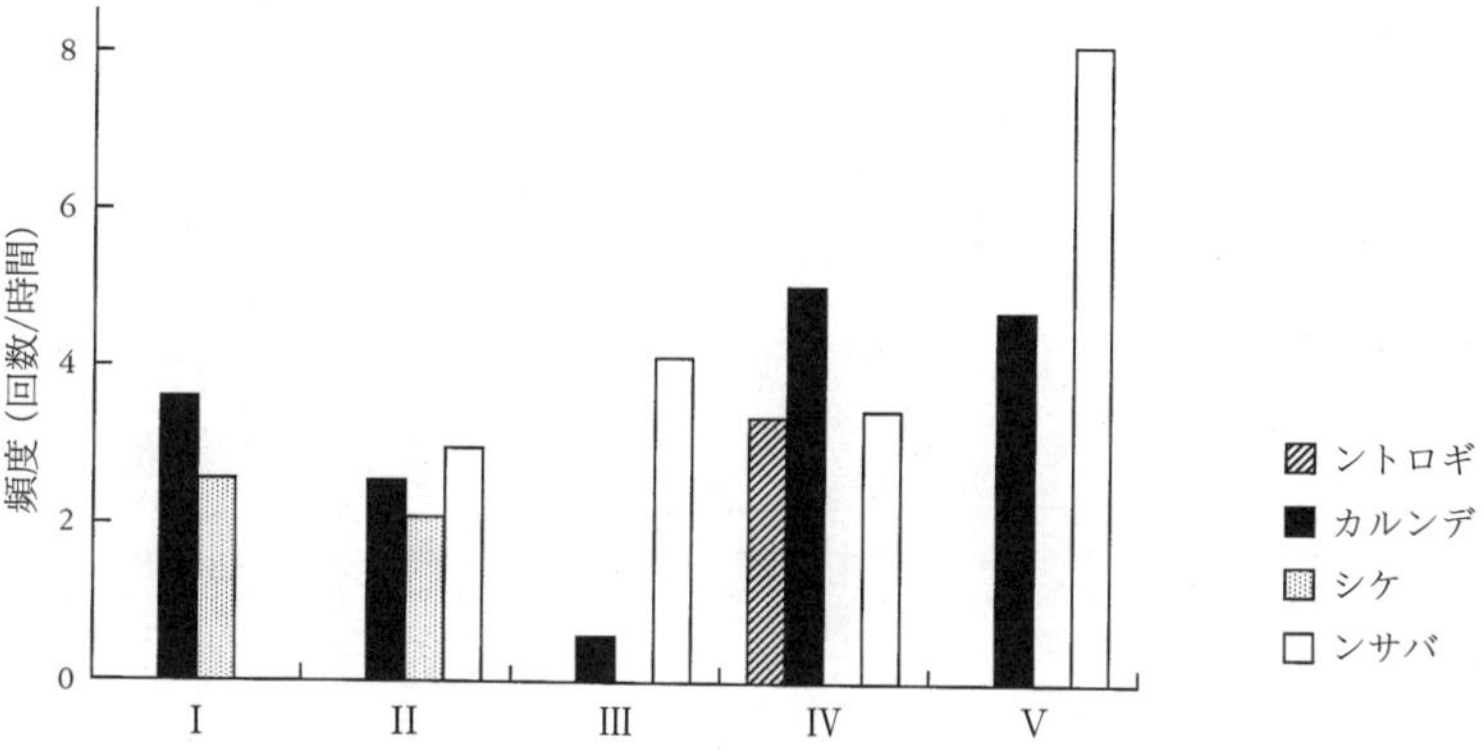

図 19-3　上位雄のパントフート頻度の変動．オストラシズム中のントロギのものは除く．

したがって、シケ消失後における社会関係の変動（カルンデのパントフート頻度が低下し、一二月末以降カルンデとンサバのパントフート唱和が聞かれなくなったこと）に、ントロギが気づいていたことはあり得る（図19-3）。ントロギ追放中において、カルンデ、シケ、ンサバは、パントフート唱和に頻繁に参加していた。ミタニらは、パントフート唱和は、協力関係にあるオトナ雄同士が行なうと考えている。[13] アルファ雄であったときのカルンデと年寄り雄のムサが高頻度で唱和したことはこれに該当する。ただし、カルンデとンサバはアルファ位をめぐって熾烈に拮抗していた時期においても頻繁に唱和していたが、いずれにしても、追放中のントロギにとっては自分の存在を容認しないオトナ雄同士のパントフート唱和として聞いたことになる。

ントロギ自身も時機を見計らってパントフートによる情報を発信していたものと思われる。カルンデがアルファであった時期において、ントロギがパントフートした唯一の事例が一〇月二〇日に観察された。ントロギは七時二〇分から八時五〇分にかけて九回のパントフートを発声した。ドラム、スタンプなどの音響ディスプレイも伴った。この間、彼は単独で南へ向かって移動していた。カルンデらのパーティは一キロメートル以上北におり、山で隔てられているので、ントロギの声がそちらへ届いたことはあり得ない。ントロギは、パントフートをするたびに静かに座ったり、歩みを中断したりして、遠方の音に聴覚を集中しているかのようなふるまいをした。南に残っていた少数の個体をリクルートしようとしていた可能性が高いが、観察中は彼の声への返事は聞かれなかった。

ンサバの挑戦によってカルンデがアルファ位を失ったあと、ントロギがムサやバカリと合流して行なったパントフートの唱和は、カルンデをはじめとする対立する雄を牽制する効果があったようだ。実際、ントロギが復帰の一週間前に発したパントフートはカルンデに聞こえていた。このとき、カルンデが不安の表明とされるラー・コールを発したことは、意図の有無に関わらず結果として互いの社会的状況に関する情報の交換をしたことになろう。

五　三者間関係

単位集団の大小、野生下・飼育下のいかんにかかわらずアルファ、二位、三位の三頭のオトナ雄の三者間関係がトップの地位をめぐる葛藤において最も重要である[14]。つまり、一般的に言って、アルファ位をめぐる葛藤はこの三者のあいだにおいて生じることが多く、この三者間関係において最も自分に有利な連合戦略を行使できる雄がアルファ位を獲得・維持すると考えられている。したがって、本事例のようなオトナの雄間関係の変化を分析するうえで、このような三者間関係に焦点を当てることは妥当である。

カルンデがトップだった時期においては、カルンデ―シケーンサバ、ントロギがトップだった時期においては、ントロギーンサバーカルンデの三者間関係が最も重要であったと考えられる。それぞれの時期の三者間関係は、主としてアルファ雄による政治戦略という観点から次のように比較できる。

第一に、両者とも〝引き離しの介入[15]〟により二位雄や三位雄が他のオトナ雄と近接したり、毛づくろいしあったりするのを防害した。アルファ位の獲得・維持を成功させるオトナ雄は、最も拮抗する関係にある個体をターゲットにして分離のための介入を行ない、社会的に孤立させようとする。[16] この研究においても、アルファ雄が、第二位雄や第三位雄が他の雄と同盟形成するのを阻止することによって地位を維持しようとしていた可能性が高い。

第二に、カルンデ、ントロギのアルファ雄としての政治戦略は、次の点において共通していたと考えられる。いずれの場合も、アルファが第二位、第三位のいずれかにやや寛容な態度をとることにより、残る一頭を孤立させていた。

連合については、カルンデがアルファ雄のときは、シケの連合要請にカルンデが応えるかたちで二回行なわれた。うち一回が、ンサバが約一カ月の不在から戻った日であることは、シケにとって、カルンデと連合してンサバを攻撃できることをンサバに対して示す効果があったものと思われる。一方、復帰したントロギとカルンデのあいだでは頻繁な連合が見られた。つまり、連合パートナーという観点から判断すると、アルファ雄であったときのカルンデ、復帰後のントロギにとっての同盟者はそれぞれシケ、カルンデであったことになる。

ところが、毛づくろいに投資する時間が多い相手、すなわち毛づくろいパートナーは必ずしも同盟者ではなかった（図19-2）。復帰後のントロギの最大の毛づくろいパートナーはカルンデであった。毛づくろいが親和的相互作用であるという側面[17]を考慮するかぎり、ントロギの同盟者がカルンデであったことと矛盾しない。しかし、アルファ雄だったときのカルンデはシケよりンサバのほうに対して毛づくろいをしていた。これについては、ドゥヴァールの指摘にあるように、[18] むしろ緊張している関係ほど毛づくろいする傾向があるという側面を考慮に入れる必要がある。カルンデとンサバのあいだの頻繁で互恵的な毛づくろいは、第二位であるシケを疎外するための親密な相互作用であるという側面と、この二者間の緊張を緩和する側面を両義的に含んだものである可能性がある。

カルンデは第二位雄であるシケとある程度毛づくろいしていたのに対し、ントロギは第二位雄であるンサバとはほとんど毛づくろいしなかった。これは、緊張している関係ほど毛づくろいするというドゥヴァール[18]の主張と合致しない。この事実から、ントロギとンサバの二者間関係は先述したように、ントロギが追放されていた時期と同じような決裂した状態で、緊張緩和も和解もできないまま継続していたことが示唆される。

西田らは、肉分配がアルファ雄の政治戦略として使われている可能性[19]を指摘した（保坂、第九章）。シケは一回だけではあるがアルファ雄であったカルンデから肉を受けた。一方、ンサバは肉をねだりに行くことはあるのにもらえたためしがない。これらは、ンサバよりシケのほうに対してカルンデが寛容であった可能性を示唆している。復帰したントロギがカルンデには肉を分配しンサバには分配しなかったのは、ントロギがカルンデに寛容でンサバに非寛容だったという先述の解釈を支持する。

以上のような三者間関係が安定していることは、アルファ雄が地位を維持するうえで最も重要な条件だと考えられる。ントロギはその後三年あまりアルファ位を維持したが、三者間関係は基本的には変化しなかった[20]。一九九五年四月にントロギがアルファ位を失った時期には、カルンデがしばらく不在になるなど、三者間関係が不安定になっていたことが指摘されている[21]。

六　ントロギがアルファ雄として復帰した要因

ントロギが復帰できた要因は何であろうか？　一九七九年にントロギによって追放されたMグループのかつてのアルファ雄、カジュギの場合は、死ぬまで単独生活を続けた。上原らは、いったん追放されたアルファ雄は再び新たな同盟関係を構築しないかぎり復帰できないという考えを提示している。[22]しかし、オトナ雄との社会的接触がほぼ閉ざされた状況のなかで、追放された雄が新たな同盟関係を構築するのはきわめて困難であると思われる。

1　シケの病失

病気のシケが姿を消したことは三者間関係の均衡を大きく崩壊させることにつながったと推定される。ンサバはカルンデにパントグラントしなくなり攻撃もするようになった。さらにンサバは、攻撃的介入によって、カルンデが他のオトナ雄と連合を組むのを邪魔できるようになった。カルンデは連合、肉分配といった相互作用においてはムサ、バカリらとの同盟を維持したが、ンサバの挑戦を抑えることはできなかった。

おそらく、シケが健康なままであったら、ントロギの復帰はなかったのではないかと思われる。つまり、カジュギと同じように死ぬまで復帰を果たさなかったであろう。その意味で、ントロギの復帰には「偶然の幸運」の要素があることは否めない。

2　ジルバとの合流

ジルバは、一〇月七日のカルンデらの集団攻撃によって、ントロギと同じような村八分状態にあった。[23] したがって、カルンデが共通のライバルであることや、集団への復帰など、協力することにより得られる利益が両者にあったはずである。この二頭の同盟が成立したことは、パントフート唱和により遅くとも一月中旬にはカルンデに伝わったはずであり、その後のカルンデの意思決定に重大な手がかりを与えたはずである。

3　カルンデの同盟者ムサ、バカリと合流できたこと

年寄り雄（ムサ、バカリ）が、アルファ雄をしていたカルンデと緊密な関係であったことは、連合、肉分配の資料で明らかであった。年寄り雄は「優位者びいき戦略」をとるので、アルファ雄との緊密な関係を保つが、政治的影響力は少ないという見解がある。[24] 実際、バカリ、ムサの二頭が死んだあとも一年以上にわたりントロギはアルファ位を維持し続けた。しかしながら、この報告で扱った社会変動については、これら年寄り雄の動きが何らかの影響を及ぼした可能性がある。

カルンデがアルファ位を失ったあと、ントロギがこれら年寄り雄と合流してパントフート唱和したことによって何らかの情報を発信したことはすでに述べた。この音声情報は、年寄り雄たちが他のMグループメンバーに先駆けてントロギを勝者と見なし始めたことをカルンデに印象づけたであろう。

ただし、バカリはカルンデがアルファ雄であった時期でもントロギと合流することがあった。しかし、それだけでは復帰する十分な条件ではなかったものと思われる。あくまで、ントロギにとって年寄り雄とのパントフート唱和は、カルンデが失脚したことを知ってから行使できた戦術であろう。

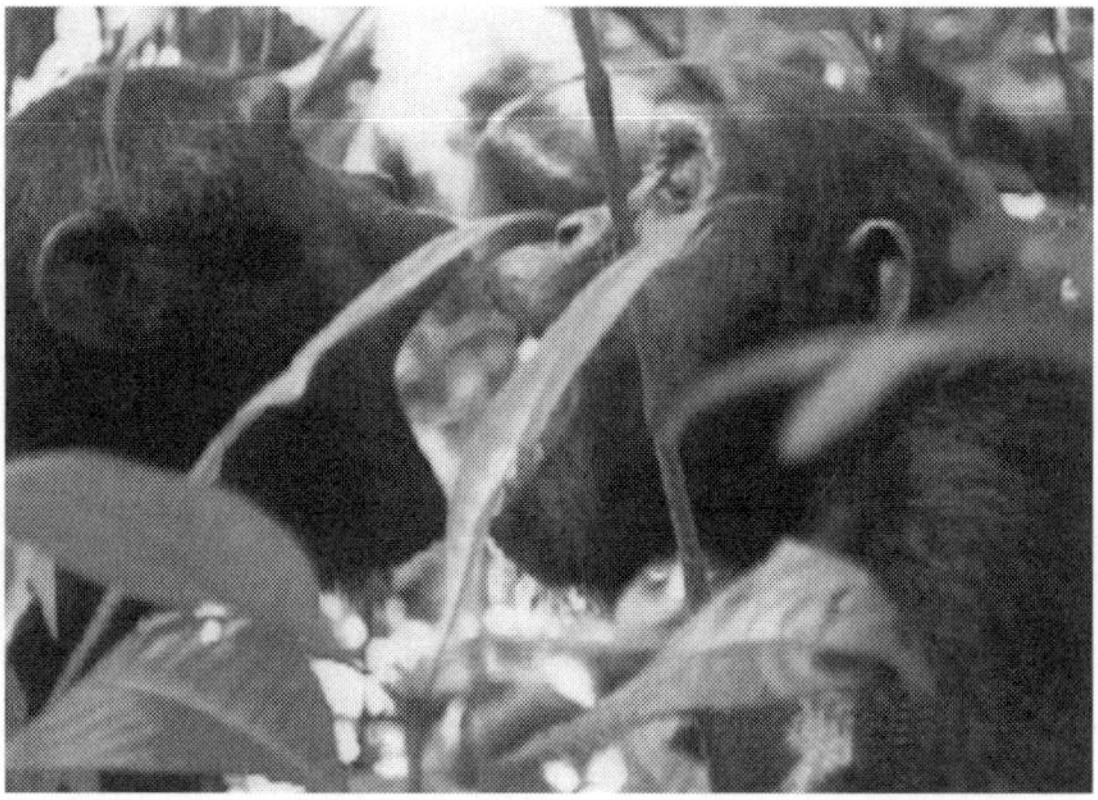

写真19–5　復帰直後のントロギ（左）とカルンデ（右）．長い毛づくろいの直後，オープンマウス・キスを行ない，そのまま遊びはじめた．（撮影：保坂和彦，ビデオからの静止画像）

4　カルンデとの和解

ントロギの復帰に最も直接的で重要な影響を及ぼした要因は、彼を追放したかつてのライバルであるカルンデとの和解であろう。ントロギとカルンデとの和解が速やかに成立してントロギを頂点とする三者間関係が成立したことが、ンサバをアルファ雄に頂く新たな三者間関係が生じることを阻害したといえよう。

この両者の和解が成立した原因の第一は、カルンデがンサバに対抗する戦略としてントロギを必要とする状況になったことである。ントロギ復帰の一週間前に確認されたカルンデの背中の傷跡から、彼はすでにンサバに見つかれば攻撃される状況にあったと推測される。すでにカルンデは、アジ、バカリ、ムサといったオトナ雄と一緒にいてもンサバによる引き離しの介入を受けていたことを考慮すると、ントロギとの同盟以外にンサバに対抗する戦略はなくなっていたものと思われる。これは第V期の観察において、カルンデの連合戦術がントロギ以外の雄との間では功を奏さなかったことからも明らかである。ントロギ復帰後、ントロギが同じパーティにいた五一日間において、ンサバからカルンデへの突進攻撃は一回しか観察されていない。ところが、ントロギが不在になってからの四日間においては五回も観察された。カルンデは、それまで連合パートナーではなかったジルバと結託してンサバに対抗したが、この戦術ではントロギとの場合ほど効果的にンサバの攻撃を抑制できなかったものと考えられる。

5　三者間関係外の個体による影響

チンパンジーのパーティサイズの変動に影響する要因として、食物生産の季節性[25]や、発情雌の存在[26]のほか、オトナ雄の数、優劣変動といった社会的要因が挙げられている[27]。

本研究の場合、因果関係は不明であるが、ントロギ復帰と同時にパーティサイズが回復した現象は注目に値する。こうして集まったあらゆる性・年齢のチンパンジーはンサバやカルンデではなくントロギに対して高頻度にパントグラントした。こうしたことは、ントロギの復権に少なからぬ影響を及ぼしたはずである。

七　オストラシズムを「追われた雄」の行動選択として考える

ントロギには、一九九一年三月に始まる長期追放状態になるまでに、カルンデにパントグラントをして社交性を維持する道を選ぶか、村八分となるかのいずれかを選択するジレンマに直面したはずである。なぜなら、Kグループの最後の雄のリモンゴがKグループ滅亡後も単独生活を続けた場合[28]とは異なり、ントロギの場合は優劣順位を落として集団生活に残ることを選択できたはずだからである。ゴンベにおけるフィガンのアルファ位奪取の事例においては、負けたアルファ雄のハンフリーはパントグラントして劣位者としてフィガンの遊動に追随した。[29]また、リンダ・ターナーによると、ントロギ自身、一九九五年に完全失脚した際は、パントグラントして低順位に転落した状態でカルンデたちの元に戻った。しかし、この報告で扱った事例においては、ントロギはいかなる個体にもパントグラントしないまま、オストラシズム状態になることを選択したのである。八月一九日の観察において、ントロギがカルンデと遭遇したときいったんは優位にふるまおうとはした事実は、あくまでもントロギは優劣の逆転を認めないまま、隠遁生活に入ったことを反映しているといえるであろう。

集団生活に参加できない状態は、オトナ雄にとっては次のような利益を失うことになるかもしれない。季節性食物獲得の最適化、[30]発情雌への接近、[31]他集団の雄に対する同盟、[32]捕食者からの防衛。[33]

一方、社交性を犠牲にすることで得られる利益としては次のようなことが挙げられる。まず、ライバルの雄たちからの攻撃を回避することである。アルファ位をめぐる葛藤が何らかの理由でエスカレートすると、敗れたものに致命傷を与えることがある。[34] 姿を隠すことにより、このような危険を回避することは、野生条件下でのみチンパンジーが選択できる方法である。次に、優劣の逆転が固定化することを避けることである。アルファ位をめぐる葛藤において完全に不利な社会的状況のままライバルたちと共存し続けることは、劣位なふるまいを重ねることになり、互いの優劣認識が逆転することにつながりかねない。こうしてみると、ントロギは繁殖・生存上の一時的な利益より、社会的地位への固執を優先したようにも思える。

なぜ、リスクの高いオストラシズムを選択してまで、社会的地位を追求するアルファ雄がいるのか？　これに答えるためには、雄の繁殖戦略、雌の配偶者選択といった究極要因の解明は欠かせない。しかし、今日までに得られた野生チンパンジー研究の成果だけでは、誰もが納得いくシナリオを描くのはきわめて厳しい。今後の課題の一つである。

註

(1) Riss & Goodall 1977; Goodall 1986a. b; Goodall 1992; Nishida 1983b; Kawanaka, 1984; Uehara *et al*. 1994; Nishida *et al*. 1995.
(2) Nishida 1983b; Uehara *et al*. 1994a.
(3) Hosaka 1995; Nishida & Hosaka 1996.
(4) Kawanaka 1990; Uehara *et al*. 1994.
(5) 濱井 1994.
(6) Altmann 1974.
(7) Kawanaka 1990a.
(8) de Waal 1983; 早木 1994; Nishida & Hosaka 1996.
(9) Nishida *et al*. 1995.
(10) Goodall 1986a; 保坂他 2000.
(11) Nishida 1983b.
(12) 保坂　未発表資料; 早木 1994; Nishida & Hosaka 1996; Turner 1995.
(13) Mitani & Brandt 1994.
(14) de Waal 1982; Nishida 1983b; Nishida & Hosaka 1996.
(15) de Waal 1982.
(16) de Waal 1982; Nishida 1983b; Goodall 1986a.
(17) Nishida 1983b; Nishida & Hosaka 1996.
(18) de Waal 1982.
(19) Nishida *et al*. 1992.
(20) 早木 1994; Nishida & Hosaka 1996; 西田・保坂・ターナー　未発表資料。
(21) Turner 1995.
(22) Uehara *et al*. 1994a.
(23) Nishida *et al*. 1995.

(24) Nishida & Hosaka 1996.
(25) Wrangham 1977.
(26) Nishida 1979; Riss & Busse 1977.
(27) Goodall 1986a.
(28) Uehara *et al*. 1994b.
(29) Riss and Goodall 1977; Riss & Busse 1977.
(30) Wrangham 1977.
(31) Nishida 1979; Riss & Busse 1977.
(32) Nishida 1979; Goodall *et al*. 1979.
(33) Boesch 1991a; Tsukahara 1993.
(34) de Waal 1986; Goodall 1992.

附録 1　調査域内で同定された木本性植物のリスト（とくに第 3 章および第 4 章参照）

伊藤詞子 編集

科名（和名*）種名	トングェ名	形態**	採食部位***
Anacardiaceae（ウルシ）			
Lannea schimperi (A. Rich.) Engl.	Kabumbu	T	果種★　葉髄　その他
Pseudospondias microcarpa (A. Rich.) Engl.	Buhono	T	果種　葉髄　その他
Annonaceae（バンレイシ）			
Annona senegalensis Pers.	Lufila	T	果種　葉髄　その他
Artabotrys monteiroae Oliv.	Lujongololo # 2	L	果種
Uvaria angolensis Oliv.	Lujongololo # 1	L	果種　葉髄
Xylopia parviflora (A. Rich.) Benth.	Kahwibili	T	
Apocynaceae（キョウチクトウ）			
Baissea major Hiern	Ikonjogolo # 3	L	
Diplorhynchus condylocarpon (Muell. Arg.) Pichon	Msongatti	T	果種　葉髄　その他
Funtumia africana (Benth.) Stapf	Mtwentwe # 2	T	
Landolphia owariensis P. Beauv.	Mpila	L	果種　葉髄　その他
Rauvolfia caffra Sond.	Mtwentwe # 1	T	
Saba comorensis (Bojer) Pichon	Ilombo	L	果種★　葉髄
=*S. florida* (Benth.) Bullock in KNP1981****			
Tabernaemontana patchysiphon Stapf	Ikolyoko # 2	T	果種　葉髄
=*T. holstii* (K. Schum.) Stapf in KNP1981			
Voacanga africana Stapf	Ikolyoko # 1	T	果種
=*V. lutescens* Stapf in KNP1981			

Araceae (サトイモ)			
Culcasia falsifolia Engl.	Nandi	L	
Bignoniaceae (ノウゼンカズラ)			
Markhamia lutea (Benth.) K. Schum.	Kabulampako # 1	T	葉髄　その他
= *M. hildebrandtii* (Baker) Sprague in KNP1981			
Spathodea campanulata P. Beauv.	Lipulu	T	果種
= *S. nilotica* Seem. in KNP1981			
Stereospermum kunthianum Cham.	Mtelele	T	葉髄　その他
Boraginaceae (ムラサキ)			
Cordia africana Lam.	Mkibu gwakakamba	T	果種
Cordia millenii Baker	Mkibu gwesimbwa	T	果種★　葉髄　その他
Burseraceae (カンラン)			
Commiphora sp.	Siponda	T	
Caesalpiniaceae (ジャケツイバラ)			
Bauhinia petersiana Bolle	Iketya	L & T	果種　葉髄　その他
Bauhinia thonningii Schumacher	Msakansaka	T	果種
= *Piliostigma thonningii* (Schumach.) Milne-Redh. in KNP1981			
Cecropiaceae (セクロピア)			
Myrianthus arboreus P. Beauv.	Isakama # 1	T	果種　葉髄　その他
Celastraceae (ニシキギ)			
Salacia madagascarensis (Lam.) DC.	Igandamakungu	L	果種　葉髄
Combretaceae (シクンシ)			
Combretum collinum Fresen.	Sifunfwe	T	
Combretum molle G. Don	Mlama	T	葉髄　その他
Terminalia kaiserana F. Hoffm.	Kaselenje	T	

附録1　調査域内で同定された木本性植物のリスト

科名（和名*）種名	トングェ名	形態**	採食部位***
Compositae（キク）			
Vernonia amygdalina Del.	Mjonso	T	葉髄　その他
Dilleniaceae（ビワモドキ）			
Tetracera potatoria G. Don	Katwa	L	
Dipterocarpaceae（フタバガキ）			
Monotes elegans Gilg	Mkokoti	T	その他
Dracaenaceae（リュウケツジュ）			
Dracaena usambarensis N. E. Br.	Bulonje	T	葉髄　その他
=*D. reflexa* Lam. and *D. usambarensis* Engl. in KNP1981			
Euphorbiaceae（トウダイグサ）			
Antidesma membranaceum Muell. Arg.	Mtimpu	T	果種
Bridelia atroviridis Muell. Arg.	Kamilaninga	T	果種
Bridelia micaracantha (Hochst.) Baill.	Mnyonyi #1	T	
Croton sylvaticus Krauss	Ibonobono	T	果種　葉髄
Jatropha curcas L	Libutubutu	T	
Macaranga kilimandscharica Pax	Itobotobo	T	
Margaritaria discoidea (Bail.) Webster	Lulyolwankanga	T	果種　葉髄
Uapaca nitida Muell. Arg.	Lulobe	T	果種　その他
Flacourtiaceae（イイギリ）			
Oncoba spinosa Forsk	Kaposo	T	果種
Scolopia sp.	Msilantumbalo	T	果種
Guttiferae（オトギリソウ，フクギ）			
Garcinia buchananii Baker	Kasolyo	T	果種★　その他
=*G. huillensis* Oliv. in KNP1981			

Harungana madagascarensis Poir	Mtunu	T	果種★
Loganiaceae（フジウツギ，マチン）			
Anthocleista schweinfurthii Gilg	Mgongogongo	T	果種
Malvaceae（アオイ）			
Azanza garckeana (F. Hoffm.) Exell & Hillcoat	Mtobo	T	果種　その他
Melastomataceae（ノボタン）			
Memecylon sp.	Kamngwe	T	
Meliaceae（センダン）			
Trichilia prieuriana A. Juss.	Kamoko	T	葉髄
Melianthaceae（メリアンタ）			
Bersama abyssinica Fresen.	Sigonfi # 1	T	
Mimosaceae（ネムノキ）			
Albizia adianthifolia (Schumach.) W. F. Wight	Mtanga # 1	T	
Albizia glaberrima (Schum. & Thonn.) Benth.	Kafunampasa	T	葉髄　その他
Parkia filicoidea Oliv.	Iseha	T	果種　その他
Moraceae（クワ）			
Ficus artocarpoides Warb. (det. A. Radcliffe - Smith)	Mlulu	T	果種
Ficus asperifolia Miq.	Kankolonkombe	T	果種　葉髄★
＝*F. urceolaris* Welw. ex Hiern in KNP1981			
Ficus congensis Engl.	Mhololo	T	果種　葉髄
Ficus exasperata Vahl	Lwago	T	果種★ 葉髄★ その他
Ficus sp.	Kajimonsole #?	T	
Ficus sur Forssk	Ikubila	T	果種★　葉髄　その他
＝*F. capensis* Thunb. in KNP1981			
Ficus sycomorus L	Ikuku # 2	T	

科名（和名*）種名	トングェ名	形態**	採食部位***
Ficus thonningii Blume	Kajimonsole # 1	T	果種
Ficus vallis-choudae Del.	Ihambwa	T	果種★　葉髄　その他
Milicia excelsa (Welw.) C. C. Berg	Mkamba	T	葉髄　その他
= *Chlorophora excelsa* (Welw.) Benth. & Hook. f. in KNP1981			
Myristicaceae（ニクズク）			
Pycnanthus angolensis (Welw.) Warb.	Lulumasha	T	果種★　葉髄　その他
Myrtaceae（フトモモ）			
Psidium guajava L	Mpela	T	果種
Syzygium guineense (Willd.) DC.	Msabasaba # 1	T	果種
Ochnaceae（オクナ）			
Ochna atropurpurea DC.	Kabukobuko # 2	T	
= *O. mossambicensis* Klotzsch in KNP1981			
Oleaceae（モクセイ）			
Chionanthus niloticus (Oliv.) Stearn	Kashindabilangulube # 2	T	
Jasminum dichotomum Vahl		L	
Schrebera alata (Hochst.) Welw.	Mubasa	T	
Schrebera trichoclada Welw.	Mkutuka	T	
Palmae（ヤシ）			
Elaeis guineensis Jacq.	Sigasi	T	
Phoenix reclinata Jacq.	Lusanda	T	
Pandanaceae（パンダ）			
Pandanus sp.	Ikofu	T	
Papilionaceae（マメ）			
Baphia capparidifolia Baker	Ijubila	L	果種　葉髄★　その他

Dalbergia malangensis E. P. Sousa	Itambuka	L	葉髄
Erythrina abyssinica (Lam.) DC.	Mko	T	果種　葉髄　その他
Pericopsis angolensis (Baker) van Meeuwen	Mubanga	T	
Pterocarpus tinctorius Welw.	Mwenje	T	果種　葉髄★　その他
Phytolaccaceae (ヤマゴボウ)			
Phytolacca dodecandra L'Herit.	Ntembotelemya	L	
Rhamnaceae (クロウメモドキ)			
Ziziphus mucronata Willd.	Kagobole	T	果種
Rosaceae (バラ)			
Parinari curatellifolia Benth.	Mubula # 1	T	果種　葉髄　その他
Rubiaceae (アカネ)			
Chassalia cristata (Hiern) Bremek.	Lisisusanandi	L	果種　葉髄
Keetia gueinzii (Sond.) Bridson	Luntafwanengwa # 2	L	
=*Canthium hispidum* Benth. in KNP1981			
Keetia venosa (Oliv.) Bridson	Luntafwanengwa # 1	L	果種　葉髄
=*Canthium venosum* (Oliv.) Hiern in KNP1981			
Mussaenda arcuata Lam. ex Poir.	Mmpindu	L	果種　葉髄
Oxanthus speciosus DC.	Lintinfu	T	果種
Psychotria capensis (Eckl.) Vatke	Lyakusona	T	
Psydrax parviflora (Afz.) Bridson	Kamwibi	T	果種
Rothmannia longiflora Salisb.	Nyundo mgosi	T	
Rytigynia acuminatissima (K. Schum.) Robyns	Lisisusalintinfu	T	
Tarenna pavettoides (Harv.) Sim.	Mkombelonda # 2	T	果種　その他
Rutaceae (ミカン)			

科名（和名*）種名	トングェ名	形態**	採食部位***
Citrus limon (L.) N. L. Burm.	Limau	T	果種
Clausena anisata (Willd.) Hook. f. ex Benth.	Sibingabasimu	T	
Toddalia asiatica (L.) Lam.	Katapansima	L	果種
Sapindaceae（ムクロジ）			
Aporrihiza paniculata Radlk.	Muhoko	T	
Blighia unijugata Baker	Kashindabilangulube # 1	T	
Lecaniodiscus fraxinifolius Baker	Kafulujege	T	果種
Zanha golungensis Hiern	Sitalya	T	果種　葉髄
Sapotaceae（アカテツ）			
Mimusops bagshawei S. Moore	Mlonje # 2	T	果種
Synsepalum brevipes (Baker) Pennington	Mlyansekesi	T	果種
＝*Afrosersalisia cerasifera* (Welw.) Aubrev. in KNP1981			
Sterculiaceae（アオギリ）			
Dombeya kirkii Mast.	Katobo	T	
Pterygota macrocarpa K. Schum.	Mkungu	T	葉髄
Sterculia tragacantha Lindl.	Kakubabolo	T	果種　葉髄★　その他
Tiliaceae（シナノキ）			
Grewia flavescens Juss.	Lunkukuma	L	果種　葉髄　その他
Grewia mollis Juss.	Mkole	T	果種
Ulmaceae（ニレ）			
Celtis africana Burm. f.	Kahefu	T	葉髄　その他
Chaetacme aristata Planch.	Lisumata	T	
Trema orientalis (L.) Blume	Mhehu	T	葉髄
Verbenaceae（クマツヅラ）			

Premna sp.	Lulindi	T	葉髄	
Vitex doniana Sweet	Lufulu	T	果種	
Vitaceae（ブドウ）				
Cissus oliveri（Engl.）Gilg.	Ligagaja	L	葉髄	その他
［不明種］				
sp. 3		T		
sp. 4		T		
sp. 5		T		
sp. 6		L		

*和名：『文部省学術用語集-植物学編』を参照

**形態：T＝樹木，L＝つる

***採食部位：果種＝果実 and/or 種子；葉髄＝葉 and/or 髄；その他＝花，樹脂，樹皮，樹液等（Nishida & Uehara 1983；西田，上原，中村私信；伊藤未発表資料より）；

★印は「主要な食物」，下線は「重要な食物」(Nishida 1991 より)

****"＝種名 in KNP1981"：Kitongwe names of plants（Nishida & Uehara 1981）で採用されている学名

附録 2　マハレ山塊国立公園の哺乳類リスト（Nishida 1990a を改変）

西田利貞・上原重男 編集

目　名	科　名	和　名	英　名	学　名	チンパンジーによる捕食の記録がある種*
ハネジネズミ目	ハネジネズミ科	テングハネジネズミ	Chequered elephant-shrew	*Rhynchocyon cirnei*	○
食虫目	トガリネズミ科	モナクスジネズミ	White-toothed shrew	*Crocidura monax*	
翼手目		（コウモリは未同定）			
霊長目	ロリス科	オオガラゴ	Thick-tailed galago	*Otolemur crassicaudatus*	○
		ショウガラゴ	Lesser galago	*Galago senegalensis*	
	オナガザル科	ベルベットモンキー	Vervet monkey	*Cercopithecus aethiops*	○
		アカオザル	Red-tailed monkey	*Cercopithecus ascanius*	○
		アオザル（ブルーモンキー）	Blue monkey	*Cercopithecus mitis*	○
		キイロヒヒ	Yellow baboon	*Papio cynocephalus*	○
		アカコロブス	Red colobus	*Procolobus badius*	○
		アンゴラクロシロコロブス	Angolan black-and-white colobus	*Colobus angolensis*	
	ヒト科	チンパンジー	Chimpanzee	*Pan troglodytes*	○
有鱗目	センザンコウ科	サバンナセンザンコウ	Cape pangolin	*Phataginus temmincki*	
げっ歯目	ネズミ科	ホソハツカネズミ	Delicate mouse	*Mus tenellus*	
		ジャクソンヤワゲネズミ	African soft-furred rat	*Praomys jacksoni*	
		モリアフリカオニネズミ	Giant rat	*Cricetomys emini*	○
	リス科	ウスゲアブラヤシリス	Giant forest squirrel	*Protoxerus stangeri*	
		アカアシタイヨウリス	Red-legged sun squirrel	*Heliosciurus rufobrachium*	○
	タケネズミ科	アフリカタケネズミ	Cane rat	*Thryonomys swinderianus*	○
	デバネズミ科	デバネズミ	Mole rat	*Heliophobius* sp.	
	ヤマアラシ科	フサオヤマアラシ	Brush-tailed porcupine	*Atherurus* sp.	
		タテガミヤマアラシ	Crested porcupine	*Hystrix* sp.	
食肉目	イヌ科	ヨコスジジャッカル	Side-striped jackal	*Canis adustus*	

附録 2　マハレ山塊国立公園の哺乳類リスト (Nishida 1990a を改変)

		リカオン	Wild dog	*Lycaon pictus*	
	イタチ科	ツメナシカワウソ	Cape clawless otter	*Aonyx capensis*	
		ノドブチカワウソ	Spotted-necked otter	*Lutra maculicollis*	
		ラーテル	Ratel	*Mellivora capensis*	
	ジャコウネコ科	ヨーロッパジェネット	Common genet	*Genetta genetta*	
		オオブチジェネット	Large-spottet genet	*Genetta tigrina*	
		アフリカジャコウネコ	African civet	*Viverra civetta*	○
	マングース科	シロオマングース	White-tailed mongoose	*Ichneumia albicauda*	
		フサオマングース	Bushy-tailed mongoose	*Bdeogale crassicauda*	
		シママングース	Banded mongoose	*Mungos mungo*	
	ハイエナ科	ブチハイエナ	Spotted hyaena	*Crocuta crocuta*	
	ネコ科	ヨーロッパヤマネコ	African wild cat	*Felis sylvestris*	
		サーバル	Serval cat	*Felis serval*	
		ヒョウ	Leopard	*Panthera pardus*	
		ライオン	Lion	*Panthera leo*	
管歯目	ツチブタ科	ツチブタ	Aardvark	*Orycteropus afer*	
長鼻目	ゾウ科	アフリカゾウ	African elephant	*Loxodonta africana*	
イワダヌキ目	ハイラックス科	キボシイワハイラックス	Yellow-spotted dassie	*Heterohyrax brucei*	○
		ミナミキノボリハイラックス	Tree dassie	*Dendrohyrax arboreus*	
奇蹄目	ウマ科	サバンナシマウマ	Grant's zebra	*Equus bruchelli*	
偶蹄目	イノシシ科	イボイノシシ	Warthog	*Phacochoerus aethiopicus*	○
		ヤブイノシシ	Bushpig	*Potamochoerus porcus*	○
	カバ科	カバ	Hippopotamus	*Hippopotamus amphibius*	
	ウシ科	ブッシュバック	Bushback	*Tragelaphus scriptus*	○
		サバンナダイカー	Bush duiker	*Sylvicarpa grimmia*	
		ローンアンテロープ	Roan antelope	*Hippotragus equinus*	
		ブルーダイカー	Blue duiker	*Cephalophus monticola*	○
		シャープグリスボック	Sharpe's grysbok	*Raphicerus sharpei*	
		クリップスプリンガー	Klipspringer	*Oreotragus oreotragus*	
		アフリカスイギュウ	African buffalo	*Synceros caffer*	

＊糞からしか記録のないケースは，同定が不正確な可能性があるので省いた．

附録 3　マハレ邦文献総目録

西田利貞 編集

附録 3 は，タンザニアのマハレのチンパンジーの研究だけでなく，マハレのその他の動物，マハレの住民トングェの生活に関する邦文による文献の総目録である．また，マハレのチンパンジーに関する情報が一部でも含まれているような文献も含めた．学会研究発表のうち，抄録が印刷されていないものは省いた．なお，学会・研究会などでの研究発表のアブストラクトは「学会発表抄録」として，新聞記事のうち新聞記者の執筆したものは別扱いとし「新聞広報」として，別にまとめた．

(1) 著書・論文・報告・新聞署名記事

1967 年

伊谷純一郎 1967.「チンパンジーの餌づけと社会構造」,『科学朝日』27 (2): 79–85.

伊谷純一郎 1967.「霊長類の社会から人間の社会へ」,『科学』37 (4): 170–174.

西田利貞 1967.「野生チンパンジーの社会 II. サバンナのチンパンジー」,『自然』22 (8): 31–41.

1968 年

伊谷純一郎 1968.「サバンナにチンパンジーを追って ── アフリカ類人猿調査小史 ── 」,『科学朝日』28 (6): 104–108.

1969 年

西田利貞 1969.「カソゲのサル類」,『モンキー』13 (1): 5–15.

西田利貞 1969.「サルからヒトへ 35　チンパンジー3　狩猟採集民とのつながり」,『アサヒグラフ』No. 2346, pp. 70–73.

西田利貞 1969.「狩猟採集民とつながり？」,『サルからヒトへ』アサヒグラフ (編), pp. 158–161<再録>.

1970 年

伊谷純一郎 1970.『チンパンジーを追って』，筑摩書房，東京.

伊谷純一郎 1970.「霊長類の近親交配回避機構」，『遺伝』24 (6): 10–13.

西田利貞 1970.「チンパンジーの行動」，『自然』25 (5): 12–15.

西田利貞 1970.「カソゲのチンパンジーの現状」，『モンキー』14 (4): 6–13.

西田利貞 1970.「タンザニアの野生チンパンジーの生態研究」，『竹中育英会会誌』No. 13，pp. 43–45.

1971 年

伊谷純一郎 1971.「“原野の人”へのアプローチ ―― 京都大学アフリカ調査隊の報告 ―― 」，『科学朝日』31 (11): 132–136.

伊谷純一郎 1971.「カソゲのチンパンジー」，『モンキー』15 (5): 24–28.

伊谷純一郎 1971.「素描　タンガニイカ湖畔の人々」，『展望』No. 145，pp. 119–129.

伊谷純一郎 1971.「野生類人猿の研究」，『朝日・ラルース週刊世界動物百科 4』，p. 27.

伊谷純一郎 1971.「コミュニケーションの進化」，『理想』No. 456，pp. 85–97.

1972 年

伊谷純一郎 1972.『生態学講座 20：霊長類の社会構造』，共立出版，東京.

西田利貞 1972.「野生チンパンジーの道具使用」，『自然』27 (8): 41–47.

西田利貞 1972.「“えづけ”ということ」，『モンキー』16 (1): 4–5.

1973 年

伊谷純一郎 1973.「生物社会学・人類学から見た家族の起源」，『講座家族 1．家族の歴史』青山道夫 (編)，弘文堂，pp. 1–17.

伊谷純一郎・西田利貞・掛谷誠 1973.『タンガニーカ湖畔』，筑摩書房，東京.

西田利貞 1973.『精霊の子供たち』，築摩書房，東京.

西田利貞 1973.「野生チンパンジーの共食い」，『医学のあゆみ』85 (9): 563–566.

西田利貞 1973.「チンパンジー：挨拶はスキンシップで」,『コミュニケーション』6 (2): 14.

1974 年

伊谷純一郎 1974.「アフリカの類人猿 ── 生態・社会の比較と課題 ── 」,『アフリカ研究』14: 1–13.

伊谷純一郎 1974.「アフリカの森林・オープンランド境界域における野生チンパンジーと未開狩猟採集民の比較生態学的研究」,『学術月報』27 (6): 39–43.

伊谷純一郎 1974.「霊長類における社会構造の進化」,『言語』3 (12): 14–24.

伊谷純一郎 1974.「霊長類における伝達機構」,『年報社会心理学』No. 15, pp. 31–54.

伊谷純一郎・大塚柳太郎・西田利貞 1974.「動物社会学, 動物地理学, 人間生態学, その他」,『生態学辞典』沼田真 (編), 築地書館

掛谷誠 1974.「トングウェ族の生計維持機構 ── 生活環境・生業・食生活」,『季刊人類学』5 (3): 3–90.

掛谷誠 1974.「ジャンボ！　陽気な自然児たち ── 世界の子どもたち：タンザニア ── 」,『少年補導』(大阪少年補導協会, 大阪) 19 (2): 60–66.

西田利貞 1974.「野生チンパンジーの生態」,『人類の生態』大塚柳太郎・田中二郎・西田利貞 (編), 共立出版, 東京, pp. 15–60.

西田利貞 1974.「道具の起源」,『言語』3: 1084–1092.

西田利貞 1974.「ナイロビ駐在員の一年 (1971 年度)」,『アフリカ研究』14: 82–88.

大塚柳太郎・田中二郎・西田利貞 (編) 1974.『人類の生態』, 共立出版, 東京.

1975 年

今西錦司・伊谷純一郎・西田利貞 1975.「類人猿, 今後のサル学を展望する」,『今西錦司の世界』今西錦司 (編), 平凡社, 東京, pp. 195–227.

伊谷純一郎 1975.「人間以前の社会から何を学ぶか」,『経済と文化』No. 12, pp. 90–100.

伊谷純一郎 1975.「霊長類の生態と社会構造」,『人間と環境』池部陽他 (編), 彰国社, pp. 359–398.

掛谷誠 1975.「ヒューマン・エコロジー2：トングウェ族の生活」,『からだの科学』日本評論社, 東京 63: 132–138.

西田利貞 1975.「野生チンパンジーの性と社会」,『アニマ』3 (3): 5–20.

1976 年

伊谷純一郎 1976.「野生の論理 1.・遙かなるイプンバ」,『アニマ』4 (1): 53–59.

伊谷純一郎 1976.「野生の論理 2.・ルグフ縦断」,『アニマ』4 (2): 53–59.

伊谷純一郎 1976.「野生の論理 3.・トングウェをめぐる動物たち」,『アニマ』4 (3): 53–59.

伊谷純一郎 1976.「野生の論理 4.・罠師トングウェ」,『アニマ』4 (4): 53–59.

伊谷純一郎 1976.「野生の論理 5.・選ばれた動物たち」,『アニマ』4 (5): 53–59.

伊谷純一郎 1976.「野生の論理 6.・チンパンジーの社会構造」,『アニマ』4 (6): 53–59.

伊谷純一郎 1976.「野生の論理 7.・メール・アンド・フィーメール」,『アニマ』4 (7): 57–63.

伊谷純一郎 1976.「チンパンジーとゴリラ」,『別冊サイエンス』ホミニゼーション研究会 (編), pp. 92–105.

伊谷純一郎 1976.「霊長類」,『現代生物学大系 4』, 中山書店, pp. 233–248.

西田利貞 1976.「親と子：チンパンジー」,『朝日新聞』7 月 30 日, p. 12.

西田利貞 1976.「チンパンジーの狩猟」,『朝日新聞』12 月 4 日 (夕刊)：文化欄.

西田利貞 1976.「チンパンジーの子ども達 (上)」,『保育ノート』25 (1): 64–67.

西田利貞 1976.「チンパンジーの子ども達 (中)」,『保育ノート』25 (2): 62–65.

西田利貞 1976.「チンパンジーの子ども達 (下)」,『保育ノート』25 (3): 60–63.

1977 年

伊谷純一郎 (編) 1977.『チンパンジー記』, 講談社, 東京.

伊谷純一郎 1977.「チンパンジー記序説」,『チンパンジー記』伊谷純一郎 (編), 講談社, 東京, pp. 3–56.

伊谷純一郎 1977.「調査記録」,『チンパンジー記』伊谷純一郎 (編), 講談社, 東京, pp. 705–716.

伊谷純一郎 1977.「ウガラ紀行」,『チンパンジー記』伊谷純一郎 (編), 講談社, 東京, pp. 394–438.

伊谷純一郎 1977.『チンパンジーの原野 —— 野生の論理を求めて』, 平凡社, 東京

伊谷純一郎 1977.「トングウェ動物誌」,『人類の自然史』伊谷純一郎・原子令三 (編), 雄山閣, pp. 441–538.

伊谷純一郎 1977.「霊長類の伝達機構」,『霊長類』伊谷純一郎（編），雄山閣，pp. 195–224.
伊谷純一郎・原子令三（編）1977『人類の自然史』，雄山閣，東京.
掛谷誠 1977.「サブシステンス・社会・超自然的世界 ── トングウェ族の場合 ── 」,『人類学講座 12，生態』渡辺仁（編），雄山閣，東京，pp. 369–385.
掛谷誠 1977.「トングウェ族の呪医の世界」,『人類の自然誌』伊谷純一郎・原子令三（編），平凡社，東京，pp. 377–439.
川中健二・西田利貞 1977.「マハレ山塊のチンパンジー（2）集団間関係」,『チンパンジー記』伊谷純一郎（編）講談社，東京，pp. 639–694.
西田利貞 1977.「チンパンジーのオオアリ釣り行動とその進化生態学的意義」,『人類学講座 12　生態』渡辺仁（編），雄山閣，東京，pp. 55–84.
西田利貞 1977.「チンパンジーの社会構造」,『人類学講座 2　霊長類』伊谷純一郎（編），雄山閣，東京，pp. 277–314.
西田利貞 1977.「マハレ山塊のチンパンジー（1）生態と単位集団の構造」,『チンパンジー記』伊谷純一郎（編），講談社，東京，pp. 543–638.
西田利貞 1977.「チンパンジーのベッドの謎」,『自然と観察者の目』生態学講座編集委員会（編），共立出版，東京，pp. 101–107.
西田利貞 1977.「チンパンジー」,『親と子』朝日新聞学芸部（編），朝日新聞社，東京，pp. 144–148.
西田利貞 1977.「チンパンジー」,『図解自然観察シリーズ　動物（1）』河合雅雄（監修），学習研究社，東京，pp. 94–125.

1978 年

掛谷誠 1978.「呪薬としての動物 ── トングウェ族の呪医の論理 ── 」,『アニマ』6 (3): 81–86.
掛谷誠 1978.「シコメロの素材と論理 ── トングウェ族の動物性呪薬 ── 」,『アフリカ研究』17: 1–33.
西田利貞 1978.「民族の顔 21 タンザニアのトングェ族」,『科学朝日』38 (9): 20–21.
西田利貞 1978.「湖岸の革命」,『展望』，No. 232，pp. 103–124.
西田利貞 1978.「けものの道，ひとの道 ── 東アフリカの原野にさぐる」,『アニマ』6 (12): 34–39.
乗越皓司 1978.「チンパンジーの共食い行動」,『モンキー』22 (1): 6–13.

1979 年

西田利貞 1979.「チンパンジーの育児」,『子ども』，東京大学出版会，pp. 157–185.

西田利貞 1979.「ヒト以前の動物の行動」,『ヒトの生物学』, 講談社, 東京, pp. 117–137.
西田利貞 1979.「チンパンジーの攻撃性」,『モンキー』23 (6): 24–25.
内山晟・内山洋子 1979.『チンパンジー』(カラーアルバム 14), グラフ社, 東京.
上原重男 1979.「カソゲの K 集団のチンパンジー」,『モンキー』23 (6): 16–25.
上原重男・兼子良明 1979.「チンパンジー」,『自然 (キンダー・ブック 3)』12 月号.

1980 年

伊谷純一郎 1980.「霊長類の食」,『人間・たべもの・文化』石毛直道 (編), 平凡社, pp. 66–88.
伊谷純一郎 1980.「霊長類における個体の老化と集団の老化」,『日本老年医学会雑誌』17 (2): 137–141.
西田利貞 1980.「チンパンジーの文化」,『科学』50 (3): 146–154.
西田利貞 1980.「チンパンジーの集団とその後」,『アニマ』8 (4): 94.
西田利貞 1980.「類人猿の食物」,『生態学的栄養学研究』4: 5–14.
西田利貞 1980.「類人猿の攻撃性」,『公明新聞』No. 5423, 5 月 3 日, p. 8.
乗越皓司 1980.「野生チンパンジーの食肉行動」,『動物と動物園』(東京動物園協会) 32: 414–415.
乗越皓司 1980.「野生チンパンジーの食生活」,『なきごえ』(大阪市天王寺動物園協会) 16 (7): 6–7.
上原重男 1980.「タンザニア国マハレ山塊カソゲ地区のチンパンジーの社会学的・生態学的研究：資料のとりまとめ」『京都大学霊長類研究所年報』7: 36.

1981 年

伊谷純一郎 1981.「アフリカ類人猿の自然社会」,『学術月報』33 (11): 49–55.
伊谷純一郎 1981.「集団の加齢と行動 ── 霊長類社会の研究から ── 」,『高齢化社会の構造』, サイエンス社, pp. 101–125.
伊谷純一郎 1981.「心の生いたち ── 社会と行動」,『講座現代の心理学　心とはなにか』, 小学館, pp. 91–155.
掛谷誠 1981.「自然・呪医・精霊 ── トングウェ族呪医の昇位儀礼の体験 ── 」,『アニマ』9 (8): 53–58.
西田利貞 1981.『野生チンパンジー観察記』, 中央公論社, 東京.

上原重男 1981.「チンパンジーの社会構造の再検討」,『アフリカ研究』20: 15–32.

1982 年

掛谷誠 1982.「ゾウの悪霊払い」,『季刊民族学』No. 19, pp. 30–41.

西田利貞 1982.「超の世界 105：チンパンジーと人間」,『サイエンス』12 (6): 5.

西田利貞 1982.「チンパンジーのオオアリ釣り行動の発達について」,『サイコロジー』3 (7): 14–17.

西田利貞 1982.「マハレ国立公園計画と日本」,『月刊アピック』51: 28–33.

西田利貞 1982.「チンパンジーにも笑みがある」,『季刊　め』(12 月号) 7: 5–6.

乗越皓司 1982.「動物の子育て ── チンパンジー」,『発達』10: 89–96.

高崎浩幸 1982.「肉食をするチンパンジー」,『アニマ』10 (10): 67–69.

上原重男 1982.「チンパンジーの釣り道具」,『北海道新聞』2 月 3 日 (夕刊)：学芸欄.

上原重男 1982.『チンパンジーの世界』, 岩崎書店, 東京.

1983 年

伊谷純一郎 1983.「家族起源論の行方」,『家族史研究』家族史研究編集委員会 (編) No. 7, pp. 5–25.

伊谷純一郎・江原昭善・大参義一・西田利貞 1983. (座談会)「分業, 分配から家族の成立へ」,『科学朝日』43 (11): 44–50.

伊谷純一郎・グドール J・西田利貞 1983. (座談会)「ゴンベのチンパンジー, マハレのチンパンジー」,『アニマ』11 (3): 48–54.

掛谷誠 1983.「アフリカにおける呪と医」『史境』6, pp. 34–42.

掛谷誠 1983.「妬みの生態人類学 ── アフリカの事例を中心に」,『現代のエスプリ・生態人類学』大塚柳太郎 (編), 至文堂, 東京, pp. 229–241.

川田順造・西田利貞 1983. (対談エッセイ)「新しい人間の風景 (中) サル社会とヒト社会：霊長類の多様性と普遍性」,『エコノミスト』61: 40–48.

西田利貞 1983.「道具の起源 ── 霊長類学からの展望」,『現代の人類学 1 生態人類学』大塚柳太郎 (編), 至文堂, pp. 27–42＜再録 1974『言語』＞.

西田利貞 1983.「古くて新しい話題 ── 協調と利他的行動 ── 」,『遺伝』37 (4): 4-8.
西田利貞 1983.「母親や娘が集団を移る．転入メスの社会関係」,『アニマ』11 (3): 45-47.
西田利貞 1983.「ホデイとカリブ」,『アフリカハンドブック』米山俊直・伊谷純一郎 (編), 講談社, pp. 556-558.
上原重男 1983.「なぜチンパンジーの研究をするのか」,『札幌西北ロータリークラブ会報』Vol. VII, No. 302.
上原重男 1983.「人類学余白 13：チンパンジーの釣り棒とハンマー」,『アニマ』11 (1): 71.
米山俊直・伊谷純一郎 (編) 1983.『アフリカハンドブック』, 講談社, 東京.

1984 年

伊谷純一郎・市川光雄・掛谷誠・河合雅雄・西田利貞・米山俊直 1984. (座談会)「霊長類学, 生態人類学, 人類進化論 ── 伊谷純一郎氏のハクスリー記念賞授賞を祝って ── 」,『季刊人類学』15 (4): 3-56.
伊谷純一郎・米山俊直 (編) 1984.『アフリカ文化の研究』, アカデミア出版, 京都.
伊谷純一郎 1984.「チンパンジーの単位集団」,『親と子の絆　学際的アプローチ』河合隼雄・小林登・中根千枝 (編), 日本生命財団, pp. 54-60.
掛谷誠 1984.「トングウェ族呪医の治療儀礼 ── そのプロセスと論理 ── 」,『アフリカ文化の研究』伊谷純一郎・米山俊直 (編), アカデミア出版, 京都, pp. 729-776.
掛谷誠 1984.「テンベアとサファリ ── 焼畑農耕民の旅 ── 」,『アニマ』12 (7): 35-37.
西田利貞 1984.「チンパンジーとボノボの社会構造」,『人類学：その多様な発展』日本人類学会 (編), pp. 240-246.
西田利貞 1984.「アフリカ研究の回顧と展望 ── 霊長類研究」,『アフリカ研究』5: 42-49.
西田利貞 1984.「“チンパンじん” の発見 ── 訳者あとがきにかえて」,『政治をするサル』(フランス・ドゥ・ヴァール著, 西田利貞訳), どうぶつ社, pp. 291-294.
西田利貞 1984.「森林のマネジャー1」,『生産性新聞』(日本生産性本部) 10 月 31 日.
西田利貞 1984.「森林のマネジャー2」,『生産性新聞』(日本生産性本部) 11 月 7 日.
西田利貞 1984.「森林のマネジャー3」,『生産性新聞』(日本生産性本部) 11 月 14 日.

西田利貞 1984.「森林のマネジャー—4」,『生産性新聞』(日本生産性本部) 11 月 21 日
西田利貞 1984.「森林のマネジャー—5」,『生産性新聞』(日本生産性本部) 11 月 28 日.
西田利貞 1984.「森林のマネジャー—6」,『生産性新聞』(日本生産性本部) 12 月 5 日.
西田利貞 1984.「森林のマネジャー—7」,『生産性新聞』(日本生産性本部) 12 月 12 日.
西田利貞・新井素子 1984.「新井素子のハテナ教室・アフリカって何かとても面白そう」,『SF アドベンチャー』11 月号, pp. 108–115.
西田利貞・新井素子 1984.「新井素子のハテナ教室・チンパンジーって意外に過保護なんですねえ」,『SF アドベンチャー』12 月号, pp. 148–155.
武田淳 1984.「熱帯アフリカの環境と食生活：農耕民の生態的適応」,『季刊民族学』27: 26–41.

1985 年

伊谷純一郎 1985.「黒い大地の鼓動, アフリカ理解のために 27. 自然保護, 変貌するタンザニア, 人為による破壊, 人為で守ろう」,『読売新聞』4 月 13 日 (夕刊).
掛谷誠 1985.「保健と医療にみられる適応と破綻 1, 伝統的社会：トングウェを中心に」,『メディカル・ヒューマニティ 1』, 蒼弓社, 東京, pp. 42–48.
西田利貞 1985.「野生チンパンジーの文化的伝達」,『アフリカからの発想』河合雅雄 (編), 小学館, pp. 9–36.
西田利貞 1985.「チンパンジーと老い」,『誠信プレビュー』7 (2 月 8 日): 6–10.
西田利貞 1985.「人間社会のスピード, チンパンジー社会のスピード：文化の肥大は人類の不幸」,『自動車とその世界』No. 209, pp. 44–46.
西田利貞 1985.「人間はなぜ踊るのでしょうか？」,『QA』2 (6): 32.
西田利貞 1985.「霊長類学の現状と今後, ヒトの生物学的基礎解明へ」,『聖教新聞』8 月 17 日：文化欄.

1986 年

伊谷純一郎 1986.『チンパンジーの原野』, 講談社, 東京.
伊谷純一郎・田中二郎 (編) 1986.『自然社会の人類学 —— アフリカに生きる ——』, アカデミア出版, 京都.
掛谷誠 1986.「伝統的農耕民の生活構造 —— トングウェを中心として ——」,『自然社会の人類学 —— アフリカに生きる ——』伊谷純一郎・田

中二郎（編），アカデミア出版，京都，pp. 217–248.
高畑由起夫 1986.「タンザニア，マハレ国立公園のチンパンジー」，『自然社会の人類学』伊谷純一郎・田中二郎（編），アカデミア出版会，pp. 7–41.
武田淳 1986.「ヒトーハチ関係の諸類型：ニホンミツバチの伝統的養蜂」＜コメント＞，『季刊人類学』17 (2): 121–125.
上原重男 1986.「類人猿研究の意味」，『北海道民族学会通信』'86–1: 2–3.
上原重男 1986.「タンザニアの自然保護」，『ワイルドライフ・レポート』3: 131–132.

1987 年

長谷川寿一 1987.「類人猿の性とヒトの性」，『東京大学教養学部人文科学科紀要心理学』，pp. 101–123.
西田利貞 1987.「マハレ山塊におけるチンパンジーの行動生態学的研究の現状」，『学術月報』40 (6): 417–422.
西田利貞 1987.「自然保護の窓　森林の保護と紙の節約」，『霊長類研究』3 (1): 81–82.
西田利貞 1987.「野生状況での大型類人猿の繁殖」，『第 31 回プリマーテス研究会記録：シンポジウム類人猿の繁殖と保護』，pp. 12–15.
西田利貞・立花隆 1987.（対談）「立花隆のサル学レポート　サルに学ぶヒト 6」，『アニマ』15 (3): 49–55.
西田利貞・立花隆 1987.（対談）「立花隆のサル学レポート　サルに学ぶヒト 7」，『アニマ』15 (4): 98–104.
関一敏・西田利貞・西田正規・原子令三 1987.（座談会）「汎地球的に花（上）ネアンデルタールのノボロギク」，『龍生』No. 327，pp. 17–19.
関一敏・西田利貞・西田正規・原子令三 1987.（座談会）「汎地球的に花（中）花は美しいか？」，『龍生』No. 328，pp. 17–21.
関一敏・西田利貞・西田正規・原子令三 1987.（座談会）「汎地球的に花（下）ハナかメか霊長類」，『龍生』No. 329，pp. 17–21.
上原重男・西田利貞 1987.「大型類人猿の保護　ワシントン条約批准以前の日本における類人猿の輸入と利用」，『第 31 回プリマーテス研究会記録：シンポジウム類人猿の繁殖と保護』，pp. 38–44.

1988 年

長谷川寿一 1988.「サルは人間を映す鏡たりうるか？　── チンパンジーの攻撃性を中心として」，『文化会議』No. 229 (7 月号)，pp. 2–6.
早木仁成 1988.「チンパンジーはどのようにしてコミュニケーションしているのか ── グルーミングを手がかりにして」，『季刊人類学』19 (1): 30–40.

早木仁成 1988.「チンパンジーのコミュニケーションを考える」,『生物科学』40 (3): 131–139.

川中健二 1988.「アフリカの類人猿の社会構造」,『アフリカ研究』32: 69–88.

西田利貞 1988.「アフリカにチンパンジーを追って」,『ラボの世界』No. 145 (11 月号), pp. 2–3.

西田利貞 1988.「自然保護の窓　チンパンジー保護活動の現状」,『霊長類研究』4: 203–204.

1989 年

長谷川寿一 1989.「霊長類の配偶をめぐる競争と配偶者選択」,『心理学評論』32 (1): 45–63.

長谷川寿一 1989.「霊長類における社会性の発達」,『教育と医学』37 (9): 884–890.

長谷川寿一 1989.「野生チンパンジーの社会行動」『応用心理学講座 11：ヒューマン・エソロジー』糸魚川直祐・日高敏隆 (編), 福村出版, 東京, pp. 89–103.

長谷川真理子 1989.「チンパンジーの子どもの成長と母親の世話」,『応用心理学講座 11：ヒューマン・エソロジー』糸魚川直祐・日高敏隆 (編), 福村出版, 東京, pp. 104–117.

掛谷誠 1989.「南の生活原理と北の生活原理 ── 南北問題への一視点 ── 」,『文化における「北」』, 弘前大学, pp. 89–104.

小泉武栄・平朝彦・西田利貞・安成哲三 1989. (座談会)「フィールド・サイエンスの現在」,『科学』59 (1): 5–14.

西田利貞 1989.「動物と心 ── 欺満の行動学」,『心のありか』村上陽一郎 (編), 東京大学出版会, pp. 101–123.

西田利貞 1989.「マハレ国立公園への旅・その今昔」,『青淵』No. 484, pp. 24–29.

西田利貞 1989.「霊長類学の最前線」,『文芸春秋』67 (12): 83–84.

西田利貞 1989.「みんなの科学：文化の存在を確認」,『東京新聞』3 月 14 日 (夕刊), p. 6.

西田利貞 1989.「紙上しみん講座：　野生チンパンジーの薬」,『京都新聞』6 月 2 日, p. 17.

上原重男 1989.「野生チンパンジーの社会における個と集団」『第 38 回東北•北海道地区大学一般教育研究会研究集録 (1989)』, 札幌, pp. 150–154.

1990 年

長谷川寿一 1990.「チンパンジーの子殺しはなぜ起きるのか？」,『新釈どうぶつ読本 (別冊宝島 119)』, pp. 149–154.

早木仁成 1990.『チンパンジーのなかのヒト』，裳華房，東京.
ハフマン MA 1990.「お医者さんはチンパンジー；チンパンジー社会における医療行為について」，『阪大歯学部同総会会報』63: 31–32.
石弘之 1990.「チンパンジー」，『新動物記』，朝日新聞社，pp. 137–142.
加納隆至・河合雅雄・西田利貞・長谷川寿一・原子令三・山折哲雄 1990.「シンポジウム：子殺しと共食いの謎」，『創造の世界』No. 75，pp. 78–107.
西田利貞 1990.「野生チンパンジーの博物学・25 年目のフィールドノート」，『創造の世界』No. 75，pp. 52–77.
西田利貞 1990.「野生チンパンジーとの 25 年」，『聖教新聞』3 月 31 日：文化欄.

1991 年

長谷川寿一 1991.「乱婚社会の謎：チンパンジーの性生活」，『サルの文化誌』西田利貞・伊沢紘生・加納隆至（編），平凡社，東京，pp. 371–388.
早木仁成 1991.「青年期の終わり —— チンパンジーのワカモノが体得するもの」，『サルの文化誌』西田利貞，伊沢紘生，加納隆至（編），平凡社，東京，pp. 503–522.
掛谷誠 1991.「平等性と不平等性のはざま —— トングウェ社会のムワミ制度」，『ヒトの自然誌』田中二郎・掛谷誠（編），平凡社，pp. 59–88.
川中健二 1991.「父系社会のオスたち —— チンパンジーのオスたちの社会的成長」，『サルの文化誌』西田利貞・伊沢紘生・加納隆至（編），平凡社，東京，pp. 217–239.
小清水弘一 1991.「西アフリカ熱帯多雨林産有用植物の探索と生理活性成分」，『学術月報』44 (6): 584–589.
小清水弘一 1991.「野生チンパンジーの薬草とその成分」，『化学と生物』29 (2): 73–75.
西田正規 1991.「トングウエ族の職人の世界」，『ヒトの自然誌』田中二郎・掛谷誠（編），平凡社，東京，pp. 507–527.
西田利貞 1991.「野生チンパンジーにおける子殺しと共食い」，『アニマ』19 (3): 75–76.
西田利貞 1991.「チンパンジーの老後」，『季刊マチュリテイ』，平成三年秋号.
西田利貞 1991.「序にかえて」，『サルの文化誌』西田利貞・伊沢紘生・加納隆至（編），平凡社，東京，pp. 7–12.
西田利貞・伊沢紘生・加納隆至（編）1991.『サルの文化誌』，平凡社，東京.

大東肇・地阪光生・高垣輝嘉・小清水弘一・Michael A. Huffman・西田利貞・高崎浩幸・梶幹男 1991.「野性チンパンジーの薬用植物と生理活性成分」,『アフリカ研究』39: 15–27.

高畑由起夫 1991.「狩る者と狩られる者，そしてねだる者とねだられる者 ── チンパンジーの狩猟行動」,『サルの文化誌』西田利貞・伊沢紘生・加納隆至 (編)，平凡社，pp. 401–417.

立花隆 1991.『サル学の現在』，平凡社，東京.

上原重男 1991.「性的分業の起源：チンパンジーの採食行動の性差を中心に」『サルの文化史』西田利貞・伊澤紘生・加納隆至 (編)，平凡社，東京，pp. 389–400.

1992 年

長谷川真理子 1992.「霊長類の子殺しをめぐる諸問題」,『動物社会における共同と攻撃』伊藤嘉昭 (編)，東海大学出版会，東京，pp. 185–222.

長谷川寿一 1992.「雌にとっての乱婚 ── チンパンジーとニホンザルを中心として」,『動物社会における共同と攻撃』伊藤嘉昭 (編)，東海大学出版会，東京，pp. 223–250.

早木仁成 1992.「野生チンパンジーのワカオスのグルーミングの相手」,『神戸学院大学人文学部紀要』4 号，pp. 83–105.

掛谷誠 1992.「呪術は本当に効果があるのか」,『100 問 100 答・世界の歴史，中東アフリカ』，河出書房新社，pp. 230–233.

加藤幸子 1992.「チンパンジーの森へ」,『マザー・ネイチャーズ』6: 82–101.

松本晶子 1992.「ルランガとドゥリンドゥリン」,『国際協力』10 月号，pp. 21–22.

西田利貞 1992.「霊長類における援助行動の進化」,『講座進化第 7 巻　生態からみた進化』柴谷篤弘・長野敬・養老孟司 (編)，pp. 247–306.

西田利貞 1992.「しぐさは語る」,『JR　EAST』，34 (5): 12–13，東日本旅客鉄道株式会社 5 月号.

西田利貞 1992.「野生チンパンジーの集団リンチ事件，ヒトと共通の多くの心的特性」,『公明新聞』7 月 19 日.

西田利貞・上原重男 (編) 1992.「動物たちの地球 44，哺乳類 1 (8) ゴリラ・チンパンジーほか」,『週間朝日百科』4 月 26 日，朝日新聞社，pp. 225–256.

大東肇 1992.「わかっているようでわからないこと　Q：動物たちが病気になったとき，薬草を食べて治すといわれていますが本当でしょうか？」『科学』47 (9): 580–581.

高畑由起夫・小山直樹・鈴木滋 1992.「ニホンザルとチンパンジーにおける老い：とくに雌の「性」について」,『日本モンキーセンター年報・平成 4 年度』, pp. 118–120.

高畑由起夫 1992.「挨拶を交わす者たち ── チンパンジー」,『動物たちの地球』No. 44, pp. 244–247.

高畑由起夫 1992.「チンパンジーの子殺し」,『動物たちの地球』No. 44, p. 248.

武田淳 1992.「アフリカのヒトと暮らし：食物獲得戦略を中心として」,『リベラル・アーツ』6: 3–20.

上原重男 1992.「マハレ山塊国立公園（リレーエッセイ：鳥参上 7)」『カッコウ（日本野鳥の会札幌支部報)』130 (11 月号), p. 9.

1993 年

ハフマン MA 1993.「野生チンパンジー薬草利用研究：成果と展望」,『霊長類研究』9: 179–187.

板垣真理子 1993.『踊るカメラマン ── アフリカ・ブラジル・中国の旅』, 晶文社, 東京.

伊谷純一郎 1993.「タンガニイカ湖畔」,『霊長類研究』9: 215–224.

掛谷誠 1993.「ミオンボ林の農耕民 ── その生態と社会編成」,『アフリカ研究 ── 人・ことば・文化』赤阪賢・日野瞬也・宮本正興（編), 世界思想社, pp. 19–30.

小清水弘一 1993.「熱帯林に植物成分を探る」,『遺伝』47 (10): 55–60.

松本晶子 1993.「孤児の社交性」,『霊長類研究』9: 107–112.

西田利貞 1993.「おもしろ観察記チンパンジー　第 1 話　30 年たっても新しい発見」,『WWF』23 (4): 11–12.

西田利貞 1993.「おもしろ観察記チンパンジー　第 2 話　果実とともに移動するパーテイ」,『WWF』23 (5): 11–12.

西田利貞 1993.「おもしろ観察記チンパンジー　第 3 話　チンパンジーの食物の味」,『WWF』23 (6): 11–12.

西田利貞 1993.「おもしろ観察記チンパンジー　第 4 話　チンパンジーの薬草？」,『WWF』23 (7): 11–12.

西田利貞 1993.「おもしろ観察記チンパンジー　第 5 話　チンパンジーの狩猟」,『WWF』23 (8): 15–16.

西田利貞 1993.「おもしろ観察記チンパンジー　第 6 話　死んだ獣を食べる」,『WWF』23 (9): 11–12.

西田利貞 1993.「おもしろ観察記チンパンジー　第 7 話　母子間の食物分配」,『WWF』23 (10): 11–12.

西田利貞 1993.「おもしろ観察記チンパンジー　第 8 話　肉の分配と政治」,『WWF』23 (11): 11–12.

西田利貞 1993.「おもしろ観察記チンパンジー　第 9 話　道具の使用」,『WWF』23 (12): 11–12.
高畑由起夫 1993.「人間の一生についての二，三の議論」,『岩波講座宗教と科学第 10 巻・人間の生き方』河合隼雄，清水博，谷泰，中村雄二郎 (編)，岩波書店，東京，pp. 99–133
高崎浩幸 1993.「DNA 多型による野生チンパンジー研究の展望：野外研究者のための DNA 学の手引き」,『霊長類研究』9: 135–144.
武田淳 1993.「アフリカの伝統的養蜂」,『週刊朝日百科・動物たちの地球』No. 124, p. 103.
吉田浩子 1993.「野生と飼育下でのチンパンジーの母子関係の比較」,『第 38 回プリマーテス研究会記録・サルの育ち方育て方』, pp. 97–102.

1994 年

濱井美弥 1994.「チンパンジーにとって“魅力的な”メスとは」,『霊長類研究』10: 33–40.
長谷川寿一 1994.「人間とチンパンジー：人間相対論のすすめ」,『無限大』(日本 IBM) 96: 52–58.
早木仁成 1994.「野生チンパンジーにおける第 2 位の雄の社会関係」,『霊長類研究』10: 289–305.
ハフマン MA 1994.「植物を薬用するチンパンジー」,『週刊朝日百科：植物の世界』, 朝日新聞社, pp. 222–224.
掛谷誠 1994.「アフリカ」,『講座：現代の地域研究 2. 世界単位論』矢野暢 (編)，弘文堂，pp. 261–279.
掛谷誠 1994.「自然と社会をつなぐ呪薬」『講座　地球に生きる 2　環境の社会化』掛谷誠 (編)，雄山閣出版，pp. 171–194.
掛谷誠 1994.「変貌する民族社会と地域研究」『総合的地域研究』No. 6, pp. 8–10.
掛谷誠 1994.「アフリカにおける地域性の形成をめぐって」『地域性の形成をめぐって』(重点領域研究「総合的地域研究」成果報告書シリーズ：No. 2), pp. 8–12.
掛谷誠 1994.「“共生の思想”とアフリカ」,『聖教新聞』12 月 20 日.
掛谷誠 1994.「けんきゅう最前線：焼き畑農耕民は変化より安定求める」,『京都新聞』6 月 16 日 (夕刊).
西田利貞 1994.『チンパンジーおもしろ観察記』, 紀伊国屋書店，東京
西田利貞 1994.「類人猿の昆虫食」,『月刊アフリカ』34 (9): 8–12.
西田利貞 1994.「野生チンパンジーにおける協力と葛藤解決」,『学術月報』47 (6): 589–594.
西田利貞 1994.「森の中で始まった人類化」,『動物たちの地球』No. 133, pp. 24–27.

西田利貞 1994.「最古の人類の生活」,『動物たちの地球』No. 133, pp. 28–29.
西田利貞 1994.「チンパンジーの道具使用の新機軸」,『動物たちの地球』No. 133, p. 30.
西田利貞 1994.「サルはいかにしてヒトになったか」,『By—Line』3 (9): 45–48.
西田利貞 1994.「サル学の勧め」,『聖教新聞』, 9 月 3 日：文化欄, p. 8.
西田利貞 1994.「チンパンジー研究の最近の話題」,『京大関係病院長協議会会報』No. 14, pp. 31–54.
西田利貞 1994.「おもしろ観察記チンパンジー　第 10 話　私は赤ちゃん」,『WWF』24 (1): 11–12.
西田利貞 1994.「おもしろ観察記チンパンジー　第 11 話　離乳」,『WWF』24 (2): 11–12.
西田利貞 1994.「おもしろ観察記チンパンジー　第 12 話　兄弟姉妹」,『WWF』24 (3): 11–12.
西田利貞 1994.「おもしろ観察記チンパンジー　第 13 話　トウラのお人形」,『WWF』24 (4): 11–12.
西田利貞 1994.「おもしろ観察記チンパンジー　第 14 話　子ども時代から大人へ」,『WWF』24 (5): 11–12.
西田利貞 1994.「おもしろ観察記チンパンジー　第 15 話　嫁いびり」,『WWF』24 (6): 11–12.
西田利貞 1994.「おもしろ観察記チンパンジー　第 16 話　雌の連合」,『WWF』24 (7): 21–22.
西田利貞 1994.「おもしろ観察記チンパンジー　第 17 話　性」,『WWF』24 (8): 11–12.
西田利貞 1994.「おもしろ観察記チンパンジー　第 18 話　求愛誇示」,『WWF』24 (9): 11–12.
西田利貞 1994.「おもしろ観察記チンパンジー　第 19 話　雄の威嚇ディスプレー」,『WWF』24 (10): 11–12.
西田利貞 1994.「おもしろ観察記チンパンジー　第 20 話　アルファ雄」,『WWF』24 (11): 11–12.
西田利貞 1994.「おもしろ観察記チンパンジー　第 21 話　雄の連合」,『WWF』24 (12): 11–12.
乗越皓司 1994.「野生チンパンジーの道具使用に見られる手の選択性」,『霊長類研究』10: 315–319.
大東肇 1994.「野生霊長類の非栄養的植物と生理活性物質」,『文部省科学研究費補助金（一般研究 C）研究成果報告書』, pp. 1–37.
高崎浩幸 1994.「薬草で癒すサルたち：彼らも薬をもっていた」,『ゑれきてる』No. 54, pp. 21–24.
上原重男 1994.「マハレ山塊国立公園で観察されたチンパンジーの雄の単独生活」,『霊長類研究』10: 281–288.

1995 年

早木仁成 1995.「野生チンパンジーの遊びと技術」,『生活技術の人類学』吉田集而 (編), 平凡社, 東京, pp. 17–37.
早木仁成 1995.「チンパンジー研究 ── もう一つのヒトとして」,『神戸新聞』2 月 21 日 (夕刊).
早木仁成 1995.「握手と毛づくろい ── 同じ行為で「対等」確認」,『神戸新聞』3 月 14 日 (夕刊).
早木仁成 1995.「チンパンジーの雌 ── 発情時はがぜん行動的」,『神戸新聞』4 月 11 日 (夕刊).
早木仁成 1995.「最初の医療行為？　── チンパンジーのノミ取り」,『神戸新聞』5 月 2 日 (夕刊).
早木仁成 1995.「平等性の進化 ── 分かちあった震災体験」,『神戸新聞』5 月 23 日 (夕刊).
保坂和彦 1995.「チンパンジーの遊びのなかに見えるもの ── 水遊び ── 」,『モンキー』39 (2): 20–21.
掛谷誠 1995.「変貌するアフリカ伝統社会と癒しの構造」,『地域開発』(日本地域開発センター) No. 374, pp. 28–32.
松本晶子 1995.「3 頭レスリングは難しい」,『モンキー』39: 16–17.
中村美知夫 1995.「チンパンジーの遊びの中にみえるもの ── 「からかう」という遊び ── 」,『モンキー』39: 18–19.
西田利貞 1995.「地球の声を聞け：あまりに人間的な──チンパンジー」,『毎日新聞』3 月 26 日：日曜版.
西田利貞 1995.「チンパンジーの道具使用とその限界」,『生命 40 億年はるかな旅, 第 5 巻』, NHK 取材班 (編), NHK, 東京, pp. 64–67.
西田利貞 1995.「チンパンジーの食物を試食する」,『UP』24 (5): 6–11.
西田利貞 1995.「人類学の顔 22　霊長類学」,『アエラムック　人類学がわかる』, 朝日新聞社, pp. 52–53.
西田利貞 1995.「あまりに人間的な ── ：チンパンジー」,『いま, 野生動物たちは：地球の声のネットワーク』, ナスカ・アイ (編), 丸善, 東京, pp. 151–153<毎日新聞より再録>.
西田利貞 1995.「チンパンジーの社会」,『日本文化の周辺』, 京都女性歴史の会 (編), 誠企画, pp. 101―135.
西田利貞 1995.「チンパンジーのオオアリ釣り」,『自然の手帳シリーズ：チンパンジー』伊沢紘生 (編), 立川書房, pp. 77–86<1981『野生チンパンジー観察記』から再録>.
西田利貞 1995.「おもしろ観察記チンパンジー　第 22 話　集団間の関係」,『WWF』25 (1): 11–12.
西田利貞 1995.「おもしろ観察記チンパンジー　第 23 話　欺瞞, 裏切りと道徳的怒り」,『WWF』25 (2): 11–12.
西田利貞 1995.「おもしろ観察記チンパンジー　第 24 話　チンパンジーの保護」,『WWF』25 (3): 11–12.

大東　肇 1995.「野生チンパンジーの食と薬」,『日本食品科学工学会誌』42 (10): 859–868.
上原重男 1995.「チンパンジーの動物生薬学：“食物”のフィールド観察と化学分析の連携から拓けた新分野」,『化学と生物』33: 487–489.

1996 年

長谷川寿一 1996.「“奇妙なサル”にみる互恵性」,『知のモラル』小林康夫・船曳建夫 (編), 東京大学出版会, pp. 175–191.
伊谷純一郎 1996.『森林彷徨』, 東京大学出版会.
掛谷誠 1996.「フロンティア世界としてのアフリカ ── 地域間比較に向けての覚え書き ── 」,『総合的地域研究』No. 12, pp. 10–13.
掛谷誠 1996.「内陸アフリカの論理 ── 内的フロンティア世界としてのアフリカ」,『東南アジアとアフリカ ── 地域間研究の視点から』(重点領域研究「総合的地域研究」成果報告書シリーズ：No. 22), pp. 53–63.
掛谷誠 1996.「呪いをめぐる人類史的考察」,『異文化理解の位相 ── シンポジウムの記録 ── 』, 福井県立大学, pp. 3–10.
西田利貞 1996.「＜紹介＞大学院理学研究科人類学講座人類進化論分野」,『京大広報』No. 502 (5 月), p. 55.
西田利貞 1996.「人類進化論を研究してアフリカ・マハレ山塊で 30 年, チンパンジーと食べ比べ」,『ティピィ』2 (2): 51.
西田利貞・杉本秀太郎・山折哲雄・山田慶児 1996.「チンパンジーも日和見的・政治的なのはオスである」,『潮』No. 446 (4 月号), pp. 342–352.
乗越皓司 1996.「マハレ博物記抜粋」,『ソフィア』45 (1): 82–101.
大東肇, Michael A. Huffman, 小清水弘一 1996.「野生チンパンジーの薬用植物利用に関する化学生態学的研究: *Vernonia amygdalina* を例に」,『アフリカ研究』, 48: 51–62.
大東肇 1996.「野生霊長類の薬用的利用植物とその生理活性物質」,『文部省科学研究費補助金 (総合研究 A) 研究成果報告書』, pp. 1–33.
大東肇, Michael A. Huffman, 小清水弘一 1996.「熱帯林の薬用資源を探る ── チンパンジーの行動とアフリカの民族薬を接点に ── 」,『第 5 回国際伝統医薬シンポジウム講演集』(富山), pp. 303–313.

1997 年

福田史夫 1997.「INTERVIEW：タンザニアのマハレ山塊国立公園でチンパンジーの“人付け”に挑戦！」,『JICA サテライト』(JICA 広報課), 1997–3, p. 5.

福田史夫 1997.「マハレのチンパンジーの人付け」,『モンキー』41 (5.6): 16–23.

福田史夫 1997.「“野生の王国” のはなやかさに砂漠化への危険な前兆が潜む」,『サイアス』(97/06/06), pp. 74–75.

濱井美弥 1997.「野生チンパンジーのメスによるコドモの運搬について」,『霊長類研究』13: 275..

早木仁成 1997.「野生チンパンジーのサファリ行動」,『神戸学院大学人文学部紀要』第 14 号, pp. 15–30.

松本晶子 1997.「霊長類の性からみた人間家族の起源」,『日本=性研究会議会報』9: 40–47.

西田利貞 1997.「知能進化の生態仮説と社会仮説」,『中山科学振興財団活動報告書 1996, 類人猿に見る人間』, (小林登編), 中山書店, pp. 35–62.

西田利貞 1997.「霊長類学関係用語」,『人類学用語辞典』渡辺直経 (編), 雄山閣, 東京

高畑由起夫, 1997「モンキー・トーク, あるいは「サルがどのようにしてコミュニケートするか」についてわれわれが知ったこと」,『コミュニケーションの自然誌』谷泰 (編), 新曜社, pp. 61–82.

上原重男 1997.「野生チンパンジー研究とタンザニア I 」,『藻嶺 (札幌大学広報)』No. 76 (春号), p. 3.

上原重男 1997.「野生チンパンジー研究とタンザニア II 」,『藻嶺 (札幌大学広報)』No. 77 (夏号), p. 3.

1998 年

福田史夫 1998.「マハレの森の動物たち」,『どうぶつと動物園』50 (6): 12–13.

福田史夫 1998.「マハレのサルたち」,『モンキー』42 (3): 3–17.

早木仁成 1998.「野生チンパンジーにおける青年雄の拮抗的交渉」,『神戸学院大学人文学部紀要』第 16 号, pp. 1–16.

早木仁成 1998.「野生チンパンジーにおける毛づくろいの生起構造」,『神戸学院大学人文学部紀要』第 17 号, pp. 11–26.

伊沢紘生・河合雅雄・庄武孝義・杉山幸丸・西田利貞 1998.「＜シンポジウム＞新世代への提言：サル学の最前線から」,『創造の世界』No. 105, pp. 78–107.

掛谷誠 1998.「焼畑農耕民の生き方」,『アフリカ農業の諸問題』高村泰雄・重田眞義 (編), 京都大学学術出版会, pp. 59–86.

西田利貞 1998.「政治・経済の起源を求めて」,『創造の世界』No. 105, pp. 58–63.

西田利貞 1998.「33 年目を迎えたマハレのチンパンジー研究」,『サイアス』3 (18): 34–35.

西田利貞 1998.「ヒトとサルは似ている？　似ていない？」,『TQ Taisei Quarterly』Autumn 1998, No. 104, pp. 14-18.

西田利貞・杉本秀太郎・山折哲雄・山田慶児 1998.「チンパンジーのオスは日和見的・政治的なんです」,『先端科学の現在』河合隼雄, 杉本秀太郎, 山折哲雄, 山田慶児 (編), p. 25-42<1996 年『潮』再録>.

西田利貞 (編) 1998.『映像エソグラム作成によるチンパンジー属の行動の比較研究』, 平成 8—9 年度科学研究費補助金 (基盤研究 B) 研究成果報告書 (課題番号 08454278)

西田利貞 (編) 1998.『チンパンジーの資源利用パターンと社会構造』, 平成 7—9 年度科学研究費補助金 (国際学術研究) 研究成果報告書 (課題番号 07041138)

大東肇 1998.「チンパンジーの薬用植物利用に関する化学的・生態学的解析」,『J. Mass Spectrom. Soc. Jpn.』46 (3): 173-177

大東肇 1998.「野生霊長類 (チンパンジー) が摂取する植物とその生理活性物質」,『Health Digest』13 (5): 1-6.

大東肇 1998.「野生チンパンジーの食生活から教えられること」,『化学と生物』36 (6): 374-375.

大東肇 1998.「野生霊長類の薬用植物利用に関する化学生態学的研究」,『文部省科学研究費補助金 (基盤研究 (A) (1)) 研究成果報告書』, pp. 1-33.

大東肇 1998.「野生霊長類の薬用食物の探索とその生理機能性成分に解明」,『文部省科学研究費補助金 (基盤研究 (B) (2)) 研究成果報告書』, pp. 1-28.

1999 年

掛谷誠 1999.「内的フロンティアとしての内陸アフリカ」,『“地域間研究”の試み (上)』高谷好一 (編), 京都大学学術出版会, pp. 285-302.

掛谷誠 1999.「東南アジアをどう捉えるか (5) アフリカ世界から」,『<総合的地域研究>を求めて』坪内良博 (編), 京都大学学術出版会, pp. 399-415.

松本晶子 1999.「チンパンジーの社会性」,『遺伝』53 (1): 31-36.

松任谷由美 1999.「消えゆく“森の住人“を訪ねて, ユーミンのアフリカ日記」,『SINRA』61: 96-106.

中村美知夫 1999.「コミュニケーションとしての毛づくろい？　── チンパンジーの毛づくろいの諸特徴から ── 」,『遺伝』53 (1): 43-47.

中村美知夫 1999.「文化霊長類学の成熟 ── 最近の研究動向から ── 」,『モンキー』43 (1. 2): 8-11.

中村美知夫・伊藤詞子・坂巻哲也 1999.「調査地紹介: マハレ山塊国立公園（タンザニア連合共和国）」,『霊長類研究』15: 93–99.
西田利貞 1999.「霊長類学の歴史と展望」,『霊長類学を学ぶ人のために』, 西田利貞・上原重男（編）, 世界思想社, 京都, pp. 2–24.
西田利貞 1999.「動物の“食べる”に学ぼう 1. 大きな動物の小さな食べ物」,『栄養と料理』65 (1): 64–66.
西田利貞 1999.「動物の“食べる”に学ぼう 2. 大きなサルと小さなサル」,『栄養と料理』65 (2): 60–62.
西田利貞 1999.「動物の“食べる”に学ぼう 3. 食べ物としての葉」,『栄養と料理』65 (3): 62–64.
西田利貞 1999.「動物の“食べる”に学ぼう 4. 果実は食べてもらうためにある」,『栄養と料理』65 (4): 64–66.
西田利貞 1999.「動物の“食べる”に学ぼう 5. 種子の散布者たち」,『栄養と料理』65 (5): 62–64.
西田利貞 1999.「動物の“食べる”に学ぼう 6. チンパンジー向けに進化した果実」,『栄養と料理』65 (6): 66–68.
西田利貞 1999.「動物の“食べる”に学ぼう 7. 薬の起源」,『栄養と料理』65 (7): 66–68.
西田利貞 1999.「動物の“食べる”に学ぼう 8. チンパンジーの薬　その 1. 葉の呑みこみ行動」,『栄養と料理』, 65 (8): 54–56.
西田利貞 1999.「動物の“食べる”に学ぼう 9. チンパンジーの薬　その 2. ヴェルノニアの茎」,『栄養と料理』65 (9): 62–64.
西田利貞 1999.「動物の“食べる”に学ぼう 10. 動物たちが使う薬」,『栄養と料理』65 (10): 66–68.
西田利貞 1999.「動物の“食べる”に学ぼう 11. 肉食するサル」,『栄養と料理』65 (11): 66–68.
西田利貞 1999.「動物の“食べる”に学ぼう 12. チンパンジーのコロブス狩り」,『栄養と料理』65 (12): 46–48.
西田利貞 1999.「特集：味と匂いの神経機構　チンパンジーの食物の味」,『神経研究の進歩』43 (5): 701–710.
西田利貞 1999.「国際霊長類学会に出席して」,『WWF』29 (3): 11–12.
西田利貞 1999.「どこまで似ている？　ヒトとサル」,『目で見るものと心で見るもの』草思社編集部（編）, 草思社, pp. 146–153.
西田利貞 1999.「サル学と文化」,『聖教新聞』3 月 9 日：文化欄, p. 7.
西田利貞 1999.「私たちは“エコサイクル”の中で生きている」,『Tomorrow』No. 576, 株式会社ライフ, pp. 18–20.
上原重男 1999.「行動の性差」,『霊長類学を学ぶ人のために』西田利貞・上原重男（編）, 世界思想社, 京都, pp. 93–113.

2000 年

ハフマン MA・小清水弘一・大東肇 2000. サルの薬膳料理,『霊長類生態学 ── 環境と行動のダイナミズム』杉山幸丸（編）, 京都大学学術出版会，pp. 85–108.
保坂和彦・松本晶子・ハフマン　MA・川中健二　2000.「マハレの野生チンパンジーにおける同種個体の死体に対する反応」，『霊長類研究』16: 1–15.
五百部裕 2000.「アカコロブス対チンパンジー：霊長類における食う —— 食われるの関係」，『霊長類生態学 —— 環境と行動のダイナミズム』杉山幸丸 (編)，京都大学学術出版会，pp. 61–84.
五百部裕 2000.「霊長類に見られる被食 —— 捕食関係」，『学術月報』53 (10): 12–17.
中村美知夫 2000.「フィールドの暮らし —— 住まい篇 —— 」，『モンキー』45 (2): 22–25.
中村美知夫 2000.「フィールドの暮らし —— 食べ物篇 —— 」，『モンキー』44 (3. 4): 9–12.
西田利貞・バーバラ・フルース 2000.「対談：未知の仲間・チンパンジーへの長い道のり」，『エコソフィア』5: 31–35.
西田利貞 2000.「動物の“食べる”に学ぼう 13．食物の分配」，『栄養と料理』66 (1): 70–72.
西田利貞 2000.「動物の“食べる”に学ぼう 14．甘味を演出する植物」，『栄養と料理』66 (2): 62–64.
西田利貞 2000.「動物の“食べる”に学ぼう 15．動物によって味覚は違う」，『栄養と料理』66 (3): 48–50.
西田利貞 2000.「動物の“食べる”に学ぼう 16．チンパンジーの味覚の世界」，『栄養と料理』66 (4): 60–62.
西田利貞 2000.「動物の“食べる”に学ぼう 17．糞は栄養に富んでいる」，『栄養と料理』66 (5): 62–64.
西田利貞 2000.「動物の“食べる”に学ぼう 18．昆虫という食物」，『栄養と料理』66 (6): 62–64.
西田利貞 2000.「動物の“食べる”に学ぼう 19．救荒食としての樹皮」，『栄養と料理』66 (7): 66–68.
西田利貞 2000.「動物の“食べる”に学ぼう 20．土食い」，『栄養と料理』66 (8): 46–48.
西田利貞 2000.「動物の“食べる”に学ぼう 21．魚食文化」，『栄養と料理』66 (9): 62–64.
西田利貞 2000.「動物の“食べる”に学ぼう 22．サルの食文化」，『栄養と料理』66 (10): 50–52.
西田利貞 2000.「動物の“食べる”に学ぼう 23．食事の回数」，『栄養と料理』66 (11): 62–64.
西田利貞 2000.「動物の“食べる”に学ぼう 24．飽食と廃棄の現代文明」，『栄養と料理』，66 (12): 62–64.
西田利貞 2000.「霊長類学の 20 世紀」，『20 世紀の生命科学と生命観』，尾本恵市 (編)，総合研究大学院大学，pp. 31–40.
西田利貞 2000.「チンパンジーの食の知恵」，『週刊朝日増刊号　健康食』7 月 10 日，通巻 4390 号，pp. 84–85.

西田利貞 2000.「ヒト化への道」,『生命の地球 7　ヒトはどこからきたか』, 三友社出版, 東京, pp. 45–64.
上原重男 2000.「チンパンジーの長期研究」,『学術月報』53 (10): 8–11.

2001 年

福田史夫 2001.『アフリカの森の動物たち』, 人類文化社
中村美知夫 2001.「フィールドの暮らし ── 移動編 ── 」,『モンキー』45 (3): 27–31.
西田利貞 2001.「大型類人猿に絶滅の危機」,『学士会会報』No. 830 (2001-□), pp. 134–137.
西田利貞 2001.『動物の「食」に学ぶ』, 女子栄養大学出版部, 東京.
西田利貞 (編) 2001.『ホミニゼーション』, 京都大学学術出版会, 京都.
西田利貞 2001.「はじめに」,『ホミニゼーション』西田利貞 (編), 京都大学学術出版会, pp. 3–8.
西田利貞 2001.「共通祖先の社会」,『ホミニゼーション』西田利貞 (編), 京都大学学術出版会, pp. 9–32.
西田利貞・保坂和彦 2001.「霊長類における食物分配」,『ホミニゼーション』西田利貞 (編), 京都大学学術出版会, pp. 255–304.
西田利貞 2001「インセスト・タブーについてのノート」,『近親性交とそのタブー』川田順造 (編), 藤原書店, pp. 137–145.
西田利貞 2001.「チンパンジーはいつも新鮮」,『大型類人猿の権利宣言』パオラ・カヴァリエリ・ピーター・シンガー (編), 山内・西田監訳, 昭和堂, pp. 25–29 (1993 年の英文の翻訳版).
西田利貞 2001.「大型類人猿宣言とそのインパクト」(監訳者あとがき),『大型類人猿の権利宣言』パオラ・カヴァリエリ・ピーター・シンガー (編), 山内・西田監訳, 昭和堂, pp. 293–299.
西田利貞 2001.「“権利宣言“とチンパンジーの社会生活」,『アライブ』No. 39, pp. 8–11.
西田利貞 2001.「関係の系譜：チンパンジーに見る群れのパワーゲーム」, 日本キャピタル株式会社『S&C』15: 29–33.
西田利貞 2001.「ビーリヤ研究 ── 事始めの頃」,『霊長類研究』17: 283–289.
西田利貞 2001.「サルとヒトの間, 共通祖先の鍵は複雄複雌集団に」,『聖教新聞』11 月 18 日：文化欄.

2002 年

五百部裕 2002.「ウシのようなサル」,『ソトコト』4 (3): 4–5.

西田利貞 2002.「遙かなるイプンバ」の思い出,『生態人類学ニュースレター』No. 7 (別刷), pp. 9–10.
西田利貞 2002.「チンパンジーの物づくり」,『学際』No. 5, pp. 60–62.

(2) 学会発表抄録

1967 年

伊谷純一郎 1967. 特別講演「チンパンジーの社会」,『日本人類学会・民族学会第 22 回連合大会』, 名古屋.

1968 年

西田利貞 1968.「チンパンジーにおけるコミュニケーションについて」,『日本動物心理学会第 28 回大会シンポジウム要旨』, 東京, pp. 1–3.
西田利貞 1968.「カソゲのチンパンジー」,『第 12 回プリマーテス研究会講演抄録』, 犬山, p. 12.

1969 年

西田利貞 1969.「チンパンジーの群間関係」,『第 13 回プリマーテス研究会講演抄録』, 犬山, p. 12.

1970 年

西田利貞 1970.「野生チンパンジーの群間関係予報」,『日本民族学会・人類学会第 24 回連合大会抄録集』, 久留米, p. 19.
西田利貞 1970.「サルの遊動生活 —— 霊長類の daily activity pattern に関する試論 ——」,『人類働態学研究会会報』2: 3.

1972 年

西田利貞 1972.「野生チンパンジーの攻撃性」,『日本動物心理学会第 32 回大会, シンポジウム；人間と動物における攻撃行動』, 東京.

1973 年

西田利貞 1973. 特別講演「野生チンパンジーの社会行動」,『第 17 回プリマーテス研究会』, 犬山.

1975 年

上原重男 1975.「チンパンジーとキイロヒヒの比較生態学的研究 —— タンガニイカ湖東岸マハリ山塊における例から —— 」,『第 19 回プリマーテス研究会講演抄録』，犬山，pp. 13–14.

1976 年

西田利貞 1976.「マハレ山塊のチンパンジーの肉食行動」,『第 30 回日本人類学会日本民族学会連合大会抄録』，名古屋，p. 74.

1977 年

西田利貞 1977.「チンパンジーの単位集団におけるオスのクラスターの形成と崩壊」,『第 21 回プリマーテス研究会講演抄録』，犬山，p. 20.

1978 年

西田利貞 1978.「野生チンパンジーの習性の地方的差異について」,『日本人類学会日本民族学会第 32 回連合大会抄録』，新潟，p. 71.

乗越皓司 1978.「西部タンザニアの野生チンパンジー集団でみられた共食い行動について」,『第 22 回プリマーテス研究会講演抄録』，犬山，p. 25.

乗越皓司・北原隆 1978.「野生チンパンジー集団で見られる共食い行動の人類学的考察」,『日本人類学会日本民族学会第 32 回連合大会抄録』，新潟，p. 75.

1979 年

乗越皓司 1979.「マハリ山脈に生息している野生チンパンジーの遊動パターンの分析」,『第 23 回プリマーテス研究会講演抄録』，犬山，p. 9.

乗越皓司 1979.「野生チンパンジー集団の遊動パターンの生態学的分析」,『日本生態学会第 26 回大会講演要旨集』，横浜，p. 275.

乗越皓司・北原隆 1979.「野生および飼育チンパンジーにおけるスポンジ使用行動の比較研究」,『第 33 回日本人類学会日本民族学会連合大会研究発表抄録』，東京，p. 56.

1980 年

上原重男 1980.「マハレ山塊のチンパンジーの昆虫食行動」,『人類学会誌』88: 154.

上原重男 1980.「チンパンジーで観察された未経産メスによるアカンボウの temporary adoption」,『第 24 回プリマーテス研究会講演抄録』, 犬山, p. 13.

上原重男・西田利貞 1980.「チンパンジーの社会構造の再検討」,『日本アフリカ学会第 17 回学術大会研究発表要旨』, 猪苗代, p. 18.

1981 年

西田利貞 1981.「チンパンジーのアロマザリング行動」,『日本アフリカ学会第 18 回学術大会研究発表要旨』, 京都, p. 12.

高畑由起夫 1981.「チンパンジーの肉食行動」,『日本アフリカ学会第 18 回大会学術大会研究発表要旨』, 京都, p. 11.

1982 年

西田利貞 1982.「チンパンジーの行動」,『日本心理学会第 46 回大会予稿集　シンポジウム 9. 生物の行動と進化』, 京都, p. S20.

1983 年

早木仁成 1983.「チンパンジーの社会的遊び ── ニホンザルとの比較を中心に」,『第 27 回プリマーテス研究会講演抄録』, 犬山, p. 38.

1984 年

西田利貞 1984.「チンパンジーの利他的行動」,『日本遺伝学会第 56 回大会抄録, シンポジウム：社会生物学と集団遺伝学の間』, 三島, pp. 33–34.

西田利貞 1984.「霊長類における老年期の繁殖戦略」,『日本基礎心理学会第 2 回公開シンポジウム抄録：行動の進化と発達』, 東京.

1985 年

長谷川真理子・高崎浩幸 1985.「ヒョウの仔を殺すチンパンジー」,『第 29 回プリマーテス研究会』, 犬山, p. 73.

早木仁成 1985.「野生チンパンジーにおけるワカオスの交尾」,『第 29 回プリマーテス研究会』, 犬山, p. 71.

西田利貞・上原重男 1985.「野生チンパンジーの使う薬草？」,『日本アフリカ学会第 22 回学術大会研究発表要旨』, 東京, p. 16.

高畑由起夫 1985.「チンパンジーの子殺し ── 1983 年 7 月, タンザニア, マハレ国立公園での事例 ── 」,『第 29 回プリマーテス研究会』, 犬山, p. 72.

高畑由起夫 1985.「チンパンジーの単位集団におけるオトナのオスの社会関係」,『日本アフリカ学会第 22 回学術大会研究発表要旨』, 東京, p. 17.
上原重男 1985.「マハレ山塊にすむチンパンジーの動物性食物にみられる性差」,『人類学雑誌』 93: 228.

1986 年

西田利貞 1986.「社会的知能の進化と擬人主義の世界観」,『霊長類研究』 2: 142.
西田利貞 1986.「野生チンパンジーの毛づくろい行動について」,『日本アフリカ学会第 23 回学術大会研究発表要旨』, 松本, p. 4.
西田利貞 1986.「野生状況での大型類人猿の繁殖」,『第 31 回プリマーテス研究会講演要旨』, 犬山, pp. 4–7.

1987 年

長谷川真理子・長谷川寿一 1987.「野生チンパンジーの母親による子の遺棄」,『霊長類研究』 3: 156.
長谷川寿一 1987.「野生チンパンジーの交尾行動」,『霊長類研究』 3: 156.
早木仁成 1987.「野生チンパンジーのみなしごについて」,『日本アフリカ学会第 24 回学術大会研究発表要旨』, 京都, p. 3.
早木仁成 1987.「野生チンパンジーにおけるグルーミングの継起構造について」,『霊長類研究』 3: 157.
高畑由起夫 1987.「チンパンジーの高順位オスをめぐる社会交渉」,『日本アフリカ学会第 24 回学術大会研究発表要旨』, 京都, p. 1.
上原重男・西田利貞 1987.「マハレ山塊国立公園の野生チンパンジーの体重」,『日本アフリカ学会第 24 回学術大会研究発表要旨』, 京都, p. 4.

1988 年

ハフマン MA 1988.「マハレ M 集団の野生チンパンジーの薬草利用について」,『霊長類研究』 4: 180.
西田利貞 1988.「チンパンジーの子供にみられる欺瞞的行動」,『日本人類学会・日本民族学会第 42 回連合大会予稿集』, 大阪, p. 90.
上原重男 1988.「野生チンパンジーの社会における個と集団」『第 38 回東北・北海道地区大学一般教育研究会実施要項』, 札幌, p. 23.

1989 年

長谷川寿一 1989.「野生チンパンジーのメスの配偶者選択」,『霊長類研究』 5: 160.
早木仁成 1989.「野生チンパンジーのパント・グラントと攻撃的交渉」,『霊長類研究』 5: 160.

西田利貞・高畑由起夫・杉山幸丸・山極寿一・上原重男・長谷川真理子・長谷川寿一 1989.「野生チンパンジーの分布と保護の現状」,『霊長類研究』5: 149.

大東肇・小清水弘一・ハフマン MA・梶幹男・高垣輝嘉・西田利貞・高崎浩幸 1989.「霊長類薬用植物 *Vernonia amygdalina* の化学成分とその生理活性」,『日本アフリカ学会第 26 回学術大会研究発表要旨』, 東京, p. 15.

1990 年

地阪光生・大東肇・小清水弘一・ハフマン, マイケル, A・西田利貞 1990.「野生霊長類の薬用植物, *Vernonia amygdalina* の苦味成分」,『日本農芸化学会誌』64: 351.

小清水弘一・大東肇・地阪光生・高垣輝嘉・西田利貞・ハフマン MA・高崎浩幸 1990.「霊長類薬用植物の生理活性とその活性成分」,『日本アフリカ学会第 27 回学術大会研究発表要旨』, 仙台, p. 23.

西田利貞 1990.「チンパンジーの薬用植物の新発見？」,『日本アフリカ学会第 27 回学術大会研究発表要旨』, 仙台, p. 24.

高垣輝嘉・大東肇・小清水弘一・ハフマン MA・西田利貞 1990.「霊長類薬用植物 *Vernonia amygdalina* の抽出物の生理活性と成分研究」,『日本農芸化学会誌』64: 352.

1991 年

稲垣晴久 1991.「野生ライオンの糞中から採取された獣毛について」,『霊長類研究』7: 159.

大東肇・地阪光生・小清水弘一・西田利貞・Michael A. Huffman・高崎浩幸・梶　幹男 1991.「霊長類薬用植物と生理活性成分」,『日本アフリカ学会第 29 回学術大会研究発表抄録』, 吹田, p. 26.

上原重男 1991.「マハレのチンパンジーの肉食行動」,『日本生態学会第 38 回大会講演要旨集』, 奈良, p. 341.

1992 年

濱井美弥 1992.「野生チンパンジー集団におけるオスの順位変動」,『霊長類研究』8: 221.

ハフマン MA 1992.「タンザニア, マハレ山塊における野生メスチンパンジーの道具を使った肉食の実例について」,『霊長類研究』8: 198.

保坂和彦 1992.「マハレ山塊のチンパンジー（M グループ）の雄におけるアルファ位の変遷」,『日本動物行動学会第 11 回大会発表要旨集』,

つくば，p. 34.
松本晶子 1992.「マハレの野生孤児チンパンジーの行動研究 ── 母親のいる子供との比較 ── 」，『霊長類研究』8: 220.
西田利貞 1992.「野生チンパンジーにおける集団リンチ事件」，『日本アフリカ学会第 29 回学術大会研究発表要旨』，名古屋，p. 45.
高畑由起夫 1992.「チンパンジーとボノボの性行動の比較」，『日本アフリカ学会第 29 回学術大会研究発表要旨』，名古屋，p. 72.
上原重男・長谷川真理子 1992.「チンパンジーの α-オスが負けるとどうなるか？」，『日本動物行動学会第 11 回大会発表要旨集』，つくば，p. 34.

1993 年

濱井美弥 1993.「野生チンパンジーのきょうだい間にみられる子守り行動」，『霊長類研究』9: 269.
ハフマン MA・後藤俊二・井筒大介・カルンデ MS 1993.「疾病チンパンジーの薬用植物 *Vernonia amygdalina* (Del.)の利用と寄生虫感染症に対する薬効について」，『霊長類研究』9: 267.
井筒大介・大東肇・川中正憲・杉山広・Huffman MA・Wright CW・Kirby GC・小清水弘一 1993.「野生チンパンジーの薬用的利用植物 *Vernonia amygdalina* (Del.)の遊動体ステロイド類とその抗寄生虫活性」，『日本農芸化学会誌』67: 208.
西田利貞 1993.「野生チンパンジーの採食行動と薬用植物のスクリーニング」，『第 9 回植物化学シンポジウム抄録』，京都，pp. 12–22.
西田利貞 1993.「薬をのむ動物」，『日本生薬学会第 40 回年回特別講演抄録』，大阪，pp. 29–33.
西田利貞 1993.「野生チンパンジーの道具使用の新発見」，『日本アフリカ学会第 30 回学術大会研究発表要旨』，弘前，p. 16.
西田利貞 1993.「チンパンジーの大人雄の対敵的誇示に見られる個性」，『霊長類研究』9: 269.
西田利貞 1993.「野生チンパンジーの母子間の食物分配」，『日本動物行動学会第 12 回大会抄録』，静岡，p .
西田利貞 1993.「野生チンパンジーの利き手について」，『日本人類学会・日本民族学会第 47 回連合大会研究発表抄録』，東京，p. 78.
高畑由起夫・五百部裕 1993.「ボノボはチンパンジーよりも“乱婚“か？」，『霊長類研究』9: 298.
高畑由起夫・小山直樹・鈴木滋 1993.「ヒト以外の霊長類に「閉経」は認められるか」，『日本人類学会・日本民族学会第 47 回連合大会抄録』，東京，p. 82.
上原重男 1993.「ひとり暮らし（？）のオスのチンパンジー」，『日本アフリカ学会第 30 回学術大会研究発表要旨』，弘前，p. 17.

吉田浩子 1993.「飼育下と野生下におけるチンパンジー（*Pan troglodytes*）の母子関係に見られる相違」,『霊長類研究』9: 268.

1994 年

濱井美弥 1994.「野生チンパンジーのメスの出産前後に観察された遊及び社会関係の変化について」,『霊長類研究』10: 154.

保坂和彦 1994.「タンザニア，マハレ山塊のチンパンジーにおける協同狩猟の観察事例」,『日本人類学会・日本民族学会第 48 回連合大会抄録集』, 鹿児島，p. 48.

保坂和彦 1994.「野生チンパンジーにおける同一集団の個体の死体に対する反応」,『日本アフリカ学会第 31 回学術大会研究発表要旨』, 神戸，p. 4.

松本晶子 1994.「野生チンパンジーの孤児の生存」,『霊長類研究』10: 155

西田利貞 1994.「チンパンジーの植物性食物の味」,『日本人類学会・日本民族学会第 48 回連合大会抄録集』, 鹿児島，p. 48

上原重男 1994.「チンパンジーのオスの単独生活」,『霊長類研究』10: 132.

1995 年

保坂和彦 1995.「野生チンパンジーにおける社会的相互作用としてのパントグラントの分析」,『霊長類研究』11: 299.

ハフマン MA・ページ JE・スクデーオ M・後藤俊二 1995.「野生チンパンジーにおける葉呑み込み行動の寄生虫駆除効果について」,『霊長類研究』11: 327.

松本晶子 1995.「野生チンパンジーの雌雄の社会交渉とメスの配偶者選択」,『霊長類研究』11: 299.

中村美知夫 1995.「野生チンパンジーのワカモノオスに対するメスからの交尾の誘い」,『日本アフリカ学会第 32 回学術大会研究発表要旨集』, 半田，p. 49.

中村美知夫 1995.「野生チンパンジーのワカオスの社会性の発達 ── どのように他個体に認められていくのか」,『霊長類研究』11: 298.

1996 年

濱井美弥 1996.「野生チンパンジー母子の近接関係：母親のアクティビティとの相関」,『霊長類研究』12: 295.

五百部裕 1996.「タンザニア，マハレ山塊国立公園のアカコロブスの採食行動」,『霊長類研究』12: 281.

五百部裕 1996.「タンザニア，マハレ山塊国立公園におけるアカコロブスのアクティビティと遊動」，『日本アフリカ学会第 33 回学術大会研究発表要旨』，三島，p. 36.

五百部裕 1996.「アカコロブスの対捕食者戦略：アクティビティと高さの変化」，『日本人類学会・日本民族学会第 50 回連合大会研究発表抄録』，佐賀，p. 77.

伊藤詞子・西田利貞 1996.「野生チンパンジー集団の第一位雄の順位下落と死亡について」，『日本アフリカ学会第 33 回学術大会研究発表要旨』，三島，p. 35.

松本晶子 1996.「チンパンジーのメスの発情とパーティサイズ」，『霊長類研究』 12: 278.

Turner L・Golinsky K 1996.「チンパンジーの環境に侵入した *Senna spectabilis* の実態」，『霊長類研究』 12: 287.

1997 年

ハフマン MA 1997.「アフリカ類人猿の薬用植物選択 ── 地域文化とその環境的特徴」，『霊長類研究』 13: 264.

保坂和彦 1997.「マハレ山塊のチンパンジーによるアカコロブス狩猟：捕食者側のグルーピング・パターンの影響」，『霊長類研究』 13: 265.

五百部裕 1997.「タンザニア，マハレ山塊国立公園のオナガザル科 5 種の個体密度」，『霊長類研究』 13: 257.

松本晶子 1997.「チンパンジーのメスの配偶者選択に影響する諸要因」，『霊長類研究』 13: 269.

佐々木均・西田利貞 1997.「タンザニア・マハレ山塊国立公園のサシバエ類（予報）」，『日本アフリカ学会第 34 回学術大会研究発表要旨』，新潟，p. 20.

佐々木均・西田利貞 1997.「タンザニア・マハレ山塊国立公園のアブ採集記録（1）」，『アブ研究』（日本衛生動物学会アブ研究班），No. 20, p. 21.

上原重男 1997.「マハレ山塊国立公園（タンザニア）にすむ哺乳類の生息密度：チンパンジーM 集団の行動域内にみられる昼行性哺乳類に関する予備的分析」，『日本アフリカ学会第 34 回学術大会研究発表要旨』，新潟，p. 19.

1998 年

伊藤詞子・坂巻哲也・西田利貞 1998.「野生チンパンジーの第一位雄の交代と雌の干渉」，『日本アフリカ学会第 35 回学術大会研究発表要旨集』，佐倉，p. 5.

伊藤詞子・坂巻哲也・西田利貞 1998.「マハレのチンパンジーにおけるアルファ雄の交代：新事例」,『日本霊長類学会第 14 回大会研究発表予稿』, 岡山, p. 24.
五百部裕 1998.「チンパンジーの接近にともなうアカコロブスの発声頻度の変化」,『霊長類研究』14: 234.
五百部裕・足立薫 1998.「マハレのアカコロブスはチンパンジー狩猟に対抗して混群を形成しているか？」,『日本アフリカ学会第 35 回学術大会研究発表要旨』, 佐倉, p. 6.
五百部裕 1998.「タンザニア，マハレのアカコロブスのチンパンジー狩猟への対抗戦略」,『日本人類学会第 52 回大会抄録集』, 江別, p. 47.
松本晶子 1998.「チンパンジーのリーフ・クリッピング・ディスプレイ」,『霊長類研究』14: 4.
中村美知夫 1998.「チンパンジーの毛づくろいにおける相称性」,『日本アフリカ学会第 35 回学術大会発表要旨集』, 佐倉, p. 7.
中村美知夫 1998.「“集まり”としての毛づくろい：チンパンジーのグルーミングクラスターの分析」,『霊長類研究』14: 236.
スプレイグ DS・松本晶子 1998.「マハレ山塊におけるチンパンジーの遊動域の地形的特性」,『霊長類研究』14: 247.
上原重男 1998.「マハレの昼行性哺乳類，とくにオナガザル科 5 種の分布と生息密度」,『霊長類研究』14: 233.
上原重男 1998.「マハレのチンパンジーの狩猟行動と昼行性哺乳類の生息密度」,『日本人類学会第 52 回大会プログラム抄録集』, 江別, p. 47.
上原重男 1998.「マハレのチンパンジーの狩猟行動と昼行性哺乳類の生息密度」, 1998 年度日本生態学会北海道地区大会『講演要旨集（兼プログラム）』, 札幌, p. 6.

1999 年

伊藤詞子・中村美知夫・西田利貞 1999.「マハレ M グループチンパンジーの離合集散性 ―― 果実食物のアベイラビリティーとパーティーサイズ ―― 」,『霊長類研究』15: 436.
中村美知夫・McGrew WC・Marchant LF・西田利貞 1999.「ソーシャル・スクラッチ: マハレのチンパンジーの毛づくろいにおけるもう一つの社会的慣習」,『霊長類研究』15: 401.
坂巻哲也 1999.「チンパンジーの「あいさつ」行動 ―― 相互行為における参与者の行動の調整について」,『霊長類研究』15: 401.

2000 年

保坂和彦 2000.「チンパンジーの哺乳類狩猟と肉食」,『進化人類学分科会ニュースレター』1: 16–20.

保坂和彦 2002.「チンパンジーにおける暴力と平和」,『COE 形成基礎研究ニューズレター』4: 4.
保坂和彦 2000.「マハレのチンパンジーにおける狩猟・肉食行動の研究：長期調査と短期調査の相互補完について」,『COE 形成基礎研究ニューズレター』2: 3.
伊藤詞子 2000.「近接しつづけることとしないこと：マハレ山塊国立公園 M グループのチンパンジー (*Pan troglodytes schweinfurthii*)」,『生態人類学会ニュースレター』6: 9-10.
伊藤詞子・中村美知夫・西田利貞 2000.「果実食物のアベイラビリティーとチンパンジーのパーティー・サイズ」,『COE 形成基礎研究ニューズレター』2: 3.
中村美知夫 2000.「野生チンパンジーにおける社会規範？　── 対角毛づくろいの誘いかけとその拒否の事例から ── 」,『霊長類研究』16: 257.
中村美知夫 2000.「Dunbar の言語進化仮説の検討：チンパンジーの毛づくろいのクリークとヒト会話のクリーク・サイズの比較から」,『COE 形成基礎研究ニューズレター』2: 4.
西田利貞 2000.「雌のチンパンジーはいつ闘うか」,『日本動物行動学会第 19 回大会講演要旨』, 滋賀, p. 32.
西田利貞・座馬耕一郎 2000.「ヒョウの新鮮な死体に対する野生チンパンジーの反応」,『日本アフリカ学会第 37 回学術大会研究発表要旨』, 広島市立大学, p. 56.
上原重男 2000.「哺乳類相の変遷」,『COE 形成基礎研究ニューズレター』2: 3.
上原重男・五百部裕 2000.「マハレのチンパンジーによるいきあたりばったりな狩猟と被食哺乳類個体群に与えるその影響」,『日本生態学会第 47 回大会講演要旨集』, 東広島, p. 174.

2001 年

伊藤詞子 2001.「チンパンジーの食行為：社会的できごととしての食べること」,『霊長類研究』17: 110.
中村美知夫 2001.「フィールドの暮らし ── 移動編 ── 」,『モンキー』45 (3): 27-31.
中村美知夫・伊藤詞子 2001.「野生チンパンジーの植物性食物の分配：タンザニア・マハレの事例から」,『霊長類研究』17: 141.
西田利貞 2001.「野生チンパンジーの若い雄によるオトナ雌のいじめ行動」,『日本アフリカ学会第 38 回学術大会研究発表要旨』, 名古屋, p.

123.
西田利貞・Mitani JC 2001.「ウガンダのキバレのチンパンジーのソーシアル・スクラッチ」,『日本動物行動学会第 20 回大会講演要旨』, 京都
坂巻哲也 2001.「チンパンジーの対面的相互行為における「無視」:「服従的アイサツ」の事例から」,『霊長類研究』17: 167.
上原重男 2001.「マハレの昼行性中・大型哺乳類, とくに霊長類の生息密度:1996 年と 2000 年の比較」,『霊長類研究』17: 122.
座馬耕一郎 2001.「タンザニア・マハレ山塊国立公園におけるマダニ類の季節消長とチンパンジーの毛づくろい」,『霊長類研究』17: 167.

(3) 新聞広報

1976 年

西田利貞 1976.「革命のアフリカ 1. チンパンジーの森」,『朝日新聞』(夕刊).

1980 年

長谷川寿一 1980.「世界史の舞台・チンパンジー追う日本人」,『朝日新聞』: 日曜版.
西田利貞 1980.「援助の珍しさに注目, アフリカの国立公園計画を推進する西田利貞氏に聞く」,『朝日新聞』8 月 30 日 (夕刊).
上原重男 1980.「“他人の子供すすんでお世話, 野生チンパンジーのメス」,『毎日新聞』(中部版) 3 月 26 日.

1982 年

長谷川寿一 1982.「人:貴重な動物が危機に直面」,『山陽新聞』9 月 17 日.

1983 年

西田利貞 1983.「研究第一線・チンパンジーの生態を追う西田利貞さん, 派閥工作もある」,『読売新聞』8 月.

1984 年

西田利貞 1984.「日本人の手で国立公園, タンザニア, 野生動物の宝庫, 17 年の悲願みのらせたい」,『毎日新聞』10 月 28 日.

1985 年

西田利貞・上原重男 1985.「野生チンパンジー“健康の知恵”，薬草を食べて虫下し？　タンザニアで調査，キクの一種，殺菌力も」，『読売新聞』5 月 26 日，p. 22.

1989 年

西田利貞 1989.「野生チンパンジーの薬」，『京都新聞』6 月 25 日：紙上しみん講座，p. 17.

西田利貞・ハフマン MA 1989.「薬草食べるチンパンジー」，『朝日新聞』6 月 3 日，p. 11.

1990 年

アニカプロ 1990.「TBS 系野生の王国で放映：チンパンジーの子殺しシーン」，『東京新聞』3 月 12 日 (夕刊).

ハフマン MA・小清水弘一・西田利貞 1990.「野生のチンパンジー薬用植物知っている！？」，『読売新聞』11 月 28 日 (夕刊).

塚原高広 1990.「ライオン，チンパンジーも襲う？　人以外の天敵初確認」，『朝日新聞』2 月 7 日 (夕刊)

西田利貞 1990.「新動物記チンパンジー：常識覆す政争や戦争も」，『朝日新聞』2 月 25 日：日曜版.

西田利貞 1990.「チンパン社会にヒト並み敬老精神：食事，毛づくろいで特別待遇」，『中日新聞』7 月 13 日.

1991 年

ハフマン MA 1991.「“サルの薬”から新薬探し ── 構造を解明，動物実験」，『朝日新聞』5 月 1 日，p. 5.

ハフマン MA 1991.「チンパンジーの薬草」，『京都新聞』9 月 22 日，p. 20.

1992 年

ハフマン MA 1992.「チンパンジーがリス狩りした ── 棒持ち穴から追い出す」，『京都新聞』6 月 10 日 (夕刊).

ハフマン MA 1992.「野性チンパンジーが”狩猟”」，『産業経済新聞』6 月 12 日 (夕刊).

ハフマン MA 1992.「チンパンジーが狩猟」，『日本経済新聞』6 月 19 日.

ハフマン MA 1992.「チンパンジーが道具で狩猟」，『南日本新聞』6 月 19 日.

ハフマン MA 1992.「チンパンジーが道具で”狩り”木の穴のリスを枝で追い出す」，『朝日新聞』6 月 21 日 (夕刊).

ハフマン MA 1992.「棒で狩りをしたチンパンジーが —— 女性重視の進化説を補強」,『夕刊フジ』7 月 1 日, pp. 2–13.
西田利貞 1992.「キーワード人物事典, ボーダーレス 6. 霊長類学者西田利貞さん, サルの中の人間性」,『産経新聞』2 月 3 日.
西田利貞 1992.「チンパンジーにも集団リンチの恐怖, タンザニアで京大調査隊, 村八分の起源か」,『朝日新聞』4 月 26 日.
西田利貞 1992.「天声人語」,『朝日新聞』4 月 30 日.
西田利貞 1992.「問題児リンチも, 京大理学部グループ立証, 野生チンパン観察で」,『中日新聞』5 月 31 日.
西田利貞 1992.「賢いねチンパンジー君, 木の葉使ってくしゃみ, 鼻づまりすっきり, 自ら風邪治療」,『朝日新聞』12 月 28 日 (夕刊).
西田利貞・小清水弘一 1992.「チンパンジーも薬草を活用」,『京都新聞』1 月 18 日, p. 4.

1993 年

西田利貞 1993.「かがく・けんきゅう最前線, マハレのチンパンジーを研究, 最近は雄の社会関係にまと」,『京都新聞』9 月 16 日 (夕刊).
西田利貞 1993.「科学：野生のチンパンジー：自己主張に個性, 音でも相手識別」,『朝日新聞』9 月 17 日 (夕刊).
西田利貞 1993.「権力渇望症候群：野生チンパンジーもボスに戻れず神経症」,『朝日新聞』10 月 8 日 (夕刊).

1994 年

西田利貞 1994.「自然はだれのもの, 共生へのアプローチ 75：野生のチンパンジー」,『読売新聞』10 月 15 日, p. 21.
西田利貞 1994.「野生チンパンジーもご存じ, 良薬は口に苦し」,『朝日新聞』9 月 24 日 (夕刊), p. 1.
西田利貞 1994.「天声人語」,『朝日新聞』9 月 26 日, p. 1.
西田利貞 1994.「ひと」,『朝日新聞』10 月 4 日 (朝刊), p. 3.
福田史夫 1994.「チンパンジーの“人付け”に挑む」,『朝日新聞』3 月 12 日 (夕刊).

1995 年

ハフマン MA1995.「葉っぱ丸飲み”虫下し”チンパンジーの生活の知恵」『読売新聞』7 月 1 日 (夕刊), p. 9.
福田史夫 1995.「チンパンジー研究には”人づけ」,『読売新聞』6 月 10 日 (夕刊).
西田利貞 1995：「余録」,『毎日新聞』6 月 21 日.

1996 年

福田史夫 1996.「チンパンジーの“人づけ”に手応え」,『産経新聞』4 月 8 日 (夕刊).

西田利貞 1996.「野生チンパンジーがリンチ，まるで人間社会」,『朝日新聞』1 月 31 日 (夕刊).

大東肇 1996.「植物の抗寄生虫活性物質ステロイドを単離」,『日刊工業新聞』7 月 9 日.

1997 年

ハフマン MA 1997.「チンパンジーが食べるアリ塚 ── 土に薬効あり」,『朝日新聞』6 月 3 日 (夕刊)，p. 12.

ハフマン MA1997.「チンパンジーの知恵薬に」,『毎日新聞』9 月 26 日 (夕刊)，p. 1.

西田利貞 1997.「チンパンジー人間も顔負け権謀術数」,『読売新聞』5 月 10 日 (夕刊).

大東肇 1997.「チンパンジーの知恵薬に」,『毎日新聞』，9 月 26 日 (夕刊).

1998 年

ハフマン MA1998.「学べ!　サル知恵」10 月 21 日 (夕刊)，p. 1.

西田利貞 1998.「メスのチンパンジー揺れる」,『朝日新聞』6 月 27 日 (夕刊).

1999 年

西田利貞 1999.「チンパンジー群れ固有の文化」,『読売新聞』6 月 17 日：14 版，p. 30.

西田利貞 1999.「チンパンジーに「文化」」,『朝日新聞』6 月 17 日.

西田利貞 1999.「チンパンジーに豊かな地域文化」,『京都新聞』6 月 17 日.

西田利貞 1999.「チンパンジーにも多様な文化」,『赤旗』6 月 17 日：8 版，p. 14.

西田利貞 1999.「チンパンジーに多彩な文化 (上)」,『赤旗』7 月 28 日.

西田利貞 1999.「チンパンジーに多彩な文化 (下)」,『赤旗』8 月 4 日.

上原重男 1999.「「隣人」と向き合い 35 年，タンザニア・マハレのチンパンジー調査」『朝日新聞 (愛知版』7 月 16 日.

上原重男 1999.「愛知」『朝日新聞，ふるさと発』7 月 27 日.

2000 年

西田利貞 2000.「研究室訪問：チンパンジーの生態を研究している西田利貞教授」,『京大学生新聞』1 月 20 日.

西田利貞 2000.「大型類人猿を世界遺産種に」,『読売新聞』9 月 26 日 (夕刊).

西田利貞 2000.「類人猿を世界遺産種に」,『京都新聞』12 月 28 日.

2001 年

西田利貞 2001.「大型類人猿が絶滅危機,「世界遺産種」として保護を」,『東京新聞』1 月 30 日 (夕刊).

西田利貞 2001.「ゴリラ「世界遺産」に」,『朝日新聞』2 月 4 日：大阪 14 版, p. 3.

西田利貞 2001.「「大型類人猿の権利宣言」出版」,『京都新聞』4 月 5 日.

西田利貞 2001.「チンパンジーやゴリラを「世界遺産種」に」,『毎日新聞』5 月 15 日 (夕刊).

西田利貞 2001.「大型類人猿の保護本格化」,『読売新聞』11 月 1 日 (夕刊).

2002 年

西田利貞 2002.「世界 3 人目の類人猿大使」,『毎日新聞』1 月 1 日, p. 12.

西田利貞 2002.「今週の人, 西田利貞さん」,『赤旗』1 月 20 日号, p. 36.

西田利貞・中村美知夫 2002.「チンパンジー背中かき「お国柄」」,『朝日新聞』1 月 28 日 (夕刊).

西田利貞 2002.「動物の「文化」研究進む」,『読売新聞』3 月 18 日 (夕刊)：第二版, p. 5.

附録 4　マハレ欧文献総目録

西田利貞・上原重男 編集

附録 4 は，マハレのチンパンジーに関する欧文の網羅的な出版物リストである．マハレのチンパンジーに関する情報が一部でも含まれている文献は，すべて含めた．

(1) 著書・論文・報告・新聞署名記事

1968

(1) Nishida T 1968. The social group of wild chimpanzees in the Mahali Mountains. *Primates* 9: 167–224.

1970

(2) Nishida T 1970. Social behavior and relationship among wild chimpanzees of the Mahali Mountains. *Primates* 11: 47–87.

1971

(3) Kano T 1971. Distribution of the primates on the eastern shore of Lake Tanganyika. *Primates* 12: 281–304.

1972

(4) Kano T 1972. Distribution and adaptation of the chimpanzee on the eastern shore of Lake Tanganyika. *Kyoto University African Studies* 7: 37–129.

(5) Nishida T 1972. A note on the ecology of the red-colobus monkeys (*Colobus badius tephrosceles*) living in the Mahali Mountains. *Primates* 13: 57–64.

(6) Nishida T & Kawanaka K 1972. Inter-unit-group relationships among wild chimpanzees of the Mahali Mountains. *Kyoto University African Studies* 7: 131–169.

1973

(7) Nishida T 1973. The ant-gathering behaviour by the use of tools among wild chimpanzees of the Mahali Mountains. *Journal of Human Evolution* 2: 357–370.

1975

(8) Kawanaka K & Nishida T 1975. Recent advances in the study of inter-unit-group relationships and social structure of wild chimpanzees of the Mahali Mountains. In: *Proceedings from the Symposia of the 5th Congress of the International Primatological Society, Nagoya, Japan, August 1974*, S Kondo, M Kawai, A Ehara & S Kawamura (eds), Japan Science Press, Tokyo, pp. 173–186.

1976

(9) Nishida T 1976. The bark-eating habits in primates, with special reference to their status in the diet of wild chimpanzees. *Folia Primatologica* 25: 277–287.

1978

(10) McGrew WC & Tutin CEG 1978. Evidence for a social custom in wild chimpanzees? *Man* (*ns*) 13: 234–251.

1979

(11) Nishida T 1979. The social structure of chimpanzees of the Mahale Mountains. In: *The Great Apes*, DA Hamburg & ER McCown (eds), Benjamin/Cummings, Menlo Park, pp. 73–121.

(12) Nishida T, Uehara S & Nyundo R 1979. Predatory behavior among wild chimpanzees of the Mahale Mountains. *Primates* 20: 1–20.

1980

(13) JICA (Japan International Cooperation Agency) 1980. *Mahale: Study for the Proposed Mahale Mountains National Park* (*Final Report, May 1980*). Japan International Cooperation Agency, Tokyo.

(14) Itani J 1980. Social structure of African great apes. *Journal of Reproduction and Fertility, Supplement* 28: 33–41.

(15) Nishida T 1980. The leaf-clipping display: A newly-discovered expressive gesture in wild chimpanzees. *Journal of Human Evolution* 9: 117–128.

(16) Nishida T 1980. Local differences in responses to water among wild chimpanzees. *Folia Primatologica* 33: 189–209.

(17) Nishida T 1980. On inter-unit-group aggression and intra-group cannibalism among wild chimpanzees. *Human Ethology Newsletter* 31: 21–24.

(18) Nishida T & Uehara S 1980. Chimpanzees, tools, and termites: Another example from Tanzania. *Current Anthropology* 21: 671–672.

1981

(19) Kawanaka K 1981. Infanticide and cannibalism in chimpanzees, with special reference to the newly observed case in the Mahale Mountains. *African Study Monographs* 1: 69–99.

(20) Nishida T, Itani J, Hiraiwa M & Hasegawa T 1981. A newly- discovered population of *Colobus angolensis* in East Africa. *Primates* 22: 557–563.

(21) Nishida T & Uehara S 1981. Kitongwe names of plants: A preliminary listing. *African Study Monographs* 1: 109–131.

1982

(22) Itani J 1982. Intraspecific killing among non-human primates. *Journal of Social Biology and Structure* 5: 361–368.

(23) Kawanaka K 1982. Further studies on predation by chimpanzees of the Mahale Mountains. *Primates* 23: 364–384.

(24) Kawanaka K 1982. A case of inter-unit-group encounter in chimpanzees of the Mahale Mountains. *Primates* 23: 558–562.

(25) Mori A 1982. An ethological study on chimpanzees at the artificial feeding place in the Mahale Mountains, Tanzania, with special reference to the booming situation. *Primates* 23: 45–65.

(26) Nishida T & Hiraiwa M 1982. Natural history of a tool-using behavior by wild chimpanzees in feeding upon wood-boring ants. *Journal of Human Evolution* 11: 73–99.

(27) Norikoshi K 1982. One observed case of cannibalism among wild chimpanzees of the Mahale Mountains. *Primates* 23: 66–74.

(28) Uehara S 1982. Seasonal changes in the techniques employed by wild chimpanzees in the Mahale Mountains, Tanzania, to feed on termites (*Pseudacanthotermes spiniger*). *Folia Primatologica* 37: 44–76.

1983

(29) Hasegawa T, Hiraiwa M, Nishida T & Takasaki H 1983. New evidence on scavenging behavior in wild chimpanzees. *Current Anthropology* 24: 231–232.

(30) Hasegawa T, Hiraiwa-Hasegawa M 1983. Opportunistic and restrictive matings among wild chimpanzees in the Mahale Mountains, Tanzania. *Journal of Ethology* 1: 75–85.

(31) Mori A 1983. Comparison of the communicative vocalizations and behaviors of group ranging in eastern gorillas, chimpanzees and pygmy chimpanzees. *Primates* 24: 486–500.

(32) Nishida T 1983. Alloparental behavior in wild chimpanzees of the Mahale Mountains, Tanzania. *Folia Primatologica* 41: 1–33.

(33) Nishida T 1983. Alpha status and agonistic alliance in wild chimpanzees (*Pan troglodytes schweinfurthii*). *Primates* 24: 318–336.

(34) Nishida T & Uehara S 1983. Natural diet of chimpanzees (*Pan troglodytes schweinfurthii*): Long-term record from the Mahale Mountains, Tanzania. *African Study Monographs* 3: 109–130.

(35) Nishida T, Wrangham RW, Goodall J & Uehara S 1983. Local differences in plant-feeding habits of chimpanzees between the Mahale Mountains and Gombe National Park, Tanzania. *Journal of Human Evolution* 12: 467–480.

(36) Norikoshi K 1983. Prevalent phenomenon of predation observed among wild chimpanzees of the Mahale Mountains. *Journal of the Anthropological Society of Nippon* 91: 475–479.

(37) Takasaki H 1983. Mahale chimpanzees taste mangoes: Toward acquisition of a new food item? *Primates* 24: 273–275.

(38) Takasaki H 1983. Seed dispersal by chimpanzees: A preliminary note. *African Study Monographs* 3: 105–108.

(39) Uehara S & Nyundo R 1983. One observed case of temporary adoption of an infant by unrelated nulliparous females among wild chimpanzees in the Mahale Mountains, Tanzania. *Primates* 24: 456–466.

(40) Wrangham RW & Nishida T 1983. *Aspilia* spp. leaves: A puzzle in the feeding behavior of wild chimpanzees. *Primates* 24: 276–282.

(41) Yasui K & Takahata Y 1983. Skeletal observation of a wild chimpanzee infant (*Pan troglodytes schweinfurthii*) from the Mahale Mountains, Tanzania. *African Study Monographs* 4: 129–138.

1984

(42) Hasegawa T & Nishida T 1984. Progress report on Mahale National Park. *IUCN/SSC Primate Specialist Group Newsletter*, 4 March, 1984: 37–38.

(43) Hiraiwa-Hasegawa M, Hasegawa T & Nishida T 1984. Demographic study of a large-sized unit-group of chimpanzees in the Mahale Mountains, Tanzania: A preliminary report. *Primates* 25: 401–413.

(44) Itani J 1984. Inequality versus equality for coexistence in primate societies. In: *Absolute Values and the New Cultural Evolution*, 12th Conference on the Unity of the Sciences, I. C. U. S. Books, New York, pp. 161–189

(45) Kawanaka K 1984. Association, ranging, and the social unit in chimpanzees of the Mahale Mountains, Tanzania. *International Journal of Primatology* 5: 411–434.

(46) Takahata Y, Hasegawa T & Nishida T 1984. Chimpanzee predation in the Mahale Mountains from August 1979 to May 1982. *International Journal of Primatology* 5: 213–233.

(47) Takasaki H & Uehara S 1984. Seed dispersal by chimpanzees: Supplementary note 1. *African Study Monographs* 5: 91–92.

1985

(48) Collins DA, McGrew WC 1985. Chimpanzees' (*Pan troglodytes*) choice of prey among termites (Macrotermitinae) in Western Tanzania. *Primates* 26: 375–389.

(49) Hayaki H 1985. Copulation of adolescent male chimpanzees, with special reference to the influence of adult males, in the Mahale National Park, Tanzania. *Folia Primatologica* 44: 148–160.

(50) Hayaki H 1985. Social play of juvenile and adolescent chimpanzees in the Mahale Mountains National Park, Tanzania. *Primates* 26: 343–360.

(51) McGrew WC & Collins DA 1985. Tool use by wild chimpanzees (*Pan troglodytes*) to obtain termites (*Macrotermes herus*) in the Mahale Mountains, Tanzania. *American Journal of Primatology* 9: 47–62.

(52) Nishida T & Hiraiwa-Hasegawa M 1985. Responses to a stranger mother-son pair in the wild chimpanzee: A case report. *Primates* 26: 1–13.

(53) Nishida T, Hiraiwa-Hasegawa M, Hasegawa T & Takahata Y 1985. Group extinction and female transfer in wild chimpanzees in the Mahale National Park, Tanzania. *Zeitschrift fur Tierpsychologie* 67: 284–301.

(54) Nishida T & Kawanaka K 1985. Within-group cannibalism by adult male chimpanzees. *Primates* 26: 274–284.

(55) Rodriguez E, Aregullin M, Nishida T, Uehara S, Wrangham RW, Abramowski Z, Finlayson A & Towers GHN 1985. Thiarubrine A, a bioactive constituent of *Aspilia* (Asteraceae) consumed by wild chimpanzees. *Experientia* 41: 419–420.

(56) Takahata Y 1985. Adult male chimpanzees kill and eat a male newborn infant: Newly observed intragroup infanticide and cannibalism in Mahale National Park, Tanzania. *Folia Primatologica* 44: 161–170.

(57) Takasaki H 1985. Female life history and mating patterns among the M group chimpanzees of the Mahale National Park, Tanzania. *Primates* 26: 121–129.

1986

(58) Hiraiwa-Hasegawa M, Byrne RW, Takasaki H & Byrne JME 1986. Aggression toward large carnivores by wild chimpanzees of Mahale Mountains National Park, Tanzania. *Folia Primatologica* 47: 8–13.

(59) Takahata Y, Hiraiwa-Hasegawa M, Takasaki H & Nyundo R 1986. Newly acquired feeding habits among the chimpanzees of the Mahale Mountains National Park, Tanzania. *Human Evolution* 1: 277–284.

(60) Takasaki H, Hiraiwa-Hasegawa M, Takahata Y, Byrne RW & Kano T 1986. A case of unusually early postpartum resumption of estrous cycling in a young female chimpanzee in the wild. *Primates* 27: 517–519.

(61) Uehara S 1986. Sex and group differences in feeding on animals by wild chimpanzees in the Mahale Mountains National Park, Tanzania. *Primates* 27: 1–13.

1987

(62) Collins DA & McGrew WC 1987. Termite fauna related to differences in tool-use between groups of chimpanzees (*Pan troglodytes*). *Primates* 28: 457–471.

(63) Hiraiwa-Hasegawa M 1987. Infanticide in primates and a possible case of male-biased infanticide in chimpanzees. In: *Animal Societies; Theories and Facts*, Y Ito, JL Brown & J Kikkawa (eds), Japan Scientific Societies Press, Tokyo, pp. 125–139.

(64) Nishida T 1987. Local traditions and cultural transmission. In: *Primate Societies*, BB Smuts, DL Cheney, RM Seyfarth, RW Wrangham & TT Struhsaker

(eds), The University of Chicago Press, Chicago, pp. 462–474.

(65) Nishida T & Hiraiwa-Hasegawa M 1987. Chimpanzees and bonobos: Cooperative relationships among males. In: *Primate Societies*, BB Smuts, DL Cheney, RM Seyfarth, RW Wrangham & TT Struhsaker (eds), The University of Chicago Press, Chicago, pp. 165–177.

(66) Takada H & Uehara S 1987. Drosophilid flies (Diptera) in the Mahale Mountains National Park, Tanzania: A preliminary report. *African Study Monographs* 7: 15–19.

(67) Takasaki H & Hunt K 1987. Further medicinal plant consumption in wild chimpanzees? *African Study Monographs* 8: 125–128.

(68) Uehara S & Nishida T 1987. Body weights of wild chimpanzees (*Pan troglodytes schweinfurthii*) of the Mahale Mountains National Park, Tanzania. *American Journal of Physical Anthropology* 72: 315–321.

1988

(69) Byrne RW & Byrne JME 1988. Leopard killers of Mahale. *Natural History*, 97 (3): 22–26.

(70) Collins DA & McGrew WC 1988. Habitats of three groups of chimpanzees (*Pan troglodytes*) in western Tanzania compared. *Journal of Human Evolution* 17: 553–574.

(71) Hayaki H 1988. Association patterns of young chimpanzees in the Mahale Mountains National Park, Tanzania. *Primates* 29: 147–161.

(72) Hiraiwa-Hasegawa M & Hasegawa T 1988. A case of offspring desertion by a female chimpanzee and the behavioral changes of the abandoned offspring. *Primates* 29: 319–330.

(73) Itani J 1988. The origin of human equality. In: *Social Fabric of the Mind. Lawrence Erlbaum Associations*, MRA Chance (ed), Hillsdale, pp. 137–156..

(74) Nishida T 1988. Development of social grooming between mother and offspring in wild chimpanzees. *Folia Primatologica* 50: 109–123.

(75) Okada T, Asada N & Kawanaka K 1988. A result of Drosophilid survey in Tanzania. *African Study Monographs* 8: 159–163.

1989

(76) Hasegawa T 1989. Sexual behavior of immigrant and resident female chimpanzees at Mahale. In: *Understanding Chimpanzees*, PG Heltne & LA Marquardt (eds), Harvard University Press, Cambridge, Mass., pp. 90–103.

(77) Hayaki H, Huffman MA & Nishida T 1989. Dominance among male chimpanzees in the Mahale Mountains National Park, Tanzania: A preliminary

study. *Primates* 30: 187–197.

(78) Hiraiwa-Hasegawa M 1989. Sex differences in the behavioral development of chimpanzees at Mahale. In: *Understanding Chimpanzees*, PG Heltne & LA Marquardt (eds), Harvard University Press, Cambridge, Mass., pp. 104–115.

(79) Huffman MA & Seifu M 1989. Observations on the illness and consumption of a possibly medicinal plant *Vernonia amygdalina* (Del.), by a wild chimpanzee in the Mahale Mountains National Park, Tanzania. *Primates* 30: 51–63.

(80) Kawanaka K 1989. Age differences in social interactions of young males in a chimpanzee unit-group at the Mahale Mountains National Park, Tanzania. *Primates* 30: 285–305.

(81) Nishida T 1989. A note on the chimpanzee ecology of the Ugalla area, Tanzania. *Primates* 30: 129–138.

(82) Nishida T 1989. Research at Mahale. In: *Understanding Chimpanzees*, PG Heltne & LA Marquardt (eds), Harvard University Press, Cambridge, Mass., pp. 66–67.

(83) Nishida T 1989. Social interactions between resident and immigrant female chimpanzees. In: *Understanding Chimpanzees*, PG Heltne & LA Marquardt (eds), Harvard University Press Cambridge, Mass., pp. 68–89.

(84) Nishida T 1989. Social structure and dynamics of the chimpanzee: A review. In: *Perspectives in Primate Biology, Vol. 3*, PK Seth & S. Seth (eds), Today & Tomorrow's Printers and Publishers, New Delhi, pp. 157–172.

(85) Takahata H & Takahata Y 1989. Inter-unit-group transfer of an immature male common chimpanzee and his social interactions in the non-natal group. *African Study Monographs* 9: 209–220.

1990

(86) Hasegawa T 1990. Sex differences in ranging patterns. In: *The Chimpanzees of the Mahale Mountains: Sexual and Life History Strategies*, T Nishida (ed), University of Tokyo Press, Tokyo, pp. 99–114.

(87) Hasegawa T & Hiraiwa-Hasegawa M 1990. Sperm competition and mating behavior. In: *The Chimpanzees of the Mahale Mountains: Sexual and Life History Strategies*, T Nishida (ed), University of Tokyo Press, Tokyo, pp. 115–132.

(88) Hayaki H 1990. Social context of pant-grunting in young chimpanzees. In: *The Chimpanzees of the Mahale Mountains: Sexual and Life History Strategies*,

T Nishida (ed), University of Tokyo Press, Tokyo, pp. 189–206.

(89) Hiraiwa-Hasegawa M 1990. Maternal investment before weaning. In: *The Chimpanzees of the Mahale Mountains: Sexual and Life History Strategies*, T. Nishida (ed), University of Tokyo Press, Tokyo, pp. 257–266.

(90) Hiraiwa-Hasegawa M 1990. Role of food sharing between mother and infant in the ontogeny of feeding behavior. In: *The Chimpanzees of the Mahale Mountains: Sexual and Life History Strategies*, T Nishida (ed), University of Tokyo Press, Tokyo, pp. 267–275.

(91) Hiraiwa-Hasegawa M 1990. A note on the ontogeny of feeding. In: *The Chimpanzees of the Mahale Mountains: Sexual and Life History Strategies*, T Nishida (ed), University of Tokyo Press, Tokyo, pp. 277–283.

(92) Huffman MA 1990. Some socio-behavioral manifestations of old age. In: *The Chimpanzees of the Mahale Mountains: Sexual and Life History Strategies*, T Nishida (ed), University of Tokyo Press, Tokyo, pp. 237–255.

(93) Itani J 1990. Safari surveys of the vegetation and the chimpanzee groups in the northern half of the Mahale Mountains. In: *The Chimpanzees of the Mahale Mountains: Sexual and Life History Strategies*, T Nishida (ed), University of Tokyo Press, Tokyo, pp. 37–61.

(94) Kawanaka K 1990. Alpha males' interactions and social skills. In: *The Chimpanzees of the Mahale Mountains: Sexual and Life History Strategies*, T Nishida (ed), University of Tokyo Press, Tokyo, pp. 171–187.

(95) Kawanaka K 1990. Age differences in ant-eating by adult and adolescent males. In: *The chimpanzees of the Mahale Mountains: Sexual and Life History Strategies*, T. Nishida (ed), University of Tokyo Press, Tokyo, pp. 207–222.

(96) Newton PN & Nishida T 1990. Possible buccal administration of herbal drugs by wild Chimpanzees, *Pan troglodytes*. *Animal Behaviour* 39: 798–801.

(97) Nishida T (ed) 1990. *The Chimpanzees of the Mahale Mountains; Sexual and Life History Strategies*. University of Tokyo Press, Tokyo.

(98) Nishida T 1990. A quarter century of research in the Mahale Mountains: An overview. In: *The Chimpanzees of the Mahale Mountains: Sexual and Life History Strategies*, T Nishida (ed), University of Tokyo Press, Tokyo, pp. 3–35.

(99) Nishida T 1990. Deceptive behavior in young chimpanzees: An essay. In: *The Chimpanzees of the Mahale Mountains: Sexual and Life History Strategies*, T Nishida (ed), University of Tokyo Press, Tokyo, pp. 285–290.

(100) Nishida T, Takasaki H & Takahata Y 1990. Demography and reproductive profiles. In: *The Chimpanzees of the Mahale Mountains: Sexual and Life History Strategies*, T Nishida (ed), University of Tokyo Press, Tokyo, pp. 63–97.

(101) Takahata Y 1990. Adult males' social relations with adult females. In: *The Chimpanzees of the Mahale Mountains: Sexual and Life History Strategies*, T Nishida (ed), University of Tokyo Press, Tokyo, pp. 133–148.

(102) Takahata Y 1990. Social relationships among adult males. In: *The Chimpanzees of the Mahale Mountains: Sexual and Life History Strategies*, T Nishida (ed), University of Tokyo Press, Tokyo, pp. 149–170.

(103) Takasaki H, Nishida T, Uehara S, Norikoshi K, Kawanaka K, Takahata Y, Hiraiwa-Hasegawa, M, Hasegawa T, Hayaki H, Masui K & Huffman MA 1990. Summary of meteorological data at Mahale research camps, 1973–1988. In: *The Chimpanzees of the Mahale Mountains: Sexual and Life History Strategies*, T Nishida (ed), University of Tokyo Press, Tokyo, pp. 291–300.

(104) Uehara S 1990. A preliminary report on age differences in plant-feeding behavior among adult and adolescent males. In: *The Chimpanzees of the Mahale Mountains; Sexual and Life History Strategies*, T Nishida (ed), University of Tokyo Press, Tokyo, pp. 223–236.

1991

(105) Huffman MA 1991. The use of naturally occurring plants for the possible treatment of parasite disease by wild chimpanzees. In: *Window on Wildlife: Research in Tanzania*, E Niemi & A Outwater (eds), Tanzania Printers, Dar es Salaam, pp. 39–41.

(106) Hunt KD 1991. Positional behavior in the Hominoidea. *International Journal of Primatology* 12: 95–118.

(107) Hunt KD 1991. Mechanical implications of chimpanzee positional behavior. *American Journal of Physical Anthropology* 86: 521–536.

(108) Kawabata M & Nishida T 1991. A preliminary note on the intestinal parasites of wild chimpanzees in the Mahale Mountains, Tanzania. *Primates* 32: 275–278.

(109) Nishida T 1991. Primate gastronomy: Cultural food preferences in nonhuman primates and origins of cuisine. In: *Chemical Senses, Vol. 4, Appetite and Nutrition*, M I Friedman, MG Tordoff & MR Kare (eds), Marcel Dekker, New York, pp. 195–209.

(110) Ohigashi H, Jisaka M, Takagaki T, Nozaki H, Tada T, Huffman MA, Nishida T, Kaji M & Koshimizu K 1991. Bitter principles and a related steroid glucoside from *Vernonia amygdalina*, a possible medicinal plant for wild chimpanzees. *Agricultural and Biological Chemistry* 55: 1201–1203.

(111) Ohigashi H, Takagaki T, Koshimizu K, Watanabe K, Kaji M, Hoshino J, Nishida T, Huffman MA, Takasaki H, Jato J & Muanza DN 1991. Biological activities of plant extracts from tropical Africa. *African Study Monographs* 12: 201–210.

1992

(112) Hamai M, Nishida T, Takasaki H & Turner LA 1992. New records of within-group infanticide and cannibalism in wild chimpanzees. *Primates* 33: 151–162.

(113) Hiraiwa-Hasegawa M 1992. Cannibalism among non-human primates. In: *Cannibalism: Ecology and Evolution among Diverse Taxa*, MA Elgar & BJ Crespi (eds), Oxford University Press, Oxford, pp. 323–338.

(114) Hunt KD 1992. Social rank and body size as determinants of positional behavior in *Pan troglodytes. Primates* 33: 347–357.

(115) Hunt KD 1992. Positional behavior of *Pan troglodytes* in the Mahale Mountains and Gombe Stream National Parks, Tanzania. *American Journal of Physical Anthropology* 87: 83–105.

(116) Jisaka M, Kawanaka M, Sugiyama H, Takegawa K, Huffman MA, Ohigashi H & Koshimizu K 1992. Antischistosomal activities of sesquiterpene lactones and steroid glucosides from *Vernonia amygdalina*, possibly used by wild chimpanzees against parasite- related diseases. *Bioscience, Biotechnology and Biochemistry* 56: 845–846.

(117) Jisaka M, Ohigashi H, Takagi T, Nozaki H, Tada T, Hirota M, Irie R, Huffman MA, Nishida T, Kaji M & Koshimizu K 1992. Bitter steroid glucosides, Vernoniosides A1, A2, and A3, and related B1 from a possible medicinal plant, *Vernonia amygdalina*, used by wild chimpanzees. *Tetrahedron* 48: 625–632.

(118) Massawe ET 1992. Assessment of the status of chimpanzee populations in western Tanzania. *African Study Monographs* 13: 35–55.

(119) Mitani JC, Hasegawa T, Gros-Louis J, Marler P & Byrne R 1992. Dialects in wild chimpanzees? *American Journal of Primatology* 27: 233–243.

(120) Nishida T, Hasegawa T, Hayaki H, Takahata Y & Uehara S 1992. Meat-sharing as a coalition strategy by an alpha male chimpanzee? In: *Topics in Primatology, Vol. 1: Human Origins*, T Nishida, WC McGrew, P Marler, M Pickford & FBM de Waal (eds), University of Tokyo Press, Tokyo, pp. 159–174.

(121) Page JE, Balza F, Nishida T & Towers GHN 1992. Biologically active diterpenes from *Aspilia mossambicensis*, a chimpanzee medicinal plant. *Phytochemistry* 31: 3437–3439.

(122) Uehara S, Nishida T, Hamai M, Hasegawa T, Hayaki H, Huffman MA, Kawanaka K, Kobayashi S, Mitani JC, Takahata Y, Takasaki H & Tsukahara T 1992. Characteristics of predation by the chimpanzees in the Mahale Mountains National Park, Tanzania. In: *Topics in Primatology, Vol. 1: Human Origins*,

T Nishida, WC McGrew, P Marler, M Pickford & FBM de Waal (eds), University of Tokyo Press, Tokyo, pp. 143–158.

1993

(123) Huffman MA, Gotoh S, Izutsu D, Koshimizu K & Kalunde MS 1993. Further observations on the use of the medicinal plant, *Vernonia amygdalina* Del., by a wild chimpanzee, its possible effect on parasite load, and its phytochemistry. *African Study Monographs* 14: 227–240.

(124) Huffman MA & Kalunde MS 1993. Tool-assisted predation on a squirrel by a female chimpanzee in the Mahale Mountains, Tanzania. *Primates*, 34: 93–98.

(125) Hunt KD 1993. The mosaic lifeway of our australopithecine ancestors: Piecing in some fragments from the world of the chimpanzee. *Anthro Quest*, 47: 3–7.

(126) Inagaki H & Tsukahara T 1993. A method of identifying chimpanzee hairs in lion feces. *Primates* 34: 109–112.

(127) Jisaka M, Ohigashi H, Takegawa K, Hirota M, Irie R, Huffman MA & Koshimizu K 1993. Steroid glucosides from *Vernonia amygdalina*, a possible chimpanzee medicinal plant. *Phytochemistry* 34: 409–413.

(128) Jisaka M., Ohigashi H, Takegawa K, Huffman MA & Koshimizu K 1993. Antitumoral and antimicrobial activities of bitter sesquiterpene lactones of *Vernonia amygdalina*, a possible medicinal plant used by wild chimpanzees. *Bioscience, Biotechnology and Biochemistry* 57: 833–834.

(129) Kawanaka K 1993. Age differences in spatial positioning of males in a chimpanzee unit-group at the Mahale Mountains National Park, Tanzania. *Primates* 34: 255–270.

(130) Koshimizu K, Ohigashi H, Huffman MA, Nishida T & Takasaki H 1993. Physiological activities and the active constituents of potentially medicinal plants used by wild chimpanzees of the Mahale Mountains, Tanzania. *International Journal of Primatology* 14: 345–356.

(131) Mitani JC & Nishida T 1993. Contexts and social correlates of long-distance calling by male chimpanzees. *Animal Behaviour* 45: 735–746.

(132) Nishida T 1993. Left nipple suckling preference in wild chimpanzees. *Ethology and Sociobiology* 14: 45–52.

(133) Nishida T 1993. Chimpanzees are always new to me. In: *The Great Ape Project: Equality beyond Humanity*, P Cavalieri & P Singer (eds), Fourth Estate, London, pp. 24–26.

(134) Nishida T & Nakamura M 1993. Chimpanzee tool use to clear a blocked nasal passage. *Folia Primatologica* 61: 218–220.

(135) Tsukahara T 1993. Lions eat chimpanzees: The first evidence of predation by lions on wild chimpanzees. *American Journal of Primatology* 29: 1–11.

1994

(136) Doran DM & Hunt KD 1994. Comparative locomotor behavior of chimpanzees and bonobos: Species and habitat differences. In: *Chimpanzee Cultures*, RW Wrangham, WC McGrew, FBM de Waal & PG Heltne (eds), Harvard University Press, Cambridge, Mass., pp. 93–108.

(137) Gasquet M, Huffman MA & Wrangham RW 1994. Les plantes medicinales utilises par les chimpanzes sauvages. In: *Metissages en Sante Animal*, K Kasonia & M Ansay (eds), Presses Universitaires de Namur, Namur (Belgium), pp. 289–297.

(138) Hiraiwa-Hasegawa M & Hasegawa T 1994. Infanticide in nonhuman primates: Sexual selection and local resource competition. In: *Infanticide and Parental Care*, S Parmigiani & FS vom Saal (eds), Harwood, Chur, pp. 137–154.

(139) Huffman MA 1994. The C. H. I. M. P. P. : A multi-disciplinary investigation into the use of medicinal plants by chimpanzees. *Pan African News* 1 (1): 3–5.

(140) Huffman MA & Wrangham RW 1994. Diversity of medicinal plant use by chimpanzees in the wild. In: *Chimpanzee Cultures*, RW Wrangham, WC McGrew, FBM de Waal & PG Heltne (eds), Harvard University Press, Cambridge, Mass., pp. 129–148.

(141) Hunt KD 1994. Body size effects on vertical climbing among chimpanzees. *International Journal of Primatology* 15: 855–865.

(142) Hunt KD 1994. The evolution of human bipedality: Ecology and functional morphology. *Journal of Human Evolution*, 26: 183–202.

(143) Koshimizu K, Ohigashi H & Huffman MA 1994. Use of *Vernonia amygdalina* by wild chimpanzees: Possible role of its bitter and related constituents. *Physiology and Behavior*, 57: 1209–1216.

(144) Mitani JC 1994. Ethological studies of chimpanzee vocal behavior. In: *Chimpanzee Cultures*, RW Wrangham, WC McGrew, FBM de Waal & PG Heltne (eds), Harvard University Press, Cambridge, Mass., pp. 195–210.

(145) Mitani JC & Brandt KL 1994. Social factors influence the acoustic variability in the long-distance calls of male chimpanzees. *Ethology* 96: 233–252.

(146) Nishida T 1994. Review of recent findings on Mahale chimpanzees: Implications and future research directions. In: *Chimpanzee Cultures*, RW Wrangham, WC McGrew, FBM de Waal & PG Heltne (eds), Harvard University Press, Cambridge, Mass., pp. 373–396.

(147) Ohigashi H, Huffman MA, Izutsu D, Koshimizu K, Kawanaka M, Sugiyama H, Kirby GC, Warhurst DC, Allen D, Wright CW, Phillipson JD,

Timmon-David P, Delnas F, Elias R & Balansard G 1994. Toward the chemical ecology of medicinal plant use in chimpanzees: The case of *Vernonia amygdalina*, a plant used by wild chimpanzees possibly for parasite-related diseases. *Journal of Chemical Ecology* 20: 541–553.

(148) Uehara S, Hiraiwa-Hasegawa M, Hosaka K, Hamai M 1994. The fate of defeated alpha male chimpanzees in relation to their social networks. *Primates* 35: 49–55.

(149) Uehara S, Nishida T, Takasaki H, Kitopeni R, Kasagula MB, Norikoshi K, Tsukahara T, Nyundo R & Hamai M 1994. A lone male chimpanzee in the wild: The survivor of a disintegrated unit-group. *Primates* 35: 275–281.

1995

(150) Hosaka K 1995. Mahale: A single flu epidemic killed at least 11 chimps. *Pan Africa News* 2 (2): 3–4.

(151) Hosaka K 1995. A rival yesterday is a friend today: A grand political drama in the forest. *Pan Africa News* 2 (2): 10–11.

(152) Huffman MA 1995. La pharmacope des chimpanzes. *La Recherche October Issue*, pp. 66–71.

(153) Matsumoto-Oda A 1995. First record of a twin birth in chimpanzees of the Mahale Mountains National Park, Tanzania. *African Study Monographs*, 16: 159–164.

(154) Mitani JC, Gros-Louis J 1995. Species and sex differences in the screams of chimpanzees and bonobos. *International Journal of Primatology* 16: 393–411.

(155) Nishida T, Hosaka K, Nakamura M & Hamai M 1995. A within-group gang attack on a young adult male chimpanzee: Ostracism of an ill-mannered member? *Primates* 36: 207–211.

(156) Takahata Y, Koyama N & Suzuki S 1995. Do the old aged females experience a long post-reproductive life span? : The cases of Japanese macaques and chimpanzees. *Primates* 36: 169–180.

(157) Turner LA 1995. Ntologi falls? *Pan Africa News* 2 (2): 9–10.

1996

(158) Huffman MA, Koshimizu K & Ohigashi H 1996. Ethnobotany and zoopharmacognosy of *Vernonia amygdalina*, a medicinal plant used by humans and chimpanzees. In: *Compositae: Biology and Utilization Vol. 2.*, PDS Caligari and DJN Hind (eds), The Royal Botanical Gardens, Kew, pp. 351–360.

(159) Huffman MA, Page JE, Sukhdeo MVK, Gotoh S, Kalunde MS, Chandrasiri T & Towers GHN 1996. Leaf-swallowing by chimpanzees: A behavioral adaptation for the control of strongyle nematode infections. *International Journal of Primatology* 17: 475–503.

(160) Kawanaka K 1996. Observation time and sampling intervals for measuring behavior and interactions of chimpanzees in the wild. *Primates* 37: 185–196.

(161) Mahaney WC, Hancock RGV, Aufreiter S & Huffman MA 1996. Geochemistry and clay mineralogy of termite mound soil and the role of geophagy in chimpanzees of the Mahale Mountains, Tanzania. *Primates* 37: 121–134.

(162) Mitani JC 1996. Comparative studies of African ape vocal behavior. In: *Great Ape Societies*, WC McGrew, LF Marchant & T Nishida (eds), Cambridge University Press, Cambridge, pp. 241–254.

(163) Mitani JC, Gros-Louis J & Macedonia JM 1996. Selection for acoustic individuality within the vocal repertoire of wild chimpanzees. *International Journal of Primatology* 17: 569–583.

(164) Nishida T 1996. The death of Ntologi, the unparalleled leader of M group. *Pan Africa News* 3 (1): 4.

(165) Nishida T 1996. Thirty years of chimpanzees research at the Mahale Mountains National Park. In: *Proceedings of a Scientific Seminar to Mark 30 Years of Chimpanzee Research in the Mahale Mountains National Park Held in Dar es Salaam, December 4–6, 1995*. Serengeti Wildlife Research Institute, Arusha, pp. 7–17.

(166) Nishida T 1996. Chimpanzee research findings, implications and future lines of investigation. In: *Proceedings of a Scientific Seminar to Mark 30 Years of Chimpanzee Research in the Mahale Mountains National Park Held in Dar es Salaam, December 4–6, 1995*. Serengeti Wildlife Research Institute, pp. 97–105.

(167) Nishida T & Hosaka K 1996. Coalition strategies among adult male chimpanzees of the Mahale Mountains. In: *Great Ape Societies*, WC McGrew, LF Marchant & T Nishida (eds), Cambridge University Press, Cambridge, pp. 114–134.

(168) Nishida T & Turner LA 1996. Food transfer between mother and infant chimpanzees of the Mahale Mountains National Park. *International Journal of Primatology* 17: 947–968.

(169) Takahata Y, Ihobe H & Idani G 1996. Comparing copulations of chimpanzees and bonobos: Do females exhibit proceptivity or receptivity? In: *Great Ape Societies*, WC McGrew, LF Marchant & T Nishida (eds), Cambridge University Press, Cambridge, pp. 146–155.

(170) Uehara S 1996. Hunting behaviour of the chimpanzees of Mahale. In: *Proceedings of a Scientific Seminar to Mark 30 Years of Chimpanzee Research in the Mahale Mountains National Park Held in Dar es Salaam, December 4-6, 1995*, Serengeti Wildlife Research Institute (SWRI), Arusha, pp. 41-50.

1997

(171) Huffman MA 1997. Current evidence for self-medication in primates: a multidisciplinary perspective. *Yearbook of Physical Anthropology* 40: 171-200.

(172) Huffman MA, Gotoh S, Turner LA, Hamai M & Yoshida K 1997. Seasonal trends in intestinal nematode infection and medicinal plant use among chimpanzees in the Mahale Mountains National Park, Tanzania. *Primates* 38: 111-125.

(173) Matsumoto-Oda A 1997. Self-suckling behavior by a wild chimpanzee. *Folia Primatologica* 68: 342-343.

(174) Nakamura M 1997. First observed case of chimpanzee predation on yellow baboons (*Papio cynocephalus*) at the Mahale Mountains National Park. *Pan Africa News* 4 (2): 9-11.

(175) Nishida T 1997. Sexual behavior of adult male chimpanzees of the Mahale Mountains National Park, Tanzania. *Primates* 38: 379-398.

(176) Nishida T 1997. Baboon invasion into chimpanzee habitat. *Pan Africa News* 4 (2): 11-12.

(177) Page JE, Huffman MA, Smith V & Towers GHN 1997. Chemical basis for medicinal consumption of *Aspilia* leaf-swallowing by chimpanzees: A reanalysis. *Journal of Chemical Ecology* 23: 2211-2226.

(178) Uehara S 1997. Predation on mammals by the chimpanzee (*Pan troglodytes*). *Primates* 38: 193-214.

1998

(179) Hofer A, Huffman MA & Zeisler G 1998. *Mahale - Begegnung mit Schimpansen*. PAN Edition im Verlag Navalon, Fusen.

(180) Huffman MA, Elias R, Balansard G, Ohigashi H & Nansen P 1998. L'automediation chez les singes anthropoides: unde etude multidisciplinaire sur le comportement, le regime alimentaire et la sante. *Primatologie* 1: 179-204.

(181) Huffman MA, Ohigashi H, Kawanaka M, Page JE, Kirby GC, Gasquet M, Murakami A & Koshimizu K 1998. African great ape self-medication: A new paradigm for treating parasite disease with natural medicines? In: *Towards Natural Medicine Research in the 21st Century*, Y Ebizuka (ed), Elsevier Science B. V. Excerpta Medica, Amsterdam, pp. 113-123.

(182) Ihobe H 1998. Life span of chimpanzee beds at the Mahale Mountains National Park, Tanzania. In: *Resource Use Patterns and Social Structure among*

Chimpanzees, T Nishida (ed), Nisshindo, Kyoto, pp. 49–56.

(183) Itoh N, Nishida T & Turner L 1998. Density and distribution patterns of woody vegetation in the Kasoje forest, in view of the food of chimpanzees: A preliminary report. In: *Resource Use Patterns and Social Structure among Chimpanzees*, T Nishida (ed), Nisshindo Printer, Kyoto, pp. 3–22.

(184) Kawanaka K 1998. Changes in relationships among highest ranking males of a unit-group of chimpanzees at the Mahale Mountains National Park, Tanzania: A progress report of the research in 1996. In: *Resource Use Patterns and Social Structure among Chimpanzees*, T Nishida (ed), Nisshindo, Kyoto, pp. 87–96.

(185) Matsumoto-Oda A & Oda R. 1998. Changes in the activity budget of cycling female chimpanzees. *American Journal of Primatology* 46: 157–166.

(186) Matsumoto-Oda A 1998. Injuries to the sexual skin of female chimpanzees at Mahale and their effect on behaviour. *Folia Primatologica* 69: 400–404.

(187) Matsumoto-Oda A, Hosaka K, Huffman MA & Kawanaka K 1998. Factors affecting party size in chimpanzees of the Mahale Mountains. *International Journal of Primatology* 19: 999–1011.

(188) McGrew WC & Marchant LF 1998. Chimpanzee wears a knotted skin "necklace". *Pan Africa News* 5 (1): 8–9.

(189) Nakamura M 1998. The number of grooming partners in chimpanzees: Age and sex differences. In: *Resource Use Patterns and Social Structure among Chimpanzees*, T Nishida (ed), Nisshindo Printer, Kyoto, pp. 75–85.

(190) Nigi H, Nishida T, Itoh N & Sakamaki T 1998. Helminthic parasites infection in wild chimpanzees in the Mahale Mountains National Park, Tanzania, in dry season. In: *Resource Use Patterns and Social Structure among Chimpanzees*, T Nishida (ed), Nisshindo Printer, Kyoto, pp. 57–62.

(191) Nishida T 1998. Deceptive tactic by an adult male chimpanzee to snatch a dead infant from its mother. *Pan Africa News* 5 (2): 13–15.

(192) Norikoshi K 1998. Hand preference of wild chimpanzees observed in their tool behaviour. In: *Resource Use Patterns and Social Structure among Chimpanzees*, T Nishida (ed), Nisshindo Printer, Kyoto, pp. 97–104.

(193) Sakamaki T 1998. First record of algae-feeding by a female chimpanzee at Mahale. *Pan Africa News* 5 (1): 1–3.

(194) Sasaki H & Nishida T 1998. Preliminary notes on the medical important dipterous insects at the Mahale Mountains National Park in Tanzania, East Africa. In: *Resource Use Patterns and Social Structure among Chimpanzees*, T Nishida (ed), Nisshindo Printer, Kyoto, pp. 67–73.

(195) Uehara S & Ihobe H 1998. Distribution and abundance of diurnal mammals, especially monkeys, at Kasoje, Mahale Mountains, Tanzania. *Anthropological Science*, 106: 349–369.

(196) Wakibara JV 1998. Observations on the pilot control of *Senna spectabilis*, an invasive exotic tree in the Mahale Mountains National Park, Western Tanzania. *Pan Africa News* 5 (1): 4-6.

1999

(197) Gasser RB, Woods WG, Huffman MA, Blotkamp J & Polderman AM 1999. Molecular separation of *Oesophagostomum stephanostomum* and *Oesophagostomum bifurcum* (Nematoda: Strongyloidea) from non-human Primates. *International Journal for Parasitology* 29: 1087-1091.

(198) Itoh N, Sakamaki T, Hamisi M, Kitopeni R, Bunengwa M, Matumla M, Athumani K, Mwami M & Bunengwa H 1999. A new record of invasion by an unknown unit group into the center of M group territory. *Pan Africa News* 6 (1): 8-10.

(199) Marchant LF, McGrew WC 1999. Innovative behavior at Mahale: New data on nasal probe and nipple press. *Pan Africa News* 6: 16-18.

(200) Matsumoto-Oda A 1999. Mahale chimpanzees: grouping patterns and cycling females. *American Journal of Primatology* 47: 197-207.

(201) Matsumoto-Oda A 1999. Female choice in the opportunistic mating of wild chimpanzees (*Pan troglodytes schweinfurthii*) at Mahale. *Behavioral Ecology and Sociobiology* 46: 258-266.

(202) Matsumoto-Oda A & Hayashi Y 1999. Nutritional aspects of fruit choice by chimpanzees. *Folia Primatologica* 70: 154-162.

(203) Nishida T, Kano T, Goodall J, McGrew WC & Nakamura M 1999. Ethogram and ethnography of Mahale chimpanzees. *Anthropological Science* 107: 141-188.

(204) Sasaki H & Nishida T 1999. Notes on the flies associated with wild chimpanzees at Mahale Mountains National Park, Tanzania, East Africa. *Medical Entomology and Zoology* 50: 151-155.

(205) Takahata Y, Ihobe H & Idani G 1999. Do bonobos copulate more freguently and promiscuously than chimpanzees ? *Human Evolution* 14 : 159-167.

(206) Uehara S 1999. Why don't the chimpanzees of M group at Mahale fish for termites? *Pan Africa News*, 6: 22-24.

(207) Whiten A, Goodall J, McGrew WC, Nishida T, Reynolds V, Sugiyama Y, Tutin CEG, Wrangham RW & Boesch C 1999. Cultures in chimpanzees. *Nature* 399: 682-685.

2000

(208) Alados CL & Huffman MA 2000. Fractal long range correlations in behavioural sequences of wild chimpanzees: A non-invasive analytical tool for the evaluation of health. *Ethology* 106: 105–116.

(209) Hofer A, Huffman MA, & Ziesler G 2000. *Mahale; a Photographic Encounter with Chimpanzees*. Sterling Publishing, New York.

(210) Huffman MA 2000. Forest pharmacy. Healthy Options March Issue: 10–14.

(211) Matsumoto-Oda A & Kasagula MB 2000. Preliminary study of feeding competition between baboons and chimpanzees in the Mahale Mountains National Park, Tanzania. *African Study Monographs* 21: 147–157.

(212) Nakamura M, McGrew WC, Marchant L & Nishida T 2000. Social scratch: Another custom in wild chimpanzees? *Primates* 41: 237–248.

(213) Nakamura M 2000. Is human conversation more efficient than chimpanzee grooming? : Comparison of clique sizes. *Human Nature* 11: 281–297.

(214) Nishida T, Ohigashi H & Koshimizu K 2000. Tastes of chimpanzee plant foods. *Current Anthropology* 41: 431–438.

2001

(215) Aufreiter S, Mahaney WC, Milner MW, Huffman MA, Hancock RGV, Wink M, Reich M & Rana S 2001. Mineralogical and chemical interactions of soils eaten by chimpanzees of the Mahale Mountains and Gombe Stream National Parks, Tanzania. *Journal of Chemical Ecology* 27: 285–311.

(216) Hosaka K, Nishida T, Hamai M, Matsumoto-Oda A & Uehara S 2001. Predation of mammals by the chimpanzees of the Mahale Mountains, Tanzania. In: *All Apes Great and Small, vol. 1: African Apes*, BMF Galdikas, NE Briggs, LK Sheeran, GL Shapiro & J Goodall (eds), Kluwer Academic Publishers, New York, pp. 107–130.

(217) Huffman MA 2001. Self-medicative behavior in the African Great Apes- An evolutionary perspective into the origins of human traditional medicine. *BioScience* 51: 651–661.

(218) Huffman MA & Caton JM 2001. Self-induced increase of gut motility and the control of parasitic infections in wild chimpanzees. *International Journal of Primatology* 22: 329–346.

(219) Ketch LA, Malloch D, Mahaney WC & Huffman MA 2001. Chemistry, microbiology and clay mineralogy of soils eaten by chimpanzees (*Pan troglodytes schweinfurthii*) in the Mahale Mountains National Park, Tanzania. *Soil Biology and Biochemistry* 33: 199–203.

(220) Matsumoto-Oda A & Oda R 2001. Activity budgets of wild female chimpanzees in different reproductive states. *Journal of Ethology* 19: 17–21.

(221) McGrew WC, Marchant LF, Scott SE & Tutin CEG 2001. Inter-group differences in a social custom of wild chimpanzees: The grooming hand-clasp of the Mahale Mountains, Tanzania. *Current Anthropology* 42: 148–153.

(222) Nakamura M & Itoh N 2001. Sharing of wild fruits among male chimpanzees: Two cases from Mahale, Tanzania. *Pan Africa News* 8: 28–31.

(223) Nishida T, Wrangham RW, Jones HJ, Marshall A & Wakibara J 2001. Do chimpanzees survive the 21st country? *Conference Proceedings of the Apes: Challenges for the 21st Century*. Chicago Zoological Society, Chicago, pp. 43–51.

(224) Sakamaki T, Itoh N & Nishida T 2001. An attempted within-group infanticide in wild chimpanzees. *Primates* 42: 359–366.

(225) Whiten A, Goodall J, McGrew WC, Nishida T, Reynolds V, Sugiyama Y, Tutin CEG, Wrangham RW & Boesch C 2001. Charting the cultural variation of chimpanzees. *Behaviour* 138: 1489–1525.

2002

(226) Boesch C, Uehara S & Ihobe H 2002. Variations in chimpanzee-red colobus interactions. In: *Behavioural Diversity in Chimpanzees and Bonobos*, C Boesch, G Hohmann & LF Marchant (eds), Cambridge University Press, Cambridge, pp. 221–230.

(227) Matsumoto-Oda A 2002. Behavioral seasonality in Mahale chimpanzees. *Primates* 43: 103–117.

(228) Matsumoto-Oda A 2002. Social relationships between cycling females and males in Mahale chimpanzees. In: *Behavioral Diversity in Chimpanzees and Bonobos*, C Boesch, G Hohmann & LF Marchant (eds), Cambridge University Press, Cambridge, pp. 168–180.

(229) Nakamura M, 2002. Grooming-hand-clasp in Mahale M group chimpanzees: Implication for culture in social behaviors. In: C Boesch, G Hohmann, & LF Marchant (eds), *Behavioral Diversity in Chimpanzees and Bonobos*, Cambridge University Press, Cambridge, pp. 71–83.

(230) Zamma K 2002. Leaf-grooming by a wild chimpanzee in Mahale. *Primates* 43: 87–90.

(2) 学術大会・研究会発表英文抄録および雑報

1974

Kawanaka K & Nishida T 1974. Recent advances in the study of inter-unit-group relationships and social structure of wild chimpanzees of the Mahali Mountains. *5th Congress of International Primatological Society, Abstracts* pp. 94–95, Nagoya.

1980

Nishida T 1980. Chimpanzee culture. *Sunday News, Dar es Salaam*, Jan. 13, 1980.

Nishida T 1980. Chimp's predatory behaviour. *Sunday News, Dar es Salaam*, Jan. 20, 1980.

Nishida T & Hasegawa M 1980. Tool-use of wild chimpanzees of the Mahale Mountains, Tanzania, with special reference to fishing for *Camponotus* ants.. *Anthropologia Contemporanea* (*8th Congress of the International Primatological Society, Abstracts*) 3: 247–248.

1984

Nishida T 1985. The Mahale Mountains declared a National Park. *International Primate Protection League Newsletter* 12 (3): 9

Nishida T & Hiraiwa-Hasegawa 1984. Behavior of an adult male in one-male unit-group of chimpanzees in the Mahale Mountains, Tanzania. *International Journal of Primatology* (*10th Congress of the International Primatological Society, Abstracts*) 5: 387

Uehara S 1984. Sex difference in feeding on *Camponotus* ants among wild chimpanzees in the Mahale Mountains, Tanzania. *International Journal of Primatology* (*10th Congress of the International Primatological Society, Abstracts*) 5: 389.

1986

Nishida T 1986. Studying the chimps. *Sunday News, Dar es Salaam*, Feb. 16, 1986, p. 7.

Nishida T 1986. Reciprocity in grooming among wild chimpanzees: A preliminary report. *Proceedings of the 23rd Congress of Japan Association for African Studies*, p. 4.

Nishida T 1986. Development of reciprocity in grooming between chimpanzee mother and offspring. *Primate Report* No. 14, p. 186.

1988

Huffman MA 1988. Observations on the illness and consumption of a possibly medicinal plant *Vernonia amygdalina* (Del.), by a wild chimpanzee in the Mahale Mountains, National Park Tanzania. *Primate Research* 4: 180.

1989

Nishida T 1989. Deceptive behavior in young chimpanzees. *Journal of Anthropological Society of Nippon* 97: 270.

Nishida T 1989. Nonhuman primate cultures and their conservation. *IPS Bulletin* 26 (2): 1.

1990

Hamai M, Nakamura M, Asou T, Nishida T, Nyundo R, Turner L, Tsukahara T & Huffman MA 1990. The cannibalism observed recently among the chimpanzees of the Mahale Mountains. *13th Congress of the International Primatological Society, Abstracts* p. 191, Nagoya & Kyoto.

Huffman MA, Hamai M, Tsukahara T & Turner L A 1990. Intestinal parasites of the Mahale M unit-group chimpanzees: Further evidence in support of chimpanzee behavioral adaptations for the treatment of parasite related illness. *13th Congress of the International Primatological Society, Abstracts* p. 112, Nagoya & Kyoto.

Koshimizu K, Ohigashi H, Huffman MA, Nishida T & Takasaki H 1990. Physiological activities of possible medicinal plants for wild chimpanzees and their active constituents. *13th Congress of the International Primatological Society, Abstracts* p. 162, Nagoya & Kyoto.

Nishida T 1990. Meat-sharing by an alpha male as a coalition strategy? *13th Congress of the International Primatological Society, Abstracts* p. 146, Nagoya & Kyoto.

Tsukahara T & Nishida T 1990. The first evidence for predation by lions on wild chimpanzees. *13th Congress of the International Primatological Society, Abstracts* p. 82, Nagoya & Kyoto.

Uehara S 1990. Characteristics of predation by the chimpanzees at Mahale and cross-population comparisons of chimpanzee hunting. *13th Congress of the International Primatological Society, Abstracts* p. 146, Nagoya & Kyoto.

1992

Huffman MA 1992. Medicinal plant use by wild chimpanzees: A behavioral adaptation for parasite control? *Symposium "Zoopharmacognosy: Medicinal Plant Use by Wild Apes and Monkeys", Special Section on Medicine and Technologies of the Future, American Association for the Advancement of Science, Abstracts* p. 75, Chicago.

Huffman MA 1992. Tool-assisted predation of a squirrel by a female chimpanzee in the Mahale Mountains, Tanzania. *Primate Research* 8: 198.

Huffman MA, Koshimizu K, Gotoh S, Kawanaka M, Wright CW, Kirby GC & Timon-David P 1992. The chemo-ethology of medicinal plant use in wild chimpanzees and other primates. *14th Congress of the International Primatological Society, Abstracts* Strasbourg.

Nishida T 1992. Weaning conflict in chimpanzees. *Bulletin of the Chicago Academy of Sciences* 15: 14.

Nishida T 1992. Group specific behavior: Mahale (video presentation). *Bulletin of the Chicago Academy of Sciences* 15: 21.

Nishida T 1992. Fighting and reconciliation (video presentation). *Bulletin of the Chicago Academy of Sciences* 15: 13.

Nishida T 1992. Mahale update (poster presentation). *Bulletin of the Chicago Academy of Sciences* 15: 38.

Ohigashi H, Huffman MA, Kawanaka M, Koshimizu K 1992. Do wild chimpanzees use *Vernonia amygdalina* for parasite diseases? *9th Annual International Society of Chemical Ecology, Abstracts*, Kyoto.

Takasaki H 1992. Play scenes of Mahale M group chimpanzees. *Bulletin of the Chicago Academy of Sciences* 15: 71.

Takasaki H 1992. Hunting scenes of Mahale M group chimpanzees (video presentation). *Bulletin of the Chicago Academy of Sciences* 15: 70.

Takasaki H 1992. Tool using scenes of Mahale M group chimpanzees (video presentation). *Bulletin of the Chicago Academy of Sciences* 15: 72.

Takasaki H 1992. Mother-infant scenes of Mahale M group chimpanzees (video presentation). *Bulletin of the Chicago Academy of Sciences* 15: 69.

Takasaki H & Takenaka O 1992. Non-invasive sampling of DNA from wild chimpanzees. *Bulletin of the Chicago Academy of Sciences* 15: 68.

Uehara S 1992. Conflict interactions among male chimpanzees at Mahale: film and discussion. *Bulletin of the Chicago Academy of Sciences* 15: 12.

1995

Hosaka K 1995. Chimpanzee predation on red colobus in the Mahale Mountains National Park, Tanzania. *Anthropological Science* 103: 160.

Kayumbo H 1995. Opening address for inauguration of the Mahale Wildlife Conservation Society. *Pan Africa News* 2 (1): 2–3.

Nishida T 1995. Inauguration meeting of Mahale Wildlife Conservation Society held at the University of Dar es Salaam on August 12, 1994. *Pan Africa News* 2 (1): 1.

Nishida T 1995. An inaugural address for the Mahale Wildlife Conservation Society held at the University of Dar es Salaam on August 12, 1994. *Pan Africa News* 2 (1): 3–4.

1996

Hosaka K 1996. The relations between meat sharing behavior and decision to group hunt by the chimpanzees of the Mahale Mountains. *16th Congress of International Primatological Society, Abstracts*, Madison.

Huffman MA, Page JE, Ohigashi H & Gotoh S 1996. Leaf-swallowing by chimpanzees for the control of strongyle nematode infections: Behavioral, chemical and parasitological evidence. *16th Congress of the International Primatological Society, Abstracts*, Madison.

Ihobe H 1996. Life-span of chimpanzee beds at the Mahale Mountains National Park, Tanzania. *16th Congress of the International Primatological Society, Abstaracts*, Madison.

Matsumoto-Oda A 1996. Female sexual cycle and chimpanzee party size in the Mahale Mountains. *16th Congress of the International Primatological Society, Abstracts*, Madison.

Nishida T 1996. Mahale chimpanzee studies: Past, present and future. *16th Congress of the International Primatological Society, Abstracts*, Madison.

Nishida T 1996. The exhibition and workshop to commemorate the 30th anniversary of chimpanzee research at Mahale. *Pan Africa News* 3 (1): 1–2.

Nishida T 1996. Eradication of the invasive, exotic tree *Senna spectabilis* in the Mahale Mountains. *Pan Africa News* 3 (2): 6–7.

Ohigashi H, Huffman MA, Koshimizu K 1996. In the search for potential medicines from the tropics: Interfacing chimpanzee behavior and African ethnomedicine. *5th International Symposium on Traditional Medicine in Toyama, Abstract* pp. 165–174, Toyama.

Turner LA 1996. Invasive plant in chimpanzee habitat at Mahale. *Pan Africa News* 3 (1): 5.

1997

Huffman MA 1997. Practical applications from the study of great ape self-medication and conservation related issues. *Pan African News* 4 (2): 15–16.

Ihobe H 1997. Anti-predator strategy of red colobus monkeys: Changes of activity and height. *Anthropological Science* 105: 49.

Lukosi N 1997. A brief note on possible control of *Senna spectabilis*, an invasive exotic tree at Mahale. *Pan Africa News* 4 (2): 18.

Nishida T 1997. President's corner: Chimp-medicine? *Bulletin of International Primatological Society* 24 (1): 1.

Huffman MA 1997. Self-medication in African great apes: Ancient wisdom as a modern paradigm for treating tropical diseases. *International Symposium on Natural Medicines and 50th Congress of the Japanese Society of Pharmacognosy, Abstracts* p. 23, Kyoto.

1998

Huffman MA 1998. The relative contributions of biological predispositions, social learning and ecology in the transmission and maintenance of behavioral traditions: A case study of self-medicative behavior in the African great apes. *Napoli Social Learning Conference, Abstracts* p. 39, Napoli.

Huffman MA, Hirata S & Matsuzawa T 1998. Spontaneous leaf swallowing in captive chimpanzees: Evidence for a predisposition to perform a behavioral component of great ape self-medication. *Napoli Social Learning Conference, Abstracts* p. 79, Napoli.

Ihobe H 1998. Anti-predation behavior of red colobus at Mahale, Tanzania. *17th Congress of the International Primatological Society, Abstracts* p. 142, Antananarivo.

Matsumoto-Oda A 1998. Social relationships between cycling females and adult males in Mahale chimpanzees. *17th Congress of the International Primatological Society, Abstracts*, Antananarivo.

Nishida T 1998. Primate culture and primate conservation. *17th Congress of the International Primatological Society., Abstracts* p. 46, Antananarivo.

1999

Huffman MA 1999. Ape self-medication: New sources for the treatment of parasitosis. *Session: Non-conventional Treatment of Helminths, and Product Development. 17th International Conference of the World Association for the Advancement of Veterinary Parasitology, Abstracts* f5–o1

Ihobe H 1999. Anti-chinpanzee-hunting strategy of red colobus monkeys at Mahale, Tanzania. *Anthropological Science* 107: 70.

Matsumoto–Oda A, Kasuya E & Takahata Y 1999. Asynchrony of estrous swelling in Mahale chimpanzees. *American Journal of Physical Anthropology, Supplement* 28: 193.

Nakamura M & Fukuda F 1999. Chimpanzees to the east of the Mahale Mountains. *Pan Africa News* 6: 5–7.

Sprague DS & Matsumoto-Oda A 1999. Topographic effects on measures of primate habitat-use in mountainous study sites in Japan and Africa. *American*

Journal of Physical Anthropology, Supplement 28: 257.

Uehara S 1999. Predatory behavior among chimpanzees with reference to the distribution and abundance of diurnal prey mammals, especially monkeys, at Kasoje, Mahale Mountains, Tanzania. *Anthropological Science* 107: 70.

Uehara S 1999. Symposium on Mahale. *Pan Africa News* 6: 15–16.

2000

Hosaka K 2000. Mammal hunting and meat-eating of chimpanzees. *Anthropological Science* 108: 72.

Huffman MA 2000. Cross-site comparison of self-medicative behavior in the African great apes. *Symposium "Behavioral Diversity in Chimpanzees and Bonobos" Organized by the Max Planck Institute for Evolutionary Anthropology, Abstracts* p. 13, Seeon (Germany).

Huffman MA & Hirata S 2000. Ecological and biological basis of primate behavioral traditions. *Traditions in Nonhuman Primates: Models and Evidence Symposium, University of Georgia, Atlanta, Abstracts* p. 12, Atlanta.

Huffman MA 2000. Investigating the animal origins of herbal medicine: Old ways of solving new problems? *4th European Colloquium on Ethnopharmacology, Abstracts*, Metz (France).

Matsumoto-Oda A 2000. Chimpanzee female-male friendships and female-female competition as reproductive strategy. *Symposium "Behavioural Diversity in Chimpanzees and Bonobos" Organized by the Max Planck Institute for Evolutionary Anthropology, Abstract* p. 17, Seeon (Germany).

Nishida T 2000. The conservation of chimpanzees in the new millennium. *Conference "The Apes: Challenges for the 21st Century", Abstracts* p. 51, Brookfield Zoo, Chicago.

Nishida T 2000. Demography and reproductive profiles of the Mahale chimpanzees revisited. *Symposium "Behavioural Diversity in Chimpanzees and Bonobos" Organized by the Max Planck Institute for Evolutionary Anthropology, Abstract* p. 24, Seeon (Germany).

Uehara S & Ihobe H 2000. Opportunistic hunting by the chimpanzees at Mahale and its impact on mammalian prey populations. *Symposium "Behavioural Diversity in Chimpanzees and Bonobos" Organized by the Max Planck Institute for Evolutionary Anthropology, Abstract* p. 29, Seeon (Germany).

2001

Huffman MA 2001. A bio-cultural approach to discovering and evaluating herbal anthelmintics: The role of animal behavior and ethnobotanical studies.

Symposium "Natural Products Research Network for Eastern and Central Africa", Abstracts p. 13, Nairobi.

Huffman MA & Nishie H 2001. Stone handling, a two decade old behavioral tradition in a Japanese monkey troop. *Symposium on Animal Innovation, 26th International Ethological Conference, Abstracts* p. 3, Tubingen.

McGrew WC, Marchant LF, Nakamura M, & Nishida T 2001. Local customs in wild chimpanzees: The grooming hand-clasp in the Mahale Mountains, Tanzania. *American Journal of Physical Anthropology, Supplement* 32: 107.

Nishida T 2001. Cultural behaviour patterns among East African chimpanzees. *Second Annual Scientific Conference of Tanzania Wildlife Research Institute, Abstracts and Programme*, p. 9, Arusha (Tanzania).

2002

Huffman MA, Pebsworth P, Bakuneeta C, Gotoh S, Obbo C, Kiwedi Z, Karamaji J & Muhumuza G 2002. Ecological factors influencing the behavioural diversity of leaf-swallowing and host parasite relationships in chimpanzees of Budongo and Mahale. *COE International Symposium "Research on Long-lived Animals: The Past, Present and Future of Longitudinal Studies", Abstracts* p. 65, Inuyama.

Ihobe H 2002. Food overlap between chimpanzees and Cercopitecidae. *Anthropological Science* 110: 128.

Itoh N 2002. Feeding act of wild chimpanzees: To eat as a social event. *Anthropological Science* 110: 48.

Nakamura M & Itoh N 2002. Plant food sharing among wild chimpanzees: Two cases from Mahale, Tanzania. *Anthropological Science* 110: 90.

Nishida T 2002. The chimpanzees of Mahale: Current states of conservation and research. *COE International Symposium "Research on Long-lived Animals: The Past, Present and Future of Longitudinal Studies", Abstracts* p. 48, Inuyama.

Sakamaki T 2002. The nature of "ignore" in face-to-face interactions among chimpanzees: Cases of "submissive greeting". *Anthropological Science* 110: 129.

Uehara S 2002. Comparison of census data between 1996 and 2000 on medium- and large-sized diurnal mammals, especially monkeys, at Mahale. *Anthropological Science* 110: 63.

Zamma K 2002. Seasonal change of the density of ticks and grooming among chimpanzees at Mahale Mountains National Park, Tanzania. *Anthropological Science* 110: 128.

あとがき

野生チンパンジーについて、日本人研究者によって書かれた論文集は、本書で三冊目になる。最初の論文集は、『チンパンジー記』と題された書物で、伊谷純一郎先生が編集にあたられ、講談社から一九七七年に出版された。今西錦司先生と伊谷先生が初めてアフリカを訪れられた一九五八年から二〇年を、伊谷先生と東滋・豊嶋（西邨）顕達両氏がカボゴ山塊でチンパンジーの調査を開始された一九六一年から一七年を経ていた。この論文集には、今西先生による「序」や伊谷先生による「チンパンジー記序説」を含めて、一二編の論文が収録されているが、マハレからの報告は二編に過ぎなかった。西田さんによる「マハレ山塊のチンパンジー（I）――生態と単位集団の構造」と、川中・西田の共著による「マハレ山塊のチンパンジー（II）――チンパンジーの単位集団間関係」である。西田さんがマハレのKグループの餌づけに成功し、チンパンジーの社会単位として複雄複雌で構成される単位集団の存在を確認され、さらにKグループとそれに隣接して生息しているMグループの間を雌たちが移籍していることが確認された時期の直後に出版されたのであった。

この論文集の出版から一四年を経た一九九〇年に、マハレのチンパンジーについて英語で書かれた論文集『*The Chimpanzees of the Mahale Mountains—Sexual and Life History Strategies*』が、西田さんの編集で、東京大学出版会から出版された。マハレでおこなわれている研究の全貌を摑みうるような英語で書かれた論文集の出版をという海外の研究者からの要望に応えることを一つの目的とした企画であった。この書物には一〇人の研究者が一六編の論文を寄稿している。この書物には、伊谷先生によるマハレ山塊の植生に関する広域調査の成果や、西田・高崎・高畑による人口動態、上原による雄の植物性食物摂取の年齢変化、川中による雄のアリ食いの年齢変化といった論文も含まれているが、それ以外の多くの論文は、個体間の社会関係や、社会構造を扱ったものであった。

英文論文集出版の翌年（一九九一年）には、伊谷先生が京都大学を定年退官されるのを記念して、『サルの文化誌』（平凡社）が出版された。この書物はチンパンジーだけを対象にしたものではなく、伊谷先生に直接・間接に教えを受けた中堅・若手の研究者が、霊長類のさまざまな種を対象に取り上げ寄稿している。三〇名の寄稿者のうち、原稿執筆までにマハレで調査をおこなった経験をもつ研究者は一二名を占め、その内五名がマハレで得た資料に基づいて論文を書いている。その多くは、やはり社会関係を取り扱ったものであった。

マハレで調査が開始されてから三七年を経て出版されることになった本書では、実に二〇名の執筆者が寄稿し、それぞれの論文で取り扱われているテーマの多様さは、これまでにあげた三つの書物に比べて、格段に幅広くなっている。この点は、本書の目次を一読していただくだけで容易に了解していただけるだろう。執筆者数の増加は、主として若い研究者の増加を示しているのである。そして、テーマの多様さの増大は、マハレが一九八五年にタンザニアの国立公園に指定されたこととも一部は関連しているが、それにも増して、とくに比較的最近になってからマハレでの調査に参加するようになった若い研究者の興味の幅が広くなり、新たなテーマに取り組むようになってきていることを示しているのである。調査開始から三五年間以上を経過したプロジェクトで、参加する若手研究者が増加するとか、テーマの多様さが拡大しているといった例は、少なくとも、日本では稀な例ではないかと思われる。

マハレのプロジェクトは、主として日本の文部科学省の科学研究費の補助を受けて実施されてきた。日本政府の補助金で行なってきたプロジェクトの成果を日本語で出版し、日本の皆さんにマハレで行なっている研究についてご理解を頂くための材料を提供したいということが、本書を出版する目的の一つである。二〇名の寄稿者を得て出版にこぎつけた本書は、この目的をある程度達成していると考えている。

しかし、本書の内容が、マハレ・プロジェクトの全容を示しているものではない。各執筆者の論文は、各自がこれまでに取り組んできた研究の全てを扱っているわけではない。また、巻末の謝辞に記述されているように、マハレでこれまでに研究をおこなったが、諸般の事情で本書に寄稿されなかった研究者は少なくないし、ごく最近になって調査に参加するようになったために、成果を挙げてはいるものの、本書にはまだ寄稿することができなかった若い研究者も何人もいるのである。プロジェクトの成果の全容を盛り込むためには、何冊もの書物を必要とし、その出版はおそらく大変大きな困難を伴うものと思われる。今後は、若い世代が中心になって、新たな成果を盛り込んだ書物を繰り返し出版し、アップ・トゥ・デイトな日本語による報告が継続的に行なわれてゆくことを期待したい。

西田さんが緒言で書いておられる「マハレで行なうフィールドワークの楽しさ」は、調査に参加したすべての研究者が共有しているに違いない。研究者と一緒にマハレに滞在された家族の皆さんの多くも、マハレのワイルドライフを楽しまれたものと思う。私たちの調査基地では、最近では小型の発電機やソラーパネルによる発電が行なわれるようになったが、その電力は、ビデオカメラなどの電池を充電したり、数本の蛍光灯をつけたりするに足りる程度で、例えば冷蔵庫を動かすことには程遠い。水道やガスといった文明の利器もまだない。そのような基地に、数人一緒に、ときには単独で、数カ月あるいはそれ以上の期間住み込み、汗と埃にまみれながら行なう調査は、まさに３Ｋそのものといえるだろう。そのような生活を楽しいものとして感じながら得た資料に基づいて、本書の各章は書き綴られた。

楽しみを損なうものがあるとすれば、それは病気に罹ったり、怪我を負ったりすることだろう。大きな雄のチンパンジーが樹上で激しいディスプレイを行なった時に落とした大きな枝に当たって手首を骨折した人や、首を捻挫した人がいる。マハレとその周辺の地域には、アメーバ赤痢、赤痢、マラリア等々、さまざまな伝染病が日常的に発生し、タンガニイカ湖畔の広い範囲にわたってコレラが蔓延したこともあった。研究者や家族の多くが、マラリアに罹った経験をもっている。

大きな怪我のほか、病気に罹ってかなりの重症になった人もいるが、大変幸いなことに、マハレで調査をおこなった研究者とその家族に、そのために亡くなったという人はいない。現地の人々が利用している乗り合いボートが航行中に沈没して何人もの人が亡くなったというニュースを聞いたことはあるが、マハレへの出入りに不可欠な私たちのボートが沈没して被害をこうむったこともない。調査に参加する者にとって、成果を挙げることに加えて、無事に帰国することが何より大切なことだ。今後とも、死亡例ゼロの記録が続くことを心から願っている。

いくつかの危険を伴った調査旅行であるにもかかわらず、一度マハレに滞在した経験をもつ者は、帰国後すぐに、またマハレに戻りたいと思い始める。無事に帰国すれば、いやなことや危険はすぐに忘れ、楽しかったことだけが記憶に残るからだろう。伊谷先生がかつて言われた「アフリカの毒」に侵されたのかもしれない。「アフリカの」というのが大げさであれば、「マハレの毒」と言い換えればよい。

一九八五年のマハレ山塊国立公園設立以来、マハレの自然は急速に本来の姿を取り戻そうとしている。観光客の数も、セレンゲッティなどの大規模な国立公園には比べようもないが、最近では徐々に増加し、夏の観光シーズンには、チンパンジーの数に比べて観光客が多すぎて調査に支障をきたすことさえあるようになってきた。現在、マハレ山塊国立公園の今後の管理運営のための新たな基本計画が策定されようとしている。観光客の数の制限も含めて、マハレが今後とも健全な状態で維持されてゆくことを願ってやまない。

二〇〇二年五月

川中 健二
上原 重男

謝辞

マハレでのチンパンジー研究は、「京都大学アフリカ類人猿学術調査隊」（クアペ）の時代から、京大を中心とする国際的な共同研究「マハレ山塊チンパンジー研究プロジェクト」に育った。この間、数え切れないほど大勢の方々の援助を受けた。それなしには、到底これまで調査を続けることができなかったことは間違いない。ここに記して厚く御礼を申しあげる。

まず、この研究のパイオニアである故今西錦司先生と故伊谷純一郎先生に感謝したい。西田・川中・上原の院生時代に、ご支援を頂いた自然人類学講座の歴代の教官である池田次郎、葉山杉夫、杉山幸丸、原子令三、石田英実の諸先生方。カサカティ基地でのチンパンジー研究で西田の同僚だった伊沢紘生、加納隆至、鈴木晃の各氏。多くのメンバーが加納さんの隊に加えて頂いたお陰でマハレへいくことができた。最近の三年間は、竹中修氏のＣＯＥの研究費のお陰で、とくに活発な調査を行うことができた。

外国での長い調査を許してくださった西田の所属した教室の先輩・同僚の諸氏：東大では鈴木尚、故渡辺直経、埴原和郎、故渡辺仁、尾本恵市、遠藤万里、富田守、岡田守彦、木村賛、鈴木正男、今村啓爾、故豊増翼、平井百樹、宝来聰、丹野正、佐藤俊、河内まき子、長谷川真理子の各氏、京大では加藤幹太、日高敏隆、村松繁、川那部浩哉、山岸哲、村上興正、片山一道、稲葉カヨの各氏に迷惑をおかけした。石田英実、佐藤矩行、堀道雄、米井脩二、今福道夫、疋田努、久保田洋、山極寿一、曽田貞滋、中務真人、鈴木滋の各氏には今も迷惑をおかけしている。東大では遠藤美子さん、京大では時松知左さんに秘書として、あらゆる面で手伝っていただいた。川中は、所属の教室の先輩・同僚である故鎌木義昌、池田次郎、亀田修一、高崎浩幸の各氏には、長期の出張を快く許していただき、留守をカバーしていただいた。上原の先輩・同僚諸氏、とくに札幌大学の宮良高広、平尾三郎、高松法子、倉島武徳、高田純、堺鉱二郎、田中穂積、京大霊長研の松村秀一、森明雄、大沢秀行、渡辺邦夫、室山泰之、杉浦秀樹の各氏には、海外出張に際して格別のご配慮をいただいた。事務処理のことでは永田礼子さんにいつも助けていただいた。長谷川と梶川は、共同研究者である河村周子氏（マハレのパントフートの音響分析）と、ジョン・ミタニ、ディック・バーン両氏（パントフートの地域差）に感謝する。プレイ・バック実験では、小嶋祥三、正高信男、松沢哲郎、岡本暁子の各氏ほか霊長類研究所のスタッフのご協力をいただいた。ハフマン、大東、小清水は、野外調査では梶幹男、林英雄の両氏、関連する研究で川中正憲氏と広田満氏のお世話になった。また、本章をまとめるにあたって、村上明、後藤俊二、鈴木賀寿子の各氏をはじめとする近畿大学生物理工学部、京都大学霊長類研究所、京都大学食品生命科学の方々、さらに、ジュディス・ケイトン、アンソニー・ポルダーマン、ガイ・バランサールの各氏からさまざまな協力と暖助をいただいた。ジョン・ベリー、クリストーフ・ボッシュ、黒田末寿、バーバラ・フルート、ゴットフリート・ホーマン、ジェフ・ドゥパン、A・バサボセ、竹ノ下祐二の各氏には、助言と未発表資料を教えていただいた。座馬は、アドバイスをいただいた田中伊知郎氏とシラミの顕微鏡写真の撮影を助けていただいた吉田丈人氏に感謝する。

執筆者以外の京大（東大）チームのマハレ研究者（マハレ到着順）には、フィールドで多くの協力をいただいた：森明雄、長谷川真理子、高崎浩幸、浜井美弥、リンダ・ターナー、葭田光三、吉田浩子、佐々木均、和秀雄、坂巻哲也の各氏である。ジェームズ・ワキバラ、沓掛展之、松阪崇久、藤田志歩の各氏は帰国されたばかりであり、島田将喜氏は現在カソジェで調査中である。他の資金で調査をされた方には、鳥越隆士、増井憲一、福田史夫の三氏がおられる。

日本語での出版のため執筆をお誘いできなかった外国の研究者からは、研究上いろいろな示唆を頂いたし、刺激も受けた：ビル・マックグリュー、キャロライン・チューティン、ディック・バーン、ケヴィン・ハント、アントン・コリンズ、ジョン・ミタニ、リンダ・マーシャント、ナディア・コープ、クリストーフ・ボッシュの各氏である。

富田浩造氏と奥様には、一九六七年の平和協力隊（ＪＯＣＶ）の駐在員時代から始まって、一九九五年の国際協力事業団（ＪＩＣＡ）専門家時代、そして現在に至るまで三〇年以上に渡って、ご支援頂いた。マハレの周辺やキゴマでチンパンジー以外の研究をされたクアペの流れの研究者から、われわれは多大の援助を受けた：日野瞬也、掛谷誠・英子夫妻、武田淳、西田正規、伊谷樹一の各氏である。日野さんは、マハレ研究開始の一九六五〜六六年、西田ら院生三人の親代わりのように世話していただいた。掛谷夫妻は、一九七一〜七二年、西田がナイロビなどにいて不在の時、カンシアナ・キャンプの経営を負担してくださった。田中二郎氏には、一九七四年のチンパンジーの研究者のいない時期に、基地の様子を見てもらった。

マハレでわれわれの研究を支えてくれたトングェのアシスタントたちには、私たちが最も感謝しなければならない。彼らの献身的な手助けによって、研究が可能となった：故オマリ・カブーレ、ムコリ・サイディ、ラマザニ・ニュンドー（通称プロフェッサー）、モハメディ・セイフ、サディ・カテンシ、ジュマンネ・カテンシ、故ジュマ・カハソ、故イサ・アリー・カパマ、ハルナ・ソボンゴ、故アリマシ・カスラメンバ、故カブクラ・カスラメンバ、アスマニ・カトゥンバ、故ハルナ・カボンブェ、故ラマザニ・カビランベ、ラマザニ・カサカンペ、モシ・ブネングワ、ハミシ・ブネングワ、モシ・ハミシ（通称サモラ）、サイディ・ムサ、ヤシニ・キヨヤ、ラシディ・ハワジ（通称キジャンガ）、ムトゥンダ・ハワジ（通称ムワミ）、ラシディ・キトペニ、ハミシ・カティンキラ、モシ・マトゥムラ、カブンベ・アスマニ、ブンデ・アスマニ、故ルヘンベ・イスマイリ、ハ族のマケレレ・マサユケ。その他のカソジェや付近の集落の住民：故ムワミ・ソボンゴ、故ムゼー・ブネングワ、故ワカビンガンソフ、故ワブスロメロ、故ワンテンデレ、故ワミカンビ、サイディ・ソボンゴ、ラシディ・カフィーレ、故セレマニ・マジャガ、故ジャコボ・カピキルワ、故アブダラ・カカンバ、モハメディ・ムサンシア、故カテンシ・カサヌラ、故ユスフ・ムリボ。初期には、ムガンボのアラブ商店からボートや船外機の貸与と、宿所提供の便宜を受けた：故サイディ・セイフとアロフ・セイフの兄弟にはとくに感謝したい。

ダルエスサラーム大学の強力な支持者なしには、マハレ調査は挫折していたであろう：調査許可の体制を作られたアブドゥル・ムサンギ教授にまず感謝したい。とくに動物学教室のホセア・カユンボ教授には、問題が起こったとき何度も調停に乗り出していただいた。彼はわれわれの研究の最大の理解者である。カペプワ・タンビラ教授には、ＭＷＣＳ結成のときお世話になった。タンザニア野生動物研究所のコスタ・ムライ前総裁、ジョージ・サブニ調査局長、チャールス・ムリングァ現総裁、そしてタンザニア国立公園公団のロタ・メレマリ総裁からは、マハレのチンパンジー研究が、長期プロジェクトとして成功するようさまざまな指導をいただいた。マハレセンターの所員たちからは、物資輸送上の手助けを受けた：ハシム・サリコ、ジョージ・ムコンブェ、サミュエル・キマロ、エラスムス・タリモ、エデウス・マサウェの各氏である。マハレ山塊国立公園のパーク・ウオーデンたちからは、ボートやエンジンの貸与を含むさまざまな援助を受けた：アミ・セキ、フレデリック・マリサ、モハメディ・ムバガの各氏である。

ダルエスサラームでもさまざまな形で援助を受けた。ＪＩＣＡによる専門家派遣を実現していただいた中嶋信之大使に、まずお礼申し上げたい。このプロジェクトを実現するとき、稲川泰弘、鈴木優梨子の両氏から力強い援助を得た。津田天佑、浅羽満夫、黒河内康の各大使や野上義二参事官、国際協力事業団の谷川和男、西川金英、小嶋良輔の各氏には、このプロジェクトの継続に一方ならずお世話頂いた。佐藤啓太郎大使には、かつてのマハレの住民の子弟のために、カトゥンビ小学校を建設して頂いた。

根本利通・金山麻美夫妻は、この一〇年間、首都における調査隊のオフィスとしての仕事を受け持って頂いている。そのお陰で、調査許可取得や資材調達の時間がスピードアップしたのはなによりありがたいことである。木村映子氏は、ダルエスサラームにつくたびに、タンザニアの新情報を与えてくださった。ジェトロの猪俣俊雄、小林弘一の両氏にはたいへんお世話になった。猪俣氏は自らカソゲを訪ねてこられて、カンシアナからミヤコまで歩かれたし、小林氏の奥様は二人の小さい息子さんをつれてカソゲにこられ、ンガンジャの山の上までチンパンジーを見に行かれたのには脱帽した。朝日新聞の故伊藤正孝氏からは、食料の欠乏時代に砂糖を3キロ贈呈いただいた。

文部省の佐藤禎一、林田英樹、本間政雄の各氏は、長期野外研究が大学院生によって実質的に支えられていることを理解頂き、大学院生が教官の付き添いなしに海外で長期研究できるよう制度を変えていただいた。霊長類学会やアフリカ学会の先輩やフィールドワーカーの先輩たちからは、日本においてはもちろん、アフリカでもさまざまな援助と示唆を受けた：近藤四郎、河合雅雄、諏訪兼位、高木章雄、米山俊直、香原志勢、岩本光雄、浜口博之の諸先生方である。

世界自然保護基金日本委員会（ＷＷＦＪ）は、一九七九年と一九九〇年のチンパンジー募金活動のさい、母体になっていただいた。最初の方は、故古賀忠道理事長、二度目は、法山郁子さんとジェーン・グドールさんにたいへんお世話になった。初回の拠金は、タンザニア野生動物研究所のキゴマ・オフィスとマハレのパーム・ハウス建設、杉山文庫の創設などに使われ、二回目の拠金はパン・アフリカ・ニュース編集印刷費やボノボ孤児院運営などに使われている。

「日本グレートエイプ保護協会」を立ち上げてくださった青木保、北山有一郎両氏のご努力に御礼申しあげる。この募金は、チンパンジー、ビーリャ（ボノボあるいはピグミーチンパンジー）、ゴリラの保護基金として使われている。

長い間、チンパンジー研究の同志としてお互いに刺激しあってきた先輩や同僚の諸氏：ジェーン・グドール、アドリアーン・コルトラント、ヴァーノン・レイノルズ、リチャード・ランガム、ゲザ・テレキ、杉山幸丸、黒田末寿、松沢哲郎、古市剛史、橋本千絵の各氏。

撮影隊の方々、とくに度重なる取材で、研究者の無二の協力者となっていただいたイースト班の森政康、松谷光絵、高野カメラマン。アニカ・プロダクションの中村美穂、麻生保の両氏。アイオスの大津一美氏と放送大学の杉本勝久氏。

ひじょうに多くのマスコミ関係者に、マハレの研究を紹介して頂いた。とくに、熱い声援を送って頂いた朝日新聞の村山知博氏と米山正寛氏、読売新聞の平山定夫氏と古川恭一氏、京都新聞の尾古俊博氏の名を挙げさせていただく。

われわれの家族にも感謝したい。彼らの援助なしには、この長い仕事は途中で終わっていたに違いない：故西田利治、泰子、晴子、郁子、利通：川中発子、志奈子、亮：故上原之節、上原ひで、上原茂世：五百部和枝。

本書出版の企画から実現に至るまで紆余曲折を経たが、京都大学学術出版会の鈴木哲也氏と高垣重和氏に実現にこぎつける上で大変お世話になった。刊行にあたっては、京都大学教育研究振興財団からの学術研究書刊行事業助成を受けた。

最後になったが、もちろんこの研究を成り立たせたのは、国や財団による研究資金である。なかでも、文部省（文部科学省）科学研究費補助金は最大のものである。また一九七五年からの一〇年あまりは、国際協力事業団による資金が重要だった。日本学術振興会、リーキー財団、ウエンナーグレン財団、ウエルカム・トラスト財団、竹中育英会、イースト株式会社、ＴＢＳ、財団法人植物科学研究協会、放送大学などの援助にも改めて厚く御礼申し上げる。

Wrangham RW 1993. The evolution of sexuality in chimpanzees and bonobos. *Human Nature*, 4: 47–79.

Wrangham RW 1995. Relationship of chimpanzee leaf-swallowing to a tapeworm infection. *American Journal of Primatology*, 37: 297–303.

Wrangham RW 1999. Evolution of coalitionary killing. *YearBook of Physical Anthropology*. 42: 1–30.

Wrangham RW and Bergman-Riss E van Zinnicq 1990. Rates of predation on mammals by Gombe chimpanzees, 1972–1975. *Primates*, 31: 157–170.

Wrangham RW and Nishida T 1983. *Aspilia* spp. leaves: A puzzle in the feeding behavior of wild chimpanzees. *Primates*, 24: 276–282.

Wrangham RW and Peterson D 1996. Demonic Males. Houghton Mifflin, Boston.

Wrangham RW and Smuts BB 1980. Sex differences in the behavioural ecology of chimpanzees in the Gombe National Park, Tanzania. *Journal of Reproduction and Fertility*, 28: 13–31.

Wrangham RW, Clark AP and Isabirye-Basuta G 1992. Female social relationships and social organization of Kibale Forest chimpanzees. In: *Topics in Primatology, Vol. 1: Human origins.* T Nishida, WC McGrew, P Marler, M Pickford and FBM de Waal (eds), University of Tokyo Press, Tokyo, pp. 81–98.

Wrangham RW, Chapman CA and Chapman LJ 1994. Seed dispersal by forest chimpanzees in Uganda. *Journal of Tropical Ecology*, 10: 355–368.

Wrangham RW, Clark A and Isabiryre-Basuta G 1992. Female social relationships and social organization of Kibale Forest chimpanzees. In: *Topics in Primatology. Vol. I. Human Origins.* T Nishida, W McGrew, P Marler, M Pickford and F de Waal (eds), Tokyo University Press, Tokyo, pp. 81–98.

Yamakoshi G 1998. Dietary responses to fruit scarcity of wild chimpanzees at Bossou, Guinea: Possible implications for ecological importance of tool use. *American Journal of Physical Anthropology* 106: 283–295.

Yasui K and Takahata Y 1983. Skeletal observation of a wild chimpanzee infant (*Pan troglodytes schweinfurthii*) from the Mahale Mountains, Tanzania. *African Study Monographs*, 4: 129–138.

Yerkes RM 1943. *Chimpanzees: A Laboratoly Colony.* Yale University Press, New Heaven.

Zamma K 2002. Leaf-grooming by a wild chimpanzee in Mahale. *Primates*, 43: 87–90.

National Park. *Journal of Reproduction and Fertility*, 109: 297–307.

Wallis J and Lee DR 1998. Primate conservation and health: II. Prevention of disease transmission. *Proceed Symp Veterinarians in Wildlife Conservation.* World Association of Wildlife Veterinarians.

Waterman PG 1984. Food acquisition and processing as a function of plant chemistry. In: *Food Acquisition and Processing in Primates.* DJ Chivers, BA Wood and A Bilsborough (eds), Plenum Press, New York, NY, pp. 177–211.

Watts DP 1992. Social relationships of immigrant and resident female mountain gorillas. I. male-female relationships. *American Journal of Primatology*, 28: 159–181.

White FJ 1989. Social organization of pygmy chimpanzees. In: *Understanding Chimpanzees.* PG Heltne and LA Marquardt (eds), Harvard University Press, Cambridge, pp. 194–207.

White FJ and Lanjouw A 1992. Feeding competition in Lomako bonobos: Variation in social cohesion. In: *Topics in Primatology, Vol. 1: Human Origins.* T Nishida et al. (ed), University of Tokyo Press, Tokyo, pp. 67–79.

White LJ 1994. Biomass of rain forest mammals in Lope Reserve, Gabon. *The Journal of Animal Ecology*, 63: 499–512.

Whiten A, Goodall J, McGrew WC, Nishida T, Reynolds V, Sugiyama Y, Tutin CEG, Wrangham RW and Boesch C 1999. Cultures in chimpanzees. *Nature*, 399: 682–685.

Whiten A, Goodall J, McGrew WC, Nishida T, Reynolds V, Sugiyama Y, Tutin CEG and Wrangham RW 2001. Charting cultural variation in chimpanzees. *Behaviour*, 138: 1481–1516.

Whitesides GH, Oates JF, Green SM and Kluberdanz RP 1988. Estimating primate densities from transects in a West African rain forest: a comparison of techniques. *The Journal of Animal Ecology*, 57: 345–367.

Williamson EA 1988. Behavioural Ecology of Western Lowland Gorillas in Gabon. Ph. D. Thesis, University of Stirling, UK.

Willamson EA 1993. Methods used in the evaluation of lowland gorilla habitat in the Lope Reserve, Gabon. *Tropics*, 2(4): 199–208.

Wrangham RW 1975. The Behavioural Ecology of Chimpanzees in Gombe National Park, Tanzania. Ph. D. diss., Cambridge University Press.

Wrangham RW 1977. Feeding behavior of chimpanzees in Gombe National Park, Tanzania. In: *Primate Ecology.* TH Clutton-Brock (ed), Academic Press, New York, pp. 503–538.

Wrangham RW 1979a. Sex differences in chimpanzee dispersion. In: *The Great Apes.* DA Hamburg and ER McCown (eds), Benjamin/Cummings, Menlo Park, pp. 481–489.

Wrangham RW 1979b. On the evolution of ape social systems. *Social Science Information*, 18: 335–368.

Wrangham RW 1980. An ecological models of female-bonded primate groups. *Behaviour*, 75: 262–300.

Uehara S and Ihobe H 1998. Distribution and abundance of diurnal mammals, especially monkeys, at Kasoje, Mahale Mountains, Tanzania. *Anthropological Science*, 106: 349–369.

Uehara S and Nishida T 1987. Body weights of wild chimpanzees (*Pan troglodytes schweinfurthii*) of the Mahale Mountains National Park, Tanzania. *American Journal of Physical Anthropology*, 72: 315–321.

Uehara S, Nishida T, Hamai M, Hasegawa T, Hayaki H, Huffman MA, Kawanaka K, Kobayashi S, Mitani JC, Takahata Y, Takasaki H and Tsukahara T 1992. Characteristics of predation by the chimpanzees in the Mahale Mountains National Park, Tanzania. In: *Topics in Primatology, Vol. 1: Human Origins.* T Nishida, WC McGrew, P Marler, M Pickford and FBM de Waal (eds), University of Tokyo Press, Tokyo, pp. 143–158.

Uehara S, Nishida T, Takasaki H, Kitopeni R, Bunengwa M, Norikoshi K, Tsukahara T, Nyundo R and Hamai M 1994b. A lone male chimpanzee in the wild: the survivor of a disintegrated unit-group. *Primates*, 35: 275–281.

Uehara S and Nyundo R 1983. One observed case of temporary adoption of an infant by unrelated nulliparous females among wild chimpanzees in the Mahale Mountains, Tanzania. *Primates*, 24: 456–466.

Utami SS and van Hooff JARAM 1997. Meat-eating by adult female Sumatran Orangutans (*Pongo pygmaeus abelii*). *American Journal of Primatology*, 43: 159–165.

de Waal FBM 1982. *Chimpanzee Politics.* Jonathan Cape, London, Harper and Row, New York. (『政治をするサル』西田利貞訳，どうぶつ社，1984)

de Waal FBM 1986. The brutal elimination of a rival among captive male chimpanzees. *Ethology and Sociobiology*, 7: 237–251.

de Waal FBM 1990. Sociosexual behavior used for tension regulation in all age and sex combinations among bonobos. In: *Pedophilia: Biosocial Dimensions.* JR Feierman (ed), Springer, New York, pp. 378–393.

de Waal FBM and van Hoof JARAM 1981. Side-directed communication and agonistic interactions in chimpanzees. *Behaviour*, 77: 164–198.

Wakibara JV 1998. Observations on the pilot control of Senna spectabilis, an invasive exotic tree in the Mahale Mountains National Park, Western Tanzania. *Pan Africa News*, 5(1): 4–6.

Wakibara J 1999.「第 2 回 SAGA シンポジウム『大型類人猿の研究・飼育・自然保護』」発表要旨.

Wallis J 1992. Chimpanzee genital swelling and its role in the pattern of sociosexual behavior. *American Journal of Primatology*, 28: 101–113.

Wallis J 1995. Seasonal influence on reproduction in chimpanzees of Gombe National Park. *International Journal of Primatology*, 16: 435–451.

Wallis J 1997a. Chimpanzee consortships: new information on conception rate, seasonality, and individual preference. *American Journal of Primatology*, 42: 152 (Abstracts).

Wallis J 1997b. A survey of reproductive parameters in the free-ranging chimpanzees of Gombe

104.

Trivers R and Willard D 1973. Natural selection of parent ability to vary the sex ratio of offspring. *Science* 179: 90–92.

Tsukahara T 1993. Lions eat chimpanzees: The first evidence of predation by lions on wild chimpanzees. *American Journal of Primatology*, 29: 1–11.

Turner LA 1995. Ntologi falls? *Pan Africa News*, 2 (2): 9–10.

Turner LA 1996. Invasive plant in chimpanzee habitat at Mahale. *Pan Africa News*, 3(1): 5.

Turner LA 2000. Vegetation and Chimpanzee Ranging in the Mahale Mountains National Park, Tanzania. Ph. D. Thesis, Kyoto University, Kyoto.

Tutin CEG 1979. Mating patterns and reproductive strategies in a community of wild chimpanzees (*Pan troglodytes schweinfurthii*). *Behavioral Ecology and Sociobiology*, 6, 29–38.

Tutin CEG and McGinnis PR 1981. Sexuality of the chimpanzee in the wild. In: *Reproductive Biology of the Great Apes*. CE Graham (ed), Academic Press, New York, pp. 239–264.

Tutin CEG, McGrew WC and Baldwin PJ 1981. Response of wild chimpanzees to potential predators. In: *Primate Behavior and Sociobiology*. AB Chiarelli and RS Corruceini (eds), Springer-Verlag, Berlin, pp. 136–141

Tutin CEG, McGrew WC. and Baldwin PJ 1983. Social organization of savanna-dwelling chimpanzees, *Pan troglodytes verus*, at Mt. Assirik, Senegal. *Primates*, 24(2): 154–173.

上原重男 1975. 「チンパンジーとキイロヒヒの比較生態学的研究：タンガニイカ湖東岸マハリ山塊における例から」，『第 19 回プリマーテス研究会講演抄録』，犬山，pp. 13–14.

上原重男 1981.「チンパンジーの社会構造の再検討」，『アフリカ研究』20：15–32.

Uehara S 1982. Seasonal changes in the techniques employed by wild chimpanzees in the Mahale Mountains, Tanzania, to feed on termites (*Pseudacanthotermes spiniger*). *Folia Primatologica*, 37: 44–76.

Uehara S 1986. Sex and group differences in feeding on animals by wild chimpanzees in the Mahale Mountains National Park, Tanzania. *Primates*, 27: 1–13.

Uehara S 1990. A preliminary report on age differences in plant-feeding behavior among adult and adolescent males. In: *The Chimpanzees of the Mahale Mountains; Sexual and Life History Strategies*. T Nishida (ed), University of Tokyo Press, Tokyo, pp. 223–236.

上原重男 1991.「性的分業の起源：チンパンジーの採食行動の性差を中心に」，西田利貞・伊澤紘生・加納隆至（編）『サルの文化史』平凡社，東京，pp. 389–400.

Uehara S 1997. Predation on mammals by the chimpanzee (*Pan troglodytes*). *Primates*, 38: 193–214.

上原重男 1999.「行動の性差」，西田利貞・上原重男（編）『霊長類学を学ぶ人のために』世界思想社，京都，pp. 93–113.

Uehara S, Hiraiwa-Hasegawa M, Hosaka K and Hamai M 1994a. The fate of defeated alpha male chimpanzees in relation to their social networks. *Primates*, 35: 49–55.

Takahata Y 1990a. Adult males' social relations with adult females. In: *The Chimpanzees of the Mahale Mountains: Sexual and Life History Strategies.* T Nishida (ed), University of Tokyo Press, Tokyo, pp. 133–148.

Takahata Y 1990b. Social relationships among adult males. In: *The Chimpanzees of the Mahale Mountains: Sexual and Life History Strategies.* T Nishida (ed), University of Tokyo Press, Tokyo, pp. 149–170.

Takahata Y, Hasegawa T and Nishida T 1984. Chimpanzee predation in the Mahale Mountains from August 1979 to May 1982. *International Journal of Primatology*, 5: 213–233.

Takahata Y, Hiraiwa-Hasegawa M, Takasaki H, and Nyundo R 1986. Newly acquired feeding habits among the chimpanzees of the Mahale Mountains National Park, Tanzania. *Human Evolution*, 1: 277–284.

Takahata Y, Ihobe H and Idani G 1996. Comparing copulations of chimpanzees and bonobos: do females exhibit proceptivity or receptivity? In: *Great Ape Societies.* WC McGrew, LF Marchant and T Nishida (eds), Cambridge University Press, Cambridge, pp. 146–158.

Takasaki H 1983a. Seed dispersal by chimpanzees: A preliminary note. *African Study Monographs*, 3: 105–108.

Takasaki H 1983b. Mahale chimpanzees taste mangoes: Toward acquisition of a new food item? *Primates*, 24: 273–275.

Takasaki H 1985. Female life history and mating patterns among the M group chimpanzees of the Mahale National Park, Tanzania. *Primates*, 26: 121–129.

Takasaki H, Hiraiwa-Hasegawa M, Takahata Y, Byrne RW and Kano T 1986. A case of unusually early postpartum resumption of estrous cycling in a young female chimpanzee in the wild. *Primates*, 27: 517–519.

Takasaki H and Hunt K 1987. Further medicinal plant consumption in wild chimpanzees? *African Study Monographs*, 8: 125–128.

Takasaki H, Nishida T, Uehara S, Norikoshi K, Kawanaka K, Takahata Y, Hiraiwa-Hasegawa M, Hasegawa T, Hayaki H, Masui K and Huffman MA 1990. Appendix: Summary of meteorological data at Mahale Research Camps, 1973–1988. In: *The Chimpanzees of the Mahale Mountains: Sexual and Life History Strategies.* T Nishida (ed), University of Tokyo Press, Tokyo, pp. 291–300.

Takasaki H and Uehara S 1984. Seed dispersal by chimpanzees: Supplementary note 1. *African Study Monographs*, 5: 91–92.

Tanaka J 1980. *The San Hunter-Gatherers of the Kalahari: A Study in Ecological Anthropology.* University of Tokyo Press, Tokyo.

Teleki G 1973. *The Predatory Behavior of Wild Chimpanzees.* Bucknell University Press, Pennsylvania.

Tooby J and DeVore I 1987. The reconstruction of hominid behavioral evolution. In: *The Evolutuion of Human Behavior: Primate Models.* W Kinzey (ed), SUNY Press, Albany, pp. 87–

University of Chicago Press, Chicago, pp. 155-164.

Struhsaker TT, Leland L 1979: Socioecology of five sympatric monkey species in the Kibale Forest, Uganda. In: *Advances in the Study of Behavior*, vol. 9. Rosenblatt J, Hinde RA, Beer C, Busnel MC (eds), Academic Press, New York, pp 159-228.

Strum SC 1981. Processes and products of change: Baboon predatory behavior at Gilgil, Kenya. In: *Omnivorous Primates*. RSO Harding, G Teleki (eds), Columbia University Press, New York, pp. 255-302.

Sugawara K 1984 Spatial proximity and bodily contact among the Central Kalahari San. *African Study Monographs*, 3: 1-43.

Sugiyama Y 1988. Grooming interactions among adult chimpanzees at Bossou, Guinea with special reference to social structure. *International Journal of Primatology*, 9: 393-407.

Sugiyama Y 1994. Age-specific birth rate and lifetime reproductive success of chimpanzees at Bossou, Guinea. *American Journal of Primatology*, 32: 311-318.

Sugiyama Y 1999. Socioecological factors of male chimpanzee migration at Bossou, Guinea. *Primates*, 40: 61-68.

Sugiyama Y and Koman J 1987. A preliminary list of chimpanzees' alimentation at Bossou, Guinea. *Primates*, 28: 133-147.

Sugiyama Y, Fushimi T, sakura O and Matsuzawa T 1993. Hand preference and tool use in wild chimpanzees. *Primates*, 34: 151-159.

Suzuki A 1971. Carnivority and cannibalism among forest-living chimpanzees. *Journal of the Anthropological Society of Nippon*, 79: 30-48.

Takada H and Uehara S 1987. Drosophilid flies (Diptera) in the Mahale Mountains National Park, Tanzania: A preliminary report. *African Study Monographs*, 7: 15-19.

Takahata H and Takahata Y 1989. Inter-unit-group transfer of an immature male common chimpanzee and his social interactions in the non-natal group. *African Study Monographs*, 9: 209-220.

Takahata Y 1981. A preliminary report on distribution, habitat preference, and food habits of sympatric primates in the Mahale Mountains. *Mahale Mountains Chimpanzee Research Project, Ecological Report* No. 14a.

Takahata Y 1982a. Social relations between adult males and females of Japanese monkeys in the Arashiyama B troop. *Primates* 23: 1-23.

Takahata Y 1982b. The socio-sexual behavior of Japanese monkeys. *Zeitschrift für Tierpsychologie*, 59: 89-108.

Takahata Y 1985. Adult male chimpanzees kill and eat a male newborn infant: Newly observed intragroup infanticide and cannibalism in Mahale National Park, Tanzania. *Folia Primatologica*, 44: 161-170.

高畑由起夫 1986.「タンザニア，マハレ国立公園のチンパンジー」，伊谷純一郎・田中二郎（編）『自然社会の人類学』アカデミア出版会，京都，pp. 7-41.

Miller 1903). *Folia Primatologica*, 44: 138–147.

Schaller GB 1972. *The Serengeti Lion.* University of Chicago Press, Chicago.

Shimizu D, Gunji H, Hashimoto H, Hosaka K, Huffman MA, Matsumoto-Oda A, Kawanaka K and Nishida T 2002. The four chimpanzee's skulls collected in the Mahale Mountains, Tanzania. *Anthropological Science* (in press).

Short RV 1979. Sexual selection and its component parts, somatic and genital selection, as illustrated by man and the great apes. In: *Advances in the Study of Behaviour*, Vol. 9. JS Rosenblatt et al. (eds), Academic Press, London, pp. 131–158.

Simpson MJA 1973. The social grooming of male chimpanzees. A study of eleven free-living males in the Gombe Stream National Park, Tanzania. In: *Comparative Ecology and Behaviour of Primates.* RP Michael and JH Cook (eds), Academic Press, London and New York, pp. 411–505.

Small MF 1988. Female primate sexual behavior and conception: Are there really sperm to spare? *Current Anthropology*, 29: 81–100.

Small MF 1989. Female choice in nonhuman primates. *YearBook of Physical Anthropology*, 32: 103–127.

Smith EO 1978. A historical view of the study of play: statement of the problem. In: *Social Play in Primates.* EO Smith (ed), Academic Press, New York.

Smuts BB 1985. *Sex and Friendship in Baboons.* Aldine Published Company, New York.

Smuts BB 1997. Social relationships and life histories of primates. In: *The Evolving Female.* ME Morbeck, A Galloway and L Zihlman (eds), pp. 60–68. Princeton University Press, NewJersey.

Smuts BB and Nicolson N 1989. Reproduction in wild female olive baboons. *American Journal of Primatology*, 19: 229–246.

Stanford CB 1995: The influence of chimpanzee predation on group size and anti-predator behavior in red colobus monkey. *Animal Behaviour*, 49: 577–587.

Stanford CB 1998. *Chimpanzee and Red Colobus: The Ecology of Predator and Prey.* Harvard University Press, Cambridge.

Stanford CB 1999. *The Hunting Apes: Meat-eating and the Origins of Human Behavior.* Princeton University Press, Princeton.

Stanford CB, Wallis J, Matama H and Goodall J 1994. Patterns of predation by chimpanzees on red colobus monkeys in Gombe National Park, 1982–1991. *American Journal of Physical Anthropology*, 94: 213–228.

Sterck EHM, Watts DP and van Schik CP 1997. The evolution of female social relationships in nonhuman primates. *Behavioral Ecology and Sociobiology*, 41: 291–309.

Sterns BP and Sterns SC 1999. *Watching, from the Edge of Extinction.* Yale University Press.

Stewart KJ and Harcourt AH 1987. Gorillas: variation in female relationships. In: *Primate Societies.* BB Smuts, DL Cheney, RM Seyfarth, RW Wrangham and TT Struhsaker (eds),

Reynolds V 1998. Demography of chimpanzees *Pan troglodytes schweinfurthii* in Budongo forest, Uganda. *African Primates*, 3(1-2): 25-28.

Riss DC and Busse CD 1977. Fifty-day observation of a free-ranging adult male chimpanzees. *Folia Primatologica*, 28: 283-297.

Riss DC and Goodall J 1977. The recent rise to the alpha-rank in a population of a free-ranging chimpanzees. *Folia Primatologica*, 27: 134-51.

Rodriguez E and Wrangham RW 1993. Zoopharmacognosy: the use of medicinal plants by animals. In: *Recent Advances in Phytochemistry, Vol. 27 Phytochemical Potential of Tropic Plants.* KR Downum, JT Romeo and H Stafford (eds), Plenum Press, New York, pp. 89-105.

Rodriguez E, Aregullin M, Nishida T, Uehara S, Wrangham RW, Abramowski Z, Finlayson A and Towers GHN 1985. Thiarubrine A, a bioactive constituent of *Aspilia* (Asteraceae) consumed by wild chimpanzees. *Experientia*, 41: 419-420.

Roe D, Leader-Williams N and Dalal-Clayton B 1997. Take only photographs, Leave only footprints: the environmental impacts of wildlife tourism. *IIED Wildlife and Development Series* No. 10. International Institute for Environment and Development.

Rose LM 1997. Vertebrate predation and food-sharing in *Cebus and Pan. International Journal of Primatology*, 18: 727-765.

Rose LM and Marshall F 1996. Meat eating, hominid sociality, and home bases revisited. *Current Anthropology*, 37: 307-338.

Rowell TE, Wilson C, and Cords M 1991. Reciprocity and partner preference in grooming of female blue monkeys. *International Journal of Primatology*, 12: 319-336.

Sabater Pi J 1979. Feeding behaviour and diet of chimpanzees (*Pan troglodytes troglodytes*) in the Okorobiko Mountains of Rio Muni (West Africa). *Zeitschrift für Tierpsychologie*. 50: 265-281.

Sakamaki T 1998. First record of algae feeding by a female chimpanzee at Mahale. *Pan Africa News*, 5 (1): 1-3.

Sakamaki T, Itoh N and Nishida T 2001. An attempted within-group infanticide in wild chimpanzees. *Primates*, 42: 35-366.

Sasaki H and Nishida T 1999. Notes on the flies associated with wild chimpanzees at Mahale Mountains National Park, Tanzania, East Africa. *Medical Entomology and Zoology*, 50: 151-155.

Savage-Rumbaugh S and Lewin R 1994. *Kanzi: The Ape at the Brink of the Human Mind.* Doubleday, New York.

van Schaik CP 1983. Why are diurnal primates living in groups? *Behaviour*, 87: 120-144.

van Schaik CP and Kappeler PM. 1997. Infanticide risk and the evolution of male-female association in primates. *Proceedings of the Royal Society of London.* Series B, 264: 1687-1694.

van Schaik CP and van Noordwijk MA 1985. The evolutionary effect of the absence of fields on social organization of the macaques on the island of Simeulue (*Macaca fascicularis fusca*,

Resource Use Patterns and Social Structure among Chimpanzees. T Nishida (ed), Nisshindo Printer, Kyoto, pp. 97-104.

沼田真 1969.『図説植物生態学』朝倉書店，東京.

Oates FJ, Whitesides GH, Davies AG, Waterman PG, Green SM, Dasilva GL, Mole S 1990: Determinants of variation in tropical forest primate biomass: new evidence from West Africa. *Ecology*, 71: 328-343.

Ohigashi H, Jisaka M, Takagaki T, Nozaki H, Tada T, Huffman MA, Nishida T, Kaji M, Koshimizu K 1991. Bitter principles and a related steroid glucoside from *Vernonia amygdalina*, a possible medicinal plant for wild chimpanzees. *Agricultural and Biological Chemistry*, 55: 1201-1203.

Ohigashi H, Huffman MA, Izutsu D, Koshimizu K, Kawanaka M, Sugiyama H, Kirby GC, Warhurst DC, Allen D, Wright CW, Phillipson JD, Timmon-David P, Delnas F, Elias R and Balansard G 1994. Toward the chemical ecology of medicinal plant-use in chimpanzees: The case of *Vernonia amygdalina* Del. A plant used by wild chimpanzees possibly for parasite-related diseases. *Journal Chemical Ecology*, 20: 541-553.

Okada T, Asada N, Kawanaka K 1988. A result of Drosophilid survey in Tanzania. African Study Monographs, 8: 159-163.

Van Orsdol KG 1984. Foraging behaviour and hunting success of lions in Queen Elizabeth National Park, Uganda. *African Journal of Ecology*, 22: 77-99.

Packer C, Tatar M and Collins A 1998. Reproductive cessation in female mammals. *Nature*, 392: 807-811.

Page JE, Balza F, Nishida T and Towers GHN 1992. Biologically active diterpenes from Aspilia mossambicensis, a chimpanzee medicinal plant. *Phytochemistry*, 31: 3437-3439.

Page JE, Huffman MA, Smith V, Towers GHN 1997. Chemical basis for medicinal consumption of *Aspilia* (Asteraceae) leaves by chimpanzees: a re-analysis. *Journal Chemical Ecology*, 23: 2211-2225.

Parr LA, Matheson MD, Bernstein IS and de Waal FBM 1997. Grooming down the hierarchy: allogrooming in captive brown capuchin monkeys, *Cebus apella*. *Animal Behaviour*, 54: 361-367.

Peccei JS 2001. Menopause: Adaptation or epiphenomenon? *Evolutionary Anthropology*, 10: 43-57.

Pepper JW, Mitani JC and Watts DP 1999. General gregariousness and specific social preference among wild chimpanzees. *International Journal of Primatology*, 20: 613-632.

Pusey A 1978: The physical and social development of wild adolescent chimpanzees (*Pan troglodytes schweinfurthii*). PhD thesis, Stanford Univ.

Pusey A 1990. Behavioral changes at adolescence in chimpanzees. *Behaviour*, 115: 203-246.

Pusey A, Williams J and Goodall J 1997. The influence of dominance rank on the reproductive success of female chimpanzees. *Science*, 277: 828-831.

西田利貞・Mitani JC 2001.「ウガンダのキバレ森林のチンパンジーのソーシャル・スクラッチ」,『日本動物行動学会 20 回大会発表要旨集』, 京都大学, p. 20.

Nishida T and Nakamura M 1993. Chimpanzee tool use to clear a blocked nasal passage. *Folia Primatologica*, 61: 218–220.

Nishida T, Ohigashi H and Koshimizu K 2000. Tastes of chimpanzee plant foods. *Current Anthropology*, 41: 431–438.

Nishida T, Takasaki H and Takahata Y 1990. Demography and reproductive profiles. In: *The Chimpanzees of the Mahale Mountains: Sexual and Life History Strategies.* T Nishida (ed), University of Tokyo Press, Tokyo, pp. 63–98.

Nishida T and Turner LA 1996. Food transfer between mother and infant chimpanzees of the Mahale Mountains National Park. *International Journal of Primatology*, 17: 947–968.

Nishida T and Uehara S 1980. Chimpanzees, tools, and termites: Another example from Tanzania. *Current Anthropology*, 21: 671–672.

Nishida T and Uehara S 1981. Kitongwe names of plants: A preliminary listing. *African Study Monographs*, 1: 109–131.

Nishida T and Uehara S 1983. Natural diet of chimpanzees (*Pan troglodytes schweinfurthii*): Long-term record from the Mahale Mountains, Tanzania. *African Study Monographs*, 3: 109–130.

Nishida T, Uehara S and Ramadhani Nyundo 1979. Predatory behavior among wild chimpanzees of the Mahale Mountains. *Primates*, 20: 1–20.

Nishida T, Wrangham RW, Goodall J and Uehara S 1983. Local differences in plant-feeding habits of chimpanzees between the Mahale Mountains and Gombe National Park, Tanzania. *Journal of Human Evolution*, 12: 467–480.

Nishida T, Wrangham RW, Jones JH, Marshall A and Wakibara J 2001. Do chimpanzees survive the 21st century? *Conference Proceedings of The Apes: Challenges for the 21st Century*, Chicago Zoological Society, Chicago, pp. 43–51.

西田利貞・座馬耕一郎 2000.「ヒョウの新鮮な死体に対する野生チンパンジーの反応」,『日本アフリカ学会第 37 回学術大会研究発表要旨』広島市立大学, p. 56.

Noe R and Bshary R 1997. The formation of red colobus-Diana monkey associations under predation pressure from chimpanzees. *Proceedings of the Royal Society of London.* Series B, 264: 253–259.

Noe R, van Schaik CP and van Hooff JARAM 1991. The market effect: an explanation for payoff asymmetries among collaboration animals. *Ethology*, 87: 97–118.

Norikoshi K 1982. One observed case of cannibalism among wild chimpanzees of the Mahale Mountains. *Primates*, 23: 66–74.

Norikoshi K 1983. Prevalent phenomenon of predation observed among wild chimpanzees of the Mahale Mountains. *Journal of the Anthropological Society of Nippon*, 91: 475–479.

Norikoshi K 1998. Hand preference of wild chimpanzees observed in their tool behaviour. In:

そのタブー』藤原書店，東京，pp. 137–145.

西田利貞 2001d.「野生チンパンジーの若い雄によるオトナ雌のいじめ行動」,『第 38 回日本アフリカ学会学術大会研究発表要旨』名古屋大学，p. 123.

Nishida T 2002a. A self-medicating attempt to remove the sand flea from a toe by a young chimpanzee. *Pan Africa News*, 9: 5–6.

Nishida T 2002b. Individuality and flexibility of cultural behavior patterns in chimpanzees. In: *Animal Social Complexity and Intelligence*. FBM de Waal and P Tyack (eds), Harvard University Press, Cambridge. (in press)

Nishida T, Hasegawa T, Hayaki H, Takahata Y and Uehara S 1992. Meat-sharing as a coalition strategy by an alpha male chimpanzee? In: *Topics in Primatology, vol. 1: Human Origins*. T Nishida, WC McGrew, P Marler, M Pickford and FBM de Waal (eds), University of Tokyo Press, Tokyo, pp. 159–174.

Nishida T and Hiraiwa M 1982. Natural history of a tool-using behavior by wild chimpanzees in feeding upon wood-boring ants. *Journal of Human Evolution*, 11: 73–99.

Nishida T and Hiraiwa-Hasegawa M 1985. Responses to a stranger mother-son pair in the wild chimpanzee: A case report. *Primates*, 26: 1–13.

Nishida T and Hiraiwa-Hasegawa M 1987. Chimpanzees and bonobos: Cooperative relationships among males. In: *Primate Societies*, BB Smuts, DL Cheney, RM Seyfarth, RW Wrangham and TT Struhsaker (eds), The University of Chicago Press, Chicago, pp. 165–177.

Nishida T, Hiraiwa-Hasegawa M, Hasegawa T and Takahata Y 1985. Group extinction nd female transfer in wild chimpanzees in the Mahale National Park, Tanzania. *Zeitschrift für Tierpsychologie*, 67: 284–301.

Nishida T and Hosaka K 1996. Coalition strategies among adult male chimpanzees of the Mahale Mountains. In: *Great Ape Societies*. WC McGrew, LF Marchant and T Nishida (eds), Cambridge University Press, Cambridge, pp. 114–134.

西田利貞・保坂和彦 2001.「霊長類における食物分配」,西田利貞（編）『ホミニゼーション』京都大学学術出版会，京都，pp. 255–304.

Nishida T, Hosaka K, Nakamura M and Hamai M 1995. A within-group gang attack on a young adult male chimpanzee: Ostracism of an ill-mannered member? *Primates*, 36: 207–211.

Nishida T, Itani J, Hiraiwa M and Hasegawa T 1981. A newly-discovered population of *Colobus angolensis* in East Africa. *Primates*, 22: 557–563.

Nishida T, Kano T, Goodall J, McGrew WC and Nakamura M 1999. The ethogram and ethnography of Mahale chimpanzees. *Anthropological Science*, 107: 141–188.

Nishida T and Kawanaka K 1972. Inter-unit-group relationships among wild chimpanzees of the Mahali Mountains. *Kyoto University African Studies*, 7: 131–169.

Nishida T and Kawanaka K 1985. Within-group cannibalism by adult male chimpanzees. *Primates*, 26: 274–284.

Nishida T 1993a. Chimpanzees are always new to me. In: *The Great Ape Project: Equality Beyond Humanity.* P Cavalieri and P Singer (eds), Fourth Estate, London, pp. 24-26.

Nishida T 1993b. Left nipple suckling preference in wild chimpanzees. *Ethology and Sociobiology*, 14: 45-52.

西田利貞 1993.「野生チンパンジーの利き手について」,『日本人類学会・日本民族学会第 47 回連合大会研究発表抄録』, 東京, p. 78.

Nishida T 1994. Review of recent findings on Mahale chimpanzees: Implications and future research directions. In: *Chimpanzee Cultures.* RW Wrangham, WC McGrew, FBM de Waal and PG Heltne (eds), Harvard University Press, Cambridge, pp. 373-396.

西田利貞 1994a.『チンパンジーおもしろ観察記』紀伊国屋書店, 東京.

西田利貞 1994b.「森の中で始まった人類化」,『動物たちの地球』133：24-27.

西田利貞 1994c.「最古の人類の生活」,『動物たちの地球』133：28-29.

Nishida T 1996a. Chimpanzee research findings, implications, and future lines of investigation. *Proceedings of a Scientific Seminar to Mark 30 Years of Chimpanzee Research in the Mahale Mountains National Park Held in Dar es Salaam, December 4-6, 1995.* Serengeti Wildlife Research Institute, Arusha.

Nishida T 1996b. The exhibition and workshop to commemorate the 30th anniversary of chimpanzee research at Mahale. *Pan Africa News*, 3(1): 1-2.

Nishida T 1996c. The death of Ntologi, the unparalleled leader of M group. *Pan Africa News*, 3 (1): 4.

Nishida T 1996d. Eradication of the invasive, exotic tree Senna spectabilis in the Mahale Mountains. *Pan Africa News*, 3(2): 6-7.

Nishida T 1997a. Baboon invasion into chimpanzee habitat. *Pan Africa News*, 4 (2): 11-12.

Nishida T 1997b. Sexual behavior of adult male chimpanzees of the Mahale Mountains National Park, Tanzania. *Primates*, 38(4): 379-399.

西田利貞 1997.「知能進化の生態仮説と社会仮説」, 小林登 (編)『中山科学振興財団活動報告書 1996, 類人猿に見る人間』中山書店, 東京, pp. 35-62.

Nishida T 1998. Deceptive tactic by an adult male chimpanzee to snatch a dead infant from its mother. *Pan Africa News*, 5(2): 13-15.

西田利貞 1999a.「チンパンジーの研究を, かれらの保護に役立てよう」,『霊長類研究』15：83-91.

西田利貞 1999b.「チンパンジーの食物の味」,『神経研究の進歩』43(5)：701-710.

西田利貞 2000.「ヒト化への道」,『生命の地球 7 ヒトはどこからきたか』三友社出版, 東京, pp. 45-64.

西田利貞 2001a.『動物の「食」に学ぶ』女子栄養大学出版会, 東京.

西田利貞 2001b.「共通祖先の社会」, 西田利貞 (編)『ホミニゼーション』京都大学学術出版会, 京都, pp. 9-32.

西田利貞 2001c.「インセスト・タブーについてのノート」, 川田順造 (編)『近親性交と

Nishida T 1980a. The leaf-clipping display: A newly-discovered expressive gesture in wild chimpanzees. *Journal of Human Evolution*, 9: 117-128.

Nishida T 1980b. Local differences in responses to water among wild chimpanzees. *Folia Primatologica*, 33: 189-209.

西田利貞 1981.『野生チンパンジー観察記』中央公論社，東京.

西田利貞 1982a.「チンパンジーのオオアリ釣り行動の発達について」,『サイコロジー』3 (7)：14-17.

西田利貞 1982b.「マハレ国立公園計画と日本」,『月刊アピック』51：28-33.

Nishida T 1983a. Alloparental behavior in wild chimpanzees of the Mahale Mountains, Tanzania. *Folia Primatologica*, 41: 1-33.

Nishida T 1983b. Alpha status and agonistic alliance in wild chimpanzees (*Pan troglodytes schweinfurthii*). *Primates*, 24: 318-336.

Nishida T 1985. The Mahale Mountains declared a national park. *International Primate Protection League Newsletter*, 12(3): 9.

Nishida T 1987. Local traditions and cultural transmission. In: *Primate Societies.* BB Smuts, DL Cheney, RM Seyfarth, RW Wrangham and TT Struhsaker (eds), The University of Chicago Press, Chicago, pp. 462-474.

Nishida T 1988. Development of social grooming between mother and offspring in wild chimpanzees. *Folia Primatologica*, 50: 109-123.

Nishida T 1989a. Social interactions between resident and immigrant female chimpanzees. In: *Understanding Chimpanzees.* PG Heltne and LA Marquardt (eds), Harvard University Press Cambridge, pp. 68-89.

Nishida T 1989b. Social structure and dynamics of the chimpanzee: A review. In: *Perspectives in Primate Biology*, Vol. 3. PK Seth and S Seth (eds), Today and Tomorrow's Printers and Publishers, New Delhi, pp. 157-172.

西田利貞 1989.「動物と心：欺瞞の行動学」, 村上陽一郎 (編)『心のありか』東京大学出版会，pp. 101-123.

Nishida T 1990a. A quarter century of research in the Mahale Mountains: An overview. In: *The Chimpanzees of the Mahale Mountains: Sexual and Life History Strategies.* T. Nishida (ed), University of Tokyo Press, Tokyo, pp. 3-35.

Nishida T 1990b. Deceptive behavior in young chimpanzees: An essay. In: *The Chimpanzees of the Mahale Mountains: Sexual and Life History Strategies.* T. Nishida (ed), University of Tokyo Press, Tokyo, pp. 285-290.

Nishida T (ed) 1990. *The Chimpanzees of the Mahale Mountains: Sexual and Life History Strategies.* University of Tokyo Press, Tokyo.

Nishida T 1991. Primate gastronomy: Cultural food preferences in nonhuman primates and origins of cuisine. In: *Chemical Senses.* MI Friedman, MG Tordoff and MR Kare (eds), Marcel Dekker, Inc, New York, pp. 195-209.

Nakamura M, McGrew WC, Marchant LF and Nishida T 2000. Social scratch: another custom in wild chimpanzees? *Primates*, 41: 237–248.

Neel JV and Weiss KM 1975. The genetic structure of a tribal population, the Yanomama Indians XIII. Biodemographic studies. *American Journal of Physical Anthropology*, 42: 25–51.

Newton PN and Nishida T 1990. Possible buccal administration of herbal drugs by wild chimpanzees, *Pan troglodytes*. *Animal Behaviour*, 39: 798–801.

Newton–Fisher NE 1999. Infant killers of Budongo. *Folia Primatologica*, 70: 167–169.

Newton-Fisher NE, Reynolds V, and Plumptre AJ 2000. Food supply and chimpanzee (*Pan troglodytes schweinfurthii*) party size in the Budongo Forest Reserve, Uganda. *International Journal of Primatology*, 21(4): 613–628.

Nigi H, Nishida T, Itoh N and Sakamaki T 1998. Helminthic parasites infection in wild chimpanzees in the Mahale Mountains National Park, Tanzania, in dry season. In: *Resource Use Patterns and Social Structure among Chimpanzees*. T. Nishida (ed), Nisshindo Printer, Kyoto, pp. 57–62.

Nishida T 1968. The social group of wild chimpanzees in the Mahali Mountains. *Primates*, 9: 167–224.

西田利貞 1969a.「カソゲのサル類」,『モンキー』13(1): 5–15.

西田利貞 1969b.「狩猟採集民とのつながり？」, アサヒグラフ (編)『サルからヒトへ』朝日新聞社, pp. 158–161.

Nishida T 1970. Social behavior and relationship among wild chimpanzees of the Mahali Mountains. *Primates*, 11: 47–87.

Nishida T 1972. A note on the ecology of the red-colobus monkeys (*Colobus badius tephrosceles*) living in the Mahali Mountains. *Primates*, 13: 57–64.

西田利貞 1972.「野生チンパンジーの道具使用」,『自然』27(8): 41–47.

Nishida T 1973. The ant-gathering behaviour by the use of tools among wild chimpanzees of the Mahali Mountains. *Journal of Human Evolution*, 2: 357–370.

西田利貞 1973.『精霊の子供たち』筑摩書房.

西田利貞 1974a.「道具の起源」,『言語』3: 1084–1092.

西田利貞 1974b.「野生チンパンジーの生態」, 大塚柳太郎・田中二郎・西田利貞 (編)『人類の生態』共立出版, 東京, pp. 15–61.

Nishida T 1976. The bark-eating habits in Primates, with special reference to their status in the diet of wild chimpanzees. *Folia Primatologica*, 25: 277–287.

西田利貞 1977a.「マハレ山塊のチンパンジー(1) 生態と単位集団構造」, 伊谷純一郎 (編)『チンパンジー記』講談社, 東京, pp. 543–638.

Nishida T 1979. The social structure of chimpanzees of the Mahale Mountains. In: *The Great Apes*. DA Hamburg and ER McCown (eds), Benjamin/Cummings, Menlo Park, pp. 73–121.

西田利貞 1979.「チンパンジーの育児」,『子ども』東京大学出版会, pp. 157–185.

Mitani JC and Brandt KL 1994. Social factors influence the acoustic variability in the long-distance calls of male chimpanzees. *Ethology*, 96: 233–252.

Mitani JC and Gros-Louis J 1995. Species and sex differences in the screams of chimpanzees and bonobos. *International Journal of Primatology*, 16: 393–411.

Mitani JC, Hasegawa T, Gros-Louis J, Marler P and Byrne R 1992. Dialects in wild chimpanzees? *American Journal of Primatology*, 27: 233–243.

Mitani JC and Nishida T 1993. Contexts and social correlates of long-distance calling by male chimpanzees. *Animal Behaviour*, 45: 735–746.

Mitani JC and Watts DP 1999. Demographic influences on the hunting behavior of chimpanzees. *American Journal of Physical Anthropology*, 109: 439–454.

Morbeck ME and Zhilman AL 1989: Body size and proportions in chimpanzees, with special reference to *Pan Troglodytes schweinfurthii* from Gombe National Park, Tanzania. *Primates*, 30: 369–382.

Mori A 1982. An ethological study on chimpanzees at the artificial feeding place in the Mahale Mountains, Tanzania, with special reference to the booming situation. *Primates*, 23: 45–65.

Mori A 1983. Comparison of the communicative vocalizations and behaviors of group ranging in eastern gorillas, chimpanzees and pygmy chimpanzees. *Primates*, 24: 486–500.

Morris D 1967. *The Naked Ape: A Zoologist's Study of the Human Animal.* McGraw-Hill, New York. (『裸のサル：動物学的人間像』日高敏隆訳，河出書房新社，1969)

Muller MN, Mpongo E, Stanford CB and Boehm C 1996. A note on scavenging by wild chimpanzees. *Folia Primatologica* 65: 43–47.

Murakami A, Ohigashi H and Koshimizu K 1994. Possible anti-tumour promoting properties of traditional Thai foods and some of their active constituents. *Asia Pacific Journal of Clinical Nutrition*, 3: 185–191.

室山泰之 1992.「毛づくろい」，正高信男（編著）『ニホンザルの心を探る』朝日選書.

中村美知夫 1995.「チンパンジーの遊びの中にみえるもの：「からかう」という遊び」，『モンキー』39：18–19.

Nakamura M 1997. First observed case of chimpanzee predation on yellow baboons (*Papio cynocephalus*) at the Mahale Mountains National Park. *Pan Africa News*, 4 (2): 9–11.

中村美知夫 1999.「コミュニケーションとしての毛づくろい？：チンパンジーの毛づくろいの諸特徴から」，『遺伝』53：43–47.

Nakamura M 2000. Is human conversation more efficient than chimpanzee grooming?: Comparison of clique sizes. *Human Nature*, 11: 281–297.

Nakamura M 2002. Grooming-hand-clasp in Mahale M group chimpanzees: implication for culture in social behaviours. In: *Behavioral Diversity in Chimpanzees and Bonobos.* C Boesch, G Hohmann and LF Marchant (eds), Cambridge University Press, Cambridge. (in press)

Nakamura M and Itoh N 2001. Sharing of wild fruits among male chimpanzees: Two cases from Mahale, Tanzania. *Pan Africa News*, 8: 28–31.

baboons and chimpanzees in the Mahale Mountaion National Park, Tanzania. *African Study Monographs*, 21: 147–157.

Matsumoto-Oda A and Oda R. 1998. Changes in the activity budget of cycling female chimpanzees. *American Journal of Primatology*, 46: 157–166.

松阪崇久 2002. 『チンパンジーの笑い』, 平成 13 年度京都大学大学院理学研究科修士論文.

McGrew WC 1977. Socialization and object manipulation of wild chimpanzees. In: *Primate Bio-social Development.* S Chvalier-Skolnikoff and FE Poirier (eds), Garland, NewYork, pp. 261–288.

McGrew WC 1979. Evolutionary implications of sex differences in chimpanzee predation and tool use. In: *The Great Apes.* DA Hamburg and ER McCown (eds), Benjamin, Cummings, Menlo Park, Cal., pp. 441–463.

McGrew WC 1983. Animal foods in the diets of wild chimpanzees (*Pan troglodytes*): Why cross-cultural comparison? *Journal of Ethology*, 1: 46–61.

McGrew WC 1992. *Chimpanzee Material Culture.* Cambridge University Press, Cmbridge.

McGrew WC 1996. Dominance status, food sharing, and reproductive success in chimpanzees. In: *Food and the Status Quest.* P Wiessner and W Schiefenhovel (eds), Berghahn Books, Oxford, pp. 39–46.

McGrew WC and Collins DA 1985. Tool use by wild chimpanzees (*Pan troglodytes*) to obtain termites (*Macrotermes herus*) in the Mahale Mountains, Tanzania. *American Journal of Primatology*, 9: 47–62.

McGrew WC and Feistner ATC 1992. Two nonhuman primate models for the evolution of human food sharing: chimpanzees and callitrichids. In: *The Adapted Mind.* JH Barkow, L Cosmides and J Tooby (eds), Oxford University Press, Oxford, pp. 229–243.

McGrew WC and Marchant LF 2001. Ethological study of manual laterality in the chimpanzees of the Mahale Mountains, Tanzania. *Behaviour*, 138: 329–358.

McGrew WC, Marchant LF, Scott SE and Tutin CEG 2001. Inter-group differences in a social custom of wild chimpanzees: The grooming hand-clasp of the Mahale Mountains, Tanzania. *Current Anthropology*, 42(1): 148–153.

McGrew WC and Tutin CEG 1978. Evidence for a social custom in wild chimpanzees? *Man* (n. s.), 13: 234–251.

Milton K 1999. A hypothesis to explain the role of meat-eating in human evolution. *Evolutionary Anthropology*, 8: 11–21.

Mitani JC 1994. Ethological studies of chimpanzee vocal behavior. In: *Chimpanzee Cultures.* RW Wrangham, WC McGrew, FBM de Waal and PG Heltne (eds), Harvard University Press, Cambridge, pp. 195–210.

Mitani JC 1996. Comparative studies of African ape vocal behavior. In: *Great Ape Societies.* WC McGrew, LF Marchant and T Nishida (eds), Cambridge University Press, Cambridge.

小林聡史 2002.「アフリカにおける野生動物と保護区の管理：住民参加と多目的利用」,『アフリカレポート』アジア経済研究所. (印刷中)

Koshimizu K, Ohigashi H, Huffman MA, Nishida T and Takasaki H 1993. Physiological activities and the active constituents of potentially medicinal plants used by wild chimpanzees of the Mahale Mountains, Tanzania. *International Journal of Primatology*, 14: 345–356.

Koshimizu K, Ohigashi H and Huffman MA 1994. Use of *Vernonia amygdalina* by wild chimpanzees: Possible role of its bitter and related constituents. *Physiology and Behavior*, 57: 1209–1216.

Kutsukake N and Matsusaka T in press. An incident of intense aggression by chimpanzees against an infant from another group in Mahale Mountains National Park, Tanzania. *American Journal of Primatology*.

Lancaster JB 1991. A feminist and evolutionary biologist looks at women. *YearBook of Physical Anthropology*, 34: 1–11.

Lukosi N 1997. A brief note on possible control of Senna spectabilis, an invasive exotic tree at Mahale. *Pan Africa News*, 4(2): 18.

Mahaney CW, Hancock RGV, Aufreiter S and Huffman MA 1996. Geochemistry and clay minerology of termite mound soil and a possible role of geophagy in chimpanzees of the Mahale Mountains, Tanzania. *Primates*, 37: 121–134.

Marchant LF and McGrew WC 1999. Innovative behavior at Mahale: New data on nasal probe and nipple press. *Pan Africa News*, 6: 16–18.

Matsumoto-Oda A, Kasuya E and Takahata Y 1999. Asynchrony of estrous swelling in Mahale chimpanzees. *American Journal of Physical Anthropology Supplement*, 28: 193.

Matsumoto-Oda A 1995. First record of a twin birth in chimpanzees of the Mahale Mountains National Park, Tanzania. *African Study Monographs*, 16: 159–164.

Matsumoto-Oda A 1997. Self-suckling behavior by a wild chimpanzee. *Folia Primatologica*, 68: 342–343.

Matsumoto-Oda A 1998. Injuries to the sexual skin of female chimpanzees at Mahale and their effect on behaviour. *Folia Primatologica*, 69: 400–404.

Matsumoto-Oda A 1999a Mahale chimpanzees: grouping patterns and cycling females. *American Journal of Primatology*, 47: 197–207.

Matsumoto-Oda A 1999b. Female choice in the opportunistic mating of wild chimpanzees at Mahale. *Behavioral Ecology and Sociobiology*, 46: 258–266.

Matsumoto-Oda A and Hayashi Y 1999. Nutritional aspects of fruit choice by chimpanzees. *Folia Primatologica*, 70: 154–162.

Matsumoto-Oda A, Hosaka K, Huffman MA and Kawanaka K 1998. Factor affecting party size in chimpanzees of the Mahale Mountains. *International Journal of Primatology*, 19: 999–1011.

Matsumoto-Oda A and Kasagula MB 2000. Preliminary study of feeding competition between

加納隆至 1994.「ボノボのオスの順位と交尾頻度」,『霊長類研究』10：215-228.

Kawabata M and Nishida T 1991. A preliminary note on the intestinal parasites of wild Chimpanzees in the Mahale Mountains, Tanzania. *Primates*, 32: 275-278.

河合雅雄 1960.『ゴリラ探検記』光文社.

Kawai M and Mizuhara H 1959. An ecological study on the wild mountain gorilla (*Gorilla gorilla beringei*): Report of the JMC 2nd Gorilla Expedition. *Primates*, 2(1): 1-42.

Kawanaka K 1981. Infanticide and cannibalism in chimpanzees, with special reference to the newly observed case in the Mahale Mountains. *African Study Monographs*, 1: 69-99.

Kawanaka K 1982a. Further studies on predation by chimpanzees of the Mahale Mountains. *Primates*, 23: 364-384.

Kawanaka K 1982b. A case of inter-unit-group encounter in chimpanzees of the Mahale Mountains. *Primates*, 23: 558-562.

Kawanaka K 1984. Association, ranging, and the social unit in chimpanzees of the Mahale Mountains, Tanzania. *International Journal of Primatology*, 5: 411-434.

Kawanaka K 1989. Age differences in social interactions of young males in a chimpanzee unit-group at the Mahale Mountains National Park, Tanzania. *Primates*, 30: 285-305.

Kawanaka K 1990a. Alpha male' interactions and social skills. In: *The Chimpanzees of the Mahale Mountains: Sexual and Life History Strategies.* T Nishida (ed), University of Tokyo Press, Tokyo, pp. 171-187.

Kawanaka K 1990b. Age differences in ant-eating by adult and adolescent males. In: *The Chimpanzees of the Mahale Mountains: Sexual and Life History Strategies.* T Nishida (ed), University of Tokyo Press, Tokyo, pp. 207-222.

Kawanaka K 1993. Age differences in spatial positioning of males in a chimpanzee unit-group at the Mahale Mountains National Park, Tanzania. *Primates*, 34: 255-270.

Kawanaka K 1996. Two contrasting types of interactions between adult male chimpanzees in a unit-group at the Mahale Mountains National Park, Tanzania. *Mahale Mountains Chimpanzee Research Project Ecological Report*, No. 100.

Kawanaka K and Nishida T 1975. Recent advances in the study of inter-unit-group relationships and social structure of wild chimpanzees of the Mahali Mountains. In: *Proceedings from the Symposia of the 5th Congress of the International Primatological Society*, Nagoya, Japan, August 1974. S Kondo, Kawai M, Ehara A and Kawamura S (eds). Japan Science Press, Tokyo, pp. 173-186.

Kitanishi K 1995. Seasonal changes in the subsistence activities and food intake of the *Aka* hunter-gathers in northeastern Congo. *African Study Monographs*, 16: 73-118.

小林聡史 1993.「東アフリカの自然公園の観光問題」,『地理』38(7)：34-40.

小林聡史 2000.「アフリカゾウの大地から」,『エコソフィア』6：4-9.

小林聡史 2001.「アフリカの自然保護：保護区設定から住民参加型資源管理へ」,『アフリカ研究』59：11-15.

JICA 1980a. *Mahale: Study for the Proposed Mahale Mountains National Park* (Final Report, May 1980). Japan International Cooperation Agency, Tokyo.

JICA 1980b.『マハレ自然保護国立公園マスタープラン』国際協力事業団，東京.

Jisaka M, Ohigashi H, Takagaki T, Nozaki H, Tada T, Hirota M, Irie R, Huffman MA, Nishida T, Kaji M and Koshimizu K 1992a. Bitter steroid glucosides, Vernoniosides A1, A2 and A3 and related B1 from a possible medicinal plant *Vernonia amygdalina*, used by wild chimpanzees. *Tetrahedron*, 48: 625–632.

Jisaka M, Kawanaka M, Sugiyama H, Takegawa K, Huffman MA, Ohigashi H and Koshimizu K 1992b. Antischistosomal activities of sesquiterpene lactones and steroid glucosides from *Vernonia amygdalina*, possibly used by wild chimpanzees against parasite-related diseases. *Bioscience, Biotechnology and Biochemistry*, 56(5): 845–846.

Jisaka M, Ohigashi H, Takegawa K, Hirota M, Irie E, Huffman MA and Koshimizu K 1993a. Further steroid glucosides from Vernonia amygdalina, a possible chimpanzee medicinal plant. *Phytochemistry*, 34: 409–413.

Jisaka M., Ohigashi H, Takegawa K, Huffman MA and Koshimizu K 1993b. Antitumor and antimicrobial activities of bitter sesquiterpene lactones of *Vernonia amygdalina*, a possible medicinal plant used by wild chimpanzees. Bioscience. *Biotechnology and Biochemistry*, 57: 833–844.

Jungers WL, Susman RL 1984. Body size and skeletal allometry in African apes. In: *The Pygmy Chimpanzees: Evolutionary Biology and Behavior*. Susman RL (ed), Plenum Press, New York, pp. 131–177.

Kajikawa S and Hasegawa T 1996. How chimpanzees exchange information by pant-hoots: a playback experiment. *The Emergence of Human Cognition and Language*, vol. 3, pp. 123–128.

Kajikawa S and Hasegawa T 2000 Acoustic variation of pant hoot calls by male chimpanzees: a playback experiment. *Journal of Ethology*, 18: 133–139.

掛谷誠 1974.「トングウェ族の生計維持機構：生活環境・生業・食生活」，『季刊人類学』5(3)：3–90.

Kakeya M 1976. Subsistence ecology of the Tongwe, Tanzania. *Kyoto University African Studies*, 10: 143–212.

Kano T 1971. Distribution of the Primates on the eastern shore of Lake Tanganyika. *Primates*, 12: 281–304

Kano T 1972. Distribution and adaptation of the chimpanzee on the eastern shore of Lake Tanganyika. *Kyoto University African Studies*, 7: 37–129.

加納隆至 1986『最後の類人猿：ピグミーチンパンジーの行動と生態』どうぶつ社.

Kano T 1989. The sexual behavior of pygmy chimpanzees. In: *Understanding Chimpanzees*. PG Heltne and LA Marquardt (eds), Harvard University Press, Cambridge, pp. 176–183.

Kano T 1992. *The Last Ape: Pygmy Chimpanzee Behavior and Ecology*. Stanford University Press, Stanford.

伊谷純一郎 1977b.「トングウェ動物誌」，伊谷純一郎・原子令三（編）『人類の自然誌』雄山閣，東京，pp. 441-538.

伊谷純一郎（編）1977.『チンパンジー記』中央公論社.

Itani J 1979. Distribution and adaptaion of chimpanzees in an arid area (Ugalla Area, Western Tanzania). In: *The Great Apes.* DA Hamburg and ER McCown (eds), Benjamin Cummings, Menlo Park, pp. 55-72

Itani J 1980. Social structure of African great apes. *Journal of Reproduction and Fertility,* Supplement, 28: 33-41.

Itani J 1982. Intraspecific killing among non-human primates. *Journal of Social Biology and Structure.* 5: 361-368.

伊谷純一郎 1983.「自然保護と国立公園」，米山俊直・伊谷純一郎（編）『アフリカハンドブック』講談社，pp. 527-541.

Itani J 1984. Inequality versus equality for coexistence in primate societies. In: *Absolute Values and the New Cultural Evolution, 12th Conference on the Unity of the Sciences*, I. C. U. S. Books, New York, pp. 161-189.

Itani J 1988. The origin of human equality. In: *Social Fabric of the Mind.* MRA Chance (ed), Lawrence Erlbaum Associations, Hillsdale, pp. 137-156.

Itani J 1990. Safari surveys of the vegetation and the chimpanzee groups in the northern half of the Mahale Mountains. In: *The Chimpanzees of the Mahale Mountains: Sexual and Life History Strategies.* T Nishida (ed), University of Tokyo Press, Tokyo, pp. 37-61.

伊谷純一郎・西田利貞・掛谷誠 1973.『タンガニイカ湖畔』筑摩書房.

Itani J and Suzuki A 1967. The social unit of chimpanzees. *Primates* 8: 355-381.

伊藤詞子・西田利貞 1996.「野生チンパンジー集団の第一位雄の順位下落と死亡について」，『日本アフリカ学会第 33 回学術大会研究発表要旨』，三島，p. 35.

Itoh N, Nishida T, Turner L 1998. Density and distribution patterns of woody vegetation in the Kasoje forest, in review of the food of chimpanzees. A preliminary report. In: *Resource Use Patterns and Social Structure among Chimpanzees.* T Nishida (ed), Nisshindo Printer, Kyoto, pp. 3-22.

Itoh N, Sakamaki T, Hamisi M, Kitopeni R, Bunengwa M, Matumla M, Athumani K, Mwami M, Bunengwa H 1999. A new record of invasion by an unknown unit group into the center of M group territory. *Pan Africa News*, 6: 8-10.

伊藤詞子・坂巻哲也・西田利貞 1998a.「野生チンパンジーの第一位雄の交代と雌の干渉」，『日本アフリカ学会第 35 回学術大会研究発表要旨集』，佐倉，p. 5.

伊藤詞子・坂巻哲也・西田利貞 1998b.「マハレのチンパンジーにおけるアルファ雄の交代：新事例」，『日本霊長類学会第 14 回大会研究発表予稿』，岡山，p. 24.

Janzen DH 1978. Complications in interpreting the chemical defenses of trees against tropical arboreal plant-eating vertebrates. In: *The Ecology of Arboreal Folivores.* GG Montgomery (ed), Smithsonian Institute Press, Washington DC, pp. 73-84.

Hunt KD 1991b. Mechanical implications of chimpanzee positional behavior. *American Journal of Physical Anthropology*, 86: 521–536.

Hunt KD 1992a. Social rank and body weight as determinants of positional behavior in Pan troglodytes. *Primates*, 33: 347–357.

Hunt KD 1992b. Positional behavior of *Pan troglodytes* in the Mahale Mountains and Gombe Stream National Parks, Tanzania. *American Journal of Physical Anthropology*, 87: 83–107.

Hunt KD 1993. The mosaic lifeway of our australopithecine ancestors: Piecing in some fragments from the world of the chimpanzee. *Anthro Quest*, 47: 3–7.

Hunt KD 1994a. Body size effects on vertical climbing among chimpanzees. *International Journal of Primatology*, 15: 855–865.

Hunt KD 1994b. The evolution of human bipedality: Ecology and functional morphology. *Journal of Human Evolution*, 26: 183–202.

Idani G 1991. Social relationships between immigrant and resident bonobo (*Pan paniscus*) females at Wamba. *Folia Primatologica*, 57: 83–95.

Igoe J and Brockington D 1999. Pastral land tenure and community conservation: a case study from North-East Tanzania. *Pastoral Land Tenure Series* No. 11. International Institute for Environment and Development.

Ihobe H 1992. Observations on the meat-eating behavior of wild bonobos (*Pan paniscus*) at Wamba, Republic of Zaire. *Primates*, 33: 247–250.

五百部裕 1997.「ヒト上科における狩猟・肉食行動の進化：*Pan* 属 2 種の比較を中心に」,『霊長類研究』13：203–213.

五百部裕 2000.「アカコロブス対チンパンジー：霊長類における食う―食われるの関係」,『霊長類生態学：環境と行動のダイナミズム』杉山幸丸編著，京都大学学術出版会，pp. 61–84.

五百部裕・上原重男 1999.「タンザニア，マハレの哺乳類個体群に与えるチンパンジー狩猟の影響（予報）」,『霊長類研究』15：163–169.

Imanishi K 1958. Gorillas: a preliminary survey in 1958. *Primates*, 1: 73–78.

今西錦司 1960.『ゴリラ』文芸春秋社.

Inagaki H and Tsukahara T 1993. A method of identifying chimpanzee hairs in lion feces. *Primates*, 109–112.

Isaac G 1978. Food sharing behavior of proto-human hominids. *Scientific American*, 238: 90–109.

Isabirye-Basuta G 1988. Food competition among individuals in a free-ranging chimpanzee community in Kibale forest, Uganda. *Behaviour*, 105: 135–147.

伊谷純一郎 1960.『ゴリラとピグミーの森』岩波書店

伊谷純一郎 1973.「生物社会学・人類学から見た家族の起源」，青山道夫（編）『講座家族 1．家族の歴史』弘文堂，東京，pp. 1–17.

伊谷純一郎 1977a.「チンパンジー記序説」，伊谷純一郎（編）『チンパンジー記』講談社，東京，pp.

Hosaka K, Nishida T, Hamai M, Matsumoto-Oda A and Uehara S 2001. Predation of mammals by the chimpanzees of the Mahale Mountains, Tanzania. In: *All Apes Great and Small, Vol. 1, African Apes.* BMF Galdikas, G Shapiro, N Briggs, L Sheeran, NE Briggs, LK Sheeran, GL Shapiro and J Goodall (eds), Kluwer Academic/Plenum Publishers, New York, pp. 107–130.

放送大学 1998.『チンパンジーの社会：タンザニア』(HUMAN：人間・その起源を探る)，放送大学教育振興会.

Howe HF and Westley LC 1988. *Ecological Relationships of Plants and Animals.* Oxford University Press, New York.

Hrdy SB and Whitten PL 1987. Patterning of sexual activity. In: *Primate Societies.* BB Smuts, DL Cheney, RM Seyfarth, RW Wrangham and TT Struhsaker (eds), University of Chicago Press, Chicago, pp. 270–384.

Huffman MA 1997. Current evidence for self-medication in primates: A multidisciplinary perspective. *YearBook of Physical Anthropology*, 40: 171–200.

Huffman MA, Gotoh S, Izutsu D, Koshimizu K and Kalunde MS 1993. Further observations on the use of *Vernonia amygdalina* by a wild chimpanzee, its possible effect on parasite load, and its phytochemistry. *African Study Monographs*, 14: 227–240.

Huffman MA, Gotoh S, Turner LA, Hamai M and Yoshida K 1997. Seasonal trends in intestinal nematode infection and medicinal plant use among chimpanzees in the Mahale Mountains National Park, Tanzania. *Primates*, 38 (2): 111–125.

Huffman MA, Koshimizu K and Ohigashi, H 1996a. Ethnobotany and zoopharmacognosy of *Vernonia amygdalina*, a medicinal plant used by humans and chimpanzees. In: *Compositae: Biology and Utilization* Vol 2. PDS Caligari and DJN Hind (eds), Kew: The Royal Botanical Gardens. pp. 351–360

Huffman MA, Ohigashi H, Kawanaka M, Page JE, Kirby GC, Gasquet M, Murakami A and Koshimizu K 1998. African great ape self-medication: A new paradigm for treating parasite disease with natural medicines. In: *Towards Natural Medicine Research in the 21st Century.* Y Ebizuka (ed), Elsevier Science B. V., Amsterdam, pp. 113–123.

Huffman MA, Page JE, Sukhdeo MVK, Gotoh S, Kalunde MS, Chandrasiri T and Towers GHN 1996b. Leaf-swallowing by chimpanzees, a behavioral adaptation for the control of strongyle nematode infections. *International Journal of Primatology*, 17 (4): 475–503.

Huffman MA and Seifu M 1989. Observations on the illness and consumption of a possibly medicinal plant *Vernonia amygdalina* (Del.), by a wild chimpanzee in the Mahale Mountains National Park, Tanzania. *Primates*, 30: 51–63.

Huffman MA and Seifu M 1993. Tool-assisted predation of a squirrel by a female chimpanzee in the Mahale Mountains, Tanzania. *Primates*, 34: 93–98.

Hunt KD 1991a. Positional behavior in the Hominoidea. *International Journal of Primatology*, 12: 95–118.

Mahale Mountains: Sexual and Life History Strategies. T Nishida (ed), University of Tokyo Press, Tokyo, pp. 257–266.

Hiraiwa-Hasegawa M 1990b. Role of food sharing between mother and infant in the ontogeny of feeding behavior. In: *The Chimpanzees of the Mahale Mountains: Sexual and Life History Strategies.* T Nishida (ed), University of Tokyo Press, Tokyo, pp. 267–275.

Hiraiwa-Hasegawa M 1992. Cannibalism among non-human Primates. In: *Cannibalism: Ecology and Evolution among Diverse Taxa.* MA Elgar and BJ Crespi (eds), Oxford University Press, Oxford, pp. 323–338.

Hiraiwa-Hasegawa M and Hasegawa T 1988. A case of offspring desertion by a female chimpanzee and the behavioral changes of the abandoned offspring. *Primates*, 29: 319–330.

Hiraiwa-Hasegawa M and Hasegawa T 1994. Infanticide in nonhuman Primates: Sexual selection and local resource competition. In: *Infanticide and Parental Care.* S Parmigiani and FS vom Saal (eds), Harwood, Chur, pp. 137–154.

Hiraiwa-Hasegawa M, Byrne RW, Takasaki H and Byrne JME 1986. Aggression toward large carnivores by wild chimpanzees of Mahale Mountains National Park, Tanzania. *Folia Primatologica*, 47: 8–13.

Hiraiwa-Hasegawa M, Hasegawa T and Nishida T 1984. Demographic study of a large-sized unit-group of chimpanzees in the Mahale Mountains, Tanzania: A preliminary report. *Primates*, 25: 401–413.

Hofer H and East ML 1993. The commuting system of Serengeti spotted hyarnas: how a predator copes with migratory prey, I Social organization. *Animal Behaviour*, 46: 547–558.

Hohmann G, Gerloff U, Tautz D and Fruth B 1999. Social bonds and genetic ties: kinship, association and affiliation in a community of bonobos (*Pan paniscus*). *Behaviour*, 136: 1219–1235.

Holenweg AK, Noe R and Schabel M 1996. Waser's gas model applied to associations between red colobus and Diana monkeys in the Tai National Park, Ivory Coast. *Folia Primatologica*, 67: 125–136.

宝来聰 1997.『DNA 人類進化学』岩波書店.

Hosaka K 1995a. A single flu epidemic killed at least 11 chimps. *Pan Africa News*, 2(2): 3–4.

Hosaka K 1995b. A rival yesterday is a friend today: A grand political drama in the forest. *Pan Africa News*, 2(2): 10–11.

保坂和彦 1995a.「チンパンジーの遊びのなかに見えるもの：水遊び」,『モンキー』39(2)：20–21.

保坂和彦 1995b.「野生チンパンジーにおける社会的相互作用としてのパントグラントの分析」,『霊長類研究』11：299.

保坂和彦・松本晶子・ハフマン MA・川中健二 2000.「マハレの野生チンパンジーにおける同種個体の死体に対する反応」,『霊長類研究』16：1–15.

Hasegawa T, Hiraiwa M, Nishida T and Takasaki H 1983. New evidence on scavenging behavior in wild chimpanzees. *Current Anthropology*, 24: 231–232.

Hasegawa T and Nishida T 1984. Progress report on Mahale National Park. *IUCN/SSC Primate Specialist Group Newsletter*, 4 March, 1984: 37–38.

Hayaki H 1983. Social interactions of juvenile Japanese monkeys on Koshima Islet. *Primates*, 24: 139–153.

Hayaki H 1985a. Copulation of adolescent male chimpanzees, with special reference to the influence of adult males, in the Mahale National Park, *Tanzania. Folia Primatologica*, 44: 148–160.

Hayaki H 1985b. Social play of juvenile and adolescent chimpanzees in the Mahale Mountains National Park, Tanzania. *Primates*, 26: 343–360.

Hayaki H 1988. Association patterns of young chimpanzees in the Mahale Mountains National Park, Tanzania. *Primates*, 29: 147–161.

早木仁成 1988.「チンパンジーのコミュニケーションを考える」,『生物科学』40(3):131–139.

Hayaki H 1990. Social context of pant-grunting in young chimpanzees. In: *The Chimpanzees of the Mahale Mountains: Sexual and Life History Strategies.* T Nishida (ed), University of Tokyo Press, Tokyo. pp. 189–206.

早木仁成 1990.『チンパンジーのなかのヒト』裳華房.

早木仁成 1994.「野生チンパンジーにおける第2位の雄の社会関係」,『霊長類研究』10:289–305.

Hayaki H, Huffman MA and Nishida T 1989. Dominance among male chimpanzees in the Mahale Mountains National Park, Tanzania: A preliminary study. *Primates*, 30: 187–197.

Hemelrijk CK, van Laere GJ and van Hooff JARAM. 1992. Sexual exchange relationships in captive chimpanzees? *Behavioral Ecology and Sociobiology*, 30: 269–275.

Henneberg M, Sarafis V, Mathers K 1998. Human adaptations to meat eating. *Human Evolution*, 13: 229–234.

アンリオ J 1974.『遊び：遊ぶ主体の現象学へ』佐藤信夫訳，白水社.

Hinde RA and Atokinson S 1970. Assessing the role of social partners in maintaining mutural proximity, as exemplified by mother-infant relations in rhesus monkeys. *Animal Behaviour*, 18: 169–176.

Hiraiwa-Hasegawa M 1987. Infanticide in Primates and a possible case of male-biased infanticide in chimpanzees. In: *Animal Societies: Theories and Facts.* Y Ito, JL Brown and J Kikkawa (eds), Japan Scientific Societies Press, Tokyo, pp. 125–139.

Hiraiwa-Hasegawa M 1989. Sex differences in the behavioral development of chimpanzees at Mahale. In: *Understanding Chimpanzees.* PG Heltne and LA Marquardt (eds), Harvard University Press, Cambridge, pp. 104–115.

Hiraiwa-Hasegawa M 1990a. Maternal investment before weaning. In: *The Chimpanzees of the*

In: The *Great Apes*. DA Hamburg and ER McCown (eds), Benjamin/Cummings, Menlo Park, pp. 13–53.

Gunji H, Shimizu D, Hosaka K, Huffman MA, Kawanaka K, Matsumoto-Oda A and Nishida T 1998. Notes on some chimpanzee skeletons from the Mahale Mountains National Park, Tanzania. In: *Resource Use Patterns and Social Structure among Chimpanzees.* T Nishida (ed), Nisshindo, Kyoto, pp. 113–130.

濱井美弥 1992.「野生チンパンジー集団におけるオスの順位変動」,『霊長類研究』8：221.

濱井美弥 1994.「チンパンジーにとって“魅力的な”メスとは」,『霊長類研究』10：33-40.

Hamai M, Nishida T, Takasaki H and Turner LA 1992. New records of within-group infanticide and cannibalism in wild chimpanzees. *Primates*, 33: 151–162.

Hamilton WD 1964. The genetical evolution of social behaviour. *Journal of Theoretical Biology*, 7: 1–52.

Harcourt AH 1979. Social relationships between adult male and female mountain gorillas in the wild. *Animal Behaviour*, 27: 325–342.

Harvey PH, Martin RD and Clutton-Brock TH 1987. Life histories in comparative perspective. In: *Primate Societies*. BB Smuts, DL Cheney, RM Seyfarth, RW Wrangham and T Struhsaker (eds), University of Chicago Press, Chicago, pp. 181–196.

Hasegawa M, Uehara S and Nishida T 1980. Preliminary report on the food ecology of baboons of Kasoje. *Mahale Mountains Chimpanzee Research Project, Ecological Report* No. 8.

Hasegawa T 1987. Sexual behaviors in wild chimpanzees. Ph D thesis, University of Tokyo (in Japanese).

Hasegawa T 1989. Sexual behavior of immigrant and resident female chimpanzees at Mahale. In: *Understanding Chimpanzees.* PG Heltne and LA Marquardt (eds), Harvard University Press, Cambridge, pp. 90–103.

Hasegawa T 1990. Sex differences in ranging patterns. In: *The Chimpanzees of the Mahale Mountains: Sexual and Life History Strategies.* T Nishida (ed), University of Tokyo Press, Tokyo, pp. 99–114.

長谷川寿一 1991.「乱婚社会の謎：チンパンジーの性生活」, 西田利貞・伊澤紘生・加納隆至（編）『サルの文化誌』平凡社, pp. 371–388.

長谷川寿一 1992.「雌にとっての乱婚」, 伊藤嘉昭（編）『動物社会における共同と攻撃』東海大学出版会, pp. 223–250.

Hasegawa T and Hiraiwa-Hasegawa M 1983. Opportunistic and restrictive mating among wild chimpanzees in the Mahale Mountains, Tanzania. *Journal of Ethology*, 1: 75–85.

Hasegawa T and Hiraiwa-Hasegawa M 1990. Sperm competition and mating behavior. In: *The Chimpanzees of the Mahale Mountains: Sexual and Life History Strategies.* T Nishida (ed), University of Tokyo Press, Tokyo, pp. 115–132.

Princeton University Press, New Jersey.

Dunbar RIM 1988. *Primate Social Systems.* Croom Helm, London.

Dunbar RIM 1996. *Grooming, Gossip and Evolution of Language.* Harvard University Press, Cambridge.（『ことばの起源』松浦俊輔・服部清美訳，青土社，1998）

Fagen R 1981. *Animal Play Behavior.* Oxford University Press, New York.

Fleagle JG 2001. *Primate Adaptation and Evolution.* Academic Press, New York.

Furuichi T 1987. Sexual swelling receptivity, and grouping of wild pygmy chimpanzee females at Wamba, Zaire. *Primates*, 28: 309-318.

Furuichi T 1992 The prolonged estrus of females and factors influencing mating in a wild group of bonobos (*Pan paniscus*) in Wamba, Zaire. In: *Topics in Primatology, Vol. 2: Behavior, Ecology, and Conservation.* N Itoigawa et al. (eds), University of Tokyo Press, Tokyo, pp. 179-90.

Furuichi T and Ihobe H 1994. Variation in male relationships in bonobos and chimpanzees. *Behaviour*, 130: 211-228.

Glander KE 1982. The impact of plant secondary compounds on primate feeding behavior. *YearBook of Physical Anthropology*, 25: 1-18.

Goodall J 1963. Feeding behaviour of wild chimpanzees: a preliminary report. *Symposia of Zoological Society of London*, 10: 39-48.

Goodall J 1968. The behaviour of free-living chimpanzees in the Gombe Stream Reserve. *Animal Behaviour Monographs*, 1: 161-311.

Goodall J 1973. Cultural elements in a chimpanzee community. In: *Precultural Primate Behavior.* EW Menzel (ed), S. Karger, Basel, pp. 144-184.

Goodall J 1977. Infant-killing and cannibalism in free-living chimpanzees. *Folia Primatologica*, 28: 259-282.

Goodall J 1983. Population dynamics during a 15-year period in one community of free-living chimpanzees in the Gombe National Park, Tanzania. *Zeitschrift für Tierpsychologie*, 61: 1-60.

Goodall J 1986a. *The Chimpanzees of Gombe: Patterns of Behavior.* Belknap, Harvard University Press, Cambridge.（『野生チンパンジーの世界』杉山幸丸・松沢哲郎監訳，ミネルヴァ書房，1990）

Goodall J 1986b. Social rejection, exclusion, and shunning among the Gombe chimpanzees. *Ethology and Sociobiology*, 7: 227-236.

Goodall J 1990. *Through a Window, 30 years with the Chimpanzees of Gombe.* Widenfeld & Nicolson, London.

Goodall J 1992. Unusual violence in the overthrow of an alpha male chimpanzee at Gombe. In: *Topics in Primatology, Vol. 1: Human Origins.* T Nishida, WC McGrew, P Marler, M Pickford and FBM de Waal (eds), University of Tokyo Press, Tokyo, pp. 131-142.

Goodall J, Bandora A, Bergmann E, Busse C, Matama H, Mpongo E, Pierce A and Riss D 1979. Inter-community interactions in the chimpanzee population of the Gombe National Park.

Boesch C and Boesch-Achermann H 2000. *The Chimpanzees of Tai Forest: Behavioural Ecology and Evolution.* Oxford University Press, Oxford.

Brack M 1987. *Agents Transmissible from Simians to Man.* Springer-Berlin Verlag.

Brunner H and Coman B 1974. *The Identification of Mamalian Hair.* Inkata Press, Melbourne.

Bshary R and Noë R 1997: Anti-predation behaviour of red locobus monkeys in the presence of chimpanzees. *Behavioral Ecology and Sociobiology*, 41: 321–333.

Burnham KP, Anderson DR and Laake JL 1980. Estimation of density from line transect sampling of biological populations. *Wildlife Monographs*, 72: 1–202.

Busse CD 1978. Do chimpanzees hunt coopearatively? *American Naturalist*, 112: 767–770.

Bygott JD 1972. Cannibalism among wild chimpanzees. *Nature*, 238: 410–411.

Bygott JD 1979cf. Agonistic behaviour, dominance and social structure in wild chimpanzees of the Gombe National Park. In: *The Great Apes.* DA Hamburg and ER McCown (eds), Benjamin/Cummings, Menlo Park, pp. 405–427.

Byrne RW and Byrne JME 1988. Leopard killers of Mahale. *Natural History*, 97(3): 22–26.

カイヨワ R1970.『遊びと人間』，清水幾太郎・霧生和夫訳，岩波書店.

Caro TM, Sellen DW, Parish A, Frank R, Brown DM, Voland E and Borgerhoff Mulder M 1995. Termination of reproduction in nonhuman and human female primates. *International Journal of Primatology*, 16: 205–220.

Chapman CA, Chapman LJ, Wrangham RW, Hunt K, Gebo D and Gardner L 1992. Estimation of fruit abundance of tropical trees. *Biotropica*, 24(4): 527–531

Cheney DL and Seyfarth RM 1990. *How Monkeys See the World.* University of Chicago Press, Chicago.

Collins DA and McGrew WC 1985. Chimpanzees' (*Pan troglodytes*) choice of prey among termites (Macrotermitinae) in Western Tanzania. *Primates*, 26: 375–389.

Collins DA and McGrew WC 1987. Termite fauna related to differences in tool-use between groups of chimpanzees (*Pan troglodytes*). *Primates*, 28: 457–471.

Collins DA and McGrew WC 1988. Habitats of three groups of chimpanzees (*Pan troglodytes*) in western Tanzania compared. *Journal of Human Evolution*, 17: 553–574.

Cooper MA and Bernstein IS 2000. Social grooming in Assames macaques (*Macaca assamensis*). *American Journal of Primatology*, 50: 77–85.

Courtenay J. 1987. Post-partum amenorrhoea, birth interval and reproductive potential in captive chimpanzees. *Primates*, 28: 543–546.

Courtenay J and Santow G 1989. Mortality of wild and captive chimpanzees. *Folia Primatologica*, 52: 167–177.

Dasilva G 1993. Primate Conservation: An Assessment of Progress. In: *Conservation in Progress.* FB Goldsmith and A Warren (eds), John Wiley & Sons Ltd.

Dewsbury DA 1982. Ejaculate cost and male choice. *American Naturalist*, 119: 601–610.

Dunbar RIM 1984. *Reproductive Decisions: An Economic Analysis of Gelada Baboon Social Strategies.*

引用文献

Ahumada JA 1992. Grooming behavior of spider monkeys (*Ateles geoffroyi*) on Barro Colorado Island, Panama. *International Journal of Primatology*, 13: 33–49.

Alp R 1993: Meat eating and ant dipping by wild chimpanzees in Sierra Leone. *Primates*, 34: 463–468.

Altmann J 1974. Observational study of behavior: sampling methods. *Behaviour*, 49: 227–267.

Altmann J 1980. *Baboon Mothers and Infants.* Harvard University Press, Cambridge, Mass.

Anderson C 1981. Subtrooping in chacma baboon (*Papio ursinus*) population. *Primates*, 22: 445–458.

Arcadi AC and Wrangham RW 1999. Infanticide in chimpanzees: Review of cases and a new within-group observation from the Kanyawara study group in Kibale National Park. *Primates*, 40: 337–351.

Beach FA 1976. Sexual attractivity, proceptivity, and receptivity in female mammals. *Hormones and Behavior*, 7: 105–38.

Bellis MA and Baker RR 1990. Do female promote sperm competition? Data for humans. *Animal Behaviour*, 40: 997–999.

Boesch C 1991a. The effects of leopard predation on grouping patternd in forest chimpanzees. *Behaviour*, 117(3–4): 220–242

Boesch C 1991b. Handedness in wild chimpanzees. *International Journal of Primatology*, 12: 541–558.

Boesch C 1994a. Chimpanzees-red colobus monkeys: a predator-prey system. *Animal Behaviour*, 47: 1135–1148.

Boesch C 1994b. Cooperative hunting in wild chimpanzees. *Animal Behaviour*, 48: 653–667.

Boesch C 1995. Innovation in wild chimpanzees (*Pan troglodytes*). *International Journal of Primatology*, 16: 1–16.

Boesch C 1996. Social grouping in Tai chimpanzees. In: *Great Ape Societies.* WC McGrew, LF Marchant and T Nishida (eds), Cambridge University Press, Cambridge, pp. 101–113.

Boesch C 1997. Evidence for dominant wild female chimpanzees investing more in sons. *Animal Behaviour*, 54: 811–815.

Boesch C and Boesch H 1981. Sex differences in the use of natural hammers by chimpanzees: A preliminary report. *Journal of Human Evolution*, 10: 585–593.

Boesch C and Boesch H 1984. Possible causes of sex differences in the use of natural hammers by wild chimpanzees. *Journal of Human Evolution*, 13: 415–440.

Boesch C and Boesch H 1989. Hunting behavior of wild chimpanzees in the Tai National Park. *American Journal of Physical Anthropology*, 78: 547–573.

チンパンジー/ビーリャ* 個体名索引

な

索　引

索　引

事項索引

執筆者

伊谷純一郎　故人（京都大学名誉教授）
伊藤　詞子　京都大学大学院理学研究科生物科学専攻博士課程
五百部　裕　椙山女学院大学人間関係学部助教授
上原　重男　奥付参照
大東　　肇　京都大学大学院農学研究科食品生物科学専攻教授
梶川　祥世　日本電信電話株式会社 NTT コミュニケーション科学基礎研究所リサーチ・アソシエイト
川中　健二　奥付参照
小清水弘一　京都大学名誉教授
小林　聡史　釧路公立大学経済学部教授
座馬耕一郎　京都大学大学院理学研究科生物科学専攻博士課程
高畑由起夫　関西学院大学総合政策学部教授
塚原　高広　東京女子医科大学医学部国際環境・熱帯医学教室助手
中村美知夫　財団法人日本モンキーセンター　リサーチフェロー
西田　利貞　奥付参照
乗越　皓司　上智大学生命科学研究所助教授
長谷川寿一　東京大学大学院総合文化研究科広域科学専攻教授
ハフマン，マイケル・アラン　京都大学霊長類研究所社会生態研究部門助教授
早木　仁成　神戸学院大学人文学部人間行動学科教授
保坂　和彦　鎌倉女子大学児童学部児童学科講師
松本　晶子　ラトガース大学人類学部ポストドク・アソシエイト

西田　利貞（にしだ　としさだ）
京都大学大学院理学研究科生物科学専攻教授
主著　『動物の「食」に学ぶ』（女子栄養大学出版会，2001 年）

上原　重男（うえはら　しげお）
京都大学霊長類研究所社会生態研究部門教授
主著　『霊長類学を学ぶ人のために』（共編著，世界思想社，1999 年）

川中　健二（かわなか　けんじ）
岡山理科大学総合情報学部生物地球システム学科教授
主著　「父系集団のオスたち：チンパンジーのオスの社会的成長」『サルの文化誌』（西田利貞・伊沢紘生・加納隆至〔編〕，平凡社，1990 年）

マハレのチンパンジー
《パンスロポロジー》の三七年

2002（平成 14）年 11 月 25 日　初版第一刷発行

編著者　西田利貞
上原重男
川中健二

発行者　阪上　孝

発行所　京都大学学術出版会
京都市左京区吉田河原町15-9
京大会館内（606-8305）
電　話　075-761-6182
FAX　075-761-6190
振　替　01000-8-64677
http://www.kyoto-up.gr.jp/

ISBN4-87698-609-6

Printed in Japan　定価はカバーに表示してあります